U0223243

教育部高等学校电子信息类专业教学指导委员会规划教材
高等学校电子信息类专业系列教材・新形态教材

# 电路分析基础

## （第2版・微课视频版）

主　编　吴安岚　王巧兰
副主编　俞　珊　洪改艳

清華大学出版社
北京

## 内 容 简 介

本书是为高等教育应用型本科电气类及电子类专业学生编写的教材。全书共8章，包括电路基础知识与基尔霍夫定律、电路分析方法及电路定理、正弦稳态电路分析、三相电路分析、含互感电路分析与理想变压器、周期性非正弦电流电路与三相电路中的高次谐波、一阶线性动态电路中的暂态响应、二端口网络等。理论推导过程从简，概念阐述清晰，计算思路交代详细，例题与习题丰富。编排讲究逐步深入的递进关系，紧密联系电子及电力工程实际，重点内容用粗体字醒目排版，易于理解掌握和自学，适用于线上线下混合式教学模式。

本书可作为高等学校电气类、电子信息类、计算机类等专业的教材，也可作为相关领域工程技术人员的学习参考书。



**图书在版编目(CIP)数据**

电路分析基础：微课视频版/吴安岚，王巧兰主编．—2版．—北京：清华大学出版社，2023.1
高等学校电子信息类专业系列教材·新形态教材
ISBN 978-7-302-61783-9

Ⅰ.①电… Ⅱ.①吴… ②王… Ⅲ.①电路分析－高等学校－教材 Ⅳ.①TM133

中国版本图书馆CIP数据核字(2022)第161869号

**责任编辑**：赵　凯
**封面设计**：李召霞
**责任校对**：郝美丽
**责任印制**：朱雨萌

**出版发行**：清华大学出版社
**网　　址**：http://www.tup.com.cn，http://www.wqbook.com
**地　　址**：北京清华大学学研大厦A座　　**邮　　编**：100084
**社 总 机**：010-83470000　　**邮　　购**：010-62786544
**投稿与读者服务**：010-62776969，c-service@tup.tsinghua.edu.cn
**质量反馈**：010-62772015，zhiliang@tup.tsinghua.edu.cn
**课件下载**：http://www.tup.com.cn，010-83470236
**印 装 者**：三河市君旺印务有限公司
**经　　销**：全国新华书店
**开　　本**：185mm×260mm　　**印　　张**：18.25　　**字　　数**：448千字
**版　　次**：2018年8月第1版　2023年2月第2版　　**印　　次**：2023年2月第1次印刷
**印　　数**：1～1500
**定　　价**：59.90元

---

产品编号：096768-01

# 第2版前言

PREFACE

本书在《电路分析基础》(吴安岚、王巧兰等编写，2018 年出版)的基础上，经过补充、修改而成。

本书第 1 版近年来得到一些应用型本科院校采纳，受到一些好评，订购量颇丰，编者感谢大家的肯定与支持。

本书为高等教育应用型本科电气类及电子类专业的师生编写。本书编排讲究逐步深入的递进关系，联系实际，重点内容用粗体字醒目排版，易于理解掌握，易于自学阅读，适用于线上线下混合式教学模式。

2021 年，厦门大学嘉庚学院的"电路分析 A"课程被认定为省级一流线上线下混合式本科课程，给予了我们鼓励，我们将继续完善"电路分析"课程的建设，为使用本书的师生服务。

第 2 版在第 1 版基础上增加了"第 8 章二端口网络"，适用面得到扩展。更重要的是，本书向立体化架构迈进，增加了教学视频，并为每次课编写了"检测题集"，使师生利用移动通信设备实施课堂互动创造了条件，也方便了学生自学、预习与复习。

本次改版工作有福州大学至诚学院俞珊老师、集美大学诚毅学院洪改艳老师参加，两位老师提出改进意见，编辑"检测题集"，补充教学课件，参与编写第 8 章内容，录制第 8 章教学视频，壮大了编者队伍。

由于编者水平有限，书中若有错误在所难免，恳请指正。

编　者

2022 年 8 月

本书配套资源及资源获取方式

课后练习答案

教学计划

教学课件

教学大纲

# 第1版前言

PREFACE

为使学生能提前接触工程应用实际，尽早参加各类“创新创业”训练，不少院校的电气、电子类专业将“电路分析”课程提前到第二甚至第一学期讲授，后续所有专业课程均得以提前，使学生在学校有更多时间参与实习、实训、设计和竞赛。“电路分析”课程与“高等数学”课程同步开设，已是许多应用型本科院校“电气、电子类”专业的教学现实，原先的“电路”教材已不适应这种变化。

本教材编写思路：精选内容，突出重点，适应较少理论授课计划；加大理论联系实际力度，将应用案例渗透进章节之中；与电子技术、电力技术密切关联，充分体现了为后续专业课程奠定基础的功能；重视例题的引导作用，给予学生足够的模仿样本，降低学生掌握计算方法的难度，丰富练习与习题；适应“翻转课堂”等新型授课方法的实施，易于自学阅读，便于学生自测自检。

本教材编写原则：从简定理推导过程，述明概念来龙去脉，强化计算训练，增加例题、习题难度档次，逐步深入递进，醒目印刷记忆要点以利复习。配套文件有课后练习及习题答案、PPT 课件、教学计划参考。后续还计划开发网络在线课程。

本教材由厦门大学嘉庚学院教师编写，是福建省教育科学“十三五”规划 2016 年度课题“电路基础课程应用型教材的研究与建设(立项批准号 FJJKCG16-327)”的成果。主干内容由吴安岚执笔编写，王巧兰补充，张文生修改。教学课件由王巧兰、吴安岚制作。参加本教材编写的还有周朝霞、陈晓凌、邱义、郑伟。全书由吴安岚、张文生统稿，厦门大学林育兹教授审稿。

编写过程中受到厦门大学林育兹教授指导，在此表示感谢。

本教材经校内两轮试用，效果良好。

由于编者水平有限，教材中的错误在所难免，恳请指正。

编　者

2018 年 7 月

# 目录

CONTENTS

# 第1章 电路基础知识与基尔霍夫定律

CHAPTER 1

由金属导线、电气以及电子设备或元器件组成的导电回路，称为电路。电路由电路图来体现，电路图表示元器件、设备或成套装置的全部基本组成和连接关系，并不反映其实际位置。

电气工程、电子工程中有相关联的形形色色的电路，许多元件组成的电路称为网络，许多网络连接在一起称为电路系统。

## 1.1 电路实例与组成

### 1.1.1 电路实例

电路分为两大类。

一类为生产、传输、分配和使用电能的电路。如图1-1所示的由发电机、升压变电站、高压输电线、降压变电站、低压输电线和用电设备等构成的电力线路。发电机输出的三相交流电一般为数千到数万伏，经变压器升压至110kV以上才适合远距离输电，用电设备为安全着想必须使用较低电压，所以输电到负荷中心，须将电压降低至数百伏。**工作电压为220V或380V及以上，一般称为强电，特点是电压高（相对而言）、功率大、电流大**，主要应用于电气工程中。

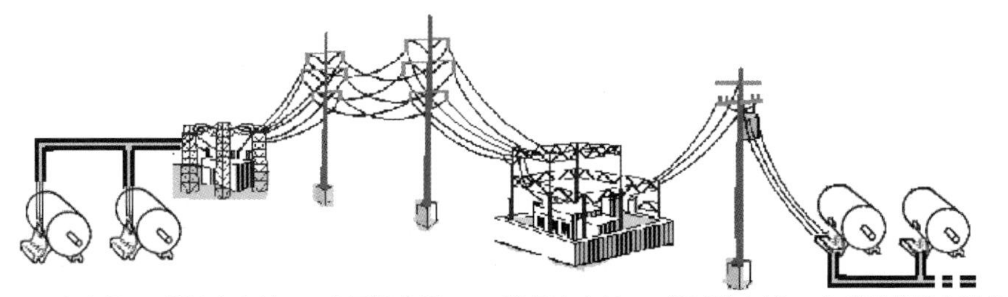


图1-1　电力线路

另一类电路的作用是变换、控制和处理电信号。如图1-2所示的扩音机电路，麦克风将声音信号变成微弱音频信号，通过三级放大，放大后的音频信号最后由喇叭还原成声音。**这类电路工作电压在220V以下，一般称为弱电，特点是电压低、功率小和电流小，有些工作频率较高**，主要应用于电视工程、通信工程、影像工程、安防工程、计算机系统中。

**强电系统往往需要由弱电系统来控制、保护及测量。**

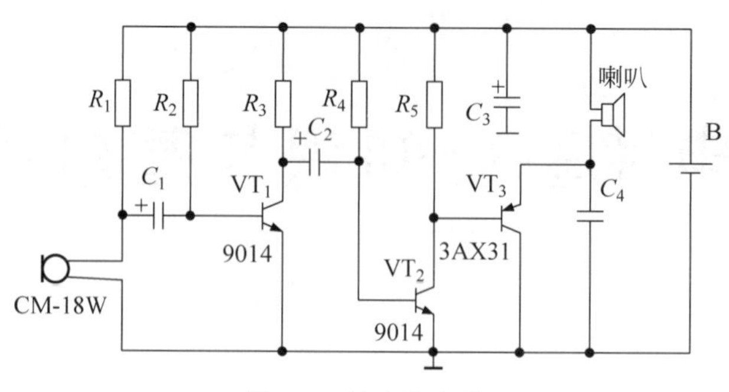


图 1-2 扩音机电路

电路按其特性还可分为稳态电路和暂态电路、线性电路和非线性电路、模拟电路和数字电路、集总参数电路和分布参数电路等。

### 1.1.2 电路的组成

电路包括电源、负载和中间环节。在图 1-1 中，发电厂的发电机用来提供电能，它将其他形式的能量转换成电能，中间环节是电源与负载之间的变换、传输、控制装置；负载是消耗电能的设备，它将电能转换成光能、热能、机械能或化学能。

### 1.1.3 理想电路元件与电路模型

实际电路中的各种元器件，其电能的消耗和电场能、磁场能的存储交织在一起，使电路的分析和计算变得复杂。一定条件下，可以忽略这些元器件的次要性质，仅讨论它们单一的主要电磁性能，并用一个确切的数学表达式来描述其主要电磁性能，使电路计算更简单。这**种用一个确切的数学表达式来描述其主要电磁性能的元件称为理想电路元件。**

常见的 5 种理想电路元件如图 1-3 所示。

**（1）电阻元件的主要电磁性能是消耗电能，它两端的电压和电流关系服从欧姆定律。**其参数用符号 $R$ 表示。

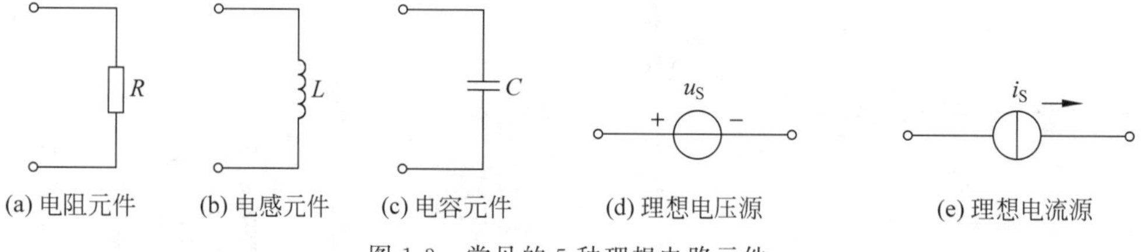


(a) 电阻元件 (b) 电感元件 (c) 电容元件 (d) 理想电压源 (e) 理想电流源

图 1-3 常见的 5 种理想电路元件

**（2）电感元件的磁通与通过电流成正比，它通过存储磁通来储存磁场能。电感元件对频率较高的交流信号有更大的阻碍作用，但直流信号通过电感元件无阻碍，等效于短路。**其参数用符号 $L$ 表示。

**（3）电容元件两极板分布的电荷与电压成正比，它通过存储电荷来储存电场能。电容元件对频率较低的交流信号有更大的阻碍作用，但直流信号不能通过电容元件，等效于开路。**其参数用符号 $C$ 表示。

**（4）理想电压源输出确定的已知电压，其电流的大小由外电路决定。**其参数用符号 $u_S$

或 $U_S$ 表示。

**（5）理想电流源输出确定的已知电流，其电压的大小由外电路决定。** 其参数用符号 $i_S$ 或 $I_S$ 表示。

若用理想电路元件替代实际元器件，并用理想导线连接起来，就得到了实际电路的电路模型。电路计算的对象是电路模型，不是实际电路。

电路模型简称为电路，组成电路的理想电流源、理想电压源是有源元件，可以独立向电路提供功率；电阻、电感、电容元件是无源元件，用来模拟实际用电设备或中间环节里的部件。

**理想电流源提供的电流（$i_S$ 或 $I_S$）、理想电压源提供的电压（$u_S$ 或 $U_S$）称为电路的激励。在激励作用下，负载及中间环节中的电流、电压称为响应。**

理想电路元件体现了实际元器件的主要电磁性能，对电路模型的计算结果能够反映实际电路的物理特征。为理论联系实际，本教材列举的电路中，也有涉及实际元件的地方。

## 1.2　电路物理量及其参考方向

电路的电气特性是由电流、电压、电位、电动势及功率来描述的，对已知电路的电流、电压、功率进行计算，是工程技术人员的必备技能。

### 1.2.1　电流、电压、电位、电动势及其参考方向

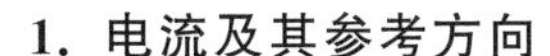

**1. 电流及其参考方向**

**电荷的定向移动形成电流，电流是一种物理现象**，用符号 $i$ 表示，常用单位为安培（A），电流的大小也称为电流强度。本教材物理量的常用单位一律采用国际单位制（SI）。

**稳恒直流电流的大小和方向不随时间变化，其大小等于单位时间内通过导体横截面的电荷**，即

$$i=\frac{q}{t} \tag{1-1}$$

式中：$i$——电流（安培，A）；

　　$q$——电荷（库仑，C）；

　　$t$——时间（秒，s）。

稳恒直流电流的波形如图 1-4（a）所示。

若电流的大小或方向随时间变化，称为可变电流，定义为

$$i=\frac{\Delta q}{\Delta t} \quad 或 \quad i=\frac{\mathrm{d}q}{\mathrm{d}t} \tag{1-2}$$

式中：$\Delta t$——微小的时间增量；

　　$\Delta q$——与 $\Delta t$ 这段时间对应的电荷增量。

图 1-4（b）是脉动直流，而图 1-4（c）、图 1-4（d）是交流电流的波形。**交流电流是指大小和方向都随时间周期性变化的电流，并且一个周期内的平均值为零。**

电学理论中**将正电荷移动的方向规定为电流的实际方向**。但在分析计算复杂电路时，

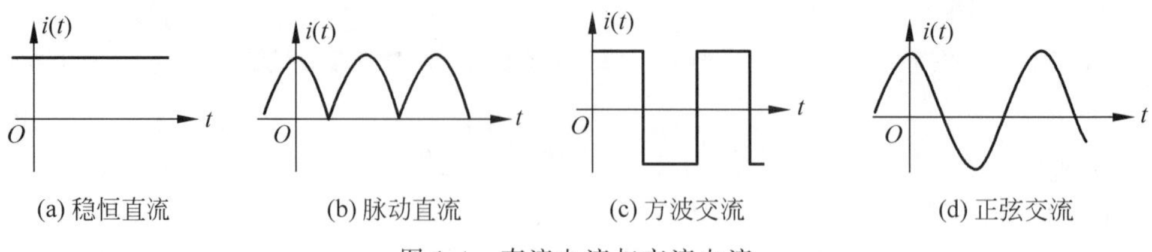

(a) 稳恒直流　(b) 脉动直流　(c) 方波交流　(d) 正弦交流

图 1-4　直流电流与交流电流

事先难以判定某路径中电流的实际方向，此时**可任意假定某一方向作为电流的参考方向，用箭头或双下标表示**。电流 $i_{ab}$ 的含义是假定电流从 a 点流向 b 点，如图 1-5 所示。规定了电流的参考方向以后，电流有正有负，成为代数量。**若 $i>0$ 为正值，说明实际方向与参考方向一致；若 $i<0$ 为负值，则说明电流实际方向与参考方向相反。电路图中未事先给定电流的参考方向，电流的正、负没有意义**。

测量直流电流时，电流表串联进电路，如图 1-6 所示。表的正极指向负极的方向是选定的电流参考方向，若显示值为正，表明实际流向也是这个方向，否则反之。

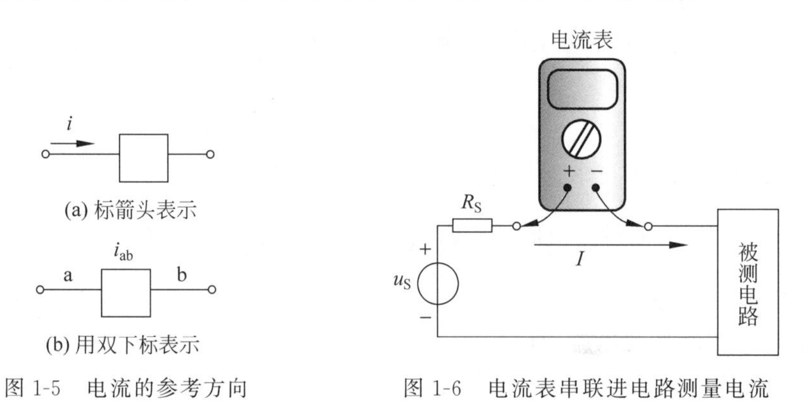

(a) 标箭头表示

(b) 用双下标表示

图 1-5　电流的参考方向

图 1-6　电流表串联进电路测量电流

电流表的内电阻很小。如无特别指出，**测量电流时一般可认为电流表的内阻为零**。

**2. 电压、电位、电动势及其参考方向**

1）电压与电位

在图 1-7(a)中，用力推动小车向前运动要对小车做功；同理，在图 1-7(b)中，电场力 $f$ 推动正电荷⊕从 a 点移动到 b 点，也要对正电荷做功，同时将电能转换为其他形式的能。

**电荷在电场中从 a 点移动到 b 点时，电场力所做的功 $W$ 与它移动的电荷 $q$ 的比值称为 a、b 两点间的电压**，用符号 $u_{ab}$ 表示，常用单位为伏特(V)。

$$u_{ab}=\frac{W}{q} \tag{1-3}$$

式中：$u_{ab}$——a 点指向 b 点的电压(伏特，V)；

$W$——电场力所做的功(焦耳，J)；

$q$——被移动的电荷(库仑，C)。

若电压随时间变化，则定义为

$$u_{ab}=\frac{\Delta W}{\Delta q} \quad 或 \quad u_{ab}=\frac{dW}{dq} \tag{1-4}$$

式中：$\Delta q$ ——微小的电荷增量(C)；

$\Delta W$——电场力移动 $\Delta q$ 所做功的增量(J)。

电路中可任选一点为零电位点(即参考电位)，如图 1-7(b)中的“0”点，参考点用符号“⊥”表示。**电路中 a 点的电位 $u_a$ 就是该点与参考点“0”之间的电压 $u_{a0}$**。电系统中一般选设备外壳或接地点作为参考点。**高于参考点的电位是正电位，低于参考点的电位是负电位。** 电路中某点的电位是个相对量，电位参考点“0”可以任意选取，**参考点发生变化，电路中各点的电位也要随之改变。**

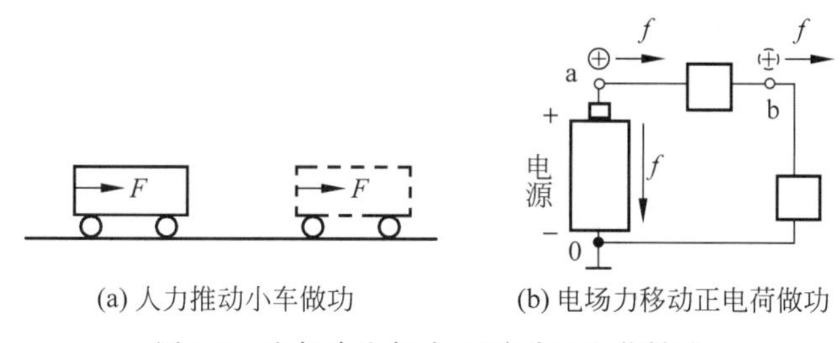


(a) 人力推动小车做功　(b) 电场力移动正电荷做功

图 1-7　电场中电场力 $f$ 移动正电荷做功

**电路中两点间的电压是这两点间的电位之差，即**

$$u_{ab} = u_a - u_b \tag{1-5}$$

**在同一电路中，电位参考点发生变化，两点间的电压不变，即电位差不变。**

本教材中电压用双下标表示，如 $u_{ab}$；电位用单下标表示，如 $u_a$，这样表述省略了下标“0”。

导体中的正电荷在电位差的作用下向低电位点移动，类似于水管中的水在水压差的作用下向低水压处流动。水压是水在水管中流动的动因，可类比电压是电荷在导体中移动的动因。

电压可分为直流电压、交流电压，波形类似于图 1-4。

必须指出，电压是指电路中某两点之间或某元件两端之间的电位差。**电压的实际极性是高电位点为正，低电位点为负；电压的实际方向是电位降低或电压降落的方向，即由高电位点指向低电位点**。在分析复杂电路时，可任意假定电压的参考极性(设某一点极性为正、另一点极性为负)或用双下标和箭头表示电压的参考方向，如图 1-8 所示。假定了电压的参考方向以后，电压才有正有负，才成为代数量。**若 $u>0$ 为正值，则该电压实际方向与参考方向一致；若 $u<0$ 为负值，则说明该电压实际方向与参考方向相反。**

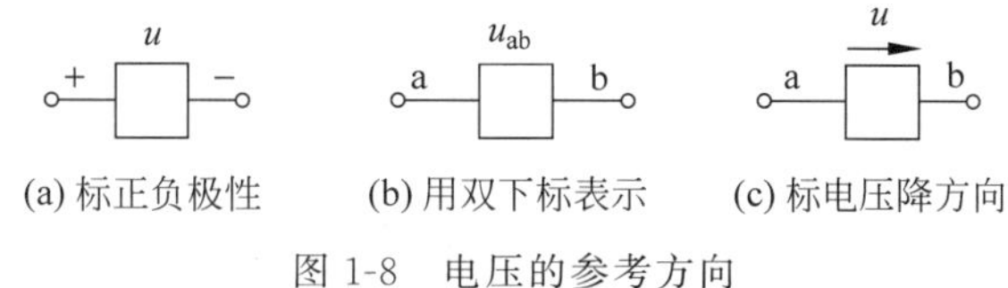


(a) 标正负极性　(b) 用双下标表示　(c) 标电压降方向

图 1-8　电压的参考方向

**电路图中未事先假定电压的参考极性，电压的正负没有意义。**

测量直流电压时，电压表并联到电路两点间，如图 1-9 所示。电压表的正极是假定的电压正极，若显示值为正，表明实际极性也是这点电位更高，另一点电位更低，否则反之。

电压表的内电阻很大。如无特别指明，**一般测量均可认为电压表的内电阻无穷大，而忽**

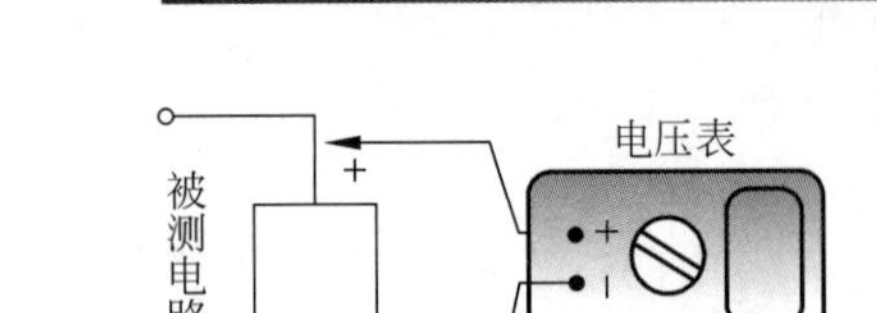

图 1-9 电压表并联到电路两点间测量电压

**略其中的电流。**

2）电动势

观察图 1-7(b)，在电源的外电路正电荷顺电场力方向移动，从高电位点 a 向低电位点 b 及 0 点移动，移至电源负极。为了形成连续的电流，正电荷必须在电源内部从低电位点回到高电位点。而电场力 $f$ 的方向是从电源的正极指向负极，这就要求在电源中有一个电源力作用在正电荷上，使之逆着电场力 $f$ 的方向移动回到 a 点，并把其他形式的能量转换成电能。例如在发电机中，当导体在磁场中旋转而切割磁感线时，导体内便出现这种电源力。在电池中，化学力充当了这种电源力。**电源中的电源力克服电场力做功，使正电荷再次回到高电位点 a。**这如同循环水系统，水在水泵之外的管道总是从高水压处流向低水压处，为了形成连续的水流，在水泵内部必须有一个提升力将水逆着水的重力方向提升到高处的水泵出水口，水在提升的过程中消耗了水泵的机械能使水的势能提高。

**电源力将正电荷从电源的负极移动至正极时所做的功 $W_S$ 与移动电荷量 $q$ 的比值称为该电源的电动势。**电动势用符号 $e$ 表示，常用单位也为伏特(V)，即

$$e=\frac{W_S}{q} \quad 或 \quad e=\frac{\Delta W_S}{\Delta q} \tag{1-6}$$

**电动势 $e$ 的实际方向是从电源的负极指向正极，即电源力的指向，与电源电压的实际方向刚好相反。**电动势 $e$ 也可假定参考方向。

### 1.2.2 功率及其正负值的意义

在图 1-10 中，左侧是电压源 $u_S$，右侧是负载电阻 $R$，两者的电压相等，流过同一个电流。电阻 $R$ 的电流参考方向从电压的参考正极流向参考负极，**这种电压、电流指向一致的参考方向称为关联参考方向。**而流过电压源 $u_S$ 的电流参考方向是从电压的参考负极流向参考正极，**这种电压、电流指向不一致的参考方向称为非关联参考方向。**

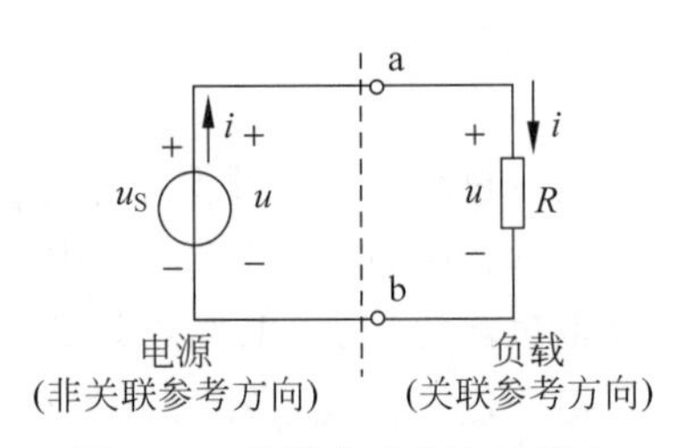

图 1-10 关联参考方向的概念

为方便起见，负载的电流、电压参考方向一般选为关联参考方向。电源的电流、电压参考方向一般选为非关联参考方向。当然也可任意假设。**如无特别指明，电流、电压参考方向仅标一个的，默认为选取关联参考方向。**

**一段电路或某电路元件在单位时间内发出或吸收的电能称为电功率，简称功率。**用符号 $p$ 表示，常用单位为瓦特(W)。

计算功率必须判别功率的性质，是发出功率还是吸收功率，判别方法如表 1-1 所列。**假设所有元件均在吸收功率，则**

**电流、电压间选取关联参考方向时，吸收功率的计算公式为**

$$p=ui \tag{1-7}$$

**电流、电压间选取非关联参考方向时，吸收功率的计算公式为**

$$p=-ui \tag{1-8}$$

表 1-1　元件吸收功率与发出功率的判别

| 假定的参考方向 | 图　形 | 功率的计算公式 | 计算结果 | 功率的性质 |
|---|---|---|---|---|
| 电流、电压为关联参考方向 | | $p=ui$ | $p>0$ | 该元件实际吸收功率 |
| | | | $p<0$ | 该元件实际发出功率 |
| 电流、电压为非关联参考方向 | | $p=-ui$ | $p>0$ | 该元件实际吸收功率 |
| | | | $p<0$ | 该元件实际发出功率 |

**若上两式计算出的功率为负值，表明该元件实际在发出功率，为电源；否则实际在吸收功率，为负载。**

**同一个独立电路中，电源发出的功率等于其他元件吸收消耗的功率之和，或者说元件吸收功率与电源发出功率之代数和应等于零，**这是自然界普遍遵守的功率守恒原理。

在第 1 章、第 2 章中，若激励均是直流电源，电路各处的响应也是直流量，电流、电压、功率均用大写字母表示。这里的直流，均指稳恒直流。

**【例 1-1】** 分析图 1-11 电路中哪个电源发出功率，哪个电源吸收功率，并验证电路功率守衡。

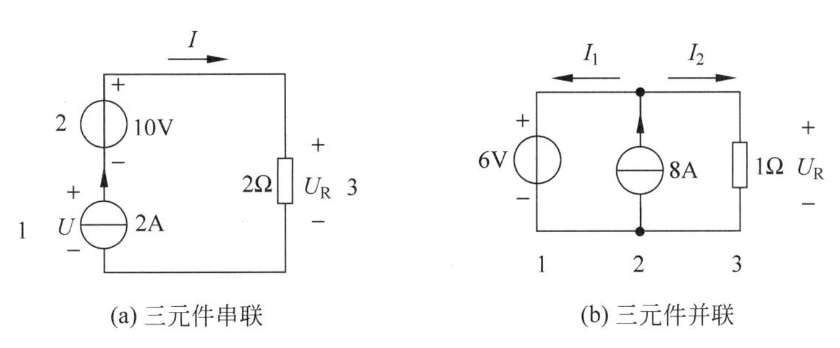


图 1-11　例 1-1 电路图

**解**　图 1-11(a)中三个元件串联，流过同一个电流，均为 2A，则

$$I=2\text{A},\quad U_R=2I=4\text{V}$$

电流源两端的电压为*

$$U=-10+U_R=-10+4=-6\text{V}$$

分别设 2A 电流源、10V 电压源、2Ω 电阻的元件编号为 1、2、3，则 1 号元件，非关联参考方向：

$$P_1=-UI=-(-6)\times 2=12\text{W}\quad（吸收功率）$$

2 号元件，非关联参考方向：

$$P_2=-10I=-10\times 2=-20\text{W}\quad（发出功率）$$

3 号元件，关联参考方向：

---

* 注意：当电流、电压、电阻、功率均用常用单位 A、V、Ω、W 时，计算式中可不必带单位，但计算结果必须带单位。

$$P_3=U_RI=4\times 2=8\text{W}\quad(\text{吸收功率})$$

验证电路的功率守衡：

$$\sum P=P_1+P_2+P_3=12+(-20)+8=0$$

图 1-11(b)中 3 个元件并联，电压相等均为 6V，则

$$U_R=6\text{V},\quad I_2=\frac{U_R}{1}=\frac{6}{1}=6\text{A}$$

流过电压源的电流为

$$I_1=8-I_2=8-6=2\text{A}$$

分别设 6V 电压源、8A 电流源、1Ω 电阻的元件编号为 1、2、3，则 1 号元件，关联参考方向：

$$P_1=U_RI_1=6\times 2=12\text{W}\quad(\text{吸收功率})$$

2 号元件，非关联参考方向：

$$P_2=-8U_R=-8\times 6=-48\text{W}\quad(\text{发出功率})$$

3 号元件，关联参考方向：

$$P_3=U_RI_2=6\times 6=36\text{W}\quad(\text{吸收功率})$$

验证电路的功率守衡：

$$\sum P=P_1+P_2+P_3=12-48+36=0$$

从例 1-1 可知：电阻任何时候都在吸收功率，而**对于电源，却不一定总是发出功率，也有处于负载地位吸收功率的电源**，如正在被充电的手机电池。**电流、电压实际方向相同的元件，必吸收功率；电流、电压实际方向相反的元件，必发出功率。**

### 1.2.3 电能及其单位

**电路元件在一段时间内吸收或发出的能量称为电能**，用符号 *W*(斜体印刷)表示，常见单位为焦耳(J)。注意这里物理量“*W*”不要与功率的单位“W”(正体印刷)混淆。电能的计算公式为

$$W=pt=uit \tag{1-9}$$

焦耳(J)这个单位在计量电能时显得过小，在电力生产及供应中，运用公式 $W=pt$ 时，时间单位若选小时(h)，功率单位选千瓦(kW)，则电能的单位为 kW·h，即俗称的“1 度电”。

$$1\text{kW}\cdot\text{h}=3.6\times 10^6\ \text{J}=1\text{度电}$$

工程中有时会觉得 SI 主单位太大或太小，要用到它们的十进制倍数单位和分数单位，这时的单位名称要在其主单位前添加 SI 词头，常用的 SI 词头如表 1-2 所列。换算举例如下：

$$1\text{A}=10^3\text{mA}=10^6\mu\text{A},\quad 1\text{V}=10^3\text{mV}=10^6\mu\text{V},\quad 1\text{kW}=10^3\text{W}$$

**表 1-2 十进制倍数单位和分数单位 SI 词头**

| 名称 | 吉 | 兆 | 千 | 毫 | 微 | 纳 | 皮 |
|---|---|---|---|---|---|---|---|
| 符号 | G | M | k | m | $\mu$ | n | p |
| 对应的数量级 | $10^9$ | $10^6$ | $10^3$ | $10^{-3}$ | $10^{-6}$ | $10^{-9}$ | $10^{-12}$ |

## 【课后练习】

**1.2.1** 在图 1-12 中，

A. 电源吸收功率(　　)W；　　　　B. 电源吸收功率(　　)W；

C. 电源吸收功率(　　)W；　　　　D. 电源吸收功率(　　)W。

发出功率的电源是图(　　)，处于负载地位的电源是图(　　)。

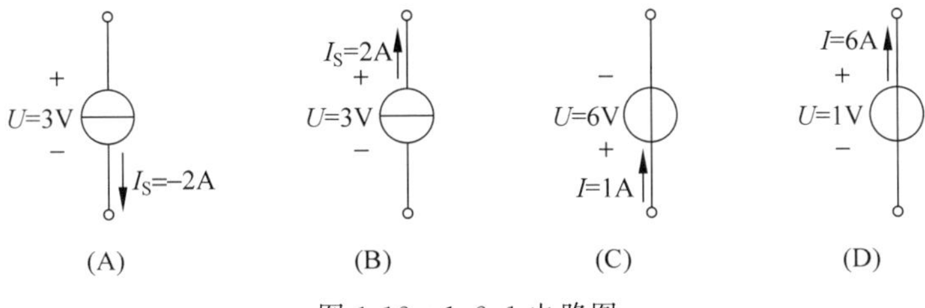


图 1-12　1.2.1 电路图

**1.2.2**　在图 1-13 中，a 点电位 $u_a$ 是(　　)V；b 点 $u_b$ 是(　　)V；c 点 $u_c$ 是(　　)V。(　　)点电位最高，(　　)点电位最低。

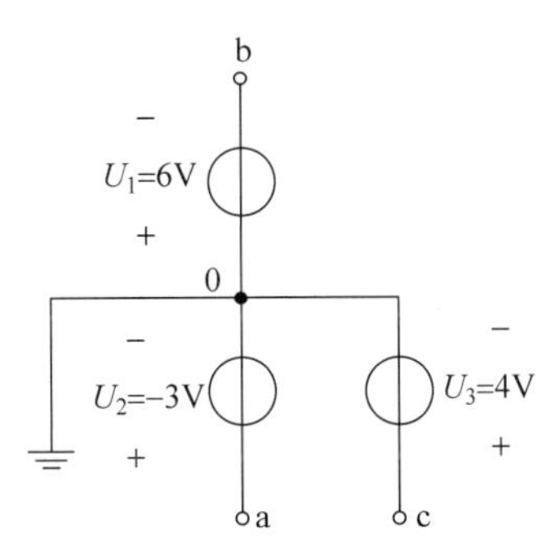


图 1-13　1.2.2 电路图

**1.2.3**　图 1-14(a)中，电流源(　　)功率，电压源(　　)功率。

图 1-14(b)中，电流源(　　)功率，电压源(　　)功率。

正电荷从元件电压的实际正极流进时，该元件(　　)功率。

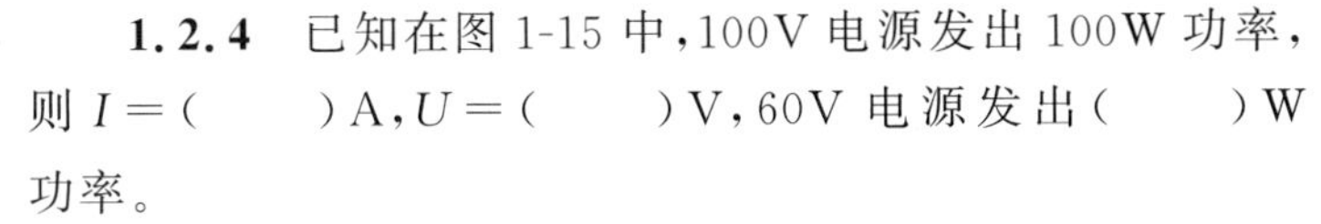

**1.2.4**　已知在图 1-15 中，100V 电源发出 100W 功率，则 $I=$(　　)A，$U=$(　　)V，60V 电源发出(　　)W 功率。

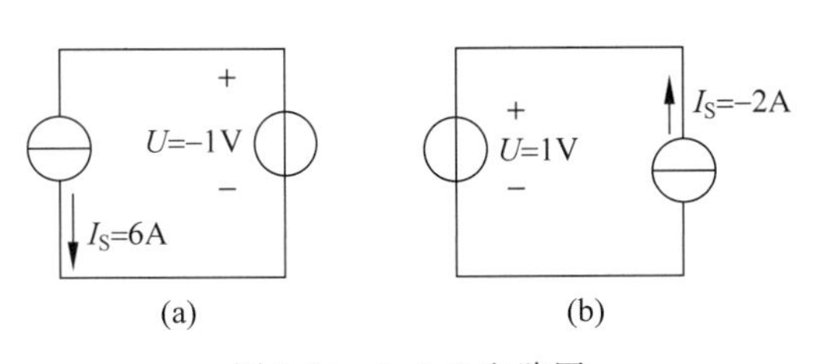


图 1-14　1.2.3 电路图

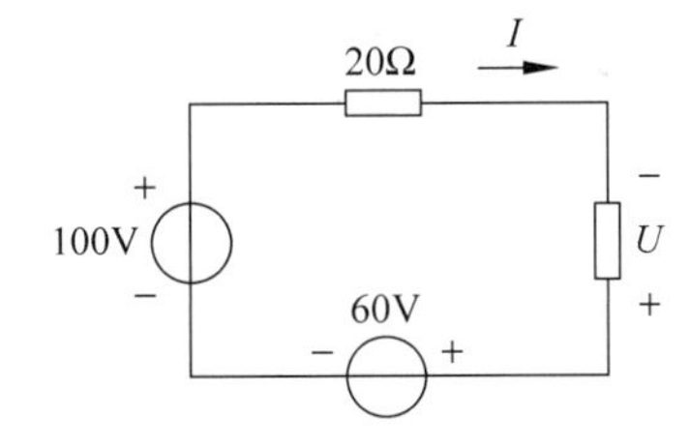


图 1-15　1.2.4 电路图

## 1.3　基尔霍夫定律

电波在真空中的传播速度是 $3\times10^6$ 千米/秒，和光速一样，在导体中传播也接近光速。电信号的波长 λ 与变化频率和传播速度有关。如某短波电台载波信号频率 $f=10\text{MHz}$，其波长为

$$\lambda=\frac{\text{传播速度}}{\text{变化频率}}=\frac{300000000\ \text{米/秒}}{10000000\ \text{周期/秒}}=30\ \text{米/周期}$$

而电力信号波长为 6000 千米/周期，因此一般电路元件的尺寸都远小于其传播信号的波长，由这样的元件组成的电路称为集总参数电路。

集总参数电路中电流、电压分配遵循基尔霍夫定律。

### 1.3.1 电路结构术语

介绍基尔霍夫定律之前，先介绍几个电路分析中常用的术语。

支路：把电路中几个元件首尾相连组成的没有分叉、流过同一电流的分支称为支路，图 1-16 中共有 5 条支路，即 ab、bc、ad、cd、bed。

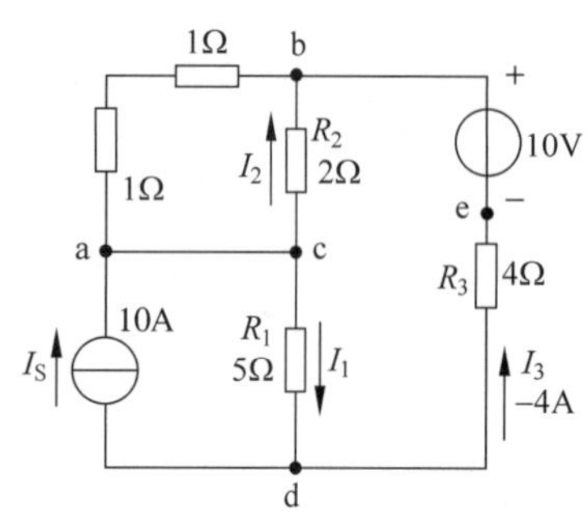


图 1-16 电路结构示意图

结点：把 3 条和 3 条以上支路的连接点叫结点。图 1-16 中共有 3 个结点：a、b、d；c 与 a 在一根理想导线（忽略其导线电阻）两端，两点同电位，应看成同一结点。

回路：从电路的一个结点出发不重复地经过若干支路和结点，再回到原出发结点所经过的闭合路径称为回路。图 1-16 中共有 7 个回路：abcda、acbeda、abca、acda、bedcb、abeda、abedca。

网孔：网孔是平面电路平铺开来形成的网洞，是特殊的回路，该回路中间不包含其他支路，如图 1-16 所示的 bedcb、acda、abca。

### 1.3.2 基尔霍夫电流定律

基尔霍夫电流定律(Kirchhoff's Current Law，KCL)：**电路中任一结点，在任一瞬间，流入结点的电流总和等于流出该结点的电流总和**，即

$$\sum I_{\text{入}} = \sum I_{\text{出}} \tag{1-10}$$

表明电路中电荷移动到结点处时，不会消失，也不能堆积，电流应是连续的。这类似于有分支的水管，在分支点流入的水流量总和等于流出的水流量总和。

例如在图 1-16 中，流入 d 结点的电流为 $I_1$，流出 d 结点的电流为 $I_3$ 和 $I_S$，得到的 KCL 方程为

$$I_1 = I_3 + I_S \tag{1-11}$$

代入已知电流

$$I_3 = -4\text{A}, \quad I_S = 10\text{A}$$

得

$$I_1 = I_3 + I_S = (-4) + 10 = 6\text{A}$$

若将式(1-11)进行移项，得到 d 结点 KCL 方程的另一种表达形式

$$I_1 - I_3 - I_S = 0 \tag{1-12}$$

式(1-12)可表述为：**在任一瞬间，任一结点上电流的代数和等于零**，即

$$\sum I = 0 \tag{1-13}$$

应用式(1-13)时，流进结点的电流前若加正号，则流出结点的电流前加负号，反之亦然。

**【例 1-2】** 如图 1-17 所示电路中，已知 $I_1 = 1\text{A}$，$I_2 = 2\text{A}$，$I_3 = -3\text{A}$，$I_4 = -1\text{A}$，$I_5 = 2\text{A}$，求其余各支路电流。

**解** 设流进左结点的电流为正，流出的电流为负，可得左结点的 KCL 方程

$$I_1+I_2+I_3-I_4-I_7=0$$

所以

$$I_7=I_1+I_2+I_3-I_4=1+2+(-3)-(-1)=1\text{A}$$

图 1-17 中，包围两个结点的封闭面(虚线所示)有 6 条支路穿过，流经的电荷在封闭面内，不会消失也不能堆积，因此这 6 条支路电流的代数和应等于零，此处封闭面相当于一个放大了的结点，因此 **KCL 定律也适用于封闭面**。**对该封闭面应用 KCL**，可得

$$I_1+I_2+I_3-I_4+I_5+I_6=0$$

$$I_6=-I_1-I_2-I_3+I_4-I_5=-1-2-(-3)+(-1)-2=-3\text{A}$$

观察如图 1-18 所示的电路，虚线封闭面仅切割到一条支路，根据 KCL 定律，$\sum I=0$，则 $I=0$，**这表明没有形成回路的支路电流必为零**。

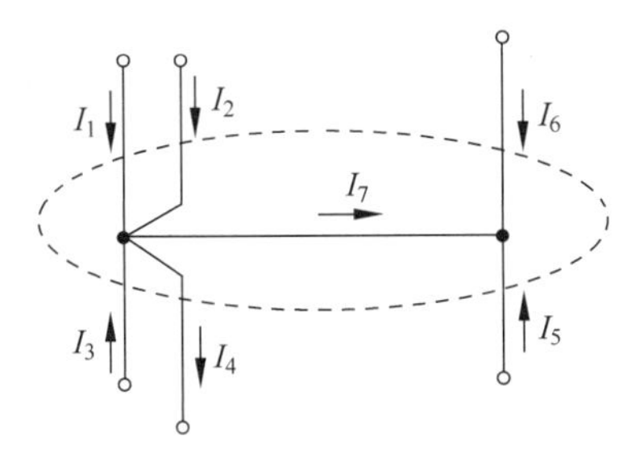


图 1-17　例 1-2 电路图

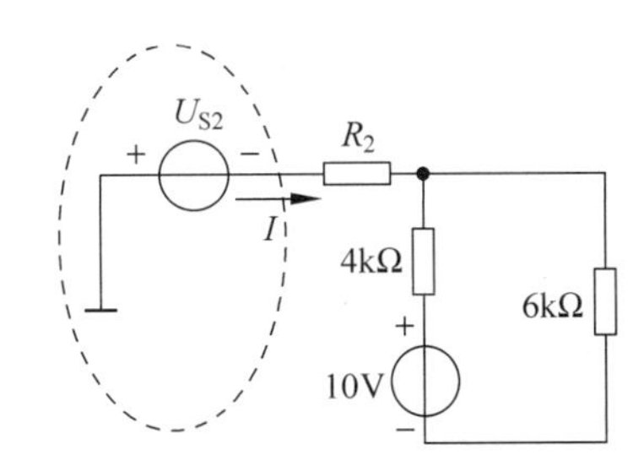


图 1-18　没有形成回路的支路电流为零

## 1.3.3　基尔霍夫电压定律

基尔霍夫电压定律(Kirchhoff's Voltage Law，KVL)：**在任一瞬间，沿任一闭合回路绕行一周，在绕行方向上各元件电位降低的总和等于电位升高的总和**，即

$$\sum U_{降}=\sum U_{升} \tag{1-14}$$

这与图 1-19 中人沿 bacdb 绕行一周，下楼再上楼回到出发点，高度的降低量等于高度的升高量道理类似。

因此 KVL 还可表述为：**在任一瞬间，沿任一闭合回路绕行一周，在绕行方向上各元件的电位降(即电压)代数和等于零**，即

$$\sum U=0 \tag{1-15}$$

a　b　c　d

图 1-19　沿 bacdb 绕行一周高度的变化量为零

列写 KVL 方程时，沿选定绕行方向，**遇电位降低，它的电压前面加正号；遇电位升高，它的电压前面加负号**。图 1-16 中沿右网孔 bedcb 顺时针绕行一周的 KVL 方程为

$$\sum U=10-R_3I_3-R_1I_1+R_2I_2=0$$

绕行方向是计算电压的先后次序。首先从正极到负极走过 10V 电压源，电位降低，“10V”前加正号；接着逆着 $I_3$ 方向走过 $R_3$，**电位升高，类似逆水而上**，“$R_3I_3$”前面加负号；再逆着 $I_1$ 的方向走过 $R_1$，“$R_1I_1$”前面加负号；最后顺着 $I_2$ 的方向走过 $R_2$，**电位降低，类似顺水而下**，“$R_2I_2$”前面加正号。

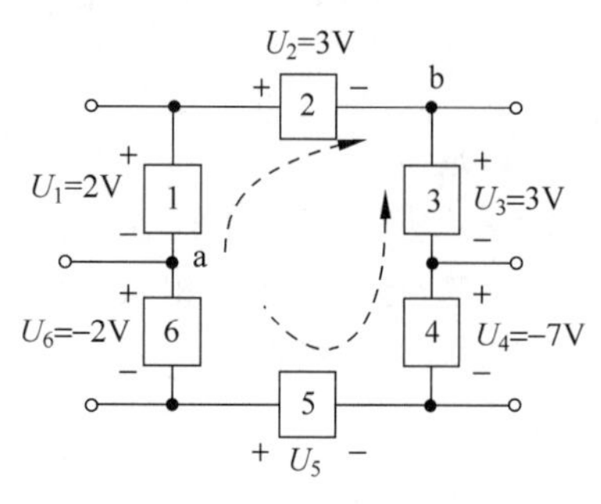

图 1-20 例 1-3 电路图

【例 1-3】 某局部电路如图 1-20 所示,试利用 KVL 求出 $U_5$,并用两种方法求出 a、b 两点间的电压 $U_{ab}$。

**解** a 点出发顺时针绕行一周,得 KVL 方程为

$$-U_1+U_2+U_3+U_4-U_5-U_6=0$$

$$U_5=-U_1+U_2+U_3+U_4-U_6$$

$$=-2+3+3+(-7)-(-2)=-1\text{V}$$

求两点间电压时,先设定从 a 到 b 的绕行次序。

往上绕

$$U_{ab}=-U_1+U_2=-2+3=1\text{V}$$

往下绕

$$U_{ab}=U_6+U_5-U_4-U_3=-2+(-1)-(-7)-3=1\text{V}$$

结果表明:**用 KVL 求任意两点间的电压,从 a 点到 b 点绕行不同路径,结果一致,这反映了电压的唯一性。**

【例 1-4】 试求图 1-21 中的 $I_1$、$I_2$、$U_{ab}$。

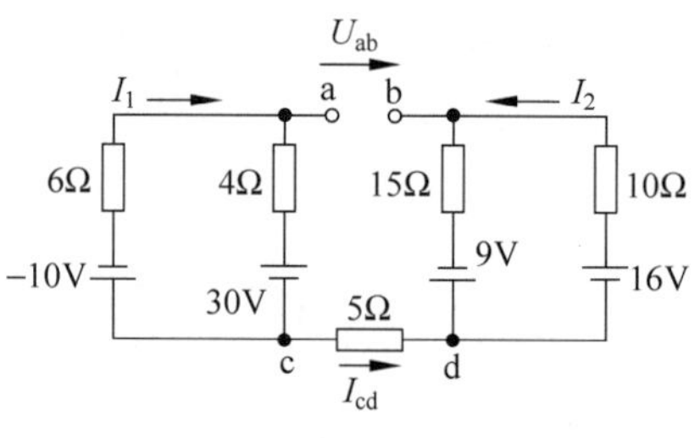

图 1-21 例 1-4 电路图

**解** 5Ω 电阻所在支路没有和其他支路形成回路,该支路电流 $I_{cd}$ 和 $U_{cd}$ 为 0,c、d 两点同电位。对左、右两个网孔列写 KVL 方程

左侧网孔顺时针绕行

$$6I_1+4I_1+30+(-10)=0$$

$$I_1=-2\text{A}$$

右侧网孔逆时针绕行

$$15I_2-9-16+10I_2=0$$

$$I_2=1\text{A}$$

求 $U_{ab}$ 时,从 a 点到 b 点任选一条路径:如 4Ω→30V→5Ω→9V→15Ω,KVL 方程为

$$U_{ab}=4I_1+30+9-15I_2$$

代入 $I_1$、$I_2$ 的值,则

$$U_{ab}=16\text{V}$$

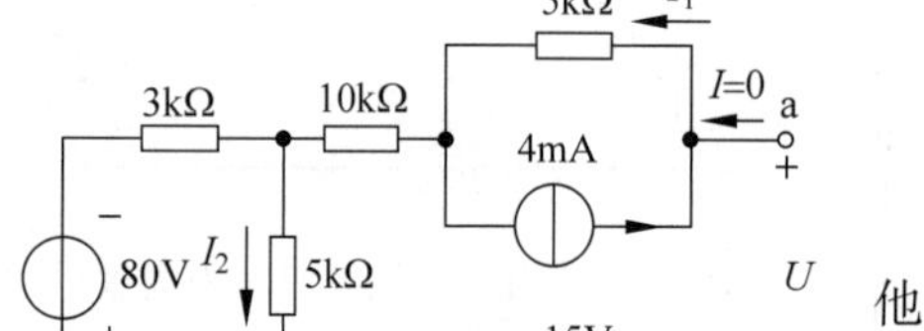

图 1-22 例 1-5 电路图

【例 1-5】 计算图 1-22 中 a、b 端口的开路电压。

**解** a、b 端口开路,表明 a、b 端口以外没有接其他电路,端口及 10kΩ 电阻上的电流 $I$ 为 0。但 4mA 电流源要流通,所以 $I_1=4\text{mA}$。

由于 $I=0$,所以 3kΩ 和 5kΩ 两者为实际的串联关系,流过同一个电流 $I_2$。得

$$I_2=-\frac{80\text{V}}{8\text{k}\Omega}=-10\text{mA}$$

从 a 点绕行至 b 点计算 $U$

$$U=5I_1+5I_2-15=5\times4+5\times(-10)-15=-45\text{V}$$

上式中单位间关系为 kΩ 乘以 mA 等于 V,电子线路的计算中经常用到。

## 1.3.4　基尔霍夫定律应用实例

在应用 KCL、KVL 时，应注意：

**(1) 计算前必须事先设定电压电流的参考方向。方程中的每个量，电路图已正确标注。**

**(2) 正确应用两套正负符号，列方程出现的正与负，数值的正与负。**

**【例 1-6】** 图 1-23 电路中 $I_1$ 是一个控制量，$I_1$ 的变化可同时控制 $I_2$、$I_0$ 和 $U$ 随之变化。若 $I_1=-0.2\text{A}$，求 $I_2$、$I_0$ 和 $U$。

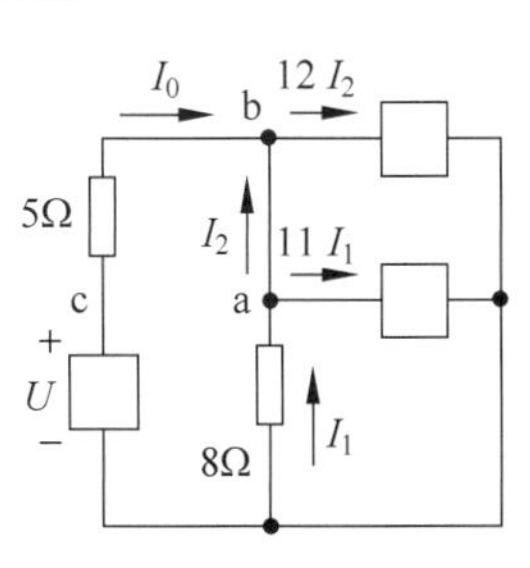


图 1-23　例 1-6 电路图

**解**　应用 KCL 于 a 结点

$$I_2=I_1-11I_1=(-0.2)-11(-0.2)=2\text{A}$$

再应用 KCL 于 b 结点

$$I_0=12I_2-I_2=11I_2=22\text{A}$$

应用 KVL 于 abca 回路

$$-5I_0+U+8I_1=0$$

或者

$$U=5I_0-8I_1=5\times22-8\times(-0.2)=110+1.6=111.6\text{V}$$

**【例 1-7】** 计算图 1-24 的 $I_1$、$I_2$、$I_3$、$U_{ab}$。

**解**　该电路支路多，但许多支路都有电源，其电流、电压为已知，这种情况直接应用 KCL、KVL 就能达到计算目的。

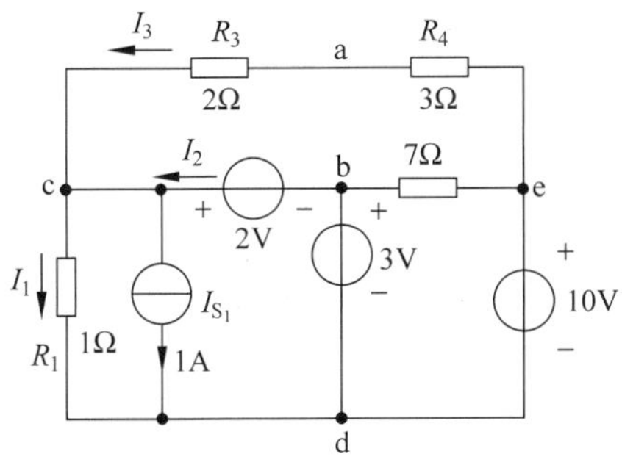


图 1-24　例 1-7 电路图

先寻找解题突破口，尽量找出能用欧姆定律直接计算的量，即

$$I_1=\frac{U_{cd}}{R_1}=\frac{U_{cb}+U_{bd}}{R_1}=\frac{2+3}{1}=5\text{A}$$

$$I_3=\frac{U_{ec}}{R_3+R_4}=\frac{U_{ed}+U_{db}+U_{bc}}{R_3+R_4}$$

$$=\frac{10-3-2}{2+3}=1\text{A}$$

列出 c 点的 KCL 方程

$$I_1+I_{S_1}-I_2-I_3=0$$

$$I_2=I_1+I_{S_1}-I_3=5+1-1=5\text{A}$$

计算 $U_{ab}$ 有两种绕法。a→b 左绕行

$$U_{ab}=R_3I_3+U_{cb}=2\times1+2=4\text{V}$$

a→b 右绕行

$$U_{ab}=-R_4I_3+U_{ed}+U_{db}=-3\times1+10-3=4\text{V}$$

**【例 1-8】** 如图 1-25 所示是晶体三极管放大电路，核心元件三极管将基极电流 $I_B$ 放大 $\beta$ 倍后得到集电极电流 $I_C$。图 1-25(b) 是其直流通路的习惯画法。设 $U_{BE}=0.7\text{V}$，$U_E=2\text{V}$，试计算：(1)基极电流 $I_B$；(2)集电极电流 $I_C$、发射极电流 $I_E$；(3)三极管电流放大倍数 $\beta(I_C/I_B)$；(4)确定 $U_B$ 和 $U_C$；(5)确定 $U_{BC}$ 和 $U_{CE}$。

**解**　(1) 计算 $I_B$。查看绕行路径 A→B→E→0，得

$$U_{A0}=U_{CC}=300I_B+U_{BE}+U_E=9\text{V}$$

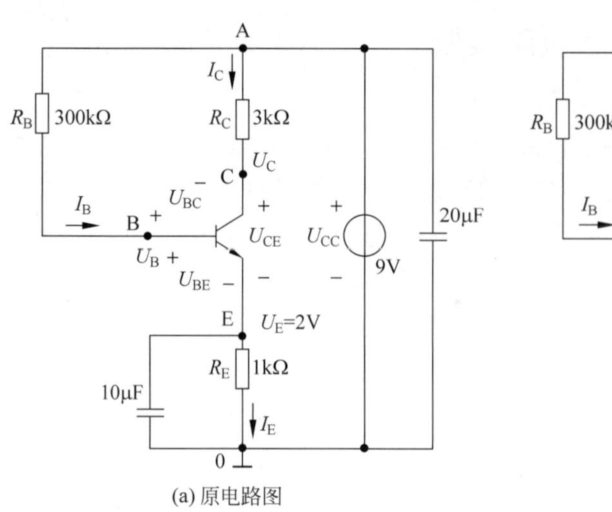

(a) 原电路图

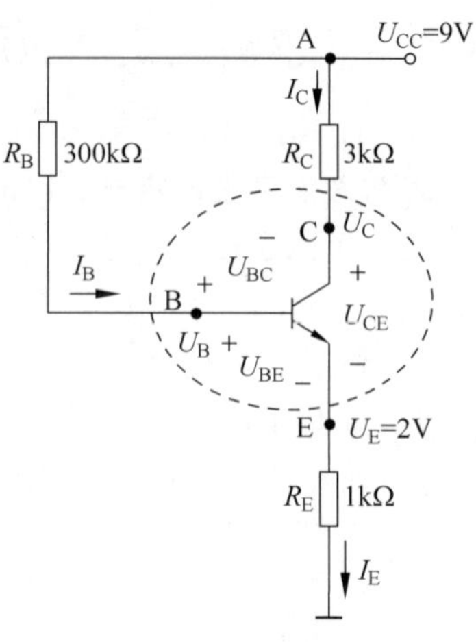

(b) 直流通路习惯画法

图 1-25　例 1-8 电路图

$$I_B=\frac{9-U_{BE}-U_E}{300}=\frac{9-0.7-2(\mathrm{V})}{300(\mathrm{k\Omega})}=0.021\mathrm{mA}$$

（2）计算 $I_E$ 与 $I_C$。$R_E$ 两端的电压是 $U_E$，得

$$I_E=\frac{U_E}{R_E}=\frac{2\mathrm{V}}{1\mathrm{K\Omega}}=2\mathrm{mA}$$

假设虚线封闭面包围了三极管的 3 个极，由 KCL 得

$$I_C+I_B=I_E,\quad I_C=I_E-I_B=2-0.021=1.979\mathrm{mA}$$

（3）计算三极管的电流放大倍数，得

$$\beta=\frac{I_C}{I_B}=\frac{1.979}{0.021}=94.24$$

（4）计算电位 $U_B$ 与 $U_C$，得

$$U_B=U_{BE}+U_E=0.7+2=2.7\mathrm{V}$$

由 A 点到 C 点，电位降低量是 $R_C$ 上的电压，得

$$U_{C0}=U_C=U_{CC}-R_CI_C=9-3\times1.979=3.063\mathrm{V}$$

（5）计算电压 $U_{BC}$ 与 $U_{CE}$。电压是电位之差，得

$$U_{BC}=U_B-U_C=2.7-3.063=-0.363\mathrm{V}$$

可见，B 点电位低于 C 点电位，这是三极管放大的条件之一。

$$U_{CE}=U_C-U_E=3.063-2=1.063\mathrm{V}$$

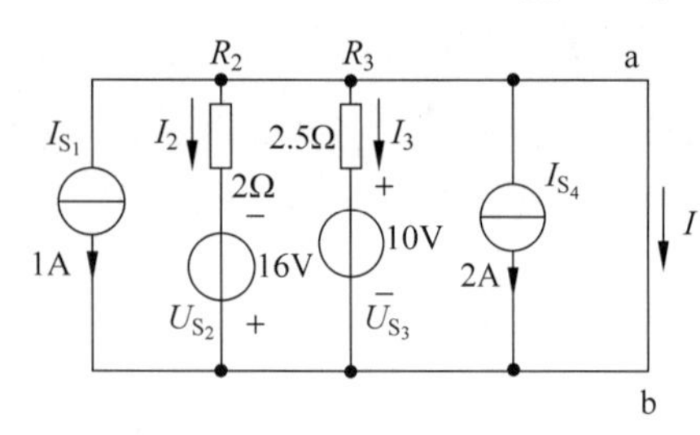

图 1-26　例 1-9 电路图

**【例 1-9】** 电路如图 1-26 所示，求电流 $I$。

**解**　该电路所有支路并联在一起，电路顶部 5 条支路均接至 a 点、底部 5 条支路均接至 b 点，a、b 间短路，$U_{ab}=0$。

2 支路从上到下电压应为 0，则

$$U_{ab}=R_2I_2-U_{S_2}=2I_2-16=0$$

$$I_2=8\mathrm{A}$$

3 支路从上到下电压应为 0，则

$$U_{ab}=R_3I_3+U_{S_3}=2.5I_3+10=0$$

$$I_3=-4A$$

列写 a 结点的 KCL 方程，得

$$I_{S_1}+I_2+I_3+I_{S_4}+I=0$$

$$I=-I_{S_1}-I_2-I_3-I_{S_4}=-1-8-(-4)-2=-7A$$

## 【课后练习】

**1.3.1** 如图 1-27 所示的电路中，$U_{ab}$=(　　)V，$U_{ba}$=(　　)V，$U_{bc}$=(　　)V，$U_{cb}$=(　　)V，$U_{ca}$=(　　)V，$U_{ac}$=(　　)V。

**1.3.2** 如图 1-28 所示的电路图中，判断对错，错的请改正。

(1) $I_1$、$I_2$、$I_3$ 中至少有一个是负值。(　　)

(2) 左网孔的 KVL 方程为 $6I_1-4I_3+30+(-10)=0$。(　　)

(3) 右网孔的 KVL 方程为 $4I_3+10I_2-(-16)-30=0$。(　　)

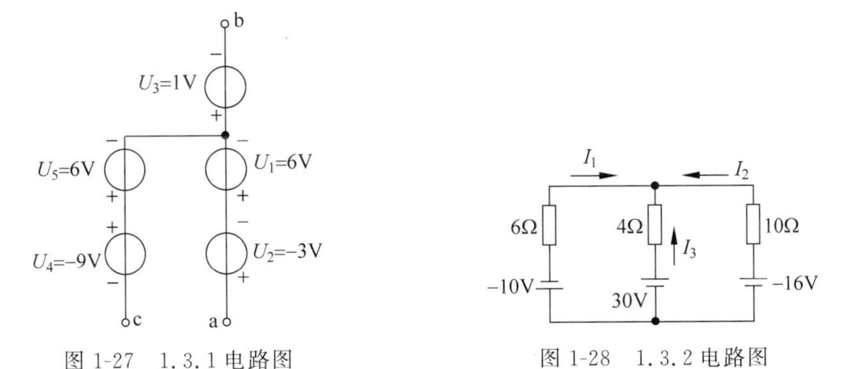


图 1-27　1.3.1 电路图　　　图 1-28　1.3.2 电路图

**1.3.3** 如图 1-29(a)所示，$I_1$=(　　)A，$I_2$=(　　)A，$I_3$=(　　)A；如图 1-29(b)所示，$U_1$=(　　)V，$U_2$=(　　)V。

**1.3.4** 如图 1-30 所示，$I$=(　　)A，$U_A$=(　　)V，$P_A$=(　　)W，$P_1$=(　　)W，$P_2$=(　　)W，$P_3$=(　　)W。

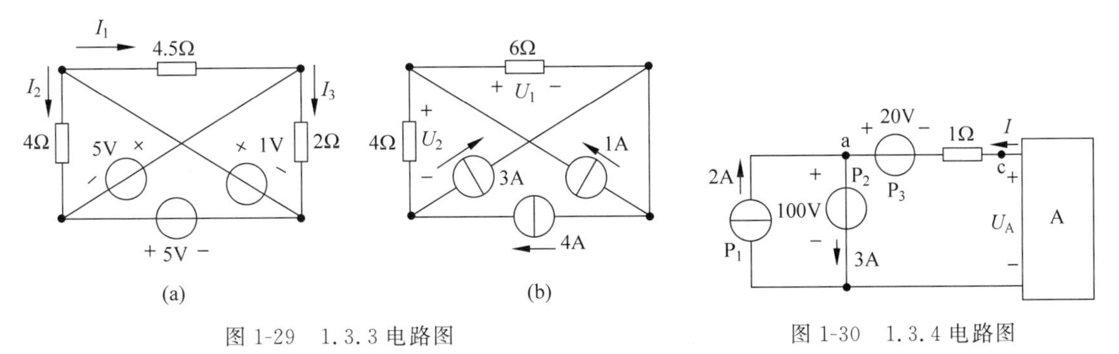


图 1-29　1.3.3 电路图　　　图 1-30　1.3.4 电路图

**1.3.5** 电压 $U_1$、$U_2$ 的波形分别如图 1-31(b)、(c)所示，则图 1-31(a)中电压 $U_3$ 的波形

如图 1-31(　　)所示。

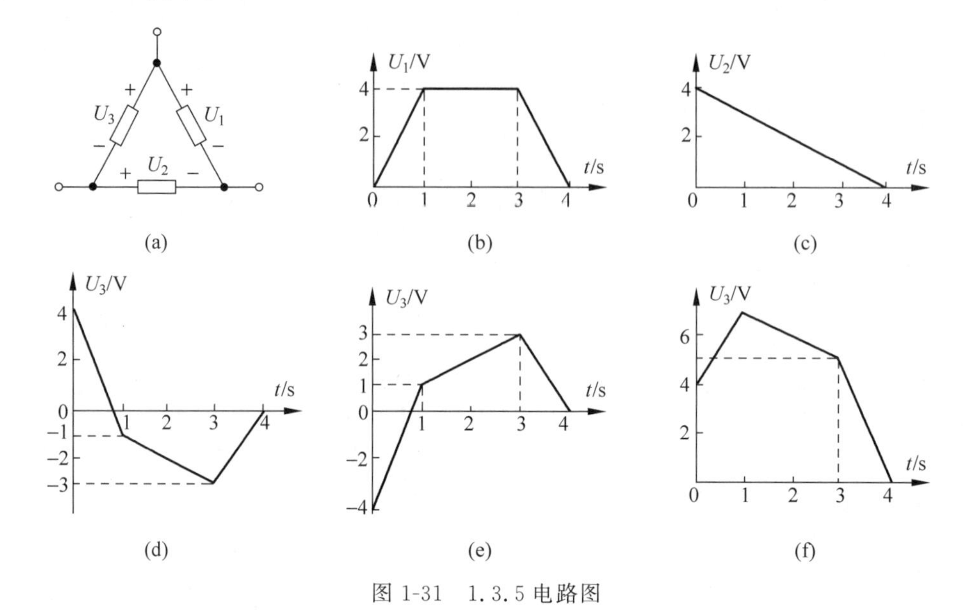


图 1-31　1.3.5 电路图

**1.3.6**　如图 1-32 所示，电路中的电流 $I$=(　　)A。

**1.3.7**　如图 1-33 所示，$U_{ab}$=(　　)V。

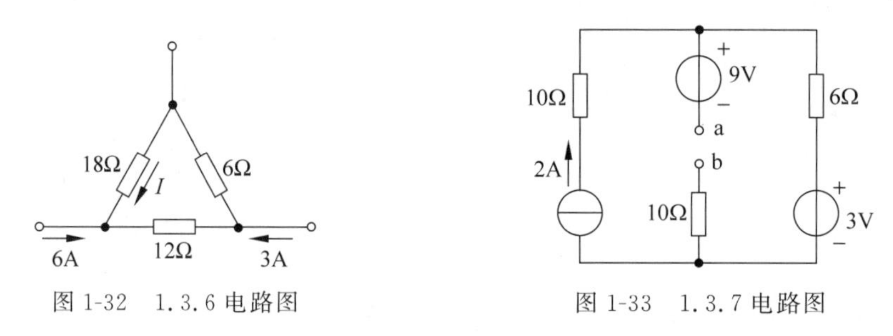


图 1-32　1.3.6 电路图　　图 1-33　1.3.7 电路图

## 1.4　电阻元件的伏安关系及电阻的串并联

电阻电路广泛地存在于电子、计算机、照明、加热、仪器仪表等中，掌握电阻电路的计算方法是电路分析的基础。

**电路的电流电压分配要受到两类约束影响，一类是电路的结构约束，即必须遵循 KCL、KVL；另一类是元件约束，即不同元件的伏安关系（Voltage Current Relation，VCR）。**

### 1.4.1　电阻元件的伏安关系

**1. 线性电阻元件**

关联参考方向下，线性电阻元件的伏安关系就是欧姆定律

$$U=RI,\quad R=\frac{U}{I}=\frac{\Delta U}{\Delta I} \tag{1-16}$$

线性电阻元件的电压与电流的比值是一个常数，等于电阻值 $R$，常用单位为欧姆(Ω)。$R$ 是图 1-34(a)中线性电阻伏安关系 VCR 曲线上的斜率。**$R$ 值越大，表明该电阻阻碍电流通过的特性越强，对于相同的电压值流过该电阻的电流越小**。

另外，电阻也有导通电流的特性，没有电阻在电路的两点之间“搭桥”，电流流不过去。**电阻导通电流的特性用电导描述，用字母 $G$ 表示**，关联参考方向下用电导表示的欧姆定律为

$$I = GU,\quad G = \frac{I}{U} = \frac{\Delta I}{\Delta U} = \frac{1}{R} \tag{1-17}$$

电导的单位为西门子$\left(\text{用字母 S 表示，西门子} = \frac{1}{\text{欧姆}}\right)$，$G$ 是线性电阻伏安关系 VCR 曲线上斜率的倒数。**电导越大，相同的电压值流过该电导的电流越大，电导与电阻互为倒数**。

图 1-34 中电阻选择非关联参考方向，为了保证线性电阻元件的电阻值 $R$ 恒为正值，欧姆定律的表达形式有所变化，则

$$U = -RI,\quad R = -\frac{U}{I} \tag{1-18}$$

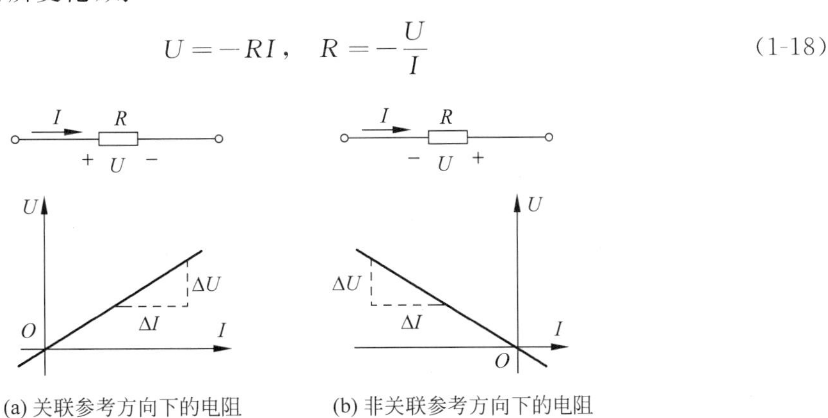

(a) 关联参考方向下的电阻　　(b) 非关联参考方向下的电阻

图 1-34　线性电阻的 VCR 曲线

这是因为电阻元件总是吸收功率的，其电流、电压的实际方向总是相同的，因此**在非关联参考方向下，电阻元件的电流、电压值会一正一负**。式(1-18)中先设置一个负号，使 $R$ 值仍为正值。相应的计算电阻功率表达式为

关联参考方向下

$$P = UI = \frac{U^2}{R} = I^2R \tag{1-19}$$

非关联参考方向下

$$P = -UI = -U\left(-\frac{U}{R}\right) = \frac{U^2}{R} = I^2R \tag{1-20}$$

两种情况下最终达到一致。表明**电阻元件的功率与其电流或电压的平方成正比，恒为正值**。

电阻元件在工作中有两种特殊状态，应该引起注意：

开路状态($R=\infty$)，此时无论电压 $U$ 为何值，电流 $I=0$；

短路状态($R=0$)，此时无论电流 $I$ 为何值，电压 $U=0$。

在运用欧姆定律时要注意单位的统一，下面两种形式最为常见，即

$$I(\mathrm{A})=\frac{U(\mathrm{V})}{R(\Omega)},\quad I(\mathrm{mA})=\frac{U(\mathrm{V})}{R(\mathrm{k}\Omega)}$$

后者经常出现在电子线路的计算中。

**2. 非线性电阻元件**

非线性电阻元件电压与电流的比值不是常数，不同电流、电压下电阻值 $R$ 会发生变化，如图 1-35 所示为其元件符号与伏安关系曲线举例。

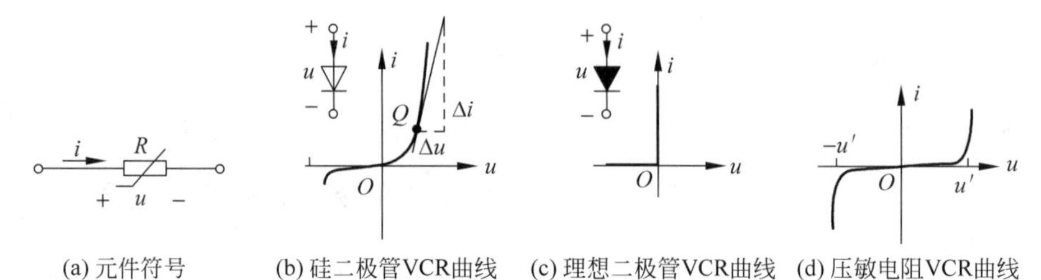


(a) 元件符号　(b) 硅二极管VCR曲线　(c) 理想二极管VCR曲线　(d) 压敏电阻VCR曲线

图 1-35　非线性电阻及其 VCR 曲线举例

**非线性电阻元件的静态电阻定义为 VCR 曲线上工作点 $Q$ 处电压坐标与电流坐标之比**。工作点 $Q$ 所处位置不同，其静态电阻不相等。即

$$\left(R_1=\frac{u_1}{i_1}\right)\neq\left(R_2=\frac{u_2}{i_2}\right) \tag{1-21}$$

**非线性电阻元件的动态电阻定义为 VCR 曲线上工作点 $Q$ 处电压增量与电流增量之比**。工作点不同，其动态电阻不相等。即

$$R_{\mathrm{d}}=\frac{\Delta u}{\Delta i}\quad 及\quad \left.\frac{\Delta u}{\Delta i}\right|_{Q_1}\neq\left.\frac{\Delta u}{\Delta i}\right|_{Q_2} \tag{1-22}$$

图 1-35(b)为硅二极管 VCR 曲线，正向电压大于 0.5V 以后，曲线变陡，动态电阻减小，正向电流随电压增加快速增加；一定范围内，施加反向电压，其反向电流几乎为零，**反映了二极管的单向导电性**。

图 1-35(c)为理想二极管 VCR 曲线，施加正向电压时导通，电阻为零；施加反向电压时电流不能通过，电阻无穷大。理想二极管在数字电路中作为电子开关应用。

图 1-35(d)为压敏电阻 VCR 曲线，电压绝对值小于 $u'$时，电阻很大，电流为零，相当于开路；当电压接近达到 $u'$时，电阻迅速减小，电流增大，使电压的增加受到制约。**压敏电阻常用于线路的过电压保护**。

非线性电阻种类很多，应用于控制装置、保护电路及采样传感器中。

电阻元件的种类还有可变电阻、微调电阻，应用于调压、信号衰减及控制电路。

## 1.4.2　电阻的串联及分压公式

数个电阻首尾相连，其间没有分叉路径，流过同一电流时称为电阻串联，如图 1-36 所示。电阻串联后的总电压等于各个分电压之和，即

$$U=U_1+U_2=IR_1+IR_2=I(R_1+R_2)$$

$$R=\frac{U}{I}=R_1+R_2=\sum R_k$$

式中，$R$ 为该串联电路对外的等效电阻值，该值大于每一个分电阻。

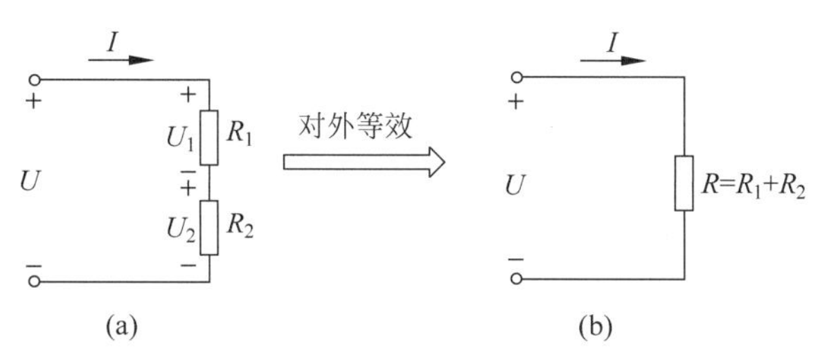


图 1-36　电阻的串联

**电阻串联电路中的分压公式——已知总电压求分电压**

$$\begin{cases} U_1 = R_1 I = R_1 \times \dfrac{U}{R_1 + R_2} = \dfrac{R_1}{\sum R_k} U \\ U_2 = R_2 I = R_2 \times \dfrac{U}{R_1 + R_2} = \dfrac{R_2}{\sum R_k} U \end{cases} \tag{1-23}$$

即

$$U_k = R_k I = \frac{U}{\sum R_k} R_k$$

电阻串联电路中电压分配和功率分配还有以下规律

$$\frac{U_1}{U_2} = \frac{P_1}{P_2} = \frac{R_1}{R_2} \tag{1-24}$$

**即串联电阻间的电压之比、功率之比均等于其电阻值之比，串联电路中电阻值越大者所分配的电压和功率越大。**

图 1-36(b)是图 1.36(a)的对外等效电路，**等效的意义是“两电路输出端子上的伏安关系一致”；等效后的效果是“两电路输出端子上接同一外电路时，外电路中的电流、电压相等”，因此“等效”是对外电路等效。**

## 1.4.3　电阻的并联及分流公式

数个电阻的一端连在一起，另一端也连在一起，所加电压相同时称为电阻并联，如图 1-37 所示。电阻并联后的总电流等于各个分电流之和，即

$$I = I_1 + I_2 + I_3 = \frac{U}{R_1} + \frac{U}{R_2} + \frac{U}{R_3} = U\left(\frac{1}{R_1} + \frac{1}{R_2} + \frac{1}{R_3}\right)$$

等效电导为

$$G = \frac{I}{U} = \frac{1}{R} = \frac{1}{R_1} + \frac{1}{R_2} + \frac{1}{R_3} = G_1 + G_2 + G_3 = \sum G_k \tag{1-25}$$

等效电阻为

$$R = R_1 /\!/ R_2 /\!/ R_3 = \frac{1}{G} = \frac{U}{I} = \frac{1}{\dfrac{1}{R_1} + \dfrac{1}{R_2} + \dfrac{1}{R_3}} \tag{1-26}$$

**等效电导值 $G$ 等于各支路电导之和，大于每一个分电导。等效电阻值 $R$ 为 $G$ 的倒数，**

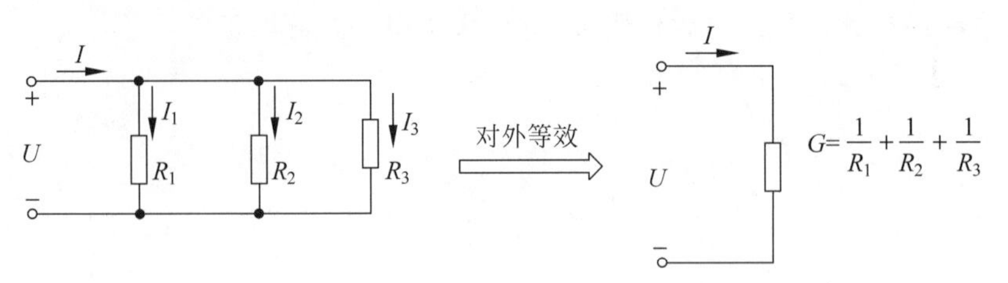


图 1-37　电阻的并联

**小于每一个分电阻。**符号“//”表示电阻元件间相互关系为并联关系。

**电阻并联电路中的分流公式——已知总电流求分电流**,则

$$\begin{cases} I_1=G_1U=G_1\times\dfrac{I}{G_1+G_2+G_3}=\dfrac{G_1}{\sum G_k}I \\ I_2=G_2U=G_2\times\dfrac{I}{G_1+G_2+G_3}=\dfrac{G_2}{\sum G_k}I \end{cases} \tag{1-27}$$

即

$$I_k=UG_k=\frac{I}{\sum G_k}=G_k$$

电阻并联电路中电流分配和功率分配还有以下规律

$$\frac{I_1}{I_2}=\frac{P_1}{P_2}=\frac{\dfrac{1}{R_1}}{\dfrac{1}{R_2}}=\frac{G_1}{G_2} \tag{1-28}$$

即**并联电阻间的电流之比、功率之比均等于其电导值之比,电导值越大者(即电阻值越小者)所分配的电流和功率越大。**

实际应用中,大量存在两个电阻并联的电路,如图 1-38 所示,其等效电阻为

$$R=R_1 /\!/ R_2=\frac{1}{\dfrac{1}{R_1}+\dfrac{1}{R_2}}=\frac{R_1R_2}{R_1+R_2} \tag{1-29}$$

**两个电阻并联电路中的分流公式为**

$$\begin{cases} I_1=\dfrac{U}{R_1}=\dfrac{1}{R_1}\times I\times\dfrac{R_1R_2}{R_1+R_2}=I\times\dfrac{R_2}{R_1+R_2} \\ I_2=\dfrac{U}{R_2}=\dfrac{1}{R_2}\times I\times\dfrac{R_1R_2}{R_1+R_2}=I\times\dfrac{R_1}{R_1+R_2} \end{cases} \tag{1-30}$$

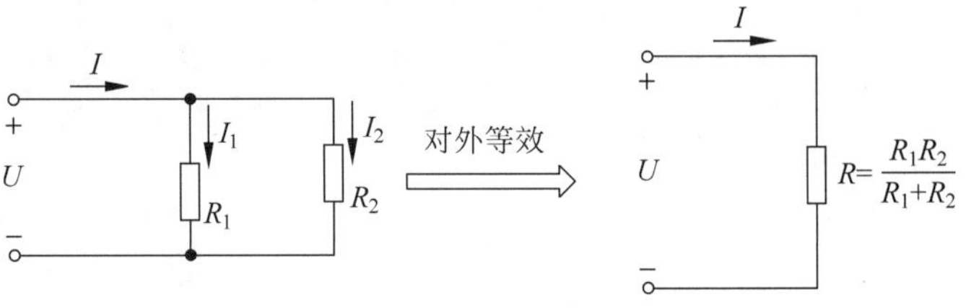

I
+
U
−
$I_1$
$I_2$
$R_1$
$R_2$
对外等效
$R=\frac{R_1R_2}{R_1+R_2}$

图 1-38　两个电阻的并联

注意式(1-29)、式(1-30)不能推广应用到3个及以上电阻的并联电路中。

运用分流、分压公式进行计算时应注意：若分电流、分电压与总电流、总电压的参考方向不相同，式(1-25)、式(1-27)、式(1-30)前应加负号。

## 1.4.4　电阻的混联及等效电阻计算

电路中既有电阻串联又有电阻并联称为电阻混联。对电阻混联电路有三大计算任务：首先计算ab端口的等效电阻；其次端口ab外有电源作用时计算端口电压、端口电流(总电压、总电流)，最后根据要求计算分电压、分电流。

如图1-39所示为电阻混联的两种基本形式，图1-39(a)串中有并；图1-39(b)并中有串。电阻混联电路都可转变为这两种连接的组合。

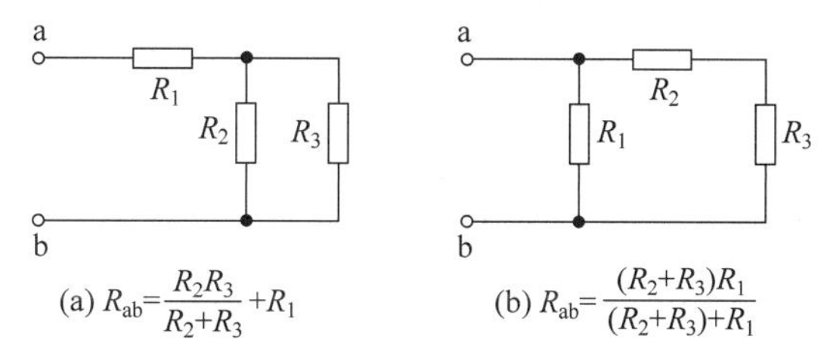


图1-39　电阻混联的两种基本形式

**【例1-10】**　求图1-40电路中的等效电阻$R_{ab}$。

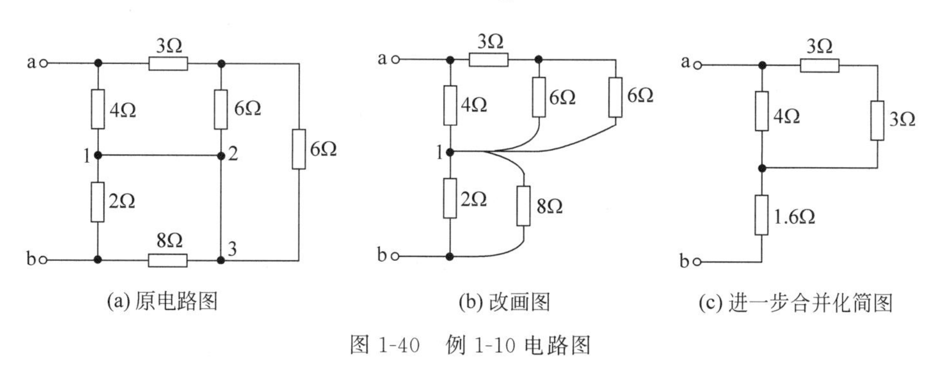


图1-40　例1-10电路图

**解**　为看清元件的连接方式，**可以在不改变元件间连接关系的情况下将电路改画**。图1-40(a)中1、2、3点是等电位点，将三者间的短路线缩短为一点，改画成图1-40(b)，元件间的串并联关系就清晰了。

求等效电阻从局部开始，将局部可以串联合并或并联合并的支路先行化简。右上侧两个6Ω电阻并联为3Ω，下侧2Ω和8Ω电阻并联为1.6Ω，化简为图1-40(c)，则有

$$R_{ab}=\frac{(3+3)\times 4}{(3+3)+4}+1.6=4\Omega$$

**【例1-11】**　求图1-41(a)电路中的$I$、$I_1$、$U_{cd}$。

**解**　先将图1-41(a)改画为图1-41(b)，则

$$R_{ab}=R_1+R_{cd}+R_2=5+\frac{3\times 6}{3+6}+1=8\Omega$$

用改画后的电路图进行分流、分压计算十分方便。

端口电流

$$I=\frac{U_{ab}}{R_{ab}}=\frac{24}{8}=3A$$

应用分流公式

$$I_1=\frac{I}{6+R_{ced}}\times R_{ced}=\frac{3}{6+3}\times 3=1A$$

应用分压公式

$$U_{cd}=\frac{U_{ab}}{R_2+R_1+R_{cd}}\times R_{cd}=\frac{24}{8}\times 2=6V$$

**【例 1-12】** 如图 1-42 所示电路为测量 $U_X$ 的“电位差计”，$U_S$ 是供电电池，$E_S$ 是直流标准电池，$R_N$ 是标准电阻，与开关 K 相接的是微安表指零仪。测量分两步进行：K 与 a 接通时，调节可变电阻 $R$，使微安表指零；然后测量端口接被测电压 $U_X$，K 与 b 接通，调节 $R_X$ 再使微安表指零。若 $R_X$ 为 123Ω，计算 $U_X$。

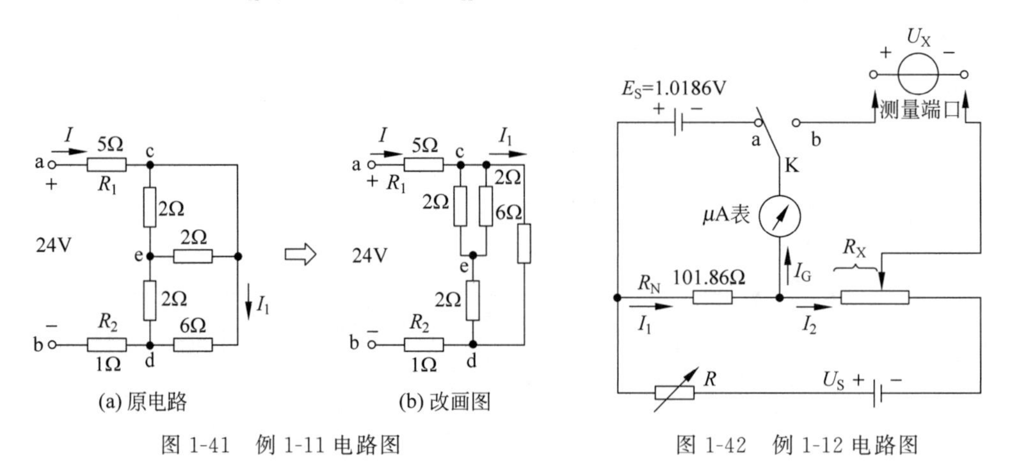


图 1-41 例 1-11 电路图

图 1-42 例 1-12 电路图

**解** 第一步：K 接 a 使微安表指零时，$I_G=0$。这时 $R_N$ 两端的电压等于 $E_S$。则有

$$I_1=\frac{E_S}{101.86}=\frac{1.0186}{101.86}=0.01A$$

第二步：K 接 b 再使微安表指零时，$I_G=0$，$I_1=I_2=0.01A$。这时 $R_X$ 两端的电压等于 $U_X$，则有

$$U_X=R_X I_2=123\times 0.01=1.23V$$

电位差计中 $R_X$ 由可变的精密电阻盘组成，读出 $R_X$ 的值，就知道了 $U_X$ 的大小。

**【例 1-13】** 如图 1-43 所示的电路中 $R_1=60\Omega$、$R_2=30\Omega$、$R_3=20\Omega$、$R_4=10\Omega$。求 $R_{ab}$、$I$、$I_1$、$I_2$。

**解** 该菱形电路称为桥式电路，ab 间接电源支路，cd 间接检流计支路，四个桥臂的电阻值若符合以下条件：**对臂之积相等、邻臂之比相等**，即

$$R_1\times R_4=R_2\times R_3,\quad \frac{R_1}{R_3}=\frac{R_2}{R_4} \tag{1-31}$$

称为**平衡电桥，其检流计支路电流为零，$I_1=I_3$、$I_2=I_4$；c、d 两点等电位**。使得

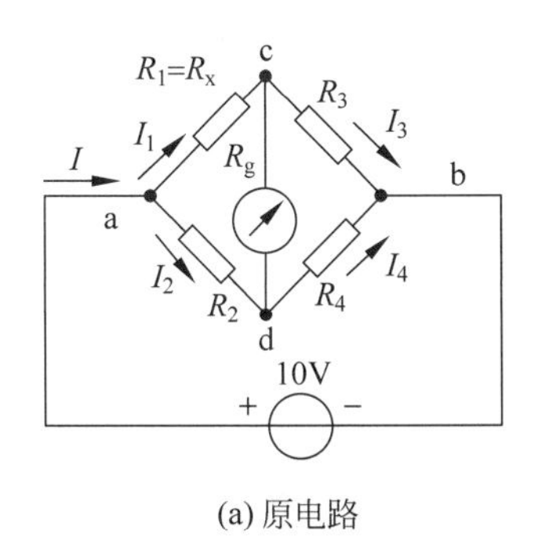


(a) 原电路

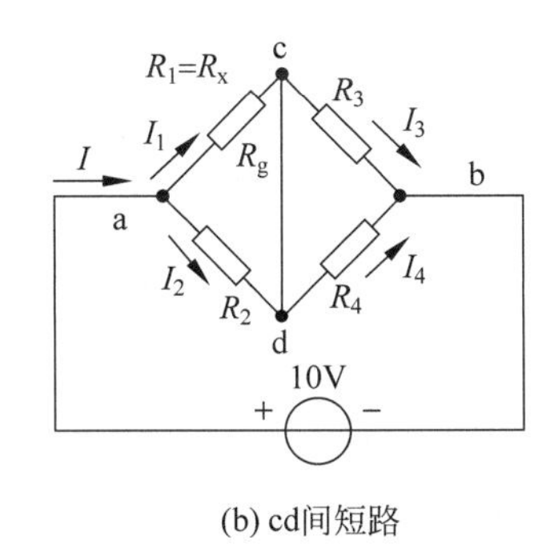


(b) cd间短路

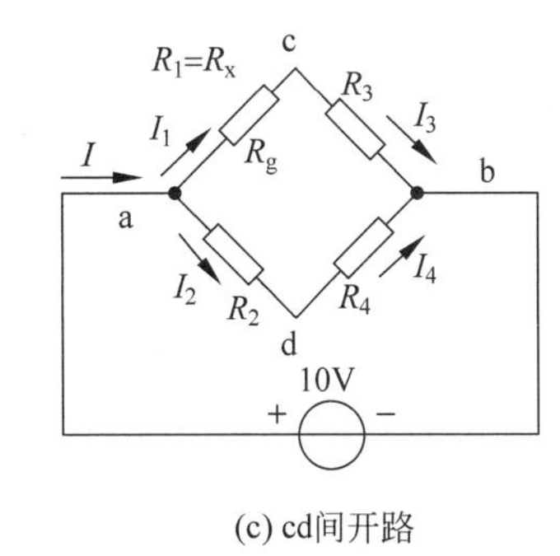


(c) cd间开路

图 1-43　例 1-13 电路图

$$U_{ac}=U_{ad}\quad 即\quad R_1I_1=R_2I_2$$

$$U_{cb}=U_{db}\quad 即\quad R_3I_3=R_4I_4$$

将上两式的两边分别相比

$$\frac{R_1I_1}{R_3I_3}=\frac{R_2I_2}{R_4I_4}$$

约去分子分母中的电流就得到式(1-31)。

计算平衡电桥的总电阻时，可画出如图 1-43(b)、(c)两种等效电路，图 1-43(b)c、d 间短路，图 1-43(c)c、d 间开路，计算结果相同。

根据图 1-43(b)

$$R_{ab}=\frac{30\times60}{30+60}+\frac{20\times10}{20+10}=26.67\Omega$$

根据图 1-43(c)

$$R_{ab}=\frac{(20+60)\times(30+10)}{(20+60)+(30+10)}=26.67\Omega$$

则总电流

$$I=\frac{U_S}{R_{ab}}=\frac{10}{26.67}=0.375A$$

应用分流公式

$$I_1=I\times\frac{R_2}{R_1+R_2}=0.375\times\frac{30}{60+30}=0.125A=I_3$$

$$I_2=I-I_1=0.25A=I_4$$

凡是符合式(1-31)的菱形桥式电路，c、d 两点间等电位，都可以按图 1-31(b)、(c)求出等效电阻。

若将图 1-43 中的 $R_1$ 换成被测电阻 $R_X$，就可利用该直流电桥的检流计指零来测量未知电阻 $R_X$，即

$$R_1=R_X=\frac{R_3}{R_4}\times R_2\tag{1-32}$$

**图 1-43(a)的桥式电路若电阻 $R_X$ 偏离平衡条件，则 c、d 两点间电压不为零，偏离越多，该电压值越大，测量该电压可推知电阻的变化量，这在传感器电路中应用广泛。**

实用电桥如图 1-44 所示，称为单臂电桥，或惠斯登电桥。单臂电桥用于精确测量 **1Ω～1MΩ** 的电阻。其中 $R_3/R_4$ 称为单臂电桥的比率臂，由 8 个精密电阻组成，可使 $R_3/R_4$ 的比值为 $10^{-3}$、$10^{-2}$、$10^{-1}$、1、10、$10^2$、$10^3$，共 7 种选择；$R_2$ 称为比较臂，由 4 个可调节的十进制精密电阻盘组成，调节范围为 0～9999Ω。

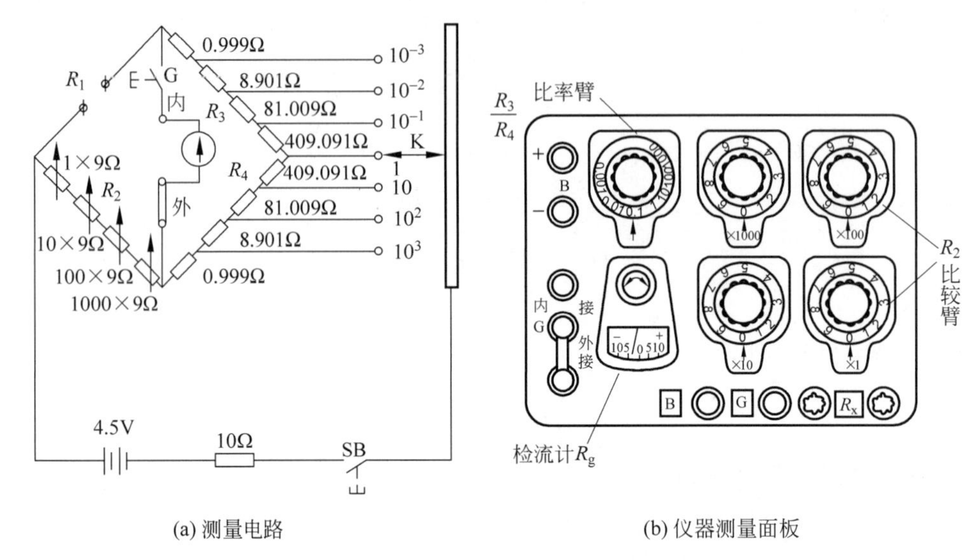


(a) 测量电路　　(b) 仪器测量面板

图 1-44　实用单臂电桥的电路及测量面板

## 1.4.5　电阻 Y-△连接及其等效变换

如图 1-45(a)所示电阻星形（Y 形）连接、图 1-45(b)电阻三角形（△形）连接，两种电路按固定规律变换可对同一外电路等效。变换规律如下：

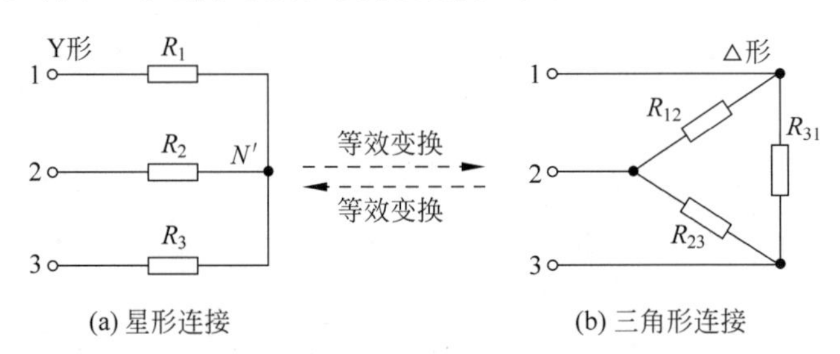


(a) 星形连接　　(b) 三角形连接

图 1-45　电阻元件的 Y-△等效变换

△形等效变换为 Y 形的 3 个电阻为

$$
\begin{cases}
R_1 = \dfrac{R_{12}R_{13}}{R_{12}+R_{23}+R_{13}} \\
R_2 = \dfrac{R_{12}R_{23}}{R_{12}+R_{23}+R_{13}} \\
R_3 = \dfrac{R_{13}R_{23}}{R_{12}+R_{23}+R_{13}}
\end{cases}
\tag{1-33a}
$$

Y 形等效变换为△形的 3 个电阻为

$$\begin{cases}R_{12}=R_1+R_2+\dfrac{R_1R_2}{R_3}\\R_{23}=R_2+R_3+\dfrac{R_2R_3}{R_1}\\R_{13}=R_1+R_3+\dfrac{R_1R_3}{R_2}\end{cases}\tag{1-33b}$$

第 4 章要讨论结构如图 1-46 所示的对称三相电路，各相电阻相等时，有

$$R_{\triangle}=R_{ab}=R_{bc}=R_{ca}=R_a+R_b+\frac{R_aR_b}{R_c}=3R_Y\tag{1-34}$$

即

$$R_{\triangle}=3R_Y \quad 或 \quad R_Y=\frac{R_{\triangle}}{3}\tag{1-35}$$

**对称三相电路星形连接的电阻 $\boldsymbol{R_Y}$ 是三角形连接电阻 $\boldsymbol{R_{\triangle}}$ 的三分之一。**

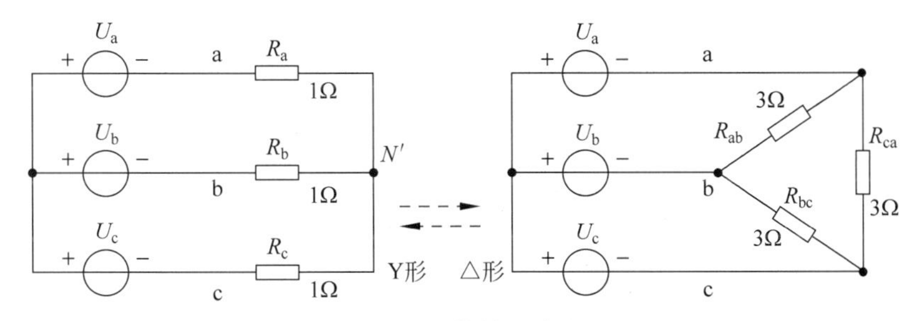


图 1-46　Y 形电阻等效变换为△形电阻

### 1.4.6　电气设备的额定值

电气设备的电流、电压、功率都会规定一个额定值。**按照额定值使用才能保证设备安全可靠工作，充分发挥其效能，并保证正常寿命。**额定值用 $U_N$、$I_N$、$P_N$ 表示，通常标记在设备的铭牌上。三者没必要全部给出，一般给出两个，其余的可由公式推算出来。例如对灯泡、电烙铁等通常只给出额定电压和额定功率；而对于电阻器除电阻值外，只给出额定功率。

**电气设备的实际功率与额定功率是完全不同的概念，实际功率是在所加实际电压下的功率。**如图 1-47 所示标有额定值“220V、100W”的白炽灯 $D_1$ 和“220V、25W”的白炽灯 $D_2$ 串联后接入 220V 电源上，思考一下哪盏灯更亮？那盏灯实际功率更大？

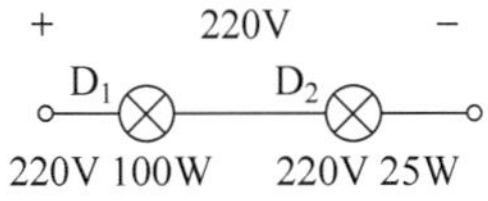

+　220V　−
$D_1$　$D_2$
220V 100W　220V 25W

图 1-47　认识实际功率是与额定功率的区别

两盏灯串联后的总电压是 220V，则两盏灯都没有工作在额定电压下，先算一下各自的电阻值：

根据

$$P_{N1}=\frac{U_{N1}^2}{R}$$

得

$$R_{D1}=\frac{U_{N1}^2}{P_{N1}}=\frac{220^2}{100}=484\Omega$$

同理

$$R_{D2}=\frac{U_{N2}^2}{P_{N2}}=\frac{220^2}{25}=1936\Omega$$

灯泡的电阻值是不变的，它是根据额定电压和额定功率确定的。

$D_1$ 所分电压为

$$U_1=\frac{220}{484+1936}\times 484=44V$$

$D_2$ 所分电压为

$$U_2=\frac{220}{484+1936}\times 1936=176V$$

那么灯泡的实际功率为

$$P_{D1}=\frac{U_1^2}{R_{D1}}=\frac{44^2}{484}=4W,\quad P_{D2}=\frac{U_2^2}{R_{D2}}=\frac{176^2}{1936}=16W$$

结果 $D_2$ 更亮。该结果符合式(1-24)的功率分配规律

$$\frac{P_{D1}}{P_{D2}}=\frac{4W}{16W}=\frac{484\Omega}{1936\Omega}=\frac{44V}{176V}$$

## 【课后练习】

**1.4.1** 如图 1-48 所示电路 100Ω 电阻串入电流源支路，不会影响该支路电流，其中 $I_1=$(　　)A，$I_2=$(　　)A，$I_3=$(　　)A，$I_4=$(　　)A，$I_5=$(　　)A。

**1.4.2** 如图 1-49 所示电路 $U_S=10V$，100Ω 电阻与电压源支路并联，不会影响 $U_{ab}$ 的值，其中 $U_1=$(　　)V，$U_2=$(　　)V，$U_3=$(　　)V，$U_4=$(　　)V，$U_5=$(　　)V。

**1.4.3** 图 1-49 中，$U_S$ 未知的情况下，已知 $R_3$ 元件吸收的功率 $P_3=1W$，推算 $P_1=$(　　)W，$P_2=$(　　)W，$P_4=$(　　)W。

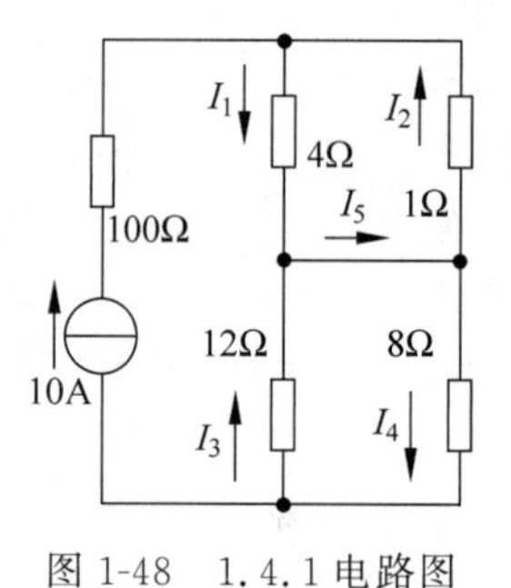


图 1-48　1.4.1 电路图

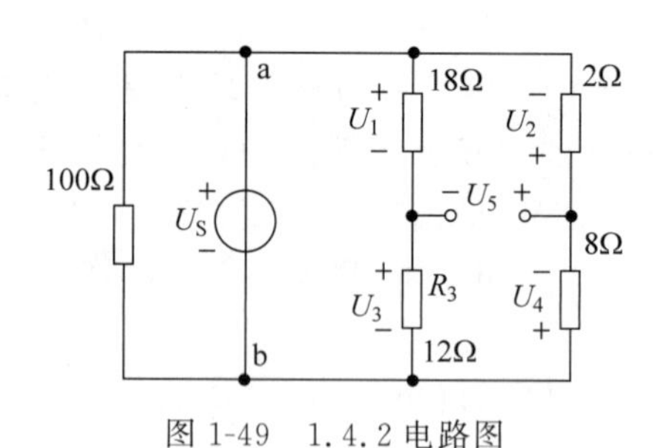


图 1-49　1.4.2 电路图

**1.4.4** 写出如图 1-50 所示电路中 $U_{X1}$、$U_{X2}$ 的计算式与计算结果。

$U_{X1}=$(　　)V

$U_{X2}=$(　　)V

**1.4.5** 如图 1-51 所示两个电路 a、b、c 端口施加相同电压激励，为使 $I_a=I'_a$，填写

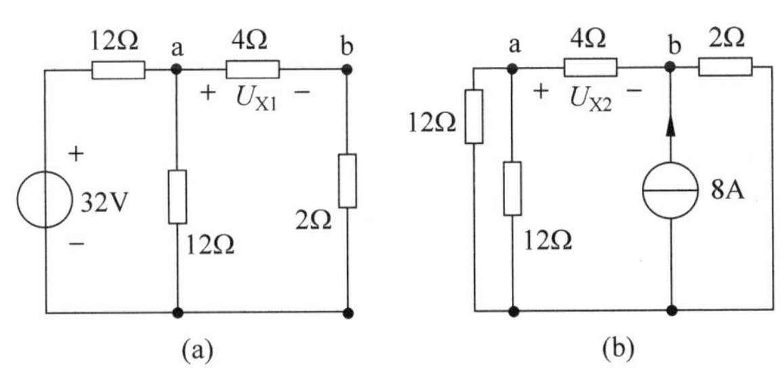


图 1-50　1.4.4 电路图

图(b)中的 6 个电阻分别应为多少欧姆。

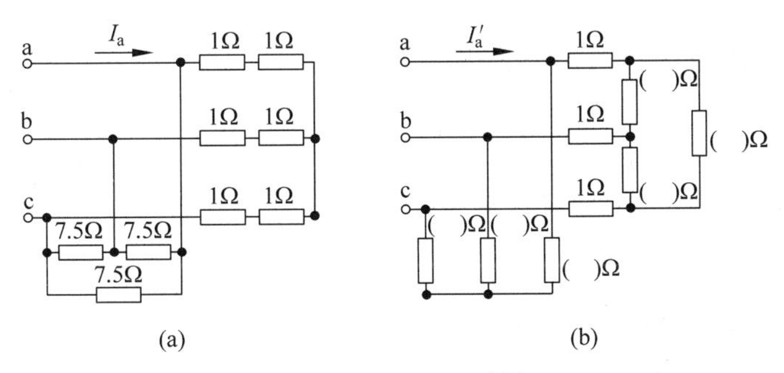


图 1-51　1.4.5 电路图

**1.4.6**　某示波器的 Y 轴偏转电路如图 1-52 所示，$Y_1$ 与 $Y_2$ 外端开路，其中两个电位器触头同时向上或向下移动，则

$U_{ab}$=(　　)V；

两个触头同时在最上：$U_{Y12}$=(　　)V；

两个触头同时在最下：$U_{Y12}$=(　　)V；

$Y_1$、$Y_2$ 间电压的调节范围：−(　　)V～+(　　)V。

**1.4.7**　一只“100Ω、100W”的灯泡接在 120V 电源上，要串入(　　)Ω 的电阻才能正常工作。

**1.4.8**　求如图 1-53 所示电路输入端口的等效电阻 $R_{ab}$ 为(　　)Ω。

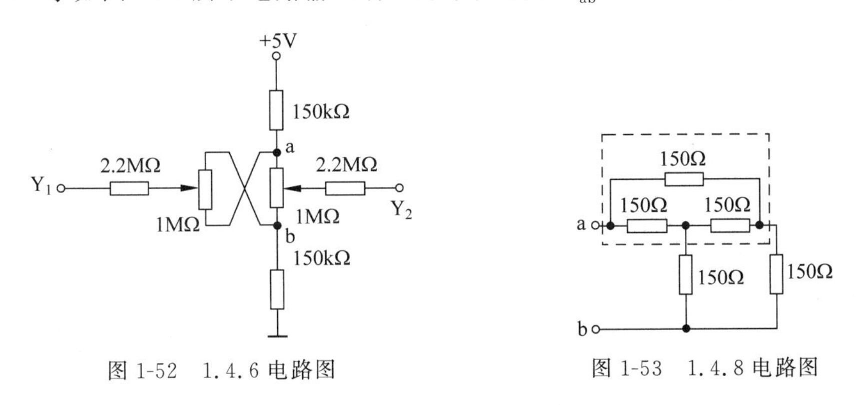


图 1-52　1.4.6 电路图　　图 1-53　1.4.8 电路图

**1.4.9**　如图 1-54 所示电路是电子技术中数/模转换器的电流分配电路，假设 $R$ =

10Ω，试分析 $R_{af}$、$R_{ae}$、$R_{ad}$、$R_{ac}$、$R_{ab}$ 分别等于多少欧姆？假设 $I=32\text{mA}$，试分析 $I_1$、$I_2$、$I_3$、$I_4$、$I_5$ 分别等于多少 mA？

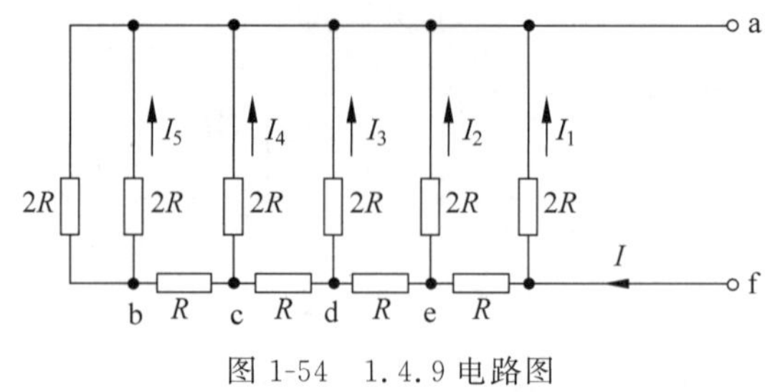


图 1-54　1.4.9 电路图

## 1.5　实际电源的等效变换

实际电源可以用两种不同的电路模型来表示。一种是理想电流源与电阻的并联组合，称为电流源模型；另一种是理想电压源与电阻的串联组合，称为电压源模型。两种模型对同一外电路而言可以等效变换。对电路进行等效变换，可化简电路，计算更方便。

### 1.5.1　理想电流源

理想电流源 $I_S$ 如图 1-55(a)所示，其特性如下：

**(1) 输出的电流 $I$ 恒等于确定值 $I_S$（或确定的时间函数），与其两端的电压无关。**

**(2) 两端电压的大小由外电路决定，可以是任意大小和方向。**

**(3) 当 $I_S=0$ 时，理想电流源没有作用，对外相当于开路。**

图 1-55(b)中的水平直线(1)是理想电流源的 VCR 特性。理想电流源在生产实际中是不可能实现的，它甚至允许输出无穷大的功率。

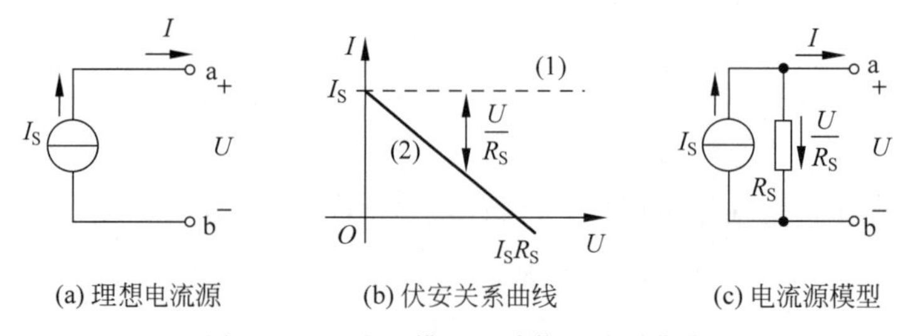


图 1-55　电流源模型及其伏安关系曲线

### 1.5.2　实际电源的电流源模型

**实际电源是有内电阻的，可以用理想电流源与内电阻 $R_S$ 并联表示实际电源，称为电流源模型，**如图 1-55(c)所示。内电阻 $R_S$ 对 $I_S$ 有分流作用，电流源模型向外输出的电流值 $I$ 要受其输出端电压 $U$ 的影响。**理想电流源的 $I_S$ 并没有完全输送出去，而是要减去内电阻上的分流值 $U/R_S$，**其输出电流为

$$I=I_S-\frac{U}{R_S} \tag{1-36}$$

电流源模型的 VCR 特性如图 1-55(b)中的曲线(2),从该曲线可清楚地看到随着端电压的增高,输出电流下降,下降的量值就是内阻上分去的电流。**当输出端 a、b 间开路时,输出电流为零,开路电压 $U_{OC}=R_S I_S$,$I_S$ 全部通过内电阻形成通路;当输出端 a、b 间短路时,输出电压为零,内电阻上没有分流,短路电流 $I_{SC}=I_S$。**

**电流源模型的内电阻越大,越接近于理想电流源。**

实际生产中,为了提高电源的带负载能力,即提高电源输出的电流,可多个电源并联运行,如图 1-56 所示。这时若采用电流源模型,则并联后等效电源的参数为

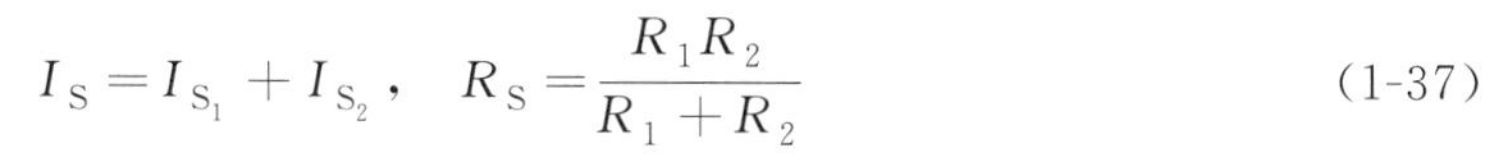

$$I_S=I_{S_1}+I_{S_2},\quad R_S=\frac{R_1R_2}{R_1+R_2} \tag{1-37}$$

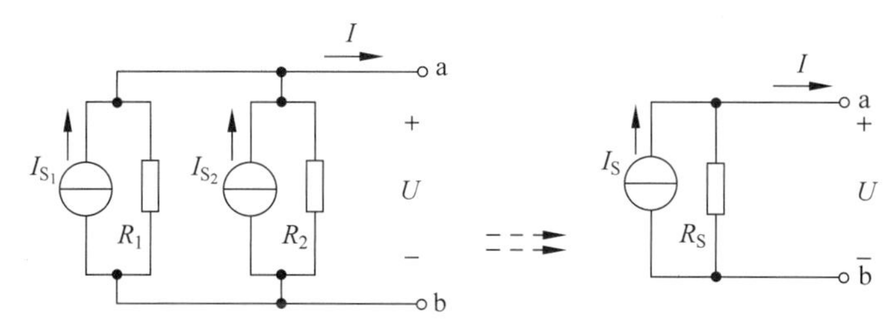


图 1-56 电流源模型的并联

## 1.5.3 理想电压源

理想电压源 $U_S$ 如图 1-57(a)所示,其特性如下:

**(1) 输出的电压 $U$ 恒等于确定值 $U_S$(或确定的时间函数),与其流过的电流无关。**

**(2) 输出电流的大小由外电路决定,可以是任意大小和方向。**

**(3) 当 $U_S=0$ 时,理想电压源没有作用,对外相当于短路。**

图 1-57(b)中的水平直线(1)是理想电压源的 VCR 特性。理想电压源在生产实际中也不可能实现,它甚至允许输出无穷大的功率。

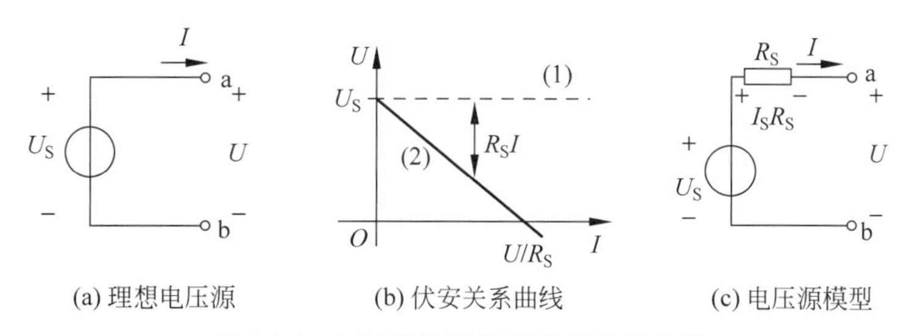


图 1-57 电压源模型及其伏安关系曲线

## 1.5.4 实际电源的电压源模型

**实际电源有内电阻,也可以用理想电压源与内电阻 $R_S$ 串联表示实际电源,称为电压源模型**,如图 1-57(c)所示。内电阻 $R_S$ 对 $U_S$ 有分压作用,电压源模型向外输出的电压值 $U$ 要受其输出端电流 $I$ 的影响。**理想电压源的 $U_S$ 并没有完全输送出去,而是要减去内电阻上的分压值 $R_SI$**,其输出电压为

$$U=U_S-R_SI \tag{1-38}$$

电压源模型的 VCR 特性如图 1-57(b)中的曲线(2)，从该曲线可清楚地看到随着输出电流的增大输出电压下降，下降的量值就是内阻上分去的电压。**当输出端 a、b 间短路时，输出电压为零，短路电流 $I_{SC}=U_S/R_S$，$U_S$ 完全降落在内电阻上；当输出端 a、b 间开路时，输出电流为零，内电阻上没有分压，$U_{OC}=U_S$。**

**电压源模型的内电阻越小，越接近于理想电压源。**

当一个电源的输出电压不够时，为了提高输出电压，可多个电源串联运行，如图 1-58 所示。这时若采用电压源模型，则串联后等效电源的参数为

$$U_S=U_{S_1}+U_{S_2}, \quad R_S=R_1+R_2 \tag{1-39}$$

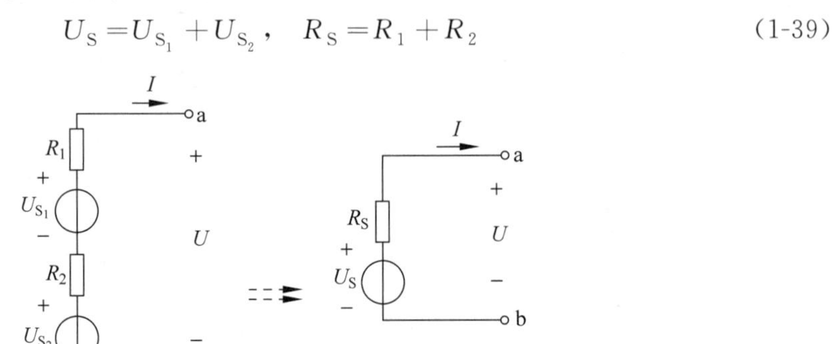


图 1-58　电压源模型的串联

## 1.5.5　电流源模型与电压源模型之间的等效变换

同一实际电源既可用电流源模型表示，也可用电压源模型表示，两者输出端接相同外电路时，端口伏安关系式(VCR 式)应相等，在外电路中引起的电流、电压分配应相同，所以二者之间必然存在相互等效的条件，如图 1-59 所示。等效条件为

$$\begin{cases} R_S=R'_S \\ I_S=\dfrac{U_S}{R'_S} \quad 或 \quad U_S=R_SI_S \end{cases} \tag{1-40}$$

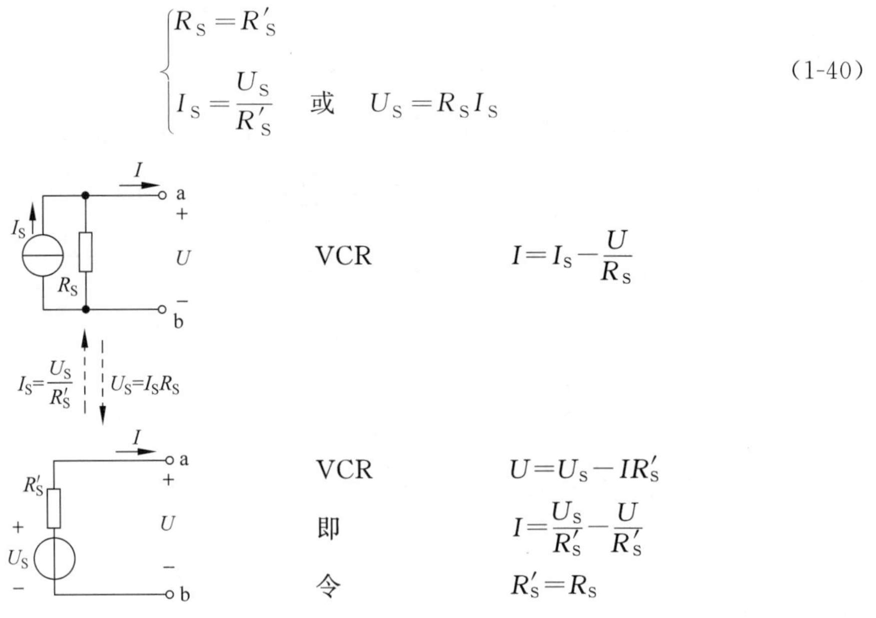


图 1-59　电流源模型与电压源模型之间的等效变换

变换时应注意：理想电流源电流的箭头端与理想电压源的正极性端对应。实际计算中凡是与理想电压源串联的电阻、与理想电流源并联的电阻都可看成是其内电阻，并参与等效变换，这时变换演变成有源二端网络之间的等效变换。

**【例 1-14】** 利用电源等效变换，化简如图 1-60 所示有源二端网络。

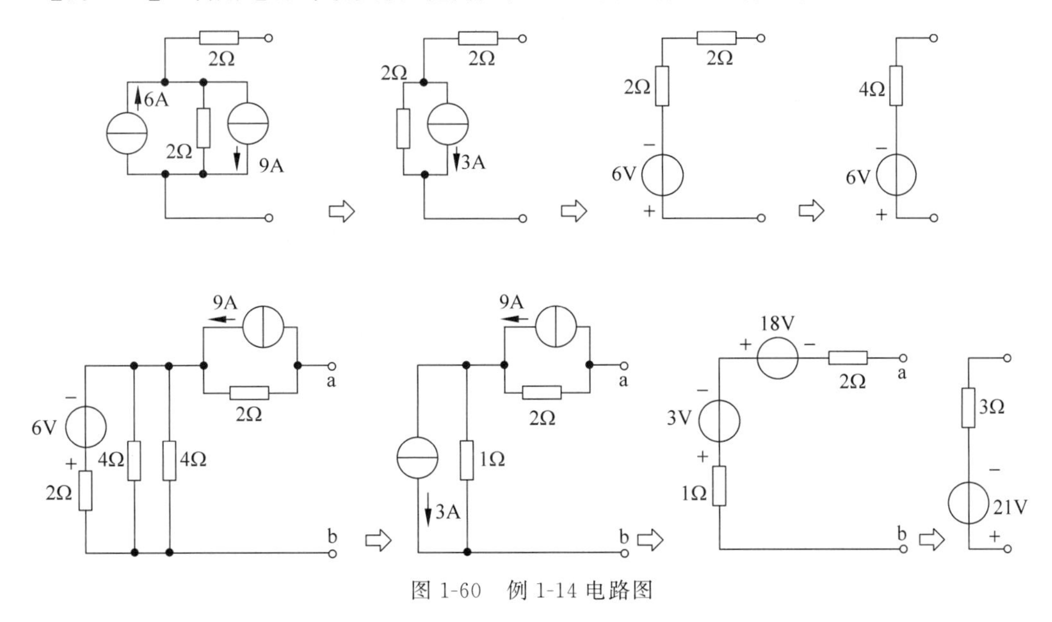


图 1-60　例 1-14 电路图

**【例 1-15】** 利用电源等效变换，求图 1-61(a)中的电流 $I$。要求将变换过程中的各个分图一一画出。

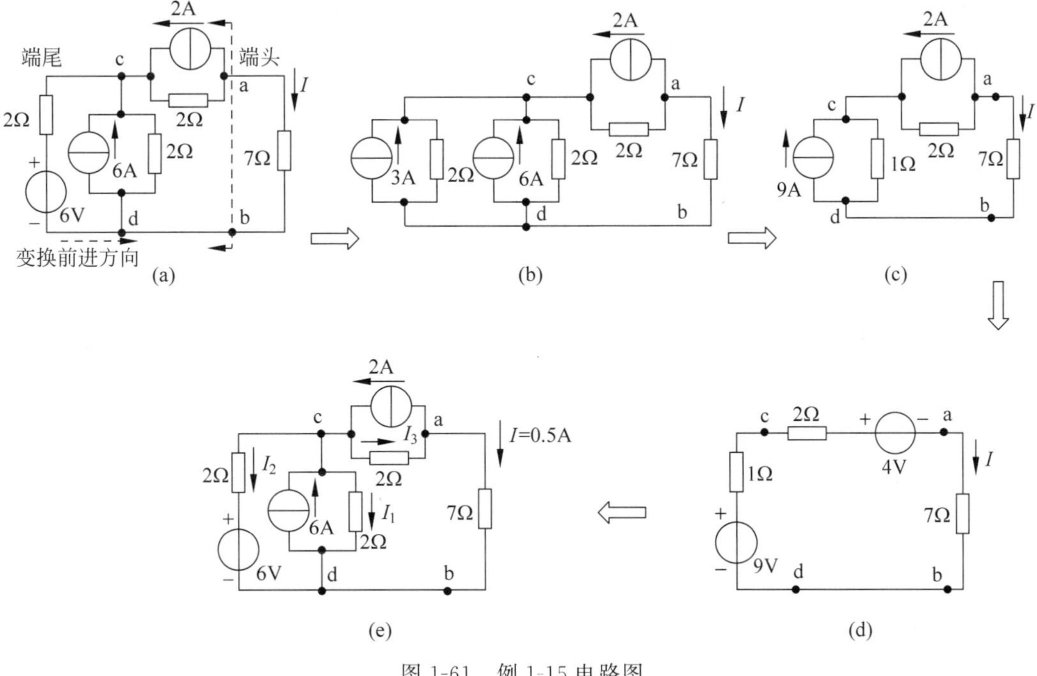


图 1-61　例 1-15 电路图

**解** 要求最右支路 7Ω 电阻上的电流，把这条支路看作外电路，**保持原样不变形**，而将虚线以左的有源二端网络进行变换化简。化简从离 a、b 端口最远的支路开始，逐步向端口推进。

在 c、d 之间，两条支路要并联合并。**并联合并的支路应先变换成电流源模型**，如图 1-61(b)所示，并联合并后的电路如图 1-61(c)所示。这时 a、c、d 三点间有两个电流源模型要串联合并，**串联合并的支路应先变换成电压源模型**，如图 1-61(d)所示。图 1-61(d)变成单网孔回路，顺时针列出 KVL 方程

$$7I-9+3I+4=0$$
$$I=0.5\text{A}$$

该题求出电流 $I$ 以后，若还要求出 $I_1$、$I_2$、$I_3$、$U_{cd}$，在图 1-61(d)中这 4 个量因电路变换已不存在，必须回到变换前的原图才能进行计算，如图 1-61(e)所示，这时 $I=0.5\text{A}$ 是已知条件了。

根据 KCL

$$I_3=2+0.5=2.5\text{A}$$

根据 KVL

$$U_{cd}=2I_3+7I=8.5\text{V}$$
$$I_1=\frac{U_{cd}}{2}=4.25\text{A}$$
$$I_2=\frac{U_{cd}-6}{2}=1.25\text{A}$$

用电源等效变换对电路进行计算的**局限性：各支路的连接关系必须是串、并联关系，只有这样的支路才可能串联合并或并联合并**。因此第 2 章需要讨论更完备的计算方法。

电源等效变换时还应注意：

(1) **电源模型的等效变换是对相同的外电路等效，对内不等效**。因为内部电路已发生变化。

(2) **理想电流源和理想电压源之间不能进行等效变换**，如图 1-62 所示。

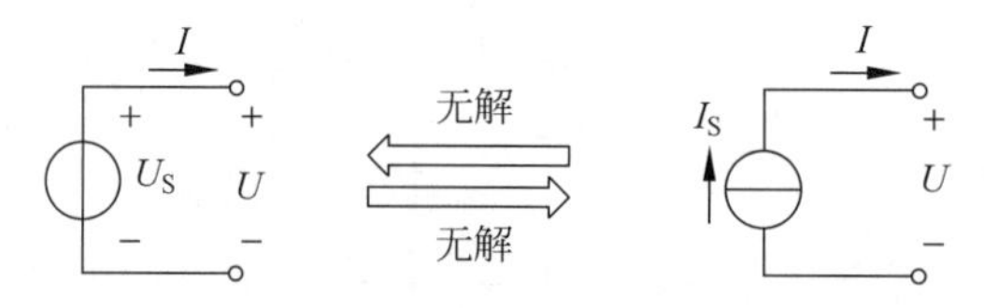


图 1-62 理想电流源和电压源之间不能进行等效变换

(3) **与理想电流源串联的元件对外电路而言可短路对待**。图 1-63 中与 5A 理想电流源串联的 3Ω 电阻对外等效时可短路。

(4) **与理想电压源并联的元件对外电路而言可开路对待**。图 1-64 中与 5V 理想电压源并联的 3Ω 电阻对外等效时可开路。

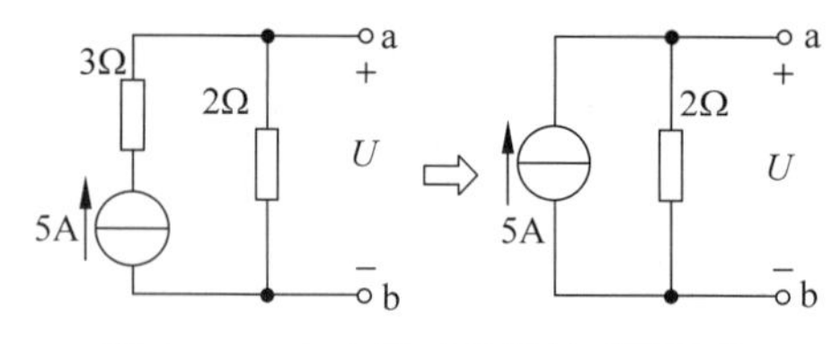


图 1-63 3Ω 电阻对外等效时可短路

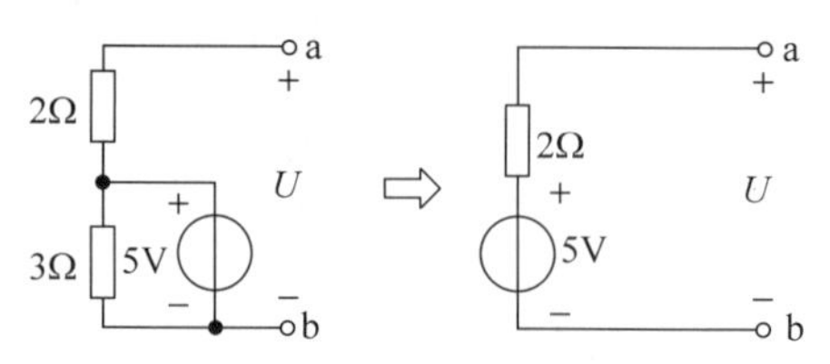


图 1-64 3Ω 电阻对外等效时可开路

## 1.5.6 电源的三种工作状态

电源设备工作于额定电压时，若输出的实际电流、功率等于额定值，$I=I_N$ **称为满载**；实际电流和功率低于额定值，$I<I_N$ **称为轻载**；实际电流和功率高于额定值，$I>I_N$ **称为过载**。电源过载会因过热而缩短使用寿命甚至损坏。

**所以“负载”两字可以是指某用电设备，更经常是指某用电设备取用电流的大小（取用电流大即负载重；取用电流小即负载轻）。**

**1. 电源的有载工作状态**

如图1-65(a)所示电路，电源与负载接通，电源有一定的电流输出，这种工作状态称为有载工作状态。电流大小为

$$I=\frac{U_S}{R_L+R_S} \tag{1-41}$$

可见 $R_L$ **越小**，$I$ **越大，负载越重。**

**2. 电源的开路工作状态**

如图1-65(b)所示电路开关S断开，电源处于开路状态（又称为空载），开路时可认为外电路电阻为无穷大。这时电源输出端无电流流过，$I=0$；其输出电压称为开路电压，用 $U_{OC}$ 表示，此时 $U_{ab}=U_{OC}=U_S$，电源的内电阻上没有分压。$U_{OC}$ 下标为 Open Circuit 的缩写。

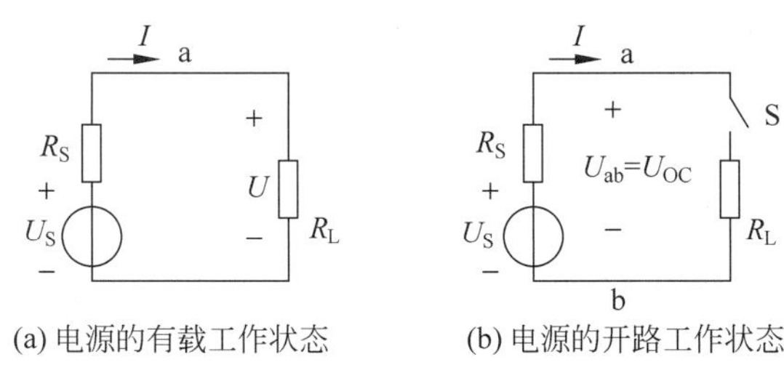

(a) 电源的有载工作状态　(b) 电源的开路工作状态　(c) 电源的短路工作状态

图1-65 电源的工作状态

**3. 电源的短路工作状态**

在图1-65(c)中，如果a、b间通过一段导体意外连接了起来，因导体电阻极小，可忽略不计，所以a、b两点等电位。电流 $I$ 全部从该导体流过，负载电压为0，这种情况称为短路，其短路电流用 $I_{SC}$ 表示，有

$$I_{SC}=U_S/R_S \tag{1-42}$$

此时由于电源内阻 $R_S$ 很小，故 $I_{SC}$ 很大，会引起电源和导线绝缘的损坏，甚至引起火灾。实际电路中安装熔断器或电流保护装置来预防这种情况发生。$I_{SC}$ 下标为 Short Circuit 的缩写。

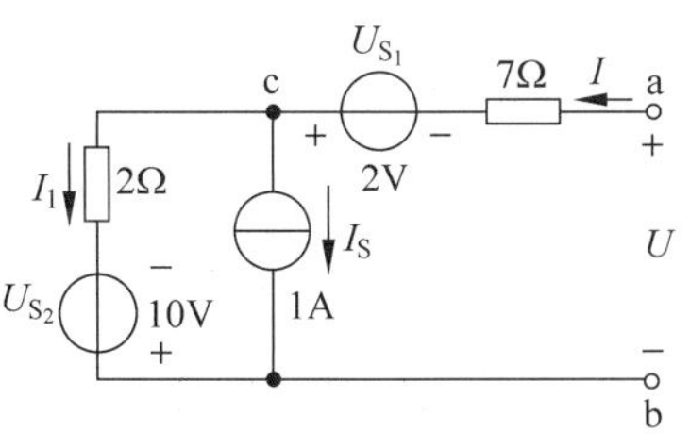

图1-66 例1-16电路图

【例1-16】 列写如图1-66所示有源二端网络的VCR式。

**解** 有源二端网络是对外有一对端口（两个端子）的电路，内部含有电源。列写其VCR式，最好将每条支路的电流先用端子电流或端子电压表示出来。

列c点的KCL方程，有

$$I_1 = I - I_S = I - 1$$

该电路以串联为主，串中有并，列写这种结构的 VCR 式以电流为自变量，电压为因变量更方便，得

$$U = 7I - U_{S_1} + 2I_1 - U_{S_2} = 7I - 2 + 2(I-1) - 10$$

即 VCR 式为

$$U = 9I - 14 \tag{1-43}$$

**【例 1-17】** 列写如图 1-67 所示有源二端网络的 VCR 式。

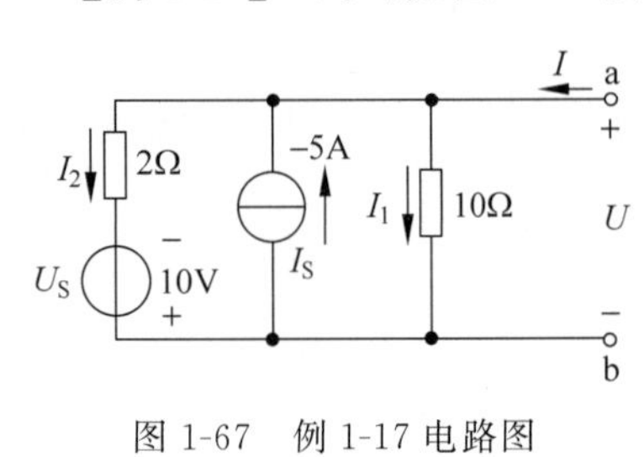


图 1-67 例 1-17 电路图

**解** 该电路以并联为主，并中有串，以电压为自变量、电流为因变量更方便。也需将每条支路的电流先用端子电流或端子电压表示出来。

由最左支路 VCR 式，得

$$U = 2I_2 - U_S = 2I_2 - 10$$

即

$$I_2 = \frac{U+10}{2}$$

列写 a 点的 KCL 方程

$$I = I_1 - I_S + I_2 = \frac{U}{10} - (-5) + \frac{U+10}{2} = 0.6U + 10 \tag{1-44}$$

式(1-43)、式(1-44)是端子电流、电压的一次方程，已知电压就可计算出电流、已知电流就可计算出电压。

## 【课后练习】

**1.5.1** 填写如图 1-68 所示的 4 个电源支路的 VCR 式。

(A) $U = RI - U_S =$ (　　　　) (B) $U = -RI - U_S =$ (　　　　)

(C) $I = I_S + I_1 =$ (　　　　) (D) $I = I_S - I_1 =$ (　　　　)

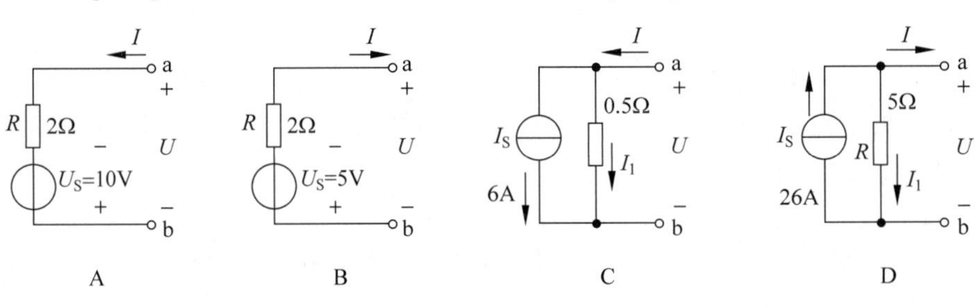


图 1-68 1.5.1 电路图

**1.5.2** 如图 1-69 所示，图 1-69(a)与(b)接相同的外电路，$I =$ (　　)A，$I' =$ (　　)A，表明两图中的电源对相同的外电路等效。但 $U_1 =$ (　　)V，$U_2 =$ (　　)V，$P_1 =$ (　　)W，$P_2 =$ (　　)W，表明两图中的电源对内电路不等效。

**1.5.3** 如图 1-70 所示，图 1-70(b)、(c)、(d)是(a)对外的等效电路，填出图 1-17(b)、(c)、(d)中未知的参数。

**1.5.4** 将如图 1-71 所示的电路进行电源等效变换，填出图 1-71(b)、(c)中未知元件的

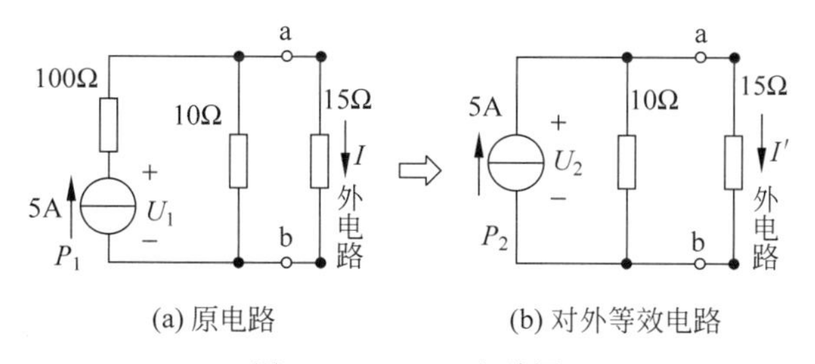

(a) 原电路　(b) 对外等效电路

图 1-69　1.5.2 电路图

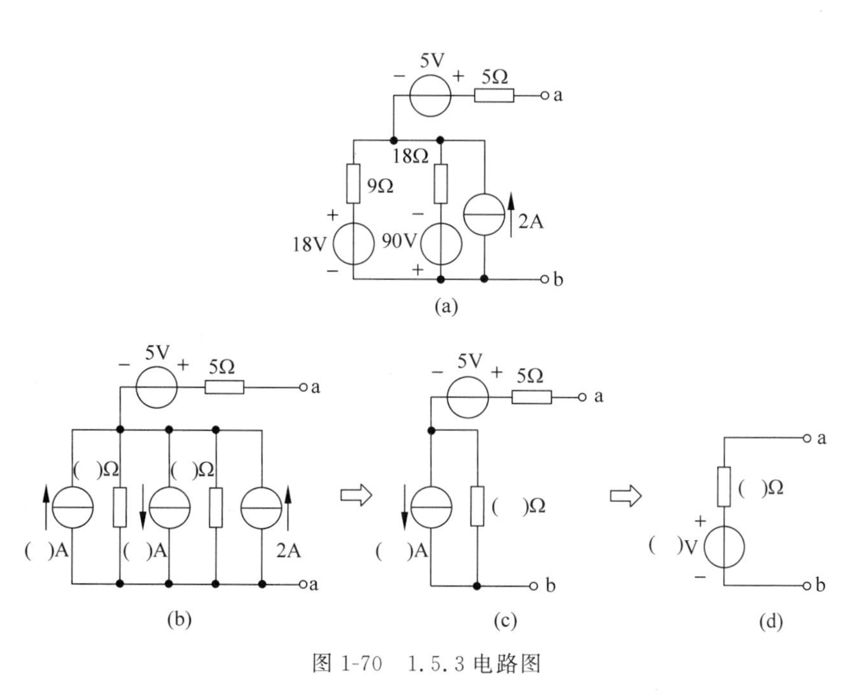


图 1-70　1.5.3 电路图

值，流经 2.25Ω 电阻的电流 $I$ 的值。

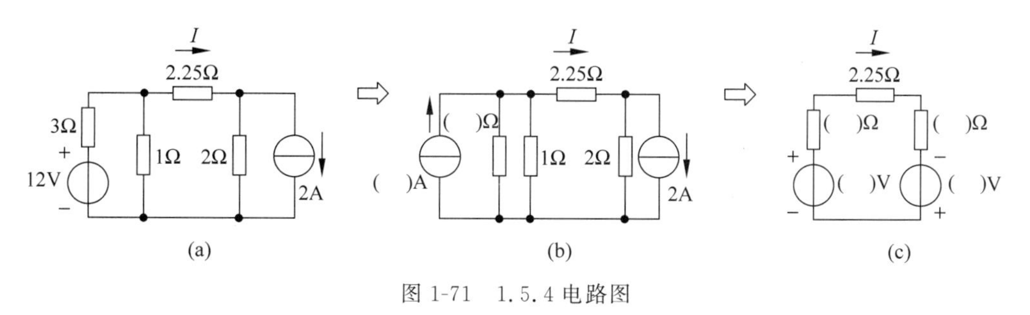


图 1-71　1.5.4 电路图

## 习题

**1-2-1**　如图 1-72 所示，计算元件 1、2、3 的吸收功率。

**1-2-2**　如图 1-73 所示，已知部分电流、电压，试计算元件 1、2、3、4、5 吸收的功率，并验证功率守恒。

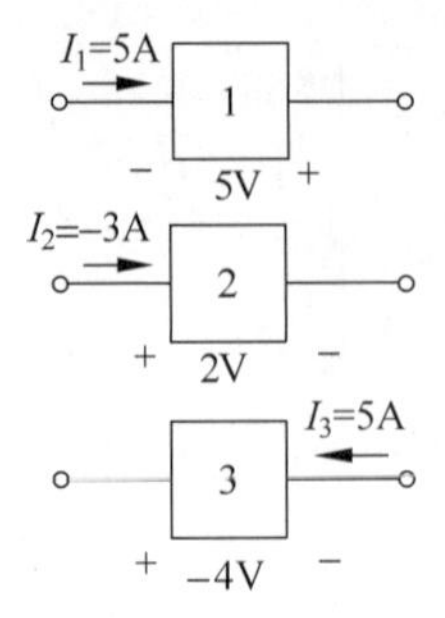


图 1-72　题图 1-2-1

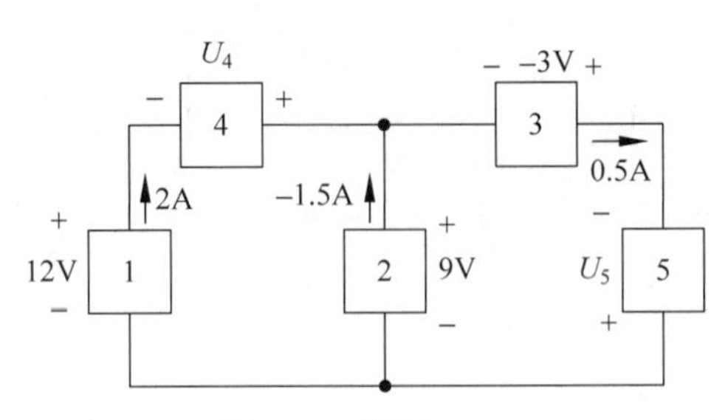


图 1-73　题图 1-2-2

**1-2-3**　如图 1-74 所示，若已知元件 3 吸收功率为 15W，求元件 1 和 2 吸收的功率，并验证功率守恒。

**1-2-4**　如图 1-75 所示，已知 $I_1=3\text{A}$，$I_2=-2\text{A}$，$I_3=1\text{A}$，电位 $U_a=8\text{V}$，$U_b=6\text{V}$，$U_c=-3\text{V}$，$U_d=8\text{V}$。求元件 2、4、6 吸收的功率。

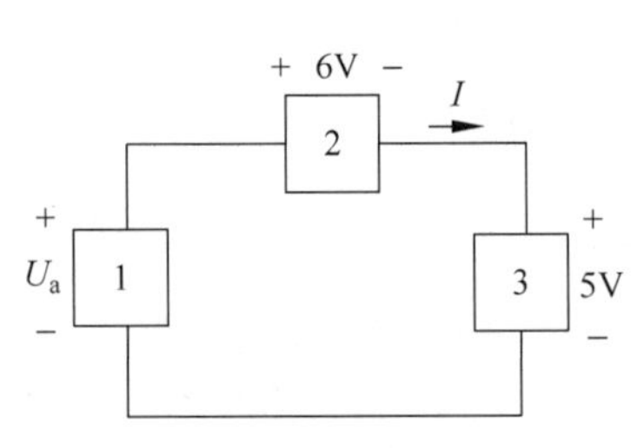


图 1-74　题图 1-2-3

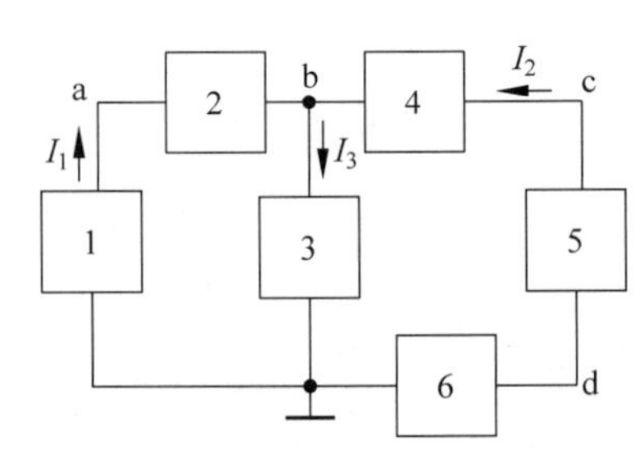


图 1-75　题图 1-2-4

**1-2-5**　如图 1-76 所示，分别以 a、b 为参考点，计算 c、d 两点的电位，并两次计算 c、d 间电压 $U_{cd}$。

**1-3-1**　如图 1-77 所示，已知 $U_S=3\text{V}$，$I_S=2\text{A}$，求 $U_{ab}$ 和 $I$。

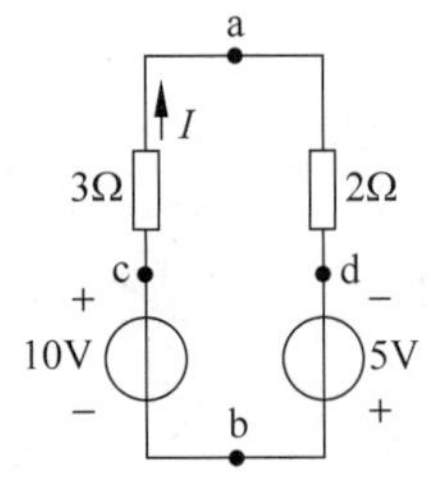


图 1-76　题图 1-2-5

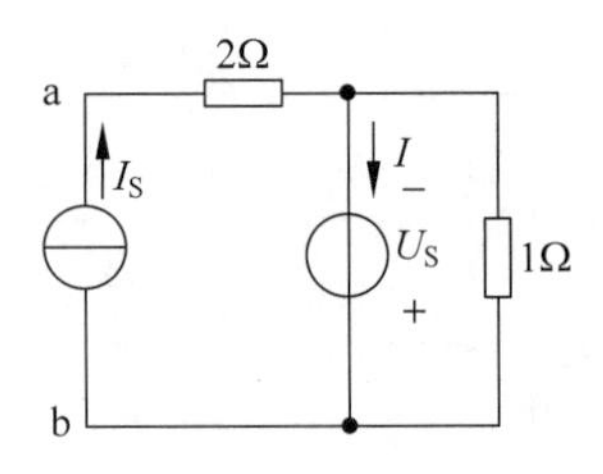


图 1-77　题图 1-3-1

**1-3-2**　如图 1-78 所示，已知 $R_1=2\Omega$，$R_2=6\Omega$ 和 $R_3=3\Omega$。试求支路电流（$I_1$，$I_2$，$I_3$）和支路电压（$U_{ab}$，$U_{bc}$，$U_{cd}$）。

**1-3-3**　如图 1-79 所示，d 点为参考点，求 a、b、c、f 点的电位 $U_a$、$U_b$、$U_c$、$U_f$ 和电压 $U_{ab}$ 及电流 $I$、$I_1$、$I_2$。

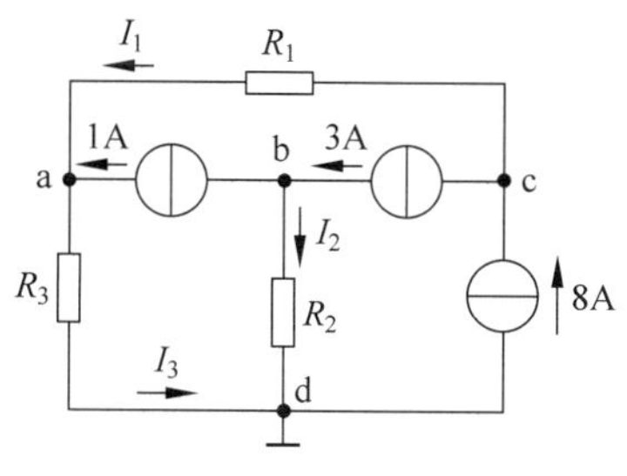

图 1-78　题图 1-3-2

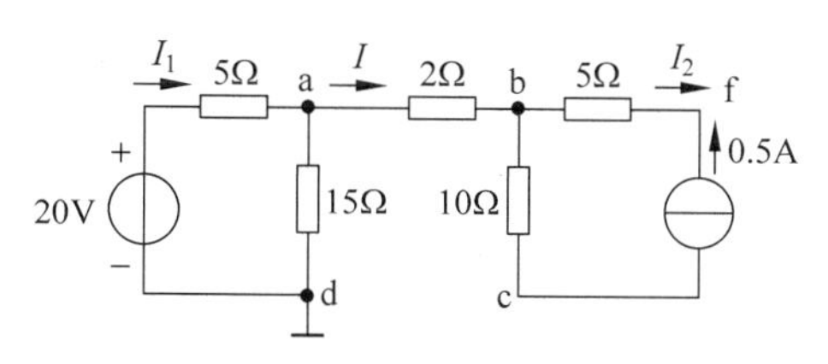

图 1-79　题图 1-3-3

**1-3-4**　如图 1-80 所示，计算 4 个电阻吸收的总功率，求电阻 $R_1$、$R_2$。

**1-3-5**　如图 1-81 所示，计算 $U_1$、$I_1$、$I_2$、$I_3$、$I_4$。

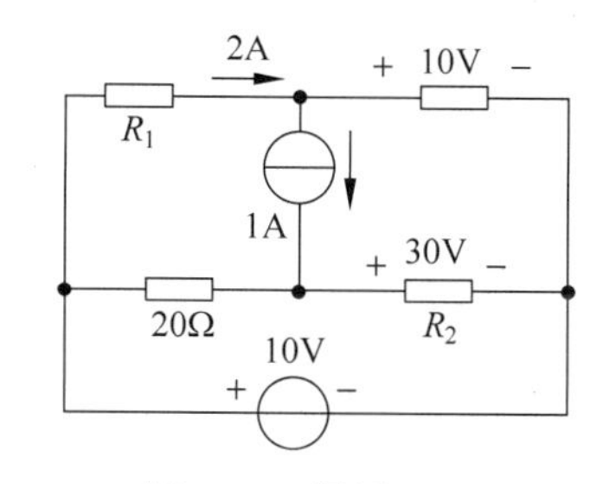

图 1-80　题图 1-3-4

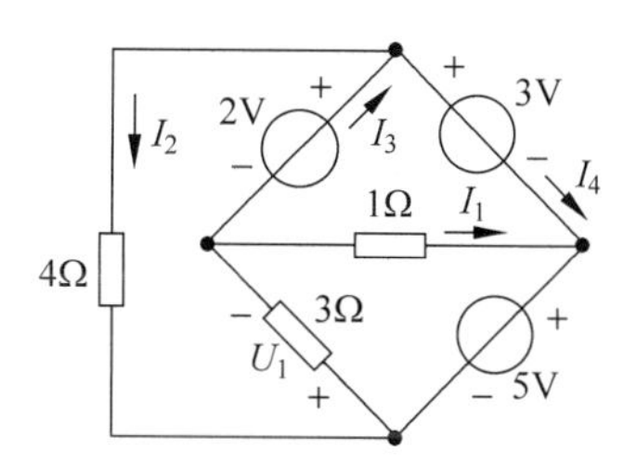

图 1-81　题图 1-3-5

**1-3-6**　如图 1-82 所示，两个三极管组成的复合放大管，称为达林顿管，已知两三极管的放大倍数分别为 $\beta_1=I_{c1}/I_{b1}=30$，$\beta_2=I_{c2}/I_{b2}=50$，$I_{b2}=2\text{mA}$，求电流 $I_c$ 和总体电路的放大倍数 $\beta=I_c/I_{b1}$。

**1-3-7**　如图 1-83 所示，求 10V 电压源发出的功率。

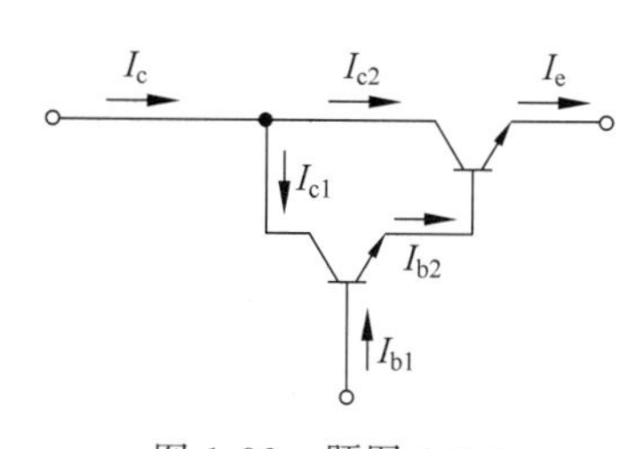

图 1-82　题图 1-3-6

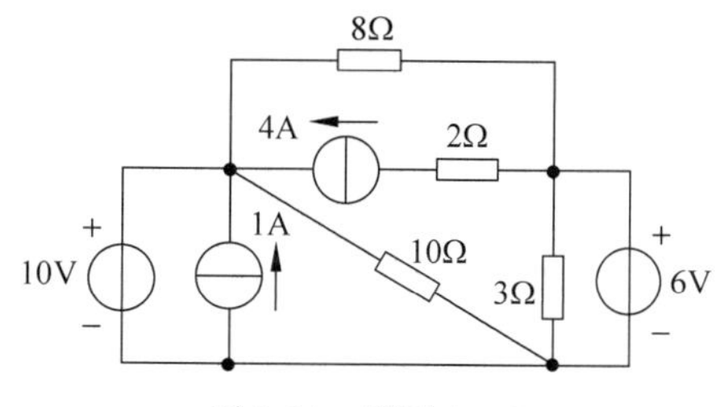

图 1-83　题图 1-3-7

**1-3-8**　如图 1-84 所示，已知 $I_1=I_2=5\text{A}$，求电压 $U_{ab}$ 和 $U_{bc}$。

**1-3-9**　如图 1-85 所示，$U_b=3\text{V}$，$I_b=25\mu\text{A}$，三极管电流放大倍数 $\beta=I_c/I_b=100$。求 $I_c$、$I_e$、$I_{b1}$、$I_{b2}$、$R_{b1}$、$U_{ce}$、$U_{be}$ 和 $I$。并比较 $I_c$、$I_e$ 的大小，比较 $I_{b1}$、$I_{b2}$ 的大小，并得出结论。

**1-3-10**　如图 1-86 所示，已知 $I=0\text{A}$，$U_1=1\text{V}$，$U_2=-100U_1$，$U_{ab}=0$，$R_1=10\Omega$，求 $R_2$，$U_{ac}$，$U_{da}$。

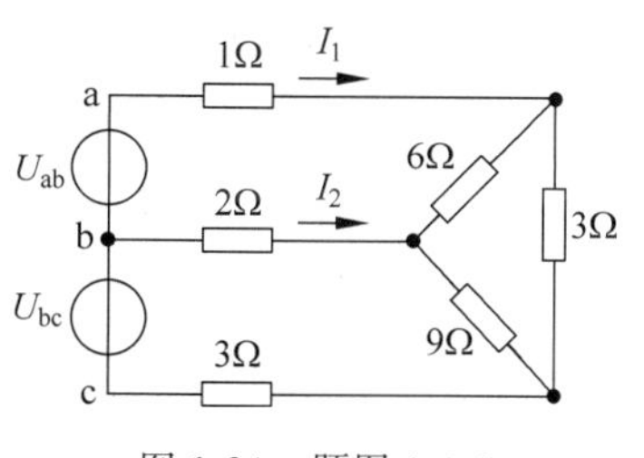

图 1-84　题图 1-3-8

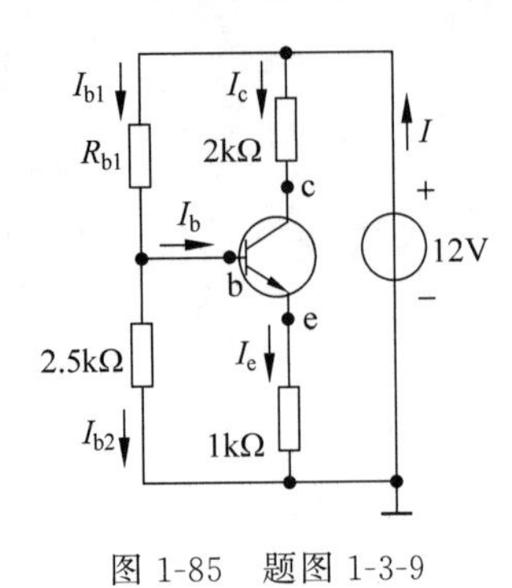


图 1-85　题图 1-3-9

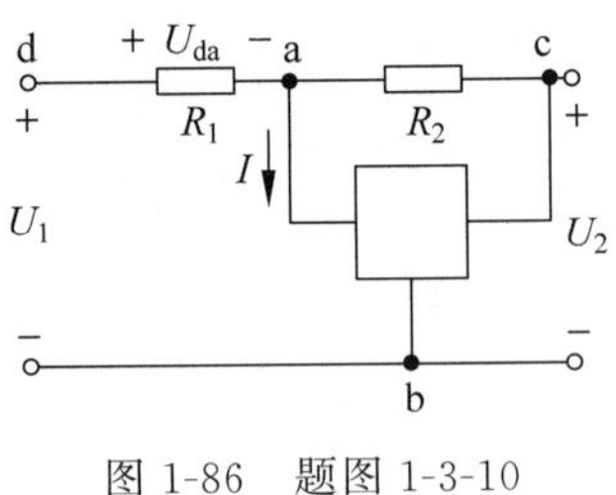


图 1-86　题图 1-3-10

**1-4-1**　如图 1-87 所示，求各电路的等效电阻 $R_{ab}$。

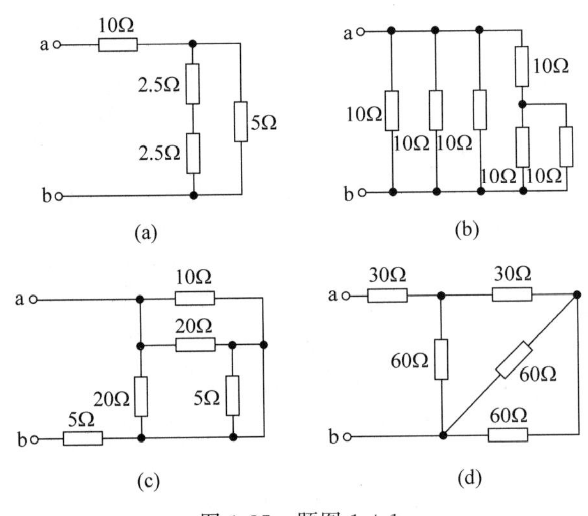


图 1-87　题图 1-4-1

**1-4-2**　如图 1-88 所示，求电流 $I$，$I_3$，电压 $U_1$，$U_3$。

**1-4-3**　如图 1-89 所示，当 S 断开和闭合时等效电阻 $R_{ab}$ 的值？

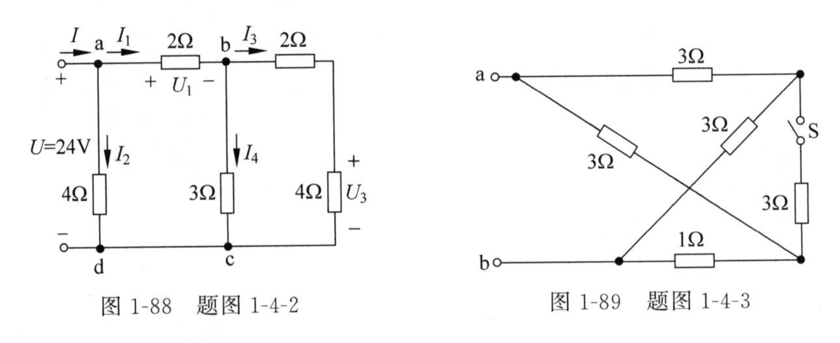


图 1-88　题图 1-4-2

图 1-89　题图 1-4-3

**1-4-4**　如图 1-90 所示，电压表电路中微安表头的满偏转电流为 100μA，试求附加电阻 $R_1$、$R_2$、$R_3$ 的值。

**1-4-5**　有些电网午夜时电压可能升至 240V。为避免走廊上一个额定值 220V、15W 的灯泡损坏，可在午夜至清晨时段串联一附加电阻使灯泡仍在 220V 电压下工作。求此附加电阻的额定电阻和功率值。

**1-4-6**　如图 1-91 所示，图示微安表头的满偏转电流为 60μA，求分流器电路的各电阻值。

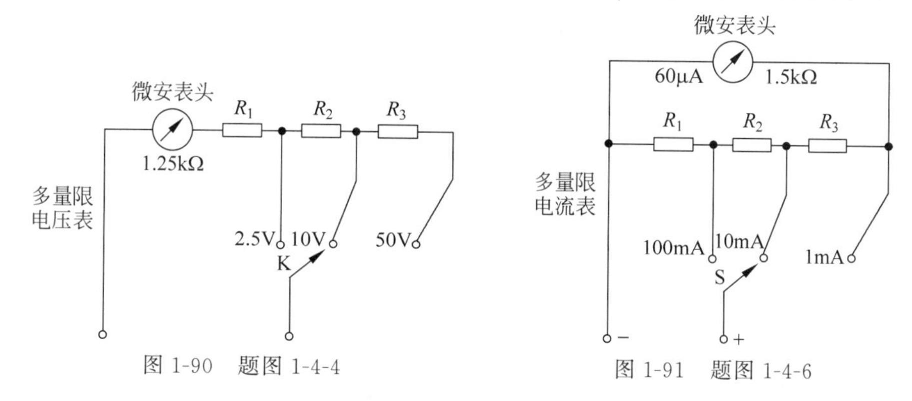


图 1-90　题图 1-4-4　　图 1-91　题图 1-4-6

**1-4-7**　如图 1-92 所示为电子电位差计的部分电路，$E_X$ 的两端接至被测电压。调节 9Ω 电位器的滑动触头使 $I_G=0$，然后根据电位器上的刻度即可知道被测电压。试求它能测量电压的范围。

**1-4-8**　如图 1-93 所示为某一晶体管收音机的电源电压分配电路，已知电源电压为 24V，现用分压器获得各段电压（对地电位）分别为 19V、11V、7.5V 和 6V，各段电路所需电流如图 1-93 所示，求各个分压电阻的数值。

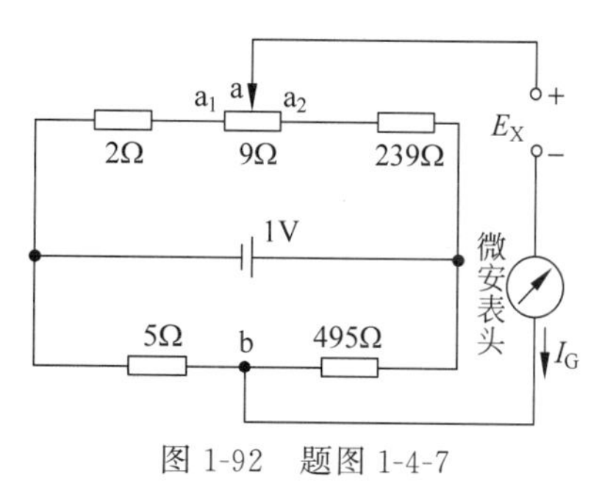


图 1-92　题图 1-4-7

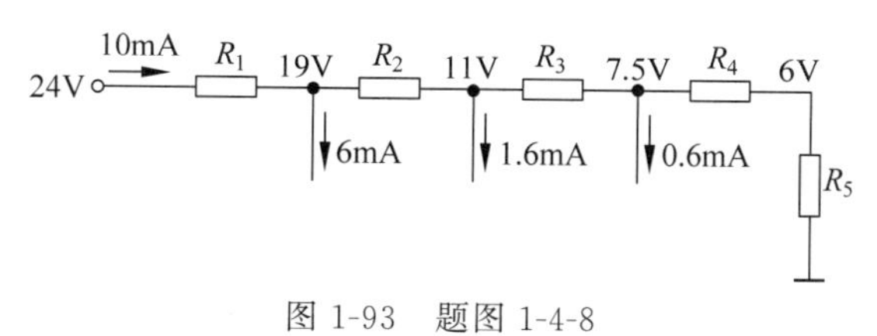


图 1-93　题图 1-4-8

**1-5-1**　求如图 1-94(a)、(b)的电压源模型，求图 1-94(c)和(d)的电流源模型。

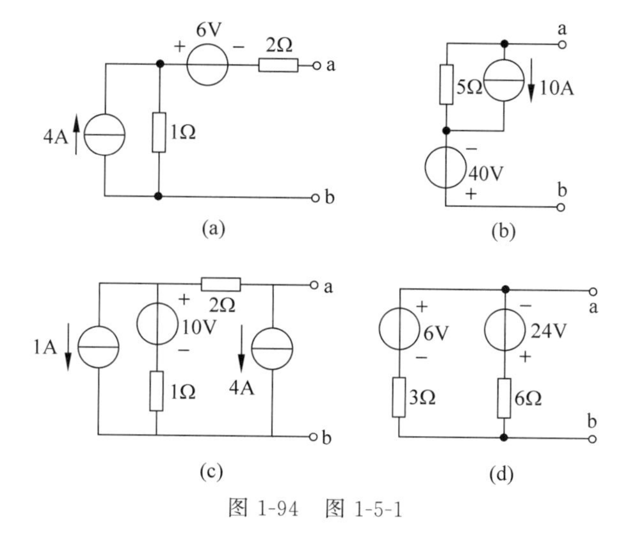


图 1-94　图 1-5-1

**1-5-2** 如图1-95所示，用电源等效变换法求电流 $I$。

**1-5-3** 如图1-96所示，用电源等效变换的方法求开路电压 $U_{ab}$。

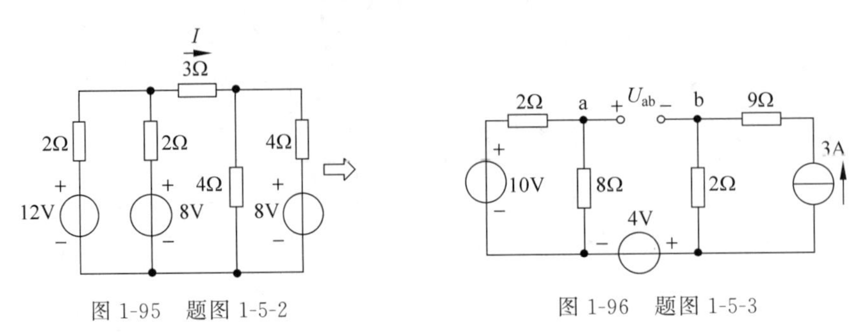


图1-95 题图1-5-2

图1-96 题图1-5-3

**1-5-4** 用电源等效变换的方法对如图1-97所示电路化简，保留 $I_3$ 所在支路，并计算电流 $I_3$。

**1-5-5** 某电源电动势为230V，内阻为10Ω。现用量限为250V的电压表测量其开路电压作为电动势的近似值。问当电压表内阻为500Ω/V及2000Ω/V时百分比误差各为多少？（注释：百分比误差又称为相对误差，是绝对误差与被测量的实际值之间的比值，通常用百分数表示）

**1-5-6** 如图1-98所示，1.5kΩ电位器称为调零电位器，其触头可以调节，保证当a、b间短路时（$R_{ab}=0$），电池电动势 $E$ 在一定范围内均可使微安表头满偏转至100μA。求电池电动势 $E$ 允许的高限和低限（忽略电池内阻）。

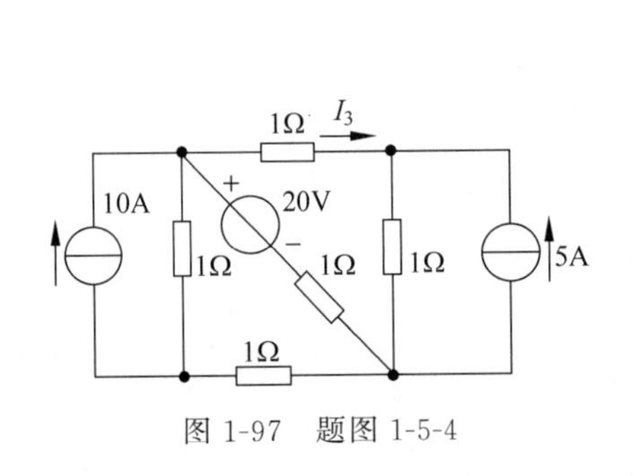


图1-97 题图1-5-4

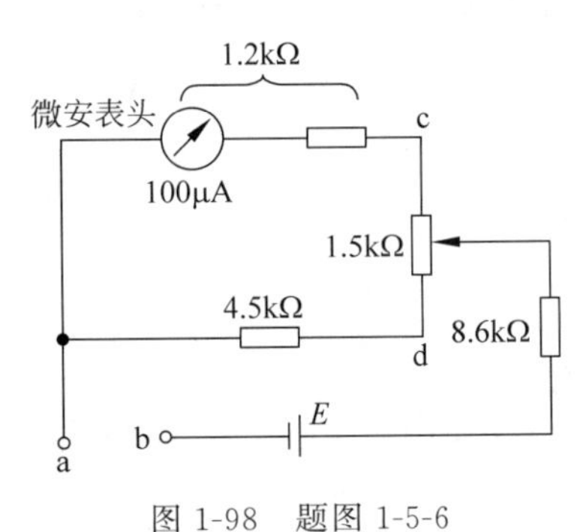


图1-98 题图1-5-6

习题答案

# 第 2 章 电路分析方法及电路定理

CHAPTER 2

本章主要学习直流电路的计算，其方法可以推广应用于交流电路。

直流电能易于储存，干电池、蓄电池就是典型的直流电源。直接使用直流电源的工业生产环节有电解、电镀、电焊、直流电动机等，此外，包括计算机、手机、电视机在内的电子线路的工作电源均是直流电。太阳能光伏电池可直接发出直流电，整流器将交流电转换为直流电。电气工程中，某些继电保护装置的操作电源采用直流，用以保证在失去交流电源情况下仍能可靠接通或断开电气设备。远距离高压直流输电比交流输电更稳定，所用线材仅为交流输电的$\frac{1}{2}\sim\frac{2}{3}$。

## 2.1 支路电流法与回路电流法

### 2.1.1 支路电流法

如图 2-1(a)所示，电路支路间不是串并联关系，属于复杂电路。对复杂电路进行分析的目的是求出所有支路的电流或电压。

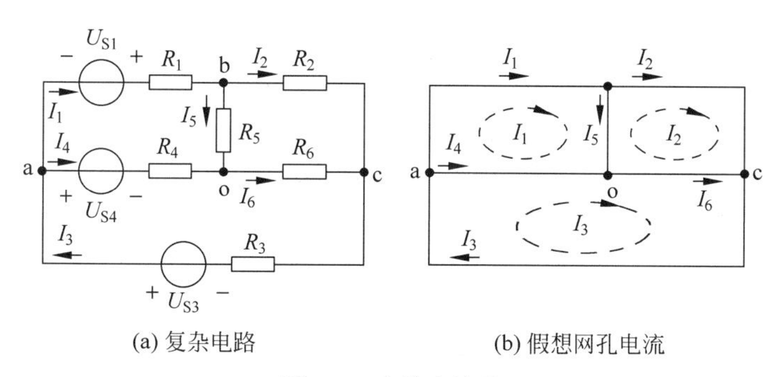


(a) 复杂电路　　(b) 假想网孔电流

图 2-1　支路电流法

对具有 $b$ 条支路、$n$ 个结点的电路，以 $b$ 个支路电流为未知量，列写 $n-1$ 个独立的 KCL 方程，再选择回路列写 $b-(n-1)$个独立的 KVL 方程，共 $b$ 个方程联立求出各支路电流的方法称为支路电流法。

支路电流求出后，进而可求出 $b$ 条支路的电压。

$$\begin{cases} \text{a 结点：} I_4 = I_3 - I_1 \\ \text{b 结点：} I_5 = I_1 - I_2 \\ \text{c 结点：} I_6 = I_3 - I_2 \\ \text{网孔 aboa：} -U_{S_1} + R_1 I_1 + R_5 I_5 - R_4 I_4 - U_{S_4} = 0 \\ \text{网孔 bcob：} R_2 I_2 - R_6 I_6 - R_5 I_5 = 0 \\ \text{网孔 aoca：} U_{S_4} + R_4 I_4 + R_6 I_6 - U_{S_3} + R_3 I_3 = 0 \end{cases} \tag{2-1}$$

式(2-1)6个方程联立，用计算机软件计算很容易实现，但人工计算较烦琐，还需寻找更简捷的方法。

## 2.1.2 网孔电流法

**1. 基本方程**

如图2-1(a)所示电路为平面电路，无空间交叉的支路。按网孔列KVL方程，每个方程都是独立的。该电路第1、第2、第3条支路是外围支路，仅属于本网孔所有；而第4、第5、第6条支路是两个网孔之间的公共支路，$I_4$、$I_5$、$I_6$ 可以用 $I_1$、$I_2$、$I_3$ 来表示，若将方程组(2-1)的前三式代入后三式，就消去了 $I_4$、$I_5$、$I_6$ 三个未知量，并将所有电压源 $U_s$ 移项至方程右侧，得

$$\begin{cases} \text{网孔 aboa：} R_1 I_1 + R_5 (I_1 - I_2) - R_4 (I_3 - I_1) = U_{S_4} + U_{S_1} \\ \text{网孔 bcob：} R_2 I_2 - R_6 (I_3 - I_2) - R_5 (I_1 - I_2) = 0 \\ \text{网孔 aoca：} R_4 (I_3 - I_1) + R_6 (I_3 - I_2) + R_3 I_3 = -U_{S_4} + U_{S_3} \end{cases}$$

整理后，得

$$\begin{cases} (R_1 + R_4 + R_5) I_1 - R_5 I_2 - R_4 I_3 = U_{S_1} + U_{S_4} \\ -R_5 I_1 + (R_2 + R_5 + R_6) I_2 - R_6 I_3 = 0 \\ -R_4 I_1 - R_6 I_2 + (R_3 + R_4 + R_6) I_3 = U_{S_3} - U_{S_4} \end{cases} \tag{2-2}$$

式(2-2)称为网孔方程，联立方程数减少了。图2-1(b)仅保留了图2-1(a)中各支路间的连接关系，去掉了各支路具体的元件，称为原电路的拓扑图。拓扑图反映了电路的结构。**可以将 $\boldsymbol{I_1}$、$\boldsymbol{I_2}$、$\boldsymbol{I_3}$ 理解成仅围绕本网孔环形流动的网孔电流，外围支路的支路电流就等于本网孔的网孔电流；而公共支路电流 $\boldsymbol{I_4}$、$\boldsymbol{I_5}$、$\boldsymbol{I_6}$ 可由网孔电流的组合来表示。**例如第5条支路有 $I_1$、$I_2$ 两个网孔电流流过，$I_1$ 与 $I_5$ 方向一致看成是 $I_5$ 的“主流”，$I_2$ 与 $I_5$ 方向相反看成是 $I_5$ 的“逆流”，所以有

$$I_5 = I_1 - I_2$$

因此先列网孔电流方程求出网孔电流，就可一一计算出每条支路上的电流，再求支路电压。

网孔方程的标准形式为

$$\begin{cases} R_{11} I_1 + R_{12} I_2 + R_{13} I_3 = \sum U_{SS1} \\ R_{21} I_1 + R_{22} I_2 + R_{23} I_3 = \sum U_{SS2} \\ R_{31} I_1 + R_{32} I_2 + R_{33} I_3 = \sum U_{SS3} \end{cases} \tag{2-3}$$

**该方程每一项都是电压量，方程右侧的电压源在沿网孔电流绕行方向上电位升高时，前面加**

**正号。其中 $\boldsymbol{R}_{ii}$ 称为第 $i$ 个网孔的自电阻，是该网孔中全部电阻之和，恒为正值；$\boldsymbol{R}_{ij}$ 称为第 $i$ 个网孔与第 $j$ 个网孔之间的互电阻，是两网孔公共支路上的电阻，两网孔电流流经该支路方向一致时为正值、相反时为负值，两网孔间无公共电阻时 $\boldsymbol{R}_{ij}$ 为零，并且 $\boldsymbol{R}_{ij}=\boldsymbol{R}_{ji}$；$\sum \boldsymbol{U}_{\mathrm{SS}k}$ 是沿网孔电流绕行方向理想电压源电位升的代数和。**式(2-2)扩展行和列就可以应用于更多网孔的电路。

**【例 2-1】** 用网孔电流法计算如图 2-2 所示电路各支路电流，检验计算结果的正确性；并计算 a、b 结点间的电压 $U_{\mathrm{ab}}$。

**解** 第一步：在电路图上标明网孔电流 $I_{\mathrm{a}}$、$I_{\mathrm{b}}$、$I_{\mathrm{c}}$ 及其绕行方向。若全部网孔电流均选为顺时针(或逆时针)绕行方向，则互电阻均取负号。

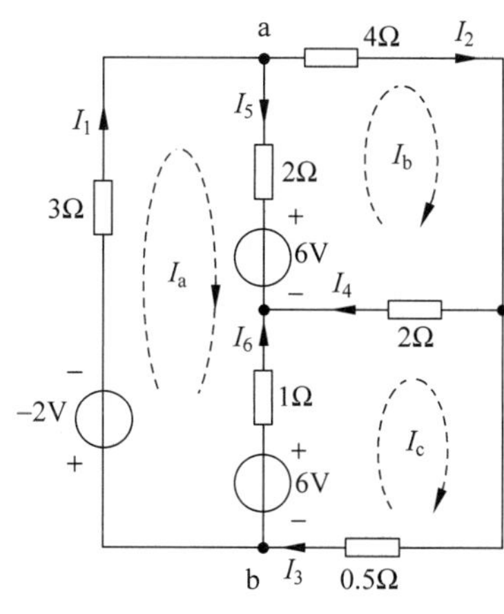

图 2-2　例 2-1 电路图

第二步：用观察法直接列网孔方程，则

$$\begin{cases}(3+2+1)I_{\mathrm{a}}-2I_{\mathrm{b}}-I_{\mathrm{c}}=-(-2)-6-6\\-2I_{\mathrm{a}}+(2+4+2)I_{\mathrm{b}}-2I_{\mathrm{c}}=6\\-I_{\mathrm{a}}-2I_{\mathrm{b}}+(1+2+0.5)I_{\mathrm{c}}=6\end{cases}$$

第三步：求解网孔方程，得到各网孔电流为

$$I_{\mathrm{a}}=-1\mathrm{A},\quad I_{\mathrm{b}}=1\mathrm{A},\quad I_{\mathrm{c}}=2\mathrm{A}$$

第四步：计算各支路电流。外围支路为

$$I_1=I_{\mathrm{a}}=-1\mathrm{A},\quad I_2=I_{\mathrm{b}}=1\mathrm{A},\quad I_3=I_{\mathrm{c}}=2\mathrm{A}$$

公共支路为

$$I_4=I_{\mathrm{b}}-I_{\mathrm{c}}=-1\mathrm{A},\quad I_5=I_{\mathrm{a}}-I_{\mathrm{b}}=-2\mathrm{A},\quad I_6=I_{\mathrm{c}}-I_{\mathrm{a}}=3\mathrm{A}$$

第五步：检验正确性。任选某网孔，代入已求出的支路电流，列写 KVL 方程，检验结果是否为零。顺时针检验 a 网孔，则

$$-2+3I_1+2I_5+6-I_6+6=-2-3-4+6-3+6=0$$

表明计算正确。

第六步：根据要求计算 $U_{\mathrm{ab}}$，则

$$U_{\mathrm{ab}}=-3I_1-(-2)=5\mathrm{V}$$

计算中要注意：网孔电流是假想围绕网孔转的电流，只有支路电流才是客观存在的电流。

**【例 2-2】** 图 2-3(a)负载电阻 $R_{\mathrm{L}}$ 上的电压 $U_{12}$ 是下一级控制电路的输入，求 $U_{12}$ 的变化范围，并计算 $\mathrm{K}_1$、$\mathrm{K}_2$ 在图示状态的 $U_{12}$。

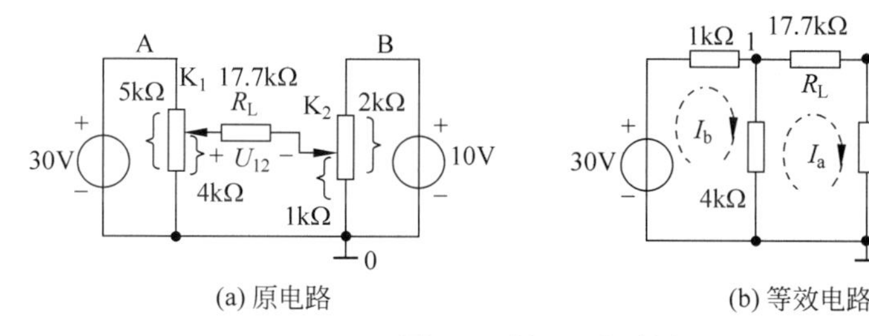

图 2-3　例 2-2 电路图

**解** 先分析 $K_1$、$K_2$ 在可变电阻极限端的情况：

当 $K_1 \to A, K_2 \to 0$ 时，$U_{12}=30V$；当 $K_1 \to A, K_2 \to B$ 时，$U_{12}=30-10=20V$；

当 $K_1 \to 0, K_2 \to 0$ 时，$U_{12}=0V$；当 $K_1 \to 0, K_2 \to B$ 时，$U_{12}=-10V$。

可见 $U_{12}$ 的变化范围是 $-10\sim30V$。

计算图示状态的 $U_{12}$ 采用网孔电流法，将图 2-3(a)改画成图 2-3(b)。

$$\begin{cases}(17.7+4+1)I_a-4I_b-I_c=0\\ -4I_a+(4+1)I_b=30\\ -I_a+(1+1)I_c=-10\end{cases}$$

解得

$$I_a=1\text{mA},\quad I_b=6.8\text{mA},\quad I_c=-4.5\text{mA}$$

$$U_{12}=17.7I_a=17.7\times10^3\times10^{-3}=17.7\text{V}$$

**2. 电路中有电流源的处理方法**

网孔方程的每一项都是电压量，激励源为电压源时，$U_S$ 直接列进方程右侧；激励源为电流源时，$I_S$ 不能直接列入方程，处理方法如例 2-3 所示。

**【例 2-3】** 用网孔电流法计算如图 2-4 所示各支路电流。

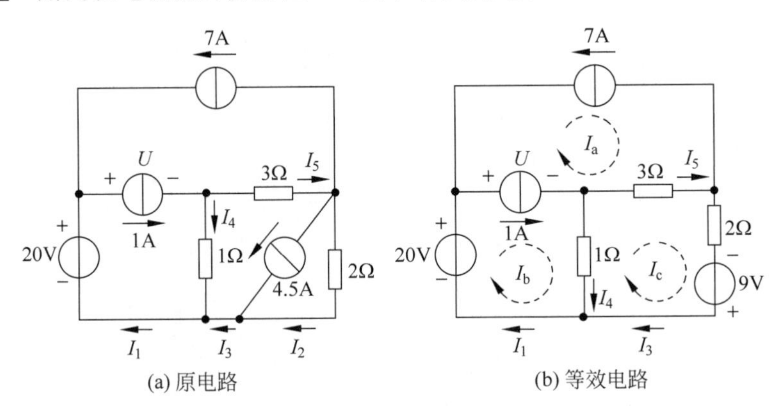


图 2-4 例 2-3 电路图

**解** 该电路中有 3 个电流源，处理的方法各不相同。

将图 2-4(a)等效画成图 2-4(b)，**4.5A 电流源与 2Ω 电阻的并联，等效变换成 9V 电压源与 2Ω 电阻的串联**，这种变换不影响外电路电流 $I_1$、$I_3$、$I_4$、$I_5$ 的数值，仅是 $I_2$ 不存在了。计算出 $I_3$ 后，回到图 2-4(a)$I_2=I_3-4.5$，即可算出。

**7A 理想电流源在外围支路上，使网孔电流 $I_a=-7A$ 为已知，不需要列写网孔 a 的方程；1A 理想电流源在公共支路上，设其电压为 $U$，$U$ 计入方程右侧。**则网孔方程为

$$\begin{cases}\text{a 网孔：} I_a=-7\\ \text{b 网孔：} 1\times I_b-1\times I_c=20-U\\ \text{c 网孔：} (1+3+2)I_c-3I_a-I_b=9\\ \text{1A 电流源支路附加方程：} I_b-I_a=1\end{cases}$$

联立解得网孔电流

$$I_a=-7\text{A},\quad I_b=-6\text{A},\quad I_c=-3\text{A},\quad U=23\text{V}$$

再求支路电流

$$I_1=I_b=-6\text{A},\quad I_3=I_c=-3\text{A},\quad I_2=I_3-4.5=-7.5\text{A}$$

$$I_4=I_b-I_c=-6-(-3)=-3\text{A},\quad I_5=I_c-I_a=-3-(-7)=4\text{A}$$

检验左下网孔是否符合 KVL

$$-20+U+1\times I_4=-20+23+1\times(-3)=0$$

**应用网孔电流法时，凡是遇到理想电流源与电阻的并联，都可等效变换成理想电压源与电阻的串联，再列网孔方程。**

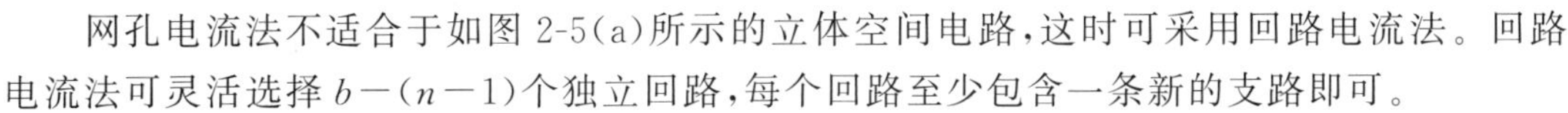

### 2.1.3 灵活设置回路的回路电流法

网孔电流法不适合于如图 2-5(a)所示的立体空间电路，这时可采用回路电流法。回路电流法可灵活选择 $b-(n-1)$个独立回路，每个回路至少包含一条新的支路即可。

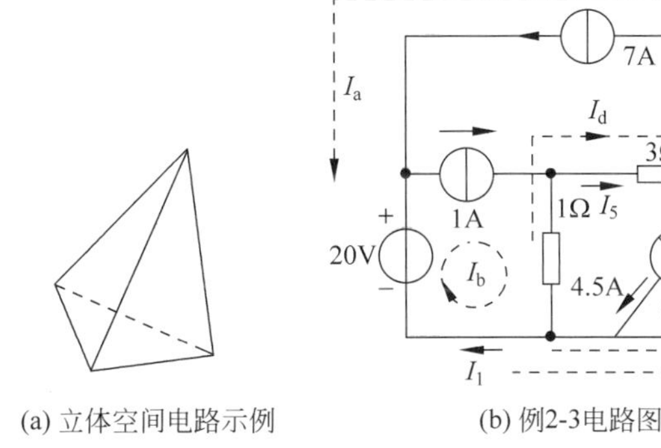


(a) 立体空间电路示例　　(b) 例2-3电路图

图 2-5　立体空间电路与回路电流法

例 2-3 的电路若用回路电流法计算 $I_5$，7 条支路，4 个结点，$b-(n-1)=4$。选择 4 个回路，其中 **$I_a$、$I_b$、$I_c$ 单独途经理想电流源，使理想电流源支路仅有一个回路电流流过，那么该回路的电流就是这个理想电流源的值**，其回路电流方程为

$$\begin{cases}\text{a 回路：} I_a=7\\ \text{b 回路：} I_b=1\\ \text{c 回路：} I_c=4.5\\ \text{d 回路：} (1+3+2)I_d-I_b-2I_c-2I_a=0\end{cases}$$

**回路电流方程中自电阻、互电阻的定义与网孔方程类似。** d 回路自电阻是环绕 d 回路全部电阻之和；1Ω 是 d 回路与 b 回路的公共电阻，$I_d$ 与 $I_b$ 绕行方向相反，该互电阻为负；同理 2Ω 是 d 回路与 a 回路、c 回路的公共电阻，$I_d$ 与 $I_a$、$I_c$ 绕行方向均相反，互电阻均为负。

解得

$$I_d=\frac{I_b+2I_c+2I_a}{1+3+2}=\frac{1+2\times4.5+2\times7}{6}=4\text{A}$$

$$I_5=I_d=4\text{A}$$

$$I_1=I_b-I_a=1-7=-6\text{A}$$

与网孔电流法相比，结果相同，过程简单，计算简捷。

计算中要注意：**回路电流法中的回路电流也是假想存在的电流。**

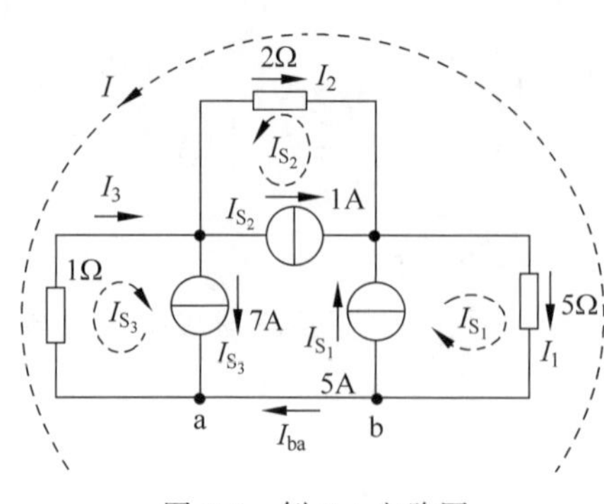

图 2-6　例 2-4 电路图

【例 2-4】 用回路电流法求如图 2-6 所示各支路的电流。其中，结点数 $n=3$。

**解**　独立回路数 $b-(n-1)=4$，$I_{S_1}$、$I_{S_2}$、$I_{S_3}$ 已知，只需要列写由外围支路组成的回路方程。4 个回路电流绕行方向不一致，互电阻有正有负。

$$8I-5\times I_{S_1}+2\times I_{S_2}-1\times I_{S_3}=0$$

即

$$8I-5\times 5+2\times 1-1\times 7=0$$

$$I=3.75\text{A}$$

注意区别图 2-6 中的回路电流和支路电流，3 个支路电流分别为

$$I_1=I_{S_1}-I=5-3.75=1.25\text{A}$$

$$I_2=-I-I_{S_2}=-3.75-1=-4.75\text{A}$$

$$I_3=I_{S_3}-I=7-3.75=3.25\text{A}$$

## 【课后练习】

**2.1.1**　按设定的绕行方向，列写如图 2-7 所示电路的网孔方程。图 2-7(a)写出支路电流与网孔电流的关系式。

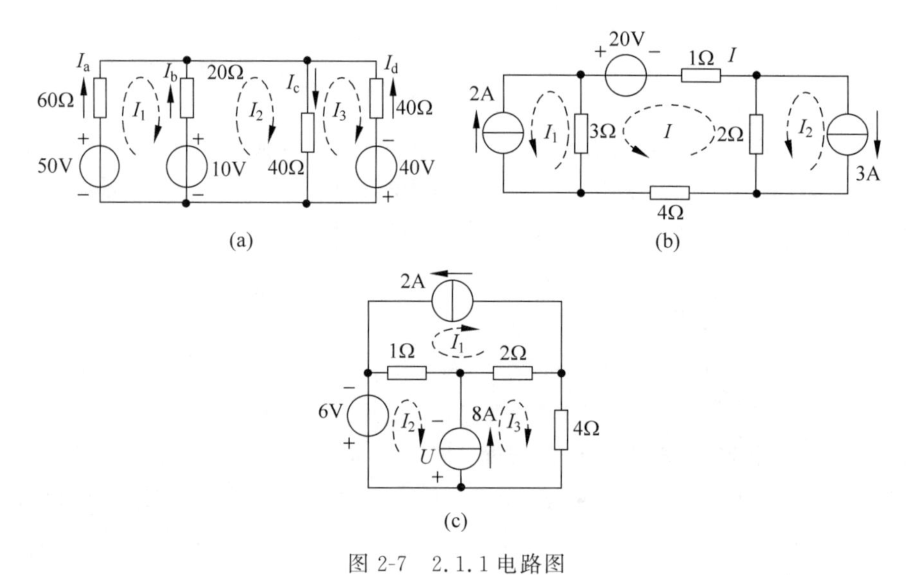

图 2-7　2.1.1 电路图

**2.1.2**　改错题：如图 2-8 所示电路的网孔方程如下，有 4 处错误，请指出并改正。

$$\begin{cases}40I_a-40I_b=-U-12 & (\qquad\qquad) \\ -40I_a+(40+10+20)I_b=-6 & (\qquad\qquad) \\ -10I_b+(50+10)I_c=U & (\qquad\qquad) \\ \text{附加方程 } I_c+I_a=3 & (\qquad\qquad)\end{cases}$$

**2.1.3** 分析题：如图 2-9 所示，请分析如何灵活选择回路能与此方程组相吻合，在图 2-9 中标识出来。

$$\begin{cases} I_a = 8 \\ 20I_a + (40+12+20)I_b + (20+12)I_c = -40 \\ 20I_a + (20+12)I_b + (10+12+20)I_c = 50-40 \end{cases}$$

另外，图中 $U_X = 12(I_b + I_c)$。

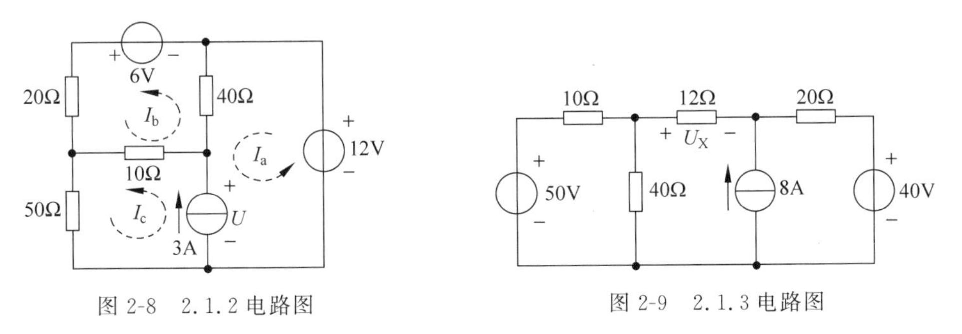


图 2-8 2.1.2 电路图　　　图 2-9 2.1.3 电路图

## 2.2 结点电压法

完备的计算方法还有结点电压法，电路的结点数少于网孔数时，采用结点电压法计算更简捷。结点电压法可以应用于立体空间电路，计算机用于网络分析常用结点法，因此是最重要的计算方法之一。

### 2.2.1 结点电压方程

**1. 基本方程**

具有 $n$ 个结点的电路，选其中一个结点作为零电位参考点，设其余 $n-1$ 个独立结点指向参考点的电压(即该点电位)为未知量，列 $n-1$ 个 KCL 方程，整理后可得到结点电压方程。

如图 2-10 所示，选结点 0 为参考点，以 1、2 两结点指向 0 的电压 $U_{n_1}$、$U_{n_2}$ 为未知量，列 1、2 两结点的 KCL 方程

$$\begin{cases} 1\text{ 结点的 KCL 方程：} I_1 + I_2 + I_3 = I_{S_1} \\ 2\text{ 结点的 KCL 方程：} I_4 - I_3 = -I_{S_2} \end{cases}$$

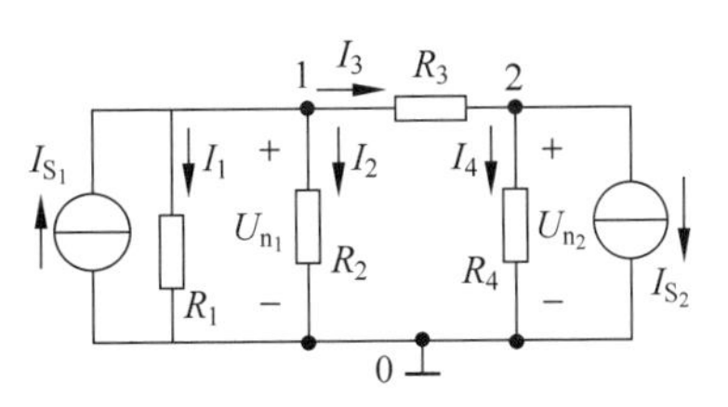


图 2-10 结点电压法基本方程推导

这里两个方程包含 5 个未知量，不能求解，设法用结点电压 $U_{n_1}$、$U_{n_2}$ 来表达各支路电流，则有

$$\begin{cases} \dfrac{U_{n_1}}{R_1} + \dfrac{U_{n_1}}{R_2} + \dfrac{U_{n_1} - U_{n_2}}{R_3} = I_{S_1} \\ \dfrac{U_{n_2}}{R_4} - \dfrac{U_{n_1} - U_{n_2}}{R_3} = -I_{S_2} \end{cases}$$

**该方程的左侧是从与该结点相连的电阻流出的电流，右侧是从电流源流进该结点的电**

流。整理后得

$$\begin{cases}\left(\dfrac{1}{R_1}+\dfrac{1}{R_2}+\dfrac{1}{R_3}\right)U_{n_1}-\dfrac{1}{R_3}U_{n_2}=I_{S_1}\\ -\dfrac{1}{R_3}U_{n_1}+\left(\dfrac{1}{R_3}+\dfrac{1}{R_4}\right)U_{n_2}=-I_{S_2}\end{cases} \tag{2-4}$$

式(2-4)即为结点电压方程，扩展该方程的行和列就可以应用于更多结点的电路。标准形式为

$$\begin{cases}G_{11}U_{n_1}+G_{12}U_{n_2}+G_{13}U_{n_3}=\sum I_{SS1}\\ G_{21}U_{n_1}+G_{22}U_{n_2}+G_{23}U_{n_3}=\sum I_{SS2}\\ G_{31}U_{n_1}+G_{32}U_{n_2}+G_{33}U_{n_3}=\sum I_{SS3}\end{cases} \tag{2-5}$$

**该方程每一项都是电流量，方程右侧的电流源 $I_S$ 流进该结点时，前面加正号。其中 $G_{ii}$ 称为第 $i$ 个结点的自电导，是与该结点直接连接的全部电导之和，恒为正值；$G_{ij}$ 称为第 $i$ 个结点与第 $j$ 个结点之间的互电导，是两结点间互连支路上的电导之和，恒为负值；两结点间无互连电导时 $G_{ij}$ 为零；并且 $G_{ij}=G_{ji}$；$\sum I_{SSk}$ 是直接流进 $k$ 结点的理想电流源的代数和。**

**【例 2-5】** 用结点电压法求图 2-11 各结点电压，并求 3Ω 支路的电压 $U$，电流 $I$；检验计算的正确性。

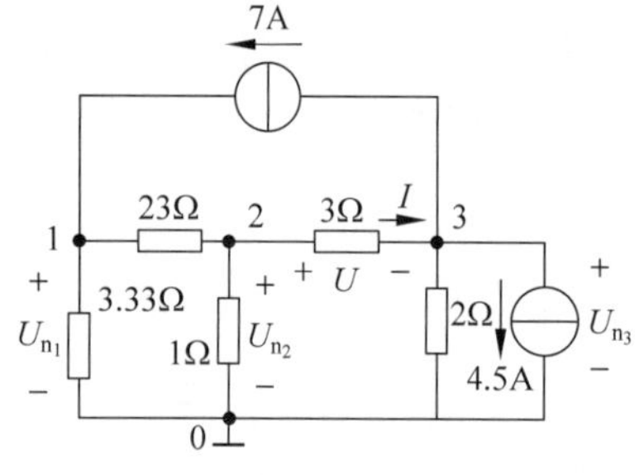


图 2-11 例 2-5 电路图

**解** (1) 选 0 点为参考点，给其余 3 个独立结点命名 1、2、3，并在图中标注清楚。

(2) 用观察法列结点方程。

$$\begin{cases}\left(\dfrac{1}{23}+\dfrac{1}{3.33}\right)U_{n_1}-\dfrac{1}{23}U_{n_2}=7\\ -\dfrac{1}{23}U_{n_1}+\left(\dfrac{1}{1}+\dfrac{1}{3}+\dfrac{1}{23}\right)U_{n_2}-\dfrac{1}{3}U_{n_3}=0\\ -\dfrac{1}{3}U_{n_2}+\left(\dfrac{1}{2}+\dfrac{1}{3}\right)U_{n_3}=-7-4.5\end{cases}$$

(3) 解该结点方程，求出结点电压 $U_{n_1}=20\text{V}$、$U_{n_2}=-3\text{V}$、$U_{n_3}=-15\text{V}$。

(4) 求 3Ω 支路的电压 $U$，电流 $I$。

$$U=U_{n_2}-U_{n_3}=-3-(-15)=12\text{V}$$

$$I=\frac{U}{3}=\frac{12}{3}=4\text{A}$$

(5) 选择 2 结点，代入已求出的结点电压，列写 KCL 方程检验计算结果的正确性。设流进 2 结点的电流为正，流出为负，即

$$\frac{U_{n_1}-U_{n_2}}{23}-\frac{U_{n_2}}{1}-\frac{U_{n_2}-U_{n_3}}{3}=\frac{20-(-3)}{23}-\frac{-3}{1}-\frac{-3-(-15)}{3}=0$$

表明计算正确。

**2. 电路中有电压源的处理方法**

结点方程的每一项都是电流量，激励源为电流源时，$I_S$ 直接列进方程右侧；激励源为

电压源时，$U_S$ 不能直接列进方程，处理方法如例 2-6 所示。

【例 2-6】 用结点电压法求图 2-12(a)的结点电压 $U_{n_1}$、$U_{n_2}$、$U_{n_3}$。

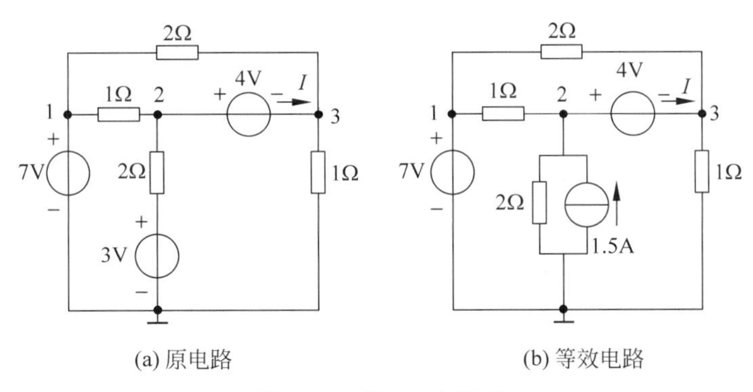


(a) 原电路　　(b) 等效电路

图 2-12　例 2-6 电路图

**解**　该电路中有 3 个电压源，处理的方法各不相同。

**3V 电压源与 2Ω 电阻的串联组合，可等效变换为图 2-12(b)电流源与电阻的并联组合；7V 理想电压源处于独立结点 1 与地之间，$U_{n_1}=7V$ 为已知，不需要列写结点 1 的结点方程；设流过 4V 理想电压源的电流为 $I$，$I$ 计入方程右侧。**其结点方程为

$$\begin{cases} U_{n_1}=7 \\ -\dfrac{1}{1}U_{n_1}+\left(\dfrac{1}{1}+\dfrac{1}{2}\right)U_{n_2}=1.5-I \\ -\dfrac{1}{2}U_{n_1}+\left(\dfrac{1}{1}+\dfrac{1}{2}\right)U_{n_3}=I \end{cases}$$

4V 电压源支路附加方程

$$U_{n_2}-U_{n_3}=4$$

解得

$$U_{n_1}=7V,\quad U_{n_2}=6V,\quad U_{n_3}=2V,\quad I=-0.5A$$

**列写结点电压方程时，凡是遇到理想电压源与电阻的串联组合，都可变换成理想电流源与电阻的并联组合。**为方便起见，读者熟练后对这种变换不必画出等效图，直接列结点方程即可。

【例 2-7】 列出图 2-13(a)、(b)的结点方程，并分别写出结点电压与所标注的 $U$、$I$ 之间的关系式。

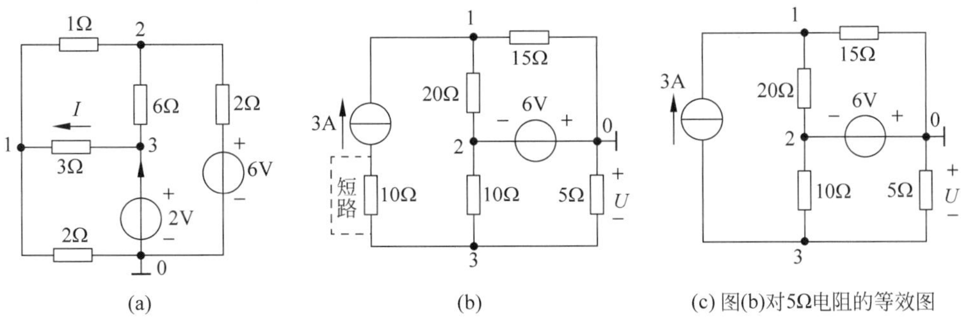


(a)　　(b)　　(c) 图(b)对5Ω电阻的等效图

图 2-13　例 2-7 电路图

**解** 图 2-13(a)的结点方程为

$$\begin{cases}\left(\frac{1}{2}+\frac{1}{3}+\frac{1}{1}\right)U_{n_1}-\frac{1}{1}U_{n_2}-\frac{1}{3}U_{n_3}=0\\-\frac{1}{1}U_{n_1}+\left(\frac{1}{2}+\frac{1}{6}+\frac{1}{1}\right)U_{n_2}-\frac{1}{6}U_{n_3}=\frac{6}{2}\\U_{n_3}=2\end{cases}$$

$I$ 与结点电压之间的关系式为

$$I=\frac{U_{n_3}-U_{n_1}}{3}$$

图 2-13(b)最左支路**一个电阻与理想电流源串联，该支路对外的等效电路就是理想电流源本身，列写结点方程前可将该电阻作短路处理**，因为结点 a、b、c 对该支路来说属于外电路。短路后得到图 2-13(c)，图 2-13(c)列写的结点方程为

$$\begin{cases}\left(\frac{1}{20}+\frac{1}{15}\right)U_{n_1}-\frac{1}{20}U_{n_2}=3\\U_{n_2}=-6\\-\frac{1}{10}U_{n_2}+\left(\frac{1}{10}+\frac{1}{5}\right)U_{n_3}=-3\end{cases}$$

$U$ 与结点电压之间的关系式为

$$U=-U_{n_3}$$

计算中要注意：**与理想电流源串联的电阻绝对不能写进自电导和互电导中。**

## 2.2.2 弥尔曼定理

为了给负载提供较大的电流，电源支路经常需要并联运行，如图 2-14 所示，该电路特点是**支路多、网孔多，却只有两个结点**。设其中一个结点为参考点，**仅需列写一个结点方程就能计算出 $U_{ab}$，列出的结点方程中没有互电导项**。设 b 点为参考点，a 点的结点方程为

$$\left(\frac{1}{R_1}+\frac{1}{R_2}+\frac{1}{R_3}+\frac{1}{R_4}+\frac{1}{R_5}\right)U_{ab}=\frac{U_{S_1}}{R_1}+\frac{U_{S_2}}{R_2}+\frac{U_{S_3}}{R_3} \tag{2-6}$$

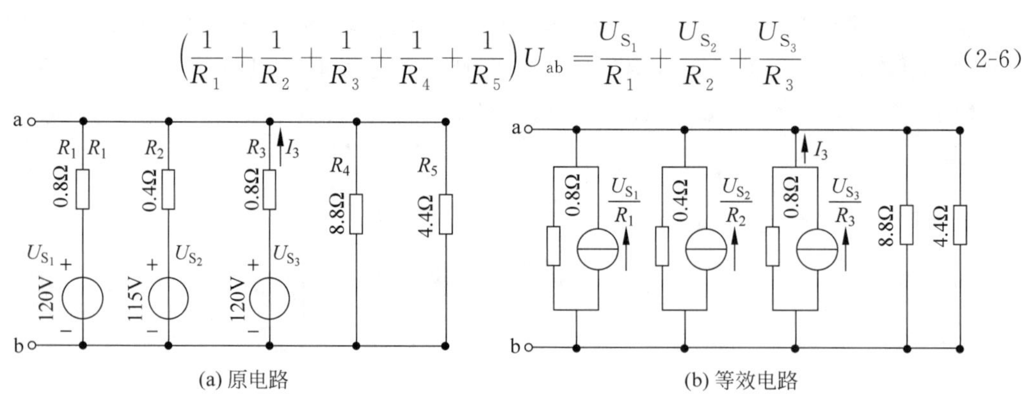


图 2-14 弥尔曼定理

整理后，得

$$U_{ab}=\frac{\frac{U_{S_1}}{R_1}+\frac{U_{S_2}}{R_2}+\frac{U_{S_3}}{R_3}}{\frac{1}{R_1}+\frac{1}{R_2}+\frac{1}{R_3}+\frac{1}{R_4}+\frac{1}{R_5}}=\frac{\sum\frac{U_{S_k}}{R_k}}{\sum\frac{1}{R_k}}=\frac{\sum I_{S_k}}{\sum\frac{1}{R_k}} \tag{2-7}$$

式(2-7)称为弥尔曼定理，该公式应用十分频繁，必须掌握。代入数据得

$$U_{ab}=\frac{\frac{120}{0.8}+\frac{115}{0.4}+\frac{120}{0.8}}{\frac{1}{0.8}+\frac{1}{0.4}+\frac{1}{0.8}+\frac{1}{8.8}+\frac{1}{4.4}}=110\text{V}$$

若要计算第3支路提供的电流，则代入

$$U_{ab}=-R_3I_3+U_{S_3}$$

解得

$$I_3=\frac{U_{S_3}-U_{ab}}{R_3}$$

计算中要注意：$I_3\neq\frac{U_{S_3}}{R_3}$。通常图2-14(b)不必画出。

**【例2-8】** 用弥尔曼定理计算图2-15(a)电路中a点的电位。

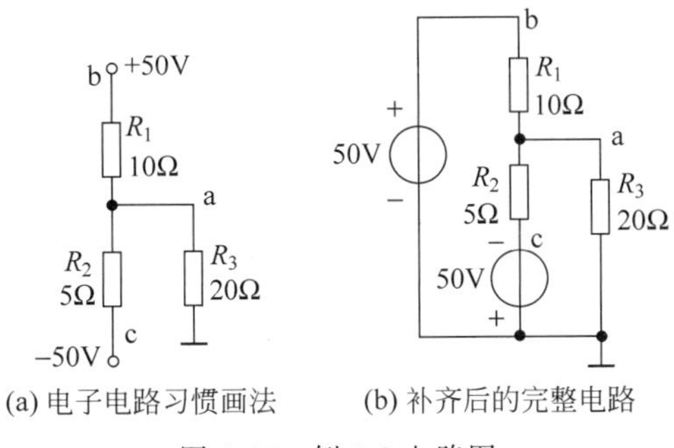

(a) 电子电路习惯画法　(b) 补齐后的完整电路

图2-15　例2-8电路图

**解**　该电路经常出现在电子电路中，为了走线清晰，仅在供电点标注所供电压值及极性，即供电点的电位值。可将电压源补画如图2-15(b)所示，b点原来标注的是正极，则b点接50V电压源的正极；c点原来标注的是负极，则c点接50V电压源的负极；两个电压源的另一极都接向参考点。则有

$$U_a=\frac{\frac{50}{10}+\frac{-50}{5}}{\frac{1}{10}+\frac{1}{5}+\frac{1}{20}}=-14.3\text{V}$$

**【例2-9】** 某工业过程要限制$U_S$仅在一定范围内变化，若超过该范围，继电器J的电流值将大于或等于20mA，这时会引起继电器线圈形成的磁场增强，足以吸引另一报警器电路中的开关S闭合而报警，电路图如图2-16所示，求$U_S$变化范围。

**解**　20mA是继电器动作的最小电流值，该电流可能为正、也可能为负。则有

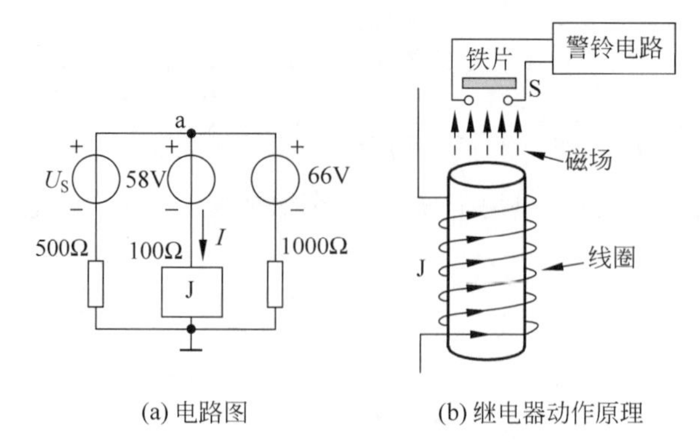


(a) 电路图　　(b) 继电器动作原理

图 2-16　例 2-9 电路图

$$U_a = 58 + 100I = \frac{\frac{66}{1000} + \frac{58}{100} + \frac{U_S}{500}}{\frac{1}{1000} + \frac{1}{100} + \frac{1}{500}}$$

$$\left(\frac{1}{1000} + \frac{1}{100} + \frac{1}{500}\right) \times (58 + 100 \times 0.02) = \frac{66}{1000} + \frac{58}{100} + \frac{U_S}{500}$$

$$U_S = 67\text{V}$$

$$\left(\frac{1}{1000} + \frac{1}{100} + \frac{1}{500}\right) \times [58 + 100 \times (-0.02)] = \frac{66}{1000} + \frac{58}{100} + \frac{U_S}{500}$$

$$U_S = 41\text{V}$$

要使继电器不报警，$U_S$ 变化范围为

$$41\text{V} < U_S < 67\text{V}$$

## 【课后练习】

**2.2.1**　按设定的参考结点，列写如图 2-17 所示的结点电压方程。

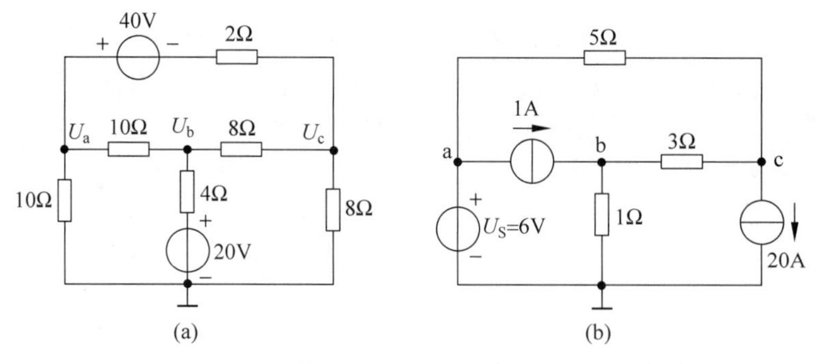


图 2-17　2.2.1 电路图

**2.2.2**　改错题：如图 2-18 所示的结点方程如下，有 4 处错误，请指出并改正。

$$\left(\frac{1}{6} + \frac{1}{3} + \frac{1}{2} + \frac{1}{2}\right) U_{na} - \frac{1}{2+2} U_{nb} = 4 + 10$$

$$-\left(\frac{1}{2}+\frac{1}{2}\right)U_{\mathrm{na}}+\left(\frac{1}{0.5}+\frac{1}{2}+\frac{1}{2}\right)U_{\mathrm{nb}}=10+\frac{2}{0.5}$$

$$U_{\mathrm{nb}}=3$$

**2.2.3**　填空题：如图 2-19 所示，进行如下填写。

(1) K 断开，$U_{\mathrm{N'N}}$＝(　　)V，$U$＝(　　)V，$I$＝(　　)A。

(2) K 闭合，计算 $U_{\mathrm{N'N}}$ 的结点方程是(　　　　　)，这时 $I$ 和 $U$ 不再为(　　)。

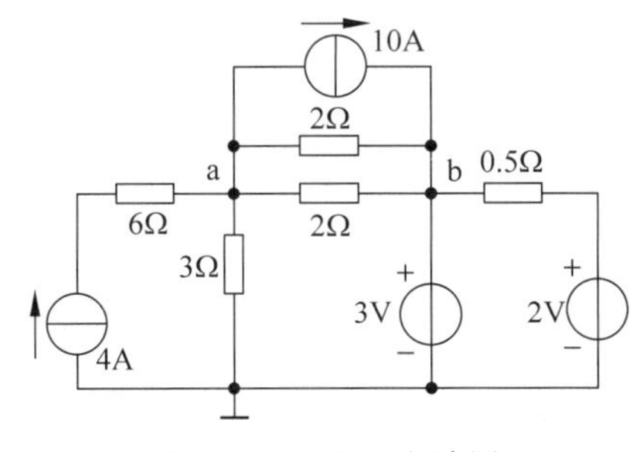


图 2-18　2.2.2 电路图

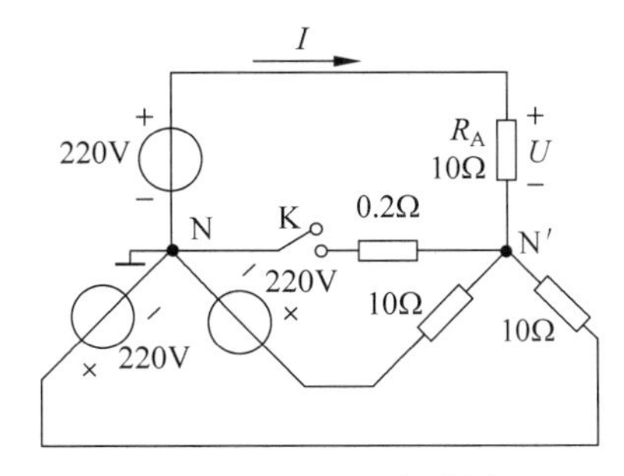


图 2-19　2.2.3 电路图

## 2.3　叠加定理及其应用

线性电路中包含的元件都是线性元件，线性电路符合叠加定理，应用十分广泛。

### 2.3.1　线性电路的特点

**线性电路的特点：当只有一个电源作为输入时，其输出与该输入呈线性比例关系。**如输入翻倍增长，输出也翻倍增长。这里的输出指某条支路的电流或电压，称为响应，而电源称为激励。

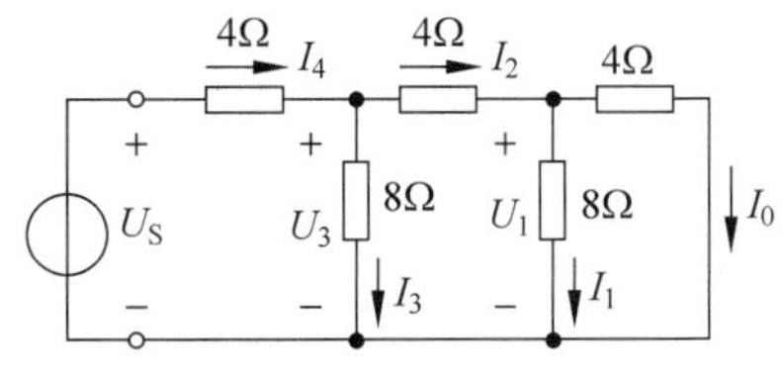


图 2-20　单个激励时响应与该激励呈比例关系

如图 2-20 所示电路，只有一个激励源 $U_S$，则响应 $I_0$ 与 $U_S$ 成正比。若激励源 $U_S=8\mathrm{V}$，可用倒退法求出响应 $I_0$。

假设响应为最简单的数值，$I'_0=1\mathrm{A}$，推算如下：

$$I'_0=1\mathrm{A}\quad\Rightarrow\quad I'_1=\frac{4\times 1}{8}=0.5\mathrm{A}\quad\Rightarrow\quad I'_2=I'_0+I'_1=1+0.5=1.5\mathrm{A}$$

$$I'_3=\frac{4\times 1.5+4\times 1}{8}=1.25\mathrm{A}\quad\Rightarrow\quad I'_4=I'_2+I'_3=1.5+1.25=2.75\mathrm{A}$$

$$U'_S=4\times 2.75+8\times 1.25=21\mathrm{V}$$

以上推算表明，当 $U'_S=21\mathrm{V}$ 时，$I'_0=1\mathrm{A}$，响应与激励之间的比例系数 $H$ 为

$$H=\frac{I'_0}{U'_S}=\frac{1}{21}=\frac{I_0}{U_S}\tag{2-8}$$

那么 $U_S=8\mathrm{V}$ 时的响应为

$$I_0 = HU_S = \frac{1}{21}U_S = \frac{8}{21} = 0.381\text{A}$$

## 2.3.2 叠加定理

叠加定理可表述为**在有多个电源共同作用的线性电路中，任一支路中的电流或电压等于各个电源分别单独作用时在该支路中产生的电流或电压的代数和**。某个电源单独作用是指：其他电源置零(即不起作用)，**理想电压源置零用短路替代，理想电流源置零用开路替代**。某个电源不起作用可想象将其圆圈擦去，以免记错。

**【例 2-10】** 如图 2-21(a)所示，(1)应用叠加定理计算 $U$、$I_1$、$I_2$；(2)用结点电压法证明 $I_2$、$U$ 计算的正确性。

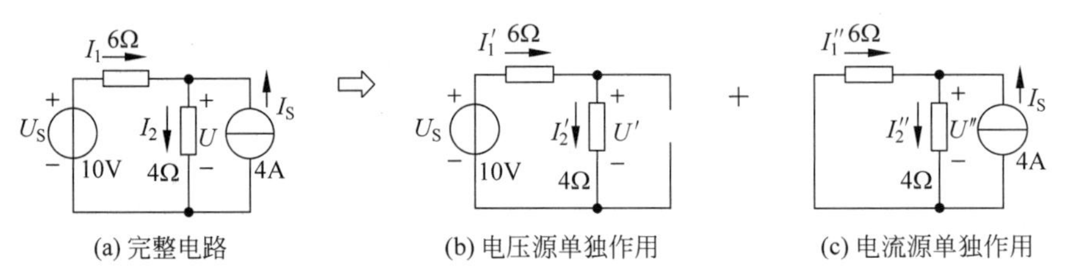


图 2-21 例 2-10 电路图及两个分图

**解** (1) **用叠加定理解题，关键要正确画出每个电源单独作用时的分图**，如图 2-21(b)和图 2-21(c)所示。利用图 2-21(b)，得

$$I_1' = I_2' = \frac{10}{6+4} = 1\text{A}, \quad U' = 4 \times 1 = 4\text{V}$$

利用图 2-21(c)，得

$$U'' = \frac{6 \times 4}{6+4} \times 4 = 9.6\text{V}$$

$$I_2'' = \frac{U''}{4} = \frac{9.6}{4} = 2.4\text{A}$$

$$I_1'' = -\frac{U''}{6} = -\frac{9.6}{6} = -1.6\text{A}$$

两个分量叠加，得

$$I_1 = I_1' + I_1'' = 1 + (-1.6) = -0.6\text{A}$$

$$I_2 = I_2' + I_2'' = 1 + 2.4 = 3.4\text{A}$$

$$U = U' + U'' = 4 + 9.6 = 13.6\text{V}$$

(2) 对图 2-21(a)列写弥尔曼方程，计算 $U$、$I_2$ 得

$$U = 4I_2 = \frac{\frac{U_S}{6} + I_S}{\frac{1}{6} + \frac{1}{4}} = \frac{\frac{10}{6} + 4}{\frac{1}{6} + \frac{1}{4}} = 13.6\text{V}$$

$$I_2 = \frac{\frac{10}{6} + 4}{\frac{1}{6} + \frac{1}{4}} \times \frac{1}{4} = 3.4\text{A}$$

两种计算方法结果一致。

根据叠加定理还可以推论：**在多个电源激励的线性电路中，若所有激励电源同时增大或缩小到 $K$ 倍，那么所有响应也将同样增大或缩小到 $K$ 倍**。该推论称为**齐性定理**。如图 2-21(a)所示，改变 $U_S=40V$，$I_S=16A$，两个激励同时增加到原来的 4 倍，则响应 $I_2$ 变为 $I_2=3.4\times4=13.6V$。

叠加定理用于计算，可将复杂电路化成简单电路。如图 2-22(a)所示电路要求计算 $R_4$ 上的电压 $U$，用结点法计算需联立 3 个方程，用网孔法计算需联立 4 个方程，根据叠加定理计算则可将其化简如下：

电压源单独作用时，利用分压公式

$$U'=\frac{U_S}{R_2+R_4}\times R_4$$

电流源单独作用时，$R_2$、$R_4$ 并联后流过 $I_S$

$$U''=\frac{R_2\times R_4}{R_2+R_4}\times I_S$$

解得

$$U=U'+U''=\frac{U_S}{R_2+R_4}\times R_4+\frac{R_2R_4}{R_2+R_4}\times I_S$$

显然算式和过程都很简单。

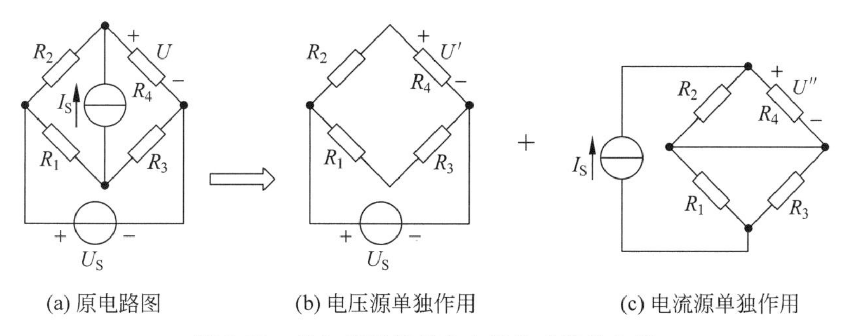


图 2-22 叠加定理将复杂电路化成简单电路

**【例 2-11】** 如图 2-23 所示，$U_{S2}=20V$，$U_{S3}=30V$，当开关 K 在位置 1 时，毫安表的读数为 $I_1=10mA$；当开关 K 在位置 2 时，毫安表的读数为 $I_2=-190mA$。计算开关 K 打在位置 3 时毫安表的读数 $I_3$。

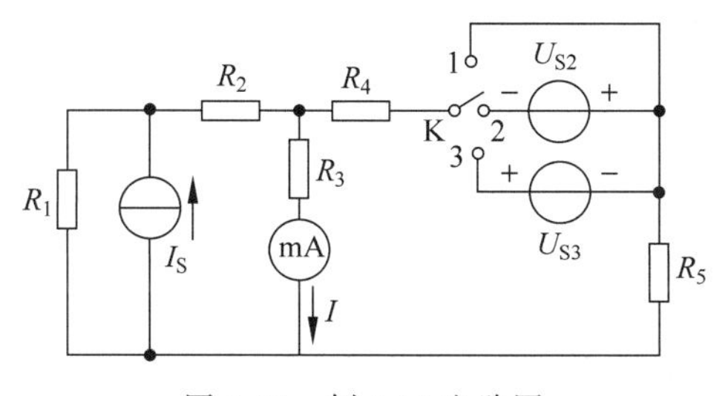


图 2-23 例 2-11 电路图

**解** 当开关K在位置1时，$I_1=10\text{mA}$是电流源$I_S$对$I$的单独贡献。当开关K在位置2时，$I_2=-190\text{mA}$是电流源$I_S$和电压源$U_{S2}$对$I$的共同贡献，那么$I_2-I_1=(-190)-10=-200\text{mA}$应该是$U_{S2}$对$I$的单独贡献，其响应与激励之间的比例系数为

$$H=\frac{-200}{20}=-10$$

当开关K打在位置3时，$U_{S3}$与$U_{S2}$位置相同、单位相同、参考方向相反，那么$U_{S3}$对$I$的单独贡献为

$$-HU_{S3}=-(-10)\times 30=300\text{mA}$$

这时电流源$I_S$仍起作用，所以$I_3$是电流源$I_S$和电压源$U_{S3}$对$I$的共同贡献，则有

$$I_1+300=10+300=310\text{mA}$$

实际工作中，有时会遇到不知内部结构的线性电路，如图2-24所示的方框，其对外有两个电源端口，一个负载端口。**可以通过外部测试推知其电源与负载间的关系，而不必知道方框内部的电路结构。**

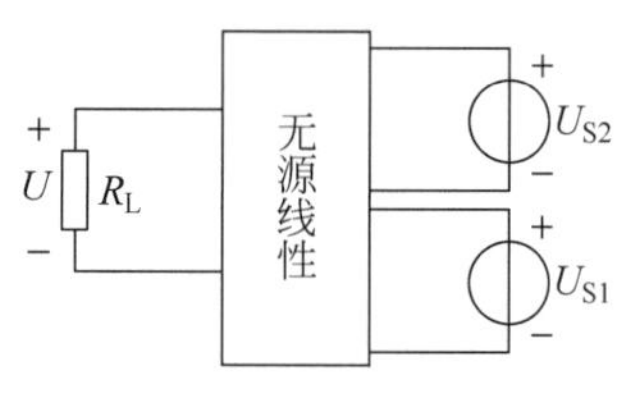

图2-24 例2-12电路图

**【例2-12】** 如图2-24所示，已知$U_{S1}=U_{S2}=5\text{V}$时，$U=0$；$U_{S1}=8\text{V}$，$U_{S2}=6\text{V}$时，$U=4\text{V}$；求$U_{S1}=3\text{V}$，$U_{S2}=4\text{V}$时$U$的值。

**解** 设$U_{S1}$或$U_{S2}$单独作用时，在$R$上产生的电压响应分别为$U'$和$U''$，则有$U'=H_1U_{S1}$，$U''=H_2U_{S2}$；其中$H_1$、$H_2$为比例常数。由叠加定理可得

$$U=U'+U''=H_1U_{S1}+H_2U_{S2}$$

根据已知条件，有

$$0=H_1\times 5+H_2\times 5$$

$$4=H_1\times 8+H_2\times 6$$

联立求解以上两式，得$H_1=2$，$H_2=-2$。由此，当$U_{S1}=3\text{V}$，$U_{S2}=4\text{V}$时，可得

$$U=H_1U_{S1}+H_2U_{S2}=2\times 3+(-2)\times 4=-2\text{V}$$

**应用叠加定理应注意：**

**(1) 叠加定理不适用于非线性电路。**

**(2) 各个分图中的分量尽量与原电路图中的总量参考方向设为一致。**

**(3) 分图只有一个电源作用，响应的正与负应提前直观判断。**

**(4) 用电流、电压分量计算的功率无意义。即**

$$P=(I'+I'')^2R=(I'^2+2I'I''+I''^2)R\neq I'^2R+I''^2R$$

### 2.3.3 叠加定理在工程中的应用

叠加定理的重要意义不在于其对多电源直流激励电路的计算，若遇到如图2-1所示复杂电路也采用叠加定理计算，那么对3个分图均需列写3个网孔方程，显然不可取。

叠加定理的重要意义在于对以下工程中特殊电路的分析。

**1. 不同波形的电源同时作用于线性电路**

**【例2-13】** 如图2-25(a)所示，5V直流电压源与$4\sin\omega t$ mV交流电压源同时激励，假设交流电压源频率较高，计算a点的电位$U_a$。

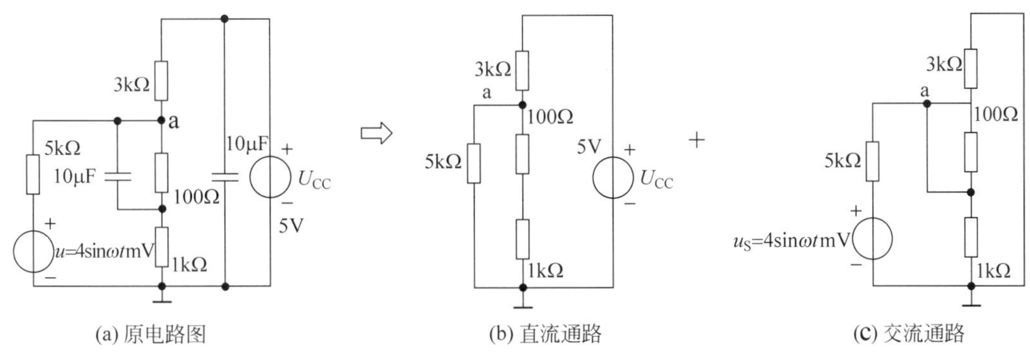


(a) 原电路图 (b) 直流通路 (c) 交流通路

图 2-25 例 2-13 电路图

**解** 该电路中包含了电容元件。电容两个极板间填充了绝缘物,稳恒直流电不能通过;而交流电可以对电容器充放电,信号频率较高时几乎可以无阻碍地通过,电容对高频交流电相当于短路。对这个电路计算 a 点的电位 $U_a$ 只能采用叠加定理,分成两个分图,分别计算 $U_a$ 的直流分量和交流分量,再叠加合成 $U_a$。

图 2-25(b)为**直流通路,两个电容器相当于开路**,直流电源 $U_{CC}$ 单独作用,则有

$$U'_a=\frac{\frac{5}{3}}{\frac{1}{3}+\frac{1}{1.1}+\frac{1}{5}}=\frac{1.667}{0.333+0.909+0.2}=1.156\text{V}$$

图 2-25(c)为**交流通路,两个电容器用短路线替代**,交流电源 $u_S=4\sin\omega t(\text{mV})$单独作用,这是一个小信号,则有

$$u''_a=\frac{\frac{4\sin\omega t\times10^{-3}}{5}}{\frac{1}{3}+\frac{1}{1}+\frac{1}{5}}=\frac{0.8\sin\omega t\times10^{-3}}{0.333+1+0.2}=0.522\times10^{-3}\sin\omega t(\text{V})=0.522\sin\omega t(\text{mV})$$

叠加后得

$$U_a=U'_a+u''_a=1.156+0.522\times10^{-3}\sin\omega t(\text{V})$$

其 $U_a$ 的波形如图 2-26 所示,可见直流分量将交流信号托了起来。叠加后的信号为波动的直流,全为正值。

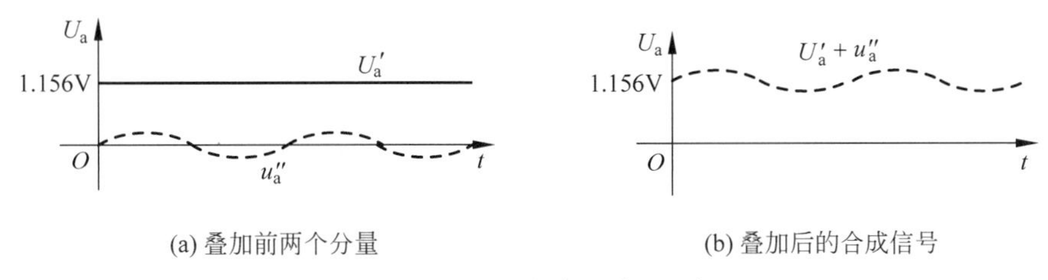


(a) 叠加前两个分量 (b) 叠加后的合成信号

图 2-26 $U_a$ 的交直流分量叠加

在电子线路的信号中,既包含直流分量,又包含类似交流的变化分量。直流是工作电源的贡献,是合成信号的基础值,类似交流的变化分量才是需要放大或传输的有用信号。

**2. 叠加定理用于特殊点的电位计算**

**【例 2-14】** 图 2-27 是运算放大器的输入控制电路。图中三角形的符号表示运算放大

器，它是包含许多晶体管的电压放大电路，它的输入端内部内电阻很大，输入的电流几乎为零，仅是输入端的电位 $U_a$ 会影响它的工作。求有 3 个控制信号时 a 点的电位 $U_a$。

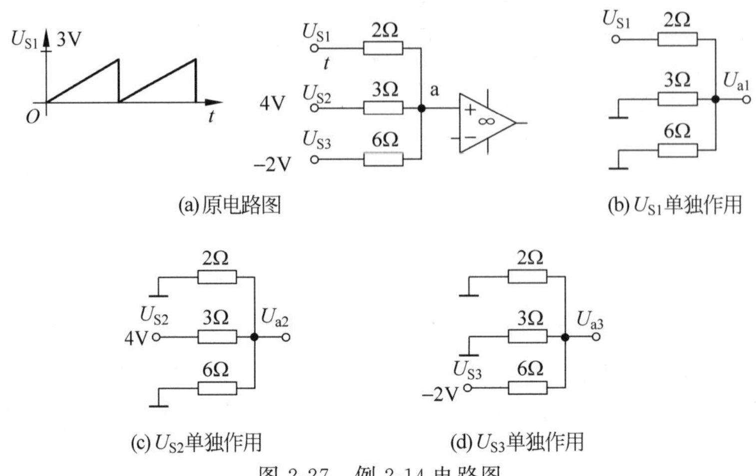


图 2-27　例 2-14 电路图

**解**　3 个控制信号相当于 3 个电源同时作用于 a 点，3 个电源都接在输入端与地之间，图 2-27(b)、(c)、(d)是各个电源单独作用时的分图，不作用的电源对地短接。

$U_{S1}$ 为锯齿波电源，其单独作用时 $U_{a1}$ 计算如下：

$$U_{a1}=\frac{U_{S1}}{\dfrac{3\times 6}{3+6}+2}\times\frac{3\times 6}{3+6}=\frac{1}{2}U_{S1}$$

$U_{S2}$ 为正值直流电源，其单独作用时 $U_{a2}$ 计算如下：

$$U_{a2}=\frac{U_{S2}}{\dfrac{2\times 6}{2+6}+3}\times\frac{2\times 6}{2+6}=\frac{U_{S2}}{4.5}\times 1.5=0.333\times 4=1.333\text{V}$$

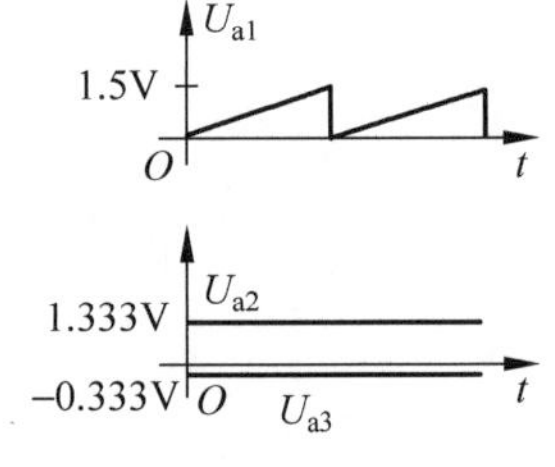


$U_{S3}$ 为负值直流电源，其单独作用时 $U_{a3}$ 计算如下：

$$U_{a3}=\frac{U_{S3}}{\dfrac{2\times 3}{2+3}+6}\times\frac{2\times 3}{2+3}=\frac{U_{S3}}{7.2}\times 1.2=0.1667\times(-2)$$

$$=-0.333\text{V}$$

将 3 个分量叠加后得

$$U_a=U_{a1}+U_{a2}+U_{a3}=\left(\frac{U_{S1}}{2}+1\right)\text{V}$$

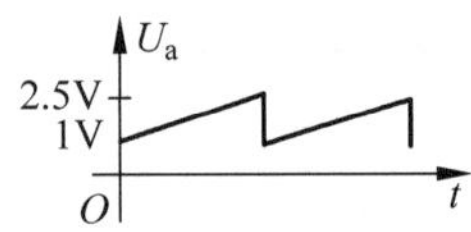


图 2-28　$U_a$ 的波形图

图 2-28 是 $U_a$ 的波形图，可见 $U_{a1}$ 仍然是锯齿波，只是斜率减小了一半；$U_{a2}$、$U_{a3}$ 分别是正电位和负电位，结果是锯齿波上浮了 1V。实际控制中，$U_{S2}$、$U_{S3}$ 通常是可变的，可用电位器进行人工调节，以达到控制 a 点电位的目的。

## 【课后练习】

**2.3.1**　填空题：用叠加定律求开路电压。先检查分图是否正确，要求填写计算式及计算结果(图 2-29)。

$U_{OC}=($　　　　　　　$)V, U'_{OC}=($　　　　　　　$)V, U''_{OC}=($　　　　　　　$)V$。

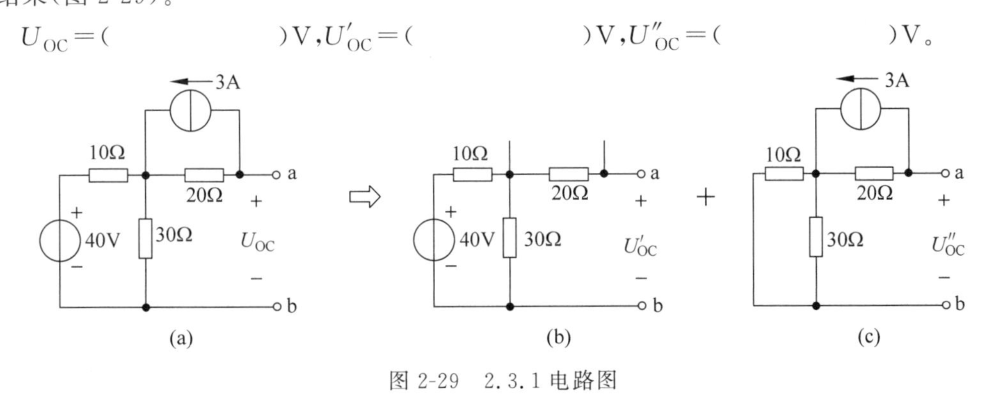


图 2-29　2.3.1 电路图

**2.3.2**　填空题：用叠加定律求 $U_X$，改正图 2-30 分图中的两处错误，然后填写计算结果(图 2-30)。

$U_X=($　　　　　$)V, U_{X1}=($　　　　　$)V, U_{X2}=($　　　　　$)V, U_{X3}=($　　　　　$)V$。

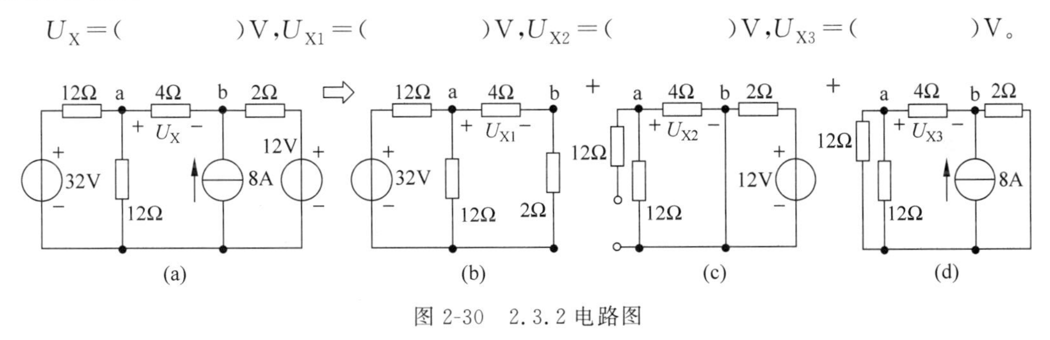


图 2-30　2.3.2 电路图

**2.3.3**　画出用叠加定理求 a 点电位的两个分图(图 2-31)，用叠加定理计算 $U_a$。

**2.3.4**　用叠加定理求如图 2-32 所示两电路的开路电压 $U_{OC}$。

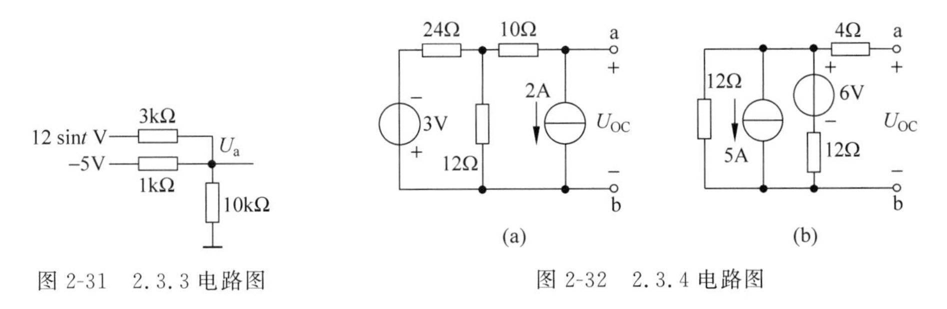


图 2-31　2.3.3 电路图　　　　图 2-32　2.3.4 电路图

## 2.4　戴维南定理及其应用

网孔电流法与结点电压法十分有效，可以求出所有支路的电流与电压。但是有时并不需要求出电路中所有支路的电流与电压，而仅需计算特定支路或负载支路上的电流或电压，这时运用戴维南定理更快捷。

负载是无源的，连接在有电源供电的电路末端，将负载看成外电路，那么负载前方的供电电路可看成有源二端网络。有源二端网络对外电路而言，可以等效为一个理想电压源与内阻的串联支路，即电压源模型，使计算得以简化。

## 2.4.1 戴维南定理

戴维南定理可表述为**任何线性有源二端网络可以用一个理想电压源($U_S$)和内阻($R_0$)相串联的支路来对外等效**，这条支路称为戴维南等效电路，如图2-33所示。**等效电路中的$U_S$等于该有源二端网络的开路电压$U_{OC}$，内阻$R_0$则等于二端网络中所有电源置零后所得的无源二端网络的等效电阻。**

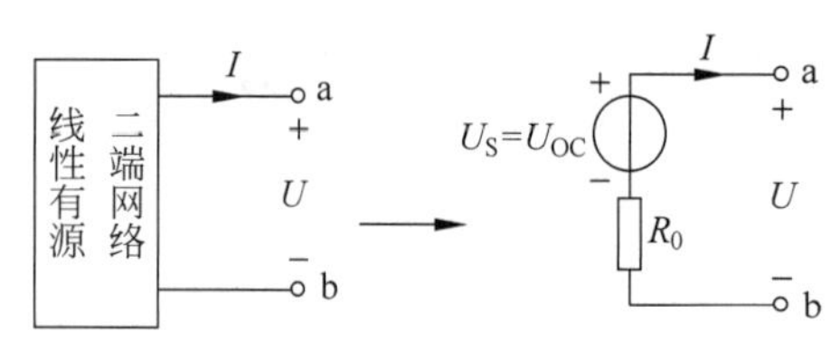


图2-33 戴维南等效电路

**“电源置零”指理想电压源用短路替代，理想电流源用开路替代。**

对外等效的含义是原有源二端网络和戴维南等效电路两者接相同的外电路时，在外电路中的电流电压相等。

**【例2-15】** 图2-34(a)中$U_{S1}=3\text{V}$，$U_{S2}=5\text{V}$，$R_1=R_2=R_L=1\Omega$，用戴维南定理求负载$R_L$的电流$I$及电压$U$。

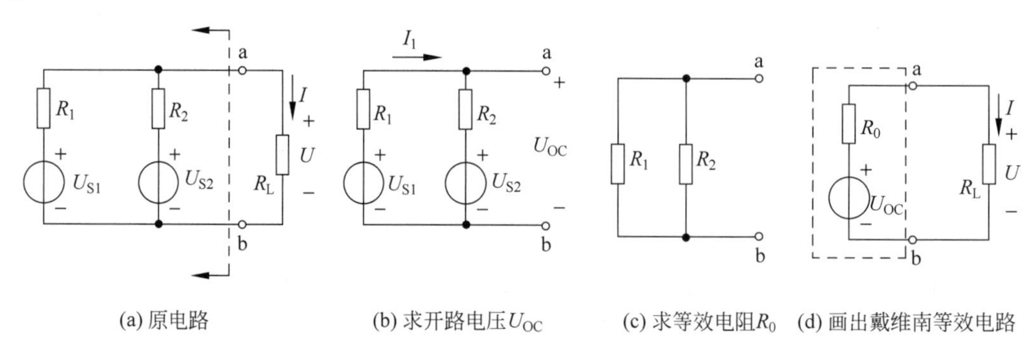


图2-34 例2-15电路图

**解** (1) 先求ab左侧有源二端网络的戴维南等效电路。**移开负载$R_L$使ab间开路，求开路电压$U_{OC}$。**

$$U_{OC}=\frac{\frac{U_{S1}}{R_1}+\frac{U_{S2}}{R_2}}{\frac{1}{R_1}+\frac{1}{R_2}}=\frac{\frac{3}{1}+\frac{5}{1}}{\frac{1}{1}+\frac{1}{1}}=4\text{V}$$

(2) $U_{S1}$、$U_{S2}$置零后用短路线替代，**用得到的对应无源二端网络图(c)，求等效电阻$R_0$。**

$$R_0=\frac{R_1R_2}{R_1+R_2}=\frac{1\times1}{1+1}=0.5\Omega$$

(3) **求完上两步后，必须画出如图2-34(d)虚线中所示的戴维南等效电路。**此时重新接上负载$R_L$，图2-34(d)已是一个单网孔回路，计算$I$及$U$十分方便。

$$I=\frac{U_{OC}}{R_L+R_0}=\frac{4}{0.5+1}=2.67\text{A}$$

$$U=R_LI=2.67\text{V}$$

【例 2-16】 用戴维南定理求图 2-35(a)电路中流过 $R_3$ 的电流 $I$。

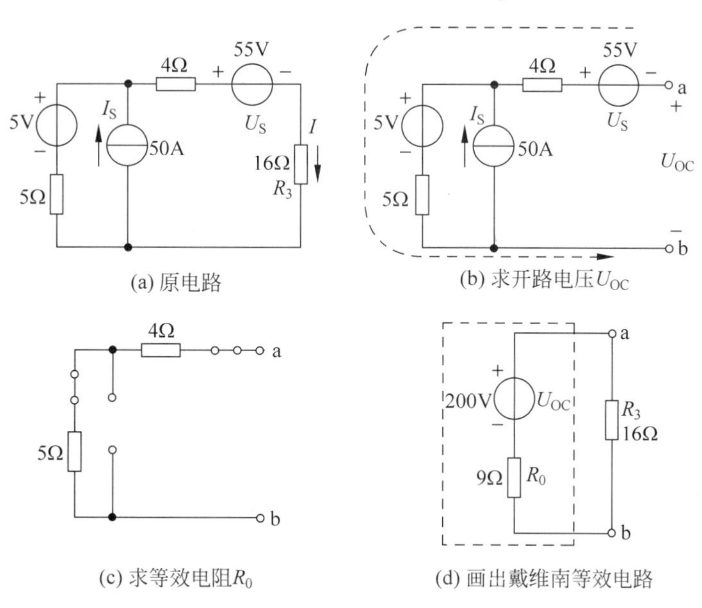


图 2-35 例 2-16 电路图

**解** (1) 移开负载 $R_3$ 使 ab 间开路，得到图 2-35(b)。其中 4Ω 电阻上的电流为零，$I_S$ 的 50A 电流逆时针流过左网孔，沿着虚线方向从 a 点绕行到 b 点计算开路电压 $U_{OC}$。

$$U_{OC}=-55+5+5\times 50=200\text{V}$$

(2) 电源置零后，按图 2-35(c)求等效电阻 $R_0$。

$$R_0=4+5=9\Omega$$

(3) 求完上两步后，必须画出戴维南等效电路，如图 2-35(d)虚线中所示，此时重新接上负载 $R_3$，得

$$I=\frac{U_{OC}}{R_0+R_3}=\frac{200}{9+16}=8\text{A}$$

**用戴维南定理解题，要画 4 张图：①原电路图；②a、b 端口开路后求 $U_{OC}$；③电源置零求等效电阻 $R_0$；④画出戴维南等效电路后重新接上负载，求负载电流。**

【例 2-17】 图 2-36(a)桥式电路中 $R_X$ 可变，分别等于 5Ω、8Ω，计算这两种情况下该支路的电流和功率。

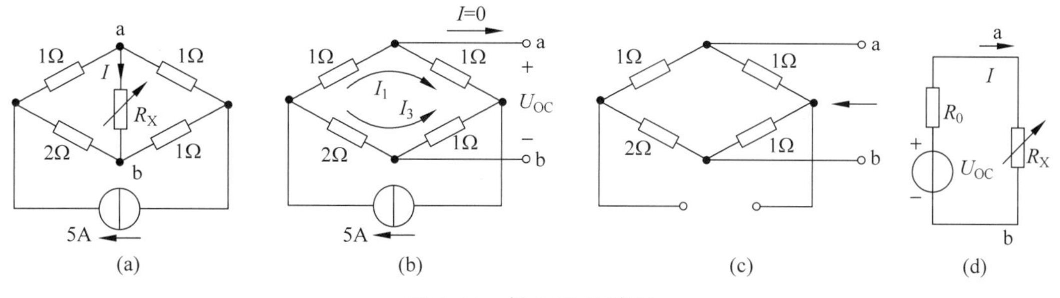


图 2-36 例 2-17 电路图

**解** 该电桥不是平衡电桥，$I\neq 0$。$R_X$ 有两个取值，如果用网孔电流法或结点电压法求解，需前后列写两组方程分别求解。用戴维南定理计算更简捷。

(1) 移开 $R_X$ 支路得图 2-36(b)，求开路电压 $U_{OC}$。利用分流公式

$$I_1=\frac{3}{3+2}\times 5=3\text{A},\quad I_2=5-3=2\text{A}$$

则由右侧从 a 绕行到 b，得

$$U_{OC}=1\times I_1-1\times I_2=1\text{V}$$

(2) 按图 2-36(c)求等效电阻 $R_0$。

$$R_0=\frac{3\times 2}{3+2}=1.2\Omega$$

(3) 画出戴维南等效电路，并重新接上 $R_X$ 支路，得图 2-36(d)，则

$$I=\frac{U_{OC}}{R_0+R_X}=\frac{1}{1.2+R_X},\quad P=I^2R_X$$

当 $R_X=5\Omega$ 时，则

$$I=\frac{U_{OC}}{R_0+R_X}=\frac{1}{1.2+5}=0.161\text{A},\quad P=I^2R_X=0.161^2\times 5=0.13\text{W}$$

当 $R_X=8\Omega$ 时，则

$$I=\frac{U_{OC}}{R_0+R_X}=\frac{1}{1.2+8}=0.108\text{A},\quad P=I^2R_X=0.108^2\times 8=0.09\text{W}$$

**【例 2-18】** 图 2-37(a)中的线性有源二端网络 N 不知其内部结构，可以对它进行测试，推知内部戴维南等效电路。外端口接 12Ω 电阻，测得电流为 2A；外端口短路，测得短路电流 $I_{SC}$ 为 5A；推知 N 的等效电路后，外端口接 24Ω 电阻，计算 $I$ 为多少？

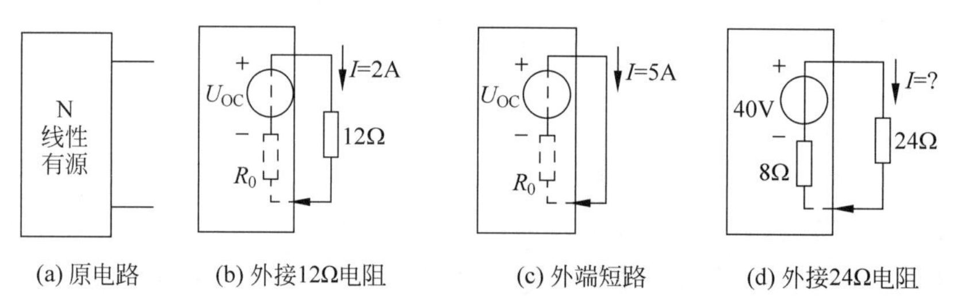


图 2-37 例 2-18 电路图

**解** 对图 2-37(b)有

$$I=\frac{U_{OC}}{12+R_0}=2\text{A}$$

对图 2-37(c)有

$$I_{SC}=\frac{U_{OC}}{R_0}=5\text{A}$$

上两式联立解得

$$U_{OC}=40\text{V},\quad R_0=8\Omega$$

对图 2-37(d)有

$$I=\frac{U_{OC}}{24+R_0}=\frac{40}{24+8}=1.25A$$

【例 2-19】　用戴维南定理计算如图 2-38(a)所示电路的电流 $I$。

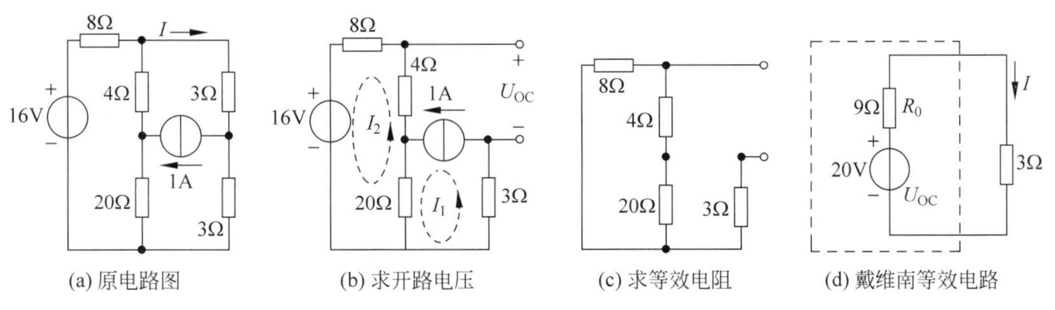


图 2-38　例 2-19 电路图

**解**　将右上角 3Ω 电阻开路得图 2-38(b),电路变得更简单了,仅剩下两个网孔,理想电流源支路处于外围支路,$I_1=1A$ 为已知,列网孔电流方程为

$$\begin{cases}I_1=1A\\-20I_1+32I_2=-16\end{cases}$$

解得

$$I_2=0.125A$$

计算开路电压

$$U_{OC}=8I_2+16+3I_1=20V$$

根据图 2-38(c)计算等效电阻

$$R_0=\frac{(4+20)\times 8}{(4+20)+8}+3=9\Omega$$

戴维南等效电路如图 2-38(d)所示,该单孔回路中

$$I=\frac{U_{OC}}{R_0+3}=\frac{20}{9+3}=1.67A$$

## 2.4.2　求线性有源二端网络等效电阻的一般方法

有源二端网络的等效电阻在电子技术中是一个很重要的概念,其中包含的电阻不一定都是串并联的简单关系,可能较复杂,还可能包含一些控制量或被控制量,因此有必要对有源二端网络的等效电阻的计算方法、测量方法进行更深入的分析。

以下的测量方法中用到的电流表,假设内电阻→0;电压表,假设内电阻→∞。

**1. 开路短路法**

图 2-39 中分别计算或测量出线性有源二端网络的开路电压 $U_{OC}$ 和短路电流 $I_{SC}$,其等效电阻为

$$R_0=\frac{U_{OC}}{I_{SC}} \tag{2-9}$$

该结论可从图 2-39(b)直接得到。当有源二端网络的等效电阻太小而 $I_{SC}$ 很大时,测量 $I_{SC}$ 会损坏其中的电源,这种方法不能使用。

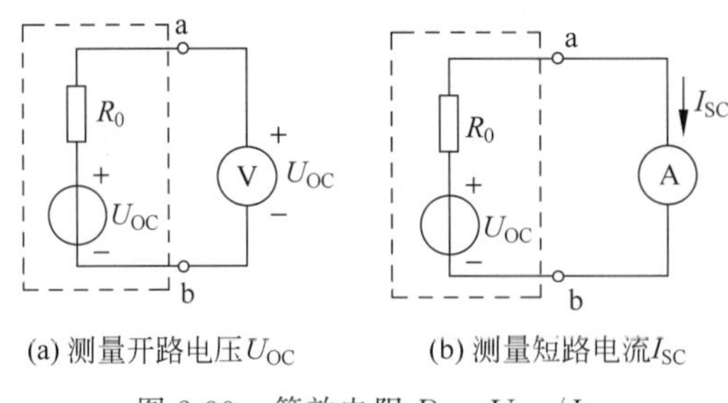


图 2-39　等效电阻 $R_0=U_{OC}/I_{SC}$

**2. 伏安测试法**

先用电压表测量有源二端网络的开路电压 $U_{OC}$，再用电压表和电流表同时测量某一负载时的 $U$、$I$ 值，然后计算等效电阻如图 2-40(b)所示。由有源二端网络的 VCR 式

$$U=U_{OC}-R_0I$$

得到

$$R_0=\frac{U_{OC}-U}{I} \tag{2-10}$$

这一方法没有什么局限性，适用性好。

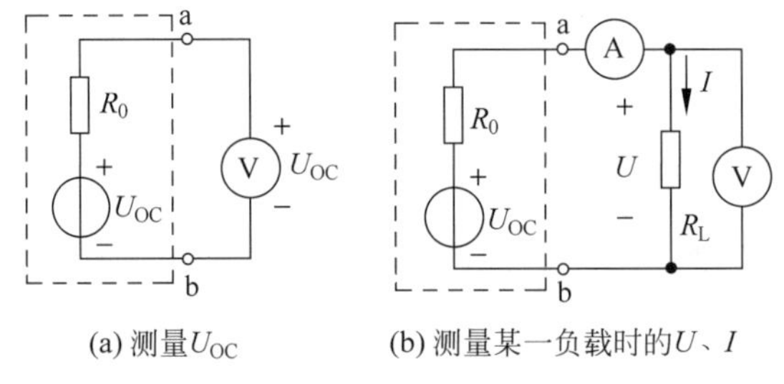


图 2-40　测量 $U_{OC}$ 和某一负载时的 $U$、$I$

**3. 加压求流法**

图 2-41 中，将有源二端网络中所有独立电源置零后，在剩下的无源网络端口外施加一个电压 $U$，测量从端口流入的电流 $I$，$U$ 与 $I$ 对 a、b 端口内为关联参考方向，则

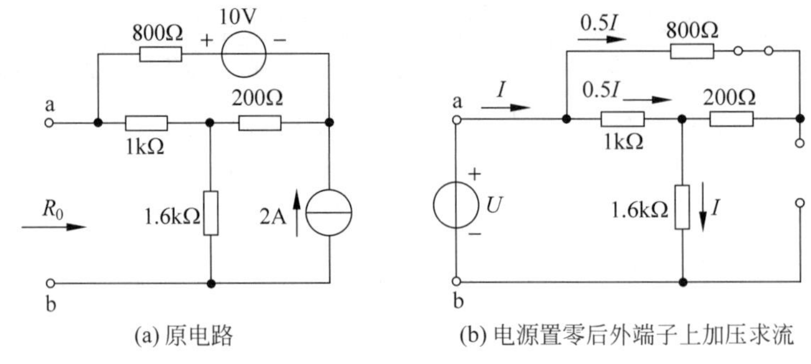


图 2-41　加压求流法计算等效电阻

$$R_0=\frac{U}{I} \tag{2-11}$$

或设 $I$ 为已知，推出 $U$ 与 $I$ 的比值也等于 $R_0$。这种方法常用来计算电子线路的等效电阻。

$$R_{ab}=R_0=\frac{U}{I}=\frac{1000\times0.5I+1600I}{I}=2.1\text{k}\Omega$$

## 2.4.3　最大功率传输定理

图 2-42(a)虚线框中是线性有源二端网络的戴维南等效电路，设负载电阻 $R_L$ 很大时，通过 $R_L$ 的电流很小，故 $R_L$ 获得的功率 $I^2R_L$ 很小；反之，若 $R_L\to0$，$R_L$ 上的电压 $U\to0$，获得的功率 $U^2/R_L$ 自然也很小。由此推论：$R_L$ 在$(0,\infty)$必有一个恰当的电阻值使得负载获得的功率最大，如图 2-42(b)所示。

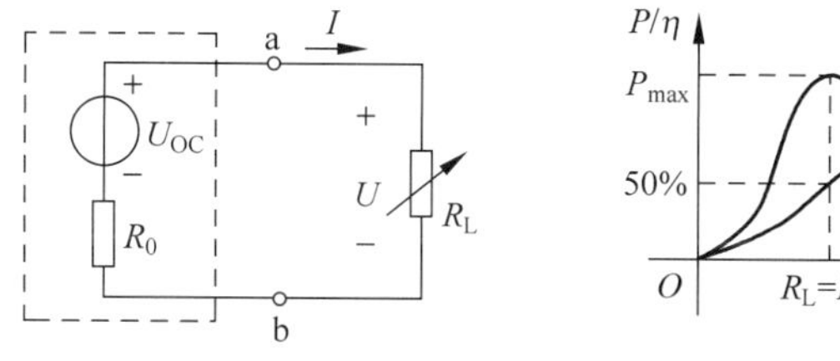


(a) 负载$R_L$可变

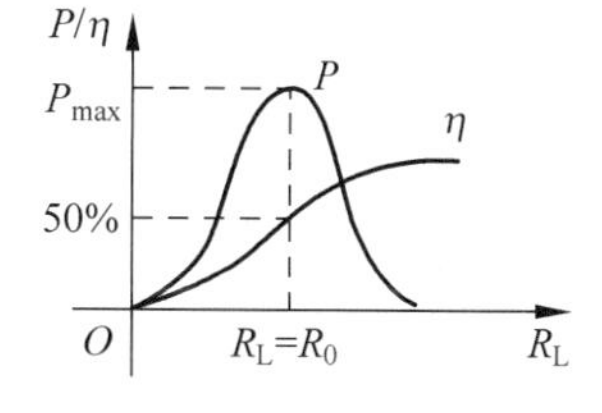


(b) 负载功率与供电效率随$R_L$变化的规律

图 2-42　最大功率传输定理

理论和实践都证明：**当负载电阻 $R_L$ 与戴维南等效电阻 $R_0$ 相等时，负载电阻可从线性有源二端网络获得最大功率**——此为最大功率传输定理，或称为负载与电源匹配。此最大功率 $P_{max}$ 为

$$P_{max}=I^2R_L=\left(\frac{U_{OC}}{R_0+R_L}\right)^2R_L=\left(\frac{U_{OC}}{R_0+R_0}\right)^2R_0=\frac{U_{OC}^2}{4R_0} \tag{2-12}$$

这时戴维南等效电路中电源的供电效率为

$$\eta=\frac{R_LI^2}{(R_0+R_L)I^2}=\frac{R_0I^2}{(R_0+R_0)I^2}=\frac{1}{2}=50\% \tag{2-13}$$

可见供电效率不高，有一半功率和电能会损失在等效电阻 $R_0$ 上。

而有源二端网络的戴维南等效电路仅对外等效，对内部是不等效的。负载与电源内阻匹配时，可以证明变换前的原有源二端网络电源的供电效率更低，$\eta<50\%$。

**【例 2-20】**　如图 2-43 所示电路，负载 $R_L$ 可变化，计算：(1)$R_L$ 为多少欧姆时获得最大功率；(2)$R_L$ 获得的最大功率值 $P_{max}$；(3)当 $R_L$ 获得最大功率时，原有源二端网络中电源的供电效率 $\eta'$。

**解**　(1) 必须先求 a、b 左侧的戴维南等效电路，如图 2-34(b)所示。

由分压公式得

$$U_{OC}=\frac{18}{30+60}\times60=12\text{V}$$

$$R_0=\frac{30\times60}{30+60}=20\Omega$$

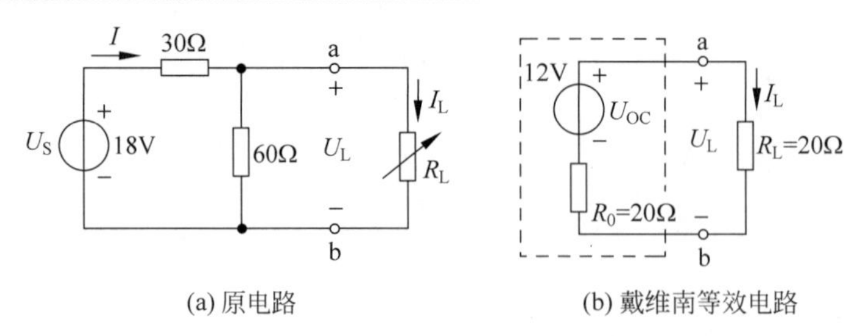


(a) 原电路　　(b) 戴维南等效电路

图 2-43　例 2-20 电路图

因此，当 $R_L=R_0=20\Omega$ 时，$R_L$ 获得最大功率。

(2) $R_L$ 流过的电流及获得最大功率为

$$I_L=\frac{12}{20+20}=0.3\text{A},\quad P_{max}=I_L^2R_L=\frac{U_{OC}^2}{4R_0}=\frac{12^2}{4\times 20}=1.8\text{W}$$

(3) 当 $R_L=20\Omega$ 时，其两端的电压为

$$U_L=\frac{U_{OC}}{2}=6\text{V}$$

原电路电压源 $U_S$ 提供的电流

$$I=\frac{U_S-U_L}{30}=0.4\text{A}$$

原电路电压源 $U_S$ 发出的功率

$$P_S=-U_SI=-18\times 0.4=-7.2\text{W}$$

戴维南等效电路中等效电源 $U_{OC}$ 的供电效率为

$$\eta=\frac{I_L^2R_L}{U_{OC}I_L}=\frac{0.3^2\times 20}{12\times 0.3}=\frac{1.8}{3.6}=50\%$$

原电路中电源 $U_S$ 的供电效率更低，为

$$\eta'=\frac{I_L^2R_L}{P_S}=\frac{0.3^2\times 20}{7.2}=25\%$$

最大功率传输定理在电子技术中得到应用，因为电子线路传输的信号微弱，总希望负载电阻获得的功率最大，故要求负载与电源内阻匹配。但在供电系统中应尽量减小电源的内阻，以提高供电效率。

## 【课后练习】

**2.4.1**　填空题。填出如图 2-44(a)、(b)所示戴维南等效电路中的 $U_{OC}$、$R_0$。

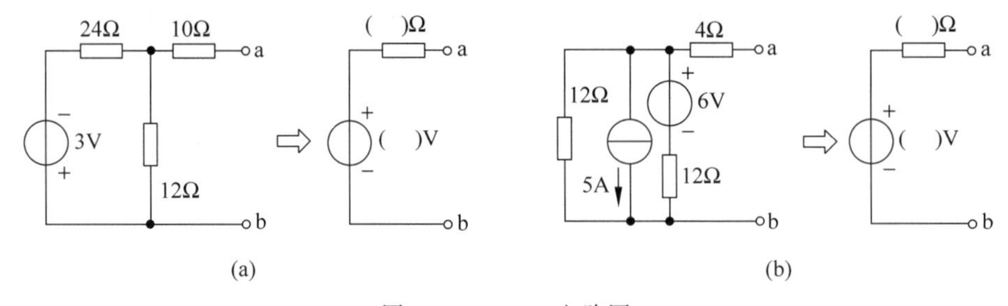


(a)　　(b)

图 2-44　2.4.1 电路图

**2.4.2** 扬声器与放大器连接电路如图 2-45 所示，如果 10Ω 扬声器从放大器能获得 12W 最大功率，试确定一个 4Ω 扬声器从该放大器获得的功率。

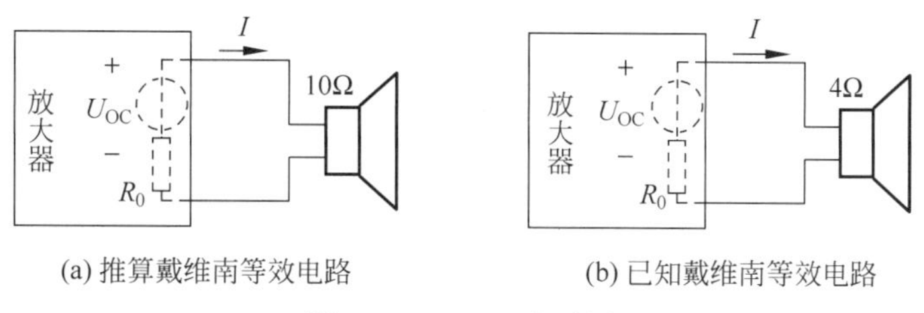


(a) 推算戴维南等效电路 (b) 已知戴维南等效电路

图 2-45 2.4.2 电路图

**2.4.3** 将如图 2-46 所示电路中的最右支路当作外电路，断开该支路，求剩余电路的戴维南等效电路，然后求出 $U$ 和 $I$。

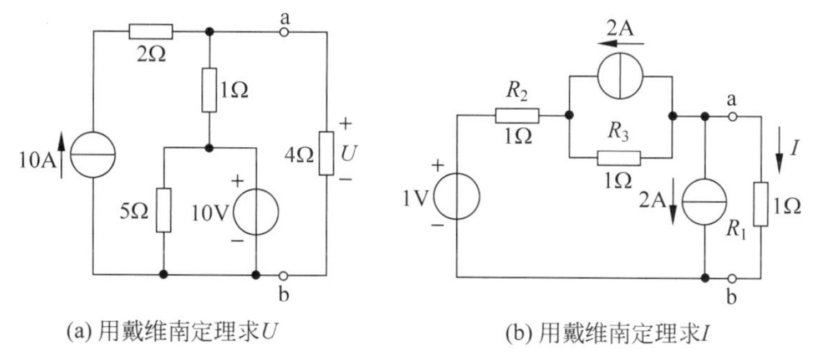


(a) 用戴维南定理求$U$ (b) 用戴维南定理求$I$

图 2-46 2.4.3 电路图

## 2.5 受控源及含受控源电路分析

受控源又称为非独立源，用菱形符号表示。相应的，前述圆形符号表示的电流源、电压源是独立电源，其值是确定的，能独立向外输出功率。受控源包含两条支路，一条控制支路；一条被控制支路。**受控源的电流、电压值要受其他支路的电流或者电压控制，它们不能独立向外输出功率。受控源反映了某处电流、电压信号能传递并影响另一处电流、电压这种特性。**受控源可以用来建立电工电子元器件的电路模型以便定量分析。

### 2.5.1 四种受控源的原型器件简介

电工电子线路中使用的晶体三极管、场效应管、它激发电机和真空三极管分别是电流控制电流源(Current Controlled Current Source，CCCS)、电压控制电流源(Voltage Controlled Current Source，VCCS)、电流控制电压源(Current Controlled Voltage Source，CCVS)、电压控制电压源(Voltage Controlled Voltage Source，VCVS)的原型器件。

**1. 电流控制电流源**

如图 2-47(a)所示，晶体三极管的基极电流 $I_b$(控制量)若增大，会使集电极电流 $I_c$(受控量)成比例增大。如图 2-47(b)用电流控制电流源作为晶体三极管的电路模型，支路 1 为控制支路，支路 2 为受控支路，图中的方框表示控制支路的某一电路元件。其受控源的 VCR 式为

$$I_2 = \beta I_1 \tag{2-14}$$

式中，常数 $\beta$ 称为电流放大倍数，而受控源两端的电压由外电路决定。它可将一条支路电流的变化转变成另一支路电流的变化。1947 年晶体三极管诞生以来，一直作为放大电路的核心元件，在电子技术的进步中扮演重要角色。

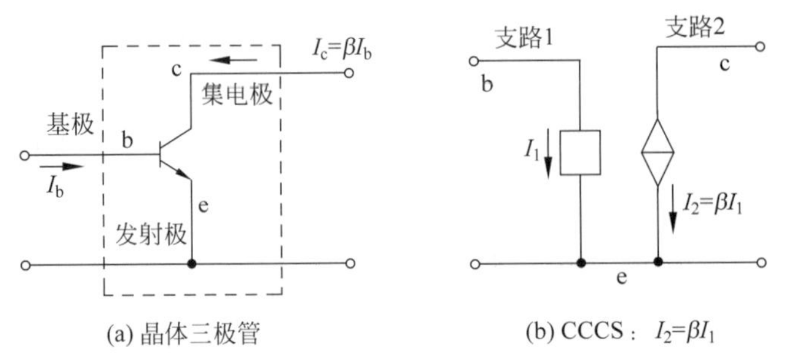


图 2-47　用电流控制电流源作为晶体三极管的电路模型

**2. 电压控制电流源**

如图 2-48(a)所示，场效应管栅极与源极间电压 $U_{GS}$(控制量)如增大，D 点通向 S 点的导电沟道加宽，使 D 点流向 S 点的漏极电流 $I_D$(受控量)增加。图 2-48(b)用电压控制电流源作为场效应管的电路模型，其受控源的 VCR 式为

$$I_2 = gU_1 \tag{2-15}$$

式中，常数 $g$ 称为转移电导，受控源两端的电压由外电路决定。它可将一条支路电压的变化转变成另一支路电流的变化。场效应管是大规模数字集成电路中的主要元件，它功耗低，集成度高。

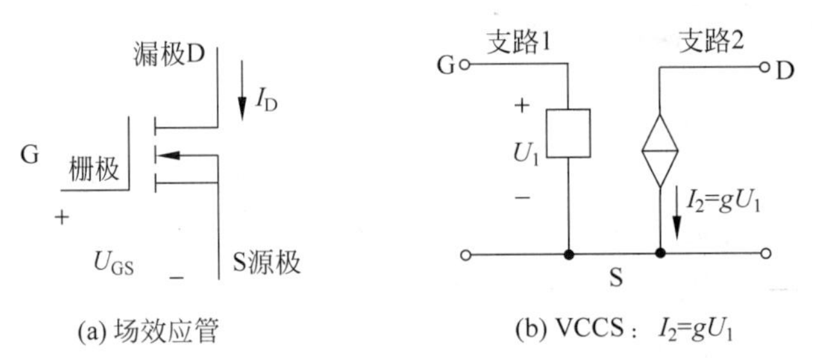


图 2-48　用电压控制电流源作为场效应管的电路模型

**3. 电流控制电压源**

如图 2-49(a)所示，它激发电机的励磁电流 $I_1$ 通入发电机的转子建立磁极，原动机带动转子旋转形成旋转磁场，$I_1$(控制量)如增大，旋转磁场增强，会使定子绕组中的感应电压(受控量)$U_2$ 成比例增大。图 2-49(b)用电流控制电压源(CCVS)作为它激发电机的电路模型，其受控源的 VCR 式为

$$U_2 = rI_1 \tag{2-16}$$

式中，常数 $r$ 称为转移电阻，受控源输出的电流由外电路决定。它可将一条支路电流的变化转变成另一支路电压的变化。电力系统中的发电机都是源于这个原理来工作的。

**4. 电压控制电压源**

如图 2-50(a)所示，真空三极管栅极电位(控制量)增高，吸引阴极发射电子，使更多电子

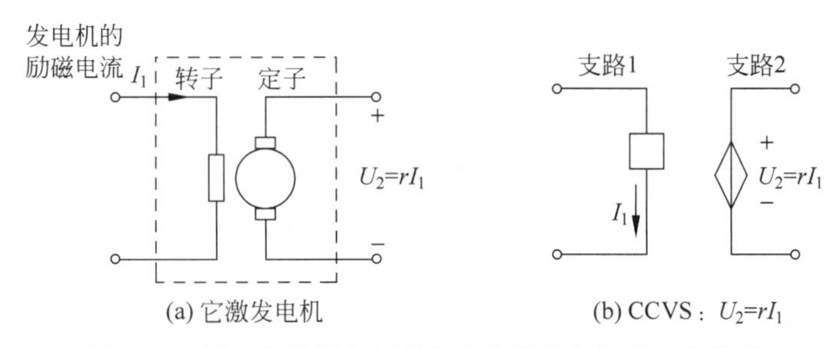


(a) 它激发电机　　(b) CCVS：$U_2=rI_1$

图 2-49　用电流控制电压源作为它激发电机的电路模型

到达阳极，最终使阳极的对地电压（受控量）成比例增高。图 2-50(b)用电压控制电压源作为真空三极管的电路模型，其受控源的 VCR 式为

$$U_2=\mu U_1 \tag{2-17}$$

式中，常数 $\mu$ 称为电压放大倍数。

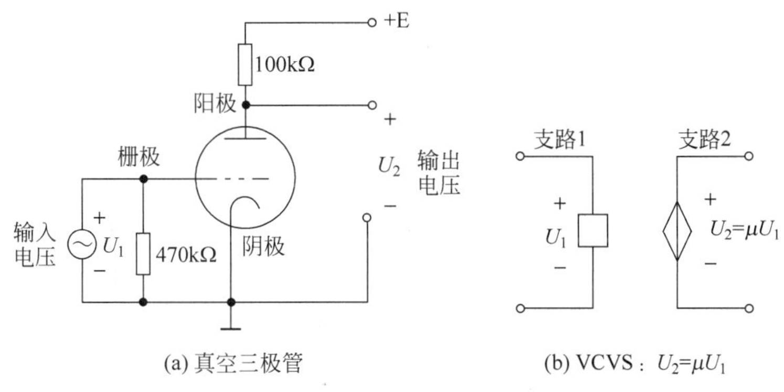


(a) 真空三极管　　(b) VCVS：$U_2=\mu U_1$

图 2-50　用电压控制电压源作为真空三极管的电路模型

**以上所述受控源的控制系数 $g$、$\beta$、$\mu$、$r$ 均为常数，因此称为线性受控源。**

## 2.5.2　含受控源电路分析

### 1. 回路电流法与结点电压法

受控源的两条支路在电路中成对出现，控制量往往是未知量，在列方程时，多了一个未知量，必须再多联立一个方程才能求解。

列含受控源电路的网孔电流方程时，先将受控源类似于独立源处理，再**列写一个辅助方程，将控制量转换用网孔电流来表示，这个辅助方程称为控制量关系式**，与原方程组联立。

**【例 2-21】**　列写如图 2-51 所示电路的网孔电流方程，并计算 $I_X$、$I_a$、$I_b$。

$$\begin{cases} I_a=-5I_X & (1)\\ -2I_a+(10+2+4)I_b-10I_c=10 & (2)\\ I_c=2 & (3)\\ \text{控制量关系式 } I_X=I_b-I_c & (4)\end{cases}$$

将式(1)、式(3)、式(4)代入式(2)，得

$$-2\times[-5(I_b-I_c)]+16I_b-10I_c=10$$

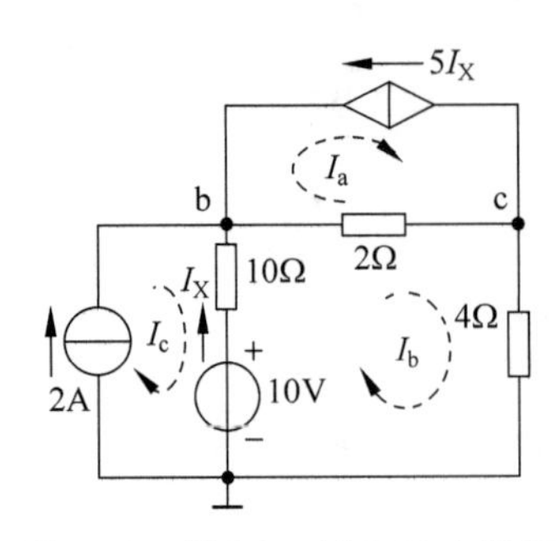

图 2-51　例 2-21、例 2-22 电路图

$$26I_b = 50$$

$$I_b = 1.923\text{A} \qquad (5)$$

将式(5)代入式(4)得控制量

$$I_X = I_b - I_c = 1.923 - 2 = -0.077\text{A} \qquad (6)$$

将式(6)代入式(1)，得

$$I_a = -5I_X = -5 \times (-0.077) = 0.385\text{A} \qquad (7)$$

列含受控源电路的结点电压方程时，先将受控源类似于独立源处理，控制量关系式则需将控制量转换用结点电压来表示。

**【例 2-22】** 列写如图 2-51 所示电路的结点电压方程。

**解** 结点数 $n=3$，列写两个结点方程：

$$\begin{cases} \left(\dfrac{1}{10}+\dfrac{1}{2}\right)U_b - \dfrac{1}{2}U_c = \dfrac{10}{10} + 2 + 5I_X & (1) \\ -\dfrac{1}{2}U_b + \left(\dfrac{1}{4}+\dfrac{1}{2}\right)U_C = -5I_X & (2) \\ \text{控制量关系式 } I_X = \dfrac{10-U_b}{10} & (3) \end{cases}$$

将式(3)代入式(1)、式(2)，并整理得

$$0.6U_b - 0.5U_c = 8 - 0.5U_b$$

$$-0.5U_b + 0.75U_c = -5 + 0.5U_b$$

解得

$$U_b = 10.77\text{V}, \quad U_c = 7.692\text{V}, \quad I_X = -0.077\text{A}$$

**【例 2-23】** 列写如图 2-52 所示电路的网孔电流方程

**解**

$$\begin{cases} \text{网孔 a：} (2+1+3)I_a - I_b - 3I_c = 0 \\ \text{网孔 b：} -I_a + (1+3)I_b - 3I_c = 6 - 12 \\ \text{网孔 c：} -3I_a - 3I_b + (3+3+2)I_c = 12 - 2U \\ \text{控制量关系式：} U = 1 \times (I_b - I_a) \end{cases}$$

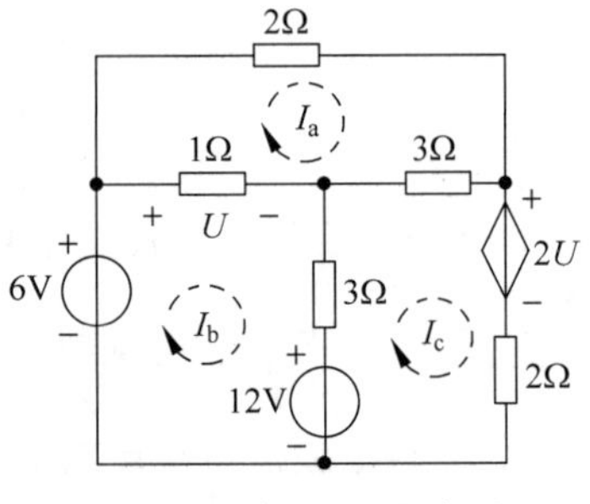

图 2-52　例 2-23 电路图

联立解方程组得

$$I_a = 1.29\text{A}, \quad I_b = 0.61\text{A}, \quad I_c = 2.38\text{A}, \quad U = -0.68\text{V}$$

**【例 2-24】** 列写如图 2-53 所示电路计算电位 $U_a$ 的弥尔曼方程。

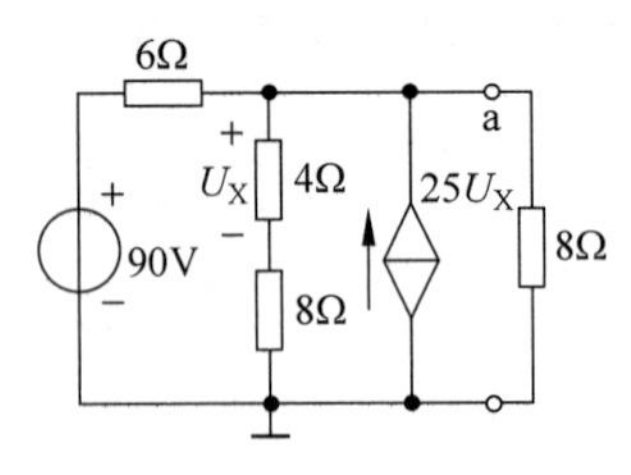

图 2-53　例 2-24 电路图

**解**

$$U_a = \frac{\dfrac{90}{6} + 25U_X}{\dfrac{1}{6} + \dfrac{1}{12} + \dfrac{1}{8}}$$

其中控制量关系式为

$$U_X = \frac{U_a}{4+8} \times 4$$

**2. 叠加定理应用**

**【例 2-25】** 用叠加定理求图 2-54(a)中的电流 $I$。

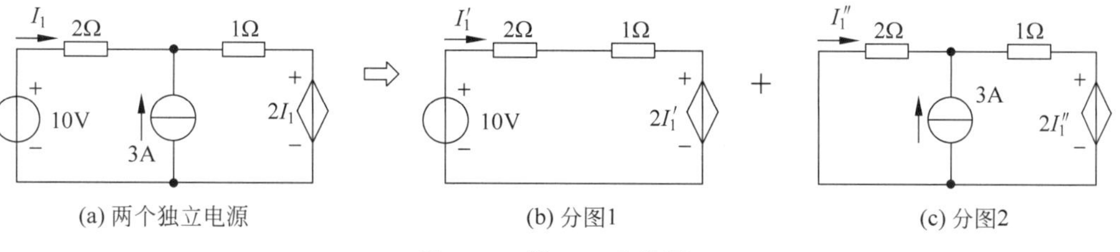

图 2-54　例 2-25 电路图

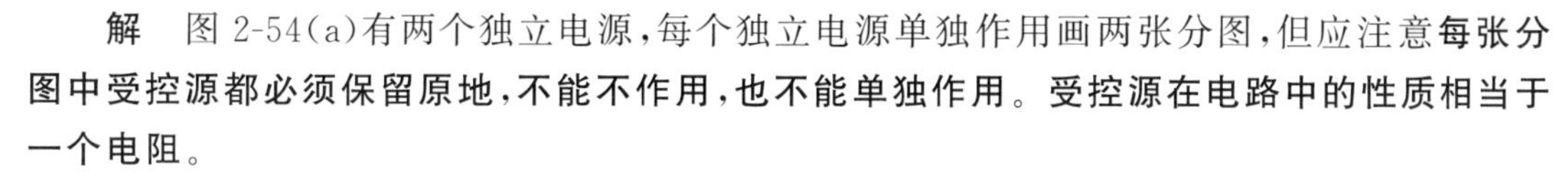
**解** 图 2-54(a)有两个独立电源，每个独立电源单独作用画两张分图，但应注意**每张分图中受控源都必须保留原地，不能不作用，也不能单独作用。受控源在电路中的性质相当于一个电阻。**

当电压源单独作用时，则

$$2I'_1+I'+2I'_1=10$$

解得

$$I'_1=2\text{A}$$

当电流源单独作用时，则

$$2I''_1+(3+I''_1)\times1+2I''_1=0$$

解得

$$I''_1=-0.6\text{A}$$

根据叠加原理

$$I_1=I'_1+I''_1=2+(-0.6)=1.4\text{A}$$

**3. 戴维南定理应用**

戴维南定理应用于含受控源电路的计算，难点是计算全部独立电源置零后的等效电阻。

**仅含线性电阻和受控源的电路，当控制支路与被控支路均在端口内时，对外电路而言，可等效为一个电阻，其电阻值可能为正值、负值或为零甚至无穷大。**当等效电阻为负值时，该负值电阻与外接有源电路连接后可以向外输出功率，相当于一个电源。因为受控源内部(指被模拟的实际器件内部)往往有工作电源来提供电能。

**受控源本身对外也等效为一个电阻，其电阻值可能为正值，也可能为负值。**

受控源电路中，受控电压源与电阻的串联组合，对外也可等效变换为受控电流源与电阻的并联组合，如图 2-55 所示，但**变换中不能由于电路变形，破坏了控制支路，使控制量无法标出。**

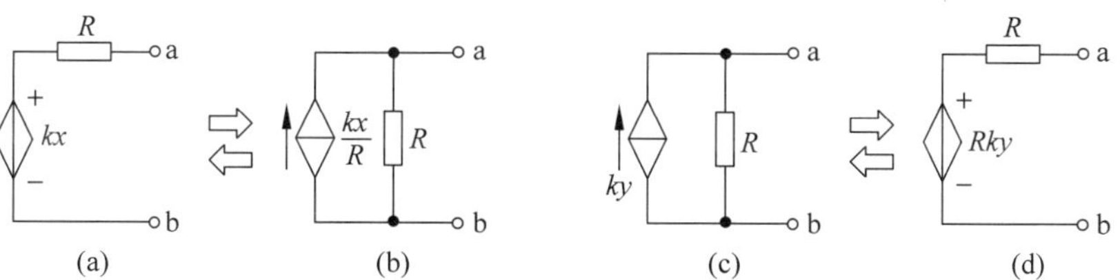


图 2-55　含受控源电路的等效变换

**【例 2-26】** 用电源等效变换法计算如图 2-56(a)所示二端网络的等效电阻。

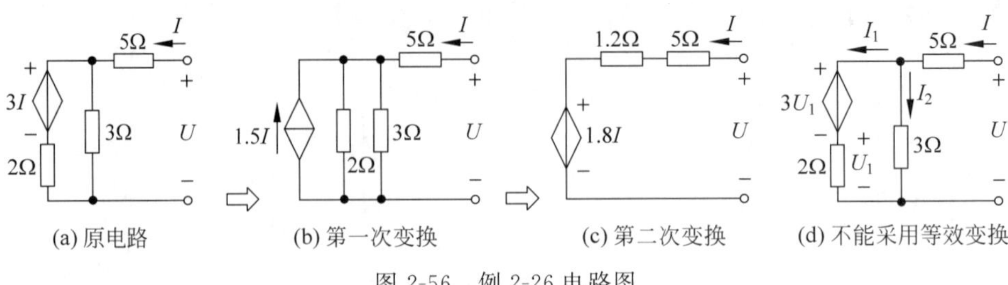


图 2-56　例 2-26 电路图

**解**　电源等效变换的过程如图 2-56(a)→(b)→(c)所示。对图 2-56(c)列写端口的 VCR 式。有

$$U=5I+1.2I+1.8I,\quad R_0=\frac{U}{I}=8\Omega$$

但若如图 2-56(d)所示，将控制量更改为 $U_1$ 后，就不能采用电源等效变换，否则会破坏 2Ω 电阻所在支路，使控制量 $U_1$ 无法标出。这种情况可用"加压求流法"直接列写端口 $U$ 和 $I$ 的 VCR 式，则

$$U=5I+3U_1+U_1=5I+4U_1 \tag{2-18}$$

**这时要列写控制量关系式，将控制量 $U_1$ 用端口电压 $U$ 或端口电流 $I$ 来表示为**

$$I=I_1+I_2=\frac{U_1}{2}+\frac{4U_1}{3}=U_1\left(\frac{1}{2}+\frac{4}{3}\right)=\frac{11}{6}U_1$$

控制量关系式为

$$U_1=\frac{6}{11}I$$

将该控制量关系式代入式(2-18)得

$$U=5I+4\left(\frac{6}{11}I\right)=\frac{79}{11}I \tag{2-19}$$

即

$$R_0=\frac{U}{I}=\frac{79}{11}\Omega$$

为求得$\frac{U}{I}$的比值，式(2-19)中的每一项应或者包含 $U$，或者包含 $I$。

**【例 2-27】** 求如图 2-57(a)所示二端网络 ab 间的等效电阻。

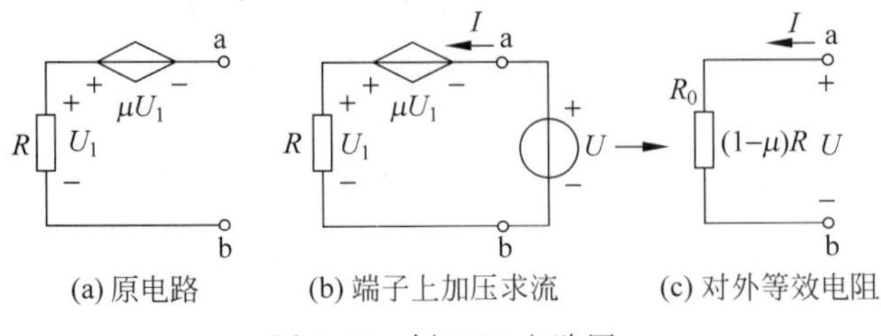


图 2-57　例 2-27 电路图

**解**　用加压求流法。人为在 a、b 端口右侧外加一个电压源 $U$、势必引起电流 $I$，求 $U$ 与

$I$ 的比值。a、b 端口 VCR 式为

$$U = -\mu U_1 + U_1 = (1-\mu)U_1$$

而控制量关系式为 $U_1 = RI$，则有

$$U = (1-\mu)RI$$

该二端网络对外等效电阻为

$$R_0 = \frac{U}{I} = R - \mu R = (1-\mu)R$$

从 $R_0$ 的表达式可以看到，受控源本身相当于一个值为 $-\mu R$ 的电阻。而当 $\mu > 1$ 时，$R_0 < 0$ 为负值。

**【例 2-28】** 用戴维南定理计算如图 2-58(a)负载电流 $I$。

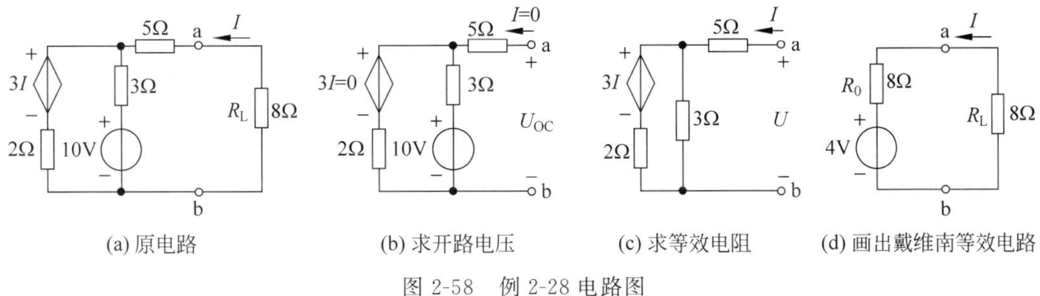


图 2-58 例 2-28 电路图

**解** (1) 先移开负载 $R_L$ 使端口开路，得到图 2-58(b)有源二端网络，求其开路电压 $U_{OC}$。由于控制量 $I=0$，则 $3I$ 受控电压源的值也为零。

$$U_{OC} = \frac{10}{2+3} \times 2 = 4\text{V}$$

(2) 按图 2-58(c)求等效电阻，10V 独立电压源用短路替代，但受控源应保留原地。该等效电阻已在例 2-26 中求出

$$R_0 = \frac{U}{I} = 8\Omega$$

(3) 画出戴维南等效电路如图 2-58(d)所示，并重新接上负载 $R_L$，得

$$I = \frac{-U_{OC}}{R_0 + R_L} = \frac{-4}{8+8} = -0.25\text{A}$$

该例题 $R_0 = R_L$，因此负载 $R_L$ 能获得最大功率。

**【例 2-29】** 图 2-59 中，a、b 两端外加多大电阻能得到最大功率？并求该功率。

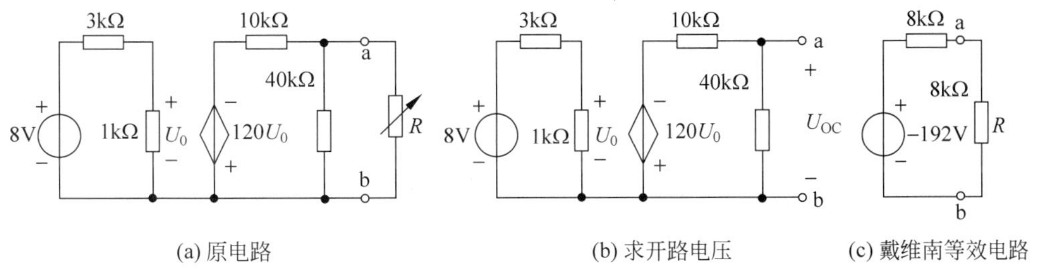


图 2-59 例 2-29 电路图

**解** 根据图 2-59(b)计算开路电压

$$U_0=\frac{8}{3+1}\times 1=2\text{V}$$

$$U_{\text{OC}}=\frac{-120U_0}{10+40}\times 40=-192\text{V}$$

计算等效电阻时，8V 独立电压源不作用，则 $U_0=0$，则受控电压源的电压也为零，所以

$$R_0=\frac{10\times 40}{10+40}=8\text{k}\Omega$$

**a、b 两端接 8kΩ 电阻时能获得最大功率。最大功率为**

$$P_{\max}=\left(\frac{U_{\text{OC}}}{R_0+R_0}\right)^2 R_0=\frac{U_{\text{OC}}^2}{4R_0}=\frac{192^2}{4\times 8\times 10^3}=1.152\text{W}$$

## 【课后练习】

**2.5.1** 求出如图 2-60 所示电路的戴维南等效电路。

**2.5.2** 列出如图 2-61 所示电路的网孔电流方程及控制量关系式。

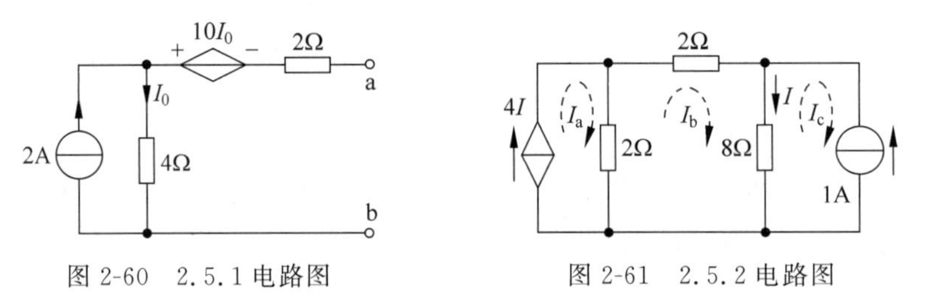


图 2-60 2.5.1 电路图　　图 2-61 2.5.2 电路图

**2.5.3** 列出如图 2-62 所示无源电路的 VCR 式，计算等效电阻。

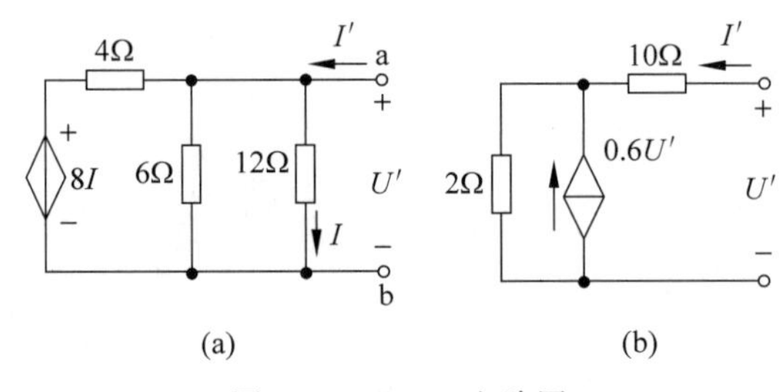


图 2-62 2.5.3 电路图

## 习题

**2-1-1** 如图 2-63 所示，电路参数如图 2-63 所示，列出以 6 个电流为未知量的支流电流方程。

**2-1-2** 如图 2-64 所示，用网孔法求流过 6Ω 电阻的电流。

**2-1-3** 如图 2-65 所示，用网孔法求图示电路各电流。

**2-1-4** 如图 2-66 所示，已知，$I_2=-2\text{A}$，$I_3=-13\text{A}$。用网孔电流法求图中的电阻 $R_X$。

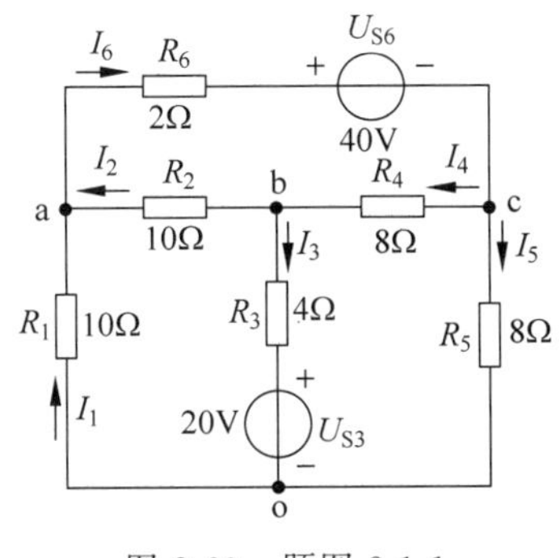


图 2-63　题图 2-1-1

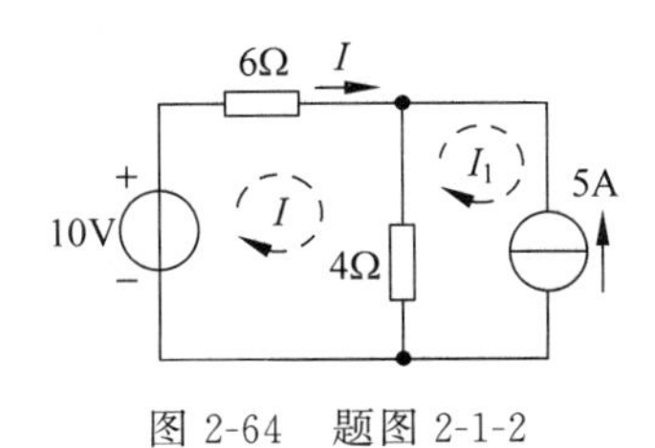


图 2-64　题图 2-1-2

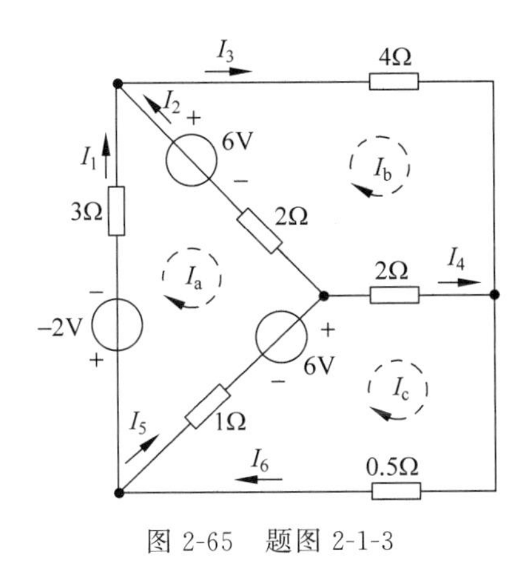


图 2-65　题图 2-1-3

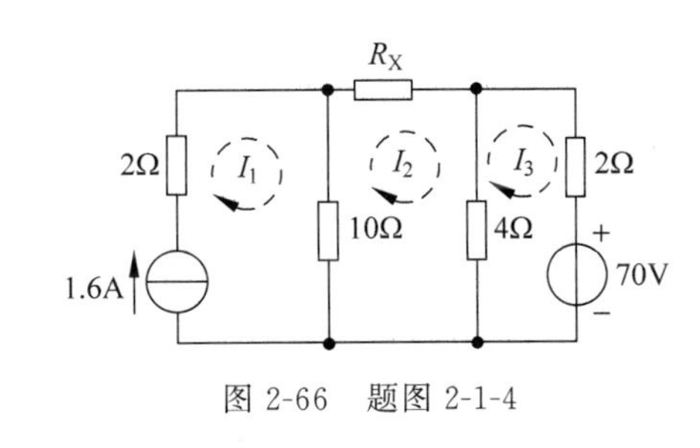


图 2-66　题图 2-1-4

**2-1-5**　如图 2-67 所示，用网孔电流法求图中的电流 $I$。

**2-2-1**　用结点电压法求出图 2-68 中的电位 $U_1$ 和 $U_2$。

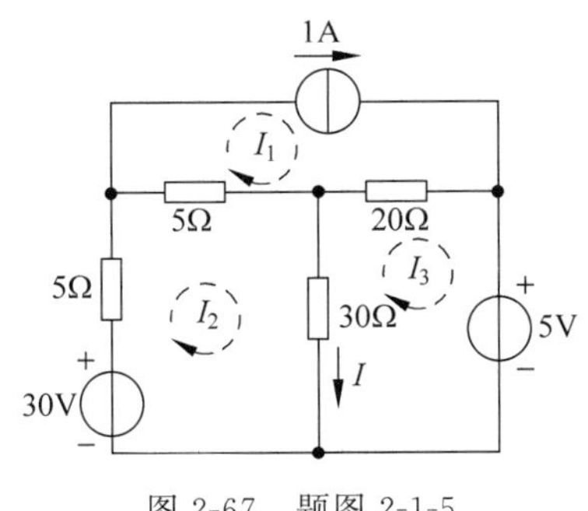


图 2-67　题图 2-1-5

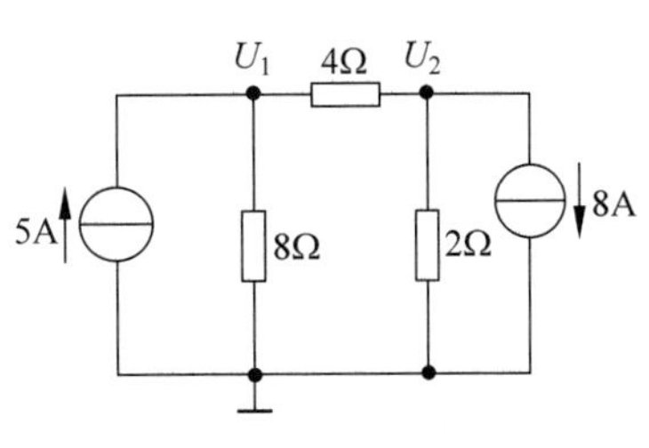


图 2-68　题图 2-2-1

**2-2-2**　用结点电压法求出图 2-69 中各支路电流。

**2-2-3**　用结点电压法求出图 2-70 中电流 $I$。

**2-2-4**　如图 2-71 所示电路中，求晶体管 ce 间开路及短路时的 a 点电位。

**2-2-5**　如图 2-72 所示，设 d 点为参考点，用结点电压法求 a、b、c 点电位。

**2-2-6**　如图 2-73 所示，求电路中 a 点的电位。

**2-2-7**　如图 2-74 所示，试列出结点电压方程，并求 $I$。

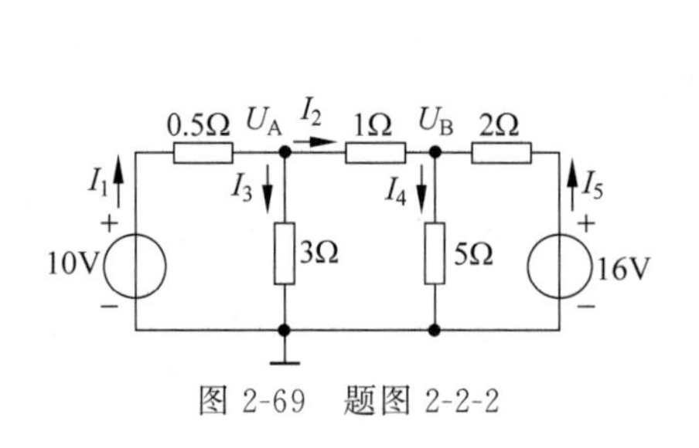


图 2-69　题图 2-2-2

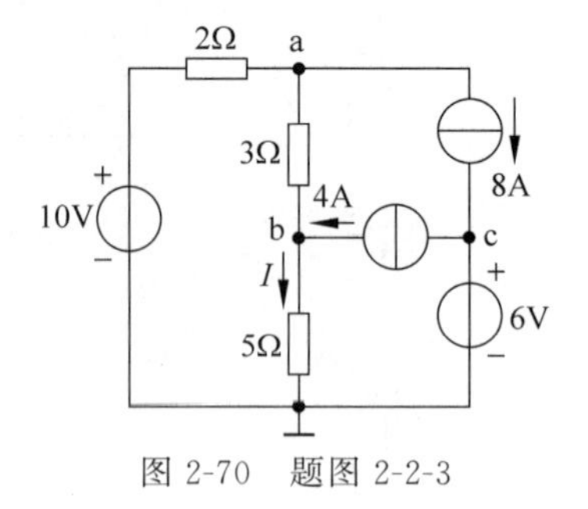


图 2-70　题图 2-2-3

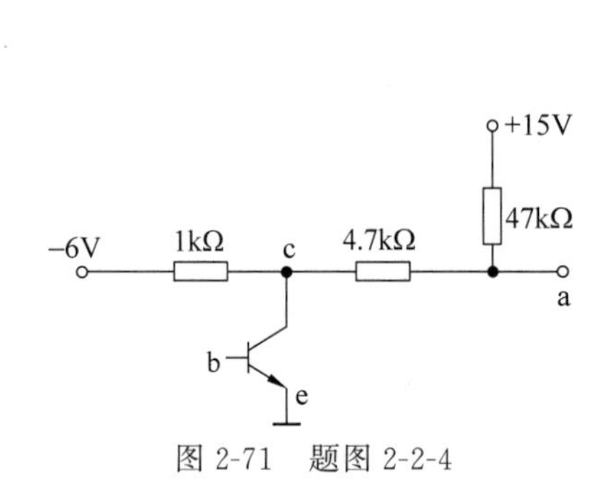


图 2-71　题图 2-2-4

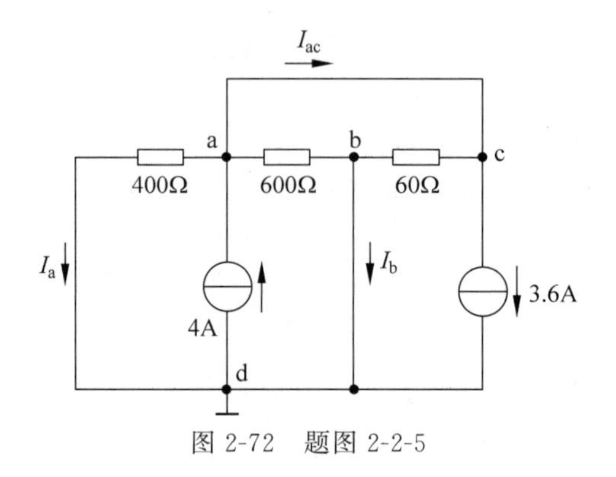


图 2-72　题图 2-2-5

**2-2-8**　如图 2-75 所示，用结点电压法计算 $U_a$、$U_b$，并求解图中 50kΩ 电阻中的电流 $I$。

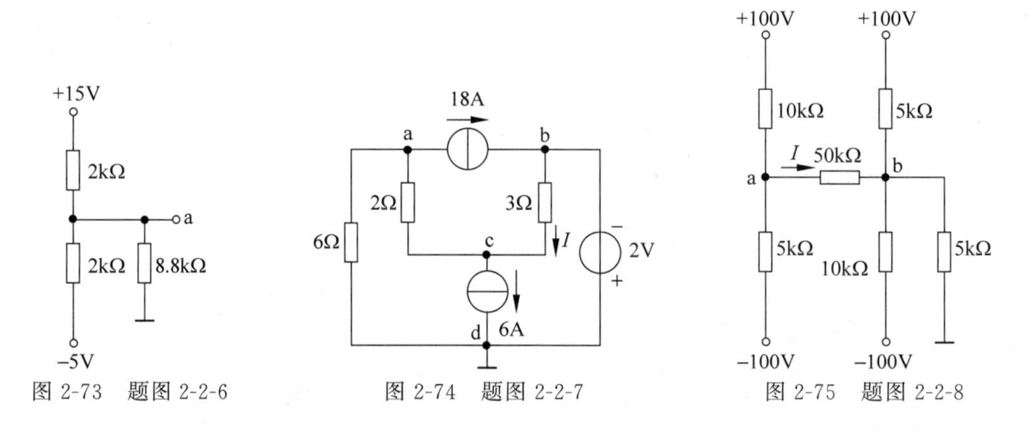


图 2-73　题图 2-2-6　　图 2-74　题图 2-2-7　　图 2-75　题图 2-2-8

**2-3-1**　如图 2-76 所示，用叠加定理求电压 $U$。

**2-3-2**　如图 2-77 所示，电压 $U_2$ 为多少？

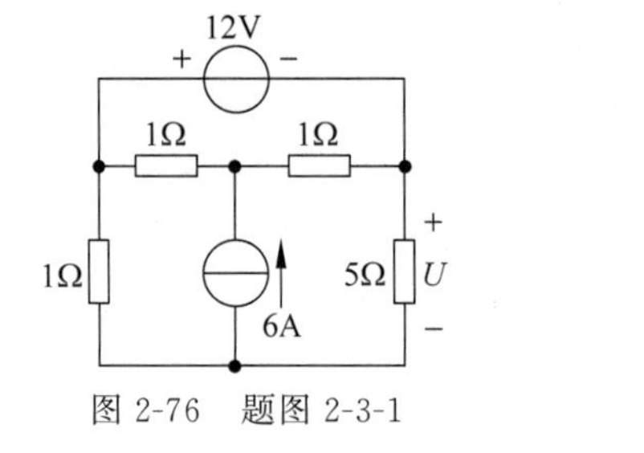


图 2-76　题图 2-3-1

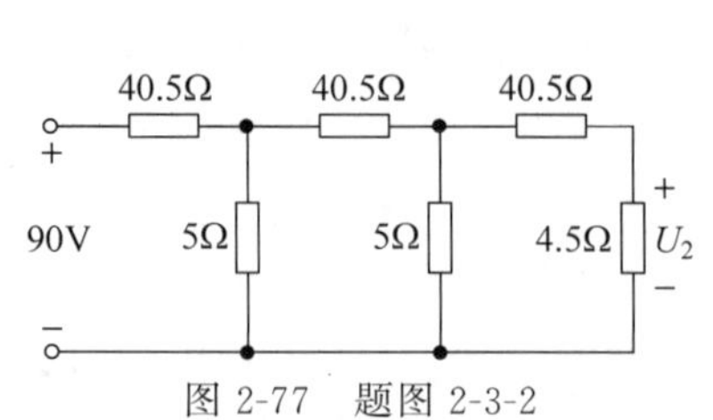


图 2-77　题图 2-3-2

**2-3-3**　如图 2-78 所示，N 为无源电阻网络，试填写下表。

| $U_S$/V | 4 | 0 | −4 | | | 16 |
|---|---|---|---|---|---|---|
| $I_S$/A | 0 | 3 | 6 | 0 | 27 | |
| $I$/A | 0.6 | −0.2 | | −3 | 0 | 0 |

**2-3-4**　如图 2-79 所示，试用叠加定理求电压 $U$。

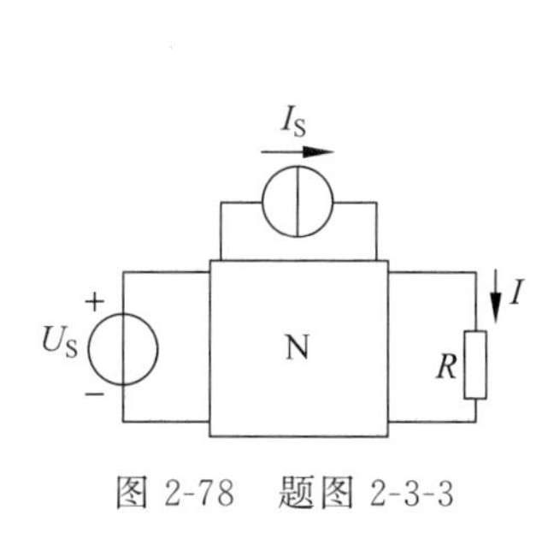


图 2-78　题图 2-3-3

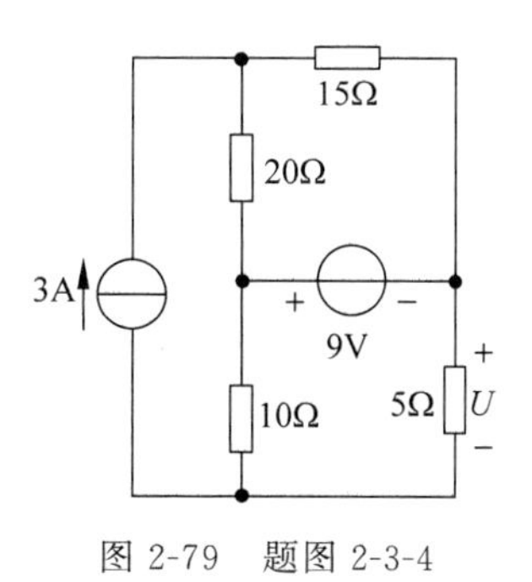


图 2-79　题图 2-3-4

**2-3-5**　如图 2-80 所示，试用叠加定理求电压 $U_{ab}$。

**2-3-6**　如图 2-81 所示，已知 $U=3$V，利用叠加定理 $R$。

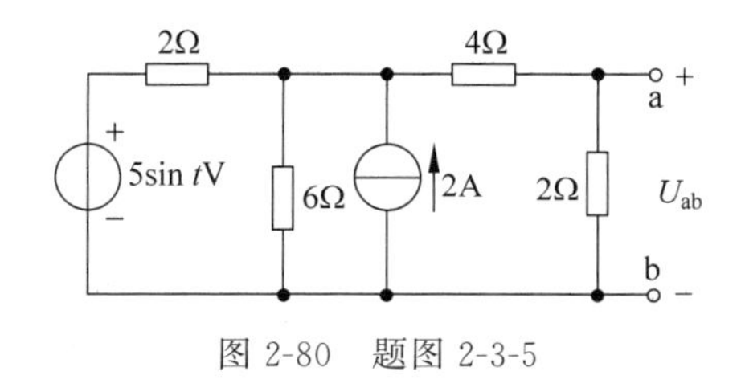


图 2-80　题图 2-3-5

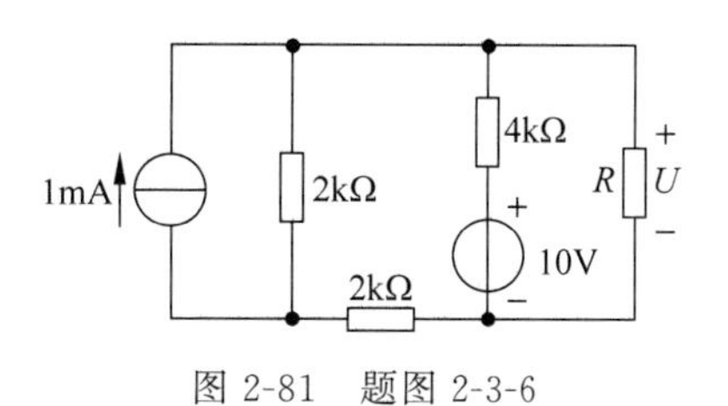


图 2-81　题图 2-3-6

**2-4-1**　如图 2-82(a)、(b)所示，用 $U_{OC}$ 和 $R_0$ 串联作为戴维南等效电路时，求 $U_{OC}$ 和 $R_0$。

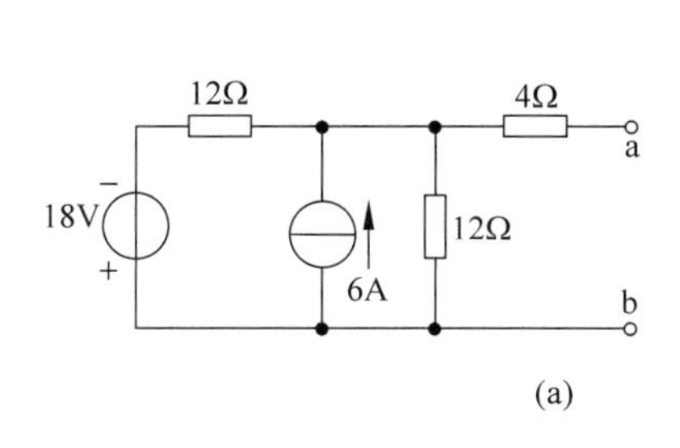


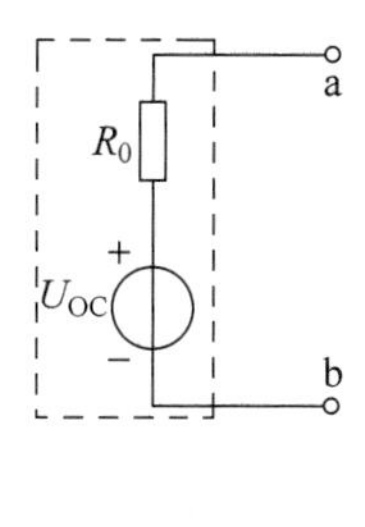


(a)

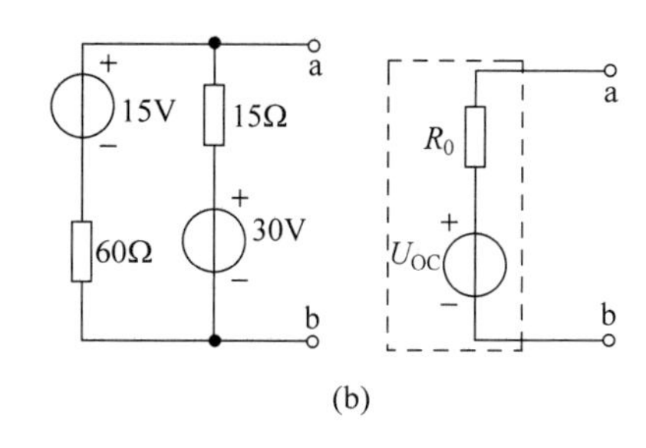


(b)

图 2-82　题图 2-4-1

**2-4-2**　如图 2-83 所示，$R_L$ 为多大能获得最大功率，最大功率 $P_{max}$ 为多少？

**2-4-3**　如图 2-84 所示，求滑动触点在两个极限位置时 ab 间的戴维南等效电路。

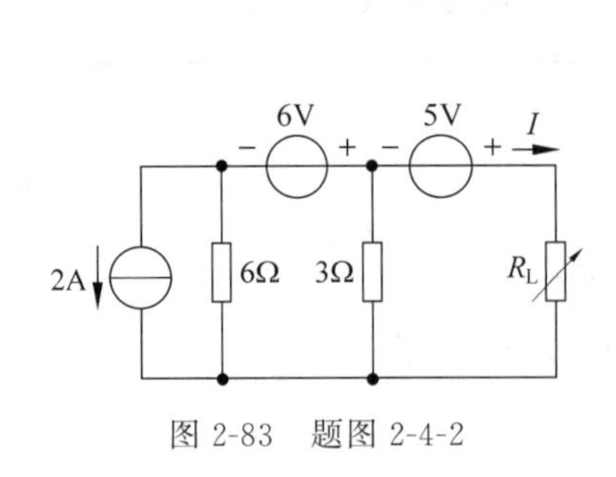


图 2-83　题图 2-4-2

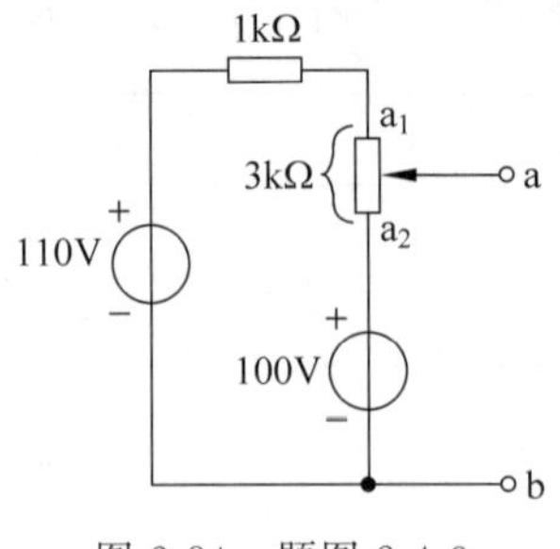


图 2-84　题图 2-4-3

**2-4-4**　如图 2-85 所示，ab 间的 $R_L$ 为多大时能获得最大功率？最大功率 $P_{max}$ 为多少？

**2-4-5**　如图 2-86 所示，电路 S 断开时 $U_{ab}=2.5V$，而 S 闭合时电流 $I=3A$。求有源二端网络 N 的戴维南等效电路的 $U_{OC}$ 及 $R_0$ 值。

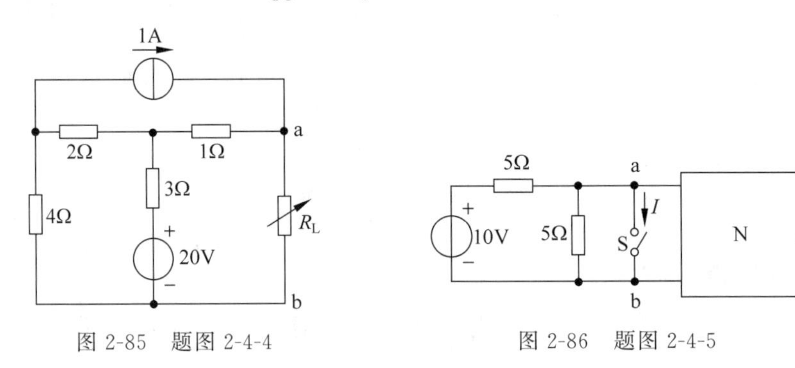


图 2-85　题图 2-4-4　　图 2-86　题图 2-4-5

**2-4-6**　如图 2-87 所示，求开关 S 断开时两端的电压，并用戴维南定理求出开关接通时的电流 $I$。

**2-4-7**　如图 2-88 所示，试用戴维南定理求流过 10Ω 电阻的电流 $I$。

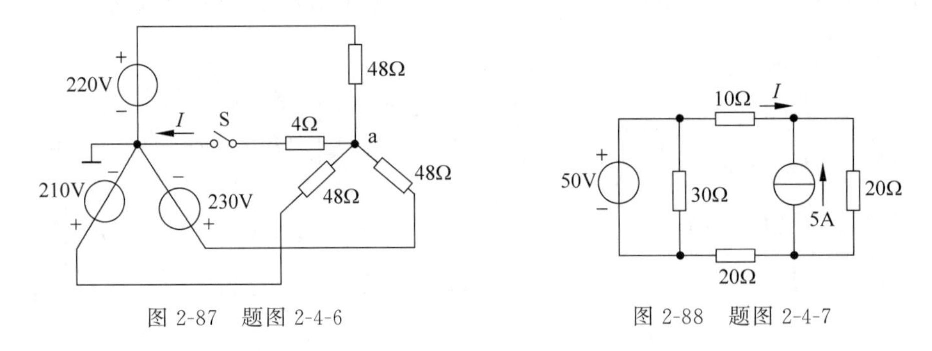


图 2-87　题图 2-4-6　　图 2-88　题图 2-4-7

**2-4-8**　如图 2-89 所示，选择最简捷的方法求解电流 $I$。

**2-5-1**　如图 2-90 所示，计算电路中的 $I$ 和受控源吸收的功率。

**2-5-2**　如图 2-91 所示，计算电路中的 $U_1$ 及 $I_1$。

**2-5-3**　如图 2-92 所示，计算电路中的 $U$ 及 $I_1$、$I_2$。

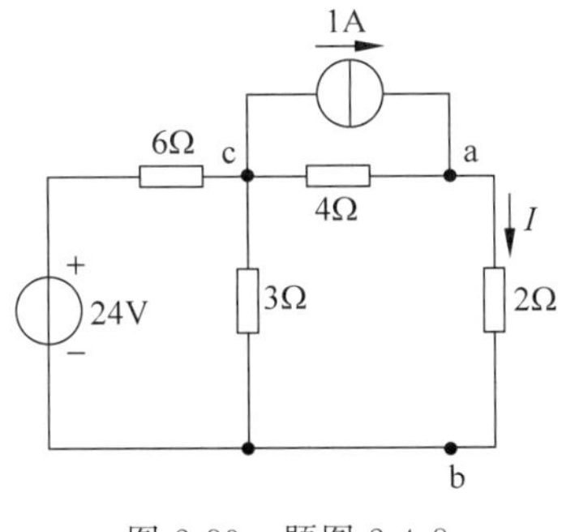


图 2-89　题图 2-4-8

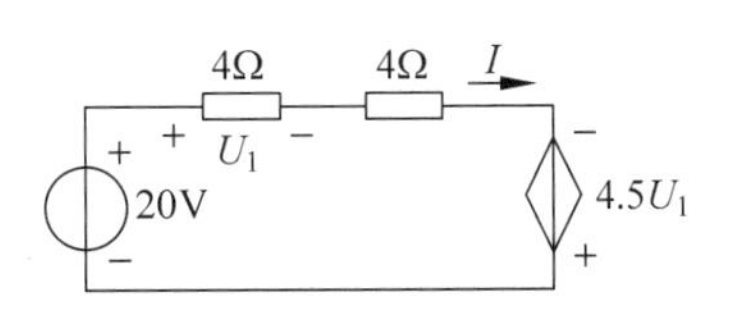


图 2-90　题图 2-5-1

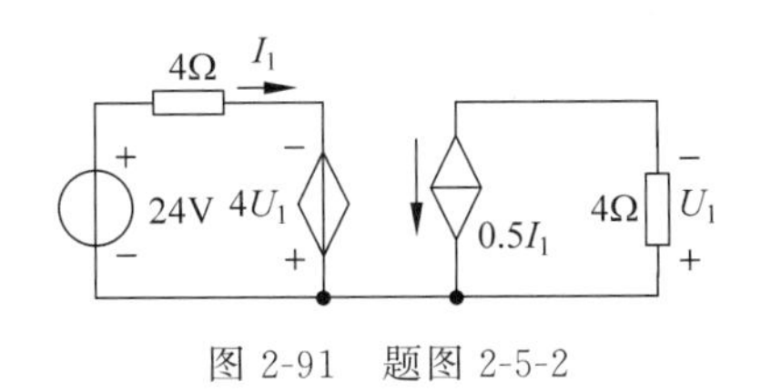


图 2-91　题图 2-5-2

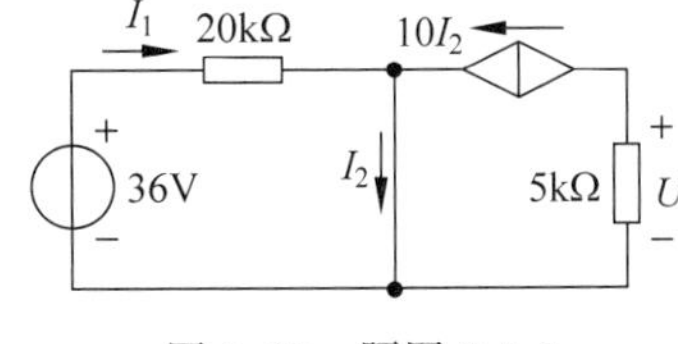


图 2-92　题图 2-5-3

**2-5-4**　如图 2-93(a)、(b)所示，求 a、b 两端的等效电阻分别为多少。

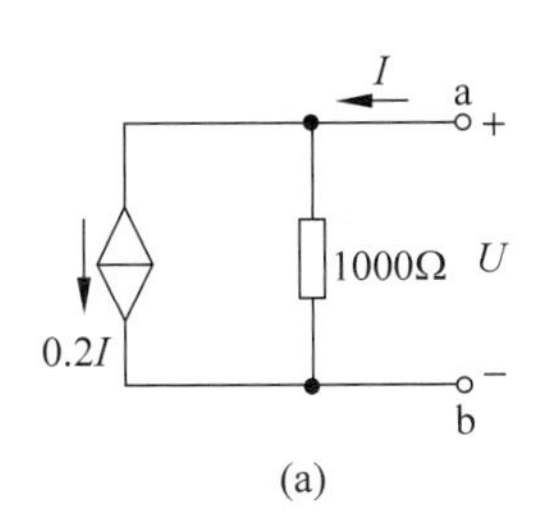


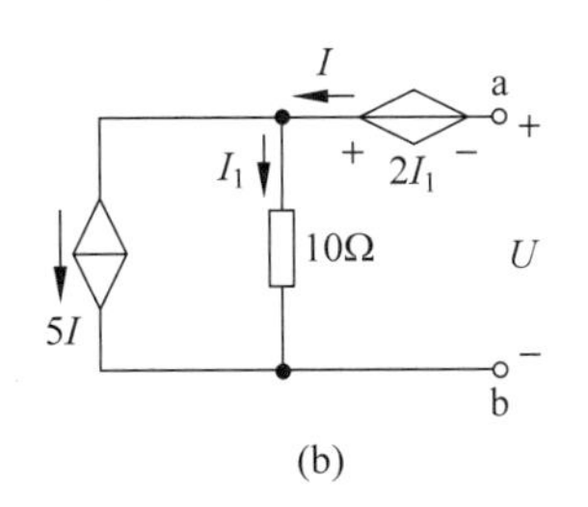


图 2-93　题图 2-5-4

**2-5-5**　如图 2-94 所示，列写出电路的网孔电流方程。

**2-5-6**　列出如图 2-95 所示的结点电压方程。

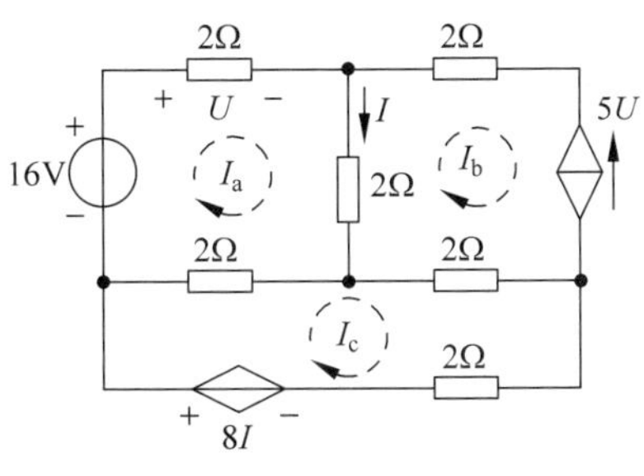

图 2-94　题图 2-5-5

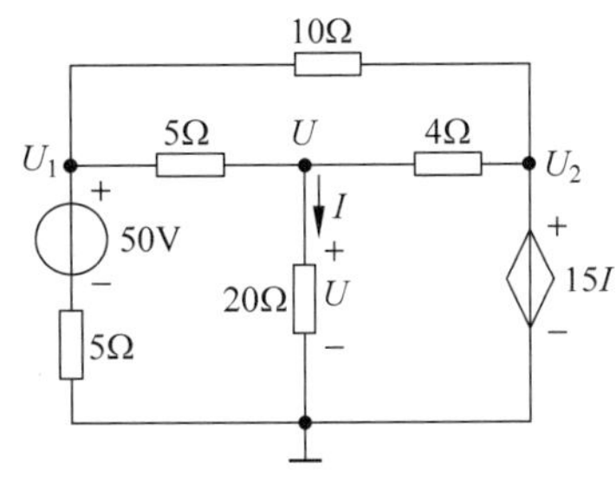


图 2-95　题图 2-5-6

**2-5-7**　如图 2-96 所示，负载电阻 $R_L$ 可以任意改变，问 $R_L$ 等于多大时其上可获得最大功率，并求出最大功率 $P_{Lmax}$。

**2-5-8**　如图 2-97 所示，列写电路的结点电压方程并求解。

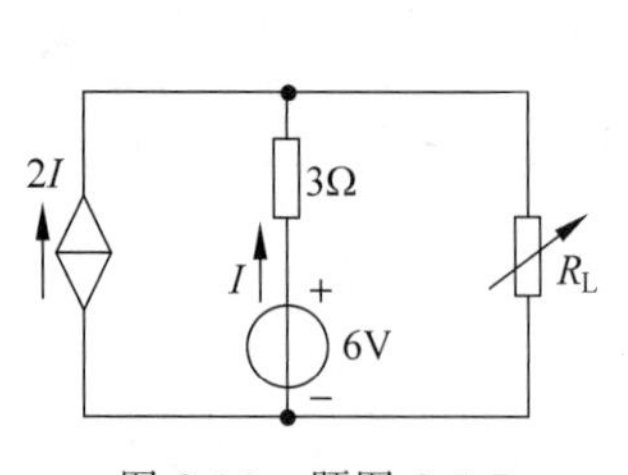


图 2-96　题图 2-5-7

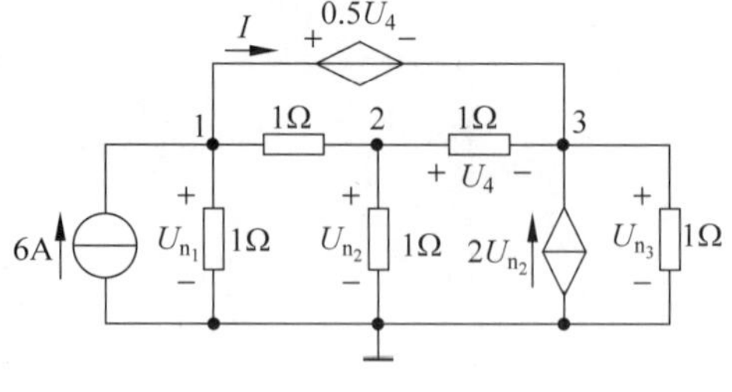


图 2-97　题图 2-5-8

习题答案

# 第3章 正弦稳态电路分析

CHAPTER 3

工农业生产中大量电动机需要由正弦交流电源供电，远距离输送电力需要升高或降低电压运用的是正弦交流电，广播通信及军事国防工程中要用到中高频的正弦交流信号。

正弦稳态电路分析也是三相电路、互感耦合电路、非正弦电流电路分析的基础。

## 3.1 正弦量的参数

正弦量的量值随时间按正弦规律变化，变化连续、平缓、正负值均衡。以正弦电流为例，波形如图3-1所示，其任意时刻之值称为瞬时值，表达式为

$$i = I_m \sin(\omega t + \psi_i) \quad 或 \quad i = I_m \cos(\omega t + \psi_i) \tag{3-1}$$

其中，余弦函数比正弦函数超前90°，本书采用正弦函数表达式。瞬时值规定用小写字母表示，如$i$、$u$。图3-1**设电流的参考方向(实线箭头)向右，在$0 \sim t_1$时间内，$i>0$，则实际方向(虚线箭头)也向右，与参考方向相同；在$t_1 \sim t_2$时间内，$i<0$，则实际方向向左，与参考方向相反。**

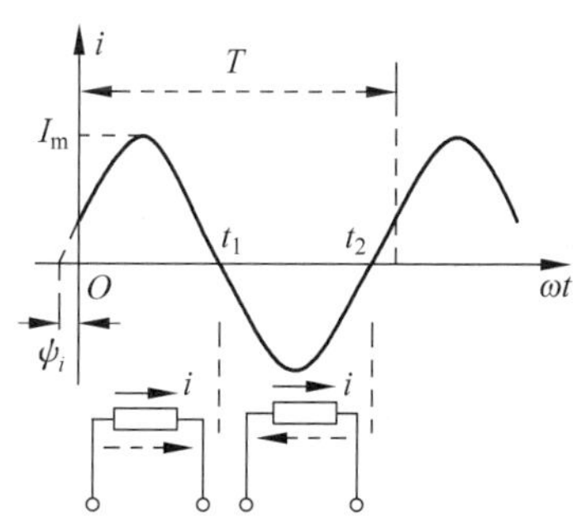


图3-1 正弦电流的波形

### 3.1.1 正弦量三要素

在$i=I_m\sin(\omega t+\psi_i)$中，$I_m$为正弦量的最大值；$\omega$为角频率；$\psi_i$为初相位。$I_m$、$\omega$、$\psi_i$称为正弦量的三要素。如果已知最大值、角频率和初相位，则$i=I_m\sin(\omega t+\psi_i)$唯一确定。

**1. 最大值$I_m$**

**最大值反映了正弦量的变化幅度**，又称为振幅或峰值，用大写字母加下标m表示，如$U_m$、$I_{m1}$和$U_{m2}$等。

另一个常见的物理量为有效值，交流电的有效值是由其在电路中做功的热效应来定义的，如图3-2所示为两个相等的标准电阻$R$，一个通入已知大小的直流电流$I$，另一个通入交流电流$i$，在**交流的一个周期时间$T$内若测得两个电阻产生的热量相等，即做功效果相等，那么该直流电流$I$的数值就定义为该交流电流的有效值**。根据电阻产生热能的公式，有

$$\begin{cases} Q = I^2 RT = \int_0^T i^2 R\,\mathrm{d}t \\ I = \sqrt{\dfrac{1}{T}\int_0^T i^2\,\mathrm{d}t} \end{cases} \tag{3-2}$$

式(3-2)适用于任何波形的周期电流，代入正弦电流 $i = I_m \sin\omega t$，得

$$I = \sqrt{\frac{1}{T}\int_0^T I_m^2 \sin^2\omega t\,\mathrm{d}t} = \sqrt{\frac{1}{T}\int_0^T I_m^2 \times \frac{1}{2}(1-\cos 2\omega t)\,\mathrm{d}t}$$

$$= \frac{1}{\sqrt{2}} I_m \sqrt{\frac{1}{T}\int_0^T \mathrm{d}t - \frac{1}{T}\int_0^T \cos 2\omega t\,\mathrm{d}t} = \frac{1}{\sqrt{2}} I_m$$

即

$$I = \frac{I_m}{\sqrt{2}} \tag{3-3}$$

同理可定义电压、电动势有效值为

$$U = \frac{U_m}{\sqrt{2}}, \quad E = \frac{E_m}{\sqrt{2}}$$

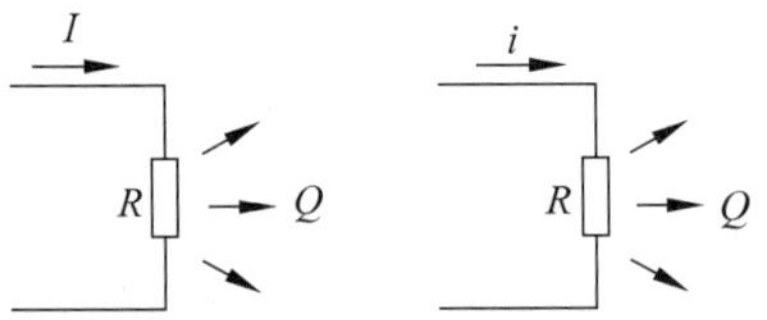

图 3-2 确定交流电流有效值的方法

可见，正弦交流量的最大值是其有效值的$\sqrt{2}$倍。通常所说的民用交流电压 220V 是指有效值，其最大值约为 311V。**确定电气设备的耐压值时，应按正弦电压的最大值来考虑。**

**我们平常所说的交流电压、电流，以及电气设备上的额定电压、额定电流，均指有效值，交流测量仪表所读出的指示值也是有效值。**有效值用大写字母表示，如 $U$、$I_1$、$U_2$ 等。

**2. 角频率 $\omega$**

**角频率$\omega$ 反映了正弦量变化的快慢，定义为$\omega = 2\pi f$，单位为 rad/s**(弧度/秒)，它与频率 $f$、周期 $T$ 有密切关系。**频率 $f$ 是正弦量每秒钟变化的次数**，单位为赫兹(Hz)。而**变化一次所需的时间称为周期 $T$，显然 $T=1/f$**，周期的单位为秒(s)。

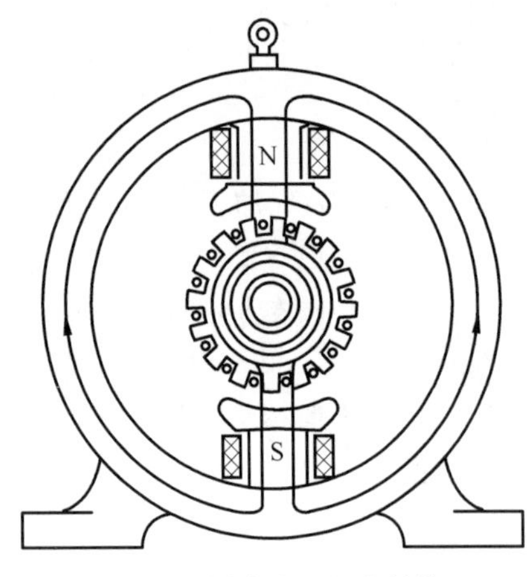

图 3-3 同步发电机的结构

我国电力系统的供电频率是 50Hz，简称工频。不同技术领域所使用的正弦波的频率是不一样的，按照频率的高低，可分为低频、中频、高频等。

如图 3-3 所示为产生正弦交流电的同步发电机结构，其工作原理如图 3-4 所示，定子绕组通入直流励磁电流 $I$ 后形成位置固定的磁极，该定子磁极做成特殊形状，使上下定子两极间的磁感应强度 $B$ 在空间按正弦规律分布，如图 3-4(a)所示。原动机带动转子逆时针旋转，转子绕组切割定子磁场并在其

中产生感应电动势，外接负载后产生感应电流。转子从 $\alpha=0$ 开始，逆时针转一圈，转子绕组切割到的磁场按图 3-4(b)变化一周，相应的感应电动势、感应电流也按正弦规律变化一周期。**若转子每秒旋转 $f$ 圈，则感应电流频率为 $f$，转子每圈划过空间的角度是 $2\pi$ 弧度(即 360°)，那么转子每秒划过空间的角度是 $2\pi f$ 弧度，这就是角频率 $\omega$ 的定义。**工频信号的角频率 $\omega=2\pi\times50=314\text{rad/s}$。

**3. 初相位$\psi_i$**

式(3-1)中的 $\omega t+\psi_i$ 称为正弦波的相位角或简称相位，相位反映了正弦量变化的进程。**$\psi_i$ 是在 $t=0$ 时正弦量的相位角，反映了正弦量的初始状态。**

设图 3-4(a)所示发电机外接电阻负载，上次停机时若转子线圈的首端刚好停在 $\alpha=0$ 的"1"点，则下次开始运转时从"1"点起步，转子线圈流出的感应电流初始值为零，因为起步点的磁场为零，转子线圈切割不到磁感线，即初相位 $\psi_i=0$；但每次停机转子位置是随机的，线圈的首端可能停在圆周内的任意位置，如停在"4"点，转子下次一起步就切割到最强磁场，那么初相位 $\psi_i=90°$；如停在"10"点，则初相位 $\psi_i=270°$。

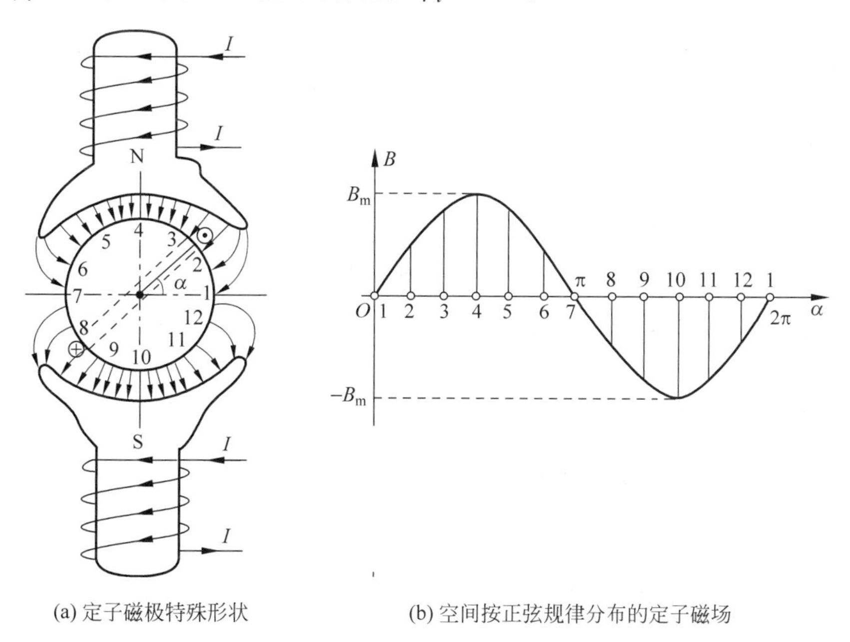


(a) 定子磁极特殊形状　　(b) 空间按正弦规律分布的定子磁场

图 3-4　同步发电机的工作原理

**正弦量波形图一个周期的起点是由负到正的过零点，若该起点在原点 $O$，则正弦量的初始值为零，初相位$\psi_i$ 也为零；若该起点在纵轴之前，则正弦量的初始值为正，初相位$\psi_i$ 也为正，如图 3-5(a)、(b)所示，$\psi_i$ 从原点往前(左)读取；若该起点在纵轴之后，则正弦量的初始值为负，初相位 $\psi_i$ 也为负，如图 3-5(c)、(d)所示，$\psi_i$ 从原点往后(右)读取。**这说明正弦量的初相位与计时起点有关。

**为了确定正弦量初相位的正与负，习惯上用绝对值小于 180°的角度来表示初相位，即**

$$|\psi_i|\leqslant180°$$

若初相位的绝对值大于 180°，作如下处理

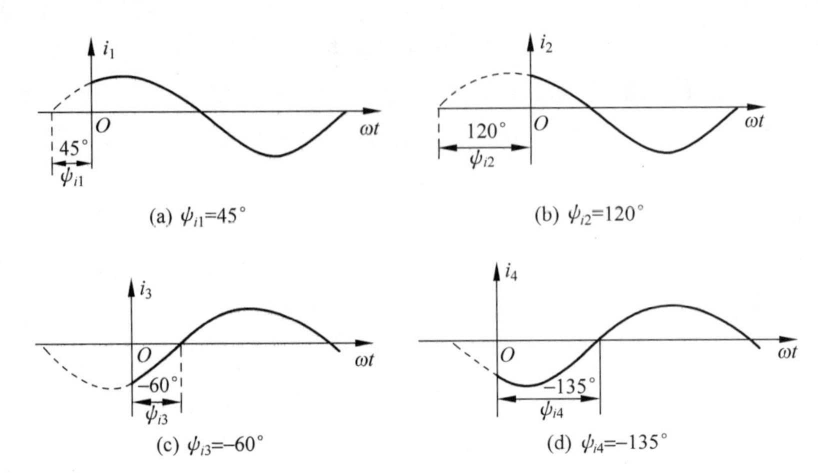


图 3-5 正弦量初相位 $\psi_i$ 的正与负

$$\psi_i \pm 360°$$

这个角度仍等效于原角度,但绝对值就在 180°以内。**原初相位为负时加 360°;原初相位为正时减 360°**,如下:

$i_1 = I_{m1}\sin(\omega t - 270°)\,\text{A}$, $\psi_{i1} = -270° + 360° = 90°$,初相位为正;

$i_2 = I_{m2}\cos(\omega t + 120°) = I_{m2}\sin(\omega t + 210°)\,\text{A}$,$\psi_{i2} = 210° - 360° = -150°$,初相位为负。

另外还要注意,角度的单位可以是度(°);也可以是弧度(rad),如 $\omega t$ 的乘积就是以弧度为单位的。因此要清楚弧度与度之间的换算关系,即

$$1° = \frac{\pi}{180}\text{rad} = 0.01744\text{rad}, \quad 1\text{rad} = \left(\frac{180}{\pi}\right)° = \left(\frac{180}{3.14}\right)° = 57.325°$$

几个特殊值经常用到,如 $\frac{\pi}{6} = 30°$,$\frac{\pi}{4} = 45°$,$\frac{\pi}{3} = 60°$,$\pi = 180°$。

### 3.1.2 正弦量的相位差

比较多个同频率的正弦量时,每个正弦量出现最大值的时刻往往有先有后,它们之间存在相位差。**相位差是同频率正弦量之间的相位之差,即初相位之差。**如设

$$u = U_m \sin(\omega t + \psi_u)$$
$$i = I_m \sin(\omega t + \psi_i)$$

则 $u$ 与 $i$ 之间的相位差为

$$\varphi = (\omega t + \psi_u) - (\omega t + \psi_i) = \psi_u - \psi_i \tag{3-4}$$

若 $\varphi = \psi_u - \psi_i > 0$,则 $u$ 超前于 $i$,如图 3-6(a)所示;

若 $\varphi = \psi_u - \psi_i < 0$,则 $u$ 滞后于 $i$,如图 3-6(b)所示;

若 $\varphi = \psi_u - \psi_i = 0$,则 $u$ 与 $i$ 同相,如图 3-6(c)所示;

若 $\varphi = \psi_u - \psi_i = \pm 90°$,则 $u$ 与 $i$ 正交,如图 3-6(d)所示;

若 $\varphi = \psi_u - \psi_i = \pm 180°$,则 $u$ 与 $i$ 反相,如图 3-6(e)所示。

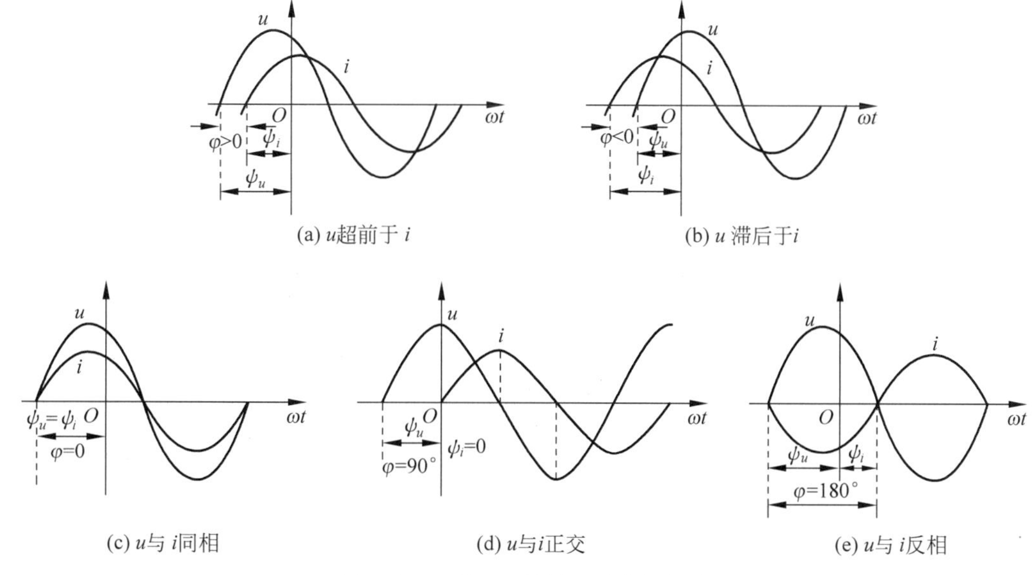


图 3-6 同频率正弦量之间的相位差

**为了确定两个正弦量之间的超前或滞后关系，习惯上用绝对值小于 180°的角度来表示相位差。即**

$$\varphi = |\psi_1 - \psi_2| \leqslant 180° \tag{3-5}$$

**【例 3-1】** 求下面两组正弦量的相位差。

(1) $i_1 = I_{m1}\sin(\omega t + 90°)\,A, i_2 = I_{m2}\sin(\omega t - 120°)\,A$；

(2) $u_3 = U_{m3}\cos(\omega t - 120°)\,V, u_4 = -U_{m4}\sin(\omega t - 90°)\,V$。

**解** (1) $\varphi_{12} = \psi_{i1} - \psi_{i2} = 90° - (-120°) = 210°$，其绝对值大于 180°，作如下处理得

$$\varphi_{12} = 210° - 360° = -150°$$

表明 $i_1$ 滞后 $i_2$ 150°，或 $i_2$ 超前 $i_1$ 150°。

(2) $u_3$ 为余弦波，余弦波超前正弦波 90°，作如下处理得

$$u_3 = U_{m3}\cos(\omega t - 120°) = U_{m3}\sin(\omega t - 30°)\,V, \quad \psi_{u3} = -30°$$

$u_4$ 表达式前有负号，表示反相，应在其初相位里加上(或减去)180°，即

$$u_4 = -U_{m4}\sin(\omega t - 90°) = U_{m4}\sin(\omega t - 90° + 180°) = U_{m4}\sin(\omega t + 90°),$$

$$\psi_{u4} = 90°$$

$$\varphi_{34} = \psi_{u3} - \psi_{u4} = (-30°) - 90° = -120°$$

结果表明 $u_3$ 滞后 $u_4$ 120°。

## 【课后练习】

**3.1.1** 正弦电路中的电压、电流为

$$u_1(t) = 12\sqrt{2}\sin(\omega t + 30°)\,V, \quad i_1(t) = 5.656\sin(\omega t - 90°)\,mA$$

$$u_2(t) = 6\sqrt{2}\sin(\omega t + 45°)\,V, \quad i_2(t) = -30\sqrt{2}\cos(\omega t + 60°)\,mA$$

$u_1$ 超前 $i_1$(  )、$u_2$ 超前 $i_2$(  )。并画出 $u_1$、$i_1$ 的波形图。

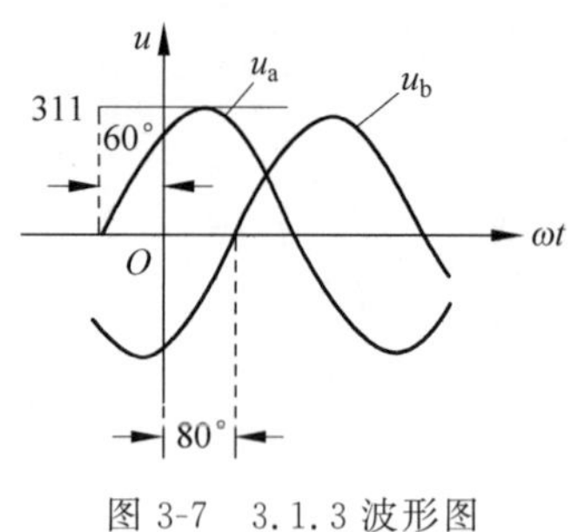

图 3-7　3.1.3 波形图

**3.1.2**　已知正弦电压 $u(t)=220\sqrt{2}\sin(3140t-270°)$V，其最大值 $U_m=($　　$)$V、有效值 $U=($　　$)$V、频率 $f=($　　$)$Hz、周期 $T=($　　$)$s、角频率＝(　　)rad/s，初相位＝(　　)。计算它在 0.001s 瞬时值＝(　　)V，0.0005s 时的瞬时值＝(　　)V。

**3.1.3**　写出如图 3-7 所示两个电压波形的瞬时值表达式。

$u_a=($　　　　　　$)$V，$u_b=($　　　　　　$)$V。

## 3.2　正弦量的计算方法

对正弦量进行计算，如对瞬时值直接进行加减乘除运算，则要用到诸多三角函数公式，过程非常烦琐。

在讨论同一正弦交流电路的电流电压时，由于各量的角频率相同，$\omega$ 一经给定不再变化。仅剩下有效值、初相位两个量需进行计算。

借用初等数学中的复数，能很好地表达正弦量的有效值、初相位。

### 3.2.1　复数的主要表达形式

初等数学复数的虚数单位用 i 表示，由于电路课程中 i 用来表示电流，为不引起混淆，本书中的虚数单位用 j 表示。复数可借助于复平面来表示，复平面的实轴用 +1 表示，虚轴用 +j 表示，而 $j^2=-1$，$j=\sqrt{-1}$，$\frac{1}{j}=\frac{j}{jj}=-j$。

复数的解析式主要有两种。

**1. 复数的极坐标形式**

$\dot{A}=A\angle\psi$，**如图 3-8 所示带箭头的直线。其中直线的长度 $A$ 是复数的模，指量值的大小，恒为正；直线与横轴正方向的夹角 $\psi$ 是复数的辐角，表示该复数在复平面内的方位。**

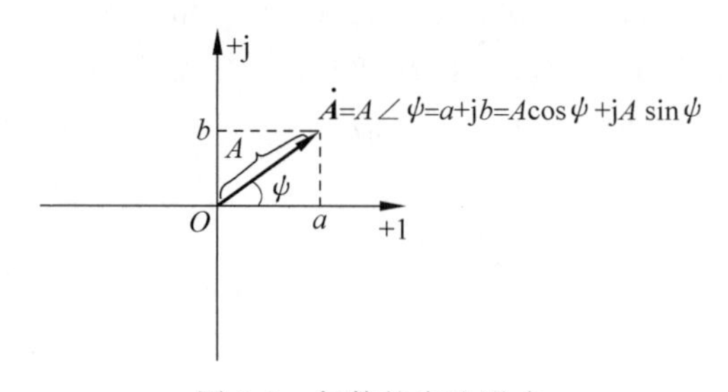

图 3-8　复数的表达形式

**2. 复数的代数形式**

$\dot{A}=a+jb$，**图 3-8 中直线在横轴上的投影 $a$ 是复数的实部，直线在纵轴上的投影 $b$ 是复数的虚部。**

两种解析式之间的等效变换关系如下：

**极坐标形式变换为代数形式**：复数的实部 $a=A\cos\psi$，复数的虚部 $b=A\sin\psi$。

**代数形式变换为极坐标形式**：复数的模 $A=\sqrt{a^2+b^2}$，复数的辐角 $\psi=\arctan\dfrac{b}{a}$。

因此有关系式

$$\begin{cases}\dot{A}=A\angle\psi=\sqrt{a^2+b^2}\angle\arctan\dfrac{b}{a}\\ \dot{A}=A\cos\psi+\mathrm{j}A\sin\psi=a+\mathrm{j}b\end{cases}\tag{3-6}$$

复数的极坐标式与代数式之间的转换，可借助计算器进行。以 SHARP EL-501P 型计算器为例，面板上有[a]、[b] 两个按键，角度单位键选择 DEG 指度，DEG 在显示屏顶部出现。如将 3－j4 转换成 5∠－53.13°，按键如图 3-9(a)所示；将 5∠－53.13°转换成 3－j4，按键如图 3-9(b)所示。凡是输入负数，先单击数字，再单击“＋/－”号。必须注意“模”恒为正数，其后不能单击“＋/－”号。

显示　5　－53.13°

[3]→[a]→[4]→[+/−]→[b]→[2ndF]→[a]→[b]

(a) 3−j4⇒5∠−53.13°

显示　3　−4

[5]→[a]→[53.13]→[+/−]→[b]→[2ndF]→[b]→[b]

(b) 5∠−53.13°⇒3−j4

图 3-9　用计算器进行代数式与极坐标式互相转换

在转换过程中有以下特例：

$$1+\mathrm{j}20=20.024\angle 87.14^\circ\approx 20\angle 90^\circ\text{(可忽略实部)}$$

$$20+\mathrm{j}1=20.024\angle 2.86^\circ\approx 20\angle 0^\circ\text{(可忽略虚部)}$$

复数还有一种表达形式称为**指数形式**，如 $\dot{A}=A\mathrm{e}^{\mathrm{j}\psi}$，可以证明 $\dot{A}=A\mathrm{e}^{\mathrm{j}\psi}$ 与 $\dot{A}=A\angle\psi$ 相等。如 $5\angle 80^\circ=5\mathrm{e}^{\mathrm{j}80^\circ}$，$10\angle -90^\circ=10\mathrm{e}^{-\mathrm{j}90^\circ}$。本书不用“指数形式”。

### 3.2.2　用复数表示正弦量——相量

复数的极坐标表达形式有：直线长度；辐角(可在 0°～180°及 0°～－180°变化)。这刚好能借用来分别表示正弦量的有效值、初相位。

正弦量 $i=I_{\mathrm{m}}\sin(\omega t+\psi_i)=\sqrt{2}I\sin(\omega t+\psi_i)$ 的角频率 $\omega$ 为确定值，在同一系统中恒定不变。可以直接写出该正弦量对应的复数极坐标式，称为相量。

$$\text{振幅相量}\quad \dot{I}_{\mathrm{m}}=I_{\mathrm{m}}\angle\psi_i=\sqrt{2}I\angle\psi_i$$

$$\text{有效值相量}\quad \dot{I}=\frac{I_{\mathrm{m}}}{\sqrt{2}}\angle\psi_i=I\angle\psi_i$$

本书多数计算采用有效值相量。从正弦量的瞬时值表达式得到相量的极坐标式后可转换成代数式，如

$$i_1=2.5\sqrt{2}\sin(\omega t+32^\circ)\mathrm{A},\quad \dot{I}_1=2.5\angle 32^\circ=2.5(\cos 32^\circ+\mathrm{j}\sin 32^\circ)=2.12+\mathrm{j}1.32\mathrm{A}$$

$$i_2=10\sqrt{2}\sin(\omega t+120^\circ)\mathrm{A},\quad \dot{I}_2=10\angle 120^\circ=10(\cos 120^\circ+\mathrm{j}\sin 120^\circ)=-5+\mathrm{j}8.66\mathrm{A}$$

$$i_3 = 50\sqrt{2}\sin(\omega t - 150°)\text{A}, \quad \dot{I}_3 = 50\angle -150° = -43.3 - \text{j}25\text{A}$$

$$i_4 = 3.9\sqrt{2}\sin(\omega t - 47°)\text{A}, \quad \dot{I}_4 = 3.9\angle -47° = 2.66 - \text{j}2.85\text{A}$$

这 4 个正弦量对应的相量如图 3-10 所示，在复平面中表示各相量几何位置的图形称为相量图。绘相量图时也可以隐去实轴和虚轴，即只需画出相量本身。正弦量的初相位不同，其相量处于复平面的象限也不同。需要特别指出，**相量只用来表示正弦量，或代表正弦量进行计算，但不等于正弦量**。

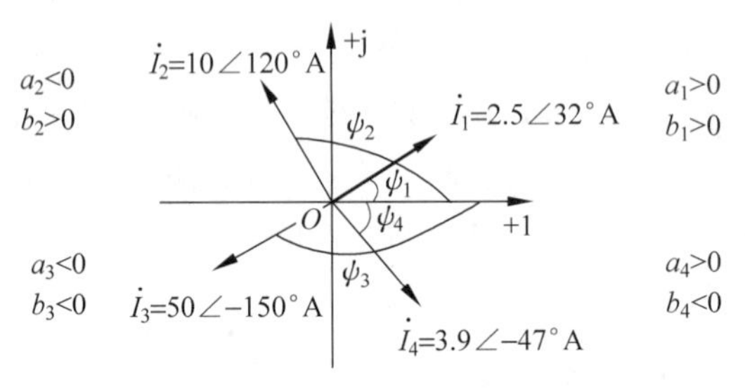


图 3-10　4 个不同象限的相量

图 3-10 中 4 个相量画在同一复平面上，可直观确定相互间的超前、滞后关系，依次为 $\dot{I}_4$ 超前 $\dot{I}_3$，$\dot{I}_1$ 超前 $\dot{I}_4$，$\dot{I}_2$ 超前 $\dot{I}_1$，$\dot{I}_3$ 超前 $\dot{I}_2$。**两个箭头间夹角绝对值小于 180°的相量进行比较，在逆时针前方的相量为超前相量**。如要确定 $\dot{I}_3$ 与 $\dot{I}_1$ 间的超前、滞后关系，则

$$\varphi_{31} = \psi_3 - \psi_1 = (-150°) - 32° = -182°$$

即

$$\varphi_{31} = -182° + 360° = 178°$$

表明 $\dot{I}_3$ 超前 $\dot{I}_1$ 178°。

这里所说的“相量”不是物理学中所述的“有大小有方向” 的“向量”，只是借助了“向量”的图示方法，因此不能用“向量”这个词。

### 3.2.3　复数相量的运算规则

设有两个相量分别为 $\dot{I}_1 = a_1 + \text{j}b_1 = I_1\angle\psi_1$，$\dot{I}_2 = a_2 + \text{j}b_2 = I_2\angle\psi_2$，对两者进行计算的规则如下。

(1) 加法、减法运算：必须采用代数式，实部和虚部分别相加或相减。

$$\dot{I} = \dot{I}_1 \pm \dot{I}_2 = (a_1 \pm a_2) + \text{j}(b_1 \pm b_2) \tag{3-7}$$

相量的加减还可以用作图法进行，如例 3-3 所示。

(2) 乘法运算：采用极坐标式更方便，其乘积为“两个模相乘，两个辐角相加”。

$$\dot{I}_1 \cdot \dot{I}_2 = I_1 \cdot I_2\angle(\psi_1 + \psi_2) \tag{3-8}$$

(3) 除法运算：采用极坐标式更方便，其商为“两个模相除、分子的辐角减去分母的辐角”。

$$\dot{I}_1 / \dot{I}_2 = \frac{I_1}{I_2}\angle(\psi_1 - \psi_2) \tag{3-9}$$

(4) 两复数相等($\dot{I}_1=\dot{I}_2$)的条件：

① 实部和虚部分别相等，即

$$a_1=a_2,\quad b_1=b_2 \tag{3-10}$$

② 模与辐角分别相等，即

$$I_1=I_2,\quad \psi_1=\psi_2 \tag{3-11}$$

## 3.2.4 基尔霍夫定律的相量形式

**1. KCL 的相量形式**

任一时刻，对电路中的任一结点有

$$i_1+i_2+\cdots+i_k=0 \quad 或 \quad \sum i=0$$

当所讨论的电路所有电流、电压都是同频率的正弦量时，理论推导可证明 KCL 的相量形式也成立，为

$$\dot{I}_1+\dot{I}_2+\cdots+\dot{I}_k=0 \quad 或 \quad \sum \dot{I}=0$$

**2. KVL 的相量形式**

任一时刻，对电路中的任一回路有

$$u_1+u_2+\cdots+u_k=0 \quad 或 \quad \sum u=0$$

同理，KVL 的相量形式也成立，为

$$\dot{U}_1+\dot{U}_2+\cdots+\dot{U}_k=0 \quad 或 \quad \sum \dot{U}=0$$

应该注意到，虽然 KCL、KVL 的相量形式都成立，但由于**正弦量的相量不仅有模的大小，更重要的是有相位的不同，或者说在复平面上的方位不同，因此电流(或电压)的有效值之间是不满足 KCL、KVL**。即

$$I_1+I_2+\cdots+I_k\neq 0,\quad U_1+U_2+\cdots+U_k\neq 0$$

**【例 3-2】** 已知正弦电流 $i_1=2.5\sqrt{2}\sin(\omega t+32°)\text{A}$，$i_2=3.9\sqrt{2}\sin(\omega t-47°)\text{A}$。要求

(1) 计算 $i=i_1+i_2$，验证 $I\neq I_1+I_2$。

(2) 用画相量图的方法，计算 $i=i_1+i_2$，观察 $I\neq I_1+I_2$。

**解** (1) 由两电流的瞬时值表达式直接写出它们的相量极坐标式为

$$\dot{I}_1=2.5\angle 32°\text{A},\quad \dot{I}_2=3.9\angle -47°\text{A}$$

则

$$\begin{aligned}\dot{I}&=\dot{I}_1+\dot{I}_2\\&=2.5\angle 32°+3.9\angle -47°\\&=2.5(\cos 32°+\text{j}\sin 32°)+3.9[\cos(-47°)+\text{j}\sin(-47°)]\\&=(2.12+\text{j}1.32)+(2.66-\text{j}2.85)=4.78-\text{j}1.53\\&=5.02\angle -17.75°\text{A}\end{aligned}$$

相量计算结果 $\dot{I}$ 不是正弦量，转变成瞬时值表达式才是正弦量：

$$i=5.02\sqrt{2}\sin(\omega t-17.75°)\text{A}$$

验证

$$I=5.02\text{A}\neq I_1+I_2=2.5+3.9=6.4\text{A}$$

（2）$\dot{I}_1$ 与 $\dot{I}_2$ 的相量图如图 3-11(a)所示，**类似物理学中由两个分力求合力的方法，画出 $\dot{I}_1$ 与 $\dot{I}_2$ 形成的平行四边形的对角线，该对角线代表的相量就是 $\dot{I}_1$ 与 $\dot{I}_2$** 的和相量 **$\dot{I}$——这种画图方法称为平行四边形法。**

表征正弦量的相量可以在复平面上平移，平移时保持相量的大小和方向不变，就与原相量等效。图 3-11(b)中**将 $\dot{I}_1$ 平移，接在 $\dot{I}_2$ 相量的箭首，那么由 $\dot{I}_2$ 的箭尾指向 $\dot{I}_1$ 箭首的相量就是和相量 $\dot{I}$——这种方法称为三角形法。**只要作图准确，量取相量图中 $\dot{I}$ 的长度和角度就分别得到 $\dot{I}$ 的有效值和初相位。

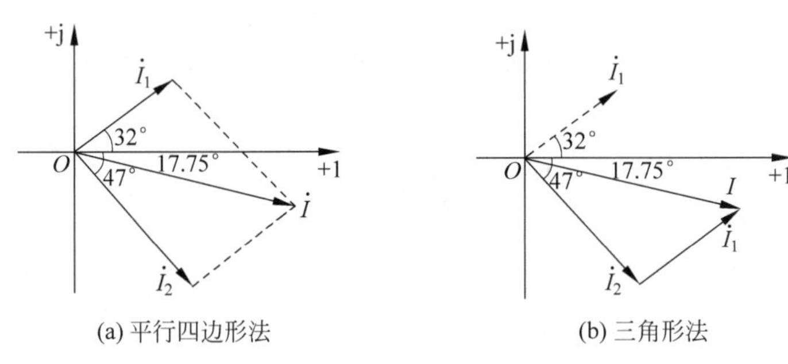


(a) 平行四边形法　　(b) 三角形法

图 3-11　例 3-2 相量图

观察图 3-11(b)中三角形的三条边长可知 $I\neq I_1+I_2$。

**【例 3-3】** 已知正弦电压 $u_1=10\sqrt{2}\sin(\omega t+30°)\text{V}$，$u_2=5\sqrt{2}\sin(\omega t+135°)\text{V}$。要求

（1）计算 $u=u_1-u_2$，验证 $U\neq U_1-U_2$。

（2）用画相量图的方法，计算 $u=u_1-u_2$，观察 $U\neq U_1-U_2$。

**解**　（1）由两电压的瞬时值表达式直接写出它们的相量极坐标式为

$$\dot{U}_1=10\angle30°=(8.66+\text{j}5)\text{V},\quad \dot{U}_2=5\angle135°=(-3.54+\text{j}3.54)\text{V}$$

则

$$\dot{U}=\dot{U}_1-\dot{U}_2=12.2+\text{j}1.46=12.3\angle7°\text{V}$$

转变成瞬时值表达式

$$u=12.3\sqrt{2}\sin(\omega t+7°)\text{V}$$

验证

$$U=12.3\text{V}\neq U_1-U_2=10-5=5\text{V}$$

（2）根据 $\dot{U}=\dot{U}_1-\dot{U}_2=\dot{U}_1+(-\dot{U}_2)$，$\dot{U}_1$ 减 $\dot{U}_2$ 就是 $\dot{U}_1$ 加上负的 $\dot{U}_2$，可将减法转变为加法来做。将 $\dot{U}_2$ 旋转 180°得到“$-\dot{U}_2$”，再用平行四边形法则画出 $\dot{U}=\dot{U}_1+(-\dot{U}_2)$，如图 3-12(a)所示。

观察图 3-12(a)中三角形的三条边长可知 $U\neq U_1-U_2$。

平行四边形法还可以推广为多边形法，如图 3-12(b)所示，图中 $\dot{U}=\dot{U}_1+\dot{U}_2+\dot{U}_3-\dot{U}_4$，$\dot{U}_1$、$\dot{U}_2$、$\dot{U}_3$、$(-\dot{U}_4)$四者相加依次首尾相连，**和相量 $\dot{U}$ 由第一个相量的箭尾指向最后一个相**

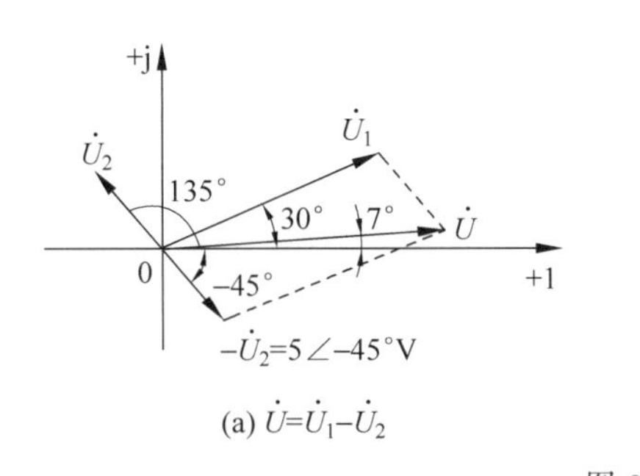

(a) $\dot{U}=\dot{U}_1-\dot{U}_2$

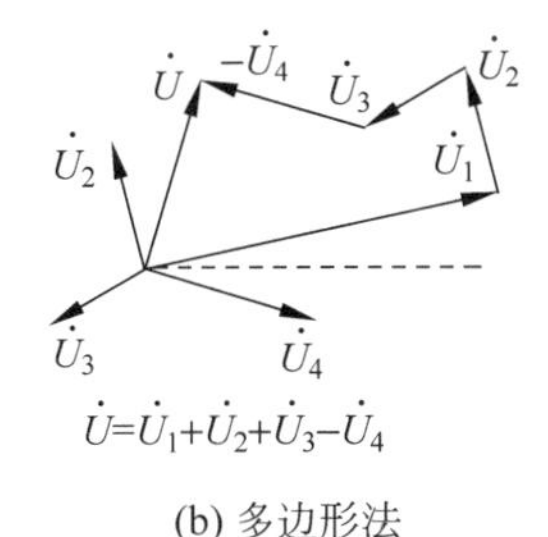

(b) 多边形法

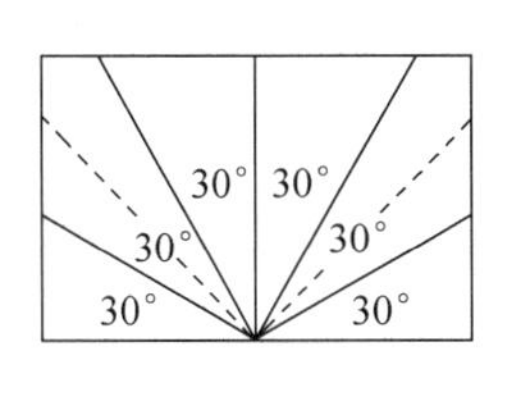

(c) 简易角度模板

图 3-12　例 3-3 相量图

量的箭首。

相量图以有效值定长度，以初相位定方位，需准确画出角度。**为方便量取角度，要求读者准备纸片折叠出 30°、60°、90°等特殊角备用**，如图 3-12(c)所示。

## 3.2.5　复数计算示例

(1) $-74.46\angle-50°=74.46\angle(-50°+180°)=74.46\angle130°$。

**注意：**模不能带负号，模恒为正。负号等效于相位加或减 180°。

(2) $\dfrac{220\angle0°-213.8\angle-22.8°}{\mathrm{j}20}=\dfrac{220-(197.1-\mathrm{j}82.85)}{20\angle90°}=4.3\angle-15.45°$。

(3) $5+\dfrac{(3+\mathrm{j}4)\times(-\mathrm{j}4)}{(3+\mathrm{j}4)-\mathrm{j}4}=5+\dfrac{16-\mathrm{j}12}{3}=10.33-\mathrm{j}4=11.08\angle-21.2°$。

(4) $11.2\angle116.6°-10\angle-180°=(-5.01+\mathrm{j}10.01)+10=4.99+\mathrm{j}10.01=11.18\angle63.5°$。

## 3.2.6　复数计算中的常用算子

在复数计算中，经常会遇到算子“j”“−j”“−1”，它们都是乘法因子，运算规律如下：

$\mathrm{j}\dot{I}=\dot{I}\angle90°$：　$\dot{I}$ 乘以 j，相当于复平面上将 $\dot{I}$ 逆时针旋转 90°，辐角加 90°。

$-\mathrm{j}\dot{I}=\dot{I}\angle-90°$：$\dot{I}$ 乘以“−j”，相当于复平面上将 $\dot{I}$ 顺时针旋转 90°，辐角减 90°。

$-\dot{I}=\dot{I}\angle180°$：　$\dot{I}$ 乘以“−1”，相当于复平面上将 $\dot{I}$ 旋转 180°，辐角加或减 180°。

## 【课后练习】

**3.2.1**　将下列瞬时值算式变换成复数相量算式，并且计算。

(1) $u(t)=u_1(t)+u_2(t)=60\sin314t+80\cos314t\,\mathrm{V}$

振幅相量：$\dot{U}_{\mathrm{m}}=\dot{U}_{\mathrm{m1}}+\dot{U}_{\mathrm{m2}}=(\qquad)+(\qquad)=(\qquad)\angle53.13°\mathrm{V}$，画出 $\dot{U}_{\mathrm{m}}$、$\dot{U}_{\mathrm{m1}}$、$\dot{U}_{\mathrm{m2}}$ 的相量图。

(2) $i(t)=16\sqrt{2}\sin(10t-30°)-12\sqrt{2}\sin(10t+135°)\mathrm{A}$

有效值相量：$\dot{I}=\dot{I}_1-\dot{I}_2=(\qquad)-(\qquad)=(\qquad)\angle-36.42°\mathrm{A}$，画出 $\dot{I}$、$\dot{I}_1$、$\dot{I}_2$ 的相量图。

**3.2.2**　图 3-13 中 4 个电流相量有效值都为 10A，则 $\dot{I}_1=(\qquad)\mathrm{A}$，$\dot{I}_2=(\qquad)\mathrm{A}$，

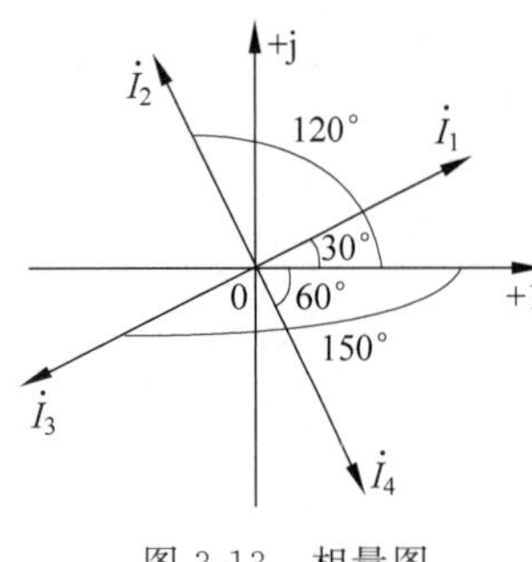

图 3-13　相量图

$\dot{I}_3=($　　　　$)\mathrm{A}$，$\dot{I}_4=($　　　　$)\mathrm{A}$。

**3.2.3**　填空题：

(1) $\dfrac{120\angle 0^\circ}{8+\mathrm{j}10}=\dfrac{120\angle 0^\circ}{(\quad\quad)}=(\quad\quad)\angle -51.3^\circ$

(2) $\dfrac{240\angle 0^\circ}{25-\mathrm{j}15}=\dfrac{240\angle 0^\circ}{(\quad\quad)\angle(\quad\quad)}=8.24\angle(\quad\quad)^\circ$

(3) $\dfrac{(5+\mathrm{j}35)(2-\mathrm{j}38)}{5+\mathrm{j}35+2-\mathrm{j}38}=\dfrac{(\quad\quad)\angle 81.9^\circ\times(\quad\quad)\angle -87^\circ}{(\quad\quad)\angle -23.2^\circ}=$

$(\quad\quad)\angle 18.1^\circ=(\quad\quad\quad)+\mathrm{j}(\quad\quad\quad)$

## 3.3　单一元件正弦交流电路的特性

单一元件有电阻、电感、电容三者，掌握三者的特性十分重要。

### 3.3.1　电阻元件的特性

**1. 电阻元件的伏安关系**

如图 3-14(a)所示，设电阻元件的端电压 $u=\sqrt{2}U\sin(\omega t+\psi_u)$，根据欧姆定律，电流为

$$i=\frac{\sqrt{2}U}{R}\sin(\omega t+\psi_u)=\sqrt{2}I\sin(\omega t+\psi_i)$$

则电阻元件的伏安关系如下：

(1) 电流、电压是同频率的正弦量。

(2) 电流、电压的有效值关系：$I=U/R$，$I_\mathrm{m}=U_\mathrm{m}/R$。

(3) 电流、电压的相位关系：$\psi_u=\psi_i$，二者同相。

**2. 电阻元件伏安关系的相量形式**

分别由电阻电流、电压的瞬时值表达式写出其相量表达式为

$$u=\sqrt{2}U\sin(\omega t+\psi_u)\quad\Rightarrow\quad\dot{U}=U\angle\psi_u$$

$$i=\sqrt{2}I\sin(\omega t+\psi_i)\quad\Rightarrow\quad\dot{I}=I\angle\psi_i=\frac{U}{R}\angle\psi_u$$

则电阻元件伏安关系的相量形式为

$$\dot{I}=\frac{\dot{U}}{R}\tag{3-12}$$

式(3-12)就是相量形式的欧姆定律。电阻元件电流、电压的波形如图 3-14(b)所示，其中图 3-14(a)称为电阻元件的相量模型，相量图如图 3-14(c)所示。

**3. 电阻元件的功率**

(1) 瞬时功率：瞬时功率是电流、电压瞬时值的乘积，波形如图 3-14(b)所示。

$$p=ui=U_\mathrm{m}I_\mathrm{m}\sin^2(\omega t+\psi_i)=UI[1-\cos2(\omega t+\psi_i)]$$

该式表明电阻元件的瞬时功率 $p$ 总是大于或等于零，即电阻元件是耗能元件，功率不可能为负。

(2) 平均功率(又称有功功率)：**有功功率是瞬时功率在一个周期的平均值，是用电设**

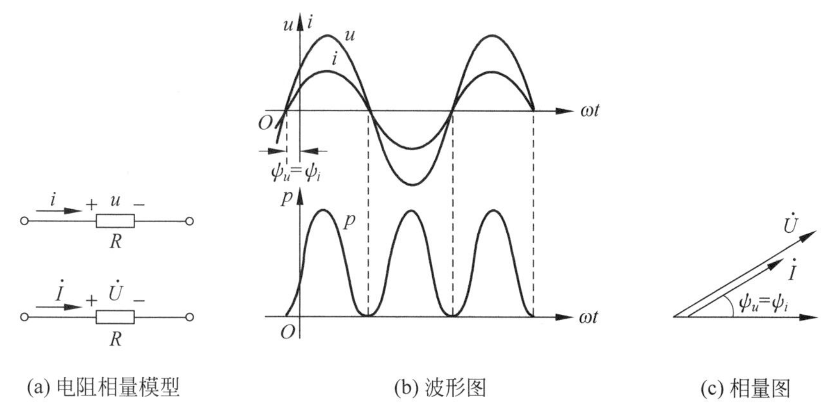


(a) 电阻相量模型　　(b) 波形图　　(c) 相量图

图 3-14　电阻元件的 $u$、$i$、$p$ 波形及相量图

**备将电能转变成其他形式能而消耗掉的功率。**

$$P=\frac{1}{T}\int_0^T p\,\mathrm{d}t=\frac{1}{T}\int_0^T UI[1-\cos 2(\omega t+\psi_i)]\mathrm{d}t=UI=I^2R=\frac{U^2}{R}$$

该式与直流电路中电阻功率的公式形式相同，但这里的 $U$、$I$ 是电流、电压有效值。

**【例 3-4】** 图 3-14(a)中，已知电阻 $R=100\Omega$、电压 $u=\sqrt{2}\,220\sin(314t+30°)\mathrm{V}$。计算电流 $i$ 和平均功率 $P$。

**解**　已知电压相量

$$\dot{U}=220\angle 30°\mathrm{V}$$

求得电流相量为

$$\dot{I}=\frac{\dot{U}}{R}=\frac{220\angle 30°}{100}\mathrm{A}=2.2\angle 30°\mathrm{A}$$

电流的瞬时值表示式为

$$i=2.2\sqrt{2}\sin(314t+30°)\mathrm{A}$$

电阻的有功功率为

$$P=UI=220\times 2.2=484\mathrm{W}$$

## 3.3.2　电感元件的特性

### 1. 对电感元件的认识

电感元件是用来储存磁场能量的无源器件，如图 3-15 所示。在电子和电力系统中，电感元件有着广泛的应用，如电感器、变压器、电动机。

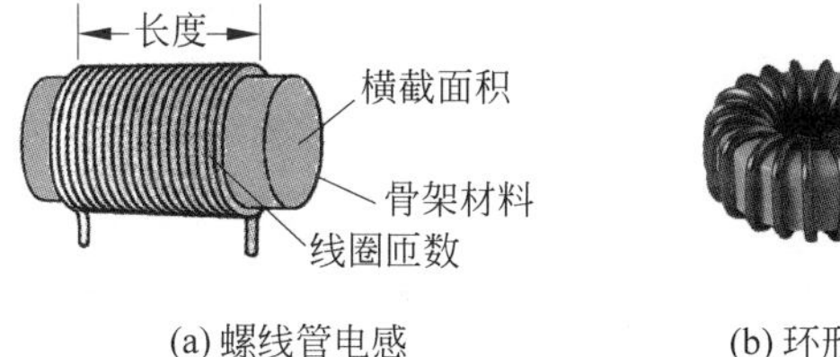


(a) 螺线管电感

(b) 环形电感

(c) 色码电感

图 3-15　不同类型的电感

任何有电流通过的导线周围都有磁感线产生，如果将导线绕成多匝的线圈，电流 $i$ 通过线圈时周围磁感线更密集，磁感线总量更大，其中存储有磁场能量 $W_L=\frac{1}{2}Li^2$，$W_L$ 与电感电流的平方成正比。穿过每匝线圈的磁感线数量称为磁通 $\Phi$，穿过 $N$ 匝线圈磁通的总和称为磁通链，磁通链用 $\Psi$ 表示，单位为韦伯（Wb）。电感元件中的磁通链 $\Psi$ 与每匝线圈磁通 $\Phi$ 的关系、与流过电流 $i$ 的关系分别为

$$\begin{cases}\Psi(t)=N\Phi \\ \Psi(t)=Li(t)\end{cases} \tag{3-13}$$

式中，比例系数 $L$——线圈的自感系数（固有参数），又简称为自感或电感，单位为亨利（H）或毫亨（mH）。

式（3-13）反映了电感元件的韦-安特性，线性电感的韦-安特性曲线是通过原点的直线，如图 3-15（b）所示。

电感的自感系数 $L$ 定义为

$$L=\frac{\Psi(t)}{i(t)} \tag{3-14}$$

式（3-14）表明，**“某线圈的自感系数较大”的意义是“流过单位电流激起的磁通链较多，其中储存的磁场能量 $W_L=\frac{1}{2}Li^2$ 也较强”**。

自感系数取决于电感的结构尺寸及磁环境。增加线圈匝数、增加线圈横截面积、采用更高磁导率的骨架以及缩短螺线管长度，都可以提高自感系数。

市售电感的自感系数可从通信系统用的几个微亨到电力系统中的几十亨。也有固定电感和可变电感之分；线性电感与非线性电感之分。本书涉及的电感都属于线性电感，其 $\Psi$ 与电流 $i$ 的比值 $L$ 为常数，骨架用非磁性材料构成，如塑料、陶瓷等。如骨架用铁磁材料，则自感系数会随电流非线性变化，其韦-安特性曲线如图 3-16（c）所示。电感元件在使用中不允许超过其额定电流。电感元件若串、并联，则计算等效电感的公式与电阻相同。

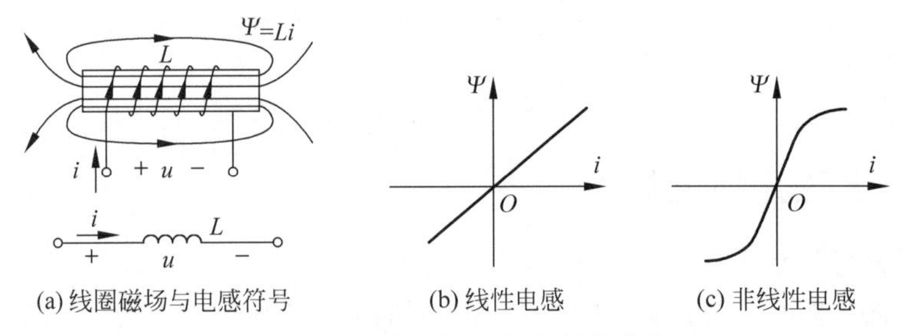

(a) 线圈磁场与电感符号　(b) 线性电感　(c) 非线性电感

图 3-16　电感元件的韦-安特性曲线

**2. 电感元件的伏安关系**

根据物理学可知，线圈中的磁通链随时间发生变化，就会在线圈两端产生感应电动势，测量该线圈的两端有感应电压存在，磁通随时间的变化率决定了感应电压的大小。

$\Psi(t)=Li(t)$ 是电感元件的定义式，其中包含电流，但与电感电压无关，为确定电感元件的伏安关系，将该式两侧同时对时间 $t$ 求变化率，准确地说对时间 $t$ 求导数，得关联参考方向下电感元件的 VCR 式为

$$\frac{\mathrm{d}\Psi(t)}{\mathrm{d}t}=L\frac{\mathrm{d}i(t)}{\mathrm{d}t} \quad 或 \quad u(t)=L\frac{\mathrm{d}i(t)}{\mathrm{d}t} \tag{3-15}$$

该式表明，**电感电压不是与该时刻的电流值本身成正比，而是与该时刻电流的变化率成正比**，反映了电感元件是一个动态元件。**电流变化越快，电压越高，电流若不发生变化，则磁通也不变化，即使电流值再大，电感电压也为零。若要求电流发生突变，如瞬间从 0 增至 5A，即电流变化率→∞，则电感电压→∞**。

感应电压的方向总是要阻碍电流及磁通的变化，图 3-17(a)中**当电流增加时，磁通也增加，这时感应电压的实际正极朝着正电荷流来的方向，由此产生的感应电流与正在增加的电流方向相反，推迟了电流的增加**；图 3-17(b)中**当电流减小时，磁通也减小，这时感应电压的实际正极朝着正电荷离开的方向，由此产生的感应电流与正在减小的电流方向相同，推迟了电流的减小**。**最终导致电流的变化迟于电压的变化**。电感元件的感应电压起到了抑制电流变化的作用，这使空心电感做成的“高频扼流圈”用于电子工程，铁芯电感做成的“平波电抗器”用于电力工程。

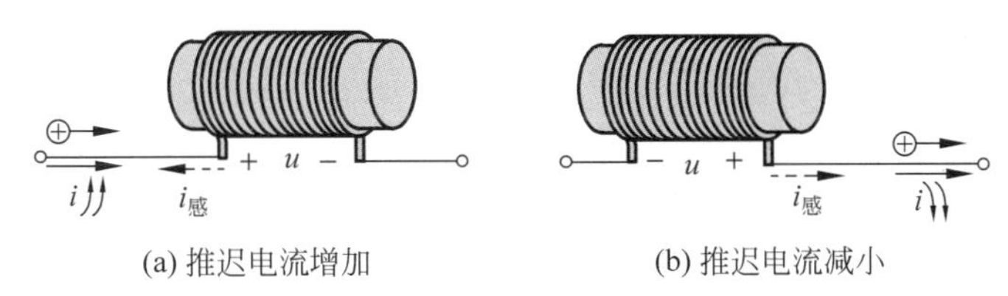

(a) 推迟电流增加 (b) 推迟电流减小

图 3-17 感应电压阻碍电流的变化

图 3-18(a)中，设电感电流

$$i=\sqrt{2}I\sin\omega t$$

则根据电感元件的伏安关系得

$$u=L\frac{\mathrm{d}i}{\mathrm{d}t}=\sqrt{2}\omega LI\cos\omega t=\sqrt{2}\omega LI\sin(\omega t+90^\circ)=\sqrt{2}U\sin(\omega t+\psi_u)$$

电感电压超前电流 90°，电流、电压之间的相位正交，一个为零时，另一个达到最大，这与电阻元件有本质区别。

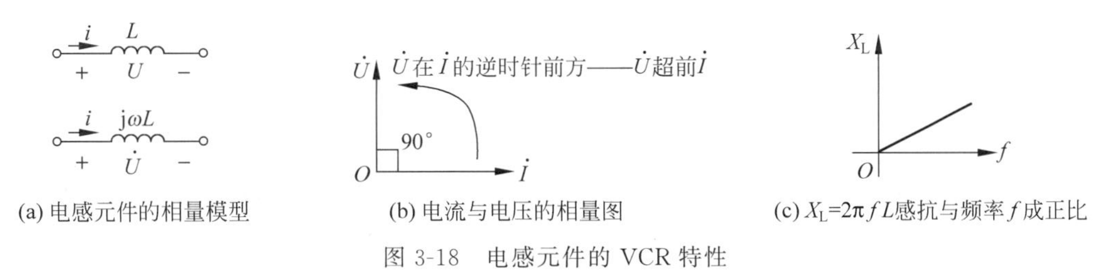

(a) 电感元件的相量模型 (b) 电流与电压的相量图 (c) $X_L=2\pi fL$感抗与频率$f$成正比

图 3-18 电感元件的 VCR 特性

**3. 电感元件相量形式的 VCR 式**

分别由电感电流、电压的瞬时值表达式写出其相量表达式为

$$i=\sqrt{2}I\sin\omega t \quad \Rightarrow \quad \dot{I}=I\angle\psi_i=I\angle 0^\circ$$

$$u=\sqrt{2}\omega LI\sin(\omega t+90^\circ) \quad \Rightarrow \quad \dot{U}=U\angle\psi_u=\omega LI\angle 90^\circ=\mathrm{j}\omega L\times\dot{I}$$

则电感元件在关联参考方向下 VCR 式的相量形式为

$$\dot{U}=U\angle\psi_u=\omega LI\angle 90°=\mathrm{j}\omega L\times\dot{I} \quad 或 \quad \dot{I}=\frac{\dot{U}}{\mathrm{j}\omega L} \tag{3-16}$$

该式称为相量形式的欧姆定律，其中 $\mathrm{j}\omega L$ 取代了原来欧姆定律中电阻的位置。**$\mathrm{j}\omega L$ 称为复感抗，$\omega L$ 称为感抗，表征了电感元件对交流电流的阻碍作用，是电压与电流的有效值之比，用 $X_L$ 表示，单位均为欧姆**。注意区别两者。

感抗是电感电压与电流的有效值或振幅之比：

$$X_L=\omega L=\frac{U}{I}=\frac{U_m}{I_m}=2\pi fL$$

复感抗是电感电压与电流的相量之比，其中包含了相位关系，"j"表明电感电压超前电流 90°。

$$\mathrm{j}\omega L=\frac{\dot{U}}{\dot{I}}=\mathrm{j}X_L$$

复感抗不是相量，是一个计算用复数，字母顶端不打点。电感元件的相量模型如图 3-18(a)所示，图 3-18(b)为电流与电压的相量图，$\dot{U}$ 在 $\dot{I}$ 逆时针前方 90°，称 $\dot{U}$ 超前。$\dot{U}$ 与 $\dot{I}$ 若采用非关联参考方向，则式(3-16)变为

$$\mathrm{j}\omega L=-\frac{\dot{U}}{\dot{I}}$$

电感元件的感抗 $X_L$ 不仅与自感系数 $L$ 有关，还与信号频率 $f$ 成正比，如图 3-18(c)所示。频率为零时，感抗为零，直流电不随时间变化，其电流与磁通的变化率均为零，故感应电压为零，因此直流电路中电感可用短路线替代，电感对直流电流没有阻碍作用；**信号的频率增加，$f$ ↑ $X_L$ ↑，电流变化加快，感抗随之增加，$f\to\infty$，$X_L\to\infty$**。因此人们常说"电感通直流阻交流扼高频"。

**4. 电感元件的功率**

1）瞬时功率

瞬时功率是电压与电流瞬时值的乘积，$u$、$i$、$p$ 的波形如图 3-19 所示。

$$p=ui=I_m\sin\omega t\times U_m\cos\omega t=2UI\cos\omega t\sin\omega t=UI\sin 2\omega t$$

分析：①在第一个和第三个 1/4 周期，$u$、$i$ 同号，$p$ 为正值，**$i$ 从零增大到最大值，由于 $W_L=\frac{1}{2}Li^2$，所以电感元件吸收电源的能量，作为磁场能储存起来**。②在第二个和第四个 1/4 周期，$u$、$i$ 异号，$p$ 为负值，**$i$ 从最大值减小到零，储存的磁场能向外界释放发出**。从瞬时功率的波形图可看到，吸收与发出的能量相等，因此**电感元件是储能元件**。

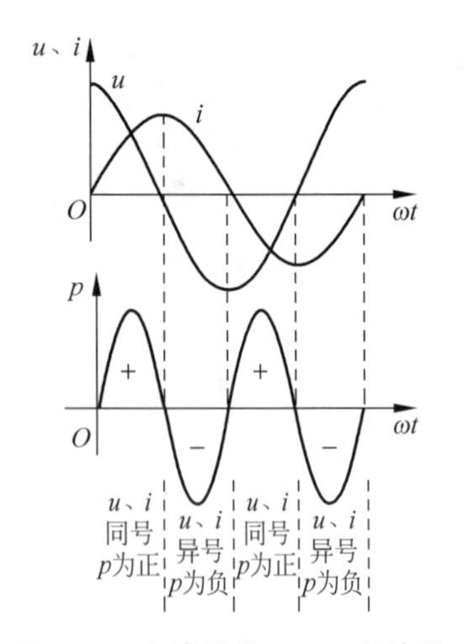


图 3-19　电感元件 $u$、$i$、$p$ 的波形

2）平均功率（也称有功功率）

$$P=\frac{1}{T}\int_0^T p\,\mathrm{d}t=\frac{1}{T}\int_0^T UI\sin 2\omega t\,\mathrm{d}t=0$$

该式表明**电感元件的平均功率为零。电感不消耗电能，整

**个周期中并没有把电能转变成其他形式的能。**

3）无功功率

**电感元件的无功功率定义为电感元件与外界电源之间能量往返交换的规模，其大小等于瞬时功率的最大值，用 $Q_L$ 来表示，单位为乏(var)或千乏(kvar)。**

$$Q_L = UI = I^2 X_L = \frac{U^2}{X_L} \tag{3-17}$$

**【例 3-5】** 自感系数 $L=19.1\text{mH}$ 的电感元件，接在 $u=220\sqrt{2}\sin(314t+30°)\text{V}$ 的电源端。

（1）计算复感抗、电流 $i$ 和无功功率 $Q_L$。

（2）如果电源的频率增加为原频率的 2000 倍，其他不变，重新计算。

**解**　（1）电感的复感抗

$$\text{j}X_L = \text{j}\omega L = \text{j}314 \times 19.1 \times 10^{-3} = \text{j}6\Omega$$

电源电压相量

$$\dot{U} = 220\angle 30°\text{V}$$

根据相量欧姆定律

$$\dot{I} = \frac{\dot{U}}{\text{j}X_L} = \frac{220\angle 30°}{6\angle 90°}\text{A} = 36.67\angle -60°\text{A}$$

电流瞬时值表达式

$$i = 36.67\sqrt{2}\sin(314t - 60°)\text{A}$$

无功功率

$$Q_L = UI = 220 \times 36.67\text{var} = 8067.4\text{var} = 8.07\text{kvar}$$

（2）电源频率增加为原频率的 2000 倍时，$\omega' = 314 \times 2000\text{rad/s}$，复感抗也增加 2000 倍，则

$$\text{j}X'_L = \text{j}2000\omega L = \text{j}2000 \times 6 = \text{j}12\text{k}\Omega$$

电感电流下降 2000 倍，即

$$\dot{I}' = \frac{\dot{U}}{\text{j}X'_L} = \frac{220\angle 30°}{12 \times 10^3\angle 90°}\text{A} = 0.0183\angle -60°\text{A}$$

电流瞬时值表示式为

$$i' = 0.0183\sqrt{2}\sin(314 \times 2000t - 60°)\text{A}$$

无功功率

$$Q'_L = UI' = 220 \times 0.0183\text{var} = 4.03\text{var}$$

**计算表明，电源的频率越高，感抗越大，电压有效值若不变，电流越小。**

**5. 电感元件伏安关系的应用**

汽车发动机的起动需要每个气缸的油气混合燃料在适当的时间里被点燃，点燃由火花塞装置来实现，火花塞是汽车发动机心脏的起搏器，如图 3-20 所示。它的基本结构是一对由空气间隙隔开的电极，两个电极分别接在点火电感线圈的两端，通过在两个电极之间瞬间施加一个高达数千伏的电压，形成横跨空气间隙的电火花，点燃气缸中的油气混合燃料。不点火时，汽车电池提供 12V 直流电压，通过限流电阻与电感线圈串联，形成一个稳定的电流；点

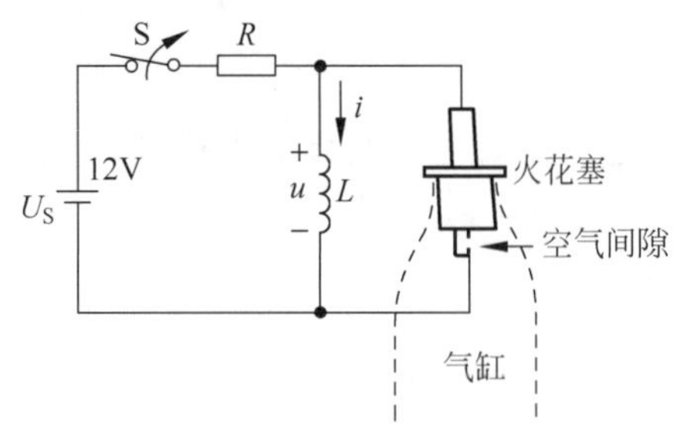


图 3-20　汽车点火电路

火时，断开开关 S，强迫电感电流瞬间降为零，使电感线圈两端产生瞬间高压 $u_L = L\dfrac{di_L}{dt} \to -\infty$。高压施加在火花塞两个电极之间，击穿间隔中的空气引起火花或电弧，实现点火。这个过程持续到电感元件储存的磁场能量在电火花放电中耗散。

例如在图 3-20 所示的汽车点火电路中，电阻 $R=4\Omega$，电感 $L=6\text{mH}$，电池为 12V。那么 S 打开前电感线圈的电流值 $i$ 为

$$i=\frac{12}{4}=3\text{A}$$

假设开关 S 打开需要 $1\mu\text{s}$ 的时间，即电流从 3A 下降为零需要 $1\mu\text{s}$。则空气间隙两端的电压为

$$u_L = L\frac{di_L}{dt} \approx L\frac{\Delta i_L}{\Delta t} = 6\times10^{-3}\times\frac{0-3}{1\times10^{-6}} = -18\text{kV}$$

类似的应用还有日关灯启辉点燃电路、燃气炉和燃气热水器中的高压打火电路等，均是利用电感电流突变产生的瞬时高压来工作的。

## 3.3.3　电容元件的特性

**1. 对电容元件的认识**

电容元件是利用储存电荷来储存电场能量的无源器件，如图 3-21 所示。各种类型的电容器如图 3-22 所示。和电感元件一样在电子和电力系统中应用广泛。

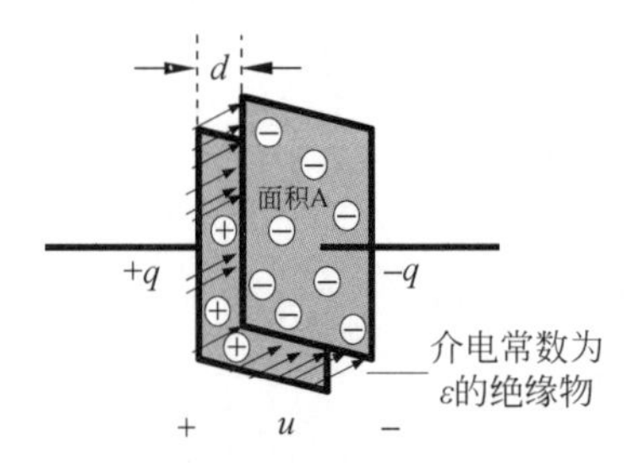


图 3-21　电容元件的构成

(a) 电解电容

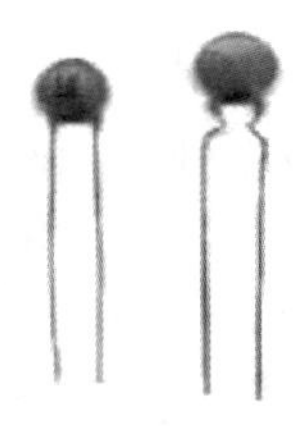

(b) 瓷质电容

图 3-22　不同类型的电容器

两个彼此绝缘又互相靠近的导体，每个导体各引出一个电极，就构成一个电容器。实际电路中，只要两导体之间由绝缘材料隔开就组成一个电容，因此电容可能无处不在，这样的电容称为杂散电容。

若忽略电容器极板间所充绝缘物的漏电，两个导体由平行金属板来模拟，在一定频率范围内该电容器的电路模型就是理想电容元件。**当有电压 $u$ 加在电容元件的两极板之间时，两极板上分别储存有等量异号的电荷 $+q$ 与 $-q$，使正负极板间形成许多电场线，其中储存着电场能量** $W_C=\dfrac{1}{2}Cu^2$，$W_C$ 与电容电压的平方成正比。电容元件所储存电荷用 $q$ 表示，

常用单位为库仑(C),线性电容储存的电荷 $q$ 与电压 $u$ 成正比。即

$$q(t)=Cu(t) \tag{3-18}$$

式中:$C$——电容元件的电容量(固有参数),简称电容,单位为法拉(F)或微法(μF)或皮法(pF),$1F=10^6\mu F=10^{12}pF$。

式(3-18)反映了线性电容元件的库-伏特性,其曲线是通过原点的直线,如图 3-23(b)所示。可变电容的电容 $C$ 可根据需要发生变化,如图 3-23(c)所示。市售电容器的电容量可从通信系统用的几十皮法(pF)到电力系统中的几千微法(μF),还分为极性电容和非极性电容,极性电容一般为电解电容,电容量较大。

线性电容元件的电容量 $C$ 定义为

$$C=\frac{q(t)}{u(t)} \tag{3-19}$$

该式表明,**"某电容器的电容量较大"的意义是"施加单位电压能储存的电荷较多,其中储存的电场能量 $W_C=\frac{1}{2}Cu^2$ 也较强"**。平行板电容器的电容量与两极板面积 $A$ 成正比,与两极板间距离 $d$ 成反比,即

$$C=\varepsilon\frac{A}{d}$$

式中:ε——极板间绝缘物的介电常数。

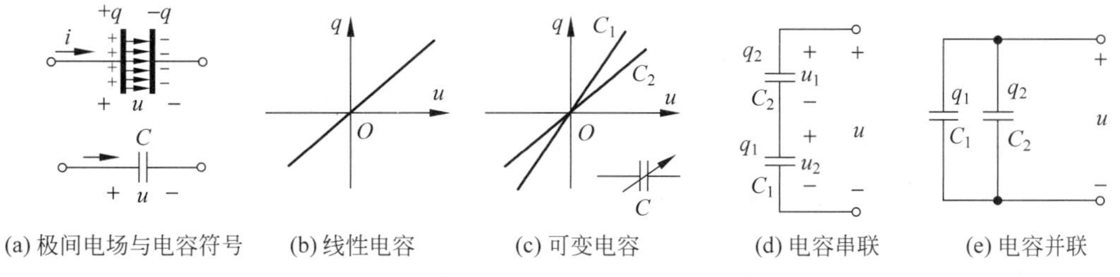


图 3-23　电容元件的库-伏特性曲线及串并联

电容元件在使用中不允许超过其额定电压,否则可能击穿极板间的绝缘层而损坏。**当电容器的电容量足够而耐受电压的能力不够时,可将几个电容器串联**,如图 3-23(d)所示。两个串联的电容所储存电荷相等,而总电压 $u$ 等于两电容电压之和,即

$$u=u_1+u_2=\frac{q}{C_1}+\frac{q}{C_2}=\left(\frac{1}{C_1}+\frac{1}{C_2}\right)q$$

则有

$$C=\frac{q}{u}=\frac{1}{\frac{1}{C_1}+\frac{1}{C_2}}=\frac{C_1C_2}{C_1+C_2} \tag{3-20}$$

或

$$\frac{1}{C}=\frac{1}{C_1}+\frac{1}{C_2} \tag{3-21}$$

该式表明,**电容元件串联后等效电容减小了**,可理解为两极板间距离 $d$ 变大了。根据两串联电容所储存电荷相等还可推知

$$q = C_1 u_1 = C_2 u_2$$

则

$$\frac{u_1}{u_2} = \frac{C_2}{C_1}$$

该式表明，**两电容串联时所加电压与电容量呈反比，电容量较小的所加电压更高。**

**当电容器所加电压符合额定值要求，但电容量不够时，可将几个电容器并联**，如图3-23(e)所示。两个并联的电容其电压相等，总电荷 $q$ 等于两电容所储存电荷之和，即

$$q = q_1 + q_2 = C_1 u + C_2 u = (C_1 + C_2) u$$

则有

$$C = \frac{q}{u} = C_1 + C_2 \tag{3-22}$$

该式表明，**电容元件并联后等效电容增大了**，可理解为总极板面积 $A$ 增加了。

**电容元件串、并联后，等效电容量的计算公式与电阻串、并联公式在形式上相反。**

**2. 电容元件的伏安关系**

$q(t) = Cu(t)$ 是电容元件的定义式，其中包含电压，但与电容电流无关，为确定电容元件的伏安关系，将该式两侧同时对时间 $t$ 求变化率，准确地说对时间 $t$ 求导数，得到关联参考方向下电容元件的 VCR 式为

$$\frac{\mathrm{d}q(t)}{\mathrm{d}t} = C\frac{\mathrm{d}u(t)}{\mathrm{d}t} \quad 或 \quad i(t) = C\frac{\mathrm{d}u(t)}{\mathrm{d}t} \tag{3-23}$$

根据第1章对电流的定义，通过导体横截面的电荷 $q$ 对时间求导数就是流过该导体的电流。**电容电流都是充放电电流，电荷在理想情况下不能越过两个极板间的绝缘物。充电时电流给极板带来电荷在先，然后才使 $q\uparrow$，$u\uparrow$；放电时电流带走极板上电荷在先，才使 $q\downarrow$，$u\downarrow$；因此电流的变化先于电压的变化**，如图3-24所示。

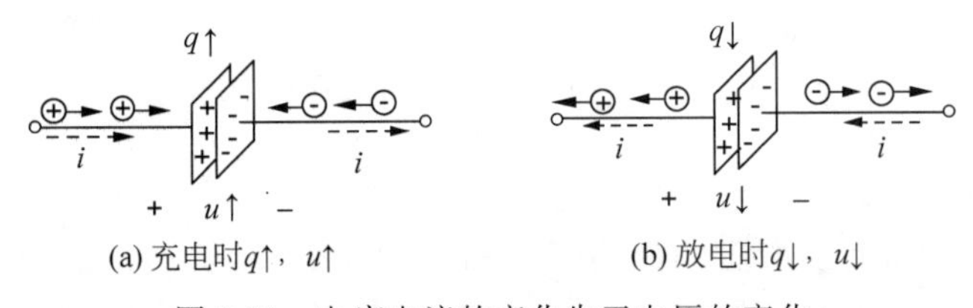

(a) 充电时$q\uparrow$，$u\uparrow$　　(b) 放电时$q\downarrow$，$u\downarrow$

图3-24　电容电流的变化先于电压的变化

式(3-23)表明，**电容电流不是与该时刻的电压值本身成正比，而是与该时刻电压的变化率成正比，反映了电容元件也是动态元件。电压变化越快，电荷充放移动越快，电流越大；电容电压若不发生变化，电容器极板上的电荷量也不变，就不存在电荷的移动，即使电压再高，电容电流也为零；若要求电容电压突变，如从5V瞬间上升为10V，即电压变化率→∞，则电容电流→∞。**

图3-25中设电容电压

$$u = \sqrt{2}U\sin\omega t$$

则根据电容元件的伏安关系得

$$i = C\frac{\mathrm{d}u}{\mathrm{d}t} = \sqrt{2}\omega CU\cos\omega t = \sqrt{2}\omega CU\sin(\omega t + 90^\circ) = \sqrt{2}I\sin(\omega t + \psi_i)$$

应特别注意：**电容元件的电流超前电压 90°，这刚好与电感元件相反**。电流、电压之间的相位也是正交，一个为零时，另一个达到最大。

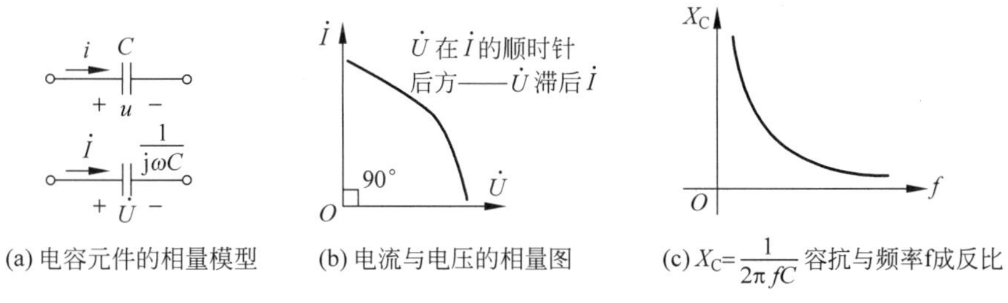


(a) 电容元件的相量模型　(b) 电流与电压的相量图　(c) $X_C=\frac{1}{2\pi fC}$ 容抗与频率f成反比

图 3-25　电容元件的 VCR 特性

**3. 电容元件相量形式 VCR 式**

分别由电容电压、电流的瞬时值表达式写出其相量表达式

$$u=\sqrt{2}U\sin\omega t \quad \Rightarrow \quad \dot{U}=U\angle\psi_u=U\angle 0^\circ$$

$$i=\sqrt{2}\omega CU\sin(\omega t+90^\circ) \quad \Rightarrow \quad \dot{I}=I\angle\psi_i=\omega CU\angle 90^\circ=\mathrm{j}\omega C\times\dot{U}=\frac{\dot{U}}{1/\mathrm{j}\omega C}$$

则电容元件在关联参考方向下 VCR 式的相量形式为

$$\dot{I}=\frac{\dot{U}}{1/\mathrm{j}\omega C} \quad 或者 \quad \dot{U}=\frac{1}{\mathrm{j}\omega C}\times\dot{I} \tag{3-24}$$

该式也是相量形式的欧姆定律，其中$\frac{1}{\mathrm{j}\omega C}$取代了原来欧姆定律中电阻的位置。**$\frac{1}{\mathrm{j}\omega C}$称为复容抗，$\frac{1}{\omega C}$称为容抗，单位均为欧姆**。**容抗表征了电容元件对正弦交流电流的阻碍作用，用 $X_C$ 表示**。注意区别两者：

**容抗是电容电压与电流的有效值或振幅之比：**

$$X_C=\frac{1}{\omega C}=\frac{U}{I}=\frac{U_m}{I_m}=\frac{1}{2\pi fC}$$

**复容抗是电容电压与电流的相量之比，其中包含了相位关系，"−j"表明了电容电压滞后电流 90°**。

$$\frac{1}{\mathrm{j}\omega C}=\frac{\dot{U}}{\dot{I}}=\frac{\mathrm{j}}{\mathrm{jj}\omega C}=-\frac{\mathrm{j}}{\omega C}=-\mathrm{j}X_C$$

复容抗也是一个计算用复数，字母顶端不打点。图 3-25(a)中下半部分的支路是电容元件的相量模型，电流与电压的相量图如图 3-25(b)所示，$\dot{U}$ 在 $\dot{I}$ 顺时针后方 90°，$\dot{U}$ 滞后于 $\dot{I}$ 90°。$\dot{U}$ 与 $\dot{I}$ 若采用非关联参考方向，则式(3-24)变为

$$\frac{1}{\mathrm{j}\omega C}=-\frac{\dot{U}}{\dot{I}}$$

电容元件的容抗 $X_C$ 不仅与电容量 $C$ 成反比，还与频率 $f$ 成反比，如图 3-25(c)所示。**频率为零时，直流电压不随时间变化，容抗无穷大，没有充放电现象**，因此电容切断直流通路，

直流电路中电容可用开路替代；信号频率增加，$f\uparrow X_C\downarrow$，电容充放电速度加快，容抗随之减小。因此电容元件与电感元件相反，越是高频电流流过更畅通。因此人们常说“电容断直流阻交流通高频”。

**4. 电容元件的功率**

1）瞬时功率

电容元件瞬时功率的波形如图 3-26 所示。

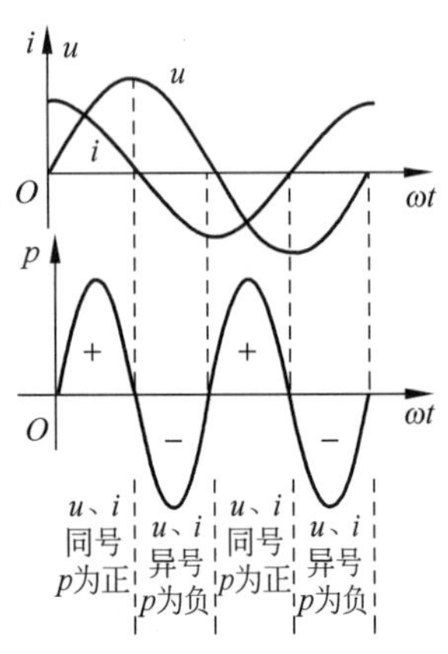


图 3-26　电容元件 $u$、$i$、$p$ 的波形

$$p=ui=U_{\mathrm{m}}\sin\omega t\times I_{\mathrm{m}}\cos\omega t$$
$$=2UI\cos\omega t\sin\omega t=UI\sin 2\omega t$$

分析：(1) 在第一个和第三个$\frac{1}{4}$周期，$u$、$i$ 同号，$p$ 为正值，$u$ 从零增到最大值，由于 $W_C=\frac{1}{2}Cu^2$，电容元件吸收电源的能量，作为电场能储存起来。

(2) 在第二个和第四个$\frac{1}{4}$周期，$u$、$i$ 异号，$p$ 为负值，$u$ 从最大值减少到零时，储存的能量向外界释放发出。从瞬时功率的波形图可看到，吸收与发出的能量相等，因此电容元件也是储能元件。

2）平均功率(即有功功率)

$$P=\frac{1}{T}\int_0^T p\,\mathrm{d}t=\frac{1}{T}\int_0^T UI\sin 2\omega t\,\mathrm{d}t=0$$

该式表明电容元件的平均功率为零。电容也不消耗电能，整个周期中没有把电能转变成其他形式的能。

3）无功功率

电容元件的无功功率是电容元件与外界电源之间能量往返交换的规模，其大小也等于瞬时功率的最大值，用 $Q_C$ 来表示，单位为乏(var)或千乏(kvar)。

$$Q_C=UI=I^2X_C=\frac{U^2}{X_C}\tag{3-25}$$

正弦电路的平均功率，也称为有功功率，是负载将电能转变成热能、光能、机械能而消耗的功率，不可再生，如电阻消耗的功率，可理解为“实功”。而电感元件、电容元件的无功功率并没有转变成其他形式的能量，每个周期在 $L$、$C$ 中电能储存两次，等量返还电源两次，来回转换，虽然电能没有被消耗，但需要发电机来提供，或者说这种转换占用了发电设备的容量，使发电机不能被充分利用，因负载并没有实际消耗这部分功率，无功功率可理解为“虚功”。

但无功功率并不是“无用功”，在电动机、继电器等电动设备中必须借助电感元件产生的磁场作为媒介，才能将电能转变成机械能。从后面的学习可知，其实电容元件可以为电感元件提供所需的无功功率，$L$、$C$ 元件的无功功率具有互补的特性，两者储存的能量可以由对方提供，不足的才由电源提供。

**【例 3-6】** 电容量 $C=10\mu\mathrm{F}$ 的电容器，接在频率 $f=50\mathrm{Hz}$、$u=22\sqrt{2}\sin(\omega t-120^\circ)\mathrm{V}$ 的正弦交流电源上。

(1) 计算复容抗 $Z_C$、电流 $i$ 和无功功率 $Q_C$。

（2）如果电源的频率增加为原频率的 20 倍，其他不变，重新计算(1)。

（3）画出电容电压与电流的相量图。

**解** （1）当频率 $f=50\text{Hz}$ 时，电源电压相量

$$\dot{U}=22\angle-120°\text{V}$$

电容的复容抗

$$-\text{j}X_C=-\text{j}\frac{1}{\omega C}=-\text{j}\frac{1}{2\pi\times 50\times 10\times 10^{-6}}=-\text{j}318.3\Omega$$

根据相量欧姆定律，有

$$\dot{I}=\frac{\dot{U}}{-\text{j}X_C}=\frac{22\angle-120}{-\text{j}318.3}=0.069\angle[-120°-(-90°)]=0.069\angle-30°\text{A}$$

电流瞬时值表达式为

$$i=0.069\sqrt{2}\sin(\omega t-30°)\text{A}$$

无功功率为

$$Q_C=I^2X_C=\frac{U^2}{X_C}=UI=22\times 0.069=1.52\text{var}$$

（2）当频率增加为原频率的 20 倍时，$f'=50\times 20=1000\text{Hz}$。

电容的复容抗

$$-\text{j}X'_C=-\text{j}\frac{1}{\omega' C}=-\text{j}\frac{1}{2\pi\times 1000\times 10\times 10^{-6}}=-\text{j}15.92\Omega \quad (\text{容抗下降 20 倍})$$

电容电流的相量

$$\dot{I}'=\frac{\dot{U}}{-\text{j}X'_C}=\frac{22\angle-120°}{-\text{j}15.92}=1.38\angle-30°\text{A} \quad (\text{电流增加 20 倍})$$

电流瞬时值表达式为

$$i'=1.38\sqrt{2}\sin(\omega' t-30°)\text{A}$$

无功功率

$$Q'_C=I'^2X'_C=\frac{U^2}{X'_C}=UI'=22\times 1.38\text{var}=30.36\text{var}$$

**计算表明，信号的频率越高，容抗越小，电压有效值若不变，电流越大。**

(3)电容电压与电流的相量图如图 3-27 所示。

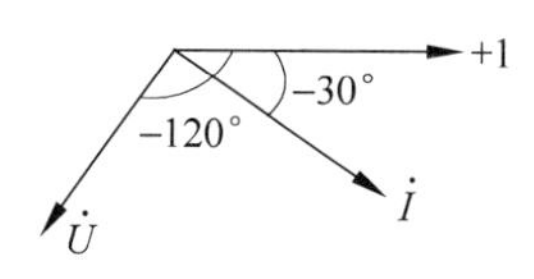


图 3-27 例 3-6 相量图

## 【课后练习】

**3.3.1** 如图 3-28 所示，已知电感元件 $L$ 为 5mH，接至有效值为 10V、角频率为 $\omega=10^3\text{rad/s}$ 的正弦电压，电感电流有效值 $I=($　　$)\text{A}$，在波形图中补画电流波形，并画出电流、电压的相量图。

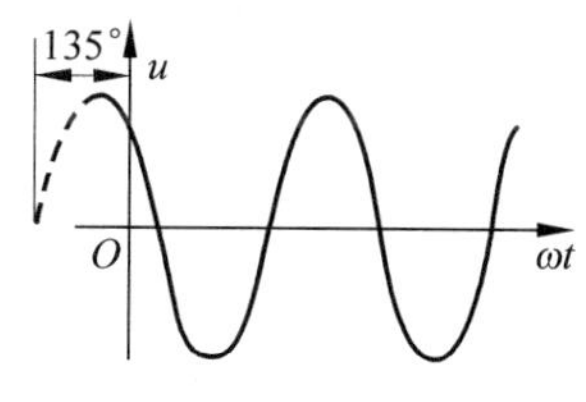


图 3-28 3.3.1 波形图

**3.3.2** 已知电容元件 $C$ 为 $0.05\mu\text{F}$，接至有效值为 10V、初相为 30°、角频率为 $\omega=10^6\text{rad/s}$ 的正弦电压，电容元件的电流瞬时表达式为 $i=($　　　　$)\text{A}$，并画出电流、电压的相量图。

**3.3.3** 如图 3-29 所示电路中，各电容的电容量、交流电源的电压值和频率均相同，问哪个电流表的读数最大？哪个为零？

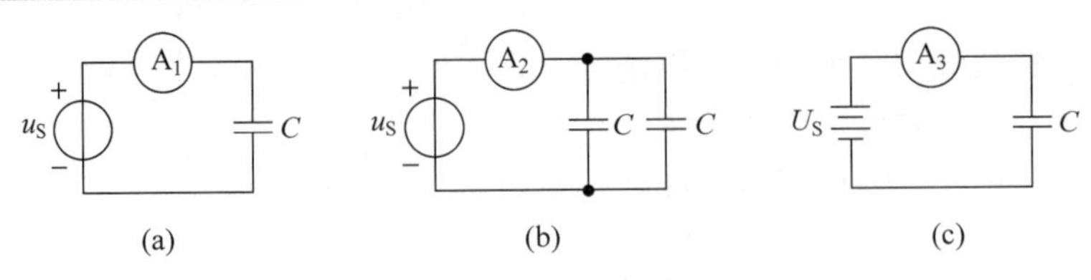


图 3-29 3.3.3 电路图

**3.3.4** 纯电感元件在交流电路中，判断下列表达式，正确填√，错误填×。

$i=\dfrac{u}{X_L}$（ ），$I=\dfrac{U}{\omega L}$（ ），$i=\dfrac{u}{\omega L}$（ ），$\dot{U}=\mathrm{j}\omega L\dot{I}$（ ）。

**3.3.5** 纯电容元件在交流电路中，判断下列表达式，正确填√，错误填×。

$I=\dfrac{U}{1/\omega C}$（ ），$I=\dfrac{U}{\omega C}$（ ），$\dot{U}=\dot{I}\dfrac{1}{\mathrm{j}\omega C}$（ ），$i=\dfrac{u}{1/\omega C}$（ ）。

**3.3.6** RLC 串联电路在频率为 50Hz 时，容抗、感抗、电阻值如图 3-30(a)所示，图 3-30(b)频率上升到 150Hz，填写此时各阻抗值。

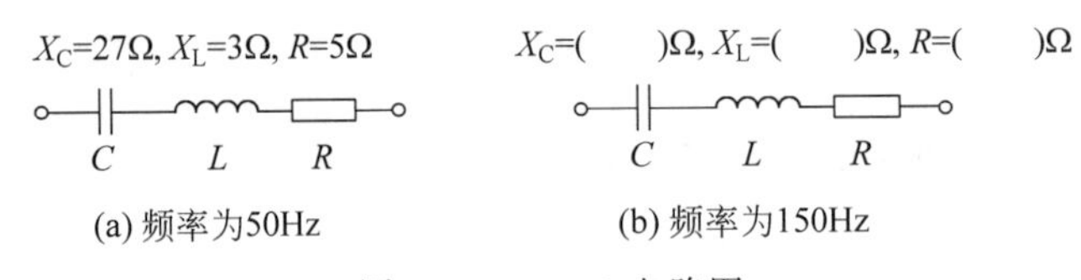


图 3-30 3.3.6 电路图

## 3.4 RLC 串联正弦交流电路分析

认识了正弦电路中单个无源元件，掌握了感抗、容抗各自的特性后，本节讨论正弦电路中电阻、电感、电容的串联电路，注意理解 $R$、$L$、$C$ 如何形成一个矛盾的统一体。

### 3.4.1 RLC 串联电路的伏安关系

如图 3-31(a)所示为电阻、电感、电容串联电路的相量模型，各元件电流相等，设 $\dot{I}=I\angle 0°$，根据 KVL 定律有

$$\dot{U}=\dot{U}_R+\dot{U}_L+\dot{U}_C=R\dot{I}+\mathrm{j}X_L\dot{I}-\mathrm{j}X_C\dot{I}=\dot{I}\left[R+\mathrm{j}\left(\omega L-\frac{1}{\omega C}\right)\right]$$

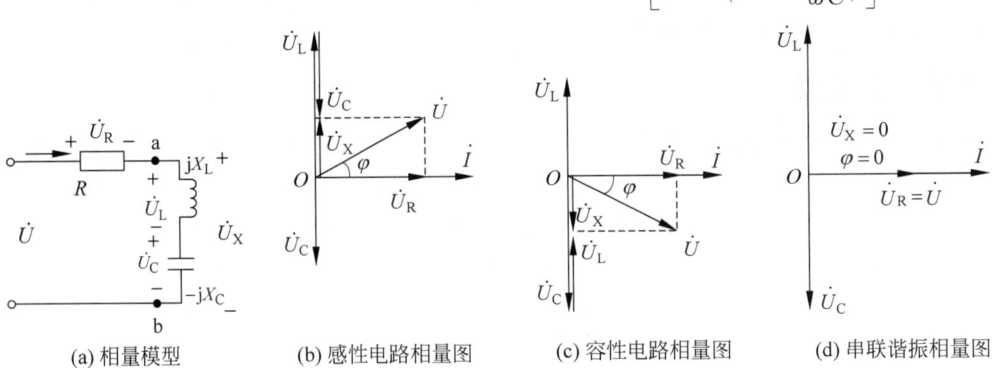


图 3-31 电阻、电感、电容串联电路及相量图

**定义复阻抗 $Z$ 为电压相量与电流相量之比**，即

$$Z=\frac{\dot{U}}{\dot{I}}=\frac{U}{I}\angle(\psi_u-\psi_i)=R+\mathrm{j}\left(\omega L-\frac{1}{\omega C}\right)$$

$$=R+\mathrm{j}X=\sqrt{R^2+X^2}\angle\arctan\frac{X}{R}=|Z|\angle\varphi \tag{3-26}$$

**复阻抗的实部是电阻**

$$R=|Z|\cos\varphi$$

**复阻抗的虚部称为电抗**

$$X=X_{\mathrm{L}}-X_{\mathrm{C}}=\omega L-\frac{1}{\omega C}=|Z|\sin\varphi$$

**复阻抗的模值简称阻抗，反映了 RLC 串联电路总电压与电流之间的大小关系**

$$|Z|=\frac{U}{I}=\sqrt{R^2+(X_{\mathrm{L}}-X_{\mathrm{C}})^2}=\sqrt{R^2+X^2} \tag{3-27}$$

**复阻抗的辐角称为阻抗角，反映了总电压与电流之间的相位关系，是电压超前电流的相位**

$$\varphi=\psi_u-\psi_i=\arctan\frac{X}{R}=\arctan\frac{\omega L-\dfrac{1}{\omega C}}{R} \tag{3-28}$$

式(3-26)也是相量欧姆定律。**感抗 $X_{\mathrm{L}}$、容抗 $X_{\mathrm{C}}$ 本身恒为正值，但感抗与容抗之差的电抗 $X=X_{\mathrm{L}}-X_{\mathrm{C}}$ 却可能为正、为负或为零，三种情况下电路的性质有根本区别。**

$\dot{U}_{\mathrm{R}}$、$\dot{U}_{\mathrm{L}}$、$\dot{U}_{\mathrm{C}}$ 三者分别与电流同相、超前电流 90°、滞后电流 90°，相互间是矛盾的，$\dot{U}$最终取什么相位，取决于 $\omega L$ 与 $\frac{1}{\omega C}$及 $R$ 的相对大小。

通过画出 3 种情况下的相量图，可直观分析 3 种不同电路的性质。设 $\dot{I}=I\angle 0°$水平向右，感抗电压 $\dot{U}_{\mathrm{L}}$(朝上)与容抗电压 $\dot{U}_{\mathrm{C}}$ 方向相反，两者的相量和为电抗电压 $\dot{U}_{\mathrm{X}}$，$\dot{U}_{\mathrm{X}}=\dot{U}_{\mathrm{L}}+\dot{U}_{\mathrm{C}}$，是 a、b 间的电压，电抗电压 $\dot{U}_{\mathrm{X}}$ 与电阻电压 $\dot{U}_{\mathrm{R}}$ 形成的平行四边形的对角线决定总电压 $\dot{U}$ 的相位和大小。

**当$\omega L>\frac{1}{\omega C}$时，$X>0$，$\dot{U}_{\mathrm{X}}$ 朝上，ab 间等效为感抗，$\varphi>0$，$\dot{U}$ 超前 $\dot{I}$，为感性电路**，如图 3-21(b)所示。

**当$\omega L<\frac{1}{\omega C}$时，$X<0$，$\dot{U}_{\mathrm{X}}$ 朝下，ab 间等效为容抗，$\varphi<0$，$\dot{U}$ 滞后 $\dot{I}$，为容性电路**，如图 3-31(c)所示。

**当$\omega L=\frac{1}{\omega C}$时，$X=0$，$\dot{U}_{\mathrm{X}}=0$，ab 间等效为短路，$\varphi=0$，$\dot{U}$ 与 $\dot{I}$ 同相，这时电路的状态称为串联谐振，为电阻性电路**，如图 3-31(d)所示。

注意“感性电路”是感抗与电阻的串联组合，其阻抗角 $0<\varphi<90°$，不同于“纯电感电路”，纯电感电路的阻抗角 $\varphi=90°$；同理，“容性电路”是容抗与电阻的串联组合，其阻抗角 $-90°<\varphi<0$，不同于“纯电容电路”，纯电容电路的阻抗角 $\varphi=-90°$。

### 3.4.2 串联电路的电压三角形与阻抗三角形

如图 3-31(b)和(c)所示的相量图中有一个直角三角形，锐角 $\varphi$ 是串联电路的阻抗角，斜边长度是总电压有效值 $U$，$\varphi$ 的邻边长度是电阻电压有效值 $U_{\mathrm{R}}$，$\varphi$ 的对边长度是电抗电压有效值 $U_{\mathrm{X}}$，重画于图 3-32(a)，称为串联电路的电压三角形。电压三角形的每条边除以 $I$，就得到串联电路的阻抗三角形如图 3-32(b)所示，这两个三角形是相似三角形。因此有

$$\frac{U}{|Z|}=\frac{U_{\mathrm{R}}}{R}=\frac{U_{\mathrm{X}}}{X}=I \tag{3-29}$$

与图 3-32 两个三角形有联系的公式是

$$\text{电压三角形相联系的公式}\begin{cases}U=\sqrt{U_{\mathrm{R}}^2+U_{\mathrm{X}}^2}\\ U_{\mathrm{R}}=U\cos\varphi\\ U_{\mathrm{X}}=U\sin\varphi\\ \varphi=\arctan\dfrac{U_{\mathrm{X}}}{U_{\mathrm{R}}}\end{cases}\qquad \text{阻抗三角形相联系的公式}\begin{cases}|Z|=\sqrt{R^2+X^2}\\ R=|Z|\cos\varphi\\ X=|Z|\sin\varphi\\ \varphi=\arctan\dfrac{X}{R}\end{cases}$$

式中都不是复数，仅指量的大小和正负，应用时**注意 $\boldsymbol{U}$、$\boldsymbol{U_{\mathrm{R}}}$、$|\boldsymbol{Z}|$、$\boldsymbol{R}$ 恒为正值，而 $\boldsymbol{U_{\mathrm{X}}}$、$\boldsymbol{X}$ 和 $\boldsymbol{\varphi}$ 有正有负，感性电路时为正；容性电路时为负。**

图 3-32 串联电路的电压三角形与阻抗三角形

若电路仅为电阻与感抗串联，则有

$$Z=R+\mathrm{j}\omega L=R+\mathrm{j}X_{\mathrm{L}},\quad U=\sqrt{U_{\mathrm{R}}^2+U_{\mathrm{L}}^2}$$

若电路仅为电阻与容抗串联，则有

$$Z=R+\frac{1}{\mathrm{j}\omega C}=R-\mathrm{j}X_{\mathrm{C}},\quad U=\sqrt{U_{\mathrm{R}}^2+U_{\mathrm{C}}^2}$$

若电路仅为感抗与容抗串联，则有

$$Z=\mathrm{j}\left(\omega L-\frac{1}{\omega C}\right)=\mathrm{j}X,\quad U=|U_{\mathrm{L}}-U_{\mathrm{C}}|$$

若电路为容抗与容抗串联，则有

$$Z=-\mathrm{j}\left(\frac{1}{\omega C_1}+\frac{1}{\omega C_2}\right)=-\mathrm{j}(X_{\mathrm{C_1}}+X_{\mathrm{C_2}}),\quad U=U_{\mathrm{C_1}}+U_{\mathrm{C_2}}$$

以上 4 种情况的相量图分别如图 3-33(a)、(b)、(c)、(d)所示，**求两元件串联后电压有效值的记忆方法：正交元件勾股弦；相反元件互相减；同阻抗角元件直接加。**

**【例 3-7】** 有一个 RLC 串联电路，$u=220\sqrt{2}\sin(314t+30°)\,\mathrm{V}$，$R=30\Omega$，$L=254\mathrm{mH}$，$C=80\mu\mathrm{F}$。计算：

(1) 感抗、容抗、电抗及复阻抗；

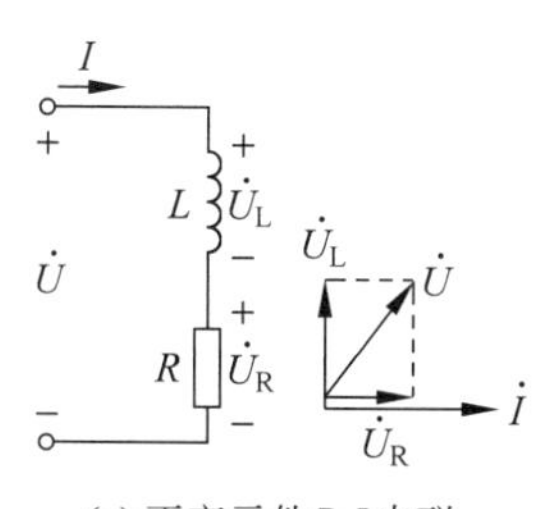


(a) 正交元件$R$-$L$串联

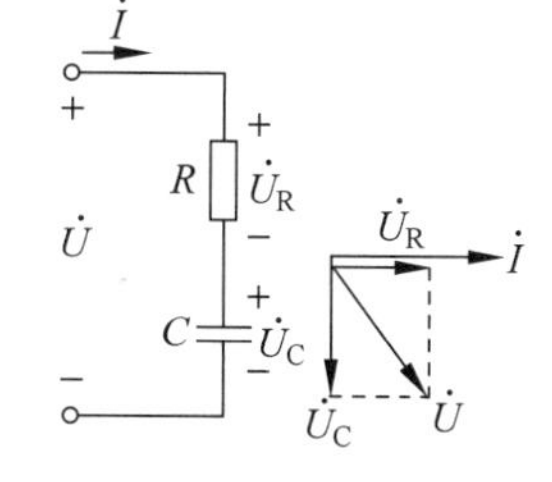


(b) 正交元件$R$-$C$串联

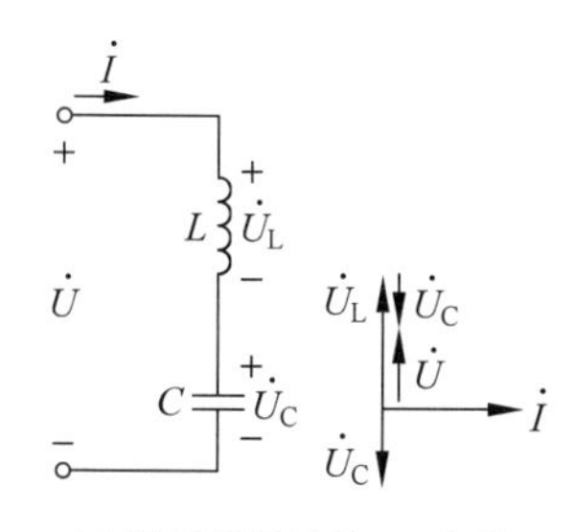


(c) 性质相反元件$L$-$C$串联

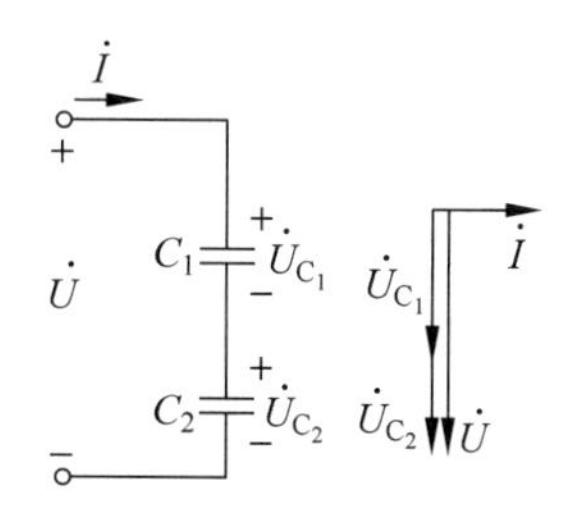


(d) 性质相同元件$C$-$C$串联

图 3-33　串联电路求电压有效值的记忆方法

(2) 电流 $i$；

(3) 各分电压；

(4) 验证 $U \neq U_R + U_L + U_C$，并画出相量图。

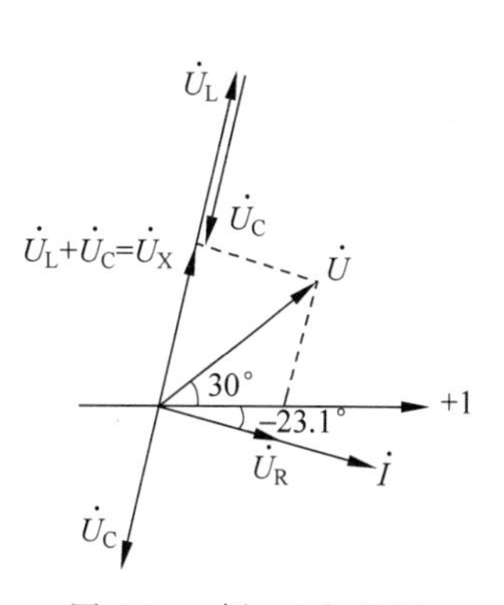


图 3-34　例 3-7 相量图

**解**　(1) 感抗

$$X_L = \omega L = 314 \times 254 \times 10^{-3} = 80\Omega$$

容抗

$$X_C = \frac{1}{\omega C} = \frac{1}{314 \times 80 \times 10^{-6}} = 40\Omega$$

电抗

$$X = X_L - X_C = 80 - 40 = 40\Omega$$

复阻抗的模值

$$|Z| = \sqrt{R^2 + X^2} = \sqrt{30^2 + 40^2} = 50\Omega$$

阻抗角

$$\varphi = \psi_u - \psi_i = \arctan\frac{X_L - X_C}{R} = 53.1°$$

复阻抗

$$Z = R + jX_L - jX_C = R + j\omega L - j\frac{1}{\omega C} = 30 + j(80 - 40) = 50\angle 53.1°\Omega \quad (感性)$$

(2) 根据相量欧姆定律

$$\dot{I} = \frac{\dot{U}}{Z} = \frac{220\angle 30°}{50\angle 53.1°} = 4.4\angle -23.1°\text{A}$$

电流的瞬时值

$$i = 4.4\sqrt{2}\sin(314t - 23.1°)\ \text{A}$$

（3）电阻电压相量

$$\dot{U}_R = R\dot{I} = 30 \times 4.4\angle -23.1° = 132\angle -23.1°\text{V}$$

$$u_R = 132\sqrt{2}\sin(314t - 23.1°)\ \text{V}$$

电感电压相量

$$\dot{U}_L = Z_L\dot{I} = \text{j}\omega L\dot{I} = \text{j}80 \times 4.4\angle -23.1° = 352\angle 66.9°\text{V}$$

$$u_L = 352\sqrt{2}\sin(314t + 66.9°)\ \text{V}$$

电容电压相量

$$\dot{U}_C = Z_C\dot{I} = -\text{j}X_C\dot{I} = -\text{j}40 \times 4.4\angle -23.1° = 176\angle -113.1°\text{V}$$

$$u_C = 176\sqrt{2}\sin(314t - 113.1°)\ \text{V}$$

（4）验证

$$U_R + U_L + U_C = 132 + 352 + 176 = 660\text{V} \neq U = 220\text{V}$$

**计算结果中，$U_L > U$（分电压大于总电压），这在直流电路中不可能发生，这是因为有两个性质对立的元件相串联，电压内部平衡了一部分，**相量图如图 3-34 所示。

**【例 3-8】** 电子设备中，经常要求电路的输出信号要将输入信号向前移相或向后移相。图 3-35(a)就是最简单的移相电路。已知输入信号 $u_1(t) = \sqrt{2}\sin1000t\,\text{V}$，$R = 1\text{k}\Omega$，欲使输出电压 $u_2$ 超前输入电压 $u_1$ 60°，求电感的自感系数 $L$ 及输出电压 $u_2$。

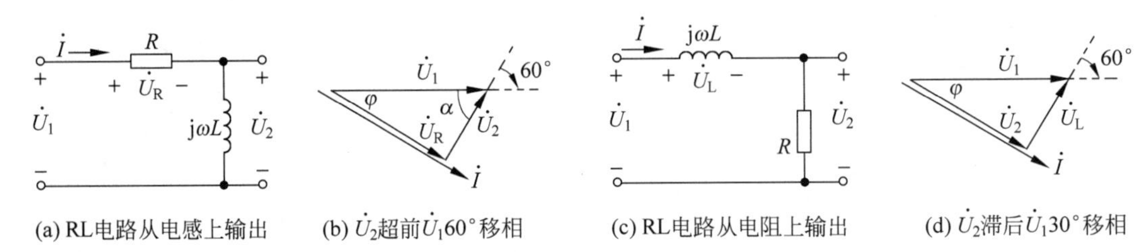


(a) RL电路从电感上输出　(b) $\dot{U}_2$超前$\dot{U}_1$60°移相　(c) RL电路从电阻上输出　(d) $\dot{U}_2$滞后$\dot{U}_1$30°移相

图 3-35　例 3-8 电路图、相量图

**解**　该电路为感性，电压超前电流。图 3-35(b)是相量图，其中 $\dot{U}_1$ **设为参考相量，水平向右画，电流 $\dot{I}$ 滞后电压画到第四象限；$\dot{U}_R$ 与电流同相，与 $\dot{I}$ 在同一方向上；$\dot{U}_2$ 超前电流 90°**，$\dot{U}_2$ 接在 $\dot{U}_R$ 的箭尾画；$\dot{U}_R + \dot{U}_2 = \dot{U}_1$，形成一个电压三角形。确定相位差须观察两个相量箭头间（或箭头延长线）的夹角，因此 $\alpha = 60°$，则该电路总电压 $\dot{U}_1$ 超前电流 $\dot{I}$ 的角度（即阻抗角）为

$$\varphi = 90° - 60° = 30°$$

根据图 3-35(b)的电压三角形，得

$$\sin\varphi = \sin30° = \frac{U_2}{U_1},\quad U_2 = U_1 \times \sin30° = 1 \times 0.5 = 0.5\text{V}$$

因此

$$u_2 = 0.5\sqrt{2}\sin(1000t + 60°)\ \text{V}$$

阻抗三角形与电压三角形为相似三角形，得

$$\tan\varphi=\tan30^\circ=\frac{\omega L}{R},\quad L=\frac{R\tan30^\circ}{\omega}=\frac{1000\times\tan30^\circ}{1000}=0.57\mathrm{H}$$

图 3-35(a)实现输出超前移相，超前移相范围 $0^\circ<\alpha<90^\circ$，$R$ 比 $\omega L$ 大得越多，$\dot{U}_2$ 比 $\dot{U}_1$ 相位超前越多。同是这个电路，若如图 3-35(c)所示，$R$ 与 $L$ 交换位置，从 $R$ 上输出电压 $\dot{U}_2$，$\dot{U}_1$ 与 $\dot{I}$ 未变，则 $\dot{U}_2$ 将滞后 $\dot{U}_1$ 30°，实现输出滞后移相，滞后的移相范围 $0^\circ<\varphi<90^\circ$，这时 $R$ 比 $\omega L$ 大得越多，$\dot{U}_2$ 滞后 $\dot{U}_1$ 的相位越少。

移相也常用如图 3-36(a)、(b)所示的 RC 串联电路来实现，二者哪个输出超前移相？哪个输出滞后移相？请自行画相量图分析。

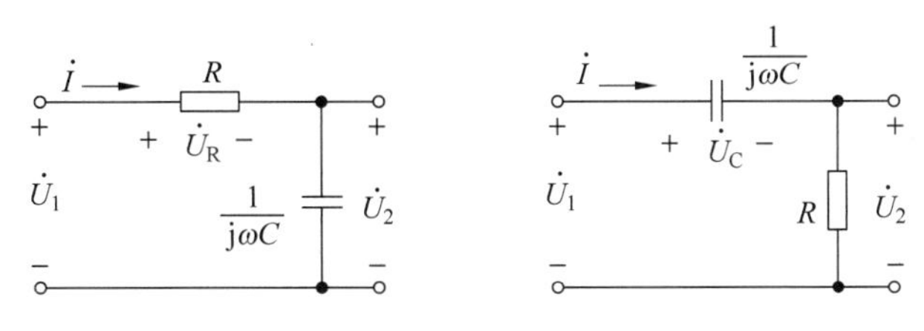


图 3-36　RC 移相电路

**【例 3-9】** 线圈参数包含绕线电阻 $R$ 和自感系数 $L$，为了测量 $R$ 和 $L$，图 3-37(a)将一个电容与之串联，将电源频率调至 $\omega=2\times10^4\mathrm{rad/s}$，电压调至 $U_S=14.14\mathrm{V}$，测得线圈电压 $U_{RL}=22.4\mathrm{V}$，电容电压 $U_C=10\mathrm{V}$，电流 $I=1\mathrm{mA}$，求 $R$ 和 $L$ 分别为多少。

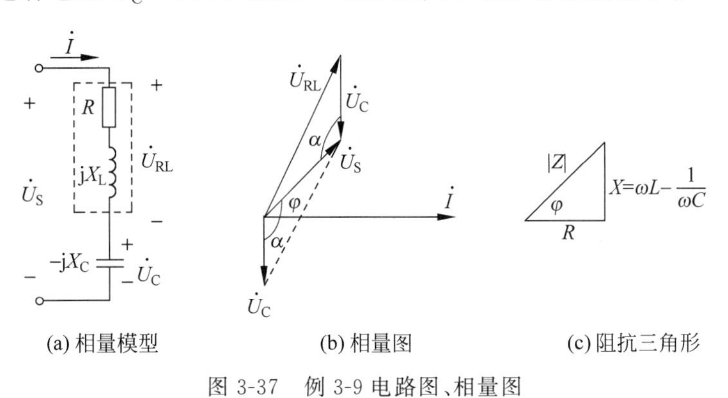


图 3-37　例 3-9 电路图、相量图

**解**　**设 $\dot{I}$ 为参考相量，$\dot{U}_{RL}$ 超前电流画在第一象限，$\dot{U}_C$ 滞后电流 90°垂直向下，$\dot{U}_{RL}$ 和 $\dot{U}_C$ 的相量和即为电源电压相量 $\dot{U}_S$。**电压三角形是一个钝角三角形，原因是虚线框中不是纯电阻元件。对该电压三角形运用余弦定理，得

$$U_{RL}^2=U_S^2+U_C^2-2U_SU_C\cos\alpha$$

$$\cos\alpha=\frac{U_{RL}^2-U_S^2-U_C^2}{-2U_SU_C}=\frac{22.4^2-14.14^2-10^2}{-2\times14.14\times10}=-0.71$$

$$\alpha=\arccos(-0.71)=135^\circ$$

由相量图可读出该串联电路的阻抗角

$$\varphi=\alpha-90^\circ=135^\circ-90^\circ=45^\circ$$

由已知条件得

$$|Z|=\frac{U_S}{I}=\frac{14.14}{1\times10^{-3}}=14\ 140\Omega,\quad X_C=\frac{U_C}{I}=\frac{10}{1\times10^{-3}}=10\ 000\Omega$$

根据阻抗三角形图 3-37(c),得

$$R=|Z|\cos\varphi=14\ 141\times\cos45^\circ=10\ 000\Omega$$
$$X=|Z|\sin\varphi=14\ 141\times\sin45^\circ=10\ 000\Omega$$
$$X=X_L-X_C,\quad X_L=\omega L=X+X_C=20\ 000\Omega$$

所以

$$L=\frac{X_L}{\omega}=\frac{20\ 000}{2\times10^4}=1\text{H}$$

该例题结合电路的相量图,用到了三角函数的余弦定理,显示了正弦电路解题方法的多样性、灵活性,甚至正弦定理、相似三角形对应边成比例,都可应用。

### 3.4.3 多个阻抗串联的分压电路

阻抗也用符号"—▭—"表示,图 3-38(a)中两个阻抗串联后的等效阻抗及分压公式,与电阻电路有相同的结构。

等效阻抗

$$Z=Z_1+Z_2$$

电流相量

$$\dot{I}=\frac{\dot{U}}{Z_1+Z_2}$$

分压公式

$$\dot{U}_1=\frac{\dot{U}}{Z_1+Z_2}Z_1,\quad \dot{U}_2=\frac{\dot{U}}{Z_1+Z_2}Z_2$$

**【例 3-10】** 如图 3-38 所示电路中,电压有效值 $U_1=7\text{V}$,$U_2=15\text{V}$,$U=20\text{V}$,$Z_1=7\Omega$,试计算阻抗 $Z_2$。

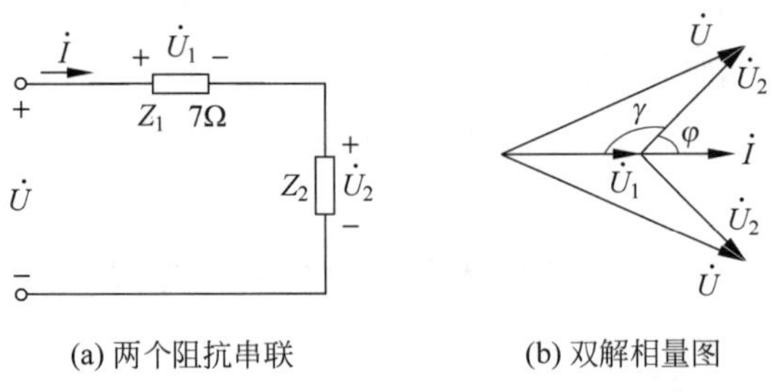


图 3-38 例 3-10 电路图、相量图

**解** 设电流 $\dot{I}$ 为参考相量,则 $\dot{U}_1$ 与 $\dot{I}$ 同相,即

$$\dot{I}=\frac{\dot{U}_1}{Z_1}=\frac{\dot{U}_1}{7}=\frac{7\angle0^\circ}{7}=1\angle0^\circ\text{A}$$

得

$$|Z_2| = \frac{U_2}{I} = \frac{15}{1} = 15\Omega$$

阻抗 $Z_2$ 的性质未定，为感性阻抗或容性阻抗，都合乎题意，因此该题有双解。

先根据余弦定理求钝角 $\gamma$：

$$U^2 = U_1^2 + U_2^2 - 2U_1U_2\cos\gamma$$

$$\cos\gamma = \frac{U^2 - U_1^2 - U_2^2}{-2U_1U_2} = \frac{20^2 - 15^2 - 7^2}{-2\times 15\times 7} = -0.6$$

$$\gamma = \arccos(-0.6) = 126.87°, \quad \varphi = 180° - \gamma = 180° - 126.87° = 53.13°$$

因此

$$Z = 15\angle 53.13°\Omega \quad 或 \quad Z = 15\angle -53.13°\Omega$$

## 【课后练习】

**3.4.1** 在 RLC 串联电路中，已知 $R=5\Omega, L=8\text{mH}, C=200\mu\text{F}$，电源频率在 100Hz 时，$Z=R+\text{j}\omega L-\text{j}\frac{1}{\omega C}=($　　　　　　$)\Omega=($　　　　$)\Omega$，为(　　)性阻抗。

当电源频率在 1000Hz 时，$Z=R+\text{j}\omega L-\text{j}\frac{1}{\omega C}=($　　　　$)\Omega=($　　　　$)\Omega$，为(　　)性阻抗。

**3.4.2** 根据相量欧姆定律，计算并填空。

(1) $\dot{U}=120\angle-30°\text{V}, \dot{I}=4\angle 30°\text{V}, Z=($　　$)+\text{j}($　　$)\Omega$。

(2) $\dot{U}=(160+\text{j}120)\text{V}, \dot{I}=(24-\text{j}32)\text{A}, Z=($　　$)+\text{j}($　　$)\Omega$。

(3) $\dot{U}=100\angle 36.9°\text{V}, Z=(4+\text{j}3)\Omega, \dot{I}=($　　$)\angle($　　$)°\text{A}$。

(4) $u=50\sin\left(\omega t+\frac{\pi}{6}\right)\text{V}, Z=(2.5+\text{j}4.33)\Omega, i=($　　　　$)\text{A}$。

(5) $i=4\sin(\omega t+153°)\text{A}, Z=(1+\text{j}17.3)\Omega, u=($　　　　$)\text{V}$。

**3.4.3** 电阻与电感串联支路接于 100V 正弦电压源，若 $R=\omega L=10\Omega$，则电阻电压 $U_R=($　　$)\text{V}$，电感电压 $U_L=($　　$)\text{V}$，该支路的阻抗角 $\varphi=($　　$)$。

**3.4.4** 在 RLC 串联电路中，当复阻抗虚部大于零时，电路呈(　　)性；当虚部小于零时，电路呈(　　)性；当虚部等于零时，电路呈(　　)性，此时阻抗角 $\varphi=($　　$°)$，总电压和电流(　　)相，称电路发生了(　　)谐振。

**3.4.5** 如图 3-39 所示，电路中 $\dot{I}=2\angle 0°\text{A}, \dot{U}_S=($　　$)\text{V}$，并补全相量图。

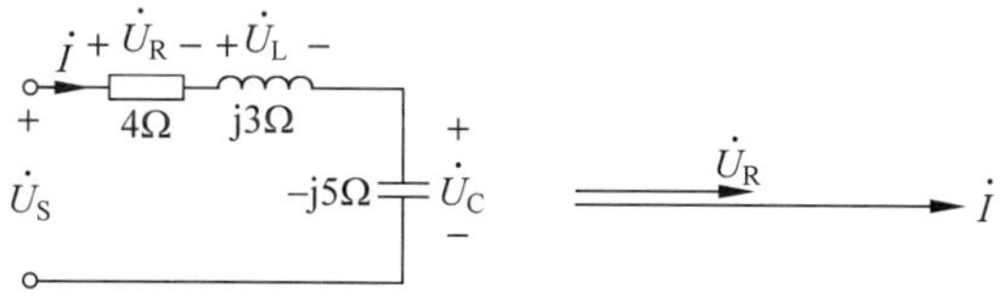

图 3-39　3.4.5 电路图、相量图

## 3.5 RLC 并联正弦交流电路分析

RLC 并联电路，也是正弦电路中最基础的单元电路，电流电压之间的关系与串联电路有相对应的特点，注意比较，联合记忆。

### 3.5.1 RLC 并联电路的伏安关系

图 3-40(a)为电阻、感抗、容抗并联的相量模型，各元件上的电压相等，设 $\dot{U}=U\angle 0^\circ$，根据 KCL，有

$$\dot{I}=\dot{I}_R+\dot{I}_L+\dot{I}_C=\frac{\dot{U}}{R}+\frac{\dot{U}}{jX_L}+\frac{\dot{U}}{-jX_C}=\dot{U}\left(\frac{1}{R}+\frac{1}{j\omega L}+j\omega C\right)$$

定义，容纳 $B_C=\omega C=\dfrac{1}{X_C}$，感纳 $B_L=\dfrac{1}{\omega L}=\dfrac{1}{X_L}$，电纳 $B=B_C-B_L=\omega C-\dfrac{1}{\omega L}$。

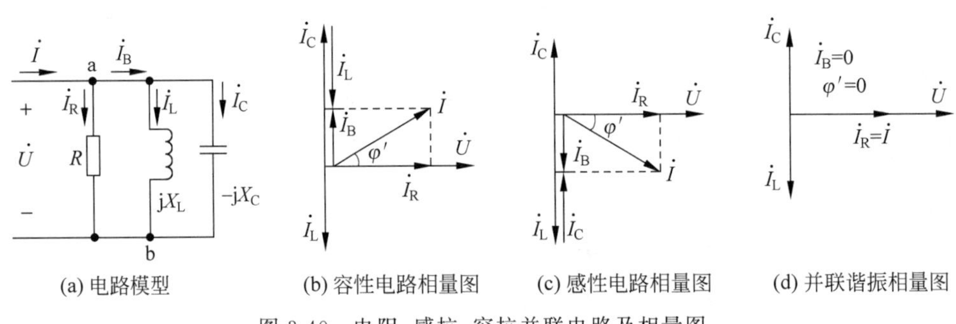

(a) 电路模型　(b) 容性电路相量图　(c) 感性电路相量图　(d) 并联谐振相量图

图 3-40　电阻、感抗、容抗并联电路及相量图

定义，**复导纳 $Y$ 为电流相量与电压相量之比**，单位均为西门子(S)，即

$$Y=\frac{\dot{I}}{\dot{U}}=\frac{I}{U}\angle(\psi_i-\psi_u)=\frac{1}{R}+\frac{1}{j\omega L}+j\omega C=G+j\left(\omega C-\frac{1}{\omega L}\right)$$

$$=\sqrt{G^2+B^2}\angle\arctan\frac{B}{G}=|Y|\angle\varphi' \tag{3-30}$$

复导纳的实部是电导，则

$$G=\frac{1}{R}=|Y|\cos\varphi'$$

虚部是电纳，则

$$B=B_C-B_L=\omega C-\frac{1}{\omega L}=|Y|\sin\varphi'$$

复导纳的模值简称导纳，反映了 RLC 并联电路总电流与电压之间的大小关系，即

$$|Y|=\frac{I}{U}=\sqrt{\left(\frac{1}{R}\right)^2+\left(\frac{1}{X_C}-\frac{1}{X_L}\right)^2}$$

$$=\sqrt{G^2+(B_C-B_L)^2}=\sqrt{G^2+B^2} \tag{3-31}$$

复导纳的辐角称为导纳角，反映了总电流与电压之间的相位关系，是电流超前电压的相

位，即

$$\varphi' = \psi_i - \psi_u = \arctan\frac{B}{G} = \arctan\frac{\omega C - 1/\omega L}{G} \tag{3-32}$$

导纳角的定义与阻抗角相反。

**容纳 $B_C$、感纳 $B_L$ 本身恒为正值，但容纳与感纳之差的电纳 $B=B_C-B_L$，却可能为正、为负或为零，三种情况使电路的性质出现根本区别**。设 RLC 并联电路的电压 $\dot{U}=U\angle 0°$，$\dot{I}_R$、$\dot{I}_L$、$\dot{I}_C$ 三者分别与电压同相、滞后电压 90°、超前电压 90°，相互间是矛盾的，那么 $\dot{I}$ 取什么相位，取决于 $\omega C$ 与 $1/\omega L$ 及 $G$ 的相对大小。设 $\dot{U}=U\angle 0°$水平向右画，感纳电流 $\dot{I}_L$ 朝下画，与容纳电流 $\dot{I}_C$ 方向相反，两者的相量和为电纳电流 $\dot{I}_B$，$\dot{I}_B=\dot{I}_L+\dot{I}_C$，是 a 点流向 b 点的电流。电纳电流 $\dot{I}_B$ 与电阻电流 $\dot{I}_R$ 形成的平行四边形的对角线决定总电流 $\dot{I}$ 的相位和大小。

**当$\omega C>\frac{1}{\omega L}$时，$B>0$，$\dot{I}_B$ 朝上，ab 间等效为容纳，$\varphi'>0$，$\dot{I}$ 超前 $\dot{U}$，为容性电路**，相量图如图 3-40(b)所示。

**当$\omega C<\frac{1}{\omega L}$时，$B<0$，$\dot{I}_B$ 朝下，ab 间等效为感纳，$\varphi'<0$，$\dot{I}$ 滞后 $\dot{U}$，为感性电路**，相量图如图 3-40(c)所示。

**当$\omega C=\frac{1}{\omega L}$时，$B=0$，$\dot{I}_B=0$，ab 间等效为开路，$\varphi'=0$，$\dot{I}$ 与 $\dot{U}$ 同相，为电阻性电路**，相量如图 3-40(d)所示。这时总电流 $\dot{I}=\dot{I}_R$，**电路发生了并联谐振，整个电路就等效为一个电导 $G=\frac{1}{R}$**。

## 3.5.2 并联电路的电流三角形与导纳三角形

如图 3-40(b)和(c)所示，相量图中有一个直角三角形，锐角 $\varphi'$是并联电路的导纳角，斜边长度是总电流有效值 $I$，$\varphi'$的邻边长度是电阻电流有效值 $I_R$，$\varphi'$的对边长度是电纳电流有效值 $I_B$，重画于图 3-41(a)，称为并联电路的电流三角形。

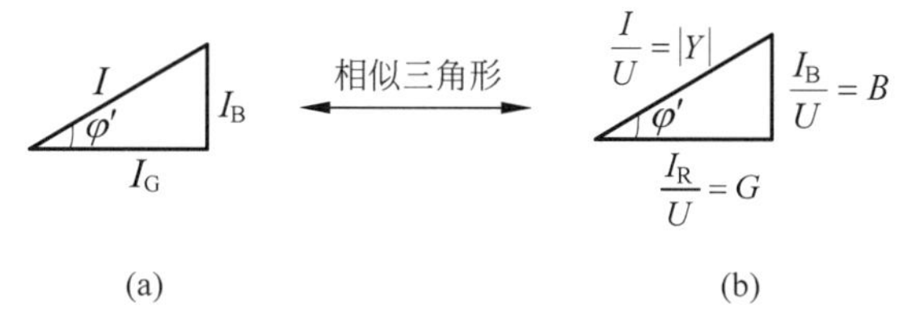


图 3-41　并联电路的电流三角形与导纳三角形

电流三角形每条边的长度除以 $U$ 就得到并联电路的导纳三角形，这两个三角形是相似三角形。因此有

$$\frac{I}{|Y|} = \frac{I_R}{G} = \frac{I_B}{B} = U \tag{3-33}$$

与图 3-41 两个三角形有联系的公式是

电流三角形相联系的公式 $\begin{cases} I=\sqrt{I_G^2+I_B^2} \\ I_G=I\cos\varphi' \\ I_B=I\sin\varphi' \\ \tan\varphi=\dfrac{I_B}{I_G} \end{cases}$　　导纳三角形相联系的公式 $\begin{cases} |Y|=\sqrt{G^2+B^2} \\ G=|Y|\cos\varphi' \\ B=|Y|\sin\varphi' \\ \tan\varphi'=\dfrac{B}{G} \end{cases}$

式中都不是复数，$I$、$I_R$、$|Y|$、$G$ 恒为正值，而 $I_B$、$B$ 和 $\varphi'$ 有正有负，容性电路时为正，感性电路时为负。

若电路仅为电阻与感纳并联，则有

$$Y=\frac{1}{R}+\frac{1}{j\omega L}=G-jB_L,\quad I=\sqrt{I_R^2+I_L^2}$$

若电路仅为电阻与容纳并联，则有

$$Y=\frac{1}{R}+j\omega C=G+jB_C,\quad I=\sqrt{I_R^2+I_C^2}$$

若电路仅为感纳与容纳并联，则有

$$Y=j\left(\omega C-\frac{1}{\omega L}\right)=jB,\quad I=|I_C-I_L|$$

若电路仅为感纳与感纳并联，则有

$$Y=-j\left(\frac{1}{\omega L_1}+\frac{1}{\omega L_2}\right)=-j(B_{L_1}+B_{L_2}),\quad I=I_{L_1}+I_{L_2}$$

以上 4 种情况的相量图分别如图 3-42(a)、(b)、(c)、(d)所示，**求两元件并联后电流有效值的记忆方法：正交元件勾股弦；相反元件互相减；同导纳角元件直接加。**

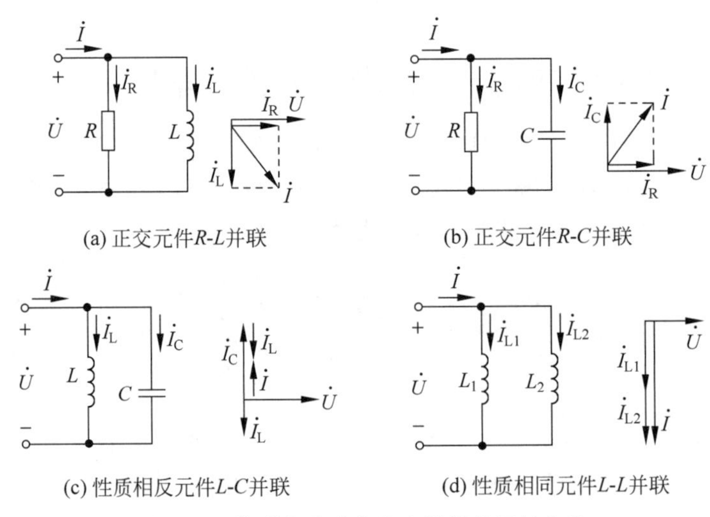


图 3-42　并联电路求电流有效值的记忆方法

**【例 3-11】** RLC 并联电路如图 3-43(a)所示。已知 $I_S=5.4\text{A}$，(1)求电路的复导纳；(2)求电流源两端的电压及其他支路电流的瞬时值，画出相量图。

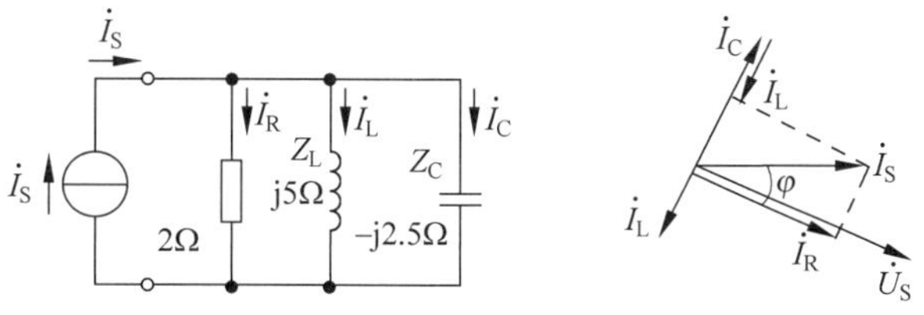

(a) 电路图　　(b) 相量图

图 3-43　例 3-11 电路图及其相量图

**解**　(1) 求复导纳，注意单条支路的复导纳就是其复阻抗的倒数，各条支路的复导纳之和就是电路总的复导纳。

$$Y=G+\mathrm{j}B_{\mathrm{C}}-\mathrm{j}B_{\mathrm{L}}=\frac{1}{R}+\frac{1}{1/\mathrm{j}\omega C}+\frac{1}{\mathrm{j}\omega L}=\frac{1}{2}+\frac{1}{-\mathrm{j}2.5}+\frac{1}{\mathrm{j}5}=0.54\angle 21.8^{\circ}\mathrm{S}$$

(2) 设电源电流为参考相量 $\dot{I}_{\mathrm{S}}=5.4\angle 0^{\circ}\mathrm{A}$，则电源电压的相量为

$$\dot{U}_{\mathrm{S}}=\frac{\dot{I}_{\mathrm{S}}}{Y}=\frac{5.4\angle 0^{\circ}}{0.54\angle 21.8^{\circ}}=10\angle -21.8^{\circ}\mathrm{V}$$

电源电压的瞬时值为 $u=10\sqrt{2}\sin(\omega t-21.8^{\circ})\mathrm{V}$，其他支路的电流相量及瞬时值分别为

$$\dot{I}_{\mathrm{R}}=\frac{\dot{U}_{\mathrm{S}}}{R}=\frac{10\angle -21.8}{2}=5\angle -21.8^{\circ}\mathrm{A},\quad i_{\mathrm{R}}=5\sqrt{2}\sin(\omega t-21.8^{\circ})\mathrm{A}$$

$$\dot{I}_{\mathrm{C}}=\frac{\dot{U}_{\mathrm{S}}}{-\mathrm{j}X_{\mathrm{C}}}=\frac{10\angle -21.8^{\circ}}{-\mathrm{j}2.5}=4\angle 68.2^{\circ}\mathrm{A},\quad i_{\mathrm{C}}=4\sqrt{2}\sin(\omega t+68.8^{\circ})\mathrm{A}$$

$$\dot{I}_{\mathrm{L}}=\frac{\dot{U}_{\mathrm{S}}}{\mathrm{j}X_{\mathrm{L}}}=\frac{10\angle -21.8^{\circ}}{\mathrm{j}5}=2\angle -111.8^{\circ}\mathrm{A},\quad i_{\mathrm{L}}=2\sqrt{2}\sin(\omega t-111.8^{\circ})\mathrm{A}$$

**【例 3-12】**　如图 3-44 所示电路，安培表读数分别为 $I_{\mathrm{R}}=3\mathrm{A}$，$I_{\mathrm{L}}=10\mathrm{A}$，$I_{\mathrm{C}}=6\mathrm{A}$。已知 $f=50\mathrm{Hz}$，$L=0.08\mathrm{H}$，求 $U$、$I$、$C$。

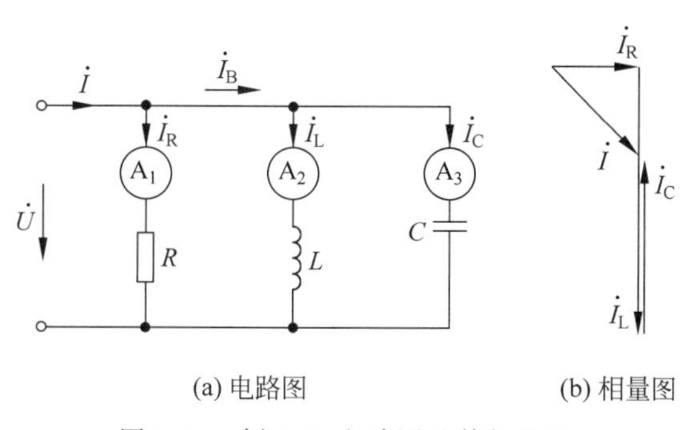


图 3-44　例 3-12 电路图及其相量图

**解**　先设 $\dot{I}_{\mathrm{R}}=3\angle 0^{\circ}\mathrm{A}$，则

$$\dot{I}=\dot{I}_{\mathrm{R}}+\dot{I}_{\mathrm{L}}+\dot{I}_{\mathrm{C}}=3\angle 0^{\circ}+10\angle -90^{\circ}+6\angle 90^{\circ}=5\angle -53.1^{\circ}\mathrm{A}$$

并联电路各元件电压相等，有

$$U=U_L=\omega LI_L=314\times 0.08\times 10=251.2\text{V}$$

求得电容支路的容纳

$$B_C=\omega C=\frac{I_C}{U}=\frac{6}{251.2}=0.024\text{S}$$

求得电容量

$$C=\frac{0.024}{\omega}=\frac{0.024}{314}=76.43\mu\text{F}$$

### 3.5.3 多个阻抗并联的分流电路

多个阻抗并联的电路如图 3-45 所示，其等效阻抗及分流公式，与电阻电路有相同的结构。

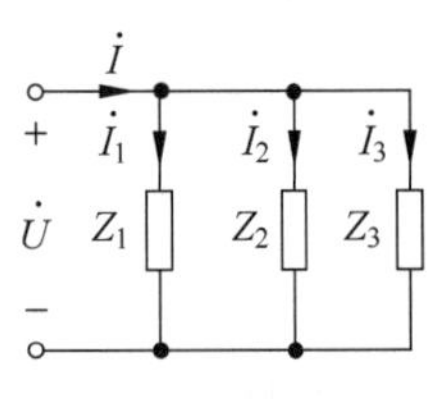


图 3-45 三个阻抗并联

等效阻抗

$$Z=\frac{1}{Y}=\frac{1}{\dfrac{1}{Z_1}+\dfrac{1}{Z_2}+\dfrac{1}{Z_3}}$$

仅两个阻抗并联时，有

$$Z=\frac{Z_1Z_2}{Z_1+Z_2}$$

分流公式为

$$\dot{I}_1=\frac{\dot{I}}{\dfrac{1}{Z_1}+\dfrac{1}{Z_2}+\dfrac{1}{Z_3}}\times\frac{1}{Z_1}$$

仅两个阻抗并联时，有

$$\dot{I}_1=\frac{\dot{I}}{Z_1+Z_2}\times Z_2$$

**【例 3-13】** 如图 3-46 所示，已知 $R_1=3\Omega$，$X_1=4\Omega$，$R_2=8\Omega$，$X_2=6\Omega$。$u=220\sqrt{2}\sin(314t+10°)\text{V}$，试求 $i_1$、$i_2$ 和 $i$。

图 3-46 例 3-13 电路图

**解**

$$Z_1=R_1+\text{j}X_1=(3+\text{j}4)\Omega,\quad Z_2=R_2-\text{j}X_2=(8-\text{j}6)\Omega$$

根据阻抗并联公式

$$Z=\frac{Z_1Z_2}{Z_1+Z_1}=\frac{(3+\text{j}4)\times(8-\text{j}6)}{3+\text{j}4+8-\text{j}6}=\frac{5\angle 53°\times 10\angle -37°}{11.18\angle -10.3°}=4.47\angle 26.3°\Omega$$

$$\dot{I}=\frac{\dot{U}}{Z}=\frac{220\angle 10°}{4.47\angle 26.3°}=49.2\angle -16.3°\text{A},\quad i=49.2\sqrt{2}\sin(314t-16.3°)\text{A}$$

$$\dot{I}_1=\frac{\dot{U}}{Z_1}=\frac{220\angle 10°}{3+\text{j}4}=44\angle -43°\text{A},\quad i_1=44\sqrt{2}\sin(314t-43°)\text{A}$$

$$\dot{I}_2=\frac{\dot{U}}{Z_2}=\frac{220\angle 10°}{8-\text{j}6}=22\angle 47°\text{A},\quad i_2=22\sqrt{2}\sin(314t+47°)\text{A}$$

## 【课后练习】

**3.5.1** 如图 3-47 所示电路中，电流表 A 的读数为 $12\sqrt{2}$A，求：

(1) 电流表 $A_1$ 的读数(　　)A，电流表 $A_2$ 的读数(　　)A。

(2) 电路的复导纳为 $Y=$(　　　　　　)S，导纳角 $\varphi'=$(　　)。

(3) $U_1=$(　　)V。

**3.5.2** 在 RLC 并联电路中，当复导纳虚部大于零时，电路呈(　　)性；当虚部小于零时，电路呈(　　)性；当虚部等于零时，电路呈(　　)性，导纳角 $\varphi'=$(　　)，此时电路中的总电流、电压(　　)相，称电路发生了(　　)谐振。

**3.5.3** 在 RLC 并联电路中，测得电阻上通过的电流为 3A，电感上通过的电流为 8A，电容上通过的电流是 4A，总电流是(　　)A，电路呈(　　)性。

**3.5.4** 如图 3-48 所示，$R=X_L=X_C$，已知安培表 $A_1$ 的读数为 3A，则安培表 $A_2$ 的读数应为(　　)，$A_3$ 的读数应为(　　)，电路呈(　　)性。

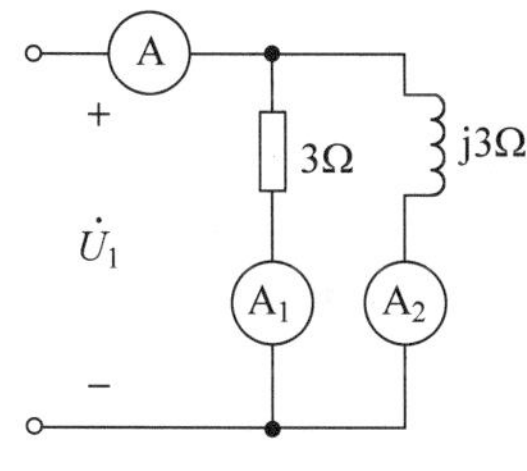


图 3-47　3.5.1 电路图

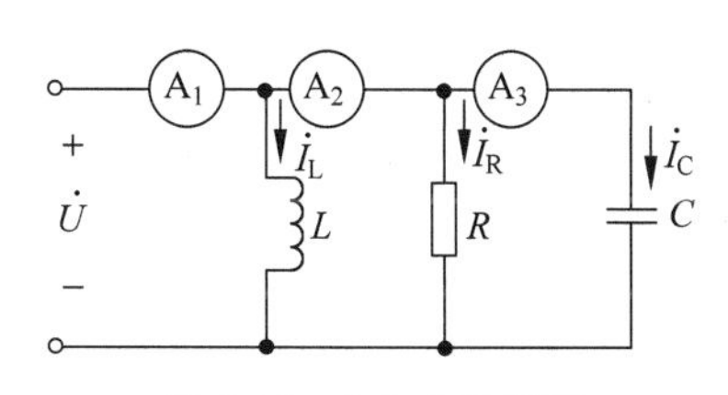


图 3-48　3.5.4 电路图

# 3.6 复杂正弦交流电路的分析

RLC 串并联连接可组成实际电气设备的电路模型，如电机模型、输电线模型、滤波器模型和通信线路模型等，用于分析与设计。相量图是正弦电路分析的辅助工具，需熟练掌握。

## 3.6.1 阻抗串并联电路及其相量图

**【例 3-14】** 如图 3-49 所示，已知 $R_1=5\Omega$，$R_2=3\Omega$，$\mathrm{j}\omega L=\mathrm{j}4\Omega$，$-\mathrm{j}\dfrac{1}{\omega C}=-\mathrm{j}4\Omega$，$\dot{I}_S=30\angle 60°\mathrm{A}$。求：

(1) 电路的等效阻抗 $Z$。

(2) 电流源两端电压相量 $\dot{U}_S$ 和两支路电流 $\dot{I}_1$、$\dot{I}_2$。

(3) 画出相量图。

**解** (1) 等效阻抗

$$
\begin{aligned}
Z &= R_1+(R_2+\mathrm{j}\omega L)//-\mathrm{j}\frac{1}{\omega C}\\
&=\left[5+\frac{(3+\mathrm{j}4)(-\mathrm{j}4)}{3+\mathrm{j}4-\mathrm{j}4}\right]=5+\frac{16-\mathrm{j}12}{3}=10.33-\mathrm{j}4=11.08\angle -21.2°\Omega
\end{aligned}
$$

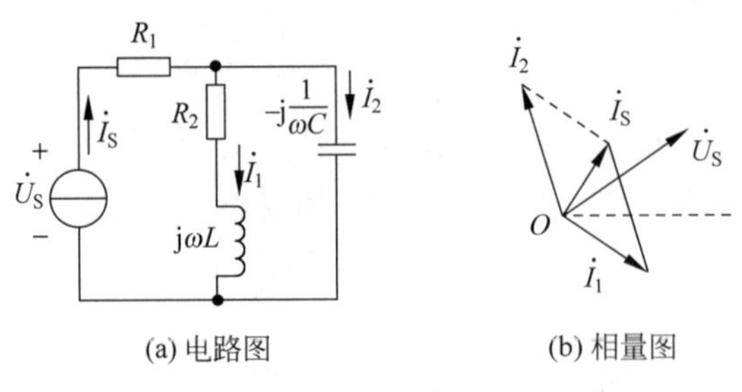


(a) 电路图　　(b) 相量图

图 3-49　例 3-14 电路图、相量图

(2) 已给定 $\dot{I}_S$ 的初相位为 60°，其他相量的相位依此而定，则

$$\dot{U}_S = Z\dot{I}_S = 11.08\angle -21.2° \times 30\angle 60° = 332.4\angle 38.8°\text{V}$$

应用分流公式得

$$\dot{I}_1 = \frac{Z_2}{Z_1 + Z_2}\dot{I}_S = \frac{-j4}{3+j4-j4} \times 30\angle 60° = 40\angle -30°\text{A}$$

$$\dot{I}_2 = \frac{Z_1}{Z_1 + Z_2}\dot{I}_S = \frac{3+j4}{3} \times 30\angle 60° = 50\angle 113.1°\text{A}$$

(3) 相量图如图 3-49(b)所示。

**【例 3-15】** 定性画出如图 3-50(a)所示电路的相量图。该电路有 3 个电流、3 个电压，画出这 6 个相量。

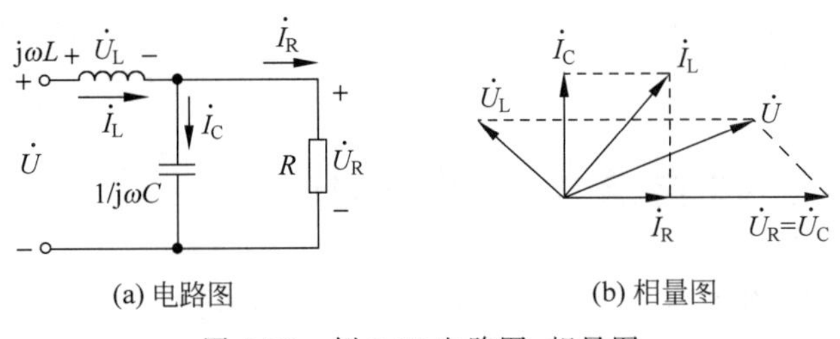


(a) 电路图　　(b) 相量图

图 3-50　例 3-15 电路图、相量图

**解**　设电阻分支电流 $\dot{I}_R$ 为参考相量。$\dot{U}_R$ 与 $\dot{I}_R$ 同方向，$\dot{I}_C$ 是纯电容电流，超前 $\dot{U}_R$ 90°。$\dot{I}_R$ 与 $\dot{I}_C$ 形成的平行四边形确定总电流 $\dot{I}_L$ 的方向。$\dot{U}_L$ 是纯电感电压，超前 $\dot{I}_L$ 90°。$\dot{U}_L$ 与 $\dot{U}_R$ 形成的平行四边形确定总电压 $\dot{U}$ 的方向。其中电阻与纯电容并联，电流三角形是直角三角形；而电感是与容性阻抗串联，电压三角形是钝角三角形。电路中凡是有三岔路口，就会形成一个电流三角形；凡是有串联环节，就会形成一个电压三角形。

**【例 3-16】** 如图 3-51(a)所示，$I_1 = 10\text{A}$，$I_2 = 10\sqrt{2}\,\text{A}$，$U = 200\text{V}$，$R_3 = 5\Omega$，$R_2 = X_L$，试求 $I$、$X_C$、$X_L$ 及 $R_2$。

**解**　这种阻抗值未定，仅知电流、电压有效值的情况，可借助相量图确定相位。

设 $\dot{I}_1 = 10\angle 0°\text{A}$，则 $\dot{U}_2$ 滞后 $\dot{I}_1$ 90°；第二条支路 $R_2 = X_L$，阻抗角 45°，所以 $\dot{I}_2$ 滞后 $\dot{U}_2$ 45°，则有

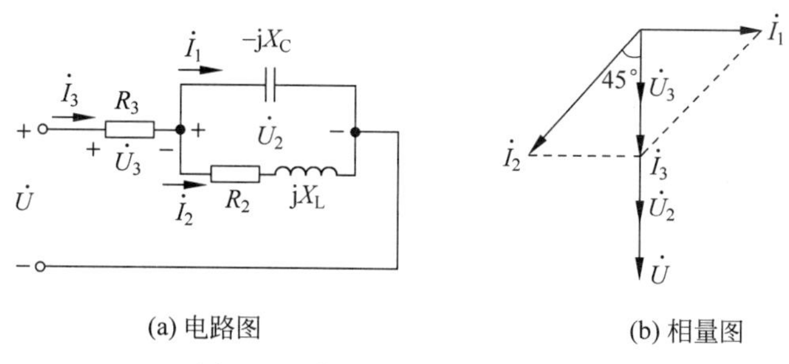


图 3-51　例 3-16 电路图、相量图

$$\dot{I}_2 = 10\sqrt{2}\angle -135°\text{A}$$

$$\dot{I}_3 = \dot{I}_1 + \dot{I}_2 = 10\angle 0° + 10\sqrt{2}\angle -135° = 10\angle -90°\text{A}$$

进一步推知

$$\dot{U}_3 = R_3\dot{I}_3 = 5 \times 10\angle -90° = 50\angle -90°\text{V}$$

$\dot{U}_3$ 与 $\dot{U}_2$ 同相，则

$$\dot{U} = \dot{U}_3 + \dot{U}_2 = 200\angle -90°\text{V}\quad \text{（三个电压均同相）}$$

则有

$$\dot{U}_2 = \dot{U} - \dot{U}_3 = 200\angle -90° - 50\angle -90° = 150\angle -90°\text{V}$$

进一步

$$-jX_C = \frac{\dot{U}_2}{\dot{I}_1} = \frac{150\angle -90°}{10\angle 0°} = -j15\Omega$$

在第二条支路中

$$R_2 = X_L$$

$$U_{R_2} = U_{X_L},\quad U_2 = \sqrt{U_{R_2}^2 + U_{X_L}^2} = \sqrt{2U_{X_L}^2},\quad U_{X_L} = U_{R_2} = \frac{U_2}{\sqrt{2}}$$

$$R_2 = X_L = \frac{U_{X_L}}{I_2} = \frac{U_2/\sqrt{2}}{10\sqrt{2}} = \frac{150}{10\times 2} = 7.5\Omega$$

## 3.6.2　复杂正弦电路分析方法

第 2 章所述各种计算方法、电路定理可应用于正弦电路的计算，仅需将正负数的四则混合运算换成复数的四则混合运算即可。

**【例 3-17】**　如图 3-52(a)所示，$u_S = 5\sqrt{2}\sin 5t\,\text{V}$，用戴维南定理求 $u_{ab}$。

**解**　先画出图 3-52(b)，求开路电压

$$\dot{U}_{OC} = \frac{j5}{5+j5} \times 5\angle 0° = \frac{j25}{5+j5}\text{V}$$

再求等效阻抗

$$Z_0 = -j1 + 5//j5 = -j1 + \frac{5\times j5}{5+j5} = 2.5 + j1.5\Omega$$

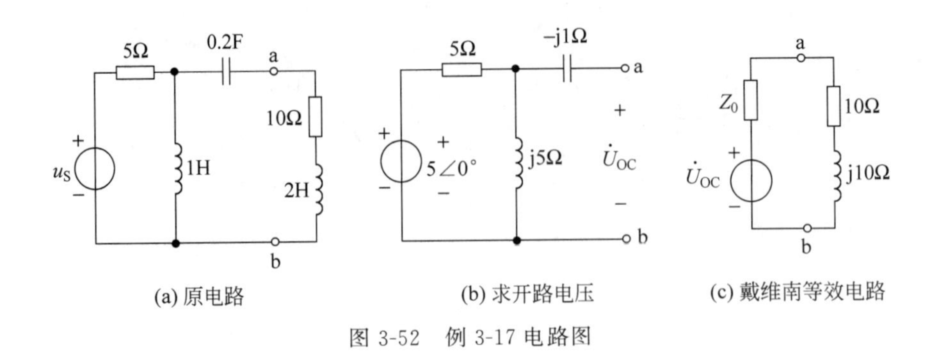

(a) 原电路　(b) 求开路电压　(c) 戴维南等效电路

图 3-52　例 3-17 电路图

画出戴维南等效电路如图 3-52(c)所示，再用分压公式求 $\dot{U}_{ab}$，即

$$\dot{U}_{ab}=\frac{\dot{U}_{OC}}{Z_0+10+j10}\times(10+j10)=\frac{10+j10}{12.5+j11.5}\times\frac{j25}{5+j5}=2.94\angle 47.4^\circ V$$

$$u_{ab}=2.94\sqrt{2}\sin(5t+47.4^\circ)V$$

**【例 3-18】** 如图 3-53(a)所示电路，已知 $\dot{I}_2$，求电压 $\dot{U}$，并画出相量图。

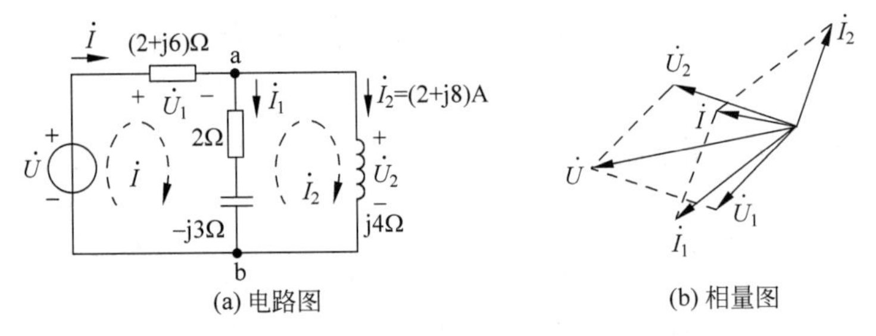

(a) 电路图　(b) 相量图

图 3-53　例 3-18 电路图、相量图

**解一**　倒推法解题思路，则

$$\dot{I}_2\Rightarrow\dot{U}_2=j4\dot{I}_2\Rightarrow\dot{I}_1=\frac{\dot{U}_2}{2-j3}\Rightarrow\dot{I}=\dot{I}_1+\dot{I}_2\Rightarrow\dot{U}_1=(2+j6)\dot{I}\Rightarrow\dot{U}=\dot{U}_1+\dot{U}_2$$

$$\dot{U}_2=j4\dot{I}_2=j4(2+j8)=4\angle 90^\circ\times 8.25\angle 75.96^\circ=33\angle 165.96^\circ V$$

$$\dot{I}_1=\frac{\dot{U}_2}{2-j3}=\frac{33\angle 165.96^\circ}{3.6\angle-56.3^\circ}=9.17\angle 222.26^\circ=(-6.78-j6.16)A$$

$$\dot{I}=\dot{I}_1+\dot{I}_2=(-6.78-j6.16)+(2+j8)=-4.78+j1.84=5.12\angle 158.95^\circ A$$

$$\dot{U}_1=(2+j6)\dot{I}=6.32\angle 71.57^\circ\times 5.12\angle 158.95^\circ=32.56\angle 230.52^\circ V$$

$$\dot{U}=\dot{U}_1+\dot{U}_2=32.56\angle 230.52^\circ+33\angle 165.96^\circ=(-20.7-j25.13)+(-32+j8)$$
$$=55.41\angle-162^\circ V$$

**解二**　列写网孔电流方程来计算，即

$$\begin{cases}[(2+j6)+(2-j3)]\dot{I}-(2-j3)\dot{I}_2=\dot{U}\\-(2-j3)\dot{I}+[(2-j3)+j4]\dot{I}_2=0\end{cases}$$

$\dot{I}_2$ 已知而 $\dot{U}$ 未知，两个方程可求出两个未知量

$$(4+\mathrm{j}3)\dot{I}-(2-\mathrm{j}3)(2+\mathrm{j}8)=\dot{U} \quad ①$$

$$-(2-\mathrm{j}3)\dot{I}+(2+\mathrm{j})(2+\mathrm{j}8)=0 \quad ②$$

由式②得

$$\dot{I}=\frac{(2+\mathrm{j})(2+\mathrm{j}8)}{(2-\mathrm{j}3)}=-4.78+\mathrm{j}1.84=5.12\angle 158.95^\circ\mathrm{A}$$

将 $\dot{I}$ 代入式①得

$$\dot{U}=(4+\mathrm{j}3)\times 5.12\angle 158.95^\circ-(2-\mathrm{j}3)(2+\mathrm{j}8)=55.41\angle -162^\circ\mathrm{V}$$

**解三** 列写“弥尔曼方程”来计算，即

$$\dot{U}_{\mathrm{ab}}=\frac{\dfrac{\dot{U}}{2+\mathrm{j}6}}{\dfrac{1}{2+\mathrm{j}6}+\dfrac{1}{2-\mathrm{j}3}+\dfrac{1}{\mathrm{j}4}}=\mathrm{j}4\times\dot{I}_2=\mathrm{j}4\times(2+\mathrm{j}8)=33\angle 165.96^\circ\mathrm{V}$$

直接解得

$$\dot{U}=(2+\mathrm{j}6)\times\left(\frac{1}{2+\mathrm{j}6}+\frac{1}{2-\mathrm{j}3}+\frac{1}{\mathrm{j}4}\right)\times 33\angle 165.96^\circ=55.41\angle -162^\circ\mathrm{V}$$

**【例 3-19】** 如图 3-54 所示为复杂正弦电路，列出用结点电压法求 $\dot{U}_{12}$ 的方程组。

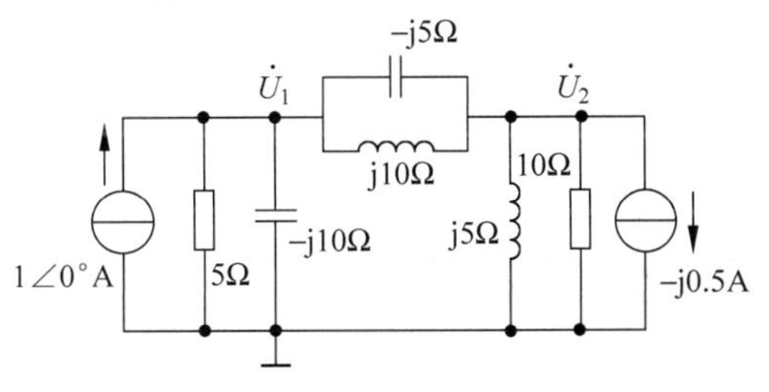


图 3-54 例 3-19 电路图

**解** 设参考结点后，给其余结点电压命名。结点电压方程为

$$\begin{cases}\left(\dfrac{1}{5}+\dfrac{1}{-\mathrm{j}10}+\dfrac{1}{-\mathrm{j}5}+\dfrac{1}{\mathrm{j}10}\right)\dot{U}_1-\left(\dfrac{1}{-\mathrm{j}5}+\dfrac{1}{\mathrm{j}10}\right)\dot{U}_2=1\\ -\left(\dfrac{1}{-\mathrm{j}5}+\dfrac{1}{\mathrm{j}10}\right)\dot{U}_1+\left(\dfrac{1}{10}+\dfrac{1}{\mathrm{j}5}+\dfrac{1}{-\mathrm{j}5}+\dfrac{1}{\mathrm{j}10}\right)\dot{U}_2=\mathrm{j}0.5\end{cases}$$

整理，得

$$\begin{cases}(0.2+\mathrm{j}0.2)\dot{U}_1-\mathrm{j}0.1\dot{U}_2=1\\ -\mathrm{j}0.1\dot{U}_1+(0.1-\mathrm{j}0.1)\dot{U}_2=\mathrm{j}0.5\\ \dot{U}_{12}=\dot{U}_1-\dot{U}_2\end{cases}$$

**【例 3-20】** 如图 3-55(a)所示，$I=2\mathrm{A}$，$U=U_{\mathrm{C}}=U_{\mathrm{P}}=30\mathrm{V}$，$f=50\mathrm{Hz}$，求电容值 $C$ 及无源网络 P 的串联等效电路参数。

**解** 这种题型缺少电路参数，必须借助相量图进行分析。设 $\dot{I}=2\angle 0^\circ\mathrm{A}$，则 $\dot{U}_{\mathrm{C}}=30\angle -90^\circ\mathrm{V}$，那么

$$X_{\mathrm{C}}=\frac{1}{\omega C}=\frac{U_{\mathrm{C}}}{I}=\frac{30}{2}=15\Omega,\quad C=\frac{1}{15\omega}=\frac{1}{15\times 314}=212.3\mu\mathrm{F}$$

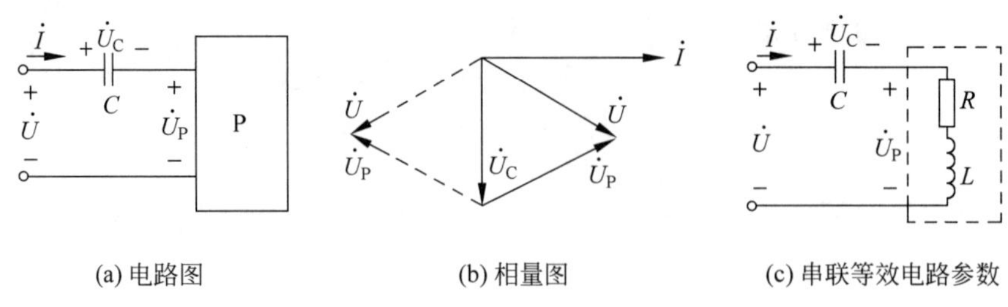


图 3-55　例 3-20 电路图、相量图

$\dot{U}=\dot{U}_C+\dot{U}_P$，而 $\dot{U}$、$\dot{U}_C$、$\dot{U}_P$ 三者均为 30V，则三者必然组成一个等边三角形。$\dot{U}$、$\dot{U}_P$ 两电压的相位只有如图 3-55(b)所示的两种可能，因为 P 为无源网络，$\dot{U}$ 与 $\dot{I}$ 的相位差的绝对值不会超过 90°，所以虚线所示不可能，则

$$\dot{U}=30\angle -30°\text{V},\quad \dot{U}_P=30\angle 30°\text{V}\quad \text{（P 的阻抗角 30° 为感性阻抗）}$$

$$Z_P=\frac{\dot{U}_P}{\dot{I}}=\frac{30\angle 30°}{2\angle 0°}=15\angle 30°=12.99+\text{j}7.5\Omega$$

其中，串联等效电路的参数为

$$R=12.99\Omega,\quad X_L=\omega L=7.5\Omega,\quad L=\frac{X_L}{\omega}=\frac{7.5}{314}=23.9\text{mH}$$

## 3.6.3　阻抗与导纳的等效变换

同一个无源电路 P，可以用阻抗来表述，$Z=\frac{\dot{U}}{\dot{I}}$；也可以用导纳来表述，$Y=\frac{\dot{I}}{\dot{U}}$。两者互为倒数，对相同的外电路是等效的，如图 3-56 所示。

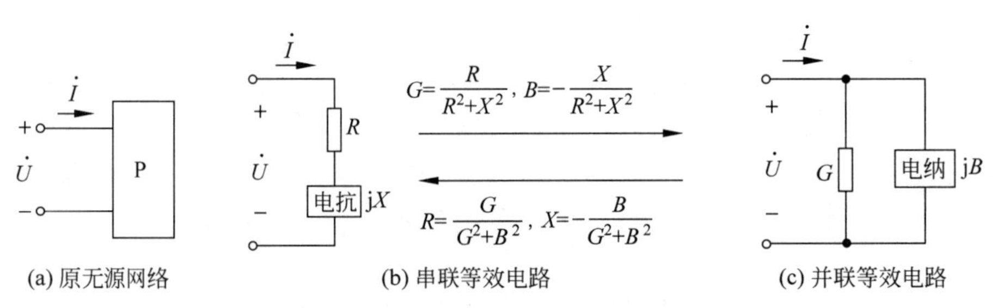


图 3-56　阻抗与导纳的等效变换

已知 $Z$ 求 $Y$，则

$$Y=\frac{1}{Z}=\frac{1}{R+\text{j}X}=\frac{R-\text{j}X}{(R+\text{j}X)(R-\text{j}X)}$$

$$=\frac{R}{R^2+X^2}-\text{j}\frac{X}{R^2+X^2}=G+\text{j}B$$

$$\varphi'=-\varphi$$

其中，

$$G=\frac{R}{R^2+X^2},\quad B=-\frac{X}{R^2+X^2} \tag{3-34}$$

已知 $Y$ 求 $Z$，则

$$Z=\frac{1}{Y}=\frac{1}{G+\mathrm{j}B}=\frac{G-\mathrm{j}B}{(G+\mathrm{j}B)(G-\mathrm{j}B)}$$

$$=\frac{G}{G^2+B^2}-\mathrm{j}\frac{B}{G^2+B^2}=R+\mathrm{j}X$$

$$\varphi=-\varphi'$$

其中，

$$R=\frac{G}{G^2+B^2},\quad X=-\frac{B}{G^2+B^2} \tag{3-35}$$

注意，**感性阻抗 $X$ 为正，而感性电纳 $B$ 为负；同理，容性阻抗 $X$ 为负，而容性电纳 $B$ 为正。阻抗角 $\varphi$ 是电压超前电流的相位，而导纳角 $\varphi'$ 是电流超前电压的相位，定义是相反的。**

**【例 3-21】** 图 3-57(a)有两条无源支路并联接于 $f=50\text{Hz}$ 的交流电源上，其中 $R_1=8\Omega$，$\mathrm{j}X_L=\mathrm{j}10\Omega$，$R_2=25\Omega$，$-\mathrm{j}X_C=-\mathrm{j}15\Omega$。试求：

(1) 等效阻抗及串联等效电路的参数 $R$、$L$(或 $C$)。

(2) 等效导纳及并联等效电路的参数 $R'$、$L'$(或 $C'$)。

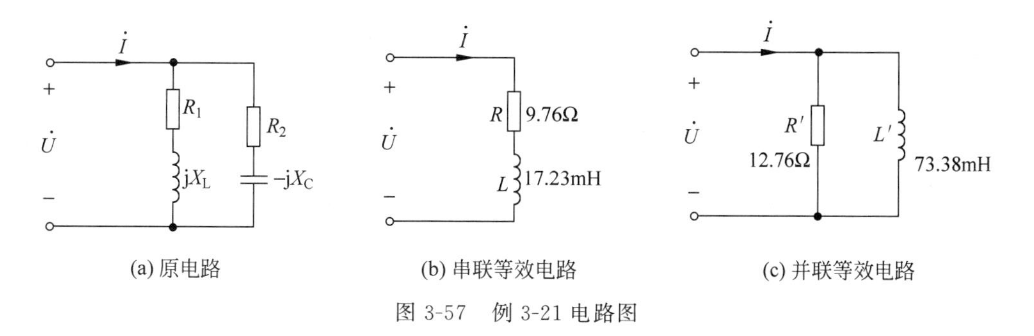


图 3-57 例 3-21 电路图

**解** (1) 串联等效电路

$$Z=R+\mathrm{j}X=\frac{(R_1+\mathrm{j}X_L)\times(R_2-\mathrm{j}X_C)}{(R_1+\mathrm{j}X_L)+(R_2-\mathrm{j}X_C)}=\frac{(8+\mathrm{j}10)\times(25-\mathrm{j}15)}{(8+\mathrm{j}10)+(25-\mathrm{j}15)}$$

$$=11.16\angle 29^\circ=(9.76+\mathrm{j}5.41)\Omega$$

为感性，其中等效电阻 $R=9.76\Omega$，等效电感

$$L=\frac{X}{\omega}=\frac{5.41}{314}=17.23\text{mH}$$

(2) 并联等效电路

$$Y=G+\mathrm{j}B=\frac{R}{R^2+X^2}-\mathrm{j}\frac{X}{R^2+X^2}$$

$$=\frac{9.76}{9.76^2+5.41^2}-\mathrm{j}\frac{5.41}{9.76^2+5.41^2}$$

$$=0.0896\angle-29^\circ\text{S}$$

再根据两条支路的导纳之和等于总导纳重求 $Y$，与上式计算结果比较

$$Y=G+\mathrm{j}B=\frac{1}{R_1+\mathrm{j}X_L}+\frac{1}{R_2-\mathrm{j}X_C}=\frac{1}{8+\mathrm{j}10}+\frac{1}{25-\mathrm{j}15}$$
$$=0.0896\angle-29^\circ=(0.0784-\mathrm{j}0.0434)\mathrm{S}$$

结果一致。其中等效电阻

$$R'=\frac{1}{G}=\frac{1}{0.0784}=12.76\Omega$$

因为

$$B_L=\frac{1}{\omega L'}=0.0434\mathrm{S}$$

所以等效电感

$$L'=\frac{1}{0.0434\omega}=\frac{1}{0.0434\times314}=73.38\mathrm{mH}$$

可见串、并联等效电路之间有

$$G=0.0784\mathrm{S}\neq\frac{1}{R}=\frac{1}{9.76\Omega},\quad B=-0.0434\mathrm{S}\neq-\frac{1}{X}=-\frac{1}{5.14\Omega}$$

并且 $G$ 与 $B$（或 $R$ 与 $X$）还都与频率有关，频率不同等效参数会发生变化。

## 【课后练习】

**3.6.1** 如图 3-58 所示，已知 $\dot{U}_2=6\angle45^\circ\mathrm{V}$，求 $\dot{U}$ 过程如下：

(1) $\dot{I}_L=\frac{\dot{U}_2}{2+\mathrm{j}6}=\frac{(\qquad)}{(\qquad)}=(\qquad)\mathrm{A}$

(2) $\dot{U}_3=(2+\mathrm{j}6+\mathrm{j}3)\dot{I}_L=(\qquad)\times(\qquad)=(\qquad)\mathrm{V}$

(3) $\dot{I}_C=\frac{\dot{U}_3}{-\mathrm{j}3}=\frac{(\qquad)}{-\mathrm{j}3}=(\qquad)\mathrm{A}$

(4) $\dot{I}=\dot{I}_C+\dot{I}_L=(\qquad)+(\qquad)=(\qquad)\mathrm{A}$

(5) $\dot{U}=\dot{U}_1+\dot{U}_3=(\qquad)+(\qquad)=(\qquad)\mathrm{V}$

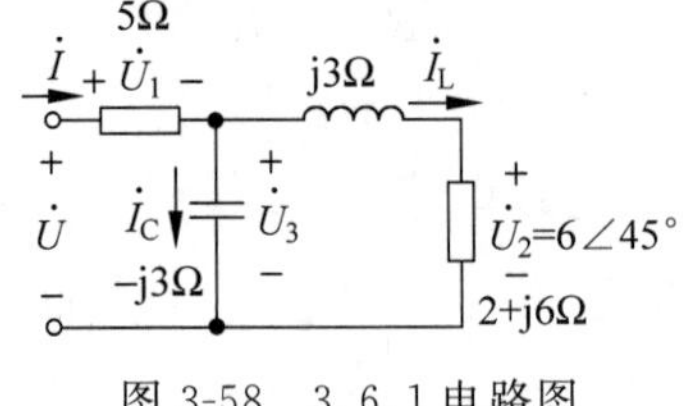


图 3-58　3.6.1 电路图

**3.6.2** 如图 3-59 所示，已知 $R=X_C=5\Omega$，$U_{AB}=U_{BC}$，且 $\dot{U}$ 与 $\dot{I}$ 同相。

(1) $Z_{BC}=\frac{5(-\mathrm{j}5)}{(\quad)+(\quad)}=\frac{1}{\frac{1}{(\quad)}+\frac{1}{(\quad)}}=(\qquad)\Omega$。

(2) 以 $\dot{U}_{BC}$ 为参考相量，画出电路的相量图。

(3) 由 $U_{AB}=U_{BC}$ 可知 $|Z|=|Z_{BC}|=$(　　)Ω。

(4) 从相量图可知 $U_{AB}$ 超前 $\dot{I}$(　　)。

(5) 阻抗 $Z=$(　　　　)Ω。

**3.6.3** 如图 3-60 所示，在正弦电流电路中，若 $U_R=U_L=10\text{V}$，则 $U=$(　　)V。

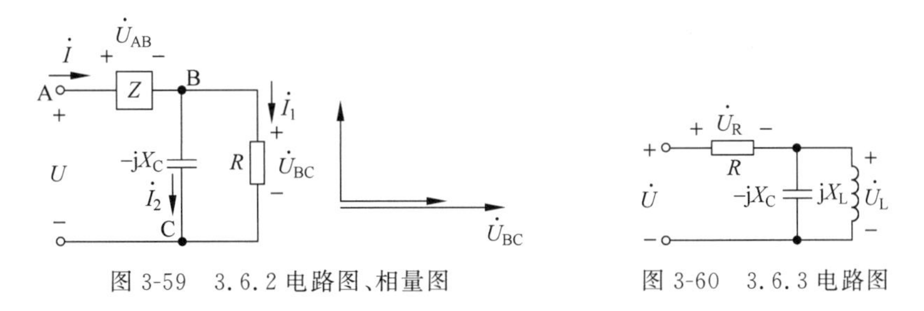


图 3-59　3.6.2 电路图、相量图　　图 3-60　3.6.3 电路图

**3.6.4** 如图 3-61 所示，$\dot{U}_C=1\angle 0°\text{V}$，填写 $\dot{U}$、$\dot{I}$。

(1) $\dot{I}_1=\dfrac{1\angle 0°}{(\quad)}\text{A}=$(　　　　　)A。

(2) $\dot{I}_2=\dfrac{1\angle 0°}{(\quad)}\text{A}=$(　　　　　)A。

(3) $\dot{I}=\dot{I}_1+\dot{I}_2=$(　　　　　)+(　　　　　)=(　　　　　)A。

(4) $\dot{U}_{RL}=\dot{I}(2+\text{j}2)=$(　　　　　)V。

(5) $\dot{U}=\dot{U}_{RL}+\dot{U}_C=$(　　　　　)+(　　　　　)=(　　　　　)V。

**3.6.5** 如图 3-62 所示，在正弦电流电路中，若 $\dot{U}_C=100\angle 0°\text{V}$，填写 $\dot{U}$、$\dot{I}$，并作电路的相量图。

(1) $\dot{I}=\dot{I}_1+\dot{I}_2=$(　　　　　)+(　　　　　)=(　　　　　)A。

(2) $\dot{U}=\dot{U}_L+\dot{U}_C=$(　　　　　)+(　　　　　)=(　　　　　)V。

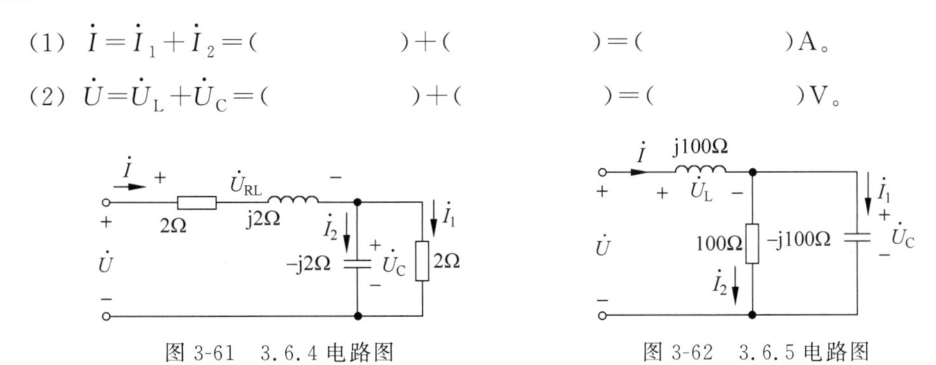


图 3-61　3.6.4 电路图　　图 3-62　3.6.5 电路图

## 3.7　正弦电流电路中的谐振

含有电感、电容的无源电路在正弦电源激励下，一般电流与电压之间会存在相位差。但在某些特定条件下，若等效复阻抗（或复导纳）的虚部为零，则电流与电压同相，称为谐振。谐振在电子技术中有着广泛的应用。

### 3.7.1 RLC串联谐振

**1. RLC串联谐振为电压谐振**

如图3-63所示，串联电路的复阻抗为

$$Z=\frac{\dot{U}}{\dot{I}}=R+\mathrm{j}(X_{\mathrm{L}}-X_{\mathrm{C}})=\sqrt{R^{2}+(X_{\mathrm{L}}-X_{\mathrm{C}})^{2}}\angle\arctan\frac{X_{\mathrm{L}}-X_{\mathrm{C}}}{R}=|Z|\angle\varphi$$

当$\omega$、$L$、$C$三者之间满足谐振条件时虚部为零，则

$$X_{\mathrm{L}}=X_{\mathrm{C}}$$

即

$$\omega L=\frac{1}{\omega C} \tag{3-36}$$

这时发生串联谐振，其谐振阻抗与阻抗角为

$$Z_{0}=\frac{\dot{U}}{\dot{I}}=R,\quad \varphi=\arctan\frac{X_{\mathrm{L}}-X_{\mathrm{C}}}{R}=0$$

$\omega_0$称为串联谐振角频率，且

$$\omega_{0}=\frac{1}{\sqrt{LC}} \tag{3-37}$$

$f_0$称为串联谐振频率，且

$$f_{0}=\frac{1}{2\pi\sqrt{LC}}$$

要使电路发生谐振，可以改变$\omega$、$L$或者$C$来实现。

串联谐振电路有以下特点：

(1) 电压$\dot{U}$与电流$\dot{I}$同相位，阻抗角$\varphi=0°$，电路呈现纯电阻性。

(2) 复阻抗值最小，其虚部为零，则

$$Z=R+\mathrm{j}(X_{\mathrm{L}}-X_{\mathrm{C}})=R$$

(3) 在电源电压有效值恒定时，电流最大，即

$$I=I_{0}=U/R$$

(4) 电抗电压$\dot{U}_{\mathrm{X}}=\dot{U}_{\mathrm{L}}+\dot{U}_{\mathrm{C}}=0$，图3-63中A、B两点间相当于短路。$\dot{U}_{\mathrm{L}}$、$\dot{U}_{\mathrm{C}}$二者大小相等，相位相反，互相抵消。如图3-63(b)相量图所示。

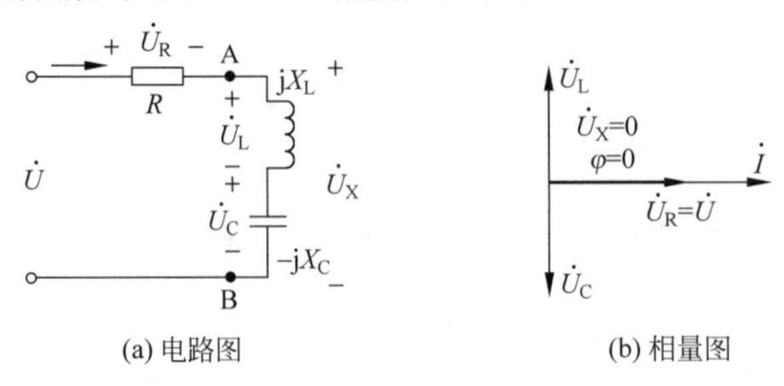


(a) 电路图　　(b) 相量图

图3-63　RLC串联电路图及其相量图

(5) 可能产生过电压现象，则

$$U_L=U_C=\omega_0 LI_0=\omega_0 L\frac{U}{R}=\frac{\omega_0 L}{R}\times U=\frac{1}{\omega_0 CR}\times U=Q\times U$$

定义 $Q$ 为串联谐振电路的品质因数，即

$$Q=\frac{\omega_0 L(\text{谐振时感抗})}{R(\text{电阻})}=\frac{U_L}{U}\quad\text{或}\quad Q=\frac{1/\omega_0 C(\text{谐振时容抗})}{R(\text{电阻})}=\frac{U_C}{U}\tag{3-38}$$

该式表明，**谐振时电感和电容元件的端电压是电源电压的 $Q$ 倍，若 $X_L=X_C\gg R$，则 $U_L=U_C\gg U$，因此称 RLC 串联谐振为电压谐振**。

电力系统的输电电压很高，因此输电线路上不允许出现串联谐振状态，否则产生的更高电压将击穿设备绝缘，酿成事故。

电子线路中，串联谐振用于信号接收机（如收音机）的调谐电路选择电台频道，是电压谐振的典型运用，如图 3-64 所示。天线将接收到的各种频率的微弱无线电信号，经磁棒感应到右侧的 RLC 串联电路上，其 $Q=50\sim200$ 设计得很大，只有一个频率满足谐振条件的电台信号被扩大 $Q$ 倍，从电容两端送至放大电路去处理，放大电路的输入阻抗很大，相当于开路。如 $L=500\mu\text{H}$，$C=20\sim270\text{pF}$ 可变，选择的频率范围是 433.16～1592.4kHz，刚好是收音机的中波频段。

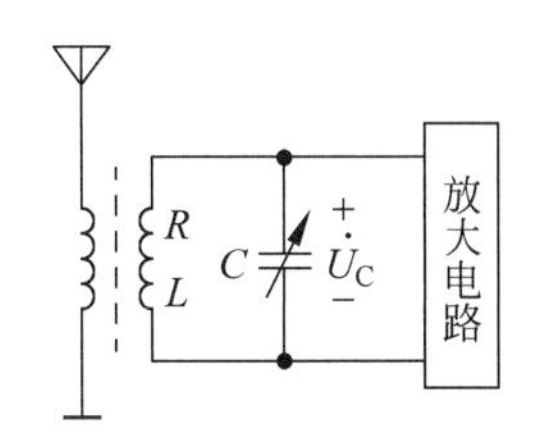


图 3-64　收音机的调谐电路

另外定义电路谐振时的感抗 $X_L$、容抗 $X_C$ 为特性阻抗，用 $\rho$ 表示，即

$$\rho=\omega_0 L=\frac{1}{\omega_0 C}=\sqrt{\frac{L}{C}}\tag{3-39}$$

那么特性阻抗 $\rho$ 与电阻的比值就是品质因数 $Q$，即

$$Q=\frac{\rho}{R}=\frac{\omega_0 L}{R}=\frac{1}{R\omega_0 C}=\frac{1}{R}\sqrt{\frac{L}{C}}\tag{3-40}$$

**2. RLC 串联电路阻抗性质随频率的变化规律**

RLC 串联电路阻抗模值与频率的关系为

$$|Z|=\sqrt{R^2+\left(\omega L-\frac{1}{\omega C}\right)^2}$$

阻抗角与频率的关系为

$$\varphi=\arctan\frac{X_L-X_C}{R}$$

画出两者随频率变化的曲线如图 3-65 所示。阻抗的性质由电抗 $X$ 的正、负决定，当 $\omega<\omega_0$ 时，$X=X_L-X_C<0$，阻抗为容性，$-90°<\varphi<0°$；当 $\omega=\omega_0$ 时，$X=0$，阻抗为电阻性，$\varphi=0°$；当 $\omega>\omega_0$ 时，$X>0$，阻抗为感性，$0°<\varphi<90°$。

**3. RLC 串联电路的谐振曲线**

RLC 串联电路由电压有效值恒定而频率变化的电源激励，测量不同频率下的电流 $I$，并以 $\frac{\omega}{\omega_0}$ 为横轴，$\frac{I}{I_0}$ 为纵轴绘制谐振曲线，如图 3-66(a)所示。根据理论推导，有

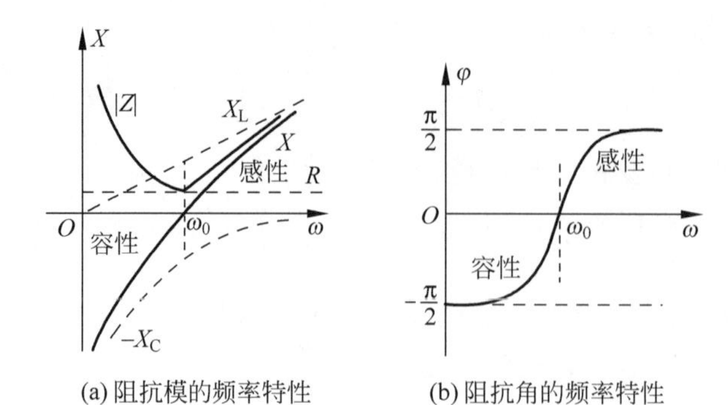


(a) 阻抗模的频率特性　　(b) 阻抗角的频率特性

图 3-65　RLC 串联电路阻抗及电抗的频率特性

$$\frac{I}{I_0}=\frac{U/\sqrt{R^2+\left(\omega L-\frac{1}{\omega C}\right)^2}}{U/R}=\frac{R}{\sqrt{R^2+\left(\omega L-\frac{1}{\omega C}\right)^2}}=\frac{1}{\sqrt{1+\frac{1}{R^2}\left(\omega L-\frac{1}{\omega C}\right)^2}}$$

进一步整理得 $I$ 与 $I_0$ 比值的变化规律为

$$\frac{I}{I_0}=\frac{1}{\sqrt{1+\frac{\omega_0^2L^2}{R^2}\left(\frac{1}{\omega_0 L}\omega L-\frac{1}{\omega_0 L\omega C}\right)^2}}=\frac{1}{\sqrt{1+\frac{\omega_0^2L^2}{R^2}\left(\frac{\omega L}{\omega_0 L}-\frac{\omega_0 C}{\omega C}\right)^2}}$$

$$=\frac{1}{\sqrt{1+Q^2\left(\frac{\omega}{\omega_0}-\frac{\omega_0}{\omega}\right)^2}} \tag{3-41}$$

由于感抗和容抗都是 $\omega$ 的函数，所以即使输入电压 $U$ 不变，输出电流 $I$ 也会随着 $\omega$ 改变，$\omega=\omega_0$ 时，$\frac{I}{I_0}=1$ 最大；当 $\omega\neq\omega_0$ 时，$\frac{I}{I_0}<1$ 迅速下降。这说明**频率偏离谐振点后 $I$ 出现衰减，$\omega$ 偏离 $\omega_0$ 越多，$I$ 衰减越大**。RLC 串联电路的这一特点，使有多个频率不同的正弦信号同时激励时，只有 $\omega=\omega_0$ 的正弦信号能输出较强信号；所有 $\omega\neq\omega_0$ 的正弦信号均被衰减抑制，反映了网络对信号频率具有选择性。观察图 3-66(a)可知：**电路的品质因数 $Q$ 越大，谐振曲线越尖锐，频率偏离谐振点后 $I$ 衰减越快，选择性越好**。因此图 3-66 又称为选频曲线。

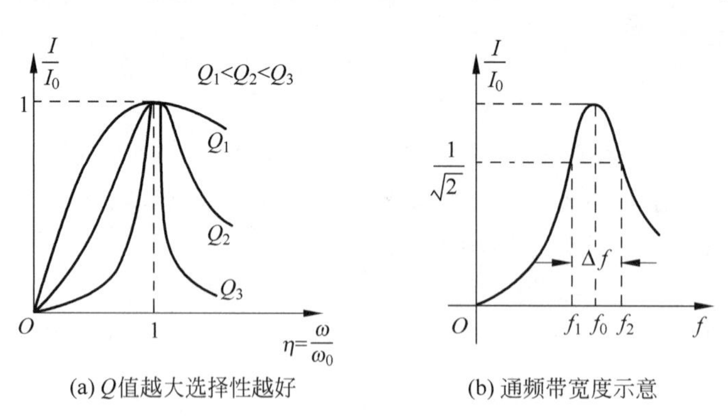


(a) $Q$值越大选择性越好　　(b) 通频带宽度示意

图 3-66　RLC 串联电路的谐振曲线

选频曲线上，规定 $I/I_0=1/\sqrt{2}=0.707$ 这一纵坐标对应的两个频率点之间的频率范围称为通频带(或带宽)：$\Delta f=f_2-f_1$。通频带的含意是：只有这一频率范围内的输出信号较强。通频带用于衡量电路对不同频率信号的选择或放大能力。

类似收音机的调谐电路，要求调台准确，不串音，必须选择性好。但对于类似放大音乐信号用的音频电路，却要求通频带越宽越好，使高频与低频信号能同时得到放大。同一电路的 $Q$ 值与通频带相互制约。

理论和实践证明：谐振曲线的通频带宽度 $\Delta f=f_2-f_1$ 与品质因数 $Q$ 值的关系为

$$Q=\frac{f_0}{f_2-f_1}=\frac{f_0}{\Delta f} \tag{3-42}$$

**$Q$ 值越大，通频带越窄；$Q$ 值越小，通频带越宽。**

**【例 3-22】** RLC 串联电路中，已知 $L=20\text{mH}, C=200\text{pF}, R=100\Omega$，输入电压 $U=10\text{V}$。求电路谐振频率 $f_0$，特性阻抗 $\rho$，品质因数 $Q$ 及谐振时的 $U_R$、$U_L$、$U_C$。

**解**

$$\omega_0=\frac{1}{\sqrt{LC}}=\frac{1}{\sqrt{20\times10^{-3}\times200\times10^{-12}}}=500\times10^3\text{rad/s}$$

$$f_0=\frac{\omega_0}{2\pi}=79.6\text{kHz}$$

$$\rho=\sqrt{\frac{L}{C}}=\sqrt{\frac{20\times10^{-3}}{200\times10^{-12}}}=10\text{k}\Omega$$

$$Q=\frac{\rho}{R}=\frac{10\,000}{100}=100$$

$$U_R=U=10\text{V},\quad U_L=U_C=QU=1000\text{V}$$

**【例 3-23】** 一个电容与参数为“$R=1\Omega, L=2\text{mH}$”的线圈串联，接在角频率 $\omega=2500\text{rad/s}$ 的 10V 电压源上，求电容 $C$ 为何值时电路发生谐振？求谐振电流 $I_0$、电容两端电压 $U_C$、线圈两端电压 $U_{RL}$ 及品质因数。并求出该电路的通频带 $\Delta f$。

**解**　串联谐振发生在感抗等于容抗之时，得

$$C=1/\omega_0^2L=1/2500^2\times0.002=80\mu\text{F}$$

$$Q=\frac{\sqrt{L/C}}{R}=\frac{\sqrt{0.002/80\times10^{-6}}}{1}=5,\quad Q=\frac{\omega_0L}{R}$$

$$I_0=\frac{U}{R}=\frac{10}{1}=10\text{A}$$

$$U_C=QU=5\times10=50\text{V},\quad U_{RL}=\sqrt{10^2+50^2}\approx51\text{V}$$

求电路的通频带

$$\Delta f=\frac{f_0}{Q}=\frac{2500/2\pi}{5}=79.62\text{Hz}$$

## 3.7.2　RLC 并联谐振

如图 3-67 所示，并联电路的复导纳为

$$Y=\frac{\dot{I}}{\dot{U}}=\frac{1}{R}+\mathrm{j}\left(\omega C-\frac{1}{\omega L}\right)=\sqrt{G^2+(B_C-B_L)^2}\angle\arctan\frac{B_C-B_L}{G}=|Y|<\varphi'$$

当 $\omega$、$L$、$C$ 三者之间满足谐振条件时，导纳的虚部为零，则

$$B_C=B_L$$

即

$$\omega C=\frac{1}{\omega L}$$

这时发生并联谐振。其谐振导纳与导纳角分别为

$$Y_0=\frac{\dot{I}}{\dot{U}}=G=\frac{1}{R},\quad \varphi'=\arctan\frac{B_C-B_L}{G}=0$$

谐振角频率 $\omega_0$ 和谐振频率 $f_0$ 分别为

$$\omega_0=\frac{1}{\sqrt{LC}},\quad f_0=\frac{1}{2\pi\sqrt{LC}}$$

与 RLC 串联谐振时公式一致。

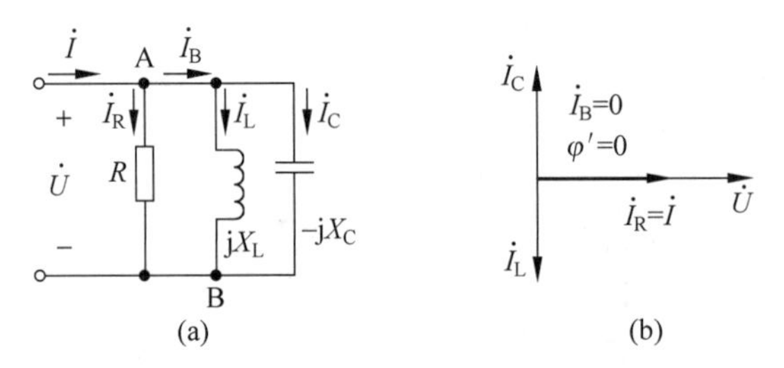


图 3-67　RLC 串联谐振电路图、相量图

并联谐振电路有以下特点：

（1）电流 $\dot{I}$ 与电压 $\dot{U}$ 同相位，导纳角 $\varphi'=0°$，电路呈现纯电阻性。

（2）复导纳值最小，其虚部为零，即

$$Y_0=\frac{\dot{I}}{\dot{U}}=\frac{1}{R}+\mathrm{j}\left(\omega C-\frac{1}{\omega L}\right)=G$$

（3）在电源电流有效值恒定时，电压最高

$$U=U_0=IR$$

（4）$\dot{I}_B=\dot{I}_C+\dot{I}_L=0$，如图 3-67 所示，A、B 两点间相当于开路，阻抗无穷大。$\dot{I}_C$、$\dot{I}_L$ 二者大小相等，相位相反，互相抵消。如图 3-67(b)相量图所示。

（5）可能产生过电流现象

$$I_L=I_C=\frac{U_0}{\omega_0 L}=\frac{IR}{\omega_0 L}=\frac{1/\omega_0 L}{G}\times I=\frac{\omega_0 C}{G}\times I=QI \tag{3-43}$$

定义，$Q$ 为并联谐振电路的品质因数，即

$$Q=\frac{I_C}{I}=\frac{\omega_0 C(\text{谐振时容纳})}{G(\text{电导})}=\frac{1/\omega_0 L(\text{谐振时感纳})}{G(\text{电导})}=\frac{R}{\omega_0 L},\quad G=\frac{1}{R} \tag{3-44}$$

可见**电感和电容支路的电流等于电源电流的 $Q$ 倍,因此并联谐振称为电流谐振**。若 $B_L = B_C \gg G$,则 $I_L = I_C \gg I$。RLC 并联谐振时品质因数 $Q$ 的计算公式与串联谐振时分子分母颠倒。

### 3.7.3 电感线圈与电容并联发生谐振

任意一个无源网络,只要列出其复阻抗(或复导纳)表达式,令其虚部为零均可推导出谐振条件。以图 3-68(a)电路为例。

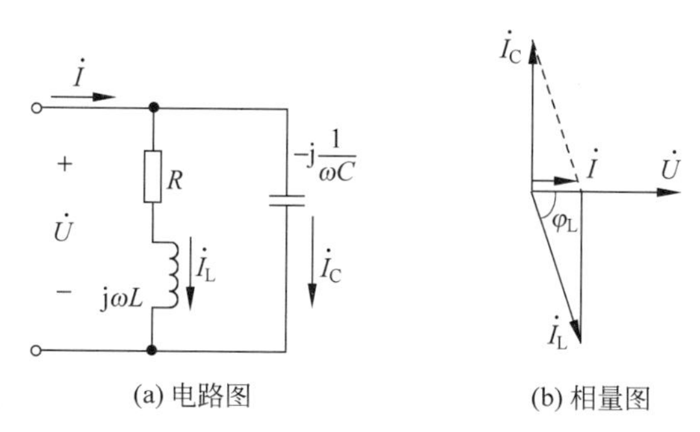


图 3-68 电感线圈与电容并联发生谐振

该电路复导纳

$$Y = \frac{1}{R + j\omega L} + \frac{1}{-j\dfrac{1}{\omega C}} = \frac{R - j\omega L}{(R + j\omega L)\cdot(R - j\omega L)} + j\omega C$$

$$= \frac{R}{R^2 + \omega^2 L^2} + j\left(\omega C - \frac{\omega L}{R^2 + \omega^2 L^2}\right)$$

令其虚部为零,则谐振条件为

$$\omega C - \frac{\omega L}{R^2 + \omega^2 L^2} = 0$$

得谐振角频率

$$\omega_0 = \sqrt{\frac{L - R^2 C}{L^2 C}} = \frac{1}{\sqrt{LC}}\sqrt{1 - \frac{R^2 C}{L}} \tag{3-45}$$

谐振频率

$$f_0 = \frac{1}{2\pi\sqrt{LC}}\sqrt{1 - \frac{R^2 C}{L}}$$

式(3-45)表明,只有在 $1 - \dfrac{R^2 C}{L} > 0$ 即 $R < \sqrt{\dfrac{L}{C}}$ 时,$f_0$ 才为实数,才可能发生谐振。

在电子线路中,常见电感线圈与电容并联的电路,$R$ 值很小仅是电感线圈的绕线电阻,满足 $R \ll \omega_0 L$,如 $10R \approx \omega_0 L$,则在式(3-45)中设 $R \to 0$,则有

$$\omega_0 \approx \frac{1}{\sqrt{LC}}, \quad f_0 \approx \frac{1}{2\pi\sqrt{LC}}$$

与 RLC 并联电路的谐振频率一致。这种谐振电路的特点如下:

（1）谐振时电路的导纳最小

$$Y_0 = G = \frac{R}{R^2 + \omega^2 L^2}$$

则阻抗最大为

$$Z_0 = \frac{R^2 + \omega_0^2 L^2}{R} = \frac{L}{RC} = \frac{1}{G} \tag{3-46}$$

上式考虑到 $R \ll \omega_0 L$，分子中忽略 $R^2$ 而得到。注意，该电路中等效电导 $G \neq \frac{1}{R}$。

（2）特性阻抗与串联谐振电路定义一样

$$\rho = \sqrt{\frac{L}{C}}$$

（3）品质因数定义为谐振时的容纳与等效电导之比，为

$$Q = \frac{\omega_0 C\text{（谐振时容纳）}}{G\text{（谐振时等效电导）}} = \frac{\omega_0 C}{CR/L}$$

$$= \frac{\omega_0 L\text{（线圈感抗）}}{R\text{（线圈电阻）}} \approx \frac{1}{R}\sqrt{\frac{L}{C}} = \frac{\rho}{R} \tag{3-47}$$

并且 $R \ll \omega_0 L$ 时，$\dot{I}_L \approx -\dot{I}_C$，$\dot{I}_C$、$\dot{I}_L$ 二者近似大小相等，相位相反，有

$$Q = \frac{\omega_0 CU}{GU} = \frac{I_C}{I} \approx \frac{I_L}{I} \tag{3-48}$$

因此**两支路电流 $I_C$、$I_L$ 都是总电流的 $Q$ 倍，也是电流谐振**，其相量图如图 3-68(b)所示。

（4）谐振时的等效阻抗与品质因数 $Q$ 成正比，即

$$Z_0 = \frac{L}{RC} = \frac{1}{R}\sqrt{\frac{L}{C}}\sqrt{\frac{L}{C}} = Q\sqrt{\frac{L}{C}}$$

谐振电路在工业传感器设计中得到应用。图 3-69(a)中，金属极板 $A$、$B$ 组成一个电容器，改变极距 $d$ 就改变了电容量 $C$；图 3-69(b)中，线圈绕在非磁性材料上，$A$ 铁芯在垂直方向上位移 $\delta$，引起自感系数 $L$ 变化。两图中的 $C$ 或者 $L$ 若处于某按谐振原理工作的电路中时，改变了 $C$ 或者 $L$，谐振频率就要变化，测出谐振频率，就测出了位移。因此可以做成位移传感器或距离传感器。

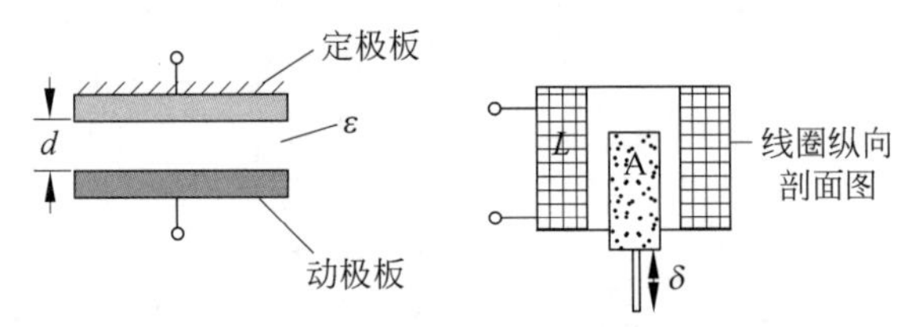


图 3-69　谐振电路中的电容传感器及电感传感器

**【例 3-24】** 如图 3-68 所示，已知电路的谐振角频率为 $\omega_0 = 5\times10^6\,\text{rad/s}$，$Q=100$，谐振时电路等效阻抗等于 2kΩ，已知满足 $R \ll \omega_0 L$ 的条件。

（1）试求线圈参数 $R$、$L$ 和 $C$。

(2) 若谐振时由有效值为10mA的电流源激励,求线圈电流。

**解** (1) 根据

$$Q=\frac{\omega_0 L}{R}$$

得

$$\frac{L}{R}=\frac{Q}{\omega_0}=\frac{100}{5}\times 10^6=2\times 10^{-5}$$

谐振阻抗

$$Z_0=\frac{L}{RC}$$

所以

$$C=\frac{L/R}{Z_0}=\frac{2\times 10^{-5}}{2000}=0.01\mu\text{F}$$

$$L=\frac{1}{\omega_0^2 C}=\frac{1}{(5\times 10^6)^2}\times 0.01\times 10^{-6}=4\mu\text{H}$$

$$R=\frac{L}{Z_0 C}=\frac{4\times 10^{-6}}{2000\times 10^{-8}}=0.2\Omega$$

而此时

$$\omega_0 L=5\times 10^6\times 4\times 10^{-6}=20\Omega$$

(2) 线圈电流

$$I_L\approx QI_0=100\times 0.01=1\text{A}=1000\text{mA}$$

## 【课后练习】

**3.7.1** 已知RLC串联谐振电路的谐振频率 $f_0=700\text{kHz}$,电容 $C=2000\text{pF}$,通频带宽度 $\Delta f=10\text{kHz}$,电路电阻 $R=$(    )Ω,品质因数 $Q=$(    )。

**3.7.2** 填空。

(1) RLC并联电路在 $f_0$ 时发生谐振,当频率增加到 $2f_0$ 时,电路性质呈电(    )性。

(2) RLC串联电路在 $f_0$ 时发生谐振,当频率增加到 $2f_0$ 时,电路性质呈电(    )性。

(3) $L$ 与 $C$ 并联支路谐振后阻抗为(    ),因此总电流为(    )。

(4) $L$ 与 $C$ 串联支路谐振后阻抗为(    ),因此总电压为(    )。

**3.7.3** 判断下列说法的正确与错误,对的填√,错的填×。

(1) 串联谐振电路的特性阻抗 $\rho$ 在数值上等于谐振时的感抗与线圈绕线电阻的比值。(    )

(2) 谐振电路的品质因数越高,电路选择性越好,因此实用中 $Q$ 值越大越好。(    )

(3) RLC串联谐振在 $L$ 和 $C$ 两端可能出现过电压现象,因此称为电压谐振。(    )

(4) RLC并联谐振在 $L$ 和 $C$ 支路上可能出现过电流现象,因此称为电流谐振。(    )

(5) 串联谐振电路不仅广泛应用于电子技术中,也广泛应用于电力系统中。(    )

(6) 电感线圈与电容并联发生谐振时，总电流最小，也属于电流谐振(　　)。

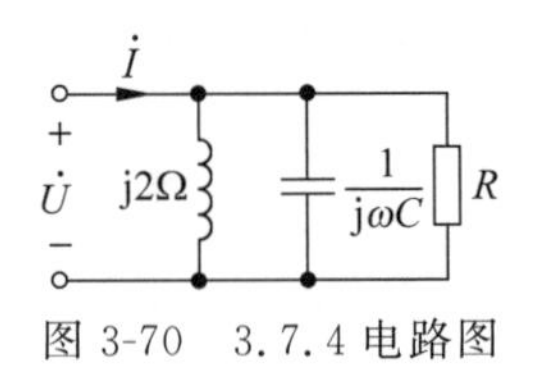

图 3-70　3.7.4 电路图

**3.7.4**　已知如图 3-70 所示电路中的电压 $\dot{U}=8\angle 30^{\circ}$V，电流 $\dot{I}=2\angle 30^{\circ}$A，$-\mathrm{j}X_C=($　　$)\Omega$ 和 $R=($　　$)\Omega$。

## 3.8　正弦电流电路的功率

发电厂、电力公司以经营电能为盈利手段；各个用户、居民家庭购买电能维系生产与生活。电网将深入城市乡村所有枝节末梢，在那里进行着功率交换，将电能变换成其他形式的能而消耗掉，如机械能、光能、热能、化学能。**用电方吸收电功率、发电厂发出电功率，双方功率必须达到平衡**。由于正弦电路中既有耗能元件，又有两种特性的储能元件，使各元件间的功率关系比直流电路复杂，基本概念有瞬时功率、有功功率、视在功率、无功功率、功率三角形、功率因数、复功率。

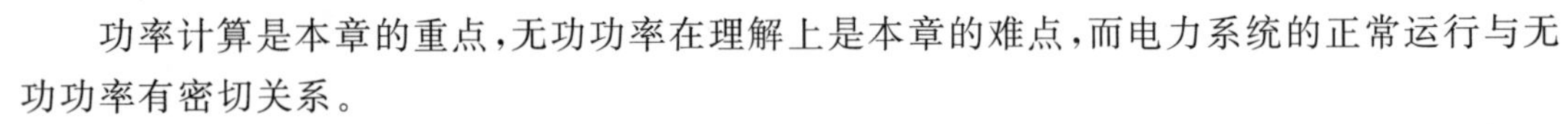

功率计算是本章的重点，无功功率在理解上是本章的难点，而电力系统的正常运行与无功功率有密切关系。

### 3.8.1　瞬时功率

正弦电路的瞬时功率 $p$ 是随时间变化的周期量，图 3-71(a)中代表负载的无源二端网络的电压和电流取关联参考方向，设

$$i=\sqrt{2}I\sin\omega t,\quad u=\sqrt{2}U\sin(\omega t+\varphi)$$

则瞬时功率为

$$p=ui=2UI\sin\omega t\sin(\omega t+\varphi)=UI\cos\varphi-UI\cos(2\omega t+\varphi)$$

瞬时功率的单位为伏安(V·A)。该式第一项“$UI\cos\varphi$”为常数，第二项以 2 倍于电压角频率交变的正弦量，使得每周期有 2 次短时间内功率变为负值，这时该无源网络向外发出功率。

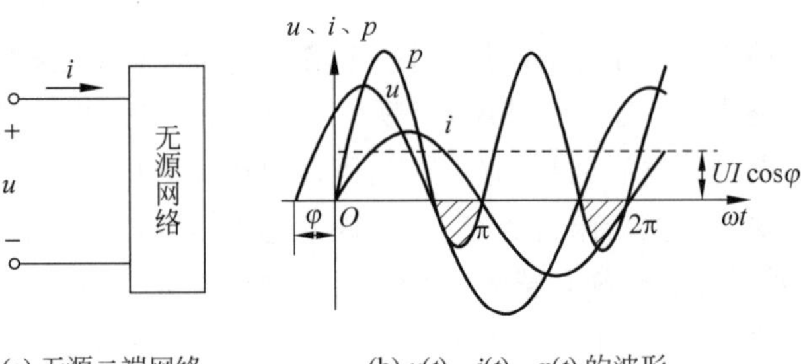

(a) 无源二端网络　　(b) $u(t)$、$i(t)$、$p(t)$的波形

图 3-71　正弦电流电路的瞬时功率

观察 $p$ 的波形可见：**$u(t)$或 $i(t)$为零时，$p(t)$为零；$u(t)$、$i(t)$同号时，$p(t)$为正，网络吸收功率；$u(t)$、$i(t)$异号时，$p(t)$为负，网络发出功率**。该无源网络与电源之间有能量的往返交换传送，一个周期内正值 $p$ 曲线与横轴包围的面积是电路吸收的电能；负值 $p$ 曲线与横轴包围的面积(阴影部分)是电路释放的电能。前者更大，说明该无源网络总体是消耗电能的。

### 3.8.2　有功功率

由于瞬时功率中的第二项是正弦函数,平均值为零,所以平均功率就等于第一项,即

$$P=\frac{1}{T}\int_0^T p\,\mathrm{d}t=\frac{1}{T}\int_0^T[UI\cos\varphi-UI\cos(2\omega t+\varphi)]\mathrm{d}t=UI\cos\varphi \tag{3-49}$$

**平均功率**又称为**有功功率,单位为瓦(W)或千瓦(kW),指电路将电能转变成热能、光能、机械能而消耗掉的功率。若本书中直呼"功率"则指"有功功率"。**

### 3.8.3　视在功率

**定义有功功率的最大值为视在功率(意为表观功率),即电流与电压有效值的乘积,恒为正,单位为伏安(V·A)或千伏安(kV·A),用 $S$ 表示**,即

$$S=UI$$

还可以写成

$$S=UI=I^2|Z|=\frac{U^2}{|Z|} \tag{3-50}$$

或

$$S=UI=\frac{I^2}{|Y|}=U^2|Y| \tag{3-51}$$

该两式与直流电路中电阻元件的功率表达式有相同的结构,$|Z|$取代了原来 $R$ 的位置,$|Y|$取代了原来 $G$ 的位置。

有功功率与视在功率的关系为

$$P=UI\cos\varphi=S\cos\varphi \tag{3-52}$$

或

$$\frac{P}{S}=\frac{P}{UI}=\cos\varphi$$

视在功率并不是电路吸收而消耗的功率,只有当 $\varphi=0$,$\cos\varphi=1$ 时有功功率才等于视在功率。

额定视在功率反映了设备的容量,为电流、电压额定有效值的乘积。

$$S_N=U_N I_N$$

设备运行中不允许超过这 3 个额定值。

### 3.8.4　功率三角形及无功功率

图 3-72(a)是无源二端网络的串联等效电路,假设电路为感性,其相量图如图 3-72(b)所示,其中 $\dot{U}_R$、$\dot{U}_X$、$\dot{U}$ 组成的电压三角形每条边长乘以电流 $I$,得到功率三角形,如图 3-72(c)所示。

**功率三角形的斜边是视在功率 $S$;阻抗角 $\varphi$ 的邻边是有功功率**

$$P=UI\cos\varphi=U\cos\varphi I=U_R I=I^2R$$

**因此有功功率就是电阻吸收的功率,只有电阻才吸收有功功率。定义 $\varphi$ 的对边为无功功率,用 $Q$ 表示,单位为乏(var)或千乏(kvar),用来表征该无源网络与电源之间能量往返交换**

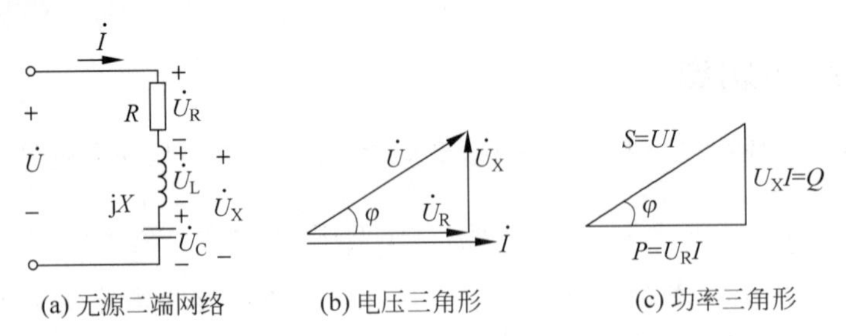


图 3-72　由电压三角形演变为功率三角形

**传送的规模**，即

$$Q = UI\sin\varphi = U\sin\varphi I = U_X I = I^2 X \tag{3-53}$$

因此无功功率就是电抗元件的功率。

电路为感性时，$\varphi>0°$，$\sin\varphi>0$，$Q>0$，该电路吸收无功功率；

电路为容性时，$\varphi<0°$，$\sin\varphi<0$，$Q<0$，该电路发出无功功率。

无功功率与视在功率的关系为

$$Q = UI\sin\varphi = S\sin\varphi \tag{3-54}$$

或

$$\frac{Q}{S} = \frac{Q}{UI} = \sin\varphi \tag{3-55}$$

图 3-72(a)中的电抗 $X = X_L - X_C$，将该式等号两边同时乘以 $I^2$，则有

$$I^2 X = I^2 X_L - I^2 X_C = Q_L - Q_C = U_X I = Q \tag{3-56}$$

**可见电路的无功功率是电感无功功率与电容无功功率之差，因此可认为电感是消耗无功功率的元件，电容是发出无功功率的元件，二者性质相反。**

假设 $X$ 由感抗、容抗串联而成，流过同一个电流，图 3-73 画出了二者的瞬时功率波形，可以清楚看到，电感功率为正值吸收电能时，电容功率为负值在释放电能；电感功率为负值释放电能时，电容功率为正值在吸收电能。**电能有磁场能、电场能两种形态，分别储存于电感与电容之中，二者可以就近互相交换，补足对方所需，互补的结果使电路的无功功率减小。互补后仍存在的无功功率，才需要与电源进行交换。**

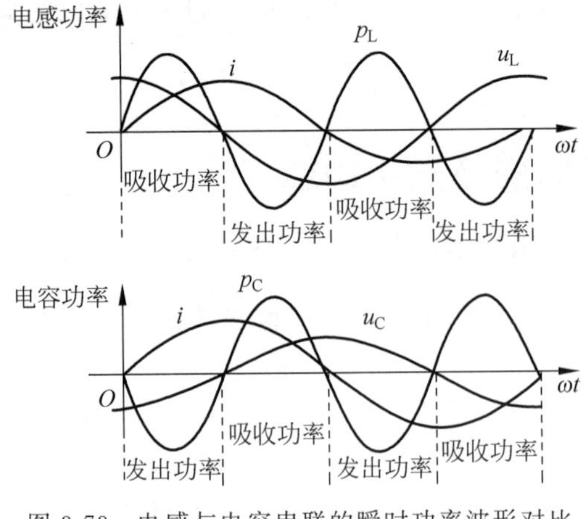


图 3-73　电感与电容串联的瞬时功率波形对比

## 3.8.5 功率因数

有功功率 $P=UI\cos\varphi$，$P$ 是在视在功率 $S$ 的基础上打了一个折扣 $\cos\varphi$。$\cos\varphi$ 称为功率因数(工程上又称为力率)，用 $\lambda$ 表示，即

$$\lambda=\cos\varphi=\frac{P}{UI} \tag{3-57}$$

$\cos\varphi$ 是正弦电路中一个重要的物理量。无源网络的阻抗角 $|\varphi|\leqslant 90°$，其功率因数 $0\leqslant\lambda\leqslant 1$，恒为正值；若所述二端网络中包含独立电源成为有源网络，那么电压与电流之间的相位差角可能 $|\varphi|>90°$，这时功率因数 $\cos\varphi<0$ 为负值，那么该有源网络向外发出有功功率。

根据功率三角形，$P$、$Q$、$S$ 三者之间的关系为

$$P=S\cos\varphi,\quad Q=S\sin\varphi=P\tan\varphi,\quad S=\sqrt{P^2+Q^2}$$

功率因数

$$\lambda=\cos\varphi=\frac{P}{S}=\frac{P}{\sqrt{P^2+Q^2}}$$

这时**阻抗角 $\varphi$ 又称为功率因数角，是电压超前电流的相位。**

$$\varphi=\pm\arccos\frac{P}{S}=\arctan\frac{Q}{P} \tag{3-58}$$

**$\varphi>0$ 时是感性网络，工程上俗称为"滞后"网络，指电流滞后电压；$\varphi<0$ 时是容性网络，工程上俗称为"超前"网络，指电流超前电压。**

可以证明，**一个由多元件多支路组成的无源网络，其有功功率等于各个电阻元件吸收的有功功率之和，也等于各条支路吸收的有功功率之和**，即

$$P=P_1+P_2+P_3+\cdots=I_1^2R_1+I_2^2R_2+I_3^2R_3+\cdots \tag{3-59}$$

$$P=U_1I_1\cos\varphi_1+U_2I_2\cos\varphi_2+U_3I_3\cos\varphi_3+\cdots \tag{3-60}$$

**其无功功率等于全部电感的无功功率与全部电容的无功功率之差，还等于各条支路吸收的无功功率之和**，即

$$Q=(I_{L1}^2\omega L_1+I_{L2}^2\omega L_2+\cdots)-\left(I_{C1}^2\frac{1}{\omega C_1}+I_{C2}^2\frac{1}{\omega C_2}+\cdots\right) \tag{3-61}$$

$X$ 有正有负，即

$$Q=Q_1+Q_2+Q_3+\cdots=I_1^2X_1+I_2^2X_2+I_3^2X_3+\cdots \tag{3-62}$$

$$Q=U_1I_1\sin\varphi_1+U_2I_2\sin\varphi_2+U_3I_3\sin\varphi_3+\cdots \tag{3-63}$$

但一定注意：**总视在功率一般不等于各条支路视在功率之和**，即

$$S\neq S_1+S_2+S_3+\cdots \tag{3-64}$$

同一电路的阻抗三角形、电压三角形、功率三角形互为相似三角形，如图 3-74 所示各对应边成比例，其比例式可用于计算。其中，

$$\varphi=\arctan\frac{X}{R}=\arctan\frac{Q}{P}=\arctan\frac{U_X}{U_R} \tag{3-65}$$

$\frac{U}{I}=|Z|$　$\frac{U_X}{I}=X$　$\frac{U_R}{I}=R$　阻抗三角形

每条边长除以$I$

$\dot{U}$　$\dot{U}_X$　$\dot{U}_R$　$\dot{I}$　电压三角形

每条边长乘以$I$

$S=UI$　$U_XI=Q$　$P=U_RI$　功率三角形

图 3-74　阻抗三角形、电压三角形、功率三角形互为相似三角形

**【例 3-25】** RLC 并联电路如图 3-75(a)所示，已知电源电压 $\dot{U}=120\angle 0°\text{V}$，频率为 50Hz，试求各支路中的电流 $\dot{I}_R$、$\dot{I}_L$、$\dot{I}_C$ 及总电流 $\dot{I}$；求出电路的 $\cos\varphi$、$S$、$P$ 和 $Q$；画出相量图。

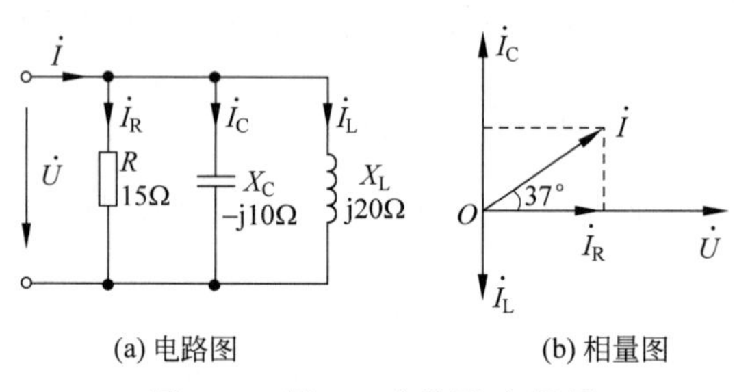


(a) 电路图　(b) 相量图

图 3-75　例 3-25 电路图、相量图

**解**　$\dot{U}=120\angle 0°\text{V}$，

$$\dot{I}_R=\frac{\dot{U}}{R}=\frac{120\angle 0°}{15}=8\angle 0°\text{A}$$

$$\dot{I}_C=\frac{\dot{U}}{-\text{j}X_C}=\frac{120\angle 0°}{-\text{j}10}=\text{j}12\text{A},\quad \dot{I}_L=\frac{\dot{U}}{\text{j}X_L}=\frac{120\angle 0°}{\text{j}20}=-\text{j}6\text{A}$$

$\dot{I}=\dot{I}_R+\dot{I}_C+\dot{I}_L=8+\text{j}12-\text{j}6=10\angle 37°\text{A}$　（电流超前电压，为容性电路）

$\lambda=\cos\varphi=\cos(-37°)=0.8$

$S=UI=1200\text{VA}$

$P=S\cos\varphi=1200\times 0.8=960\text{W}$

$Q=S\sin(-37°)=1200\times(-0.6)=-720\text{var}$

相量图如图 3-75(b)所示。

**【例 3-26】** 两个电路元件串联，接到 120V、50Hz 电源时，消耗无功功率 60var，功率因数是 0.6，问这两个是什么元件？参数是多少？

**解**　先求功率因数角

$$\varphi=\arccos 0.6=53.13°$$

无功功率为正，电路应为感性。根据功率三角形，有

$$P=\frac{Q}{\tan\varphi}=\frac{60}{\tan 53.13}=45\text{W}$$

再求视在功率

$$S=\sqrt{P^2+Q^2}=\sqrt{60^2+45^2}=75\text{V}\cdot\text{A}$$

计算电路电流

$$I=\frac{S}{U}=\frac{75}{120}=0.625\text{A}$$

有功功率是电阻吸收的,即

$$R=\frac{P}{I^2}=\frac{45}{0.625^2}=115.2\Omega$$

无功功率是电感吸收的,即

$$X_L=\frac{Q}{I^2}=\frac{60}{0.625^2}=153.6\Omega$$

$$L=\frac{X_L}{\omega}=\frac{153.6}{314}=0.489\text{H}$$

**【例 3-27】** 图 3-76(a)中在 220V 的电力线路上,并接 20 只 40W 功率因数为 0.5 的日光灯,还并接有 100 只 40W 的白炽灯,白炽灯是纯电阻负载,求:

(1) 线路总的有功功率、无功功率、视在功率、功率因数和功率因数角。

(2) 线路总电流有效值。

(3) 线路总的复阻抗。

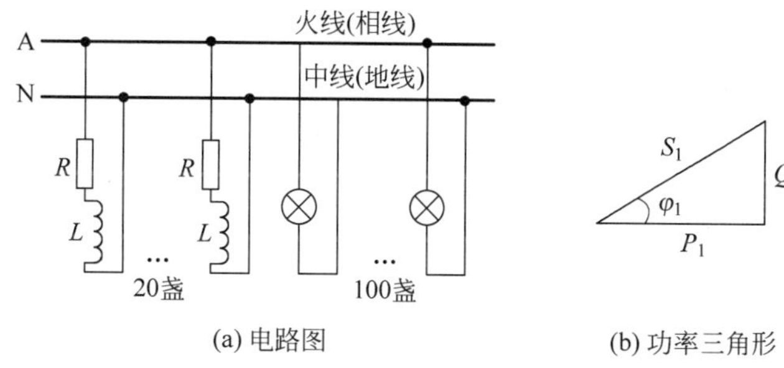


图 3-76 例 3-27 电路图、功率三角形

**解** (1) 第一部分电路是 20 只日光灯并联,日光灯用到镇流器是电感线圈。

已知

$$P_1=40\times20=800\text{W},\quad \cos\varphi_1=0.5$$

则有

$$\varphi_1=\arccos0.5=60^\circ$$

根据图 3-76(b)的功率三角形得

$$Q_1=P_1\tan\varphi_1=800\times\tan60^\circ=1385.64\text{var}$$

第二部分电路是 100 只白炽灯并联,白炽灯是纯电阻负载,功率因数为 1。

则有

$$P_2=40\times100=4000\text{W},\quad Q_2=0$$

所以

$$P=P_1+P_2=800+4000=4800\text{W}$$

$$Q=Q_1+Q_2=1385.64\text{var}$$

$$S=\sqrt{P^2+Q^2}=4996\text{V}\cdot\text{A}$$

电力线路的总功率因数和功率因数角分别为

$$\lambda=\cos\varphi=\frac{P}{S}=\frac{4800}{4996}=0.96,\quad \varphi=\arccos0.96=16.26^\circ$$

（2）线路总电流有效值

$$I=\frac{S}{U}=\frac{4996}{220}=22.71\text{A}$$

（3）线路总的复阻抗

$$Z=\frac{U}{I}\angle\varphi=\frac{220}{22.71}\angle 16.26^{\circ}=9.67\angle 16.26^{\circ}\Omega$$

在供电系统中，有时需要对功率进行测量。电动系功率表的测量机构有两个线圈，固定线圈通入被测电流 $\dot{I}$，可动线圈通入与被测电压 $\dot{U}$ 成正比同相位的小电流，两个电流产生的磁场相互作用使可动线圈带动指针偏转，如图 3-77(a)所示。其中电流线圈内阻很小可看成短路；电压线圈支路中串入一个大电阻 $R_V$，使分流很小，可看成开路。该功率表的读数正比于图中被测 RL 串联电路的平均功率，即

$$W=kUI\cos\varphi$$

式中，$k$——仪表比例系数。

由于电流流向不同产生的磁场方向也不同，因此两个线圈都要规定电流的流入端——称为发电机端，用“*”号标注。测量时，两“*”号端相连后共同接向电源的正极端。功率表具有相敏特性，偏转角度不仅与电流、电压有效值乘积成正比，还与两者相位差角的余弦成正比。功率表也可以做成电子式数字显示的，接线方法相同。

**【例 3-28】** 图 3-77 用三表法测量电感线圈的自感系数 $L$ 和绕线电阻 $R$，电源频率为 50Hz，电压表读数为 100V，电流表读数为 2A，功率表读数为 120W，计算 $R$ 和 $L$。

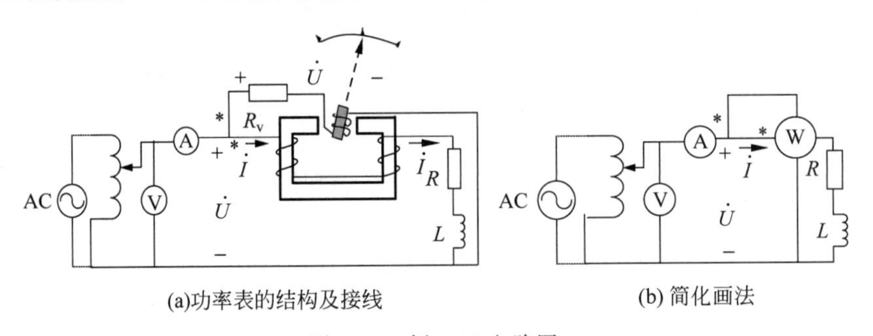


图 3-77 例 3-28 电路图

**解** 电感线圈阻抗的模值为

$$|Z|=\frac{U}{I}=\frac{100}{2}=50\Omega$$

根据功率表的读数

$$P=UI\cos\varphi=100\times 2\cos\varphi=120\text{W}$$

得功率因数及功率因数角

$$\lambda=\cos\varphi=\frac{P}{UI}=\frac{120}{100\times 2}=0.6,\quad \varphi=\arccos 0.6=53.1^{\circ}$$

则有

$$Z=R+\text{j}X_L=\frac{U}{I}\angle\varphi=50\angle 53.13^{\circ}=30+\text{j}40\Omega$$

所以

$$R=30\Omega,\quad L=\frac{X_{\mathrm{L}}}{\omega}=\frac{40}{314}=0.127\mathrm{H}$$

### 3.8.6 复功率

正弦电路运算采用复数十分快捷，但前述有关功率的概念 $P$、$Q$、$S$、$\varphi$ 都不是复数量，为**营造全复数化运算的环境，定义一个新的计算用复数——复功率 $\bar{S}$，单位为伏安（V·A）或千伏安（kV·A），其模值为视在功率 $S$，辐角为功率因数角 $\varphi$；其实部为有功功率 $P$，虚部为无功功率 $Q$。**

$$\bar{S}=S\angle\varphi=P+\mathrm{j}Q=\sqrt{P^2+Q^2}\angle\arctan\frac{Q}{P}\tag{3-66}$$

它不代表正弦量的相量，所以 $\bar{S}$ 顶部不打点。

为使复功率 $\bar{S}$ 与电压、电流相量直接相关，电路的 $\dot{U}$ 与 $\dot{I}$ 在关联参考方向下吸收的复功率为

$$\bar{S}=\dot{U}\dot{I}^*=UI\angle(\psi_{\mathrm{u}}-\psi_{\mathrm{i}})=P+\mathrm{j}Q\tag{3-67}$$

$\dot{U}$ 与 $\dot{I}$ 在非关联参考方向下，吸收的复功率则为

$$\bar{S}=-\dot{U}\dot{I}^*=-UI\angle(\psi_{\mathrm{u}}-\psi_{\mathrm{i}})=P+\mathrm{j}Q$$

**必须注意的是：复功率 $\bar{S}$ 不等于电压相量乘以电流相量，而是电压相量乘以电流相量的共轭复数。两共轭复数的概念是"模相等辐角互为相反数"**，即若 $\dot{I}=I\angle\psi_{\mathrm{i}}=30\angle25°\mathrm{A}$，则其共轭复数为 $\dot{I}^*=I\angle-\psi_{\mathrm{i}}=30\angle-25°\mathrm{A}$，**只有这样定义，复功率的辐角才等于功率因数角 $\varphi=\psi_{\mathrm{u}}-\psi_{\mathrm{i}}$。**目的是要产生"$-\psi_{\mathrm{i}}$"。

根据复数运算规则，以下等式成立：

$$\bar{S}=\dot{U}\dot{I}^*=Z\dot{I}\dot{I}^*=ZI^2=(R+\mathrm{j}X)I^2\tag{3-68}$$

$$\bar{S}=\dot{U}(Y\dot{U})^*=\dot{U}\dot{U}^*Y^*=U^2Y^*=U^2(G+\mathrm{j}B)^*\tag{3-69}$$

复功率中各量的意义小结见表 3-1。

**表 3-1 复功率中各量的意义**

| 二端网络 | 图形 | 复功率计算公式 | 有功功率 $P$ | 无功功率 $Q$ |
|---|---|---|---|---|
| $\dot{U}$、$\dot{I}$ 关联参考方向 | $+$ $\dot{U}$ $-$ $\dot{I}$ | $\bar{S}=\dot{U}\dot{I}^*=P+\mathrm{j}Q$ | $P>0$ 吸收有功功率 | $Q>0$ 吸收无功功率（感性无功） |
| | | | $P<0$ 发出有功功率 | $Q<0$ 发出无功功率（容性无功） |
| $\dot{U}$、$\dot{I}$ 非关联参考方向 | $+$ $\dot{U}$ $-$ $\dot{I}$ | $\bar{S}=-\dot{U}\dot{I}^*=P+\mathrm{j}Q$ | $P>0$ 吸收有功功率 | $Q>0$ 吸收无功功率（感性无功） |
| | | | $P<0$ 发出有功功率 | $Q<0$ 发出无功功率（容性无功） |

**【例 3-29】** 如图 3-78(a)所示电路,已知 $R_1=40\Omega$,$jX_L=j157\Omega$,$R_2=20\Omega$,$-jX_C=-j114\Omega$,电源电压 $\dot{U}=220\angle 0°V$,频率 $f=50Hz$。试计算:

(1) 各支路电流 $\dot{I}_1$、$\dot{I}_2$ 和总电流 $\dot{I}$。

(2) 三条支路的复功率 $\overline{S}_1$、$\overline{S}_2$ 和 $\overline{S}$。

(3) 对题目所给的独立电系统,验证 $P_1+P_2+P=0$,$Q_1+Q_2+Q=0$,$\overline{S}_1+\overline{S}_2+\overline{S}=0$。

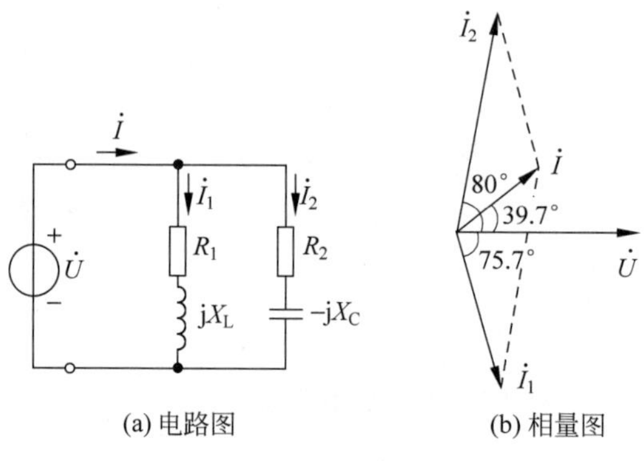


(a) 电路图　　(b) 相量图

图 3-78　例 3-29 电路图、相量图

**解** (1) 计算各支路电流 $\dot{I}_1$、$\dot{I}_2$ 和总电流 $\dot{I}$,即

$$Z_1=R_1+jX_L=40+j157=162\angle 75.7°\Omega$$

$$\dot{I}_1=\frac{\dot{U}}{Z_1}=\frac{220\angle 0°}{162\angle 75.7°}=1.36\angle -75.7°A$$

$$Z_2=R_2-jX_C=20-j114=115.7\angle -80°\Omega$$

$$\dot{I}_2=\frac{\dot{U}}{Z_2}=\frac{220\angle 0°}{115.7\angle -80°}=1.9\angle 80°A$$

$$\dot{I}=\dot{I}_1+\dot{I}_2=1.36\angle -75.7°+1.9\angle 80°=0.87\angle 39.7°A$$

(2) 计算三条支路的复功率 $\overline{S}_1$、$\overline{S}_2$ 和 $\overline{S}$,即

$$\overline{S}_1=\dot{U}\dot{I}_1^*=P_1+jQ_1=220\angle 0°\times 1.36\angle 75.7°=299.2\angle 75.7°$$
$$=(73.9+j289.93)V\cdot A\text{,无源感性}$$

$$\overline{S}_2=\dot{U}\dot{I}_2^*=P_2+jQ_2=220\angle 0°\times 1.9\angle -80°=418\angle -80°$$
$$=(72.58-j411.65)V\cdot A\text{,无源容性}$$

$$\overline{S}=-\dot{U}\dot{I}^*=P+jQ=-220\angle 0°\times 0.87\angle -39.7°=191.4\angle 140.3°$$
$$=(-147.26+j122.26)V\cdot A\text{,有源感性}$$

(3) 验证功率守恒,即

$$P_1+P_2+P=73.9+72.58-147.26\approx 0W$$

$$Q_1+Q_2+Q=289.93+(-411.65)+122.26\approx 0var$$

$$\bar{S}_1+\bar{S}_2+\bar{S}=(73.9+\mathrm{j}289.93)+(72.58-\mathrm{j}411.65)+(-147.26+\mathrm{j}122.26)\approx 0\mathrm{V}\cdot\mathrm{A}$$

在电力系统中，电源与负载之间的有功功率、无功功率时刻都要保持平衡（即复功率平衡），由调度自动化系统来保证功率平衡的实现。调度自动化系统是智能电网的核心，由计算机系统控制。

全电网用电的有功功率增加时，电网频率 $f$ 有下降的趋势（$f$ 与发电机转速大小相关联），表明电源输出的有功功率少于电力负荷消耗的功率，调度自动化系统会调度运行机组增发有功或调度备用发电机组并网发电；相反，电网用电的有功功率减少时，频率 $f$ 有上升的趋势，表明有功功率过量，调度自动化系统会指挥某些发电机组减发有功或直接将某些机组退出运行。

另外，全电网消耗的无功功率增加时，电网电压 $U$ 有下降的趋势（$U$ 与发电机励磁电流大小相关联），表明电源输出的无功功率不够，调度自动化系统会指挥投入更多的无功电源（电容器组、同步调相机等）或调高发电机励磁电流；相反，无功功率过剩，电网电压 $U$ 有升高的趋势，这时需要切断过多无功电源或降低发电机励磁电流。如此才能确保全电网功率的动态平衡。

前述各节运用的符号和算式中，有些量顶部打点、有些不打；有时可用有效值（模值）运算，有时需要用复数运算，初学者容易混淆，使用的原则如下：

（1）表示正弦量的相量 $\dot{U}$、$\dot{I}$ 才打点，计算用复数 $Z$、$Y$、$\bar{S}$ 不打点。

（2）正弦量的加减运算，不能用有效值进行。

（3）直接相乘或相除的计算可用模值进行，但结果仅得到模值，不能算出角度；用复数相乘或相除，可同时得到模值和角度。

（4）与电压三角形、阻抗三角形、功率三角形、导纳三角形、电流三角形的三边长度有关的计算，用数量大小，不用相量。

【例 3-30】 如图 3-79 所示供电系统由两条电源支路共同供电，计算每条支路的复功率。

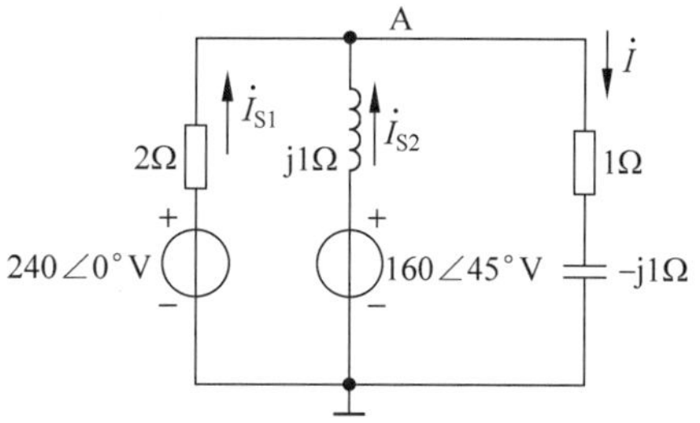

图 3-79　例 3-30 电路图

**解**　图示电路的弥尔曼方程为

$$\dot{U}_\mathrm{A}=\frac{\dfrac{240\angle 0^\circ}{2}+\dfrac{160\angle 45^\circ}{\mathrm{j}1}}{\dfrac{1}{2}+\dfrac{1}{\mathrm{j}1}+\dfrac{1}{1-\mathrm{j}1}}=231.65\angle 0.68^\circ\mathrm{V}$$

$$\dot{I}_\mathrm{S1}=\frac{240\angle 0^\circ-\dot{U}_\mathrm{A}}{2}=\frac{240\angle 0^\circ-231.65\angle 0.68^\circ}{2}=4.34\angle -18.14^\circ\mathrm{A},\quad \text{电流值很小}$$

$$\dot{I}_\mathrm{S2}=\frac{160\angle 45^\circ-\dot{U}_\mathrm{A}}{\mathrm{j}1}=\frac{160\angle 45^\circ-231.65\angle 0.68^\circ}{\mathrm{j}1}=162\angle 47.05^\circ\mathrm{A},\quad \text{电流值极大}$$

$$\dot{I}=\frac{\dot{U}_\mathrm{A}}{1-\mathrm{j}1}=\frac{231.65\angle 0.68^\circ}{1-\mathrm{j}1}=163.8\angle 45.68^\circ\mathrm{A},\quad \text{负载电流几乎全由电源 2 支路提供}$$

电源 1 支路的电流 $\dot{I}_\mathrm{S1}$ 与结点电压 $\dot{U}_\mathrm{A}$ 为非关联参考方向，则

$$\begin{aligned}\bar{S}_{S1} &= -\dot{U}_A \dot{I}_{S1}^* = -231.65\angle 0.68° \times 4.34\angle 18.14° \\ &= -1005.36\angle 18.82° = P_{S1} + jQ_{S1} \\ &= -951.61 - j324.33\text{V} \cdot \text{A}\end{aligned}$$

电源 1 支路发出有功功率,发出无功功率(容性无功)。

电源 2 支路的电流 $\dot{I}_{S2}$ 与 $\dot{U}_A$ 也为非关联参考方向,则

$$\begin{aligned}\bar{S}_{S2} &= -\dot{U}_A \dot{I}_{S2}^* = -231.65\angle 0.68° \times 162\angle -47.05° \\ &= -37\,527.3\angle -46.37° = P_{S2} + jQ_{S2} \\ &= -25\,893.78 + j27\,162.66\text{V} \cdot \text{A}\end{aligned}$$

电源 2 支路发出有功功率,吸收无功功率(感性无功)。

负载支路的电流 $\dot{I}$ 与 $\dot{U}_A$ 为关联参考方向

$$\begin{aligned}\bar{S}_Z &= \dot{U}_A \dot{I}^* = 231.65\angle 0.68° \times 163.8\angle -45.68° \\ &= 37\,944.27\angle -45° = P_Z + jQ_Z = 26\,830.65 - j26\,830.65\text{V} \cdot \text{A}\end{aligned}$$

负载支路吸收有功功率,发出无功功率(容性无功)。

验证功率守恒,即

$$P_{S1} + P_{S2} + P_Z = -951.61 - 25\,893.78 + 26\,830 \approx 0\text{W}$$

$$Q_{S1} + Q_{S2} + Q_Z = -324.33 + 27\,162.66 - 26\,830.65 \approx 0\text{var}$$

以上表明,两条电源支路共同供电时,若两电源参数相差较大,电压值低的电源输出电流极大,而另一个很小,负载不能在两个电源上均分。实际运行中,必须避免这种情况,两电源参数要一致。若其中一个电源出现故障,也会出现参数偏差,因此供电电源在现场要有自动装置监测其参数的变化。

**【例 3-31】** 如图 3-80 所示电源带有三条负载支路,求电源输出的电流 $\dot{I}_S$。

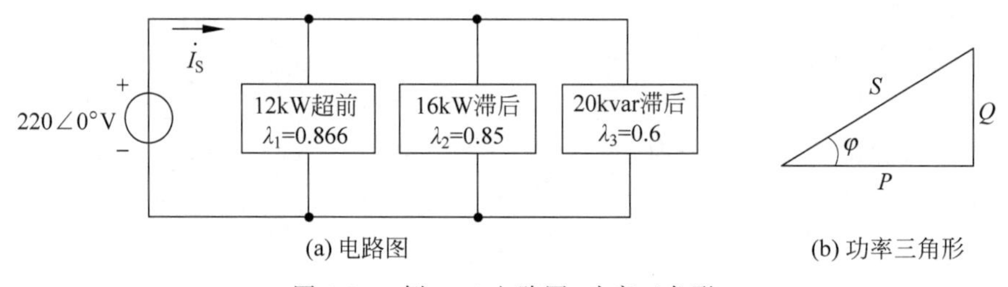


图 3-80 例 3-31 电路图、功率三角形

**解** (1) 负载 1 功率因数——超前,为容性负载。其功率因数角为负

$$\varphi_1 = -\arccos 0.866 = -30°$$

无功功率为负

$$Q_1 = P_1 \tan(-30°) = -12 \times 0.577 = -6.93\text{kvar}$$

(2) 负载 2 功率因数——滞后,为感性负载。其功率因数角为正

$$\varphi_2 = \arccos 0.85 = 31.79°$$

无功功率为正

$$Q_2 = P_2 \tan 31.79° = 16 \times 0.62 = 9.92\text{kvar}$$

(3) 负载3功率因数——滞后,为感性负载。其功率因数角为正

$$\varphi_3 = \arccos 0.6 = 53.13°$$

无功功率为正,求有功功率

$$P_3 = \frac{Q_3}{\tan 53.13°} = \frac{20}{1.33} = 15\text{kW}$$

(4) 三条负载支路的总有功功率

$$P = P_1 + P_2 + P_3 = 12 + 16 + 15 = 43\text{kW}$$

三条负载支路的总无功功率

$$Q = Q_1 + Q_2 + Q_3 = -6.93 + 9.92 + 20 = 22.99\text{kvar}$$

表明负载总体为感性负载。

三条负载支路的总视在功率

$$S = \sqrt{P^2 + Q^2} = \sqrt{43^2 + 22.99^2} = 48.76\text{kV} \cdot \text{A}$$

三条负载支路的总功率因数角

$$\varphi = \arcsin \frac{Q}{S} = \arcsin \frac{22.99}{48.76} = 28.13° \quad 或 \quad \arccos \frac{P}{S} = \arccos \frac{43}{48.76} = 28.13°$$

电源输出电流的有效值为

$$I_S = \frac{S}{U} = \frac{48\,760}{220} = 221.6\text{A}$$

该电流滞后电源电压28.13°,所以

$$\dot{I}_S = 221.6\angle -28.13°\text{A}$$

该题在解答过程中反复借助了功率三角形的概念,每条支路有各自的功率三角形,总体电路有总体功率三角形。

### 3.8.7 最大功率传输

正弦电路中传输的最大功率,指的是最大有功功率,由图3-81分析负载获得最大功率的条件。

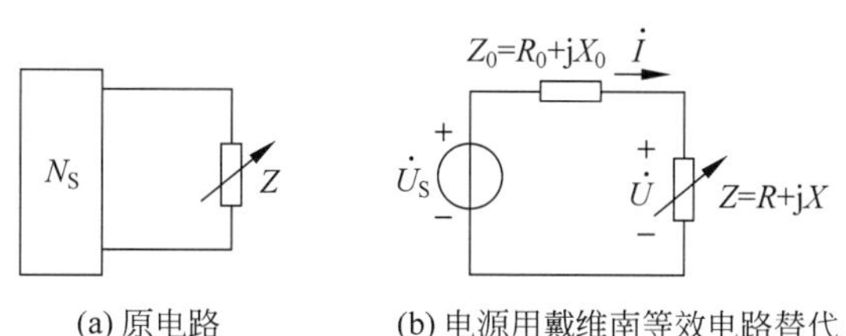


图3-81　负载共轭匹配传输最大功率

根据戴维南定理,有源二端网络 $N_S$ 对于外电路可以用戴维南电路来等效,如图3-81(b)所示。设 $Z_0 = R_0 + jX_0$ 不可改变,而负载 $Z = R + jX$ 可变,则负载吸收的有功功率为

$$P = I^2 R = \left( \frac{U_S}{\sqrt{(R + R_0)^2 + (X + X_0)^2}} \right)^2 R$$

理论与实践均证明 $P$ 取最大值的条件是

$$R=R_0,\quad X=-X_0 \quad 即 \quad Z=Z_0^*=R_0-\mathrm{j}X_0 \tag{3-70}$$

式中,$Z$ 等于 $Z_0$ 的共轭复数,称为共轭匹配。

此时负载获得的最大功率为

$$P_{\max}=I^2R=\frac{U_S^2R_0}{(R_0+R_0)^2+(-X_0+X_0)^2}=\frac{U_S^2}{4R_0} \tag{3-71}$$

显然此时有功功率的传输效率只有50%。电力线路传输的电功率巨大,不能采用共轭匹配方式供电,否则浪费巨大,应该尽量使电源内阻抗 $Z_0$ 减小。

## 【课后练习】

**3.8.1** 求以下4种情况的复功率。

(1) $P=269\text{W}, Q=-150\text{var}$(容性);$\bar{S}_1=$(          )V·A。

(2) $S=600\text{V}\cdot\text{A}, Q=450\text{var}$(感性);$\bar{S}_2=$(          )V·A。

(3) $Q=-2000\text{var}$,功率因数0.9(超前);$\bar{S}_3=$(          )V·A。

(4) $U_S=220\text{V}, P=1\text{kW}, |Z|=40\Omega$(滞后);$\bar{S}_4=$(          )V·A。

**3.8.2** 关联参考方向下,复功率的计算公式为(    ),其实部是(    )功率,单位是(    );虚部是(    )功率,单位是(    );模对应的是(    )功率,单位是(    )。

**3.8.3** 每只日光灯的功率因数为0.5,当 $N$ 只日光灯相并联时,总的功率因数为(    );若再与 $M$ 只白炽灯并联,则总功率因数将(    )。

**3.8.4** 某无源网络吸收功率 $P=500\text{W}$、功率因数 $\lambda=\cos\varphi=0.5$(容性),如网络的端口电压相量 $\dot{U}=100\angle 0^\circ\text{V}$,则端口电流 $\dot{I}=$(    )A及网络吸收的无功功率 $Q=$(    )var。

**3.8.5** 已知无源二端网络,$\dot{U}=2\angle 60^\circ\text{V}, \dot{I}=3\angle -30^\circ\text{A}$,两者取关联参考方向,网络吸收的视在功率为(    )V·A、有功功率为(    )W、无功功率为(    )var,该元件是(    )。

**3.8.6** 已知某无源二端网络,$\dot{U}=40\angle 0^\circ\text{V}, \dot{I}=2\angle 36.87^\circ\text{A}$,则等效复阻抗为感性还是容性?功率因数角为多少?功率因数为多少?并填写如图3-82所示各三角形的三边。

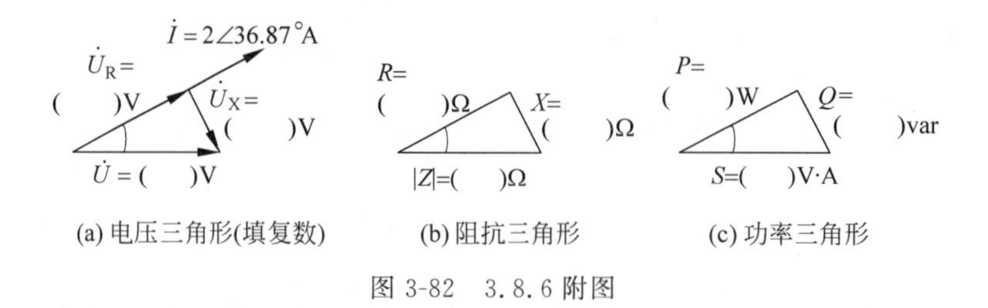


(a) 电压三角形(填复数)　(b) 阻抗三角形　(c) 功率三角形

图3-82 3.8.6附图

## 3.9 功率因数的提高

功率因数是企事业用电单位重要的经济技术指标,有关电费支出的额度和生产成本的高低,供用电双方均十分重视。

## 3.9.1 提高功率因数的意义

供电线路用户侧的功率因数是一个重要的用电参数，关系到供用电双方的经济效益。图 3-83 是感性负载的供电线路示意图，$r$ 为供电导线的电阻，电流通过时，$r$ 上会产生功率损耗 $\Delta P$、电压损失 $\Delta U$。

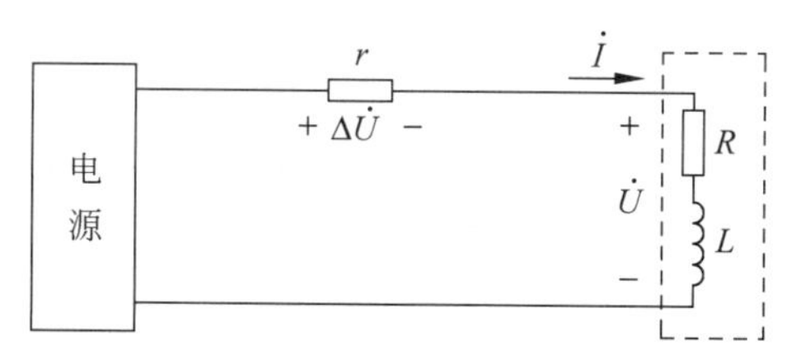


图 3-83 感性负载的供电线路示意图

当负载所需有功功率和额定电压一定时，输电线电流与功率因数成反比。

$$I=\frac{P}{U\cos\varphi}=\frac{P}{U}\times\frac{1}{\cos\varphi}$$

电流增大会使输电线上的功率损耗 $\Delta P$ 增大。$\Delta P$ 与功率因数的平方成反比。

$$\Delta P=I^2r=\left(\frac{P}{U\cos\varphi}\right)^2r=\frac{P^2r}{U^2}\times\frac{1}{\cos^2\varphi} \tag{3-72}$$

电流增大还会使输电线上的电压损失 $\Delta U$ 增大。$\Delta U$ 与功率因数成反比。

$$\Delta U=Ir=\frac{P}{U\cos\varphi}r=\frac{Pr}{U}\times\frac{1}{\cos\varphi} \tag{3-73}$$

如果已建一个容量为 $S_N$ 的电源点，它能提供的有功功率为

$$P=S_N\cos\varphi\leqslant S_N$$

如果已建有功功率需求为 $P_N$ 的工业园区，和它配套的电源点容量为

$$S=\frac{P_N}{\cos\varphi}\geqslant P_N$$

可见，提高负载功率因数，可降低 $\Delta P$、$\Delta U$、减少导线的用铜量、提高电源设备利用率。

## 3.9.2 提高功率因数的方法

电力负载多为感性，如变压器、电动机、家用电器、电焊机等。其中电感元件储存磁场能，磁场能为负载所必需。如在电动机中，转子与定子之间并无电的直接联系，而输入定子的电能转换为电动机转子输出的机械能就靠转子与定子之间的磁场来传递并转换，但磁场能并不被吸收，而是储存后又释放与电源进行能量往返交换，形成无功功率。就地提供无功功率的方法就是电感性负载与电容性负载并联，容性负载发出的无功功率可就近提供给感性负载，减少了感性负载和电源间能量交换。常见容性负载有电力电容器和同步电动机两种。

图 3-84(a)以在感性负载两端并联电容器为例，介绍提高功率因数的方法。如图 3-84(b)所示相量图中，$\dot{U}$ 为参考相量，没并联电容前 $\dot{I}=\dot{I}_L$，$\dot{I}_L$ 滞后 $\dot{U}$ 的相位为 $\varphi_L$(角度大)。并联

电容后，由于电容电流 $\dot{I}_C$ 超前电压 90°，总电流 $\dot{I}=\dot{I}_L+\dot{I}_C$ 减小了，整体电路的功率因数角由 $\varphi_L$ 减小为 $\varphi_2$，达到了提高功率因数的目的。应注意到：**并联电容前后感性支路本身的工作状态并不发生任何变化。感性支路的电流和有功功率不变，由于电容元件的有功功率为零，所以整体电路的有功功率也不变。发生变化的是：电路的总电流、视在功率、功率因数角均减小了。**

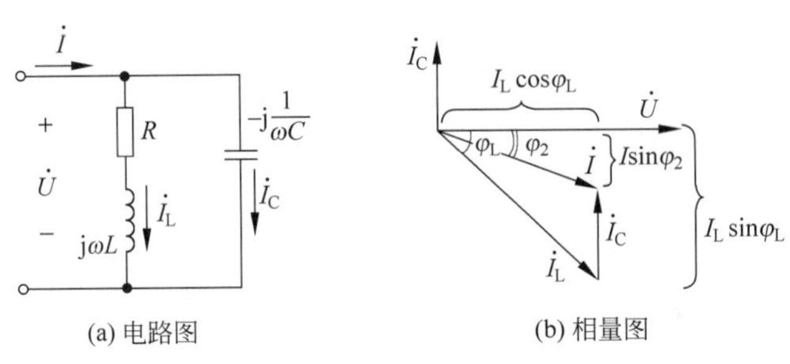


图 3-84　并联电容提高感性负载的功率因数

观察图 3-84(b)得到

$$I_C=I_L\sin\varphi_L-I\sin\varphi_2=\frac{P}{U\cos\varphi_L}\sin\varphi_L-\frac{P}{U\cos\varphi_2}\sin\varphi_2=\frac{P}{U}(\tan\varphi_L-\tan\varphi_2)$$

又因为

$$I_C=\frac{U}{X_C}=\frac{U}{1/\omega C}=U\omega C$$

令上两式相等，得

$$C=\frac{P}{\omega U^2}(\tan\varphi_L-\tan\varphi_2) \tag{3-74}$$

**【例 3-32】** 某单相变压器额定电压 $U_N=220\text{V}$，额定容量 $S_N=50\text{kV}\cdot\text{A}$。若负载功率因数 $\cos\varphi_1=0.6$，可供给负载多少有功功率？若将负载功率因数提高到 $\cos\varphi_2=0.9$，可提供多少有功功率？

**解**　负载 $\cos\varphi_1=0.6$ 时，变压器可提供的有功功率为

$$P_1=S_N\cos\varphi_1=50\times0.6=30\text{kW}$$

若将负载的功率因数提高到 $\cos\varphi_2=0.9$，则

$$P_2=S_N\cos\varphi_2=50\times0.9=45\text{kW}$$

表明不需要增加供给，就能多提供 15kW 有功功率。

要适当选择并联电容的电容值，**$C$ 值增大，$I_C$ 增大，整体电路若仍在感性范围内时，总电流 $I$ 和功率因数角 $\varphi_2$ 随之减小**，如图 3-85(a)所示；**当功率因数角调整到 $\varphi_2=0°$ 时，功率因数为 1，总电流 $I$ 最小，称为全补偿，这时电路发生了谐振，使总电流与电压同相**，如图 3-85(b)所示；**但再增大 $C$ 值，$\dot{I}$ 将超前于 $\dot{U}$，整体电路变为容性，称为过补偿，这时 $C$ 增大，功率因数反而下降，负载向电源倒送无功功率，是不应该出现的现象**，如图 3-85(c)所示。**电容适当补偿后整体电路仍为弱感性（$\varphi_2$ 为正值，但很小），称为欠补偿，是常见的情形。**

实际供电过程中，负载时刻变化，要做到全补偿不易跟踪，并且全补偿需要的电容值 $C$ 很大，投资过大不可取。采用单片计算机在线监测负载功率因数，根据功率因数变化，自动

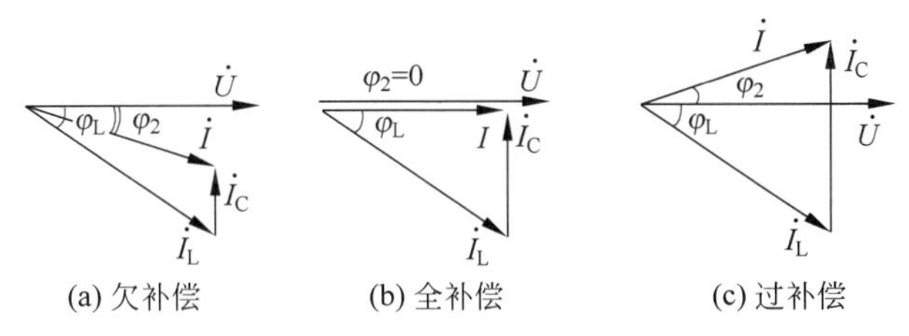

(a) 欠补偿　(b) 全补偿　(c) 过补偿

图 3-85　电容对感性负载的欠补偿、全补偿和过补偿

计算并投切电容器组的容量，可保证功率因数位于弱感性 0.90～0.95。

**【例 3-33】** 如图 3-84 所示电路，电网电压 $U=220\text{V}$，频率 $f=50\text{Hz}$，电路的总功率 $P=2\text{kW}$，未接电容器支路前，电路的功率因数 $\cos\varphi=0.5$，接通电容器支路后，功率因数提高到 $\cos\varphi'=0.866$(感性)。试求电阻 $R$、电感 $L$ 及电容 $C$。

**解** 未接电容器前的功率因数角及电流

$$\cos\varphi=0.5,\quad \varphi=\arccos 0.5=60^\circ$$

$$I_L=\frac{P}{U\cos\varphi}=\frac{2000}{220\times 0.5}=18.2\text{A}$$

并联电容器后的功率因数角及总电流

$$\cos\varphi'=0.866,\quad \varphi'=\arccos 0.866=30^\circ$$

$$I=\frac{P}{U\cos\varphi'}=\frac{2000}{220\times 0.866}=10.5\text{A}$$

设

$$\dot{U}=220\angle 0^\circ\text{V}$$

则

$$\dot{I}=I\angle-\varphi=10.5\angle-30^\circ\text{A},\quad \dot{I}_L=I_L\angle-\varphi=18.2\angle-60^\circ\text{A}$$

$$R+\text{j}X_L=\frac{\dot{U}}{\dot{I}_L}=\frac{220\angle 0^\circ}{18.2\angle-60^\circ}=12.1\angle 60^\circ=6.05+\text{j}10.5\Omega$$

所以

$$R=6.05\Omega,\quad X_L=10.5\Omega,\quad L=\frac{X_L}{2\pi f}=\frac{10.5}{314}=0.033\text{H}$$

$$C=\frac{P}{\omega U^2}(\tan\varphi-\tan\varphi')=\frac{2000}{314\times 220^2}(\tan 60^\circ-\tan 30^\circ)=152\mu\text{F}$$

**【例 3-34】** 一台同步电动机吸收功率 20kW，和一台异步电动机并联，后者功率因数 0.7(滞后)，吸收功率 50kW。设同步电动机工作于超前功率因数，它需要提供多少无功功率才能使总功率因数提高到 0.9(滞后)？同步电动机本身的功率因数是多少？

**解** 异步电动机的视在功率为

$$S_2=\frac{P_2}{\lambda_2}=\frac{50}{0.7}=71\text{kV}\cdot\text{A}$$

异步电动机的无功功率为

$$Q_2=\sqrt{S_2^2-P_2^2}=\sqrt{71^2-50^2}=50\text{kvar}$$

功率因数0.9(滞后)对应的功率因数角为

$$\varphi_{总}=\arccos 0.9=25.8^\circ$$

总功率因数提高到0.9(滞后)时的总无功功率为

$$Q_{总}=(P_1+P_2)\tan\varphi_{总}=(20+50)\tan 25.8^\circ=33.84\text{kvar}$$

同步电动机应提供的无功功率为

$$Q_1=Q_{总}-Q_2=33.84-50=-16.16\text{kvar}$$

无功功率为负表明是发出无功。同步电动机本身的功率因数为

$$\lambda_1=\frac{P_1}{S_1}=\frac{20}{\sqrt{P_1^2+Q_1^2}}=\frac{20}{\sqrt{20^2+16.16^2}}=0.78(\text{超前})$$

**【例3-35】** 功率为1.1kW的感应电动机，接在220V、50Hz的电路中，电动机需要的电流为10A，求：

(1) 电动机的功率因数；

(2) 若在电动机两端并联一个79.5μF的电容器，电路的功率因数为多少？

**解** (1) 原来的功率因数

$$\cos\varphi_1=\frac{P}{UI}=\frac{1.1\times 1000}{220\times 10}=0.5,\quad \varphi_1=60^\circ$$

(2) 并联电容器以后，有

$$C=\frac{P}{U^2\omega}(\tan\varphi_1-\tan\varphi_2)$$

其中新的功率因数角 $\varphi_2$ 未知，整理后得

$$\tan\varphi_2=\tan\varphi_1-\frac{CU^2\omega}{P}=\tan 60^\circ-\frac{79.5\times 10^{-6}\times 220^2\times 314}{1100}=0.632$$

新的功率因数角为

$$\varphi_2=\arctan 0.632=32.3^\circ$$

新的功率因数为

$$\lambda_2=\cos 32.3^\circ\approx 0.845$$

## 【课后练习】

**3.9.1** 无源二端网络的功率因数与频率(　　)关。有一RL串联电路，当频率增高时，其功率因数(　　)。

**3.9.2** 两个负载相并联，若 $Z_1=5.2-\text{j}3\Omega$，$Z_2=15.6+\text{j}X\Omega$，那么 $X$ 为(　　)Ω时，两条支路的视在功率可以直接相加。

**3.9.3** 判断下列说法的正确与错误，正确的填√，错误的填×。

(1) 负载通过串联电容提高功率因数，会使负载电压偏离电源电压(这也是负载的额定电压)，负载不能正常工作。(　　)

(2) 感性负载的功率因数为0.9～0.95，处于弱感性，符合电力公司要求。(　　)

(3) 感性负载并联电容器后处于过补偿状态下，电费较低。(　　)

(4) 与感性负载相并联的电容越大，功率因数越高。(　　)

**3.9.4** 某单相电动机，供电电压220V，供电频率50Hz，$\cos\varphi=0.8$，$P=100\text{kW}$，求：

(1) 电动机的串联等效参数 $R$ 和 $L$。

(2) 为使供电电流最小，要并联多大的电容。

## 习题

**3-1-1**　正弦电流的表达式为 $i=20\sin(314t-120°)\text{A}$，画出其波形图。

**3-1-2**　若 $i_1=10\sin(\omega t+30°)\text{A}$，$i_2=20\sin(\omega t-10°)\text{A}$，则 $i_1$ 的相位比 $i_2$ 超前多少角度？

**3-1-3**　如图 3-86 所示波形图。

(1) 写出 $u_A$ 和 $u_B$ 的表达式。

(2) 试指出各正弦量的振幅值、有效值、初相、角频率、频率、周期及两者之间的相位差各为多少？

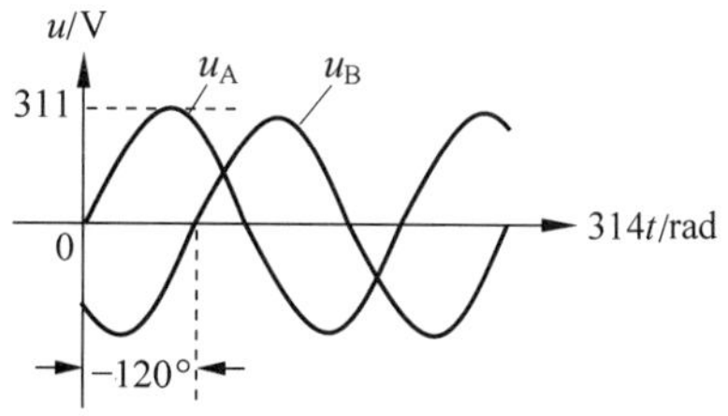

图 3-86　题图 3-1-3

**3-2-1**　将下列复数转化为极坐标形式。

(1) $\dot{A}_1=8+\text{j}6$　　(2) $\dot{A}_2=-6+\text{j}8$

(3) $\dot{A}_3=-8-\text{j}8$　　(4) $\dot{A}_4=\text{j}10$

(5) $\dot{A}_5=-4$　　(6) $\dot{A}_6=2.78-\text{j}9.2$

**3-2-2**　将下列复数转化为代数形式。

(1) $\dot{A}_1=10\angle-60°$　　(2) $\dot{A}_2=220\angle115°$　　(3) $\dot{A}_3=30\angle90°$

(4) $\dot{A}_4=17.5\angle-180°$　　(5) $\dot{A}_5=18\angle-90°$　　(6) $\dot{A}_6=18\angle-135°$

**3-2-3**　已知复数 $\dot{A}=4+\text{j}5$，$\dot{B}=6-\text{j}2$。试求 $\dot{A}+\dot{B}$，$\dot{A}-\dot{B}$，$\dot{A}\times\dot{B}$ 和 $\dot{A}\div\dot{B}$。

**3-2-4**　已知复数 $\dot{A}=17\angle24°$ 和 $\dot{B}=6\angle-65°$，试求 $\dot{A}+\dot{B}$，$\dot{A}-\dot{B}$，$\dot{A}\times\dot{B}$ 和 $\dot{A}\div\dot{B}$。

**3-2-5**　已知正弦电压相量 $\dot{U}_1=(60+\text{j}80)\text{V}$，$\dot{U}_2=100\sqrt{2}\angle36.87°\text{V}$，$\dot{U}_3=(80-\text{j}150)\text{V}$，若 $\omega=300\text{rad/s}$，写出各相量对应的正弦量瞬时值表达式，说明它们的超前、滞后关系，并画出相量图。

**3-2-6**　如图 3-87 所示，已知 $\dot{I}_1=0.18\angle-20.03°\text{A}$，$\dot{I}_2=0.57\angle69.96°\text{A}$，求 $\dot{I}$ 并画出相量图。

**3-2-7**　如图 3-88 所示，已知 $\dot{U}_S=100\angle0°\text{V}$，$\dot{U}_R=60\angle-53.13°\text{V}$，$\dot{U}_C=160\angle-143.13°\text{V}$，求 $\dot{U}_L$ 并画出相量图。

**3-3-1**　电容元件如图 3-89 所示，已知 $u_C$ 求 $i_C$。

(1) $u_C=100\sqrt{2}\sin(314t+30°)\text{V}$。

(2) $u_C=2\text{e}^{-100t}\text{V}$。

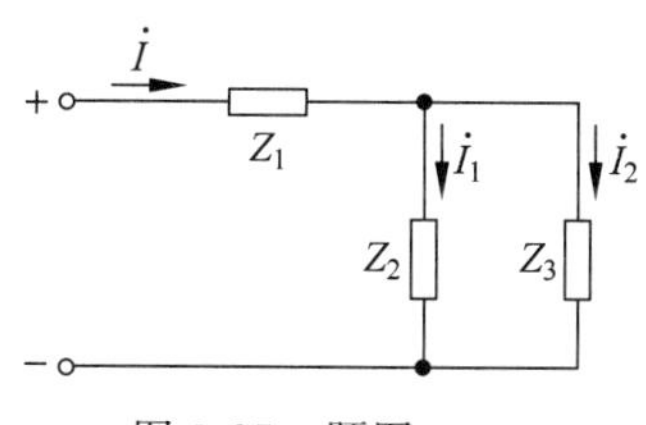


图 3-87　题图 3-2-6

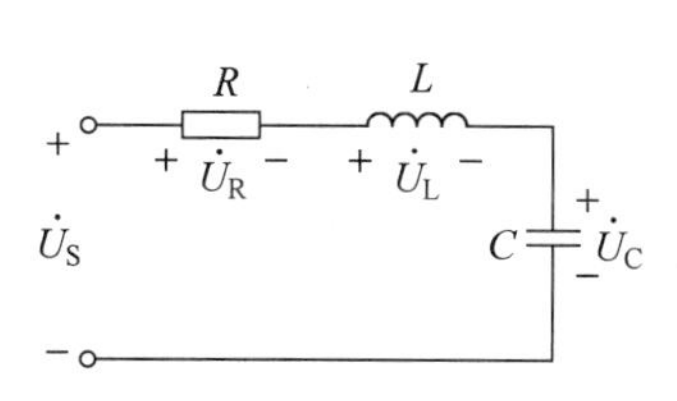


图 3-88　题图 3-2-7

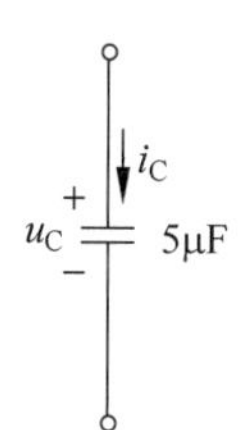


图 3-89　题图 3-3-1

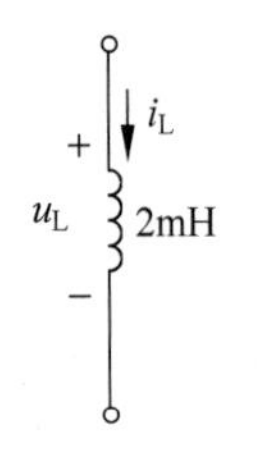


图 3-90　题图 3-3-2

**3-3-2**　电感元件如如图 3-90 所示，已知 $i_L$ 求 $u_L$。

（1）$i_L=100+50e^{-2t}$ A。

（2）$i_L=5\sqrt{2}\sin(314t-45°)$ A。

**3-3-3**　在 1μF 的电容器两端加上 $u=70.7\sqrt{2}\sin(314t-30°)$ V 的正弦电压，求通过电容器的电流有效值及电流瞬时值表达式。若所加电压的有效值与初相不变，而频率增加为 100Hz 时，通过电容器中的电流有效值又是多少？前后两次无功功率分别为多少？

**3-3-4**　一个 $L=127$mH 的电感元件，外加电源电压为 $u(t)=220\sqrt{2}\sin(314t-120°)$V，试求：

（1）电感电流瞬时值表达式和无功功率，并画出电压、电流相量图。

（2）如果电源的频率变为 150Hz，电压有效值不变，电流有效值和无功功率又各为多少？

**3-4-1**　如图 3-91 所示，若电流为 $i=2\sin(2t-30°)$A，求 A、B 两元件的参数。

**3-4-2**　如图 3-92 所示，ω 多大时 $u_0$ 的值为零？

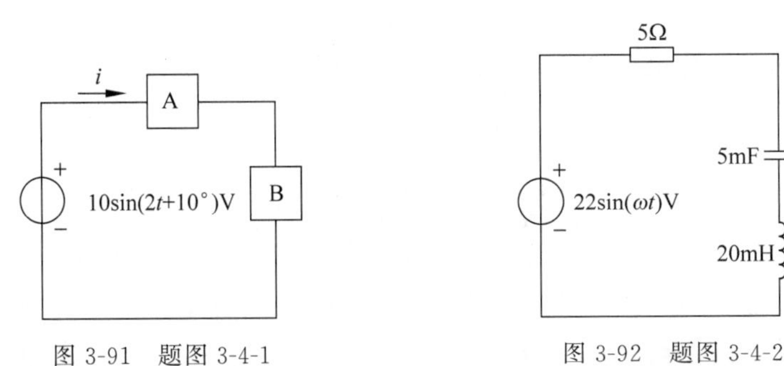


图 3-91　题图 3-4-1　　　　图 3-92　题图 3-4-2

**3-4-3**　已知交流接触器的线圈电阻为 200Ω，电感量为 7.3H，接到工频 220V 的电源上。求线圈中电流的有效值。如果误将此接触器接到 $U=220$V 的直流电源上，线圈中的电流又为多少？如果此线圈允许通过的电流为 0.1A，将产生什么后果？

**3-4-4**　如图 3-93 所示，在 RLC 串联交流电路中，$R=30\Omega$，$L=12$mH，$C=5\mu$F，电源电压 $u=100\sqrt{2}\sin(5000t)$ V，求：(1)求 $i$ 和 $u_R$、$u_L$、$u_C$。(2)画相量图。

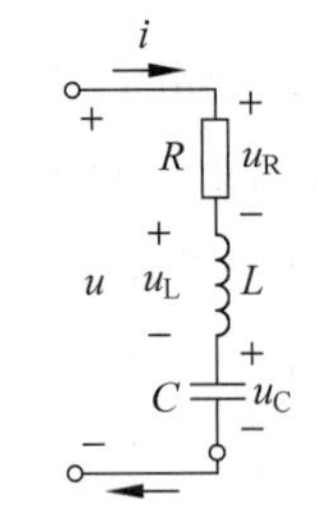


图 3-93　题图 3-4-4

**3-4-5**　电阻 $R=40\Omega$ 和一个 25μF 的电容器串联后，接到 $u=100\sqrt{2}\sin 50t$V 的电源上。试求电路中的电流 $\dot{I}$ 并画出相量图。

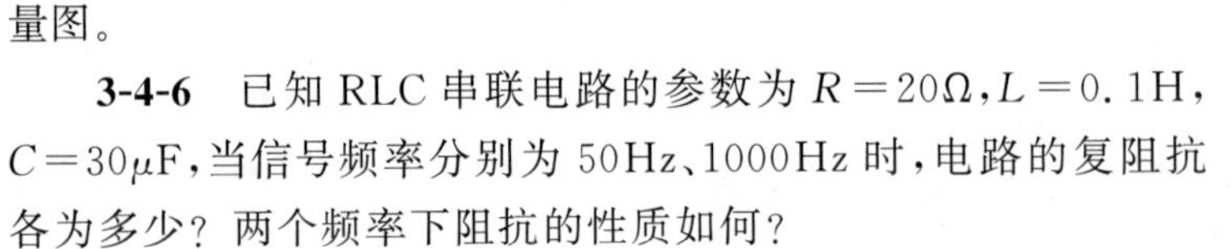

**3-4-6**　已知 RLC 串联电路的参数为 $R=20\Omega$，$L=0.1$H，$C=30\mu$F，当信号频率分别为 50Hz、1000Hz 时，电路的复阻抗各为多少？两个频率下阻抗的性质如何？

**3-4-7**　如图 3-94 所示，图(a)中电压表读数分别为 $V_1=30$V，$V_2=40$V；图(b)中电压表读数分别为 $V_1=15$V，$V_2=60$V，$V_3=80$V。求两图中电源电压的有效值 $U_S$。设 $\dot{I}$ 为参考相量，画出相量图。

**3-4-8**　如图 3-95 所示，电路中电流表的读数为 12A。求电压表 $V_1$、$V_2$、$V_3$、$V_4$、V 的

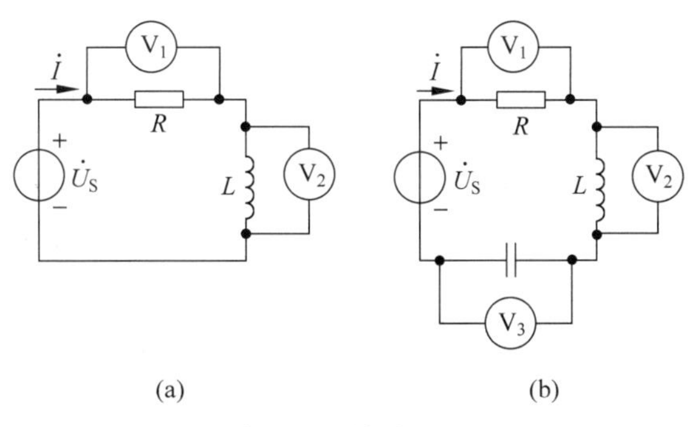


图 3-94　题图 3-4-7

读数分别为多少。设 $\dot{I}$ 为参考相量，画出各量的相量图。

**3-4-9**　如图 3-96 所示，$Z=(40+\mathrm{j}30)\Omega$，$U_2=200\mathrm{V}$，求电压有效值 $U_1$ 为多少？

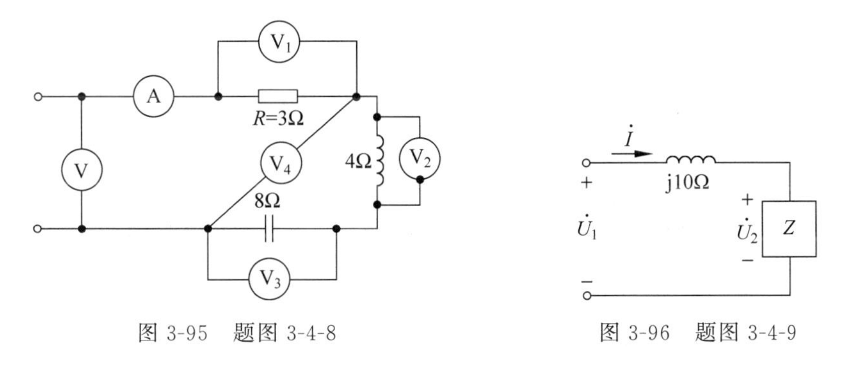


图 3-95　题图 3-4-8　　　　图 3-96　题图 3-4-9

**3-4-10**　如图 3-97 所示，电流相量 $\dot{I}=5\angle0^\circ\mathrm{A}$，电容电压 $U_C$ 为 25V，总电压 $u=50\sqrt{2}\sin(\omega t+45^\circ)\mathrm{V}$，则阻抗 $Z$ 为多少？

**3-4-11**　如图 3-98 所示，在伏安法测量电感线圈的电路中当 $f_1=50\mathrm{Hz}$ 时，电压表及电流表的读数分别是 60V 及 10A；当 $f_2=100\mathrm{Hz}$ 时，电压表及电流表的读数分别是 60V 及 6A。试求 $R$ 及 $L$。

**3-4-12**　如图 3-99 所示，$U=150\mathrm{V}$，$U_1=80\mathrm{V}$，$U_2=200\mathrm{V}$，$f=50\mathrm{Hz}$，$X_C=80\Omega$。试求 $R$ 及 $L$ 的值。

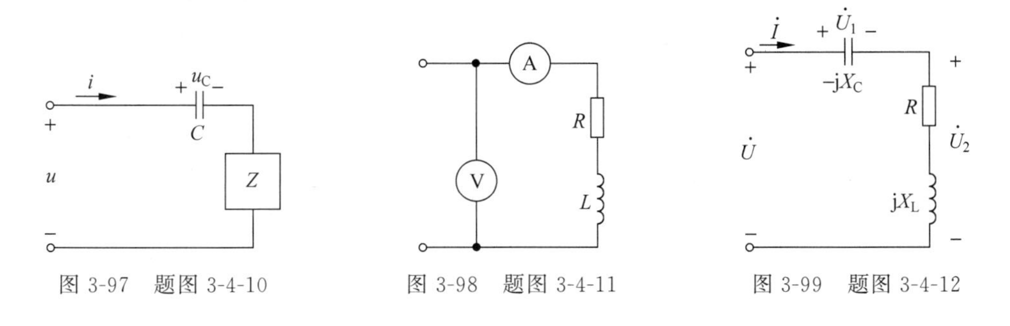


图 3-97　题图 3-4-10　　　图 3-98　题图 3-4-11　　　图 3-99　题图 3-4-12

**3-5-1**　如图 3-100 所示，求 $i(t)$ 和 $u(t)$。

**3-5-2** 如图 3-101 所示，端电压有效值 $\dot{U}=24\angle 0^\circ \mathrm{V}$，求电流相量 $\dot{I}$、$\dot{I}_2$、$\dot{I}_3$、$\dot{I}_4$。画出所有各量的相量图。

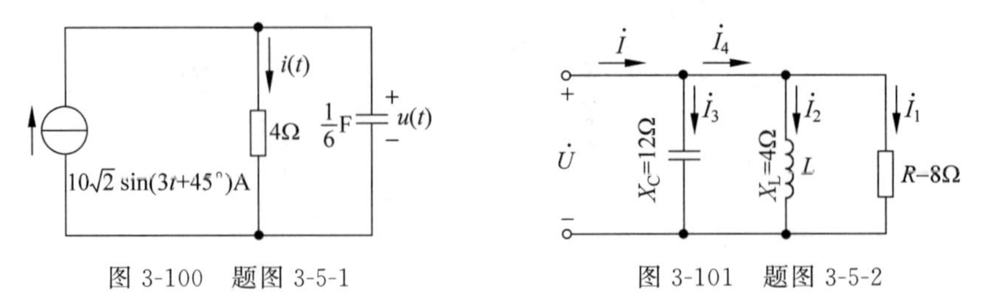


图 3-100　题图 3-5-1　　图 3-101　题图 3-5-2

**3-5-3** 如图 3-102 所示，已知 $\omega=10\mathrm{rad/s}$，$-\mathrm{j}X_{\mathrm{C}}=-\mathrm{j}100\Omega$。若开关 S 断开及闭合时电流表读数不变，求 $L$（提示：两次总阻抗的模值不变）。

**3-5-4** 如图 3-103 所示，在正弦电流电路中电流表的读数分别为 $\mathrm{A}_1=5\mathrm{A}$，$\mathrm{A}_2=20\mathrm{A}$，$\mathrm{A}_3=25\mathrm{A}$。求：

（1）电流表 A 的读数。

（2）如果维持电流表 $\mathrm{A}_1$ 的读数不变，而把电源的频率提高一倍，再求电流表 A 的读数。

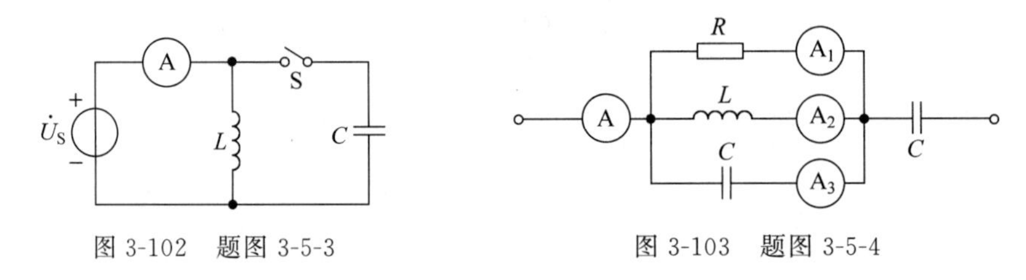


图 3-102　题图 3-5-3　　图 3-103　题图 3-5-4

**3-5-5** 如图 3-104 所示，求 $i(t)$ 和 $u(t)$。

**3-6-1** 如图 3-105 所示，$R=10\Omega$，$L=20\mathrm{mH}$，$C=10\mu\mathrm{F}$，$R_1=50\Omega$，$\dot{U}=100\angle 0^\circ\mathrm{V}$，$\omega=1000\mathrm{rad/s}$。试求各支路电流，并画出相量图。

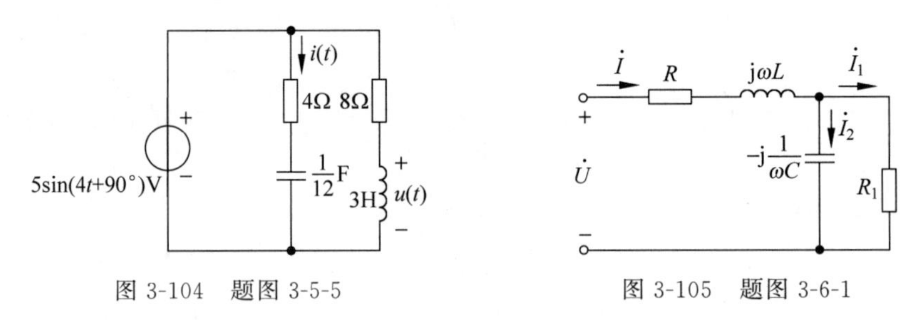


图 3-104　题图 3-5-5　　图 3-105　题图 3-6-1

**3-6-2** 如图 3-106 所示，$\omega L>\dfrac{1}{\omega C_2}$，$I_1=4\mathrm{A}$，$I_2=3\mathrm{A}$，求电流 $I$。并判断电路为感性还是容性。

**3-6-3** 如图 3-107 所示，$u=8\sin\omega t\,\mathrm{V}$，$i=4\sin(\omega t-30^\circ)\mathrm{A}$，$\omega=1\mathrm{rad/s}$，$L=2\mathrm{H}$，求无源二端网络 N 的等效导纳。

**3-6-4**　如图 3-108 所示，$R=\omega L=\dfrac{1}{\omega C}=10\Omega$ 时，求整个电路的等效阻抗，并转换成等效导纳来表示。

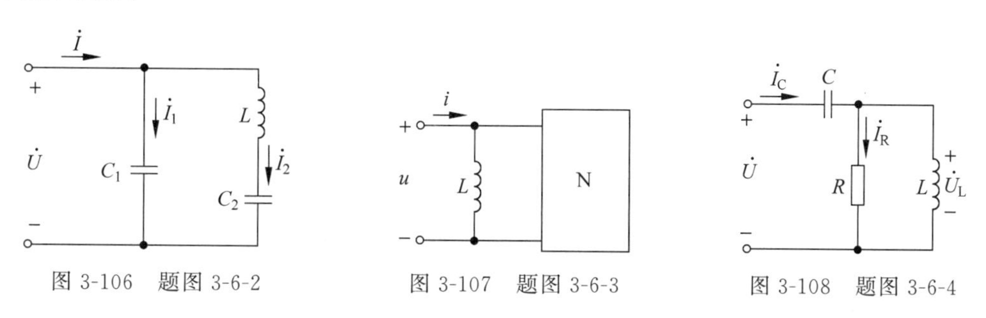


图 3-106　题图 3-6-2　　图 3-107　题图 3-6-3　　图 3-108　题图 3-6-4

**3-6-5**　如图 3-109 所示，$\omega$ 取下列值时分别求 $i_0(t)$：$\omega=2\text{rad/s}$；$\omega=10\text{rad/s}$；$\omega=20\text{rad/s}$。

**3-6-6**　如图 3-110 所示，$\dot{I}=31.5\angle 24°\text{A}$，$\dot{U}=50\angle 60°\text{V}$，求阻抗 $Z_1$。

**3-6-7**　如图 3-111 所示，若 $i_S(t)=5\sin(10t+40°)\text{A}$，求结点电压 $\dot{U}_A$ 及 $i_0(t)$。

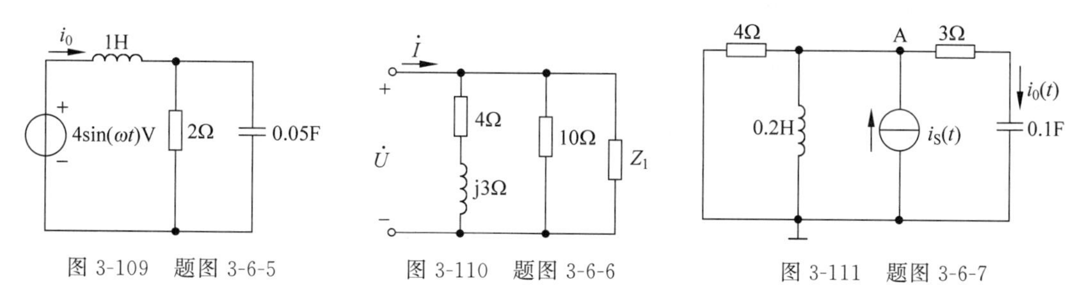


图 3-109　题图 3-6-5　　图 3-110　题图 3-6-6　　图 3-111　题图 3-6-7

**3-6-8**　列出如图 3-112 所示电路的网孔电流方程。

**3-6-9**　列出如图 3-113 所示电路的结点电压方程。

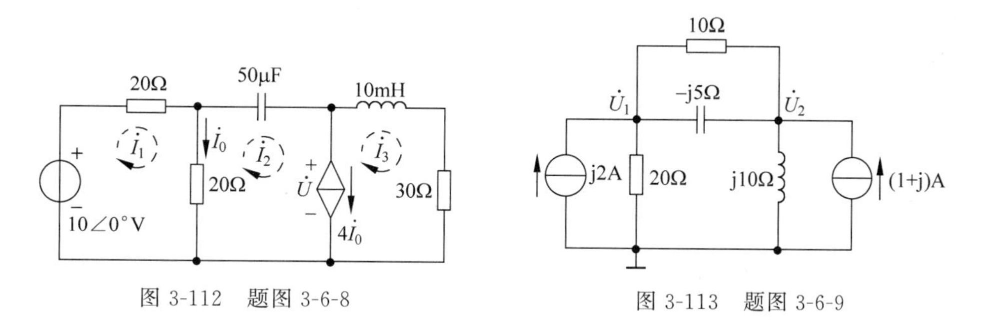


图 3-112　题图 3-6-8　　图 3-113　题图 3-6-9

**3-6-10**　如图 3-114 所示，求 a、b 端的戴维南等效电路。

**3-6-11**　如图 3-115 所示，$u=30\sin\omega t\,\text{V}$，$i=5\sin\omega t\,\text{A}$，$\omega=2000\text{rad/s}$，若无源二端网络 N 可看作 RC 串联，求 $R$、$C$ 的参数。

**3-7-1**　一个串联谐振电路的特性阻抗为 200Ω，品质因数为 200，谐振时的角频率为 1000rad/s，试求 $R$、$L$ 和 $C$ 的值。

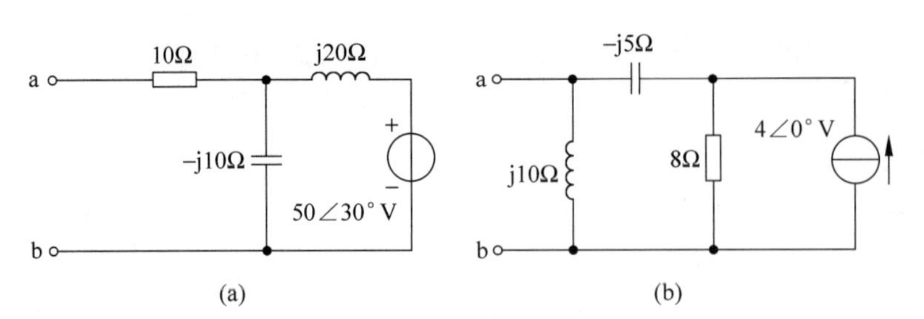


图 3-114　题图 3-6-10

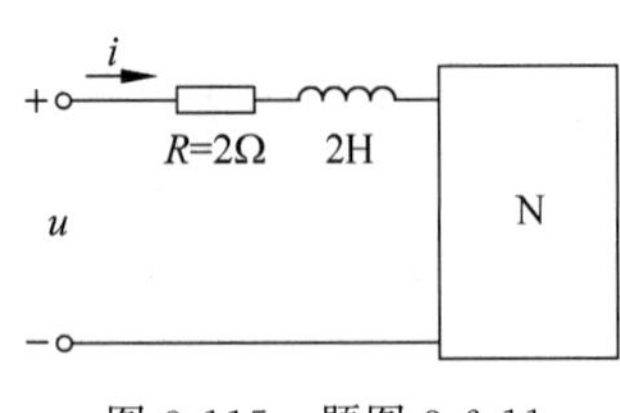


图 3-115　题图 3-6-11

**3-7-2**　已知串联谐振电路的谐振频率 $f_0=700\text{kHz}$，电容 $C=2000\text{pF}$，通频带宽度 $\Delta f=20\text{kHz}$，试求电路的品质因数及电阻。

**3-7-3**　已知一串联谐振电路的参数 $R=10\Omega$，$L=0.13\text{mH}$，$C=558\text{pF}$，外加电压 $U=10\text{mV}$。试求电路在谐振时的电流、品质因数及电感和电容上的电压。

**3-7-4**　有 $L=50\mu\text{H}$，$R=3.2\Omega$ 的线圈和一电容 $C$ 并联，调节电容的大小使电路在 720kHz 发生谐振，问这时电容为多大？回路的品质因数为多少？

**3-7-5**　如图 3-116 所示电路中，$\dot{U}=2\angle 0°\text{V}$ 保持不变。

（1）当开关 S 闭合时电流表读数将如何变化？用谐振的概念解释之。

（2）在开关 S 处，接入数字电压表，其读数为多少？画相量图解释之。

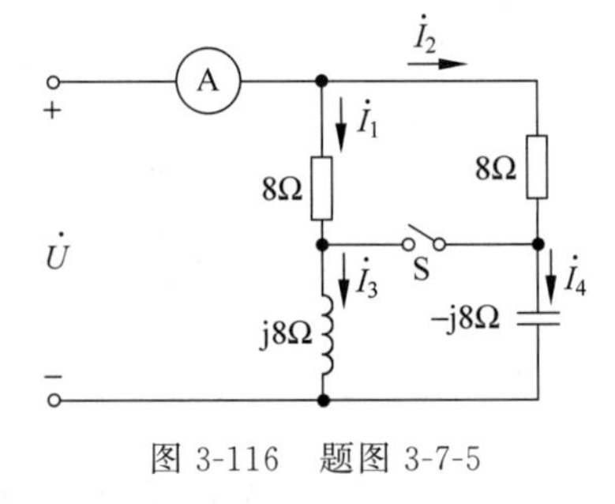


图 3-116　题图 3-7-5

**3-7-6**　如图 3-117 所示电路中，RL 串联电路与 $C$ 并联接于工频电路中，已知 $U=200\text{V}$，$R=10\Omega$，$L=0.318\text{H}$。问 $C$ 为何值时发生谐振？谐振时电路中的电流 $i$ 为多少？（提示：$R\ll\omega_0 L$ 基本满足，可简化计算。）

**3-8-1**　如图 3-118 为某无源电路。试求其有功功率、无功功率和功率因数。并说明该无源二端网络阻抗的性质是感性还是容性。

（1）电压、电流相量为 $\dot{U}=10\angle 53.13°\text{V}$，$\dot{I}=2\angle 0°\text{A}$；

（2）电压、电流相量为 $\dot{U}=48\angle 70°\text{V}$，$\dot{I}=8\angle 100°\text{A}$。

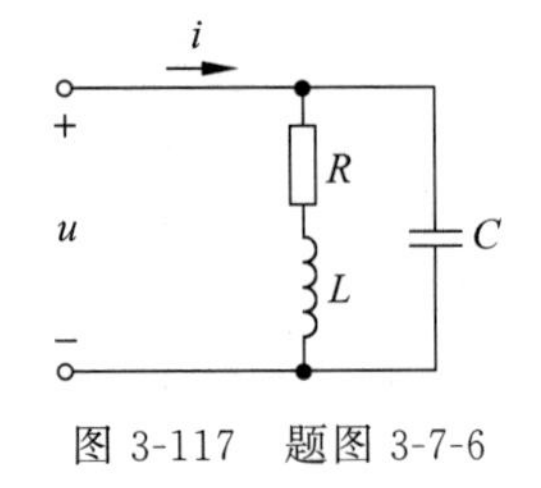


图 3-117　题图 3-7-6

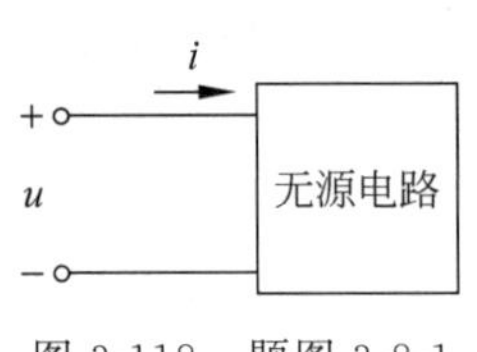


图 3-118　题图 3-8-1

**3-8-2**　如图 3-119 所示，在正弦电流电路中，$U_1=25\text{V}$，总功率 $P=225\text{W}$，求 $\dot{I}$、$X_L$、$\dot{U}_2$

及电路的总无功功率 $Q$，画出电流、电压相量图。

**3-8-3**　已知 RLC 串联电路中，电阻 $R=16\Omega$，感抗 $X_L=30\Omega$，容抗 $X_C=18\Omega$，电路端电压为 220V，试求电路中的有功功率 $P$、无功功率 $Q$、视在功率 $S$ 及功率因数 $\cos\varphi$。

**3-8-4**　如图 3-120 所示，$i_S=\sqrt{2}\sin(10^4 t)\text{A}$，$Z_1=(10+\text{j}50)\Omega$，$Z_2=-\text{j}50\Omega$。求 $Z_1$、$Z_2$ 吸收的复功率。

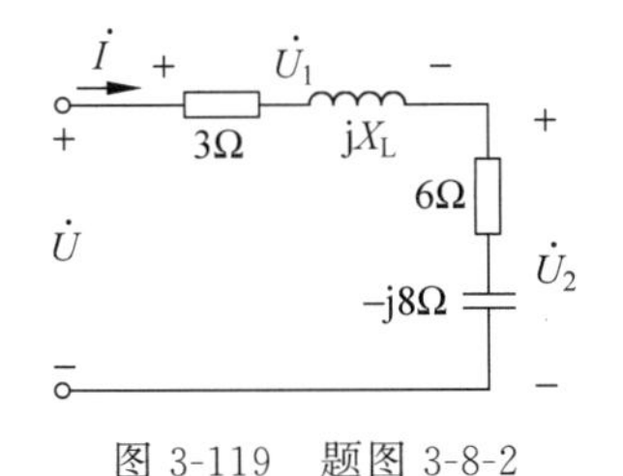


图 3-119　题图 3-8-2

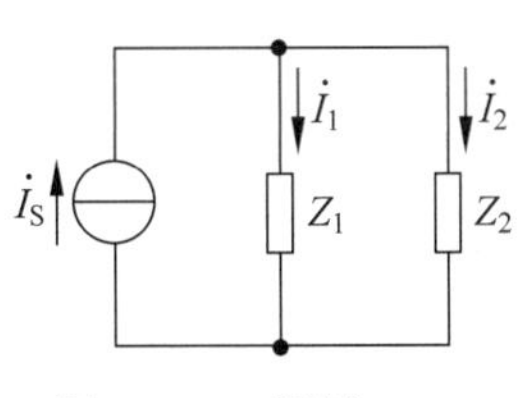


图 3-120　题图 3-8-4

**3-8-5**　如图 3-121 所示，$R_1=100\Omega$，$X_L=300\Omega$，$R_2=200\Omega$，$X_C=400\Omega$，$\dot{U}=100\sqrt{2}\angle 45°\text{V}$。分别求三条支路的复功率，并验证复功率守恒。

**3-8-6**　有一变压器向两个车间并联供电，它们的视在功率及功率因数分别为 $S_1=1000\text{kV}\cdot\text{A}$，$\lambda_1=0.866$；$S_2=500\text{kV}\cdot\text{A}$，$\lambda_2=0.6$（均为感性负载），变压器输出端的额定电压为 6000V。试求变压器输出端的电流及功率因数。

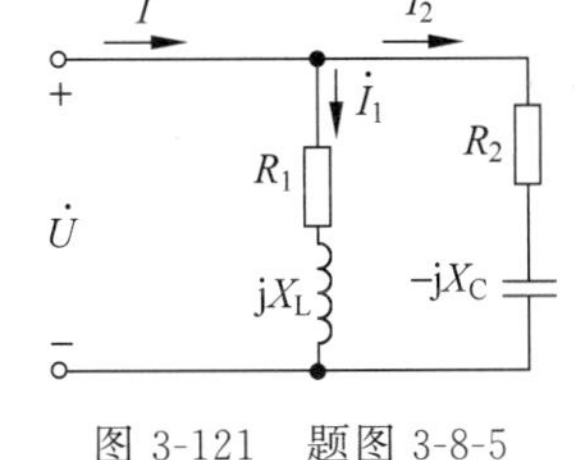


图 3-121　题图 3-8-5

**3-8-7**　将 RL 串联电路接到 220V 的直流电源时功率为 1.2kW，将其接到 220V 的工频电源时功率为 0.6kW，试求它的 $R$、$L$。

**3-9-1**　如图 3-122 所示，功率为 60W，功率因数为 0.5 的日光灯负载与功率为 100W 的白炽灯各 50 只并联在 220V 的正弦电源上（电源频率为 50Hz）。如果要把电路的功率因数提高到 0.92，应并联多大的电容？并联电容后总电流减少为多少？

**3-9-2**　日光灯可视作 $R$、$L$ 串联负载，接到 220V、50Hz 的电源上。若并联的电容值调至 $5\mu\text{F}$ 时，总电流达到最小值 0.18A，求日光灯支路本身的电流为多少安？画出相量图。

**3-9-3**　如图 3-123 所示，已知工频电源电压 $\dot{U}=100\angle 0°\text{V}$，感性负载 $Z$ 的有功功率 $P=6\text{W}$，无功功率 $Q=8\text{var}$。如果要使电路的功率因数 $\lambda=1$，应并联多大电容？

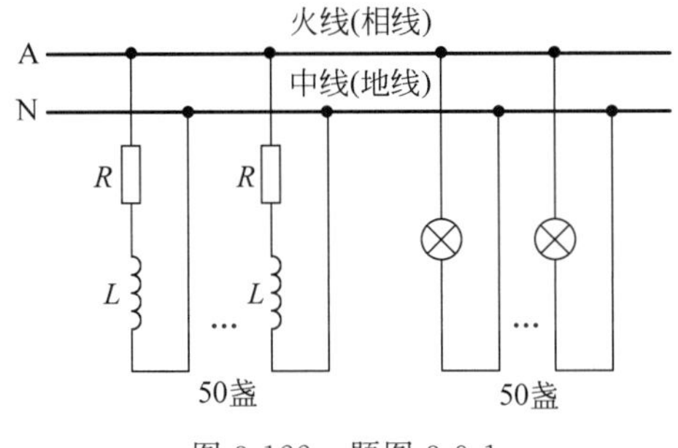


图 3-122　题图 3-9-1

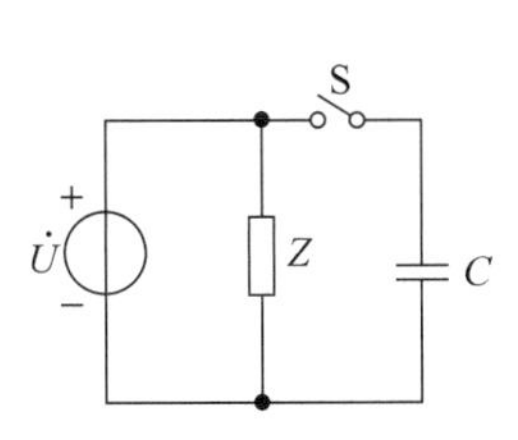


图 3-123　题图 3-9-3

**3-9-4** 某负载的复功率为$\bar{S}=(9000+j7000)$kV·A，电压为6kV，频率为50Hz。现有一台变压器，其额定容量为10 000kV·A，此变压器能否满足负载的要求？至少应与负载并联多大的电容才能使变压器不超载运行？

习题答案

# 第4章 三相电路分析

CHAPTER 4

三相电路是由三个频率相同、振幅相同、相位彼此相差120°的单相正弦电压源作为供电电源的电路。三相电路是正弦电路的特例，第3章正弦电路的分析方法适用于本章，而三相电路又有其自身的特点。

## 4.1 三相电路基本概念

三相系统包括三相发电机、三相输配电线路、三相变压器、三相负载等。三相正弦电路与单相正弦电路相比，有以下优点：

(1) 体积相同、消耗能源相同，三相发电机比单相发电机可输出更大功率。

(2) 输送相同电功率，三相输电线路比单相节省钢材和有色金属。

(3) 三相变压器比单相变压器经济、便于负载接入。

(4) 三相电动机的瞬时功率为常数，降低电动机振动，噪声低。

因此世界各国电力系统均采用三相系统。

### 4.1.1 三相同步发电机简介

图4-1(a)是三相转场式同步发电机的结构，由固定的定子和可旋转的转子两部分组成。其定子铁芯的内圆均匀分布着定子槽，槽内嵌放着按规律排列的三相对称绕组，称为定子绕组或电枢绕组。转子铁芯上装有磁极，磁极上绕有励磁绕组，通以直流电流$I$，使转子与定子间气隙中形成按正弦规律分布的磁场，称为励磁磁场。原动机拖动转子旋转，励磁磁场随

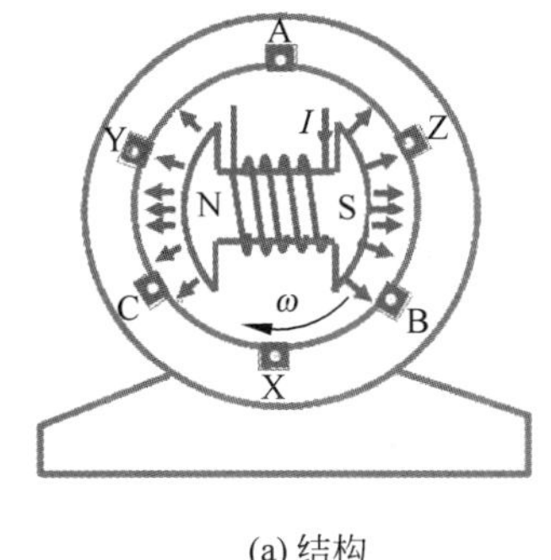


(a) 结构

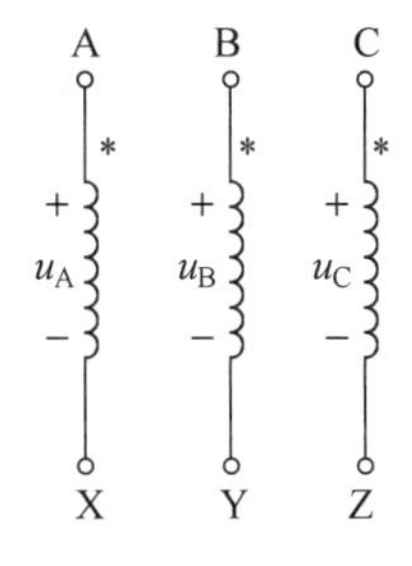


(b) 三相定子绕组

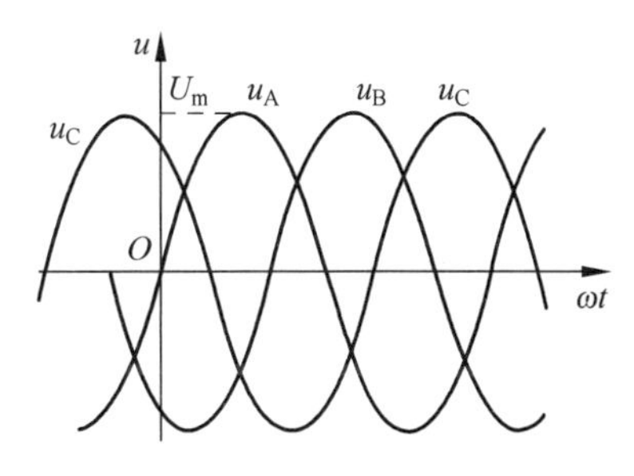


(c) 三相电压波形

图4-1 三相同步发电机简介

之旋转，使定子导体顺次切割励磁磁场，定子绕组中将感应出大小和方向按正弦规律变化的三相对称交变电动势，通过引出线接通用电器，即可提供三相正弦交流电流。所谓的同步指转子的转速等于旋转磁场的转速。

设原动机（汽轮机、水轮机）以 $\omega$ 为角速度匀速拖动发电机转子转动，形成空间旋转磁场，定子中嵌放的三相绕组空间位置互差 120°，顺次先后切割空间旋转磁场，形成三个彼此相差三分之一周期（120°电角度）的正弦电动势。三相绕组的首端分别为 A、B、C，尾端分别为 X、Y、Z，如图 4-1(b)所示，定子三相绕组分别输出三个幅值相等、角频率相同而初相位互差 120°的对称正弦电压 $u_A$、$u_B$、$u_C$，波形如图 4-1(c)所示。

$$\begin{cases} u_A = U_m \sin\omega t \\ u_B = U_m \sin(\omega t - 120°) \\ u_C = U_m \sin(\omega t - 240°) = U_m \sin(\omega t + 120°) \end{cases} \tag{4-1}$$

以 A 相电压为参考正弦量，发电机的转子顺时针旋转时，对称三相电压达到正峰值（或负峰值）先后次序是 A→B→C→A，称为正序。若转子改为逆时针旋转，达到正峰值先后次序则变为 A→C→B→A，称为逆序。无特殊申明，本书所述三相电源的相序均为正序。**正序状态下，B 相滞后 A 相 120°，C 相滞后 B 相 120°，那么 C 相滞后 A 相 240°，因相序是循环的，C 相滞后 A 相 240°就是超前 120°。**

观察三相电压波形图可知，对称三相电源的三个电压瞬时值之和为零，即

$$u_A + u_B + u_C = 0 \tag{4-2}$$

将式(4-1)用相量表示，得

$$\begin{cases} \dot{U}_A = U\angle 0° \\ \dot{U}_B = U\angle -120° \\ \dot{U}_C = U\angle -240° = U\angle 120° \end{cases} \tag{4-3}$$

对称三相电压源如图 4-2(a)所示，其相量图如图 4-2(b)所示，电源对称的含义是：三相电压有效值相等，相位互差 120°。显然对称三相电源的三个电压相量和也为零，即

$$\begin{aligned} \dot{U}_A + \dot{U}_B + \dot{U}_C &= U\angle 0° + U\angle -120° + U\angle 120° \\ &= U(1\angle 0° + 1\angle -120° + 1\angle 120°) \\ &= 0 \end{aligned} \tag{4-4}$$

如图 4-2(c)所示。

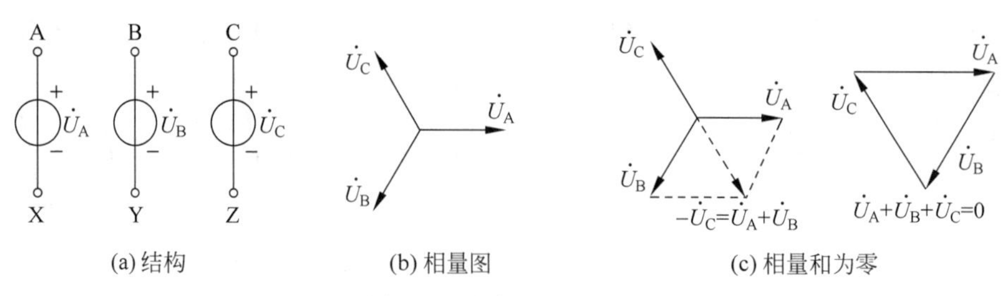


图 4-2　对称三相电压源

## 4.1.2 三相电源及负载连接的类别

三相电源的星形（Y 形）接线是从发电机定子三个绕组的首端 A、B、C 引出端线，而将尾端 X、Y、Z 连接在一起，形成电源中性点 N，N 点应可靠接地。负载也可为星形接线，首端用 A′、B′、C′表示，尾端连接在一起，形成负载中性点 N′。N 与 N′短接可形成如图 4-3(a)所示的三相四线制，简称 $Y_0$-$Y_0$ 系统；N 与 N′不相连形成如图 4-3(b)所示的三相三线制，简称 Y-Y 系统。Y-Y 系统只能用于三相负载相等的场合，$Y_0$-$Y_0$ 系统可用于三相负载不相等的照明供电和单相负载。

三相电源的三角形（△形）接线是将三个绕组的首端分别与前一相的尾端相连，Z→A、X→B、Y→C，然后分别从 A、B、C 引出端线。由于 $\dot{U}_A+\dot{U}_B+\dot{U}_C=0$，所以负载开路时，三个绕组形成的网孔中电压降之和为零，在该电源网孔中不会形成环流。负载也可三角形接线，首端 A′、B′、C′依次与前相尾端相连，形成如图 4-3(c)所示的△-△系统。△-△系统没有中性点，只能是三相三线制。除此之外还可连接成 Y-△或△-Y 系统。

三相电路的常用术语如下。

(1) 相线（俗称：火线）：由电源始端 A、B、C 引出的输电线。

(2) 中线：连接中性点 N、N′，阻抗可忽略，$Y_0$-$Y_0$ 系统专用。

(3) 相电压：每相电源绕组（或每相负载）的电压，有效值 $U_P$。$U_P$ 的下标源于英文单词“phase”。

(4) 线电压：两根相线之间的电压，有 6 种，有效值 $U_L$。$U_L$ 的下标源于英文单词

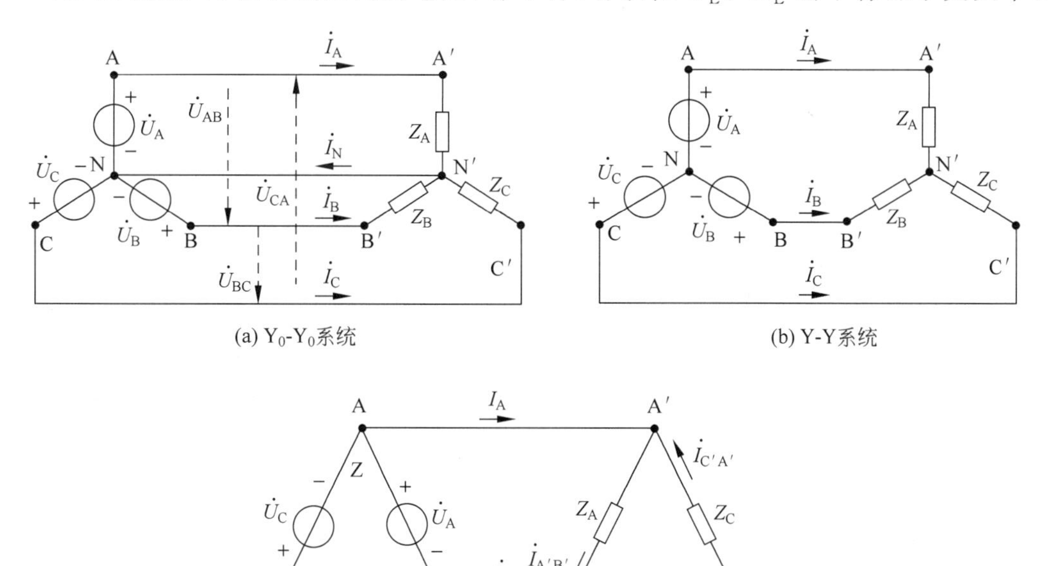


图 4-3 三相电源及负载连接的类别

"line"。

线电压正序下标的有 $\dot{U}_{AB}$、$\dot{U}_{BC}$、$\dot{U}_{CA}$，逆序下标的有 $\dot{U}_{BA}$、$\dot{U}_{CB}$、$\dot{U}_{AC}$，其中 $\dot{U}_{BA}=-\dot{U}_{AB}$。三相电路若直呼"电压"，指线电压。三相设备的额定电压均指线电压，高电压等级序列也指线电压。

（5）相电流：流过每相电源（或每相负载）的电流，有效值 $I_P$。

（6）线电流：流过相线的电流，有效值 $I_L$。相量有 $\dot{I}_A$、$\dot{I}_B$、$\dot{I}_C$，三相电路若直呼"电流"，指线电流。

（7）中线电流：从负载中性点 N′ 流回电源中性点 N 的电流 $\dot{I}_N$。

（8）对称电路：电源对称，线路参数一致，负载阻抗模与辐角均相等。

## 4.1.3 对称星形接线的特点

图 4-3(a)、(b)中若三相电源对称，$Z_A=Z_B=Z_C$，称为对称星形接线。**对称星形负载的相电流就等于线电流：$\boldsymbol{I_P=I_L}$。**

设三个对称相电压分别为

$$\dot{U}_A=U_P\angle 0°,\quad \dot{U}_B=U_P\angle -120°,\quad \dot{U}_C=U_P\angle 120°$$

根据 KVL，三个下标按正序排列的线电压与相电压的关系为

$$\begin{cases}\dot{U}_{AB}=\dot{U}_A-\dot{U}_B=\sqrt{3}\dot{U}_A\angle 30°=\sqrt{3}U_P\angle 30°=U_L\angle 30°\\ \dot{U}_{BC}=\dot{U}_B-\dot{U}_C=\sqrt{3}\dot{U}_B\angle 30°=\sqrt{3}U_P\angle -90°=U_L\angle -90°\\ \dot{U}_{CA}=\dot{U}_C-\dot{U}_A=\sqrt{3}\dot{U}_C\angle 30°=\sqrt{3}U_P\angle 150°=U_L\angle 150°\end{cases}\tag{4-5}$$

可见线电压也对称，线电压与相电压之间的关系如下。

大小关系：线电压是相电压的$\sqrt{3}$倍，即 $U_L=\sqrt{3}U_P$。

相位关系：线电压超前相应的相电压 30°。

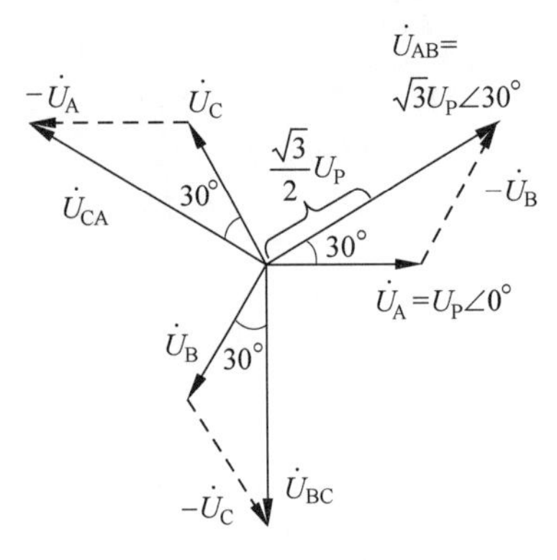


图 4-4 星形接线线电压与相电压关系相量图

这里"相应"指两电压前下标一致，$\dot{U}_{AB}$ 超前 $\dot{U}_A$30°，$\dot{U}_{BC}$ 超前 $\dot{U}_B$30°，$\dot{U}_{CA}$ 超前 $\dot{U}_C$30°。星形接线线电压与相电压关系如图 4-4 所示，这 6 个电压只要知道一个，就能推算出其他 5 个。**该相量图十分重要，须加强记忆。**

三相星形电源若接错极性，如 B 相接反，则

$$\begin{cases}\dot{U}_{AB}=\dot{U}_A+\dot{U}_B=-\dot{U}_C=U_P\angle -60°\\ \dot{U}_{BC}=-\dot{U}_B-\dot{U}_C=\dot{U}_A=U_P\angle 0°\\ \dot{U}_{CA}=\dot{U}_C-\dot{U}_A=\sqrt{3}\dot{U}_C\angle 30°=U_L\angle 150°\end{cases}\tag{4-6}$$

式中只有与接错的 B 相无关的 $\dot{U}_{CA}$ 正常，其他两个线电压大小仅等于相电压，相位也异常，其接线图、相量图如图 4-5(a)、(b)，系统无法正常工作。

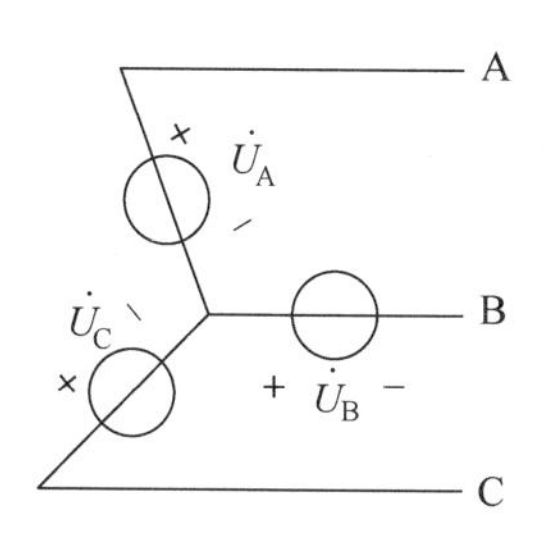


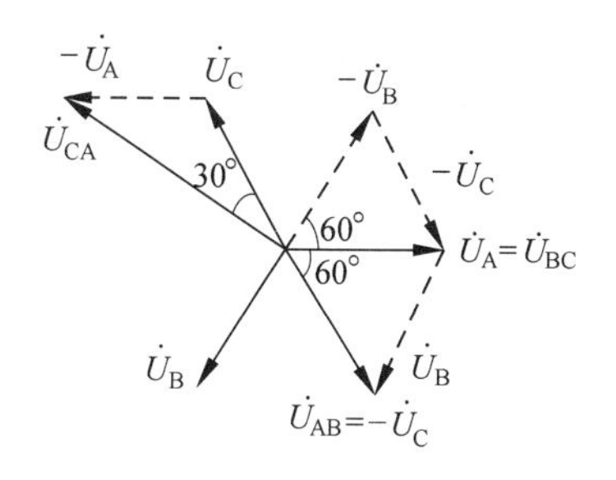


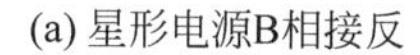

(a) 星形电源B相接反　　(b) $\dot{U}_{AB}$、$\dot{U}_{BC}$大小仅为相电压

图 4-5　星形接线-相电源接错使系统无法正常工作

## 4.1.4　对称三角形接线的特点

如图 4-3(c)所示，若三相电源对称，$Z_A=Z_B=Z_C$，称为对称三角形接线。**对称三角形负载相电压就等于线电压：$U_P=U_L$。**

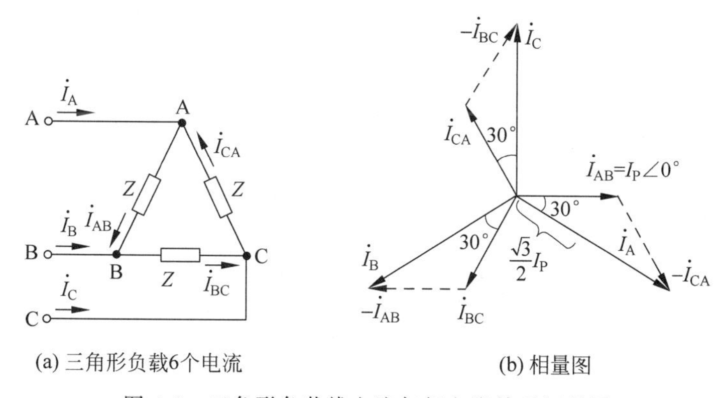


(a) 三角形负载6个电流　　(b) 相量图

图 4-6　三角形负载线电流与相电流关系相量图

如图 4-6(a)所示，三个下标按正序排列的相电流分别为

$$\dot{I}_{AB}=I_P\angle 0°,\quad \dot{I}_{BC}=I_P\angle -120°,\quad \dot{I}_{CA}=I_P\angle 120°$$

根据 KCL，三个线电流与相电流的关系为

$$\begin{cases}\dot{I}_A=\dot{I}_{AB}-\dot{I}_{CA}=\sqrt{3}\dot{I}_{AB}\angle -30°=\sqrt{3}I_P\angle -30°=I_L\angle -30° \\ \dot{I}_B=\dot{I}_{BC}-\dot{I}_{AB}=\sqrt{3}\dot{I}_{BC}\angle -30°=\sqrt{3}I_P\angle -150°=I_L\angle -150° \\ \dot{I}_C=\dot{I}_{CA}-\dot{I}_{BC}=\sqrt{3}\dot{I}_{CA}\angle -30°=\sqrt{3}I_P\angle 90°=I_L\angle 90°\end{cases} \tag{4-7}$$

可见相电流对称时线电流也对称，其线电流与相电流之间的关系如下。

大小关系：线电流是相电流的$\sqrt{3}$倍，即 $I_L=\sqrt{3}I_P$；

相位关系：线电流滞后相应的相电流 30°。

这里“相应”指两电流前下标一致，$\dot{I}_A$ 滞后 $\dot{I}_{AB}$30°，$\dot{I}_B$ 滞后 $\dot{I}_{BC}$30°，$\dot{I}_C$ 滞后 $\dot{I}_{CA}$30°。其相量图如图 4-6(b)所示，这 6 个电流只要知道一个，就能推算出其他 5 个。**该相量图十分重要，须加强记忆。**

对称三角形电源若接错极性，如图 4-7(a)所示 A 相接反，负载开路时在三电源绕组形成的网孔中，会产生很大的内部环流 $\dot{I}_0$，将烧毁电源。对该网孔逆时针列写 KVL 方程，有

$$\dot{U}_A - \dot{U}_B - \dot{U}_C + 3Z_0\dot{I}_0 = 0$$

进一步推得

$$\dot{I}_0 = -\frac{\dot{U}_A - \dot{U}_B - \dot{U}_C}{3Z_0} = -\frac{2\dot{U}_A}{3Z_0} \tag{4-8}$$

由于电源内阻抗 $Z_0$ 很小，该电流极大。从图 4-7(b)相量图可知：三个绕组电源的电压降之和不为零：$\dot{U}_A - \dot{U}_B - \dot{U}_C = 2\dot{U}_A$，系统无法正常工作。现场工作中，三角形连接的电源环形封口前，要做实验测试环路电压是否为零，确保安全，如图 4-7(c)所示。

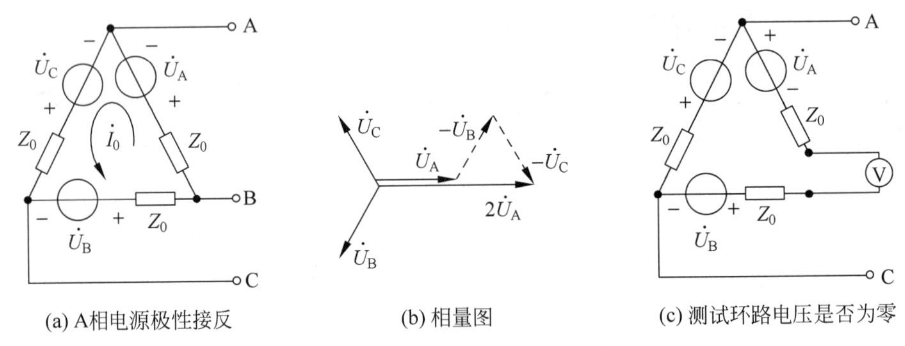

(a) A相电源极性接反　(b) 相量图　(c) 测试环路电压是否为零

图 4-7　三角形电源一相极性接反引起极大环流

## 4.1.5　对称三相电路的功率

**1. 对称三相电路有功功率与瞬时功率的关系**

对称三相电路每相的电流、电压有效值相等，功率因数角 $\varphi$(即负载阻抗角或相电压超前相电流的角度)也相等，因此对称三相总有功功率为每相的 3 倍，即

$$P = P_A + P_B + P_C = 3U_P I_P \cos\varphi \tag{4-9}$$

设 $u_A = \sqrt{2}U_P\sin\omega t$，$i_A = \sqrt{2}I_P\sin(\omega t - \varphi)$，根据三角函数的积化和差公式，则三相瞬时功率分别为

$$\begin{aligned} p_A &= u_A i_A = \sqrt{2}U_P\sin\omega t \cdot \sqrt{2}I_P\sin(\omega t - \varphi) \\ &= U_P I_P[\cos\varphi - \cos(2\omega t - \varphi)] \end{aligned}$$

$$\begin{aligned} p_B &= u_B i_B = \sqrt{2}U_P\sin(\omega t - 120^\circ) \cdot \sqrt{2}I_P\sin(\omega t - 120^\circ - \varphi) \\ &= U_P I_P[\cos\varphi - \cos(2\omega t - 240^\circ - \varphi)] \\ &= U_P I_P[\cos\varphi - \cos(2\omega t + 120^\circ - \varphi)] \end{aligned}$$

$$\begin{aligned} p_C &= u_C i_C = \sqrt{2}U_P\sin(\omega t + 120^\circ) \cdot \sqrt{2}I_P\sin(\omega t + 120^\circ - \varphi) \\ &= U_P I_P[\cos\varphi - \cos(2\omega t + 240^\circ - \varphi)] \\ &= U_P I_P[\cos\varphi - \cos(2\omega t - 120^\circ - \varphi)] \end{aligned}$$

以上三式中括号内第一项为常数，并相等；第二项是互差 120°的对称量，其和为零，则三相

总瞬时功率为

$$p(t)=p_A+p_B+p_C=3U_PI_P\cos\varphi=P \tag{4-10}$$

可见，**对称三相电路的瞬时功率为常数，不随时间变化，就等于三相有功功率**。这是三相电动机运转比单相电动机更平稳的原因所在。

**2. 对称三相电路的有功功率、无功功率、视在功率**

对称三相电路的线电流、线电压简称“线值”；那么相电流、相电压简称“相值”。

三相有功功率为

$$P=3U_PI_P\cos\varphi$$

对于星形接线有

$$U_P=\frac{U_L}{\sqrt{3}},\quad I_P=I_L \tag{4-11}$$

对于三角形接线有

$$U_P=U_L,\quad I_P=\frac{I_L}{\sqrt{3}} \tag{4-12}$$

将式(4-11)、式(4-12)分别代入式(4-10)，均得到用线值表示的有功功率表达式，为

$$P=\sqrt{3}U_LI_L\cos\varphi \tag{4-13}$$

**该式虽然用到线电压 $U_L$、线电流 $I_L$，但 $\varphi$ 角仍然是相电压与相电流之间的相位差角。**

同理三相总无功功率为

$$Q=Q_A+Q_B+Q_C=3U_PI_P\sin\varphi=\sqrt{3}U_LI_L\sin\varphi \tag{4-14}$$

负载为感性时，$\varphi>0$，$\sin\varphi>0$，无功功率 $Q$ 为正值；负载为容性时，$\varphi<0$，$\sin\varphi<0$，无功功率 $Q$ 为负值。

三相总视在功率为

$$S=\sqrt{P^2+Q^2}=3U_PI_P=\sqrt{3}U_LI_L \tag{4-15}$$

三相总功率因数为

$$\lambda=\cos\varphi=\frac{P}{S} \tag{4-16}$$

**视在功率、有功功率、无功功率之间符合功率三角形规律。以上公式中电流、电压用的是有效值，不能带入相量计算。**

**【例 4-1】** 如图 4-8(a)所示，在三相四线对称 $Y_0$-$Y_0$ 电路中，已知 $I_P=150\text{A}$、$\dot{U}_{BC}=380\angle 45^\circ\text{V}$、$\cos\varphi=0.866$(滞后)，求 $\dot{U}_{AB}$、$\dot{U}_{CA}$、$\dot{U}_{AN'}$、$\dot{U}_{BN'}$、$\dot{U}_{CN'}$、$\dot{I}_C$、$Z$、$P$、$Q$、$S$，并画相量图。

**解** 星形接线线电流等于相电流

$$I_L=I_P=150\text{A}$$

$\dot{U}_{AB}$ 超前 $\dot{U}_{BC}$ $120^\circ$，则

$$\dot{U}_{AB}=\dot{U}_{BC}\angle 120^\circ=380\angle(45^\circ+120^\circ)=380\angle 165^\circ\text{V}$$

$\dot{U}_{CA}$ 滞后 $\dot{U}_{BC}$ $120^\circ$，则

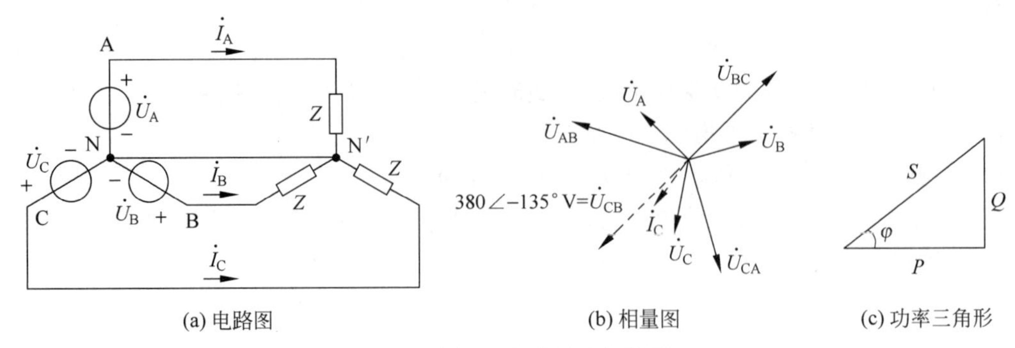

(a) 电路图 (b) 相量图 (c) 功率三角形

图 4-8 例 4-1 电路图及相量图

$$\dot{U}_{CA}=\dot{U}_{BC}\angle-120°=380\angle(45°-120°)=380\angle-75°\text{V}$$

$\dot{U}_{BN'}$滞后$\dot{U}_{BC}$30°，则

$$\dot{U}_{BN'}=\frac{\dot{U}_{BC}}{\sqrt{3}}\angle-30°=\frac{380}{\sqrt{3}}\angle(45°-30°)=220\angle15°\text{V}$$

三个相电压对称，有

$$\dot{U}_{AN'}=\dot{U}_{BN'}\angle120°=220\angle(15°+120°)=220\angle135°\text{V}$$

$$\dot{U}_{CN'}=\dot{U}_{BN'}\angle-120°=220\angle(15°-120°)=220\angle-105°\text{V}$$

功率因数（滞后），负载为感性，其阻抗角

$$\varphi=\arccos0.866=30°$$

$\varphi=30°$，$\dot{I}_C$ 滞后 $\dot{U}_{CN'}$30°，则

$$\dot{I}_C=150\angle(-105°-30°)=150\angle-135°\text{A}$$

同一相的相电压与相电流之比等于负载阻抗，即

$$Z=\frac{\dot{U}_{CN'}}{\dot{I}_C}=\frac{220\angle-150°}{150\angle-135°}=1.47\angle30°\Omega$$

有功功率

$$P=\sqrt{3}U_LI_L\cos\varphi=\sqrt{3}\times380\times150\times\cos30°=85\,500\text{W}$$

$\varphi=30°$时为感性无功功率，即

$$Q=\sqrt{3}U_LI_L\sin\varphi=\sqrt{3}\times380\times150\times\sin30°=49\,365\text{var}$$

视在功率

$$S=\sqrt{3}U_LI_L=\sqrt{3}\times380\times150=\sqrt{85\,500^2+49\,365^2}=98\,727\text{V}\cdot\text{A}$$

**【例 4-2】** 如图 4-9(a)所示，在对称△-△电路中，已知 $U_L=380$V、$\dot{I}_{CA}=130\angle100°$A、$\cos\varphi=0.866$(超前)，求 $\dot{I}_{AB}$、$\dot{I}_{BC}$、$\dot{I}_A$、$\dot{I}_B$、$\dot{I}_C$、$Z$、$\dot{U}_A$、$P$、$Q$、$S$，并画相量图。

**解** 三角形接线线电压等于相电压

$$U_P=U_L=380\text{V}$$

$\dot{I}_{BC}$ 超前 $\dot{I}_{CA}$120°，则

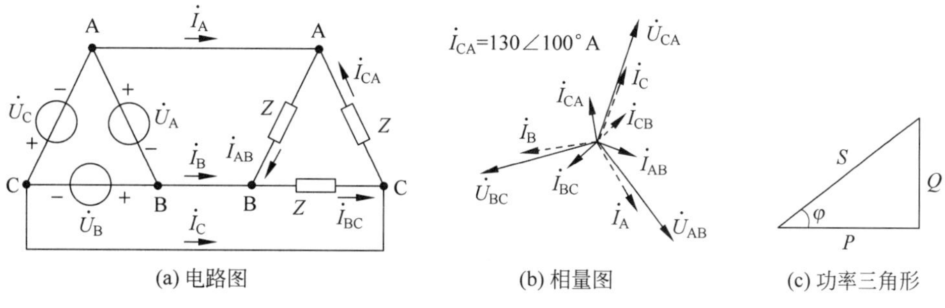

(a) 电路图　　(b) 相量图　　(c) 功率三角形

图 4-9　例 4-2 电路图及相量图

$$\dot{I}_{BC}=\dot{I}_{CA}\angle 120°=130\angle(100°+120°)=130\angle 220°=130\angle -140°\text{A}$$

$\dot{I}_{AB}$ 滞后 $\dot{I}_{CA}$ 120°，则

$$\dot{I}_{AB}=\dot{I}_{CA}\angle -120°=130\angle(100°-120°)=130\angle -20°$$

$\dot{I}_B$ 滞后 $\dot{I}_{BC}$ 30°，则

$$\dot{I}_B=\sqrt{3}\dot{I}_{BC}\angle 30°=\sqrt{3}\times 130\angle(-140°-30°)=225.2\angle -170°\text{A}$$

$\dot{I}_A$ 超前 $\dot{I}_B$ 120°，则

$$\dot{I}_A=\dot{I}_B\angle 120°=225.2\angle -50°\text{A}$$

$\dot{I}_C$ 滞后 $\dot{I}_B$ 120°，则

$$\dot{I}_C=\dot{I}_B\angle -120°=225.2\angle -290°=225.2\angle 70°\text{A}$$

功率因数(超前)，负载为容性，其阻抗角为负值，即

$$\varphi=-\arccos 0.866=-30°$$

$\dot{U}_A=\dot{U}_{AB}$，要滞后 $\dot{I}_{AB}$ 30°，则

$$\dot{U}_A=\dot{U}_{AB}=380\angle(-20°-30°)=380\angle -50°\text{V}$$

同一相的相电压与相电流之比等于负载阻抗，即

$$Z=\frac{\dot{U}_{AB}}{\dot{I}_{AB}}=\frac{380\angle -50°}{130\angle -20°}=2.92\angle -30°\Omega$$

有功功率

$$P=\sqrt{3}U_L I_L\cos\varphi=\sqrt{3}\times 380\times 225.2\times\cos(-30°)=128\,364\text{W}$$

无功功率

$$Q=\sqrt{3}U_L I_L\sin\varphi=\sqrt{3}\times 380\times 225.2\times\sin(-30°)=-74\,111\text{var}$$

视在功率

$$S=\sqrt{3}U_L I_L=\sqrt{3}\times 380\times 225.2=\sqrt{128\,364^2+74\,111^2}=148\,222\text{V}\cdot\text{A}$$

三相电路中物理量多，相位关系有规律可循，计算中应注意以下问题。

**(1) $\dot{I}_A$、$\dot{I}_{AB}$、$\dot{U}_{BC}$、$\dot{U}_B$ 等相量，带有“A、B、C、BC、BA”等下标，是特别指明哪一相的电压、哪两点间的电压、哪一条相线上的电流，哪点流向哪点的电流，提到它们必须同时交代数**

值与角度。而 $U_P$、$U_L$、$I_P$、$I_L$ 泛指对称三相中电流、电压有效值，恒为正值，各相一样，不是专指哪一相的，它们不是相量。若出现"$\dot{U}_L=380\angle30°$V、$\dot{I}_P=11\angle150°$A"的写法，则是错误的。

（2）线电压关系到两根相线，用双下标表示，即 $\dot{U}_{AB}$、$\dot{U}_{BC}$、$\dot{U}_{CA}$。三角形连接的相电流是从一根火线端点流向另一根火线端点，也要用双下标表示，即 $\dot{I}_{AB}$、$\dot{I}_{BC}$、$\dot{I}_{CA}$。而线电流仅在一条火线上流，用单下标 $\dot{I}_A$、$\dot{I}_B$、$\dot{I}_C$ 表示即可。不能认为双下标就是"线值"。

## 【课后练习】

**4.1.1** 如图 4-10 所示，在对称三相电路星形连接中，$\dot{U}_{BC}=110\angle-30°$V，则 $\dot{U}_{AB}=$（　　）V、$\dot{U}_{CA}=$（　　）V、$\dot{U}_A=$（　　）V、$\dot{U}_B=$（　　）V、$\dot{U}_C=$（　　）V，画出相量图。

**4.1.2** 如图 4-11 所示，在对称电路三角形连接中，$\dot{I}_{BC}=10\angle130°$A，则 $\dot{I}_{AB}=$（　　）A、$\dot{I}_{CA}=$（　　）A、$\dot{I}_A=$（　　）A、$\dot{I}_B=$（　　）A、$\dot{I}_C=$（　　）A，画出相量图。

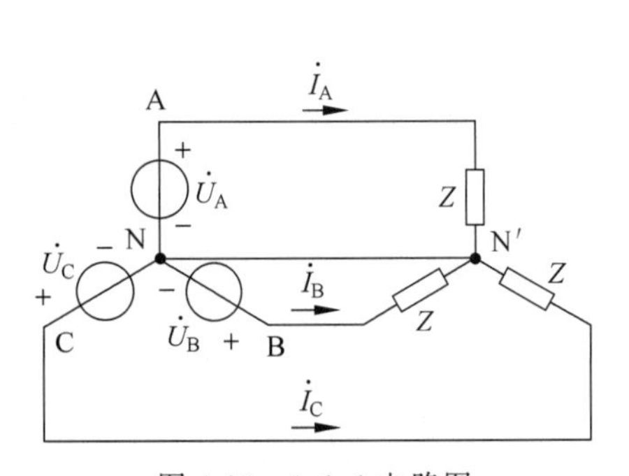


图 4-10　4.1.1 电路图

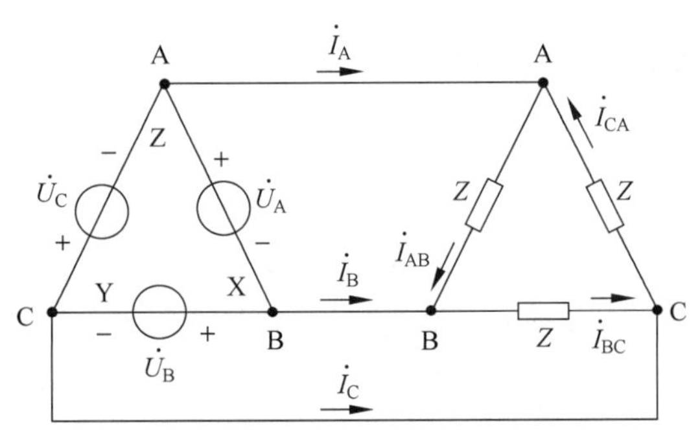


图 4-11　4.1.2 电路图

**4.1.3** 对称三相电路中，负载三角形连接，线电压 $\dot{U}_{AB}=380\angle0°$V，线电流 $\dot{I}_A=65.8\angle-66.9°$A，功率因数角 $\varphi$ 为（　　），三相有功功率为（　　）kW，三相无功功率为（　　）kvar，三相视在功率为（　　）kV·A，画出功率三角形，在图中标出 $P$、$Q$、$S$ 的数值。

**4.1.4** 对称三相电路中，负载星形连接，线电压 $\dot{U}_{AB}=220\angle30°$V，线电流 $\dot{I}_A=12.66\angle36.9$A，功率因数角 $\varphi$ 为（　　），三相有功功率为（　　）kW，三相无功功率为（　　）kvar，三相视在功率为（　　）kV·A，画出功率三角形，在图中标出 $P$、$Q$、$S$ 的数值。

# 4.2　三相对称电路分析

工业生产中大量使用的电动机属于三相对称负载，为了更好地利用三相供电系统的长处，在分配电力负载时要尽量使三相对称，因此一片供电区域总体来看，三相电路是基本对称的，因此三相对称电路的分析方法是重点要掌握的。

如图 4-12(a)所示，在三相三线 Y-Y 系统中，$Z$ 为负载阻抗，设电源中性点 N 为零电位点，列写计算 $\dot{U}_{\mathrm{N'N}}$ 的弥尔曼方程

$$\dot{U}_{\mathrm{N'N}}=\frac{\dfrac{\dot{U}_{\mathrm{A}}}{Z}+\dfrac{\dot{U}_{\mathrm{B}}}{Z}+\dfrac{\dot{U}_{\mathrm{C}}}{Z}}{\dfrac{1}{Z}+\dfrac{1}{Z}+\dfrac{1}{Z}}=\frac{\dfrac{1}{Z}(\dot{U}_{\mathrm{A}}+\dot{U}_{\mathrm{B}}+\dot{U}_{\mathrm{C}})}{\dfrac{3}{Z}}=0 \tag{4-17}$$

因为 $\dot{U}_{\mathrm{A}}+\dot{U}_{\mathrm{B}}+\dot{U}_{\mathrm{C}}=0$，所以 $\dot{U}_{\mathrm{N'N}}=0$。该结论表明：**对称星形电路的负载中性点 N′与电源中性点 N 同电位，称为中性点重合**，相量图如图 4-12(c)所示。因此等效电路中可将 N′与 N 短接，如图 4-12(b)所示，则计算线电流十分方便。

$$\dot{I}_{\mathrm{A}}=\frac{\dot{U}_{\mathrm{A}}}{Z},\quad \dot{I}_{\mathrm{B}}=\frac{\dot{U}_{\mathrm{B}}}{Z}=\dot{I}_{\mathrm{A}}\angle-120^{\circ},\quad \dot{I}_{\mathrm{C}}=\frac{\dot{U}_{\mathrm{C}}}{Z}=\dot{I}_{\mathrm{A}}\angle 120^{\circ} \tag{4-18}$$

可见，计算各相电流与其他相无关。由于三相对称，中线电流 $\dot{I}_{\mathrm{N}}$ 为零，则

$$\dot{I}_{\mathrm{A}}+\dot{I}_{\mathrm{B}}+\dot{I}_{\mathrm{C}}=\dot{I}_{\mathrm{A}}(1\angle 0^{\circ}+1\angle-120^{\circ}+1\angle 120^{\circ})=0 \tag{4-19}$$

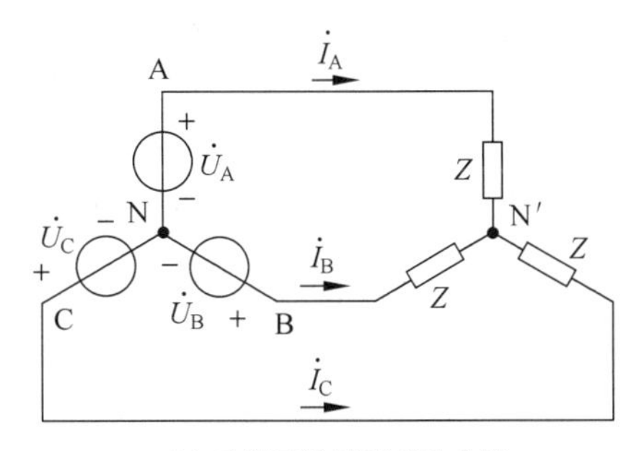


(a) 三相三线星形对称电路

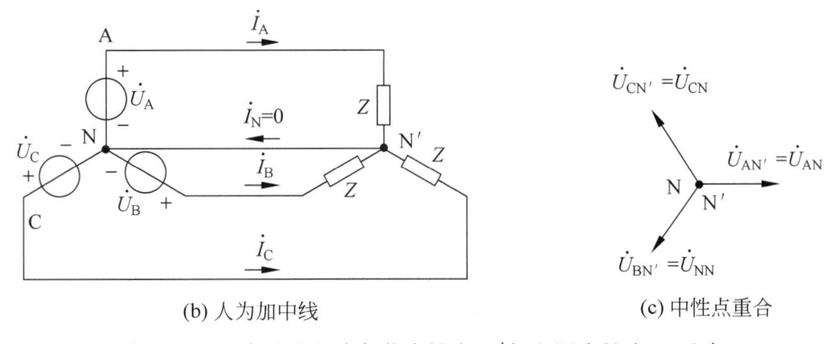


(b) 人为加中线

(c) 中性点重合

图 4-12 对称星形电路负载中性点 N′与电源中性点 N 重合

## 4.2.1 对称星形接线已知电源电压求负载电压

**对称 Y-Y、$\mathbf{Y_0}$-$\mathbf{Y_0}$ 系统，无论有无中线，无论中线上有无阻抗，都可将 N′与 N 短接，画出如图 4-13(b)所示的“一相计算电路”**。一般画 A 相，计算出 $\dot{I}_{\mathrm{A}}$ 后，其他两相电流 $\dot{I}_{\mathrm{B}}$、$\dot{I}_{\mathrm{C}}$，可根据对称性顺移 120°写出。

对称星形电路中，中线电流 $\dot{I}_N=\dot{I}_A+\dot{I}_B+\dot{I}_C=0$ 可这样理解：在任一时刻，$i_A$、$i_B$、$i_C$ 中至少有一个为正值、一个为负值，负值电流的实际流向从负载流回电源，电流在三条火线上自然形成环形通路，有流来的，有流回的，符合 KCL。

**【例 4-3】** 如图 4-13(a)所示，已知电源相电压 220V，负载阻抗 $Z=(6+j8)\Omega$，输电线阻抗 $Z_L=(0.06+j0.06)\Omega$，中线阻抗 $Z_N=(0.01+j0.02)\Omega$。求：

(1) 电流 $\dot{I}_A$、$\dot{I}_B$、$\dot{I}_C$。

(2) 各相负载的相电压和线电压。

(3) 求负载的 $P'$、$Q'$、$S'$。

(4) 画出相量图。

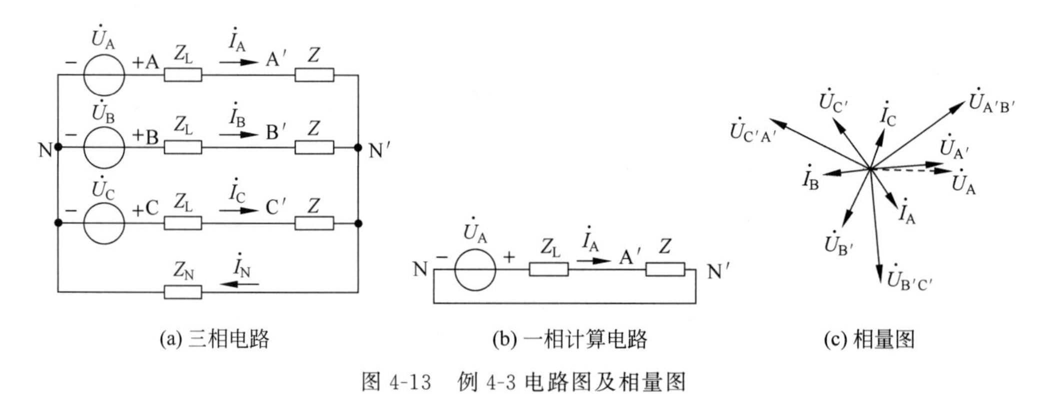


(a) 三相电路　　(b) 一相计算电路　　(c) 相量图

图 4-13　例 4-3 电路图及相量图

**解**　(1) 画出一相计算电路如图 4-13(b)所示，中线阻抗 $Z_N$ 被短接，不影响计算结果。已知条件中没有给定任何相位时，必须先设参考相量。

设

$$\dot{U}_{AN}=\dot{U}_A=220\angle 0°\text{V}$$

$$\dot{I}_A=\frac{\dot{U}_A}{Z_L+Z}=\frac{220\angle 0°}{0.06+j0.06+6+j8}=21.82\angle -53.06°\text{A}$$

依次顺移 120°

$$\dot{I}_B=\dot{I}_A\angle -120°=21.82\angle -173.06°\text{A}$$

$$\dot{I}_C=\dot{I}_A\angle 120°=21.82\angle 66.94°\text{A}$$

(2) 因为输电线阻抗上有电压降落，使 A′点的电位低于 A 点电位，负载方相电压会稍低于电源方相电压，为区别两者，负载方电压下标加上“′”号。

负载方相电压

$$\dot{U}_{A'N'}=Z\angle\dot{I}_A=21.82\angle -53.06°\times(6+j8)=218.2\angle 0.07°\text{V}$$

顺移 120°

$$\dot{U}_{B'N'}=\dot{U}_{A'N'}\angle -120°=218.2\angle -119.93°\text{V}$$

$$\dot{U}_{C'N'}=\dot{U}_{A'N'}\angle 120°=218.2\angle 120.07°\text{V}$$

负载方线电压

$$\dot{U}_{A'B'}=\sqrt{3}\dot{U}_{A'N'}\angle 30°=\sqrt{3}\times 218.2\angle(0.07°+30°)=377.9\angle 30.07°\text{V}$$

顺移 120°

$$\dot{U}_{B'C'}=\dot{U}_{A'B'}\angle -120°=377.9\angle -89.93°\text{V}$$

$$\dot{U}_{C'A'}=\dot{U}_{A'B'}\angle 120°=377.9\angle 150.07°\text{V}$$

(3) 负载端的功率不包括线路阻抗上的消耗，均用带“′”号的量来表示。

$$P'=\sqrt{3}U_{A'B'}I_A\cos\left(\arctan\frac{8}{6}\right)=\sqrt{3}\times 377.9\times 21.82\cos 53.13°=8569.3\text{W}$$

$$Q'=\sqrt{3}U_{A'B'}I_A\sin 53.13°=\sqrt{3}\times 377.9\times 21.82\sin 53.13°=11\,425.7\text{var}$$

$$S'=\sqrt{3}U_{A'B'}I_A=\sqrt{3}\times 377.9\times 21.82=\sqrt{8569.3^2+11\,425.7^2}=14\,282.1\text{V}\cdot\text{A}$$

(4) 相量图如图 4-13(c)所示，负载方相电压超前电源方相电压 0.07°，输电线的阻抗上电压损失 1.8V。

## 4.2.2 对称星形接线已知负载电压求电源电压

**【例 4-4】** 如图 4-13(a)所示，已知负载端线电压 $U'_L=380\text{V}$，$Z=68\angle 53.13°\Omega$，$Z_L=(2+\text{j}1)\Omega$，中线阻抗 $Z_N=(1+\text{j}1)\Omega$，求：

(1) 电源输出的线电流；

(2) 电源线电压、相电压；

(3) 负载消耗的有功功率和电源输出的有功功率；

(4) 计算输电效率。

**解** (1) 电源输出的线电流就是负载相电流，画出一相计算电路。

设 $\dot{U}_{A'B'}=380\angle 0°\text{V}$，则

$$\dot{U}_{A'N'}=\frac{1}{\sqrt{3}}\times 380\angle -30°=220\angle -30°\text{V}$$

$$\dot{I}_A=\frac{\dot{U}_{A'N'}}{Z}=\frac{220\angle -30°}{68\angle 53.13°}=3.24\angle -83.13°\text{A}$$

(2) 电源方的相电压因为要包括输电线阻抗上的电压降，比负载方稍高。

$$\begin{aligned}\dot{U}_A&=\dot{I}_A(Z+Z_L)=3.24\angle -83.13°\times(2+\text{j}1+68\angle 53.13°)\\&=3.24\angle -83.13°\times 70\angle 52.31°=226.8\angle -30.82°\text{V}\end{aligned}$$

**注意**：53.13°是负载的阻抗角 $\varphi_Z$；而整条线路入口的阻抗为 $Z+Z_L$，其阻抗角 $\varphi=52.31°$。则电源线电压为

$$\dot{U}_{AB}=\sqrt{3}\dot{U}_A\angle 30°=\sqrt{3}\times 226.8\angle(-30.82°+30°)=392.83\angle -0.82°\text{V}$$

(3) 负载的有功功率

$$P'=\sqrt{3}U_{A'B'}I_A\cos\varphi_Z=\sqrt{3}\times 380\times 3.24\times\cos(53.13°)=1279.5\text{W}$$

电源输出的有功功率

$$P_S=\sqrt{3}U_{AB}I_A\cos\varphi=\sqrt{3}\times 392.83\times 3.24\times\cos(52.31°)=1347.8\text{W}$$

注意观察以上二者细微的差别。

（4）计算输电效率

$$\eta=\frac{P'}{P_S}=\frac{1279.5}{1374.8}=93.07\%$$

输电线越长，线路阻抗 $Z_L$ 越大，线电流越大，输电效率越低。

### 4.2.3 有线路阻抗时的对称三角形接线

**观察图 4-14(a)，有线路阻抗时负载线电压不等于电源线电压，这时必须将三角形连接的负载等效变换为星形负载，然后按星形接线的一相计算电路，先算出线电流，再推算出相电流。**

**【例 4-5】** 如图 4-14(a)所示，在对称负载三角形连接电路中，已知线路阻抗 $Z_L=(3+j4)\Omega$，负载阻抗 $Z=(19.2+j14.4)\Omega$，电源线电压 $U_L=380V$，求：

（1）线电流 $\dot{I}_A,\dot{I}_B,\dot{I}_C$；相电流 $\dot{I}_{A'B'},\dot{I}_{B'C'},\dot{I}_{C'A'}$。

（2）负载端的线电压与相电压，并画出相量图。

（3）负载端及电源端的有功功率。

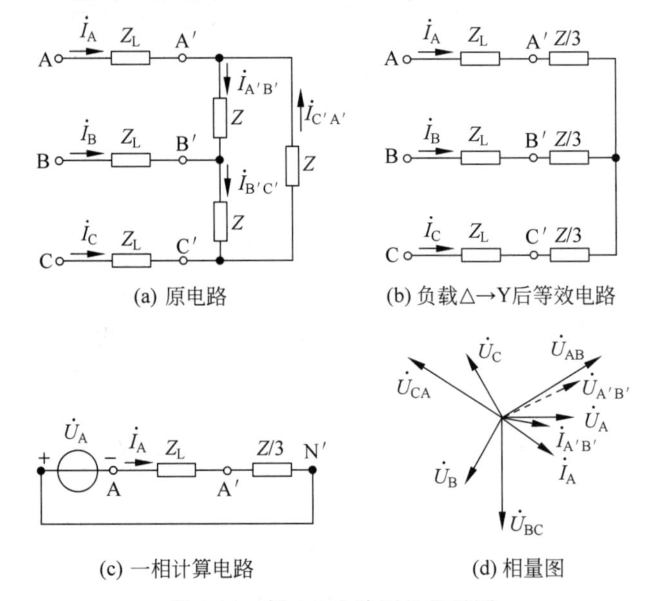


图 4-14 例 4-5 电路图及相量图

**解** （1）根据第 1 章式(1-35)，将三角形负载 $Z$ 等效变换为星形负载 $Z_Y$，得

$$Z_Y=\frac{Z\times Z}{Z+Z+Z}=\frac{1}{3}Z=(6.4+j4.8)\Omega=8\angle 36.87^\circ\Omega$$

设电源相电压 $\dot{U}_A$ 为参考相量

$$\dot{U}_A=\frac{U_L}{\sqrt{3}}\angle 0^\circ=220\angle 0^\circ V$$

根据一相计算电路得线电流

$$\dot{I}_A=\frac{\dot{U}_A}{Z_L+Z_Y}=\frac{220\angle 0^\circ}{(3+j4)+(6.4+j4.8)}=\frac{220}{12.865\angle 43.1^\circ}=17.1\angle -43.1^\circ A$$

依次顺移 120°

$$\dot{I}_{B}=17.1\angle-163.1^{\circ}A$$

$$\dot{I}_{C}=17.1\angle 76.9^{\circ}A$$

根据式(4-7)得相电流

$$\dot{I}_{A'B'}=\frac{1}{\sqrt{3}}\dot{I}_{A}\angle 30^{\circ}=9.87\angle-13.1^{\circ}A$$

依次顺移 120°

$$\dot{I}_{B'C'}=9.87\angle-133.1^{\circ}A$$

$$\dot{I}_{C'A'}=9.87\angle 106.9^{\circ}A$$

(2) 负载线电压的第一种计算方法，按三角形接线：

$$\begin{aligned}\dot{U}_{A'B'}&=\dot{I}_{A'B'}Z=9.87\angle-13.1^{\circ}\times(19.2+j14.4)\\&=9.87\angle-13.1^{\circ}\times 24\angle 36.87^{\circ}=236.9\angle 23.77^{\circ}V\end{aligned}$$

也可先求一相计算电路的负载相电压 $\dot{U}_{A'N'}$，再推算出 $\dot{U}_{A'B'}$

$$\dot{U}_{A'N'}=\dot{I}_{A}\times\frac{Z}{3}=17.1\angle-43.1^{\circ}\times 8\angle 36.87^{\circ}=136.8\angle-6.23^{\circ}V$$

$$\dot{U}_{A'B'}=\sqrt{3}\dot{U}_{A'N'}\angle 30^{\circ}=\sqrt{3}\times 136.8\angle(-6.23^{\circ}+30^{\circ})=236.9\angle 23.77^{\circ}V$$

(3) 负载端有功功率(均用线电压线电流计算)

$$P'=\sqrt{3}U_{A'B'}I_{A}\cos\varphi_{Z}=\sqrt{3}\times 236.9\times 17.1\times\cos 36.87^{\circ}=5613.2W$$

电源端有功功率

$$P_{S}=\sqrt{3}U_{AB}I_{A}\cos\varphi=\sqrt{3}\times 380\times 17.1\times\cos 43.1^{\circ}=8217.9W$$

注意观察二者阻抗角的区别，这里 43.1°是($Z_{L}+Z_{Y}$)整体的阻抗角。

### 4.2.4　无线路阻抗时的对称三角形接线

三角形接线无线路阻抗时，负载的线电压就是电源的线电压，可先计算负载相电流 $\dot{I}_{AB}$，再根据式(4-7)推算出线电流，**无须进行负载的三角形→星形变换**。

**【例 4-6】** 如图 4-15 所示，已知每相负载的参数为 $R=12\Omega$、$L=51mH$，频率 $f=50Hz$，电源线电压 220V。计算各相相电流和线电流。

**解**　计算每相阻抗

$$Z=R+j\omega L=12+j314\times 51\times 10^{-3}=20\angle 53.1^{\circ}\Omega$$

设置参考相量

$$\dot{U}_{AB}=220\angle 0^{\circ}V$$

先计算相电流

$$\dot{I}_{AB}=\frac{\dot{U}_{AB}}{Z}=\frac{220\angle 0^{\circ}}{20\angle 53.1^{\circ}}=11\angle-53.1^{\circ}A$$

顺移 120°

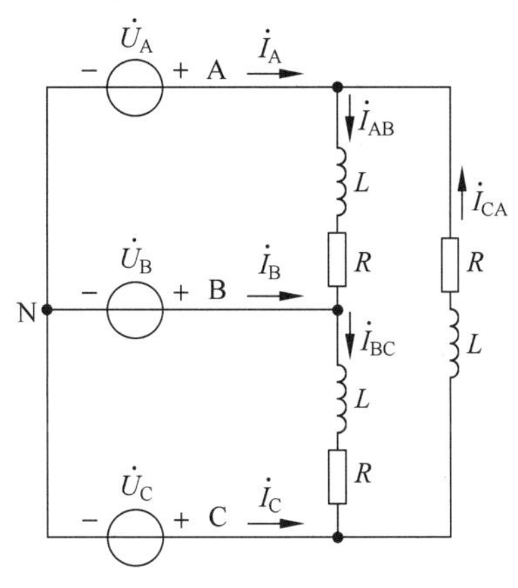


图 4-15　例 4-6 电路图

$$\dot{I}_{BC}=\dot{I}_{AB}\angle-120^\circ=11\angle-173.1^\circ\text{A}$$

$$\dot{I}_{CA}=\dot{I}_{AB}\angle120^\circ=11\angle66.9^\circ\text{A}$$

再推算线电流

$$\dot{I}_{A}=\sqrt{3}\dot{I}_{AB}\angle-30^\circ=\sqrt{3}\times11\angle(-53.1^\circ-30^\circ)=19.05\angle-83.1^\circ\text{A}$$

顺移 120°

$$\dot{I}_{B}=\dot{I}_{A}\angle-120^\circ=19.05\angle-203.1^\circ=19.05\angle156.9^\circ\text{A}$$

$$\dot{I}_{C}=\dot{I}_{A}\angle120^\circ=19.05\angle36.9^\circ\text{A}$$

有时习题会出现△-Y 或 Y-△连接方式，这时只需先将△连接电源等效变换成 Y 连接电源即可，如图 4-16 所示，此后的计算方法与 Y-Y 连接完全相同。同理，Y 连接电源也可等效变换成△连接电源。

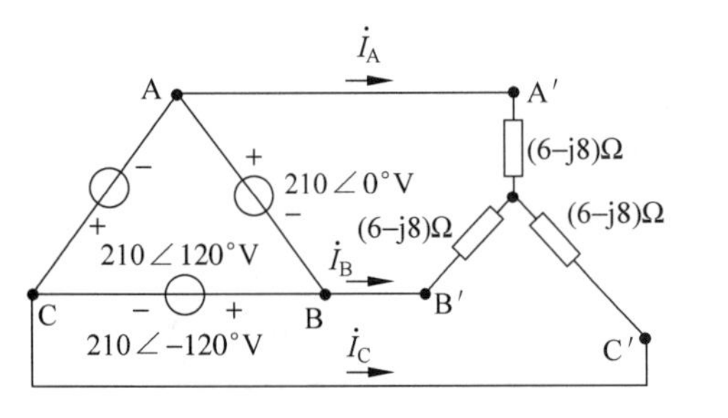

(a) △连接的电源

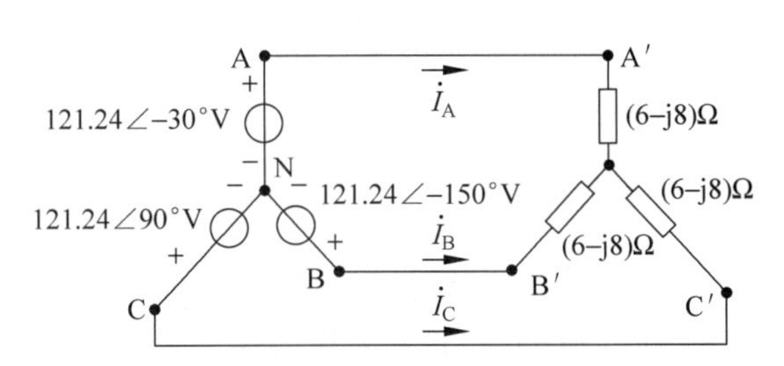

(b) 等效变换成Y连接的电源

图 4-16　△连接的电源等效变换成 Y 连接的电源

## 4.2.5 多组对称负载的三相电路分析

一个区域的三相供电系统都是多重三相负载的串并联，如图 4-17 所示，计算步骤如下：

**(1) 将三角形负载等效变换为星形负载，再将所有星形负载的中性点与电源中性点用无阻抗的中线短接起来，使电路形成等效的三相四线制 $Y_0$-$Y_0$ 系统。**

**(2) 画一相计算电路，先计算总线电流。**

**(3) 用分流公式计算各分负载的线电流。**

**(4) 推算三角形负载的相电流。**

**(5) 计算负载方相电压与线电压。**

**【例 4-7】** 如图 4-17 所示，电源线电压有效值为 380V，两组负载 $Z_1=12+\text{j}16\Omega$，$Z_2=48+\text{j}36\Omega$，输电线路阻抗 $Z_L=1+\text{j}2\Omega$。分别求两组负载的相电流、线电流、相电压、线电压。

**解** 设电源星形连接

$$\dot{U}_{AN}=\dot{U}_{A}=\frac{380}{\sqrt{3}}\angle0^\circ=220\angle0^\circ\text{V}$$

(1) 三角形负载等效变换为星形负载

$$\frac{Z_2}{3}=\frac{48+\text{j}36}{3}=16+\text{j}12=20\angle36.9^\circ\Omega$$

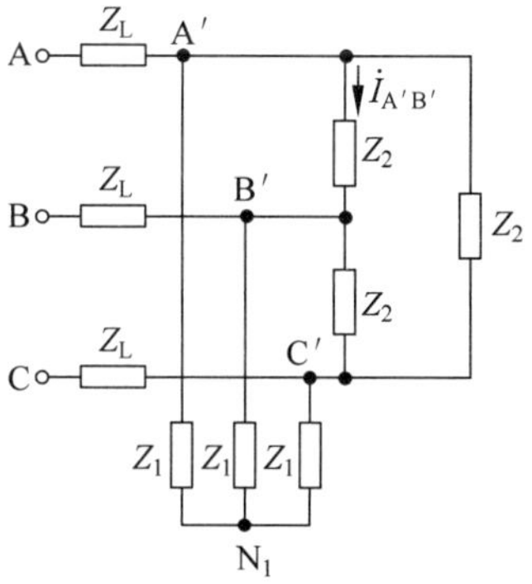

(a) 原电路

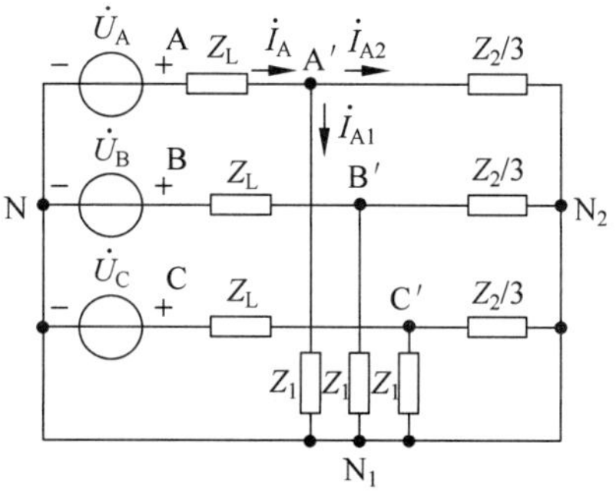

(b) △负载变为Y负载后的电路

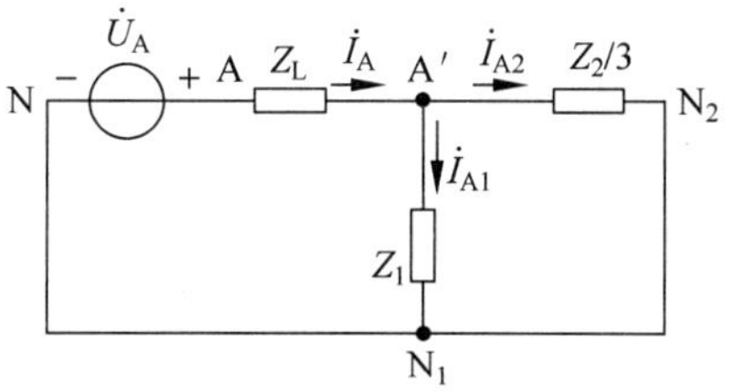

(c) 一相计算电路

图 4-17　例 4-7 电路图

(2) 画出一相计算电路，如图 4-17(c)所示，计算总线电流

$$\dot{I}_A=\frac{\dot{U}_A}{Z_L+\dfrac{Z_1\times Z_2/3}{Z_1+Z_2/3}}=\frac{220\angle 0^\circ}{1+j2+\dfrac{(12+j16)\times(16+j12)}{(12+j16)+(16+j12)}}$$

$$=\frac{220\angle 0^\circ}{12.25\angle 48.4^\circ}=17.96\angle -48.4^\circ \text{A}$$

(3) 分流至第一组负载

$$\dot{I}_{A1}=\dot{I}_A\times\frac{Z_2/3}{Z_1+Z_2/3}=17.96\angle -48.4\times\frac{16+j12}{(12+j16)+(16+j12)}$$

$$=9.06\angle -56.5^\circ \text{A}$$

计算第二组负载线电流

$$\dot{I}_{A2}=\dot{I}_A-\dot{I}_{A1}=17.96\angle -48.4^\circ-9.06\angle -56.5^\circ$$

$$=(11.92-j13.43)-(5-j7.56)=9.06\angle -40.3^\circ \text{A}$$

(4) 推算出三角形负载的相电流

$$\dot{I}_{A'B'}=\frac{1}{\sqrt{3}}\dot{I}_{A2}\angle 30^\circ=\frac{1}{\sqrt{3}}9.06\angle(-40.3^\circ+30^\circ)=5.23\angle -10.3^\circ \text{A}$$

(5) 负载方相电压

$$\dot{U}_{A'N1}=Z_1\dot{I}_{A1}=(12+j16)\times 9.06\angle -56.5^\circ=181.2\angle -3.37^\circ \text{V}$$

负载方线电压

$$\dot{U}_{A'B'}=\sqrt{3}\dot{U}_{A'N1}\angle 30^\circ=\sqrt{3}\times 181.2\angle(-3.37^\circ+30^\circ)=313.8\angle 26.6^\circ \text{V}$$

或者

$$\dot{U}_{A'B'}=Z_2\dot{I}_{A'B'}=(48+j36)\times 5.23\angle -10.3^\circ=313.8\angle 26.6^\circ \mathrm{V}$$

**【例 4-8】** 已知三角形连接的异步电动机负载如图 4-18(a)所示，$\cos\varphi=0.8$，接于线电压 $U_1=380\mathrm{V}$ 的对称电源上，负载消耗的总功率 $P=34\,848\mathrm{W}$。求

(1) 电动机三角形连接时的相电流、线电流。

(2) 每相负载的电阻 $R$ 及电抗 $X_L$。

(3) 若电动机和电源均不变，电动机改为星形连接如图 4-16(b)所示，求电动机的线电流及消耗的总功率。

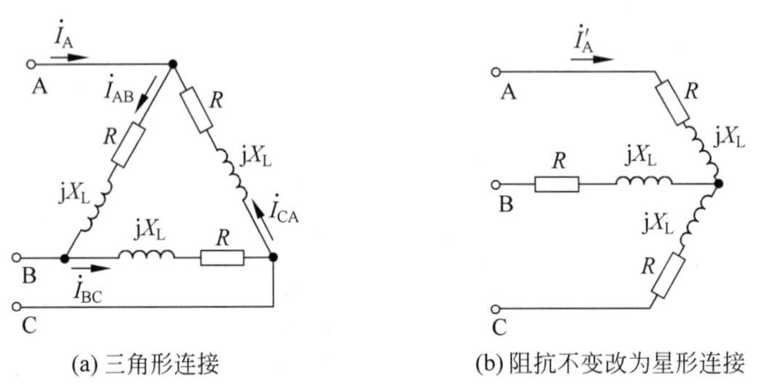


图 4-18 例 4-8 电路图

**解** (1) 三角形连接时，相电压就等于线电压，每相的相电流有效值为

$$I_{P\triangle}=\frac{P_\triangle}{3U_{P\triangle}\cos\varphi}=\frac{34\,848}{3\times 380\times 0.8}=38.21\mathrm{A}$$

线电流有效值为

$$I_{L\triangle}=\sqrt{3}I_{P\triangle}=\sqrt{3}\times 38.21=66.18\mathrm{A}$$

(2) 每相电阻消耗的功率是三相总功率的三分之一，则有

$$R=\frac{P_\triangle/3}{I_{P\triangle}^2}=\frac{34\,848/3}{38.21^2}=8\Omega$$

负载的阻抗角为

$$\varphi=\arccos 0.8=36.87^\circ$$

根据阻抗三角形，有

$$X_L=R\tan\varphi=8\times\tan 36.87^\circ=6\Omega$$

(3) 该负载改接成星形连接后，阻抗与电源均不变

$$Z=R+jX_L=8+j6=10\angle 36.87^\circ\Omega$$

此时负载上的相电压降低了，则

$$U_{PY}=\frac{U_L}{\sqrt{3}}=\frac{380}{\sqrt{3}}=220\mathrm{V}$$

使负载相电流(即此时的线电流)减小了，则

$$I_{PY}=I_{LY}=I'_A=\frac{U_{PY}}{|Z|}=\frac{220}{10}=22\mathrm{A}$$

星形连接时的有功功率

$$P_{Y}=3U_{PY}I_{PY}\cos\varphi=3\times220\times22\times0.8=11\,616\text{W}$$

可见，同一负载接在相同的三相电源下，三角形连接时的线电流是星形连接时的 3 倍，则

$$I_{L\triangle}=66.18\text{A},\quad I_{LY}=22\text{A},\quad \frac{I_{L\triangle}}{I_{LY}}=3 \tag{4-20}$$

三角形连接时的功率也是星形连接时的 3 倍，则

$$P_{\triangle}=34\,848\text{W},\quad P_{Y}=11\,616\text{W},\quad \frac{P_{\triangle}}{P_{Y}}=3 \tag{4-21}$$

三相异步电动机的启动电流很大，接近于正常工作时的 7 倍。**4kW 以上的电动机工作时多接成三角形，为了减小启动电流，启动时可在空载或轻载情况下接成星形，待转速正常后再换接成三角形接线投入工作。**

**【例 4-9】** 某三相异步电动机，每相绕组等效阻抗为 29+j21.8Ω，求以下两种情况下的功率，并进行比较。

(1) 连接成星形，接在线电压为 $U_{L}=380\text{V}$ 的三相电源上。

(2) 连接成三角形，接在线电压为 $U_{L}=220\text{V}$ 的三相电源上。

**解** (1) 连接成星形，$U_{L}=380\text{V}$，其相电压为

$$U_{PY}=\frac{U_{L}}{\sqrt{3}}=\frac{380}{\sqrt{3}}=220\text{V}$$

线电流等于相电流

$$I_{PY}=I_{LY}=\frac{U_{PY}}{|Z|}=\frac{220}{\sqrt{29^{2}+21.8^{2}}}=6.1\text{A}$$

$$P_{Y}=\sqrt{3}U_{L}I_{L}\cos\varphi=\sqrt{3}\times380\times6.1\times\frac{29}{\sqrt{29^{2}+21.8^{2}}}=3217.7\text{W}$$

(2) 连接成三角形，则

$$U_{L}=220\text{V}=U_{P\triangle}$$

相电流为

$$I_{P\triangle}=\frac{U_{P\triangle}}{|Z|}=\frac{220}{\sqrt{29^{2}+21.8^{2}}}=6.1\text{A}$$

线电流为

$$I_{L\triangle}=\sqrt{3}I_{P\triangle}=\sqrt{3}\times6.1=10.565\text{A}$$

$$P_{\triangle}=\sqrt{3}U_{L}I_{L}\cos\varphi=\sqrt{3}\times220\times10.565\times\frac{29}{\sqrt{29^{2}+21.8^{2}}}=3217.7\text{W}$$

由此可见，**两种情况下电动机的功率相等。该结论提醒使用者，可根据电源线电压的不同，灵活选择接线方式。**

**【例 4-10】** 图 4-19 为三种三相对称负载接入供电线路，其中变压器额定容量为 12kV·A，功率因数为 0.6(滞后)；电动机额定容量为 16kV·A，功率因数为 0.8；均工作在额定状态下。若线电压 220V，总线电流 120A，总功率因数 0.95，试确定未知负载。

**解** 总体电路的有功功率、无功功率分别等于三种负载的有功功率、无功功率之和。每

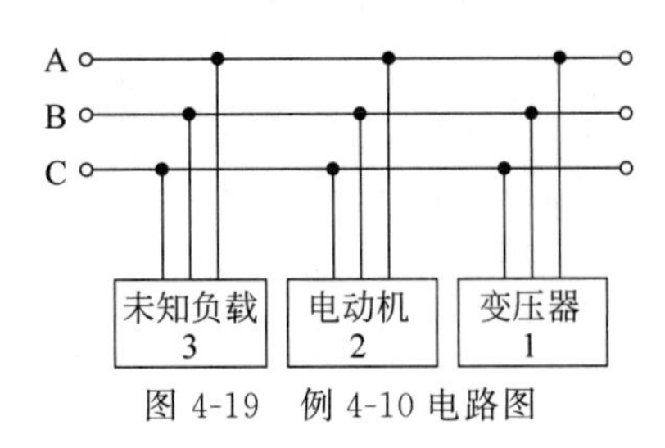

图 4-19　例 4-10 电路图

个三相负载及总体电路均符合各自的功率三角形，如图 4-20 所示。

对于变压器

$$\varphi_1 = \arccos 0.6 = 53.13^\circ$$

$$P_1 = S_1\cos\varphi_1 = 12\times 0.6 = 7.2\text{kW}$$

$$Q_1 = P_1\tan\varphi_1 = 7.2\times\tan 53.13^\circ = 9.6\text{kvar}$$

对于电动机

$$\varphi_2 = \arccos 0.8 = 36.87^\circ$$

$$P_2 = S_2\cos\varphi_2 = 16\times 0.8 = 12.8\text{kW}$$

$$Q_2 = P_2\tan\varphi_2 = 12.8\times\tan 36.87^\circ = 9.6\text{kvar}$$

对于总体电路

$$S_{总} = \sqrt{3}\times 220\times 120 = 45.7\text{kV}\cdot\text{A}$$

$$P_{总} = S_{总}\cos\varphi = 45.7\times 0.95 = 43.4\text{kW}$$

$$Q_{总} = \sqrt{S_{总}^2 - P_{总}^2} = \sqrt{45.7^2 - 43.4^2} = 14.3\text{kvar}$$

对于未知负载

$$P_3 = P - P_1 - P_2 = 43.4 - 7.2 - 12.8 = 23.4\text{kW}$$

$$Q_3 = Q - Q_1 - Q_2 = 14.3 - 9.6 - 9.6 = -4.9\text{kvar}$$

$$\tan\varphi_3 = \frac{Q_3}{P_3} = \frac{-4.9}{23.4} = -0.21$$

$$\varphi_3 = \arctan(-0.21) = -11.83^\circ \quad \text{（电流超前电压，容性负载）}$$

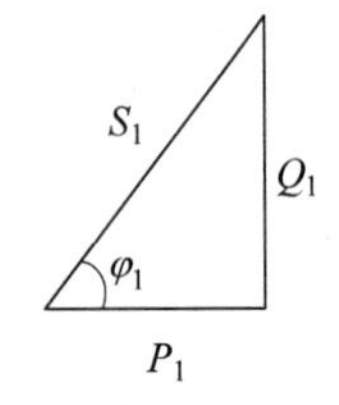

(a) 变压器的功率三角形

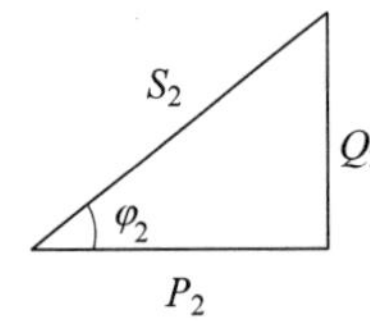

(b) 电动机的功率三角形

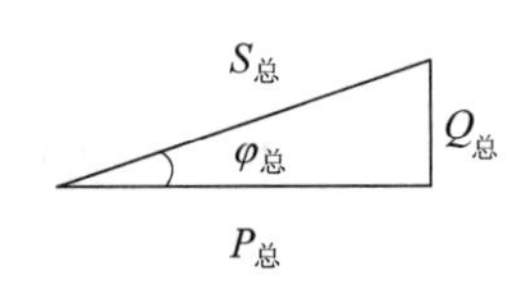

(c) 总体电路的功率三角形

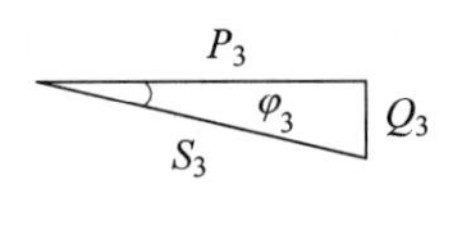

(d) 未知负载的功率三角形

图 4-20　4 个功率三角形

设未知负载星形连接，线电流等于相电流，负载上所加的是相电压。有

$$I_{3L} = I_{3P} = \frac{P_3}{\sqrt{3}U_L\cos\varphi_3} = \frac{23.4\times 10^3}{\sqrt{3}\times 220\times\cos(-11.83^\circ)} = 62.7\text{A}$$

$$Z_3 = \frac{U_P}{I_{3P}}\angle -11.83^\circ = \frac{220/\sqrt{3}}{62.7}\angle -11.83^\circ = 2\angle -11.83^\circ\Omega$$

## 【课后练习】

**4.2.1**　对称三相电路中，负载星形连接，每条线路阻抗 $Z_L=(0.8-\text{j}0.6)\Omega$，每相负载阻抗为 $Z=(7.2-\text{j}5.4)\Omega$，线电压 $\dot{U}_{AB}=220\angle 30^\circ\text{V}$，则线电流 $\dot{I}_A=($　　$)\text{A}$，负载端相电

压为 $\dot{U}_{A'N'}=($　　$)V$。

**4.2.2**　对称三相电路中，负载三角形连接，忽略线路阻抗，每相阻抗为 $Z=(8+j6)\Omega$，线电压为 $\dot{U}_{AB}=380\angle0°V$，则 $\dot{I}_A=($　　$)A$，$\dot{I}_{AB}=($　　$)A$。

**4.2.3**　如图 4-21 所示三相电路中，方框内星形连接对称负载的相电压为 22V、功率为 264W、功率因数为 0.8(感性)。求：(1)电路线电流；(2)方框内星形对称负载的功率因数角；(3)输电线路上的电压损失 $\dot{U}_{AA'}$；(4)电源相电压；(5)电源线电压。

**4.2.4**　如图 4-22 所示线电压为 380V 的对称三相电路，负载星形连接，负载总功率 $P$ 为 3290W，功率因数 $\lambda=0.5$(感性)。求：(1)相电压；(2)相电流；(3)负载的功率因数角；(4)每相负载的电阻 $R$ 和感抗 $X_L$。

**4.2.5**　如图 4-23 所示对称三相电路，线电压 380V，方框中负载三角形连接，负载总功率 $P$ 为 2633W，功率因数 $\lambda=0.8$(感性)。求：(1)线电流与相电流；(2)负载的功率因数角；(3)每相负载阻抗 $Z_\triangle$。

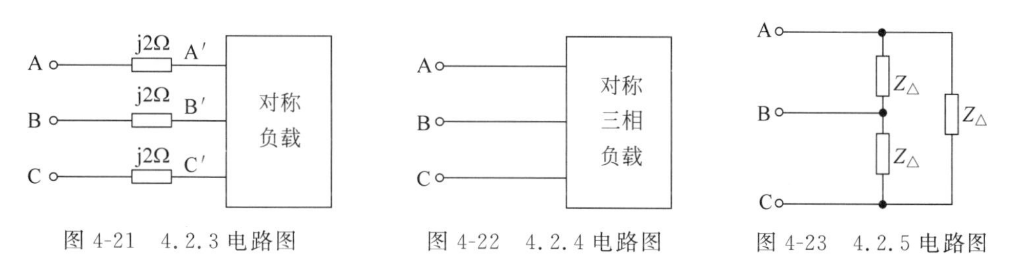


图 4-21　4.2.3 电路图　　图 4-22　4.2.4 电路图　　图 4-23　4.2.5 电路图

## 4.3　三相不对称电路分析

三相不对称电路指电源对称而负载不对称的电路。照明负载、家用电器、办公电器等都是单相负载，虽然分配负载时尽量三相均分，但负载的接入与切除是随时变化的，因此民用负载的对称性是相对的，从某个局部看三相负载不可能对称。

### 4.3.1　三相四线制 $Y_0$-$Y_0$ 系统中线的作用

民用供电系统都接成三相四线制：$Y_0$-$Y_0$ 系统，其中线作用十分重要。

**【例 4-11】**　如图 4-24(a)所示，某三层楼房供电电源 A、B、C 三相分别为三、二、一层住户供电，已知电源相电压 $U_P=220V$，一、二层各点亮 10 盏灯泡，三层点亮 20 盏灯泡，灯泡额定电压 220V，额定功率 100W，求中线开关 S 断开和闭合两种情况下每相负载的相电压和灯泡实际功率。

**解**　设 $\dot{U}_A=220\angle0°V$，每盏灯泡的电阻

$$R=\frac{U_P^2}{P_N}=\frac{220^2}{100}=484\Omega$$

A 相 20 盏灯泡并联后总电阻

$$\frac{484}{20}=24.2\Omega$$

B、C 相 10 盏灯泡并联后总电阻

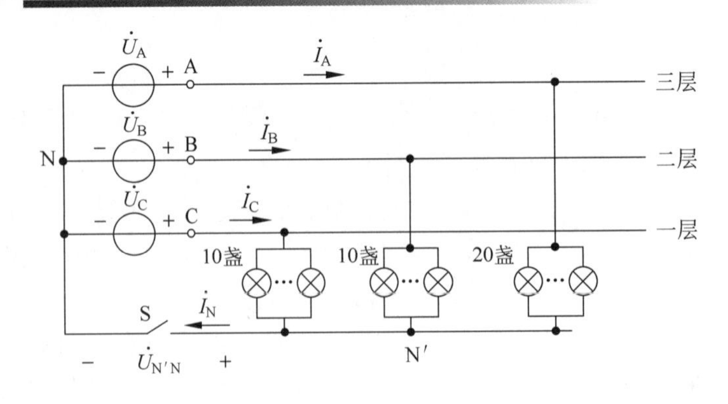


(a) 电路图

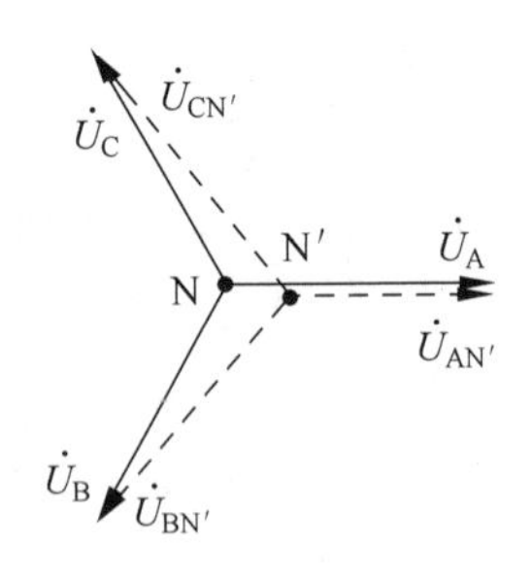


(b) 中性点位移

图 4-24 例 4-11 电路图及相量图

$$\frac{484}{10}=48.4\Omega$$

(1) 中线开关 S 断开时为三相三线星形不对称电路。

设电源中性点 N 为零电位点，列写计算 $\dot{U}_{N'N}$ 的弥尔曼方程，有

$$\dot{U}_{N'N}=\frac{\frac{\dot{U}_A}{24.2}+\frac{\dot{U}_B}{48.4}+\frac{\dot{U}_C}{48.4}}{\frac{1}{24.2}+\frac{1}{48.4}+\frac{1}{48.4}}=\frac{\frac{1}{48.4}(2\times 220\angle 0^\circ+220\angle-120^\circ+220^\circ\angle 120^\circ)}{\frac{4}{48.4}}$$

$$=\frac{1}{4}\times 220\angle 0^\circ=55\angle 0^\circ\text{V} \tag{4-22}$$

该式与式(4-17)的不同之处在于 $2\dot{U}_A+\dot{U}_B+\dot{U}_C\neq 0$，所以 $\dot{U}_{N'N}\neq 0$。

负载相电压为

$$\begin{cases}\dot{U}_{AN'}=\dot{U}_A-\dot{U}_{N'N}=220\angle 0^\circ-55\angle 0^\circ=165\angle 0^\circ\text{V}\\ \dot{U}_{BN'}=\dot{U}_B-\dot{U}_{N'N}=220\angle-120^\circ-55\angle 0^\circ=252.4\angle-131^\circ\text{V}\\ \dot{U}_{CN'}=\dot{U}_C-\dot{U}_{N'N}=220\angle 120^\circ-55\angle 0^\circ=252.4\angle 131^\circ\text{V}\end{cases} \tag{4-23}$$

可见，每相负载上的电压均不等于额定电压，$U_{AN'}<220\text{V}$，$U_{BN'}=U_{CN'}>220\text{V}$，所有灯泡均不能正常工作，可能会损坏用电设备。灯泡的实际功率为

$$P_A=\frac{165^2}{484}=56.25\text{W}<P_N \qquad \text{(A 相实际功率降低了)}$$

$$P_B=P_C=\frac{252.4^2}{484}=131.6\text{W}>P_N \qquad \text{(B、C 相实际功率提高了)}$$

结果使 A 相灯泡太暗；B、C 相灯泡太亮。

**三相三线星形不对称电路 $\dot{U}_{N'N}\neq 0$，表明负载中性点 N′与电源中性点 N 不同电位，发生了中性点位移，致使每相负载电压均不等于额定电压，阻抗值较大的一相负载电压更高。** 中性点位移相量图如图 4-24(b)所示。

(2) 中线开关 S 闭合时图 4-24(a)变为三相四线制电路。

**可观察到中线将 N′与 N 直接短接，强迫负载中性点 N′与电源中性点 N 同电位，使各相**

**负载的相电压等于电源电压。**

此时所有灯泡的实际功率等于额定功率，各相电流为

$$\begin{cases}\dot{I}_A=\dfrac{220\angle 0^\circ}{24.2}=9.1\angle 0^\circ\text{A}\\ \dot{I}_B=\dfrac{220\angle -120^\circ}{48.4}=4.55\angle -120^\circ\text{A}\\ \dot{I}_C=\dfrac{220\angle 120^\circ}{48.4}=4.55\angle 120^\circ\text{A}\end{cases}$$

中线电流为

$$\begin{aligned}\dot{I}_N&=\dot{I}_A+\dot{I}_B+\dot{I}_C\\&=9.1\angle 0^\circ+4.55\angle -120^\circ+4.55\angle 120^\circ\\&=4.55\angle 0^\circ\text{A}\neq 0\end{aligned}$$

以上计算可知，**星形不对称电路接上无阻抗的中线后，计算每相电流与其他相无关。中线使负载相电压对称**，但线电流不对称，**中线上有电流通过。**

**对中线的要求是，中线上不允许安装熔断器及开关，中线不可过细，一般选取与相线相同线径。**当三相之间不对称程度较低时，各相负载接近相等，中线电流较小，这是实际线路中常见的情况；若各相负载完全对称，则中线电流为零。

**【例 4-12】** 如图 4-25(a)所示，三相电源对称，$U_P=220\text{V}$，试计算各相电流及中线电流，并画出相量图。

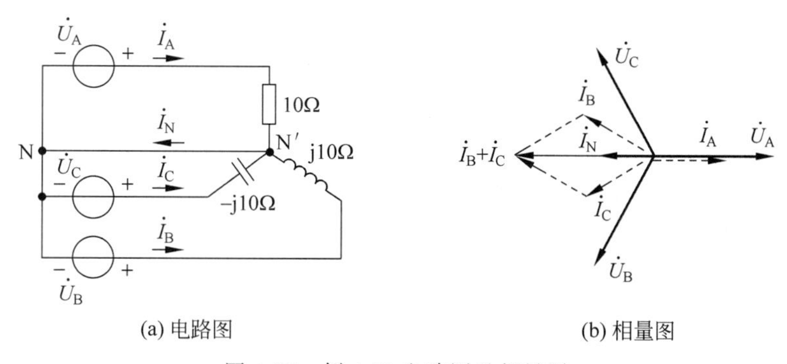


图 4-25 例 4-12 电路图及相量图

**解** 设 $\dot{U}_A=220\angle 0^\circ\text{V}$，该电路中线阻抗为零，每相负载的电压就是该相的电源电压。

$$\dot{I}_A=\frac{\dot{U}_A}{Z_A}=\frac{220\angle 0^\circ}{10}=22\angle 0^\circ\text{A}$$

$$\dot{I}_B=\frac{\dot{U}_B}{Z_B}=\frac{220\angle -120^\circ}{\text{j}10}=22\angle -210^\circ=22\angle 150^\circ\text{A}$$

$$\dot{I}_C=\frac{\dot{U}_C}{Z_C}=\frac{220\angle 120^\circ}{-\text{j}10}=22\angle 210^\circ=22\angle -150^\circ\text{A}$$

根据 KCL 得中线电流

$$\dot{I}_N=\dot{I}_A+\dot{I}_B+\dot{I}_C=22\angle 0^\circ+22\angle 150^\circ+22\angle -150^\circ=16.105\angle 180^\circ\text{A}$$

【例 4-13】 如图 4-26(a)所示电路是一种相序指示器，用来测定电源的三根火线 A、B、C 相序，由一个电容器和两个灯泡连接成无中线的星形电路。已知 $\dot{U}_A=U_P\angle 0°$、$X_C=R$。设电容器接 A 相，则灯光较亮的是 B 相，用弥尔曼方程证明之。

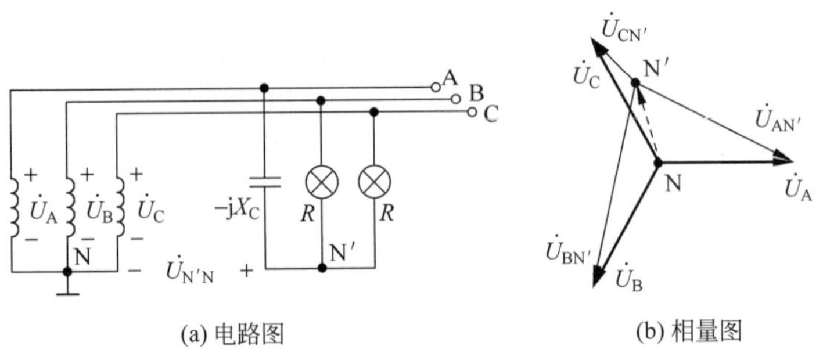

(a) 电路图　　(b) 相量图

图 4-26　例 4-13 电路图及相量图

**解**

$$\dot{U}_{N'N}=\frac{\dfrac{\dot{U}_A}{-\mathrm{j}X_C}+\dfrac{\dot{U}_B}{R}+\dfrac{\dot{U}_C}{R}}{\dfrac{1}{-\mathrm{j}X_C}+\dfrac{1}{R}+\dfrac{1}{R}}=\frac{\dfrac{\mathrm{j}\dot{U}_A}{X_C}+\dfrac{\dot{U}_B}{R}+\dfrac{\dot{U}_C}{R}}{\dfrac{\mathrm{j}}{X_C}+\dfrac{1}{R}+\dfrac{1}{R}}=\frac{(\mathrm{j}\dot{U}_A-\dot{U}_A)}{2+\mathrm{j}}$$

$$=\frac{-1+\mathrm{j}}{2+\mathrm{j}}U_P=(-0.2+\mathrm{j}0.6)U_P$$

上式用到了 $\dot{U}_B+\dot{U}_C=-\dot{U}_A$。B 相灯泡所承受的电压为

$$\dot{U}_{BN'}=\dot{U}_B-\dot{U}_{N'N}=U_P\angle-120°-(-0.2+\mathrm{j}0.6)U_P$$
$$=(-0.3-\mathrm{j}1.466)U_P=1.496U_P\angle-101.565°\mathrm{V}$$

C 相灯泡所承受的电压为

$$\dot{U}_{CN'}=\dot{U}_C-\dot{U}_{N'N}=U_P\angle 120°-(-0.2+\mathrm{j}0.6)U_P$$
$$=(-0.3+\mathrm{j}0.266)U_P=0.4U_P\angle 133.4°\mathrm{V}$$

比较两个灯泡上的相电压

$$\dot{U}_{BN'}>\dot{U}_{CN'}$$

B 相灯泡所加电压更高，所以灯泡更亮的相是 B 相，更暗的相是 C 相。

## 4.3.2　不对称负载三角形连接时的工作状态

如图 4-27 所示，不对称负载若采用三角形连接，由于线路阻抗很小一般可以忽略，所以每相负载上的电压均为电源电压，每个单相负载都可以正常工作，但每相的相电流、线电流不对称，负载阻抗模值小的一相取用电流大，电流须逐相单独计算。

$$\begin{cases}\dot{I}_{A'B'}=\dfrac{\dot{U}_A}{Z_A},\quad \dot{I}_{B'C'}=\dfrac{\dot{U}_B}{Z_B},\quad \dot{I}_{C'A'}=\dfrac{\dot{U}_C}{Z_C}\\ \dot{I}_A=\dot{I}_{A'B'}-\dot{I}_{C'A'},\quad \dot{I}_B=\dot{I}_{B'C'}-\dot{I}_{A'B'},\quad \dot{I}_C=\dot{I}_{C'A'}-\dot{I}_{B'C'}\end{cases}\tag{4-24}$$

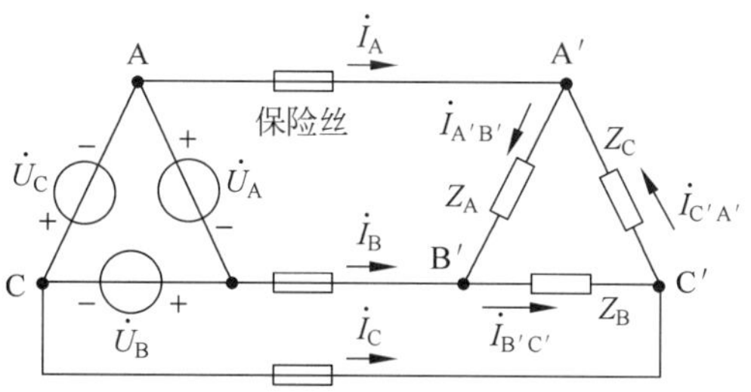

图 4-27 不对称负载采用三角形连接

三角形不对称负载一相开路不影响其他两相的工作，一相短路则立即熔断相线上的保险丝，不会损坏其他两相的用电设备。

### 4.3.3 对称负载发生故障演变成不对称负载

三相星形对称负载发生某相开路、短路故障后，演变成不对称电路。若系统设置有中线，不良后果仅影响故障相；若未设置中线，三相上的所有负载均受殃及。

图 4-28 和图 4-29 中的电源线电压 $U_L=380\text{V}$，灯泡额定电压 220V，原本为对称电路。图 4-28 开关 K 断开造成 A 相开路后，A 相灯泡熄灭；图 4-28(a)未设置中线，B、C 两相灯泡成了串联关系，每个灯泡电压为 190V，低于额定电压不能正常发光；图 4-28(b)设置了中线，B、C 两相灯泡仍然通过中线得到额定电压，工作不受影响。

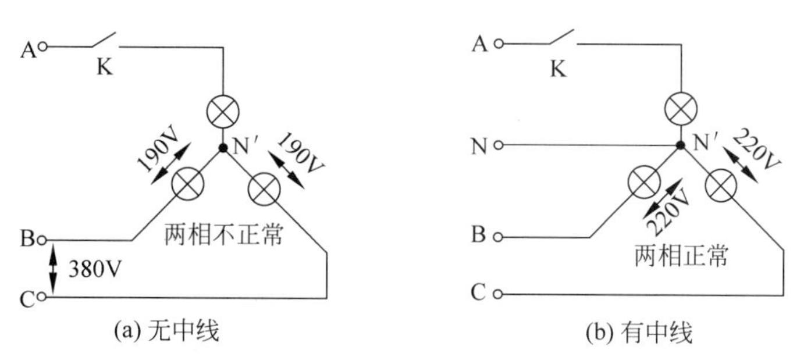


图 4-28 某相开路对其他两相的影响

如图 4-29 所示，A 相灯泡短路后熄灭，N′与 A 点同电位；图 4-29(a)未设置中线，B、C 两相灯泡上的电压均上升为线电压 380V，A 相保险丝不一定烧断，可能使灯泡太亮直至烧毁；图 4-29(b)设置了中线，A 相保险丝立即烧断，B、C 两相灯泡安然无恙。

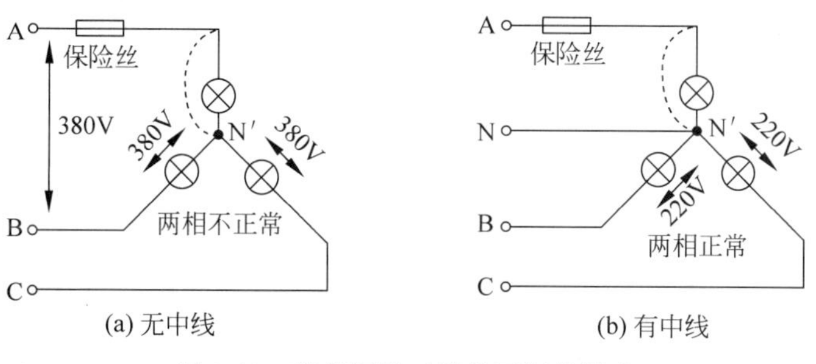


图 4-29 某相短路对其他两相的影响

## 【课后练习】

**4.3.1** 如图 4-30 所示三相电路接至线电压为 380V 的对称三相电压源，电压 $U_{A'B'}$ 为(　　)V；电压 $U_{B'C'}$ 为(　　)V。

**4.3.2** 如图 4-31 所示，在三相电路中，当开关 S 闭合时，各电流表读数均为 5A。当开关 S 打开后，各电流表读数：$A_1$ 为(　　)A；$A_2$ 为(　　)A；$A_3$ 为(　　)A。

**4.3.3** 如图 4-32 所示，对称三相电路作星形连接，A 相电源相电压为 $220\angle 0°$V。当 A 相负载短路时，B、C 相负载电压 $\dot{U}_{BN'}$ 为(　　　　)V，$\dot{U}_{CN'}$ 为(　　　　)V。

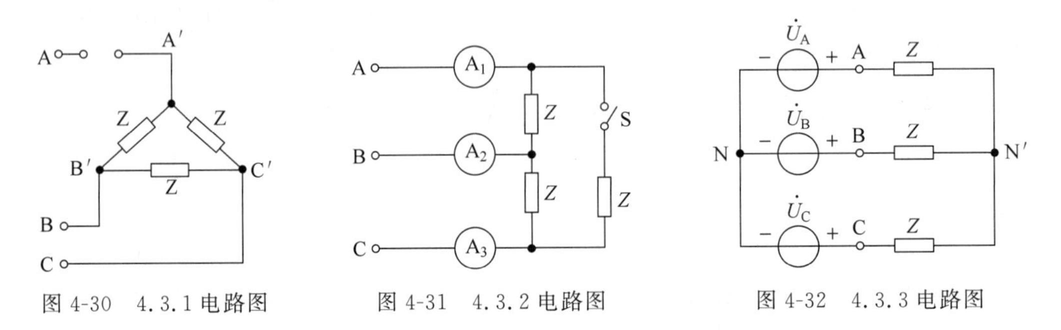


图 4-30　4.3.1 电路图　　图 4-31　4.3.2 电路图　　图 4-32　4.3.3 电路图

**4.3.4** 如图 4-33 所示，在对称三相电路中，开关 S 闭合时各电流表读数均为 10A，若开关 S 断开，则各电流表读数：$A_1$ 为(　　)A；$A_2$ 表为(　　)A；$A_3$ 表为(　　)A。

**4.3.5** 如图 4-34 所示，电路接至线电压为 380V 的对称三相电压源，三相负载的无功功率为(　　)var，有功功率为(　　)W。

**4.3.6** 如图 4-35 所示，三相电路接至线电压为 380V 的对称电源。各电流表的读数分别是：$A_1$ 表为(　　)A；$A_2$ 表为(　　　　)A。

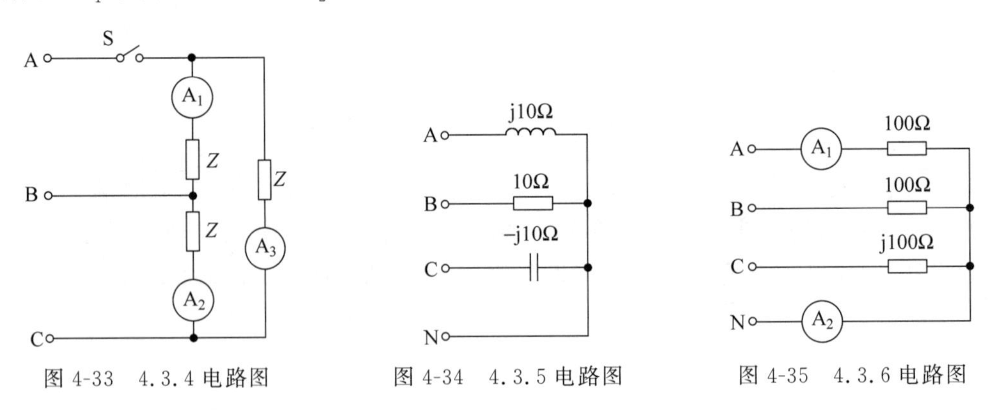


图 4-33　4.3.4 电路图　　图 4-34　4.3.5 电路图　　图 4-35　4.3.6 电路图

## 4.4　三相电路功率测量

电力工业的产品是电能，电能等于电功率与用电时间的乘积，准确测量电能依赖于准确测量电功率，而三相电能表与三相功率表的接线方式基本相同。电力系统要稳定运行，有功功率、无功功率须时刻保持平衡，因此要对电网所有变电站中每条供电出线的功率进行监测，进而绘制功率需求曲线，为调度发电出力提供依据。因此有必要学习三相功率测量的知识。

### 4.4.1 “一表法”测量三相对称电路有功功率

单个功率测量机构的原理已在第 3 章图 3-77 讲解，其读数与所加电流、电压有效值乘积成正比，还与两者相位差角的余弦成正比。即

$$\text{Ⓦ}=kUI\cos\varphi$$

其中，$k$ 为仪表比例系数。

三相对称电路有功功率的测量可用“一表法”进行，如图 4-36 所示，其三相有功功率均为功率表读数的 3 倍，即

$$P=3\,\text{Ⓦ} \tag{4-25}$$

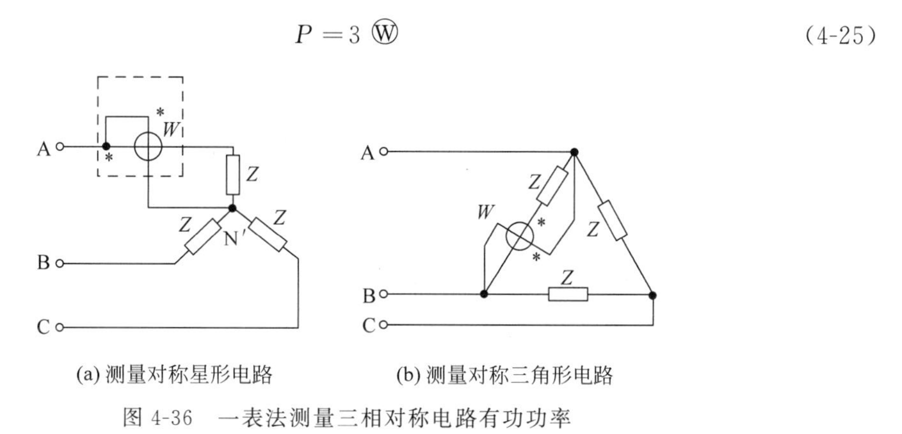


(a) 测量对称星形电路　　(b) 测量对称三角形电路

图 4-36　一表法测量三相对称电路有功功率

### 4.4.2 “三表法”测量三相四线制电路有功功率

三相四线制电路多为不对称电路，中线有电流流过，采用“三表法”测量有功功率，接线如图 4-37(a)所示，相量图如图 4-37(b)所示，每个功率表接入同相的电流、电压，有功功率为

$$P=\text{Ⓦ}_A+\text{Ⓦ}_B+\text{Ⓦ}_C \tag{4-26}$$

也可将三套测量机构装入一只仪表，三个可动线圈产生的力矩在同一转轴上形成合力矩，构成三元件三相四线功率表，直接指示总有功功率。

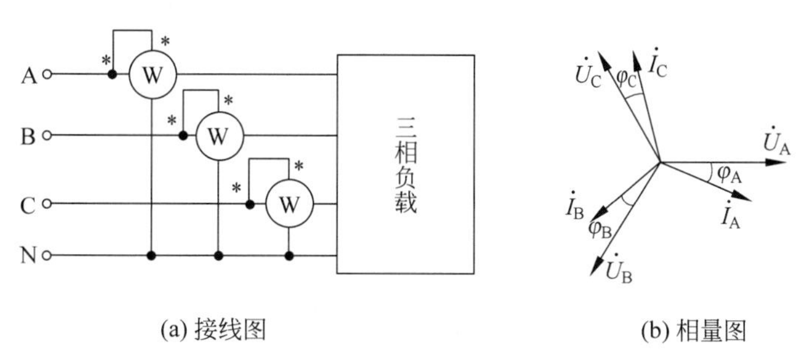


(a) 接线图　　(b) 相量图

图 4-37　三表法测量三相四线制电路有功功率

### 4.4.3 “两表法”测量三相三线制电路有功功率

城乡配电网的 10kV 供电电路为三相三线制系统，与大地绝缘，可用“两表法”测量有功

功率，接线如图 4-38(a)所示，相量图如图 4-38(b)所示，**两表电流线圈分别接 A、C 两相，电压线圈"*"端(首端)与电流线圈"*"端相连，尾端同接至 B 相**。其瞬时功率

$$p=u_A i_A+u_B i_B+u_C i_C$$

根据三相三线制电路的特点

$$i_A+i_B+i_C=0$$

得

$$i_B=(-i_A-i_C)$$

则有

$$p=u_A i_A+u_B(-i_A-i_C)+u_C i_C=(u_A-u_B)i_A+(u_C-u_B)i_C=u_{AB}i_A+u_{CB}i_C$$

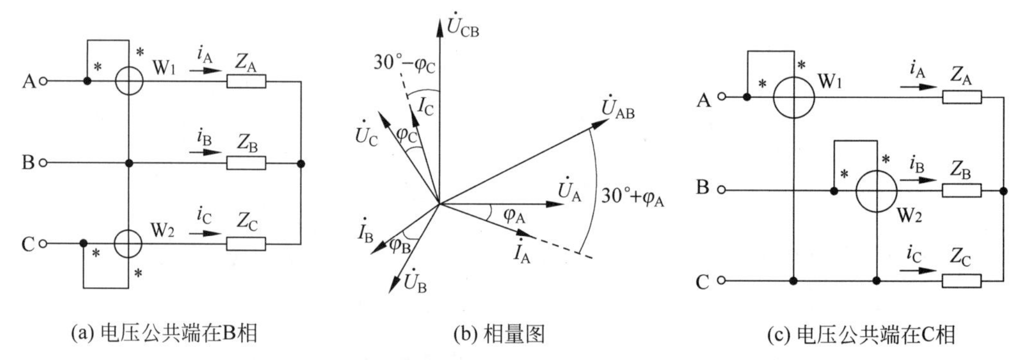

(a) 电压公共端在B相　　(b) 相量图　　(c) 电压公共端在C相

图 4-38 "两表法"测量三相三线制电路有功功率

根据图 4-38(b)相量图，由瞬时功率再求平均功率得

$$P=\frac{1}{T}\int_0^T p\,\mathrm{d}t=U_{AB}I_A\cos(\widehat{\dot U_{AB}\dot I_A})+U_{CB}I_C\cos(\widehat{\dot U_{CB}\dot I_C})$$
$$=U_{AB}I_A\cos(30^\circ+\varphi_A)+U_{CB}I_C\cos(30^\circ-\varphi_C)$$

若三相电路对称，有

$$I_A=I_C=I_L \quad U_{AB}=U_{CB}=U_L \quad \varphi_A=\varphi_C=\varphi$$

则

$$\begin{aligned}P&=Ⓦ_1+Ⓦ_2=U_L I_L\cos(30^\circ+\varphi)+U_L I_L\cos(30^\circ-\varphi)\\&=U_L I_L[(\cos30^\circ\cos\varphi-\sin30^\circ\sin\varphi)+(\cos30^\circ\cos\varphi+\sin30^\circ\sin\varphi)]\\&=2U_L I_L\cos30^\circ\cos\varphi=2U_L I_L\frac{\sqrt{3}}{2}\cos\varphi\\&=\sqrt{3}U_L I_L\cos\varphi\end{aligned}\tag{4-27}$$

可以证明，三相电源对称而负载不对称时，式(4-27)仍然基本成立。这两个功率表有些情况下会出现反偏转(或读数为负值)，指针表为了能读数，需将功率表电流线圈的两个接线端对调，这时的读数应计为负值。

两个表的读数规律如下：

(1) 若负载是纯电阻，$\varphi=0^\circ$，则 $Ⓦ_1=Ⓦ_2$，$P=2Ⓦ_1=2Ⓦ_2$。

(2) 若负载感性，$\varphi>0^\circ$，则 $Ⓦ_1<Ⓦ_2$；$\varphi=60^\circ$，则 $Ⓦ_1=0$；若 $\varphi>60^\circ$，则 $Ⓦ_1<0$，$P=-Ⓦ_1+Ⓦ_2$。

(3) 若负载容性，$\varphi<0°$，则Ⓦ$_1$>Ⓦ$_2$；$\varphi=-60°$，则Ⓦ$_2=0$；若 $\varphi<-60°$，则Ⓦ$_2<0$，$P=$Ⓦ$_1-$Ⓦ$_2$。

"两表法"测量三相三线制有功功率还可按如图 4-38(c)所示接线，电流线圈接 A、B 两相，电压线圈的尾端同接至 C 相；或电流线圈接 B、C 两相，电压线圈的尾端同接至 A 相；读数规律相似。该"两表法"不能用于测量三相四线制电路有功功率，因为三相四线制 $i_A+i_B+i_C\neq0$。

也可将两套测量机构装入一只仪表，两个可动线圈产生的力矩在同一转轴上形成合力矩，构成两元件三相三线功率表，直接指示总有功功率。

**【例 4-14】** 如图 4-39 所示，$U_L=380\text{V}$，$R=38\Omega$，$X=22\Omega$，求两功率表的读数，并且验证两表的读数之和即电路的有功功率。

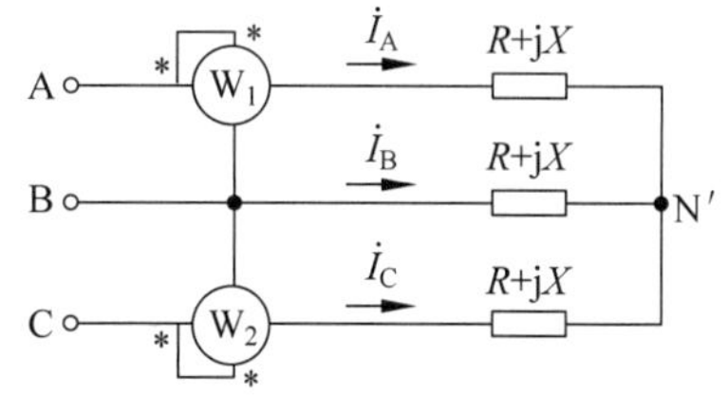


图 4-39　例 4-14 电路图

**解**　每相阻抗为

$$Z=R+\text{j}X=38+\text{j}22=43.91\angle30.1°\Omega$$

星形连接线电流等于相电流

$$I_L=I_P=\frac{U_P}{|Z|}=\frac{\frac{380}{\sqrt{3}}}{43.91}=5\text{A}$$

则

$$Ⓦ_1=U_LI_L\cos(30°+\varphi)=380\times5\times\cos(30°+30.1°)=947.13\text{W}$$

$$Ⓦ_2=U_LI_L\cos(30°-\varphi)=380\times5\cos(30°-30.1°)=1900\text{W}$$

电路的有功功率为

$$P=\sqrt{3}U_LI_L\cos\varphi=\sqrt{3}\times380\times5\times\cos30.1°=2847.12\text{W}$$

$$Ⓦ_1+Ⓦ_2=947.13+1900=2847.13\text{W}\approx P$$

## 4.4.4 "三表 90°跨相法"测量三相电路无功功率

测量三相电路无功功率一般采用"90°跨相法"，接线如图 4-40(a)所示，相量图如图 4-40(b)所示。**每个功率表电流线圈接在哪相，电压线圈就跨接另外两相，其电压线圈的"*"端接在另外两相中的超前相上。**根据相量图，每个测量机构所测功率分别为

$$Ⓦ_1=U_{BC}I_A\cos(90°-\varphi_A)$$

$$Ⓦ_2=U_{CA}I_B\cos(90°-\varphi_B)$$

$$Ⓦ_3=U_{AB}I_C\cos(90°-\varphi_C)$$

设三相电路对称，则有

$$U_{BC}=U_{CA}=U_{AB}=U_L,\quad I_A=I_B=I_C=I_L,\quad \varphi_A=\varphi_B=\varphi_C=\varphi$$

$$Ⓦ_1+Ⓦ_2+Ⓦ_3=3\times U_LI_L\sin\varphi=\sqrt{3}\times\sqrt{3}U_LI_L\sin\varphi=\sqrt{3}Q \tag{4-28}$$

三个表读数相等，所测无功功率为

$$Q=(Ⓦ_1+Ⓦ_2+Ⓦ_3)/\sqrt{3} \tag{4-29}$$

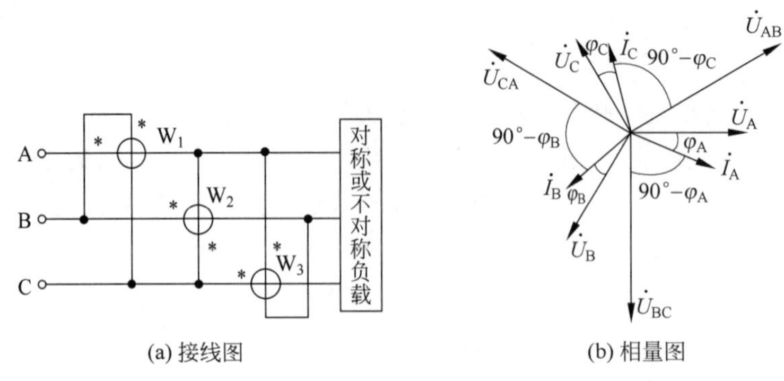


(a) 接线图　　(b) 相量图

图 4-40 "三表 90°跨相法"测量三相电路无功功率

可见三个表读数之和能反映三相无功功率。可以证明，三相电源对称而负载不对称时，式(4-29)仍然基本成立。"三表 90°跨相法"适用于电源对称的三相三线及三相四线电路。若负载阻抗也对称，可以只接成两表跨相法（接在任意两相上）或者一表跨相法（接在任意一相上）。两表跨相法的无功功率为

$$Q=\frac{\sqrt{3}}{2}(Ⓦ_1+Ⓦ_2)=\frac{\sqrt{3}}{2}(2\times U_L I_L \sin\varphi) \tag{4-30}$$

一表跨相法为

$$Q=\sqrt{3}\ Ⓦ_1=\sqrt{3}U_L I_L \sin\varphi \tag{4-31}$$

**【例 4-15】** 如图 4-41 所示，$U_L=380\text{V}$，已知线电流为 10A，功率表的读数为 1900var，求

(1) 三角形连接的阻抗 $Z$。

(2) 三相负载的无功功率 $Q$，有功功率 $P$。

(3) 欲将电路的功率因数提高到 0.95，三相电容器组怎样接线？电容值 $C$ 为多少？

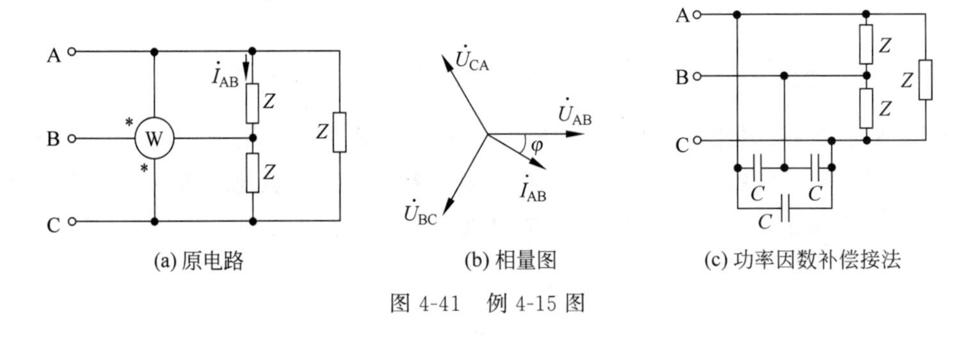


(a) 原电路　　(b) 相量图　　(c) 功率因数补偿接法

图 4-41 例 4-15 图

**解** (1) 如图 4-41(a)所示，功率表的接线方式为"一表 90°跨相法"，所测读数为

$$Ⓦ=U_L I_L \sin\varphi=380\times 10\sin\varphi=1900\text{var}$$

Ⓦ$>0$ 表明负载阻抗为感性，得

$$\varphi=\arcsin\frac{1900}{380\times 10}=30°$$

及功率因数

$$\lambda=\cos 30°=0.866$$

三角形连接的相电流

$$I_{\mathrm{P}}=\frac{I_{\mathrm{L}}}{\sqrt{3}}=\frac{10}{\sqrt{3}}=5.77\mathrm{A}$$

设 $\dot{U}_{\mathrm{AB}}=380\angle 0^\circ\mathrm{V}$，则

$$\dot{I}_{\mathrm{AB}}=I_{\mathrm{P}}\angle-\varphi=5.77\angle-30^\circ\mathrm{A}$$

三角形连接的阻抗为

$$Z_{\triangle}=\frac{\dot{U}_{\mathrm{AB}}}{\dot{I}_{\mathrm{AB}}}=\frac{380\angle 0^\circ}{5.77\angle-30^\circ}=65.86\angle 30^\circ\Omega$$

（2）无功功率

$$Q=\sqrt{3}\ Ⓦ=\sqrt{3}\times 1900=3290.9\mathrm{var}$$

有功功率

$$P=\sqrt{3}U_{\mathrm{L}}I_{\mathrm{L}}\cos\varphi=\sqrt{3}\times 380\times 10\cos 30^\circ=5700\mathrm{W}$$

（3）当 $\lambda'=\cos\varphi'=0.95$ 时，$\varphi'=\arccos 0.95=18.2^\circ$。

三个电容器若如图 4-41(c)所示按三角形接入电路，每个电容器上所加电压为线电压，每个电容器的电容值为

$$C_{\triangle}=\frac{P/3}{\omega U_{\mathrm{L}}^2}(\tan\varphi-\tan\varphi')=\frac{5700/3}{314\times 380^2}(\tan 30^\circ-\tan 18.2^\circ)=10.42\mu\mathrm{F}$$

上式分子中所带入的数据为三相总有功功率的 1/3。

三个电容器若按星形接入电路，每个电容器上所加电压为相电压，每个电容器的电容值为

$$\begin{aligned}C_{\mathrm{Y}}&=\frac{P/3}{\omega U_{\mathrm{P}}^2}(\tan\varphi-\tan\varphi')\\&=\frac{5700/3}{314\times 220^2}(\tan 30^\circ-\tan 18.2^\circ)\\&=10.42\times 3=31.26\mu\mathrm{F}\end{aligned}$$

**可见，星形连接的电容值比三角形连接大 3 倍。电容器的电容值越大，售价越高，电容器补偿采用星形连接时，要增加投资。因此低压线路的补偿电容器通常采取三角形连接。**

## 【课后练习】

**4.4.1**　画出如图 4-42 所示两个功率表上电流、电压的相量图，证明所测功率之和为三相三线负载的总有功功率，设负载阻抗角为 10°。

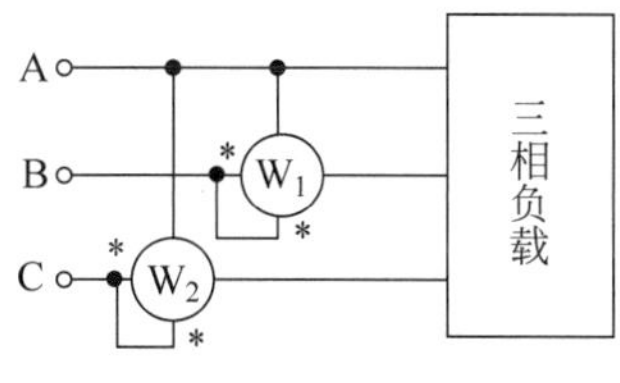


图 4-42　4.4.1 电路图

## 习题

**4-1-1** 已知如图 4-43 所示对称三相电源线电压 $u_{AB}=380\sqrt{2}\sin(314t+10°)$V，试写出其余两个线电压、三个相电压的解析式。

**4-1-2** 已知如图 4-44 所示对称三相电路，负载三角形连接，已知 $u_{AB}=380\sqrt{2}\sin(314t+10°)$V，$\dot{I}_A=22\angle-6.9°$A。

(1) 试写出其余两个线电流、三个相电流的解析式。

(2) 求负载的视在功率、有功功率、无功功率、功率因数。

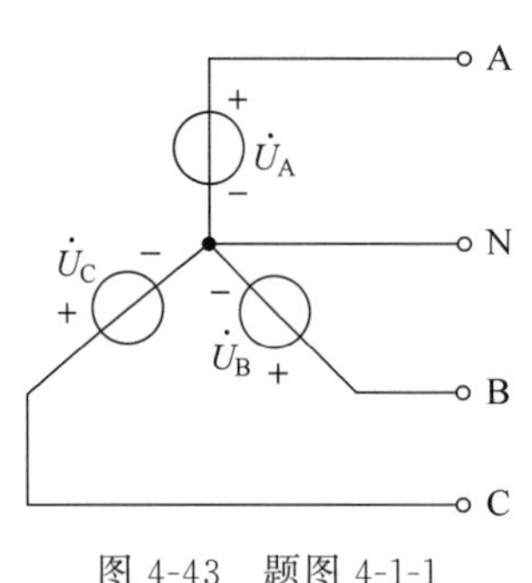


图 4-43 题图 4-1-1

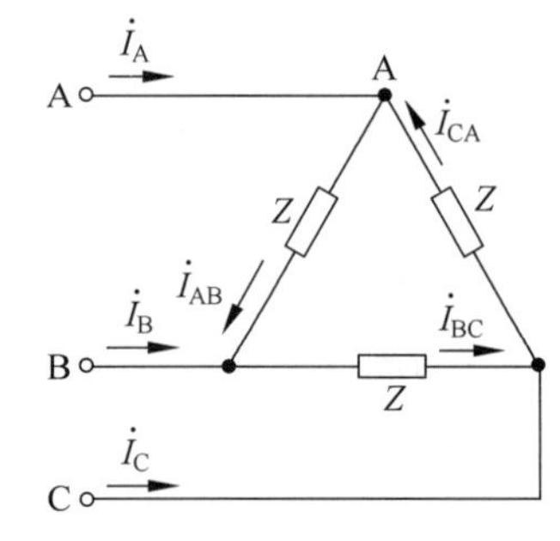


图 4-44 题图 4-1-2

**4-1-3** 一台△连接三相异步电动机的功率因数为 0.86，供电效率 $\eta=0.88$，额定电压为 380V，输出的机械功率为 2.2kW，求电动机向电源取用的电流为多少？（提示：电动机的供电效率＝输出的机械效率/电动机的电功率）

**4-1-4** 一台 Y 连接三相异步电动机，接入 380V 线电压的电网中，当电动机满载时其额定输出的机械功率为 10kW，供电效率为 0.9，线电流为 20A。当该电动机轻载运行时，输出的机械功率为 2kW 时，供电效率为 0.6，线电流为 10.5A。试求在上述两种情况下电路的功率因数，并对计算结果进行比较后讨论。

**4-2-1** 有一对称三相三线制电路，用钳形电流表测量电流，套进一根相线时读数为 5A（有效值），试分析套进二根或三根相线时钳形表读数（有效值）分别为多少？并画出相量图加以说明。

**4-2-2** 如图 4-45 所示，电源线电压为 380V，线路阻抗 $Z_L=(2+j1)\Omega$，负载阻抗 $Z=(165+j84)\Omega$，中线阻抗 $Z_N=(0.4+j0.3)\Omega$。画出“一相计算电路”，求负载端相电流 $\dot{I}_A$、$\dot{I}_B$、$\dot{I}_C$、中线电流 $\dot{I}_N$ 和线电压 $\dot{U}_{A'B'}$，并画出电路的相量图。

**4-2-3** 如图 4-45 所示，已知 $\dot{U}_{A'N'}=220\angle0°$V，线路阻抗 $Z_L=(1+j1)\Omega$，负载阻抗 $Z=(3+j4)\Omega$，中线阻抗 $Z_N=(0.12+j0.16)\Omega$。画出一相计算电路，求：(1)电源端线电压 $\dot{U}_{AB}$、$\dot{U}_{BC}$、$\dot{U}_{CA}$；(2)求三相电路总的视在功率与有功功率。

**4-2-4** 如图 4-46 所示，电源线电压为 380V，线路阻抗 $Z_L=(3+j4)\Omega$，负载阻抗 $Z=(90+j120)\Omega$。求负载端相电流、线电流和负载端线电压有效值。

**4-2-5** 如图4-46所示，设负载端线电压为$\dot{U}_{A'B'}=511\angle 36.4°V$，线路阻抗$Z_L=(1.5+j2)\Omega$，三角形连接的负载每相阻抗$Z=(4.5+j14)\Omega$。求(1)负载相电流$\dot{I}_{A'B'}$和3个线电流；(2)求电源端相电压$\dot{U}_{AN}$及线电压$\dot{U}_{AB}$，并画相量图。

**4-2-6** 如图4-47所示，负载$Z=(69+j52)\Omega$，已知三相对称电源线电压$U_L=380V$，求三相有功功率与三相无功功率。

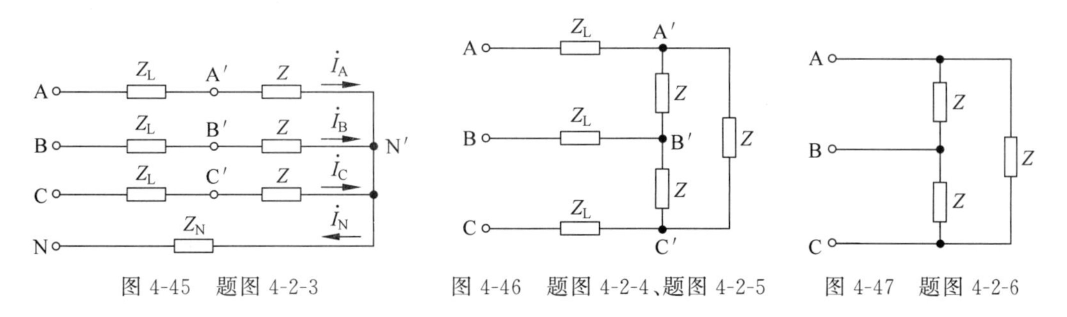


图4-45 题图4-2-3　　图4-46 题图4-2-4、题图4-2-5　　图4-47 题图4-2-6

**4-2-7** 如图4-48(a)所示，电源线电压为380V，频率为50Hz，负载每相阻抗$Z=(20+j35)\Omega$。(1)求负载的功率因数。(2)若将该三相电路的功率因数提高到0.9，要求电容分别作星形补偿和三角形补偿，计算两种情况下每相电容的电容量。(3)比较两种情况下的电容值及电容的耐压值。

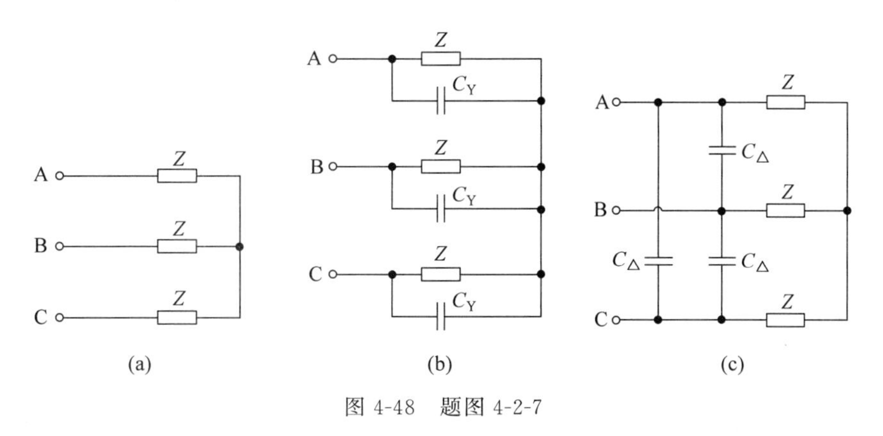


图4-48 题图4-2-7

**4-2-8** 如图4-49所示，线电压为380V，$R=200\Omega$，每相电容发出的无功功率为$1520\sqrt{3}$ var。试求：

(1) 画出“一相计算电路”，计算$\dot{I}_{AY}$、$\dot{I}_{A\triangle}$、$\dot{I}_A$、$\dot{I}_B$、$\dot{I}_C$。

(2) 计算电源发出的功率。

**4-2-9** 如图4-50所示，对称三相电源线电压为380V，线路阻抗$Z_L=(0.1+j0.2)\Omega$，对称负载$Z_Y$每相阻抗模为40Ω，功率因数为0.85(感性)，对称负载$Z_\triangle$每相阻抗模为60Ω，功率因数为0.8(感性)。画出“一相计算电路”，求(1)$\dot{I}_A$、$\dot{I}_{AN}$。(2)求电源供给的总功率。

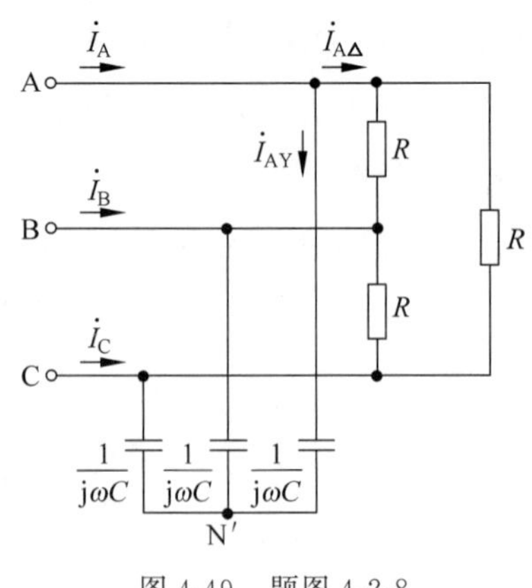

图 4-49 题图 4-2-8

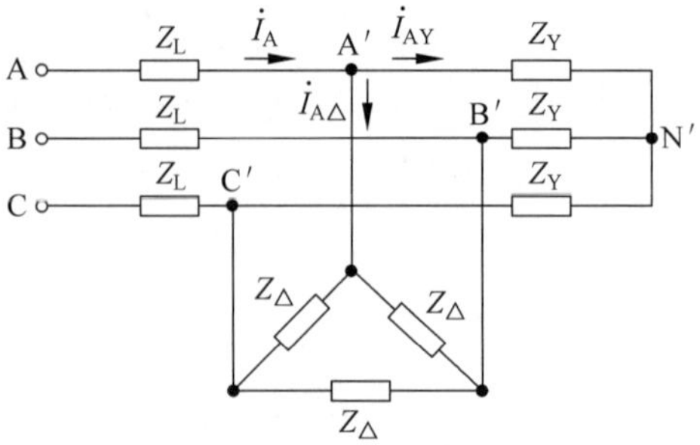

图 4-50 题图 4-2-9

**4-2-10** 如图 4-51(a)所示，对称三相电路线电压为 380V，负载的总功率 $P$ 为 6040W，功率因数 $\lambda=0.8$(感性)。

(1) 负载若为三角形连接，如图 4-51(b)所示，求每相阻抗 $Z_{\triangle}$。

(2) 负载若为星形连接，如图 4-51(c)所示，求每相阻抗 $Z_{\mathrm{Y}}$。

(3) $Z_{\mathrm{Y}}$与 $Z_{\triangle}$ 如为等效变换关系，两者阻抗值有什么关系？

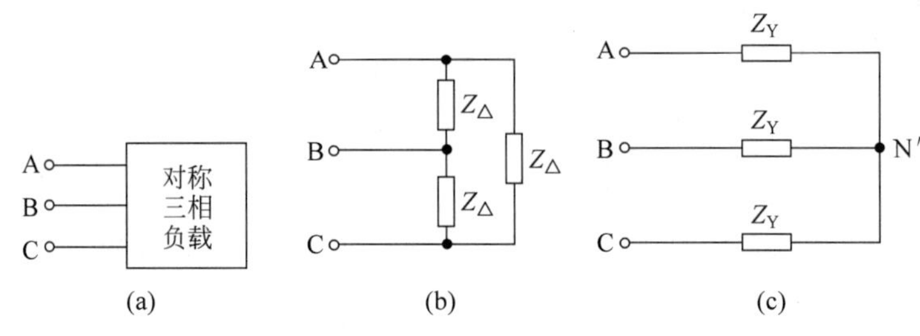

图 4-51 题图 4-2-10

**4-2-11** 某超高压输电线路中，线电压为 22 万 V，输送功率为 24 万 kW。若输电线路的每相电阻为 10Ω。

(1) 试计算负载功率因数为 0.9 时整条线路的电压损失百分比。

(2) 若负载功率因数降为 0.6，线路上的电压损失百分比又为多少？以每度电 0.6 元计，两者情况下每年的线路损耗经济损失为多少亿元？（提示：先分别算出两种情况下的线电流）

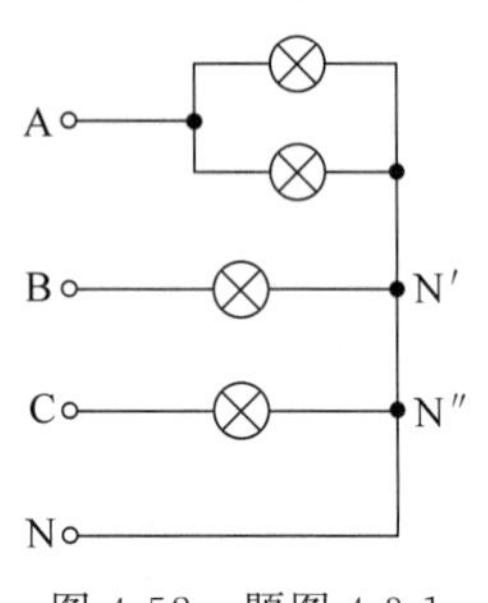

图 4-52 题图 4-3-1

**4-3-1** 如图 4-52 所示三相电路接至对称三相电压源，$U_{\mathrm{L}}=380\mathrm{V}$，各灯泡额定电压值相同，负载中性点接线不规范，当 N′、N″间断开后，分析各灯泡上的电压有效值及亮度如何变化？

**4-3-2** 三角形连接的电阻性负载接到线电压 380V 的三相正弦电压源上，试求如图 4-53 所示的相电流及线电流。

(1) $R_{\mathrm{A'B'}}=R_{\mathrm{B'C'}}=R_{\mathrm{C'A'}}=190\Omega$。

(2) $R_{\mathrm{A'B'}}=R_{\mathrm{B'C'}}=190\Omega$，$R_{\mathrm{C'A'}}=\infty$。

(3) $R_{\mathrm{A'B'}}=R_{\mathrm{B'C'}}=R_{\mathrm{C'A'}}=190\Omega$，但 A 相相线断开。

**4-3-3**　如图 4-54 所示三相正弦电流电路中，由三个 $Z$ 组成星形连接负载，当开关 S 未闭合时电路是对称的，电流表读数为 10A。当开关 S 闭合，在 A、B 间接通一个相同的阻抗 $Z$，则闭合后电流表读数为多少安培。

**4-3-4**　如图 4-55 所示，负载不对称三相电路接至 $U_L=380\text{V}$ 的对称三相电压源，已知 $X_L=R=22\Omega$，求中线电流为多少安培。

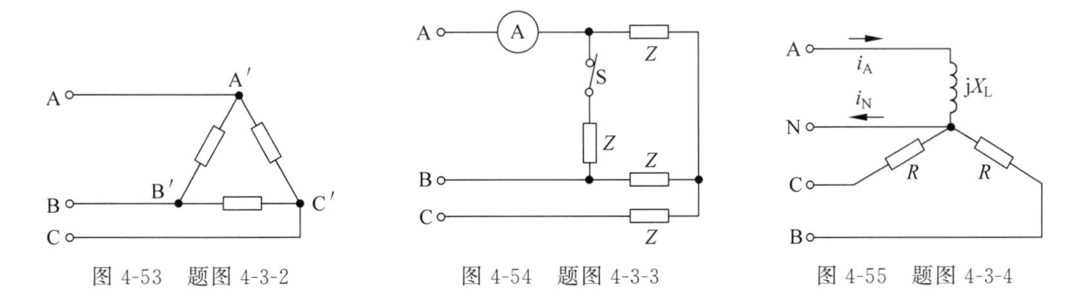


图 4-53　题图 4-3-2　　图 4-54　题图 4-3-3　　图 4-55　题图 4-3-4

**4-4-1**　如图 4-56 所示，线电压为 220V，相电流 $I_{A'B'}=5\text{A}$。分别求两个功率表的读数，并解释计算结果。

**4-4-2**　如图 4-57 所示，在△连接的对称三相电路中，$U_{AB}=380\text{V}$，$Z=27.5+\text{j}47.64\Omega$，求图中两个功率表的读数。

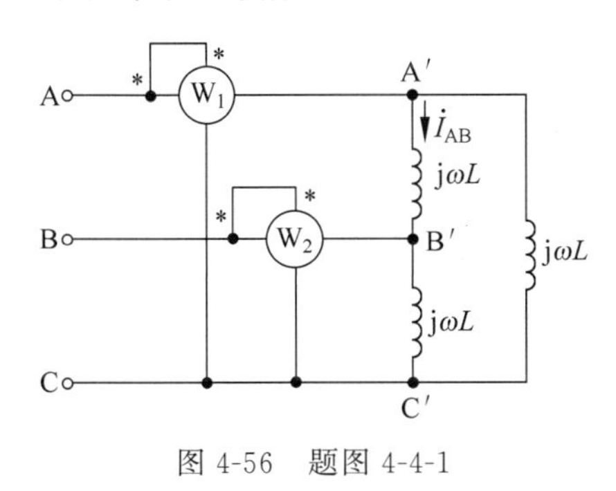


图 4-56　题图 4-4-1

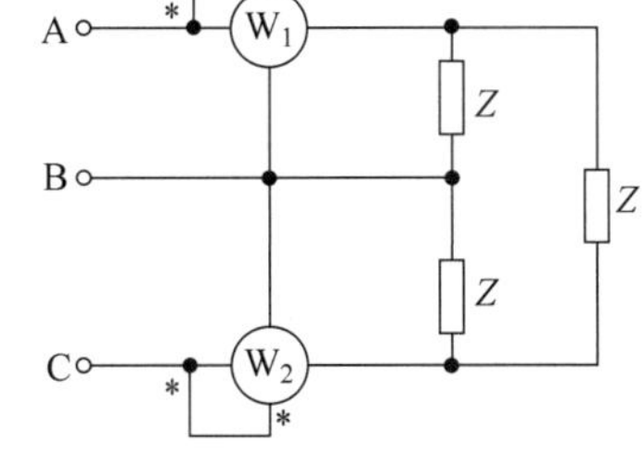


图 4-57　题图 4-4-2

习题答案

# 第5章 含互感电路分析与理想变压器

CHAPTER 5

两个彼此靠得很近的电感线圈流过变化的电流时，电流形成的磁感线会与对方线圈交链，形成互感电压。这样的一对电感线圈称为互感耦合线圈或互感电路，二者之间可以传递变化的信号，又能使前后的电路隔离，同时还能改变电路的电压、电流、相位和阻抗。耦合线圈在电子工程、通信工程、测量仪表、电能变换等方面有着广泛的应用。

## 5.1 互感耦合线圈的伏安关系及同名端

### 5.1.1 互感耦合线圈的伏安关系

两个互感耦合线圈，各自的电流、电压设为关联参考方向，绕在同一个非磁性材料的骨架上，由于互相靠近，一方交变电流产生的磁感线不仅穿过本线圈产生自感电动势，还会有一部分穿过另一线圈(称为交链)，产生互感电动势，这些电动势对端子外表现为有电压出现。图5-1(a)中，1-1′端口输入电流$i_1$，2-2′端口开路，$i_1$在线圈1和2中产生的磁通链分别为$\psi_{11}$和$\psi_{21}$，且$\psi_{21}\leqslant\psi_{11}$，**磁感线与$i_1$的方向符合右手螺旋，磁通链前下标是磁通到达的目的地，后下标是磁通的产生地**；同理图5-1(b)中，2-2′端口输入电$i_2$，1-1′端口开路，$i_2$电流在线圈2和1中产生的磁通链分别为$\psi_{22}$和$\psi_{12}$，$\psi_{12}\leqslant\psi_{22}$；图5-1(c)是图5-1(a)、(b)两种情况的叠加，在图中线圈所示的绕向下，各磁通方向一致向左，互相加强。则有

$$\begin{cases}\psi_1=\psi_{11}+\psi_{12}=L_1i_1+Mi_2\\ \psi_2=\psi_{21}+\psi_{22}=Mi_1+L_2i_2\end{cases}\tag{5-1}$$

式中，$\psi_{11}$、$\psi_{22}$是自感磁通，与产生它的本线圈电流成正比，比例常数是自感系数$L_1$、$L_2$；$\psi_{21}$、$\psi_{12}$是互感磁通，与产生它的对方线圈电流成正比，比例常数$M$称为互感系数，单位同自感系数为亨利(H)，两线圈间相互影响程度一样，$M$相等。式(5-1)包含了电流，但与两线

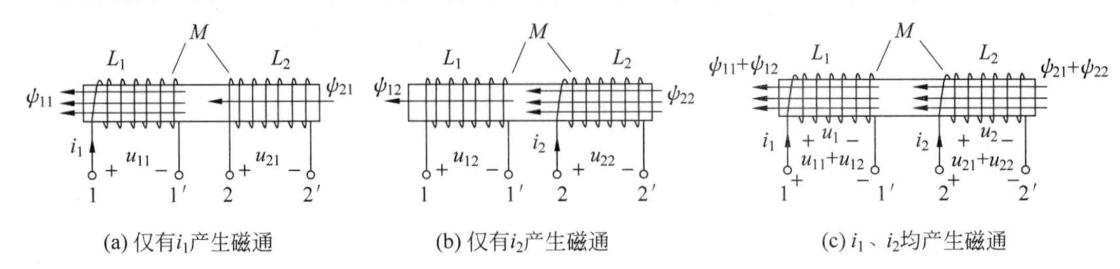


图5-1 互感耦合线圈的磁感线相互影响引起互感电压

圈的电压无关，为推导伏安关系，将式(5-1)两侧同时对时间 $t$ 求导数，得到耦合电感元件的伏安关系式为

$$\begin{cases} u_1 = u_{11} + u_{12} = \dfrac{d\psi_{11}}{dt} + \dfrac{d\psi_{12}}{dt} = L_1 \dfrac{di_1}{dt} + M \dfrac{di_2}{dt} \\ u_2 = u_{21} + u_{22} = \dfrac{d\psi_{21}}{dt} + \dfrac{d\psi_{22}}{dt} = M \dfrac{di_1}{dt} + L_2 \dfrac{di_2}{dt} \end{cases} \tag{5-2}$$

式中，$u_{11}$、$u_{22}$ 是自感电压，$u_{21}$、$u_{12}$ 是互感电压。若 $i_1$、$i_2$ 是同频率的正弦量，可写出式(5-2)对应的复数相量表达式

$$\begin{cases} \dot{U}_1 = j\omega L_1 \dot{I}_1 + j\omega M \dot{I}_2 \\ \dot{U}_2 = j\omega M \dot{I}_1 + j\omega L_2 \dot{I}_2 \end{cases} \tag{5-3}$$

式中，$j\omega L_1$、$j\omega L_2$ 是我们熟悉的自感感抗，而 $j\omega M$ 称为互感感抗，单位也为欧姆(Ω)。

**互感系数 $M$ 的大小与两线圈的结构、尺寸、相对位置和周围磁环境有关，其量值反映了某线圈电流的磁通与另一线圈相交链的能力。**为了表征两互感耦合线圈间的相互影响程度(即耦合程度)，定义耦合因数为

$$k = \sqrt{\frac{\psi_{21}}{\psi_{11}} \cdot \frac{\psi_{12}}{\psi_{22}}} = \sqrt{\frac{Mi_1}{L_1 i_1} \cdot \frac{Mi_2}{L_2 i_2}} = \frac{M}{\sqrt{L_1 L_2}}, \quad k \leqslant 1 \tag{5-4}$$

由于一般 $\psi_{21} < \psi_{11}$，$\psi_{12} < \psi_{22}$，所以通常 $k = \dfrac{M}{\sqrt{L_1 L_2}} < 1$，反映了耦合线圈间只有部分磁链互相交链，两线圈间不互相交链的磁通称为漏磁通，漏磁通仅引起自感效应。根据耦合因数 $k$ 的大小，两线圈间的耦合有以下两种情况：①紧耦合：两线圈平行放置并靠近，或者双线并绕，使 $k$ 尽量接近于1，如图5-2(a)所示，用于两线圈间要传递功率时；②松耦合：两线圈垂直放置距离尽量远，使 $k \ll 1$，如图5-2(b)所示，用于两线圈间需避免耦合时，如电力线路与通信线路就不能平行架设。

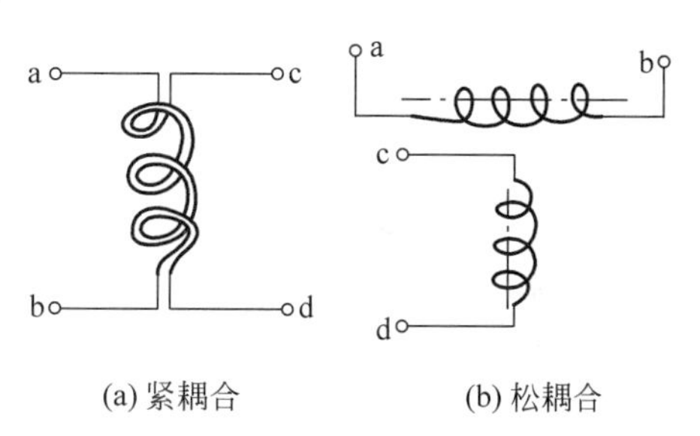


图5-2　互感耦合线圈的紧耦合与松耦合

## 5.1.2　互感耦合线圈的同名端及同名端测试

如图5-1所示线圈的绕向及电流、电压参考方向若有变化，则式(5-3)中每一电压项前面的正负号可能会变化，自感磁通和互感磁通可能会互相削弱；而在实际工作条件下，互感线圈被绝缘物所包裹也看不清绕向。为了在看不清线圈绕向的情况下，能正确判断互感电压的正极与负极所在，耦合线圈上通常标有“同名端”。**同名端是用来判断耦合线圈互感电压极性的标志，用“*”“·”“△”等符号在双方线圈的端子处标注。**同名端是两耦合线圈中自感电压与互感电压的同极性端。工程中将标有该标志的一端称为耦合线圈的首端。

**1. 能看见两线圈绕向用右手螺旋定则判断同名端**

**设 $i_1$、$i_2$ 分别流入一对耦合线圈，借助右手螺旋定则，若两电流在两线圈中产生的磁通互相加强，则 $i_1$、$i_2$ 流入端互为同名端，**如图(5-3)(a)所示；**若两电流在两线圈产生的磁通**

**互相削弱，则 $i_1$、$i_2$ 的流入端互为异名端**，如图(5-3)(b)所示。

**注意**：两“*”号端是一对同名端，两非“*”号端也是一对同名端。确定了两线圈的同名端以后，就可用图 5-3(a)、(b)下图的相量模型来表示一对耦合线圈了。

(a) $i_1$、$i_2$磁通互相加强　　(b) $i_1$、$i_2$磁通互相削弱

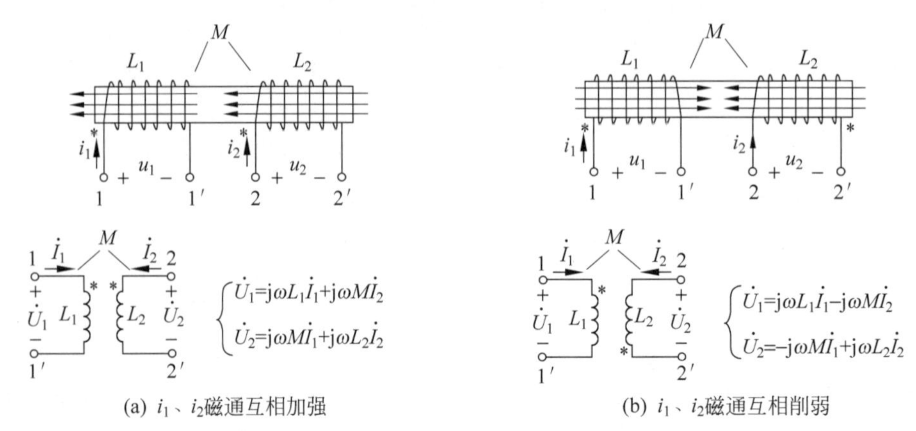

图 5-3　能看见线圈绕向如何判断同名端

针对相量模型写 $\dot{U}_1$、$\dot{U}_2$ 的表达式时，**设 $\dot{U}_1$ 与 $\dot{I}_1$、$\dot{U}_2$ 与 $\dot{I}_2$ 参考方向关联，则自感电压前取正号；这时若两电流的流入端为一对同名端，则互感电压与自感电压极性同方向，如图 5-3(a)所示，互感电压前取正号；反之，若两电流的流入端为一对异名端，则互感电压与自感电压极性方向相反，如图 5-3(b)所示，互感电压前取负号。**

也可如下确定互感电压的正极端：**互感电压由对方线圈电流引起，那么对方线圈电流的流入端与本线圈互感电压的正极端对应，两者是一对同名端**。书写 $\dot{U}_1$、$\dot{U}_2$ 表达式时，该互感电压与 $\dot{U}_1$、$\dot{U}_2$ 的极性若一致，则互感电压在表达式中取正号，否则取负号。

耦合线圈中的互感电压，可看成由对方电流控制的受控电压源 CCVS，那么图 5-4(a)的等效电路如图 5-4(b)所示，该等效电路能帮助加深对互感电压的理解。

(a) 相量模型　　(b) 互感电压用电流控制电压源表示

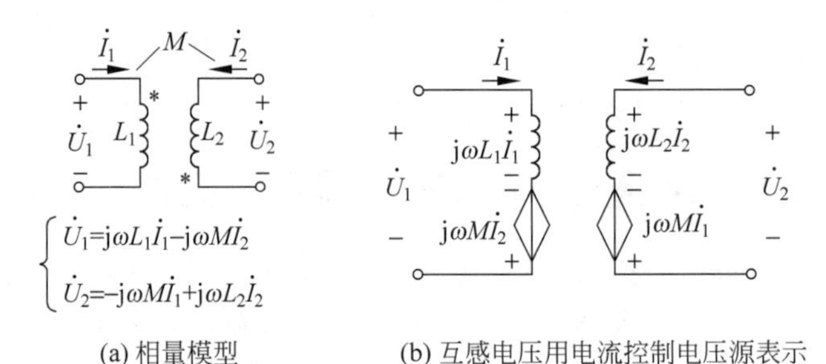

图 5-4　互感电压是由对方电流控制的受控电压源

图 5-5　例 5-1 电路图

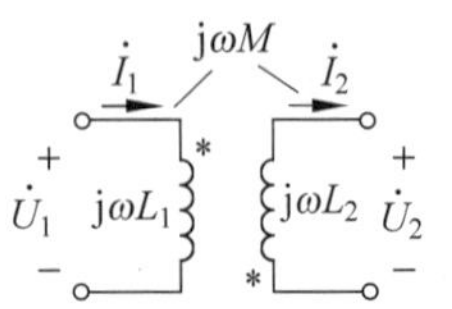

**【例 5-1】** 如图 5-5 所示，已知自感阻抗 $\omega L_1=\omega L_2=3\Omega$，耦合因数 $k=\dfrac{1}{3}$。计算：

(1) 互感阻抗 $\omega M$ 为多少。

(2) 列写 1 线圈、2 线圈端电压的瞬时值与相量表达式。

**解** (1) 根据

$$k=\frac{M}{\sqrt{L_1L_2}}=\frac{\omega M}{\sqrt{\omega L_1 \cdot \omega L_2}}$$

得

$$\omega M=k\times\sqrt{\omega L_1 \cdot \omega L_2}=\frac{1}{3}\sqrt{3\times 3}=1\Omega$$

(2) $\dot{U}_1$ 与 $\dot{I}_1$ 为关联参考方向,1 线圈自感电压为正; $\dot{I}_2$ 流进“ * ”号端,那么 1 线圈的互感电压“ * ”号端为正,与 $\dot{U}_1$ 同方向,则有

$$u_1=u_{11}+u_{12}=L_1\frac{\mathrm{d}i_1}{\mathrm{d}t}+M\frac{\mathrm{d}i_2}{\mathrm{d}t} \quad 及 \quad \dot{U}_1=\mathrm{j}\omega L_1\dot{I}_1+\mathrm{j}\omega M\dot{I}_2$$

$\dot{U}_2$ 与 $\dot{I}_2$ 为非关联参考方向,2 线圈自感电压为负; $\dot{I}_1$ 也流进“ * ”号端,那么 2 线圈的互感电压“ * ”号端为正,与 $\dot{U}_2$ 反方向,则有

$$u_2=u_{21}+u_{22}=-M\frac{\mathrm{d}i_1}{\mathrm{d}t}-L_2\frac{\mathrm{d}i_2}{\mathrm{d}t} \quad 及 \quad \dot{U}_2=-\mathrm{j}\omega M\dot{I}_1-\mathrm{j}\omega L_2\dot{I}_2$$

**【例 5-2】** 如图 5-6 所示非磁性骨架上各绕有线圈,用三组不同符号标出两两线圈之间的同名端。

**解** 观察 1、2 两立柱形成的环形路经,$\dot{I}_1$、$\dot{I}_2$ 产生的磁通均逆时针环行,互相加强,所以 $\dot{I}_1$、$\dot{I}_2$ 流入端互为同名端,用“ * ”号表示。

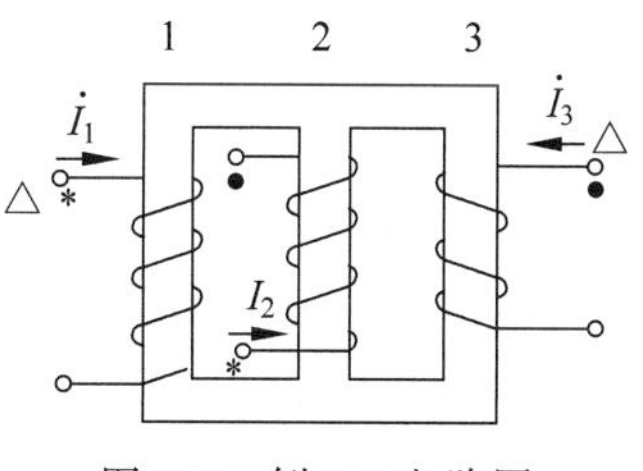

图 5-6 例 5-2 电路图

再观察 1、3 两立柱形成的环形路经,$\dot{I}_1$、$\dot{I}_3$ 产生的磁通均逆时针绕行,互相加强,所以 $\dot{I}_1$、$\dot{I}_3$ 流入端互为同名端,用“△”号表示。

最后观察 2、3 两立柱形成的环形路经,$\dot{I}_2$ 产生的磁通顺时针、$\dot{I}_3$ 产生的磁通逆时针,方向相反互相削弱,所以 $\dot{I}_2$、$\dot{I}_3$ 流入端互为异名端,用“ · ”号表示。三组同名端不一致时,用不同的符号进行区别。

**2. 不知两线圈绕向用直流毫伏表测试同名端**

如图 5-7 所示,将线圈的 1、2 端与 1.5V 干电池 E、限流电阻 $R$、开关 S 接成一个回路;线圈的 3、4 端与直流毫伏表接成一个回路,直流毫伏表旁所标的+、−号是表本身的极性,当所测电压极性与表本身的极性一致时,表正偏转。合上开关 S 瞬间,$i$ 快速增长,$\frac{\mathrm{d}i}{\mathrm{d}t}>0$,端子 1 为自感电压的正极(阻止 $i$ 增长),毫伏表若正偏转,表明互感电压的正极在 3 端子,则 1、3 两端互为同名端;毫伏表若反偏转,表明互感电压的正极在 4 端子,则 1、4 两端互为同名端。

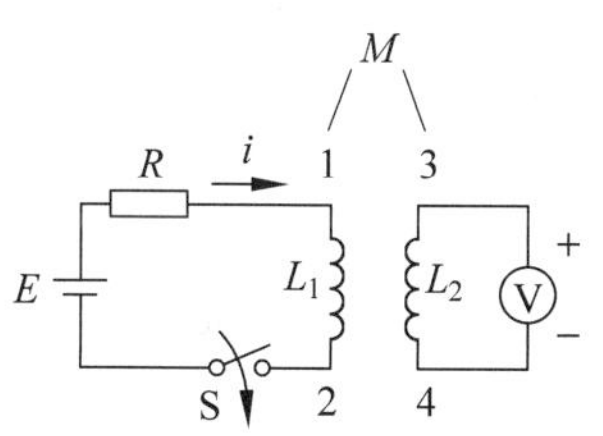

图 5-7 用直流毫伏表测试同名端

若已知 1、3 两端为同名端,长久通电后 S 突然断开,$i$ 快速减小,$\frac{\mathrm{d}i}{\mathrm{d}t}<0$,端子 2 为自感电压的正极(弥补 $i$ 减

小），那么端子 4 为互感电压的正极，电压表反偏转。

**【例 5-3】** 如图 5-8 所示的耦合线圈，（1）检验两图的同名端标志是否正确。（2）判断图 5-8（a）开关 S 闭合瞬间电压表的偏转方向。（3）判断图 5-8（b）开关 S 打开瞬间电压表的偏转方向。

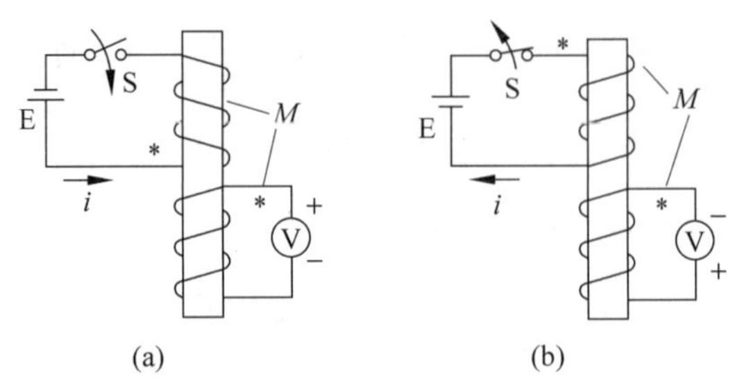


图 5-8　例 5-3 电路图

**解**　（1）同名端标志正确。

（2）图 5-8（a）开关 S 闭合瞬间电压表正偏转。

（3）图 5-8（b）开关 S 打开瞬间电压表也是正偏转。图 5-8（b）与图 5-8（a）相比，出现了四处相反的因素：E 的极性反、开关 S 动作的方向反、上线圈绕向反、直流毫伏表的极性反。

**3. 不知两线圈绕向，用交流电压表测试同名端**

如图 5-9 所示一对耦合线圈，1、2 端加交流电压源供电，3、4 端开路，电压表内电阻无穷大，那么左侧电路（称为原边或一次侧）中只有自感电压，右侧电路（称为副边或二次侧）中只有互感电压。测试步骤如下：

（1）先用电压表分别测量 $\dot{U}_{12}$ 和 $\dot{U}_{34}$ 的有效值，并记录。

（2）将 2、4 两端用导线短路，用电压表测量 $\dot{U}_{13}$ 的有效值，有以下两种可能：①若$U_{13}=|U_{12}-U_{34}|$，表明 $\dot{U}_{12}$ 和 $\dot{U}_{34}$ 是互相削弱的，则 1、3 两端为同名端，如图 5-9（b）所示；②若 $U_{13}=U_{12}+U_{34}$，表明 $\dot{U}_{12}$ 和 $\dot{U}_{34}$ 是互相加强的，则 1、4 两端为同名端，如图 5-9（c）所示。

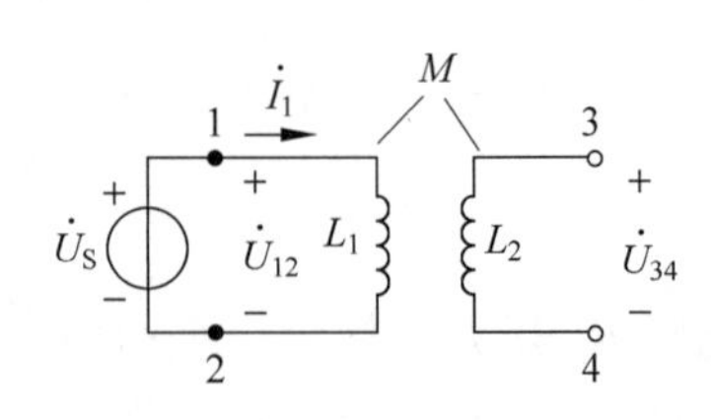


(a) 3、4端开路

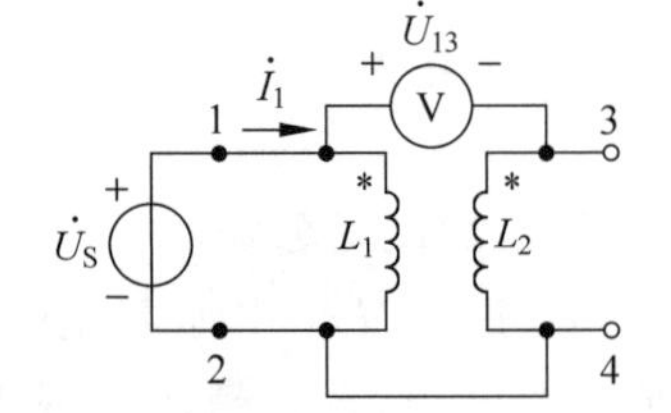


(b) $U_{13}=|U_{12}-U_{34}|$，1~3互为同名端

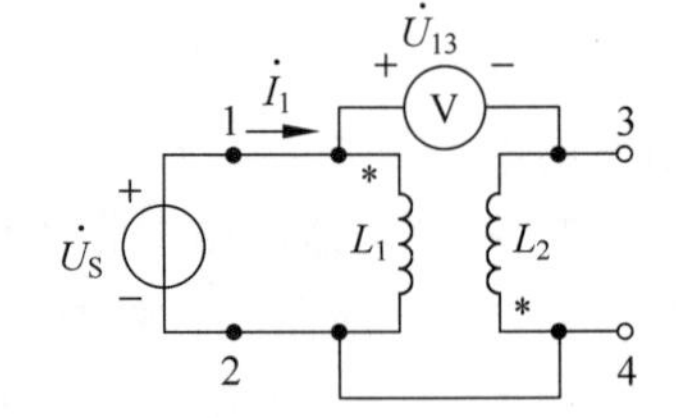


(c) $U_{13}=U_{12}+U_{34}$，1~4互为同名端

图 5-9　用交流电压表测试同名端

如图 5-10（a）所示变压器由耦合线圈组成，左侧为一次线圈，右侧两个二次线圈的匝数、额定电压、额定电流均相等。**若需提高输出电压将两个二次线圈串联运行，须首尾相连，后者首端接前者尾端**，如图 5-10（b）所示；如果接错极性，则两个线圈的电压互相削弱，输出电压将为零。

**若需提高带负载能力，增加输出电流，将两个二次线圈并联运行，须“*”端与“*”端相连，非“*”端与非“*”端相连**，再分别引输出线，如图 5-10（c）所示；如果接错极性，两个并联线圈本身形成的回路中会出现很大的环流，烧毁线圈。

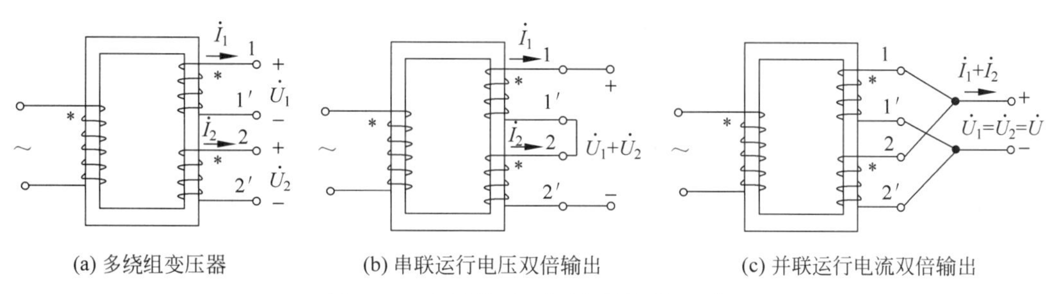


(a) 多绕组变压器　(b) 串联运行电压双倍输出　(c) 并联运行电流双倍输出

图 5-10　变压器两个相同副线圈的连接

## 【课后练习】

**5.1.1**　将图 5-11(a)、(c)的自感电压与互感电压的正负极性分别标在图 5-11(b)、(d)中，并分别写出 $\dot{U}_1$、$\dot{U}_2$ 与 $\dot{I}_1$、$\dot{I}_2$ 的关系式。

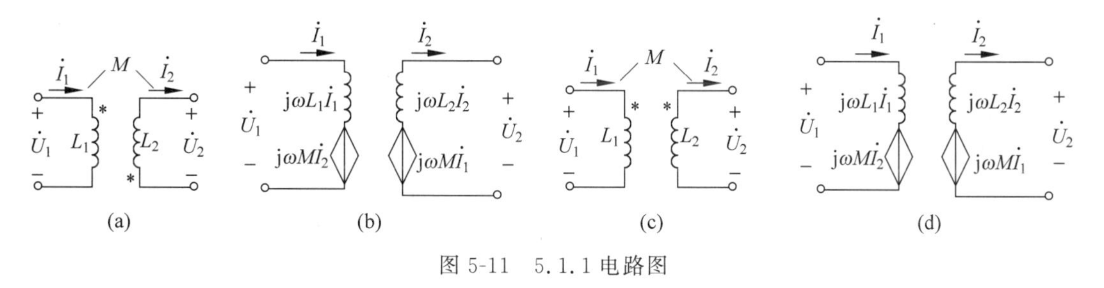


图 5-11　5.1.1 电路图

**5.1.2**　标出如图 5-12 所示两对耦合线圈的同名端。

**5.1.3**　如图 5-13 所示电路一次绕组接在有效值为 120V 的交流电源上，二次有 3 个绕组额定电流值都为 2A，其感应电压有效值分别为 5V、3V、8V。(1)要给负载输出 8V 电压 4A 电流，应该如何接线？(2)要给负载输出 3V 电压 4A 电流，又应该如何接线？

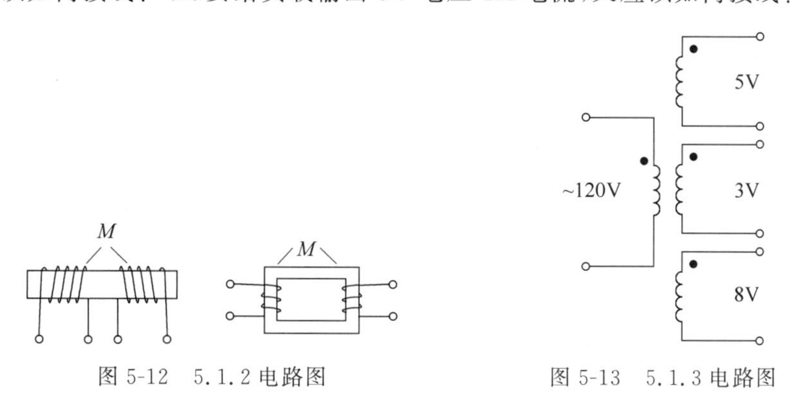


图 5-12　5.1.2 电路图　　图 5-13　5.1.3 电路图

## 5.2　含互感线圈电路的计算

含互感线圈的电路与一般正弦电路相比，每有一对互感存在，在双方线圈中就分别多一项互感电压，借助同名端可正确判断互感电压的极性。

### 5.2.1 互感耦合线圈的串联

**1. 顺向串联**

两个耦合线圈首尾串联，即后者首端接前者尾端，这时电流 $\dot{I}$ 均从"＊"端流入，$R_1$、$R_2$ 为线圈的绕线电阻，如图 5-14(a)所示，其伏安关系式为

$$\begin{aligned}\dot{U}&=\dot{U}_1+\dot{U}_2=(R_1+j\omega L_1)\dot{I}+j\omega M\dot{I}+(R_2+j\omega L_2)\dot{I}+j\omega M\dot{I}\\&=(R_1+R_2+j\omega L_1+j\omega L_2+2j\omega M)\cdot\dot{I}\\&=[R_1+R_2+j\omega(L_1+L_2+2M)]\dot{I}\\&=(R_1+R_2)\dot{I}+j\omega L\dot{I}\end{aligned}$$

所以等效电感增加为

$$L=L_1+L_2+2M \tag{5-5}$$

等效阻抗也会随之增加。顺向串联时的相量图如图 5-14(b)所示，从相量图可见由于互感的作用，使电路的感性增强了，$\dot{U}$ 超前 $\dot{I}$ 的角度(阻抗角)更大。

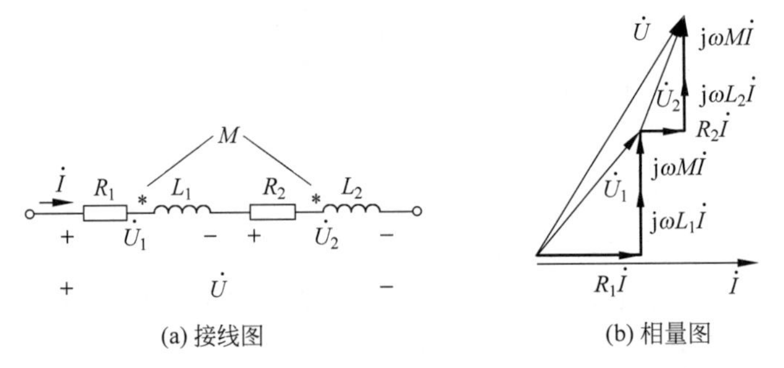

(a) 接线图　　(b) 相量图

图 5-14　两个耦合线圈顺向串联的接线图及相量图

**2. 反向串联**

两个耦合线圈首端连首端(或尾端连尾端)串联，这时电流 $\dot{I}$ 从一个线圈的"＊"端流入，另一个线圈的"＊"端流出，如图 5-15(a)所示，其伏安关系式为

$$\begin{aligned}\dot{U}&=\dot{U}_1+\dot{U}_2=(R_1+j\omega L_1)\dot{I}-j\omega M\dot{I}+(R_2+j\omega L_2)\dot{I}-j\omega M\dot{I}\\&=(R_1+R_2+j\omega L_1+j\omega L_2-2j\omega M)\cdot\dot{I}\\&=[R_1+R_2+j\omega(L_1+L_2-2M)]\dot{I}\\&=(R_1+R_2)\dot{I}+j\omega L\dot{I}\end{aligned}$$

所以等效电感减小为

$$L=L_1+L_2-2M \tag{5-6}$$

等效阻抗也会随之减小。反向串联时的相量图如图 5-15(b)所示，从相量图可见互感电压滞后电流 90°(相当于容抗的作用)，使电路的感性削弱了，$\dot{U}$ 超前 $\dot{I}$ 的角度(阻抗角)变小了。从局部看，在互感系数较大时，还可能使 $\dot{U}_1$ 或 $\dot{U}_2$ 的电压滞后电流，但整体电路不可能

变为容性，其串联后的等效电感大于零。

$$L = L_1 + L_2 - 2M \geqslant 0$$

即

$$M \leqslant \frac{1}{2}(L_1 + L_2) \tag{5-7}$$

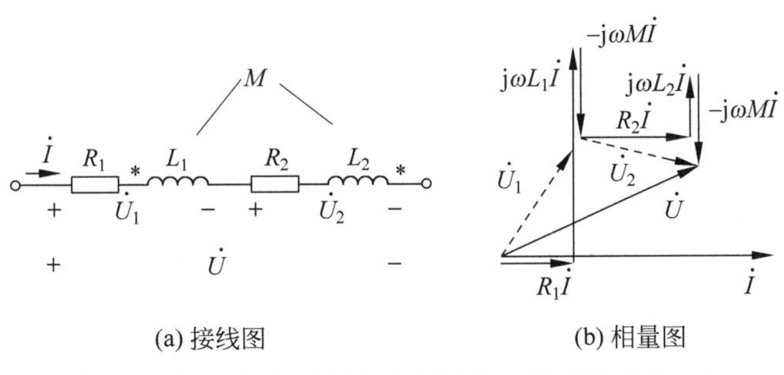


图 5-15 两个耦合线圈反向串联时的接线图及相量图

**【例 5-4】** 一对互感耦合线圈将它们串联起来，加上 30V 直流电压，测得电流 $I$ 为 2A；加上 220V 的工频电压，测得电流 $I$ 为 5A；将其中一个线圈反向后再串联，交流电压不变，测得电流 $I$ 为 10A。

(1) 求两线圈的绕线电阻之和。

(2) 判别哪一次接线为顺向串联。

(3) 求互感系数 $M$。

**解** (1) 加上直流电压，线圈的自感阻抗、互感阻抗均为零，两线圈的绕线电阻之和为

$$R_1 + R_2 = \frac{30}{2} = 15\Omega$$

(2) 两次交流电压有效值不变，第一次测量电流较小，第二次测量电流较大。表明第一次是顺向串联，等效阻抗较大；第二次是反向串联，等效阻抗较小。

(3) 设第一次顺向串联时等效电感为 $L'$，总阻抗的模值为 $|Z'|$，得

$$|Z'| = \frac{U}{I} = \frac{220}{5} = \sqrt{(R_1 + R_2)^2 + (\omega L')^2} = \sqrt{15^2 + (\omega L')^2} = 44\Omega$$

$$(\omega L')^2 = (314L')^2 = 44^2 - 15^2, \quad L' = 0.132\text{H}$$

设第二次反向串联时等效电感为 $L''$，总阻抗的模值为 $|Z''|$，得

$$|Z''| = \frac{U}{I} = \frac{220}{10} = \sqrt{(R_1 + R_2)^2 + (\omega L'')^2} = \sqrt{15^2 + (\omega L'')^2} = 22\Omega$$

$$(\omega L'')^2 = (314L'')^2 = 22^2 - 15^2, \quad L'' = 0.0513\text{H}$$

因为

$$L' = L_1 + L_2 + 2M, \quad L'' = L_1 + L_2 - 2M$$

所以

$$L' - L'' = 4M, \quad M = \frac{L' - L''}{4} = 0.0202\text{H}$$

### 5.2.2 互感耦合线圈的并联与三端连接

耦合线圈的并联有两种情况，一种是同名端相遇并联；另一种是异名端相遇并联。以前一种为例进行分析。

耦合线圈同名端相遇并联如图5-16(a)所示，其两条支路的伏安关系式如下：

$$\dot{U}=\mathrm{j}\omega L_1\dot{I}_1+\mathrm{j}\omega M\dot{I}_2 \tag{5-8}$$

$$\dot{U}=\mathrm{j}\omega L_2\dot{I}_2+\mathrm{j}\omega M\dot{I}_1 \tag{5-9}$$

将 $\dot{I}_2=\dot{I}-\dot{I}_1$ 代入式(5-8)得

$$\dot{U}=\mathrm{j}\omega L_1\dot{I}_1+\mathrm{j}\omega M(\dot{I}-\dot{I}_1)=\mathrm{j}\omega M\dot{I}+\mathrm{j}\omega(L_1-M)\dot{I}_1 \tag{5-10}$$

同理，将 $\dot{I}_1=\dot{I}-\dot{I}_2$ 代入式(5-9)得

$$\dot{U}=\mathrm{j}\omega L_2\dot{I}_2+\mathrm{j}\omega M(\dot{I}-\dot{I}_2)=\mathrm{j}\omega M\dot{I}+\mathrm{j}\omega(L_2-M)\dot{I}_2 \tag{5-11}$$

按式(5-10)、式(5-11)可以得到图5-16(a)的去耦等效电路，如图5-16(b)所示，在这张图中，不需再标注互感 $M$ 和同名端的标志，使问题简化。这种去耦等效电路可以推广至耦合线圈的三端连接。

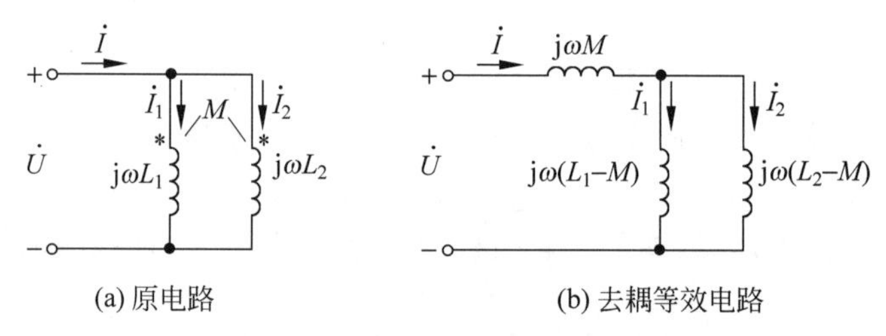


图5-16 耦合线圈同名端相遇并联的去耦等效电路

耦合线圈的三端连接有如图5-17所示的4种情况：(a)(b)两同名端相遇，(c)(d)两异名端相遇，线圈的另外两个端子可以相连，也可以不相连。4种情况的共同点是：**在两耦合**

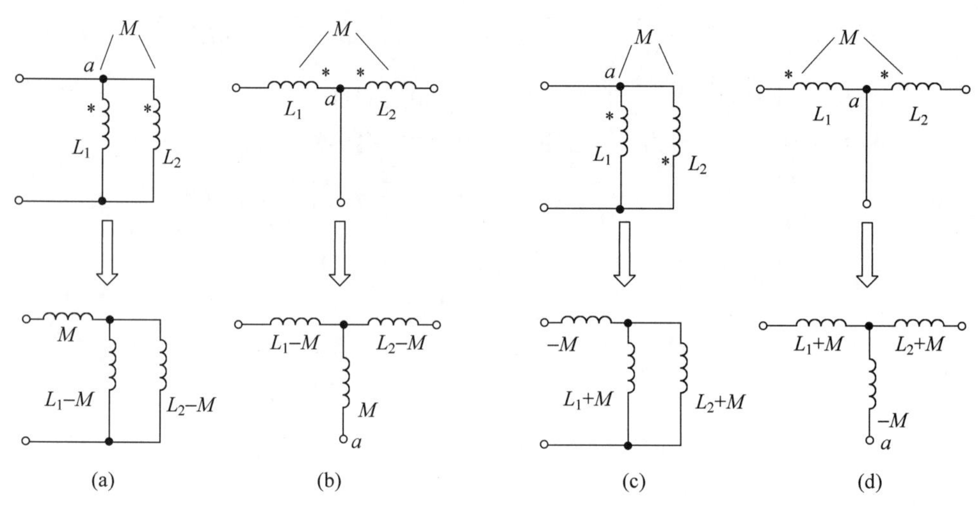


图5-17 耦合线圈三端连接的四种去耦等效电路

**线圈的相遇点 a 处还接有第三条支路。图 5-17(a)(b)的去耦等效电路是在第三条支路上加一个值为“$M$”的电感，而两线圈本身的电感减去 $M$；图 5-17(c)(d)相反，其等效电路是在第三条支路上加一个值为“$-M$ ”的电感，而两线圈本身的电感加上 $M$。若已知条件给出的是感抗值，则直接加上或减去“$j\omega M$”。**

**【例 5-5】** 如图 5-18(a)所示，已知电源电压 $u=30\sqrt{2}\sin(\omega t+90°)$V，求：

(1) 二次线圈输出端开路时的电压 $\dot{U}_{OC}$。

(2) 二次线圈短路时的电流 $\dot{I}_{SC}$。

(3) 画出 ab 两端的戴维南等效电路。

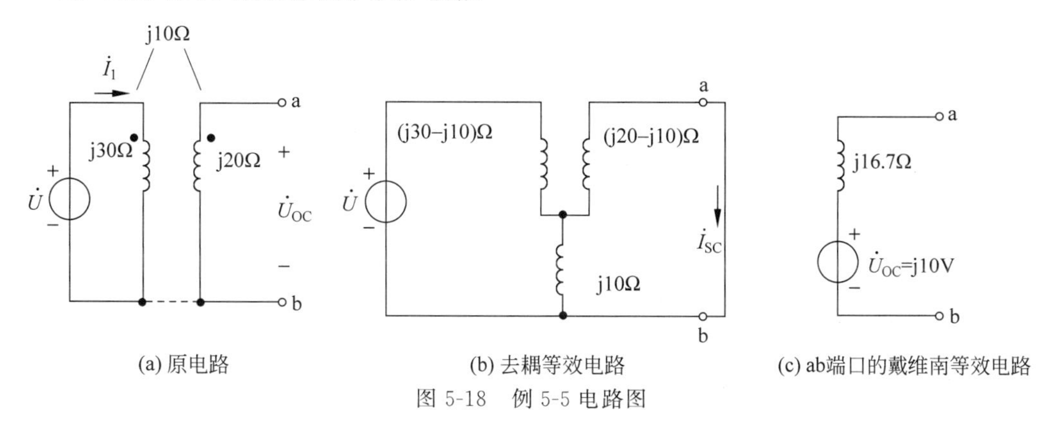


图 5-18　例 5-5 电路图

**解**　(1) 图 5-18(a)中二次线圈开路电流为零，那么二次侧对一次侧没有互感影响，原边只有自感压降。

已知

$$\dot{U}=30\angle 90°\text{V}$$

得

$$\dot{I}_1=\frac{\dot{U}}{\text{j}30}=\frac{\text{j}30}{\text{j}30}=1\angle 0°\text{A}$$

副边仅存在互感电压

$$\dot{U}_{OC}=\text{j}\omega M\dot{I}_1=\text{j}10\times 1=\text{j}10\text{V}$$

(2) 二次线圈短路时的等效电路如图 5-18(b)所示。图 5-18(a)电路底部的虚线是人为加上的，因为只有单线，并不会形成电流。接上这条虚线后，电路可以变形成为同名端相遇的三端连接电路，拉出的第三条支路上加一个“j10Ω”，而两线圈本身的复感抗则各减去“j10Ω”，得

$$\dot{I}_{SC}=\frac{\dot{U}}{\text{j}20+\dfrac{\text{j}10\times\text{j}10}{\text{j}10+\text{j}10}}\times\frac{1}{2}=\frac{30\angle 90°}{\text{j}25}\times\frac{1}{2}=0.6\angle 0°\text{A}$$

(3) ab 两端戴维南等效电路的等效阻抗为

$$Z_0=\frac{\dot{U}_{OC}}{\dot{I}_{SC}}=\frac{\text{j}10}{0.6\angle 0°}=\text{j}16.7\Omega$$

戴维南等效电路如图 5-18(c)所示。

**【例 5-6】** 如图 5-19(a)所示，求各支路电流 $\dot{I}$、$\dot{I}_1$、$\dot{I}_2$ 及电路的复功率。

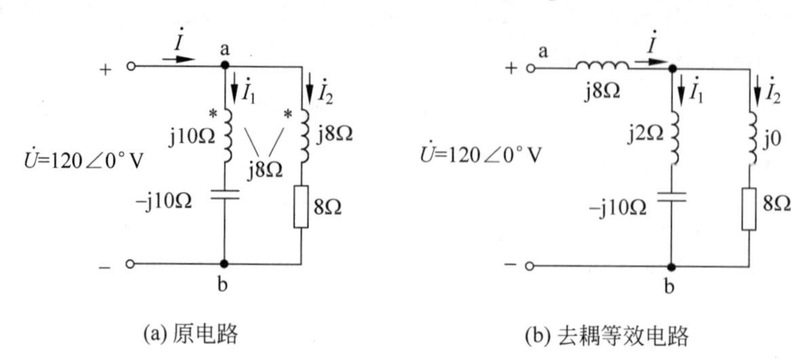


图 5-19　例 5-6 电路图

**解**　画出去耦等效电路如图 5-19(b)所示。

$$\dot{I}=\frac{\dot{U}}{\mathrm{j}8+\dfrac{8(\mathrm{j}2-\mathrm{j}10)}{\mathrm{j}2-\mathrm{j}10+8}}=15\sqrt{2}\angle-45^\circ\mathrm{A}$$

根据分流公式得

$$\dot{I}_1=\frac{8}{8-\mathrm{j}8}\dot{I}=\frac{8}{8-\mathrm{j}8}\times15\sqrt{2}\angle-45^\circ=15\angle0^\circ\mathrm{A}$$

$$\dot{I}_2=\dot{I}-\dot{I}_1=15\sqrt{2}\angle-45^\circ-15\angle0^\circ=15\angle-90^\circ\mathrm{A}$$

复功率

$$\bar{S}=\dot{U}\dot{I}^*=120\angle0^\circ\times15\sqrt{2}\angle45^\circ=2545.58\angle45^\circ\mathrm{V\cdot A}=(1800+\mathrm{j}1800)\mathrm{V\cdot A}$$

## 5.2.3 含互感电路的基本计算方法——网孔法

如图 5-20(a)所示，设 $\dot{I}_1$、$\dot{I}_2$ 为网孔电流，则有

$$(R_1+R_2+\mathrm{j}\omega L_1)\dot{I}_1-R_2\dot{I}_2+\mathrm{j}\omega M\dot{I}_2=\dot{U}_\mathrm{S}$$

$$-R_2\dot{I}_1+(R_2+R_3+\mathrm{j}\omega L_2)\dot{I}_2+\mathrm{j}\omega M\dot{I}_1=0$$

两网孔电流均顺时针绕行，自阻抗为正，互阻抗为负，与第 3 章应用的网孔法相比，两个有耦合的线圈分别多了一项互感电压。若按去耦等效电路图 5-20(b)所示，可列出完全相同的方程，请读者自行证明。

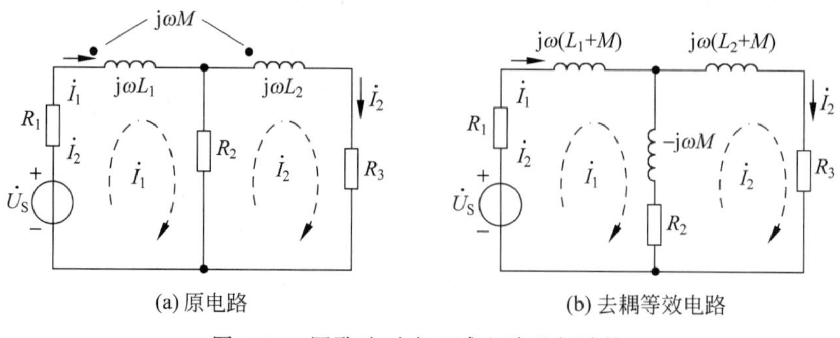


图 5-20　网孔法对含互感电路进行计算

【例 5-7】　如图 5-21 所示，电路是空心变压器的电路模型，该变压器的骨架是非磁性材料。已知 $R_1=R_2=10\Omega$，$\omega L_1=30\Omega$，$\omega L_2=20\Omega$，$\omega M=10\Omega$，电源电压 $\dot{U}_1=100\angle 0°\text{V}$。求电压 $\dot{U}_2$ 及电阻 $R_2$ 消耗的功率。

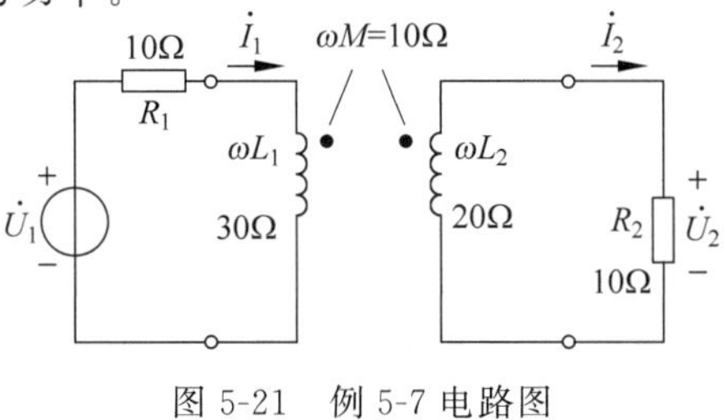

图 5-21　例 5-7 电路图

**解**：由题意顺时针列写网孔方程

$$\begin{cases}(10+\text{j}30)\dot{I}_1-\text{j}10\dot{I}_2=100\angle 0° & ① \\ (10+\text{j}20)\dot{I}_2-\text{j}10\dot{I}_1=0 & ②\end{cases}$$

由式②得

$$\dot{I}_2=\frac{\text{j}10\dot{I}_1}{10+\text{j}20} \qquad ③$$

将式③代入式①得

$$(10+\text{j}30)\dot{I}_1-\text{j}10\frac{\text{j}10\dot{I}_1}{10+\text{j}20}=100\angle 0°$$

$$\dot{I}_1=\frac{100\angle 0°}{10+\text{j}30-\text{j}10\dfrac{\text{j}10}{10+\text{j}20}}=\frac{100\angle 0°}{10+\text{j}30+\dfrac{100}{22.36\angle 63.43°}}$$

$$=3.49\angle -65.22°\text{A} \qquad ④$$

将式④代入式③得

$$\dot{I}_2=\frac{\text{j}10\dot{I}_1}{10+\text{j}20}=1.56\angle -38.66°\text{V}$$

$$\dot{U}_2=10\dot{I}_2=15.6\angle -38.66°\text{V}$$

则

$$P=U_2I_2=24.3\text{W}$$

## 【课后练习】

**5.2.1**　如图 5-22 所示，$L_1=0.01\text{H}$，$L_2=0.02\text{H}$，$C=10\mu\text{F}$，$R=12.5\Omega$，$M=0.01\text{H}$。求两个线圈在顺向串联和反向串联时的谐振角频率 $\omega_0$。

**5.2.2**　已知如图 5-23 所示互感线圈的耦合因数 $k$ 为 0.8，$\dot{U}_1=120\angle 30°\text{V}$。(1)求互感阻抗。(2)列出两个回路的网孔方程(不计算)。

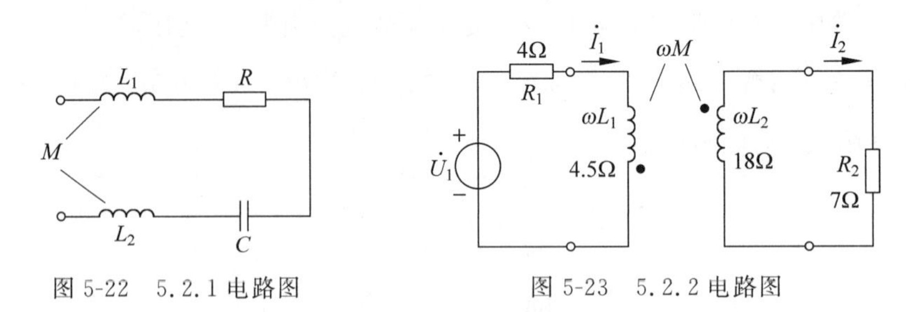


图 5-22　5.2.1 电路图　　　图 5-23　5.2.2 电路图

**5.2.3**　画出如图 5-24(a)、(b)电路的去耦等效电路。

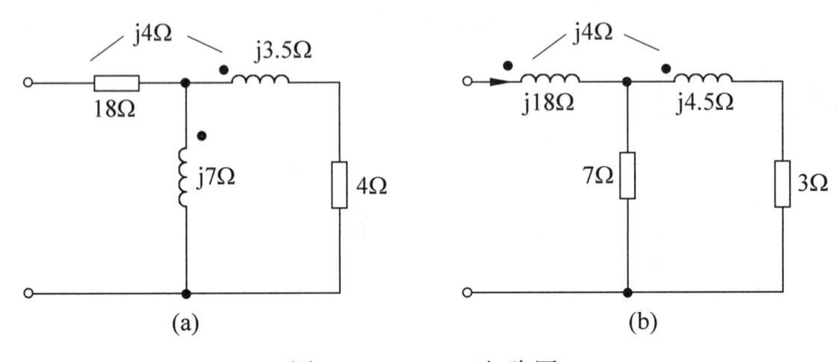


图 5-24　5.2.3 电路图

## 5.3　理想变压器

理想变压器是铁芯变压器，它通过互感线圈的磁耦合来实现对交流电的升压、降压，在变压的同时还可以实现输入电路与输出电路的隔离，以及输出信号对输入信号的相位移动。

实际铁芯变压器本身有一定的功率损耗，而理想变压器忽略了这种损耗，其特性是人们对铁芯变压器理想工作状态的追求，因此实际铁芯变压器的特性与理想变压器有一定差距。

### 5.3.1　理想变压器的伏安关系式

理想变压器的电路符号如图 5-25 所示，**其唯一的参数是电压变比"$n$"，$n$ 定义为一次与二次线圈的匝数之比**：$n=N_1/N_2$，其中 $N_1$、$N_2$ 分别为一次线圈和二次线圈的匝数，此时 $n$ 标在一次侧。**升压变压器中 $N_1<N_2$，$n<1$；降压变压器中 $N_1>N_2$，$n>1$**。

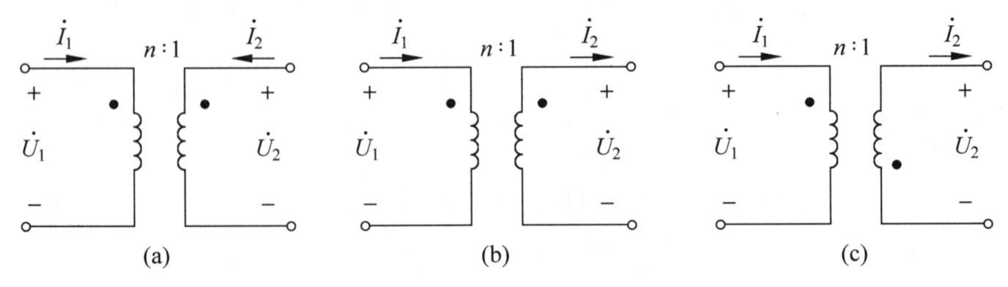


图 5-25　理想变压器的电路符号

图 5-25(a)、(b)、(c)所示 3 个理想变压器的伏安关系式分别为

$$\begin{cases}\dot{U}_1=n\dot{U}_2\\ \dot{I}_1=-\dfrac{1}{n}\dot{I}_2\end{cases}\quad\begin{cases}\dot{U}_1=n\dot{U}_2\\ \dot{I}_1=\dfrac{1}{n}\dot{I}_2\end{cases}\quad\begin{cases}\dot{U}_1=-n\dot{U}_2\\ \dot{I}_1=-\dfrac{1}{n}\dot{I}_2\end{cases}\tag{5-12}$$

正确写出伏安关系的原则是：**$n$ 在哪一侧，该侧电压是另一侧电压的 $n$ 倍，电流是 $1/n$ 倍；两个电压的参考正极同在一对同名端时，两者同号；两个电流的参考方向同时流进一对同名端时，二者异号；否则反之。从伏安关系式可知，理想变压器升压必降流；降压必升流。**

变比 $n$ 也可以定义为 $n=N_2/N_1$，此时 $n$ 标在二次侧。

理想变压器的上述伏安关系是铁芯互感线圈特性理想化的反映，铁芯互感线圈要实现理想化，必须满足以下条件：

(1) 线圈导线无损耗，铁芯无损耗。

(2) 全耦合 $k=\dfrac{M}{\sqrt{L_1L_2}}=1$。

(3) $L_1$、$L_2$、$M$ 趋于无穷大，但保持 $\sqrt{L_1/L_2}=n$ 不变。

互感线圈要满足这些条件，要求其绕线电阻为零，线圈绕制在磁导率趋于无穷大且为常数的铁芯上。实际变压器的线圈都绕制在硅钢片叠成的铁芯上，只能尽量减小绕线电阻及铁芯的涡流、磁滞损耗，尽量提高铁芯的磁导率，却不可能做到理想化。但是性能优良的实际变压器在忽略了某些次要因素后，工作状态接近于理想变压器。由于耦合因数 $k=1$，理想变压器一次、二次每匝线圈感应的电压值相等，使电压与匝数成正比。

实际变压器有电源变压器、调压器、自耦变压器、隔离变压器、脉冲变压器、电压互感器、电流互感器等。电源变压器功率大，要尽量减小内部损耗；电压互感器将电网高电压降为100V，电流互感器将电网大电流降为5A(或1A)，以实现对电网的测量、保护和监控。电压互感器、电流互感器是两种测量设备，要求变比设计准确，工程中要采取多种补偿措施保证互感器的性能接近理想变压器的性能。

### 5.3.2 理想变压器功率平衡方程

理想变压器的伏安关系与频率无关，那么理论上式(5-12)对任意波形的信号都成立，甚至可以由电子线路来实现。将其电流、电压改用小写字母表示瞬时值，如图5-26所示，以该图为例列写理想变压器输入、输出端口吸收的功率之和，则

$$\begin{aligned}p&=u_1i_1+u_2i_2\\&=(nu_2)\cdot\left(-\frac{1}{n}i_2\right)+u_2i_2=0\end{aligned}\tag{5-13}$$

式(5-13)表明，**理想变压器只是把电信号从前方电路传递到后方电路，起功率耦合作用，它本身既不储能也不耗能，传递信号的过程中同时改变电流和电压值。**

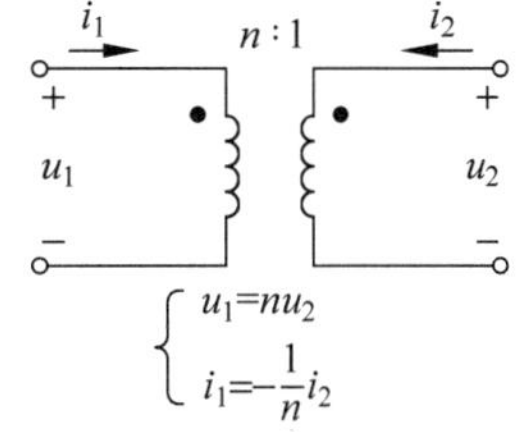


图5-26　瞬时值表示的伏安关系

### 5.3.3 理想变压器的阻抗变换特性

理想变压器除了可以用来变换电流和电压外，还可以用来变换阻抗。如图5-27所示，当二次侧输出端口2-2′接负载 $Z_L$ 时，从一次侧1-1′端口看进去的输入阻抗为

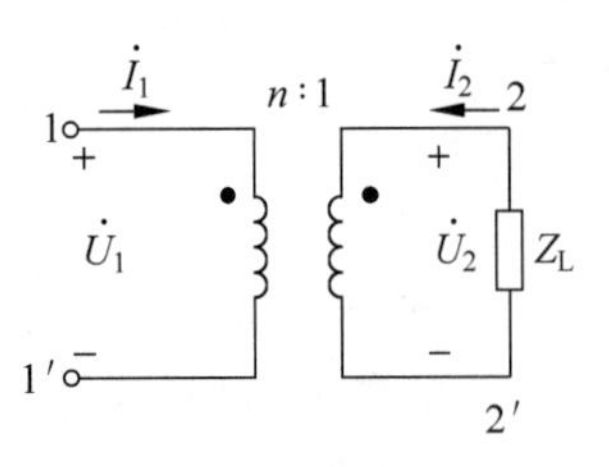

图 5-27　理想变压器用于阻抗变换

$$Z_{11'}=\frac{\dot{U}_1}{\dot{I}_1}=\frac{n\dot{U}_2}{-\frac{1}{n}\dot{I}_2}=n^2\left(\frac{\dot{U}_2}{-\dot{I}_2}\right)=n^2Z_L \tag{5-14}$$

**注意**，$Z_L$ 的电流、电压参考方向为非关联。式(5-14)表明，**二次侧所接阻抗透过理想变压器，折算到一次侧后变为 $n^2Z_L$，并且这种阻抗变换与同名端及电流、电压参考方向无关**。因此，只要改变 $n$，就可在一次侧得到不同的输入阻抗值。在电子工程中，常用理想变压器变换阻抗的性质来实现电源与负载匹配，使负载获得最大功率。

**【例 5-8】** 如图 5-28 所示电路，已知 $U_S=220\text{V}$，$R_1=100\Omega$，$Z_L=3+\text{j}3\Omega$，$n=10$。求 $\dot{I}_2$。

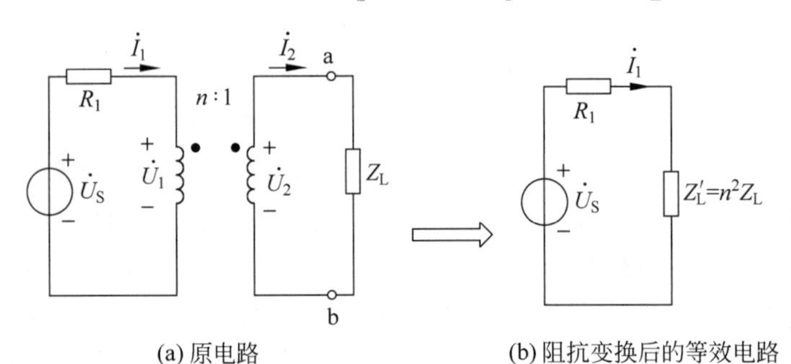

(a) 原电路　　(b) 阻抗变换后的等效电路

图 5-28　例 5-8 电路图

**解法一**　先将负载 $Z_L$ 变换到一次侧，计算出原边电流 $\dot{I}_1$，再根据伏安关系计算 $\dot{I}_2$。设

$$\dot{U}_S=220\angle 0^\circ \text{V}$$

$$Z'_L=n^2Z_L=10^2\times(3+\text{j}3)=300+\text{j}300\Omega$$

$$\dot{I}_1=\frac{\dot{U}_S}{R_1+Z'_L}=\frac{220\angle 0^\circ}{100+300+\text{j}300}=0.44\angle -36.87^\circ \text{A}$$

因为

$$\dot{I}_1=\frac{1}{n}\dot{I}_2$$

所以

$$\dot{I}_2=n\dot{I}_1=4.4\angle -36.87^\circ \text{A}$$

**解法二**　列写两个网孔方程与两个伏安关系式联立求解。

$$\begin{cases}R_1\dot{I}_1+\dot{U}_1-\dot{U}_S=0\\ Z_L\dot{I}_2-\dot{U}_2=0\\ \dot{I}_1=\frac{1}{n}\dot{I}_2\\ \dot{U}_1=n\dot{U}_2\end{cases}\qquad \begin{cases}100\dot{I}_1+\dot{U}_1-220\angle 0^\circ=0\\ (3+\text{j}3)\dot{I}_2-\dot{U}_2=0\\ \dot{I}_1=\frac{1}{10}\dot{I}_2\\ \dot{U}_1=10\dot{U}_2\end{cases}$$

解得

$$\dot{I}_2=4.4\angle-36.87°\text{A}$$

**【例 5-9】** 如图 5-29 所示铁芯变压器 $N_1=500$ 匝，为使内电阻为 8Ω 和 16Ω 的扬声器均能与信号源匹配获得最大功率，求二次侧两部分线圈的匝数 $N_2$、$N_3$。

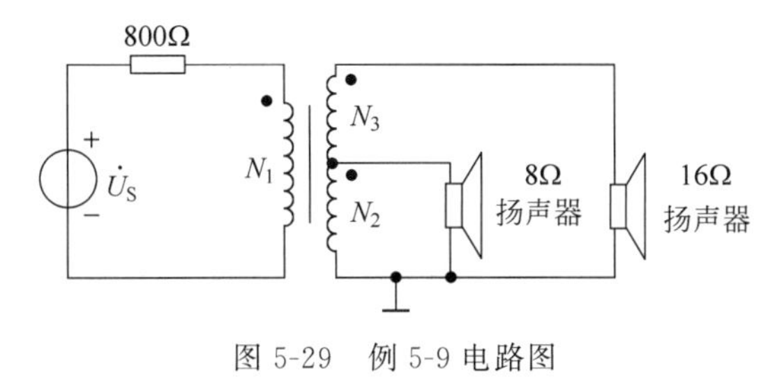


图 5-29　例 5-9 电路图

**解**　这里将一般铁芯变压器按理想变压器对待，设

$$n_2=\frac{N_1}{N_2},\quad n_3=\frac{N_1}{N_2+N_3}$$

根据最大功率传输定理，有

$$800=n_2^2\times 8,\quad n_2=10$$

$$800=n_3^2\times 16,\quad n_3=7.07$$

$$N_2=\frac{N_1}{n_2}=\frac{500}{10}=50\text{ 匝}$$

$$N_2+N_3=\frac{N_1}{n_3}=\frac{500}{7.07}=70.72\text{ 匝}$$

$$N_3=70.72-50=20.72\text{ 匝}$$

**【例 5-10】** 某单相变压器原边绕组额定电压为 3000V，副边绕组额定电压为 220V，负载是一台 220V、25kW 的电炉，试求原边及副边绕组的电流各为多少？

**解**　电炉为电阻性负载，功率因数为 1。

$$P_2=I_2U_2$$

$$I_2=\frac{P_2}{U_2}=\frac{25\times 10^3}{220}=113.6\text{A}$$

$$n=\frac{U_1}{U_2}=\frac{3000}{220}=13.64$$

$$I_1=\frac{I_2}{n}=\frac{113.6}{13.64}=8.33\text{A}$$

## 【课后练习】

**5.3.1**　分别写出如图 5-30(a)、(b)所示理想变压器的伏安关系式。

**5.3.2**　由理想变压器组成的电路如图 5-31 所示，求电路的输入阻抗 $Z_1=\dot{U}_1/\dot{I}_1$。

**5.3.3**　如图 5-32 所示电路是一台仪表电源变压器，设为理想变压器，一次绕组有 550 匝，接 220V 电压。二次绕组有两个：$N_2$ 所在绕组额定电压 24V，纯电阻负载额定功率 24W；

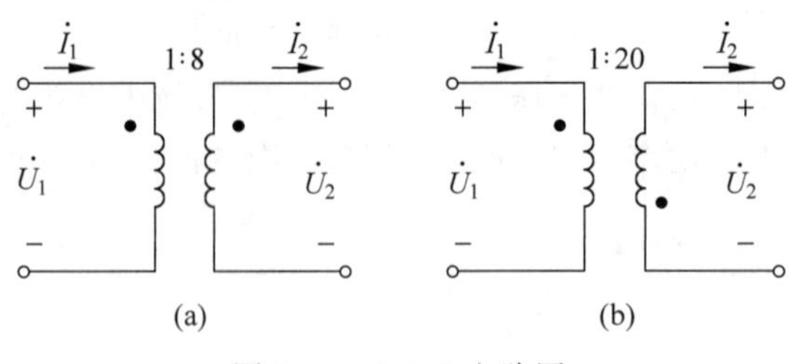


图 5-30　5.3.1 电路图

$N_3$ 所在绕组额定电压 12V，纯电阻负载额定功率 36W。求一次侧电流有效值及两个二次绕组的匝数(提示：$N_1-N_2$ 及 $N_1-N_3$ 两对线圈分别计算电压变比；但两对线圈在一次侧的电流应相加)。

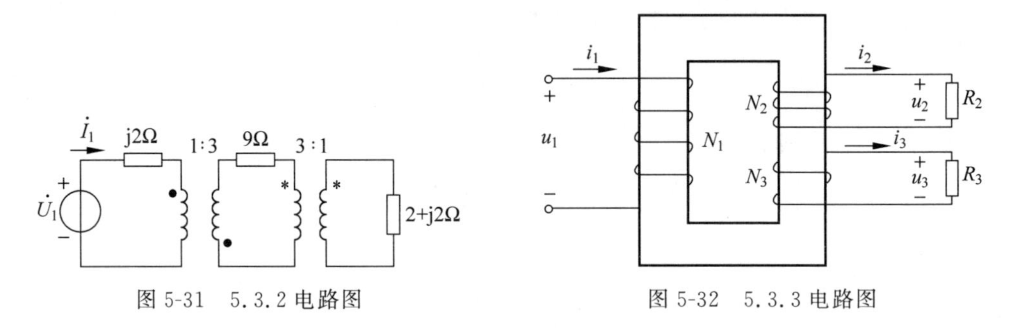


图 5-31　5.3.2 电路图

图 5-32　5.3.3 电路图

## 习题

**5-1-1**　如图 5-33 所示，若三个线圈的同名端标志如图 5-33(a)所示，则其实际绕法可能是图 5-33(b)、(c)、(d)中的哪幅图？

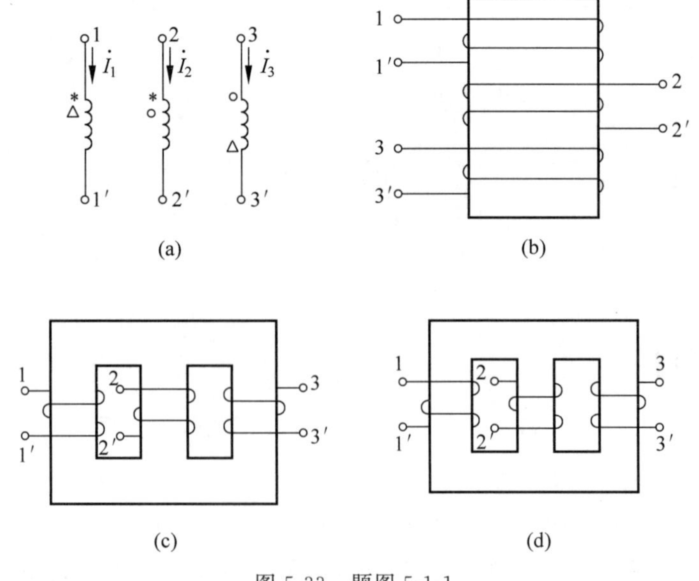


图 5-33　题图 5-1-1

**5-1-2**　如图 5-34 所示，如 $M=L$，在 AB 端口接一交流电压源 $U=36\text{V}$，CD 端口开路。若将 B、D 端子相连接，测得 A、C 间电压为 72V，试确定其同名端。电路不变若将 B、C 端子相连接，则 A、D 间电压应是多少？

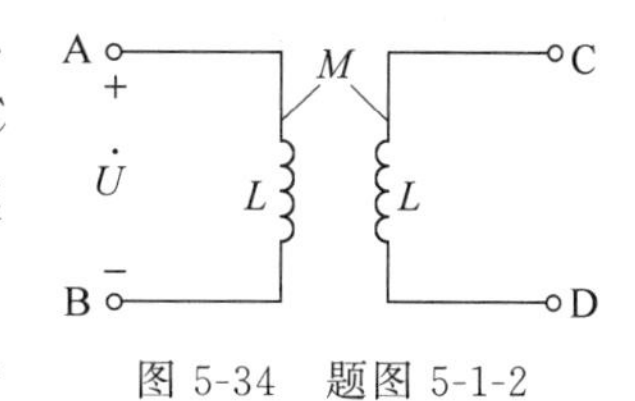

图 5-34　题图 5-1-2

**5-1-3**　两个耦合电感的自感系数分别为 $L_1=2\text{H}$、$L_2=2\text{H}$，耦合因数 $k=\dfrac{1}{2}$，求两线圈间的互感系数 $M$。

**5-1-4**　判断如图 5-35 所示三对互感线圈的同名端，并标注在图上。

**5-1-5**　正确写出如图 5-36(a)、(b)所示电路中 $u_{cd}$、$u_{ab}$ 与 $i_1$、$i_2$ 之间的关系式。

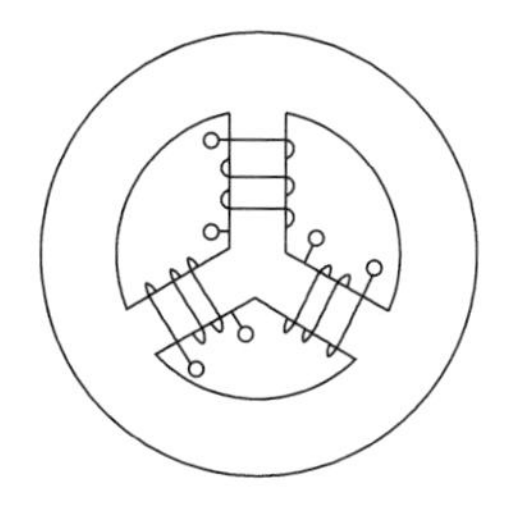

图 5-35　题图 5-1-4

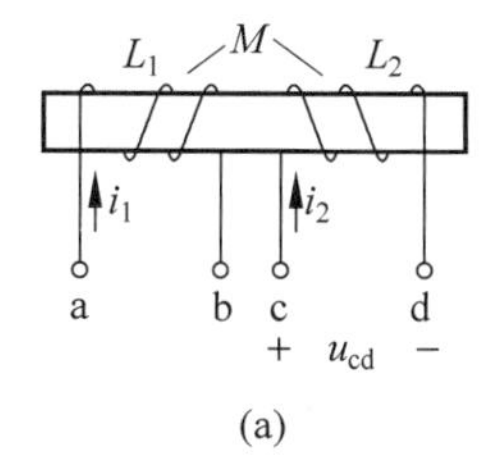

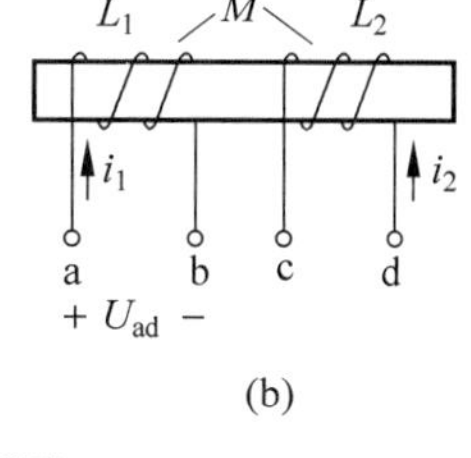

图 5-36　题图 5-1-5

**5-2-1**　分别求出如图 5-37 中并联线圈的等效电感 $L$。已知 $L_1=4\text{H}$，$L_2=2\text{H}$，$M=1\text{H}$。

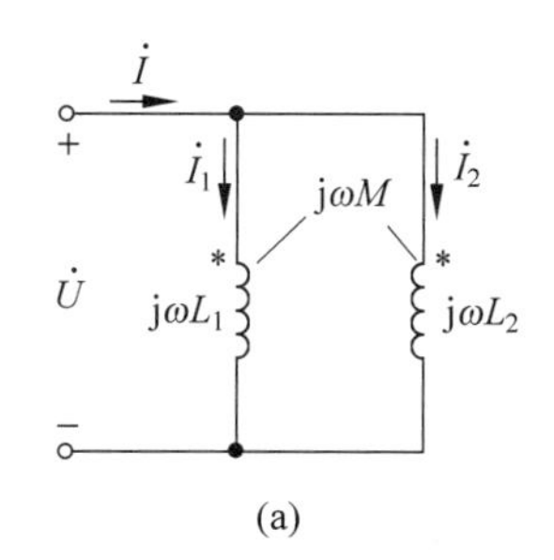

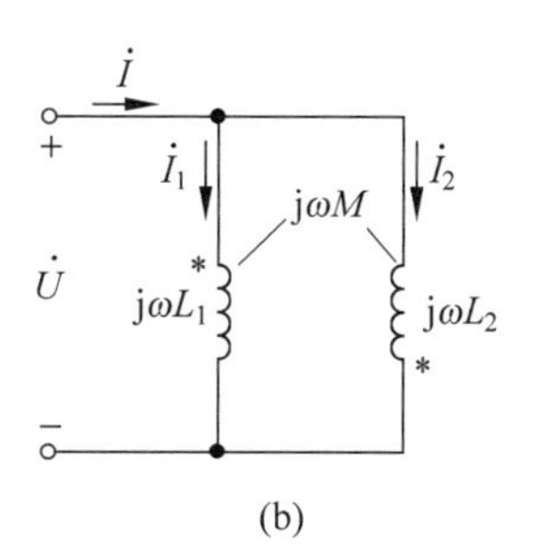

图 5-37　题图 5-2-1

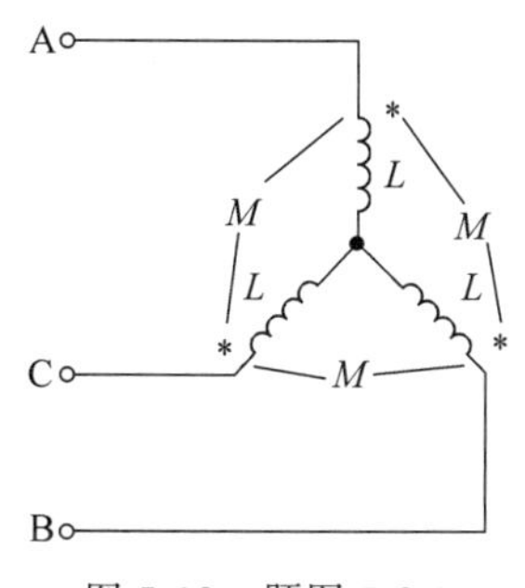

图 5-38　题图 5-2-3

**5-2-2**　两个互感线圈相串联再与电容器串联，已知线圈一的 $R_1=5\Omega$、$L_1=0.01\text{H}$，线圈二的 $R_2=10\Omega$、$L_2=0.02\text{H}$，线圈互感 $M=0.01\text{H}$，电容 $C=20\mu\text{F}$。试求当两线圈顺向串联、反相串联时电路的谐振角频率。若在谐振的情况下外加正弦电压 $U=6\text{V}$，试求谐振时电容上电压 $U_C$。

**5-2-3**　如图 5-38 所示，已知互感系数为 $M$，画出其去耦等效电路图。

**5-2-4**　具有互感的两个线圈顺接串联时总电感为 0.6H，反接串联时总电感为 0.2H，若两线圈的自感系数相同时，求互感系数和线圈的自感系数。

**5-2-5**　列出如图 5-39 两网孔的网孔电流方程。

**5-2-6** 如图 5-40 所示，已知两线圈的参数为 $R_1=R_2=100\Omega$，$L_1=3\text{H}$，$L_2=10\text{H}$，$M=5\text{H}$，正弦电源电压 $u=200\sqrt{2}\sin 100t\,\text{V}$。试求两线圈的电流、总电流。

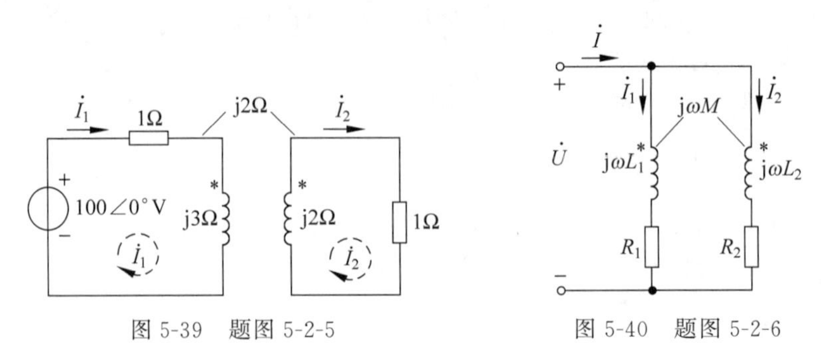


图 5-39 题图 5-2-5　　图 5-40 题图 5-2-6

**5-3-1** 求如图 5-41 所示的等效阻抗 $Z_{11'}$。

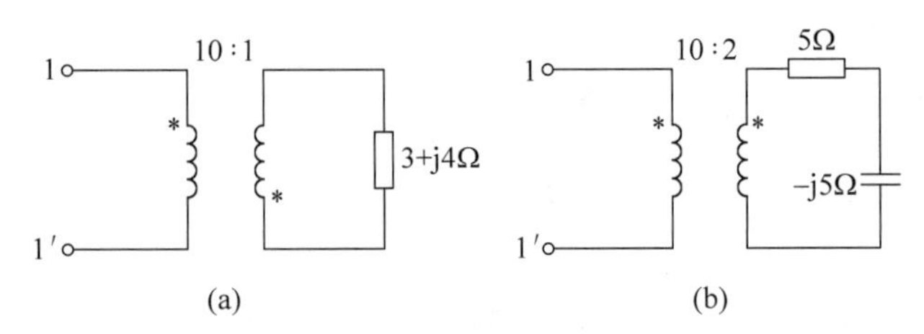


图 5-41 题图 5-3-1

**5-3-2** 求如图 5-42 中 22′端口的戴维南等效电路。

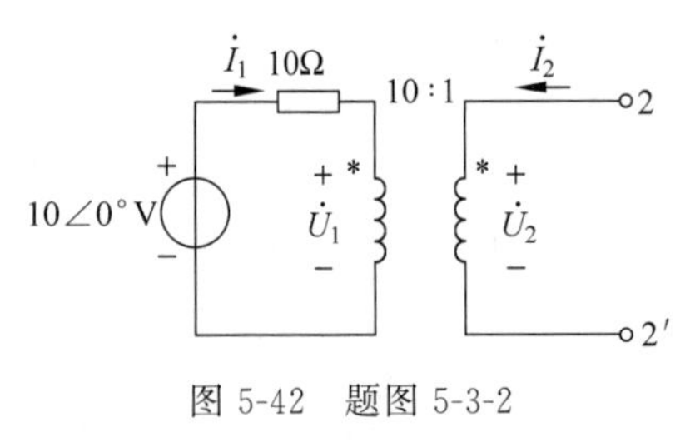


图 5-42 题图 5-3-2

**5-3-3** 如图 5-43 所示，(1)试选择合适的匝数比 $n$ 使传输到负载上的功率达到最大；(2)求 1Ω 负载上获得的最大功率。

**5-3-4** 一台变比 $n$ 为 220/36 的理想变压器，原边绕组接入有效值为 220V 的交流电源，副边绕组接 36V、40W 的灯泡 5 个(并联)，问变压器原边电流是多少安培？相当于电源接入多少欧姆的等效电阻？

**5-3-5** 已知电流表的读数为 5A，正弦电压有效值为 5V，求如图 5-44 所示电路中的阻抗 $Z$。

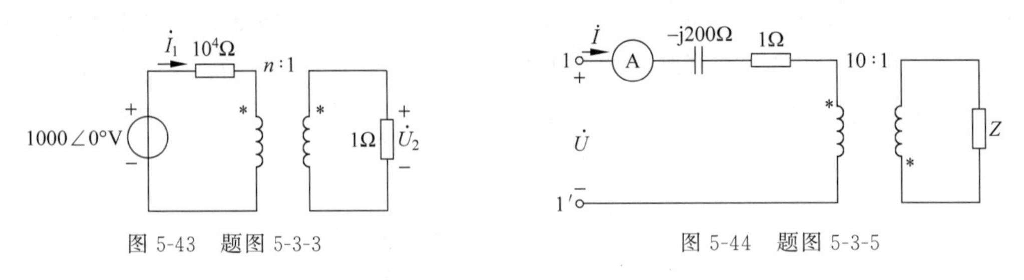


图 5-43 题图 5-3-3　　图 5-44 题图 5-3-5

**5-3-6** 如图 5-45 所示电路，列出能够求解出 $\dot{I}_1$、$\dot{I}_2$、$\dot{U}_1$、$\dot{U}_2$ 的 4 个联立方程，并求出这 4 个量。

**5-3-7** 由理想变压器组成的电路如图 5-46 所示，已知 $\dot{U}_S=16\angle 0°\text{V}$，求：$\dot{I}_1$、$\dot{U}_2$ 和 $R_L$ 吸收的功率。

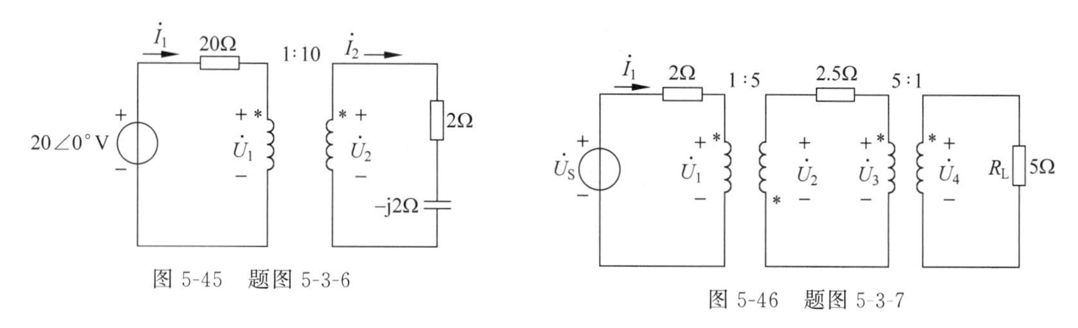

图 5-45 题图 5-3-6

图 5-46 题图 5-3-7

习题答案

# 第6章 周期性非正弦电流电路与三相电路中的高次谐波

CHAPTER 6

在自动控制、计算机和电子技术等方面,电信号有正弦波,也存在大量的周期性非正弦波。电力设备中的交流电压、交流电流理想波形是正弦波,但如果铁芯线圈存在磁饱和,或系统中有大容量换流设备运行,会使波形畸变为周期性非正弦波。因此有必要对周期性非正弦电流电路进行分析。

## 6.1 认识周期性非正弦信号

### 6.1.1 周期性非正弦信号分解为傅里叶级数

周期性非正弦信号随时间按周期规律变化,满足

$$f(t)=f(t+kT),\quad k=0,1,2,\cdots \tag{6-1}$$

式中,$T$ 为周期,图 6-1 为三个典型的周期性非正弦信号。

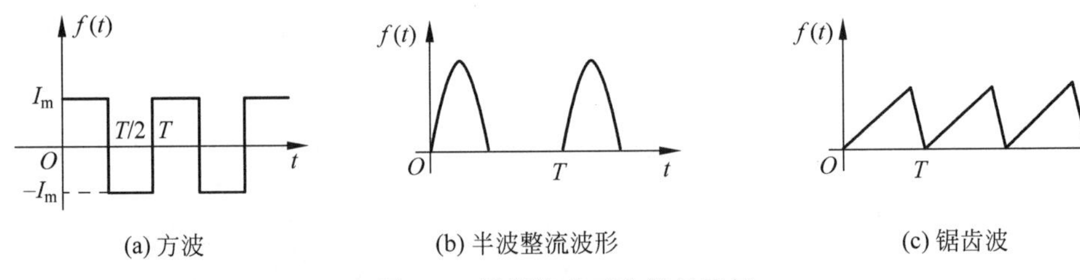


图 6-1 周期性非正弦信号示例

**周期性非正弦信号可分解为一系列频率成整数倍变化的正弦量之和。**其中频率等于原波形频率整数倍的信号称为谐波,谐波频率与基波频率的比值称为谐波的次数。可借助画图法观察这种分解,图 6-2 将图 6-1(a)中的方波电流信号进行分解。先分解出与原方波频率相等的基波,基波振幅较大,基波形状与原方波差别明显;再分解出频率为原方波 3 倍且振幅为基波三分之一的 3 次谐波,3 次谐波叠加在基波之上,叠加后的波形就比较接近方波了,但起伏仍较大,如图 6-2(a)中的粗线所示;再分解出频率为原方波 5 倍且振幅为基波五分之一的 5 次谐波,将基波、3 次、5 次谐波叠加起来,更接近原方波了,还会有些小的起伏,如图 6-2(b)粗线所示。如果继续分解出振幅递减的 7 次、9 次、11 次等谐波,叠加后的合成波与原方波更加吻合。写出这样分解后的每一项解析式加在一起称为傅里叶级数,方波电流信号的傅里叶级数为

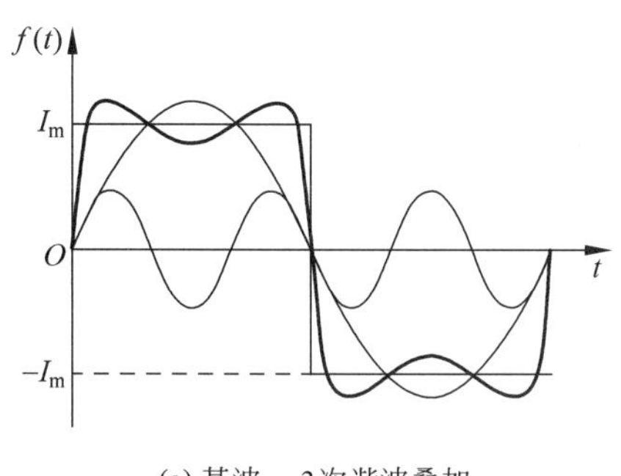

(a) 基波、3次谐波叠加

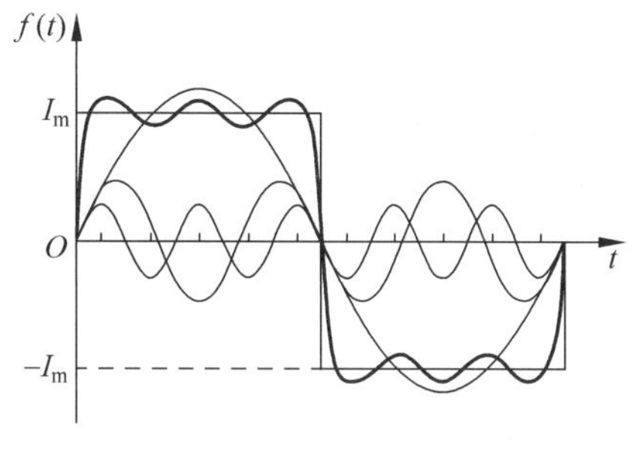

(b) 基波、3次谐波、5次谐波叠加

图 6-2　将方波电流信号分解为基波、3 次谐波、5 次谐波

$$f(t)=\frac{4I_m}{\pi}\left(\sin\omega t+\frac{1}{3}\sin 3\omega t+\frac{1}{5}\sin 5\omega t+\cdots+\frac{1}{k}\sin k\omega t+\cdots\right) \tag{6-2}$$

式中，$k$ 取奇数，$\omega$ 是基波角频率。式(6-2)取多少项，依相关课题要求的精确度而定，项数越多越精确。分解出来的各次谐波，随着频率的增加振幅衰减，这种规律体现在如图 6-3 所示的周期性非正弦信号的频谱图中。频谱图的横轴为成整数倍变化的角频率，纵轴为各次谐波的振幅。**频谱图反映了各次谐波分量对信号贡献的大小或所占比重的大小。**不同周期性非正弦信号的频谱图其谐波振幅衰减的速度不同，**波形形状与正弦波越接近，所包含的高次谐波振幅衰减越快**，这时仅取傅里叶级数的前几项谐波进行叠加就与原非正弦波形十分吻合了。

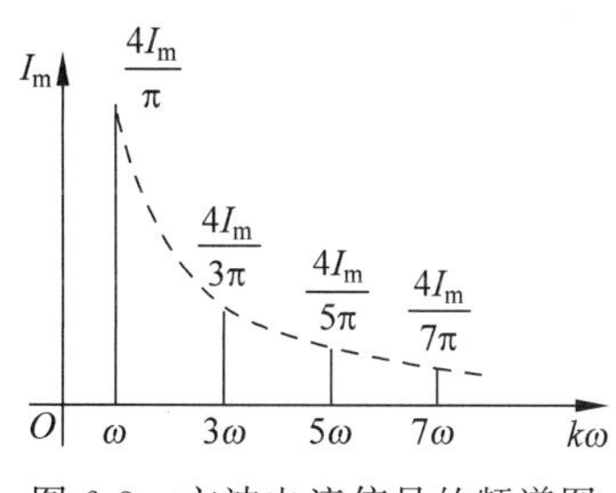

图 6-3　方波电流信号的频谱图

电工手册中已将常见周期性非正弦信号的傅里叶级数列出，表 6-1 选列了几种。傅里叶级数的一般表达式为

$$f(t)=A_0+\sum_{k=1}^{\infty}A_k\sin(k\omega t+\psi_k)$$

式中，常数项 $A_0$ 代表直流分量，是非正弦信号的平均值；若非正弦信号是交流的，则直流分量 $A_0$ 为零。频率为基波频率的 3，5，7，9，…倍(奇数倍)的谐波称为奇次谐波；频率为基波频率的 2，4，6，8，…倍(偶数倍)的谐波称为偶次谐波。

电工技术中，常见的非正弦信号有如同表 6-1 中三角波、方波一样的特点，即 $A_0$ 为零，没有直流分量；**将波形移动半个周期后与原波形对称于横轴**，如图 6-4(a)的阶梯波所示，**称为奇谐波信号或镜像对称信号，信号的函数关系式满足**

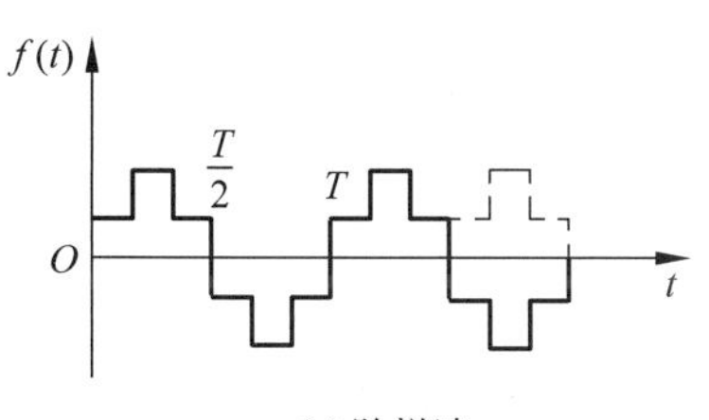

(a) 阶梯波

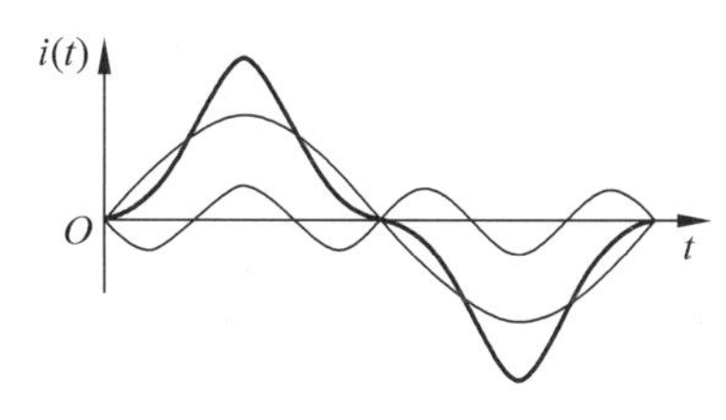

(b) 变压器铁芯饱和时的线圈磁化电流信号

图 6-4　电工技术中常见的奇谐波函数

$$f(t)=-f\left(t+\frac{T}{2}\right)$$

**这种非正弦信号中只有奇次谐波（$k$ 仅为奇数 1,3,5,7,⋯），不存在偶次谐波。**图 6-4(b)中粗线为变压器铁芯饱和时的线圈磁化电流波形，就是奇谐波函数，其中含有明显的三次谐波。

**表 6-1 几种周期性非正弦信号的傅里叶级数**

| 名称 | 周期性非正弦信号波形 | 傅里叶级数表达式 |
|---|---|---|
| 正弦波 | 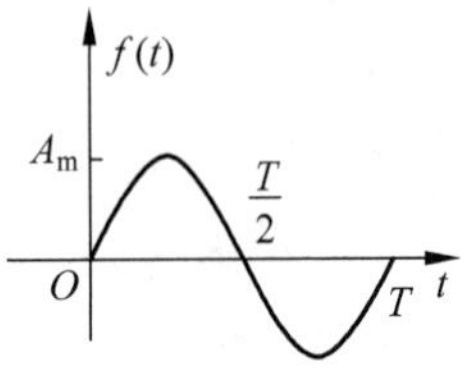 | $f(t)=A_m\sin\omega t$<br>（有效值 $A_m/\sqrt{2}$） |
| 三角波 | 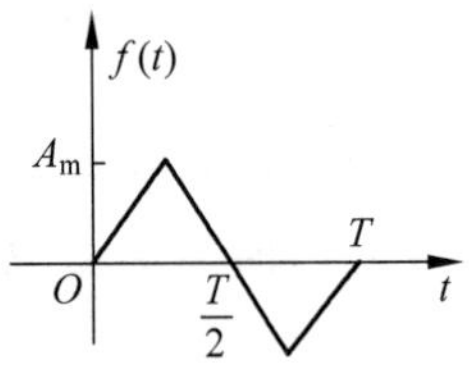 | $f(t)=\frac{8A_m}{\pi^2}\left(\sin\omega t-\frac{1}{9}\sin3\omega t+\frac{1}{25}\sin5\omega t-\cdots+\frac{(-1)^{\frac{k-1}{2}}}{k^2}\sin k\omega t+\cdots\right)$<br>（$k$ 为奇数，有效值 $A_m/\sqrt{3}$） |
| 方波 | 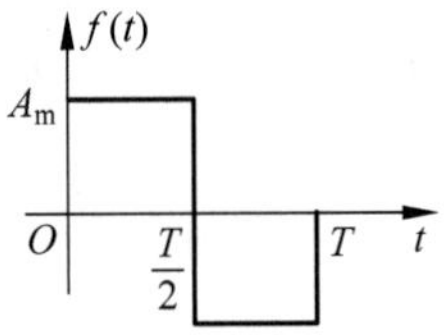 | $f(t)=\frac{4A_m}{\pi}\left(\sin\omega t+\frac{1}{3}\sin3\omega t+\frac{1}{5}\sin5\omega t+\cdots+\frac{1}{k}\sin k\omega t+\cdots\right)$<br>（$k$ 为奇数，有效值 $A_m$） |
| 阶梯波 | 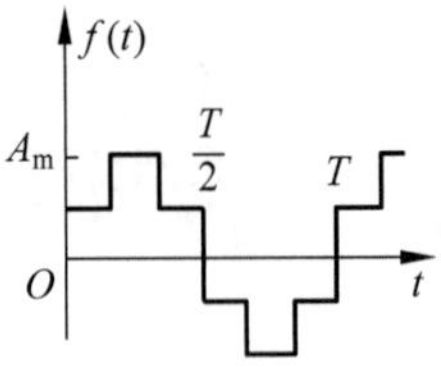 | $f(t)=\frac{2A_m}{\pi}\left(\sin\omega t+\frac{1}{5}\sin5\omega t+\frac{1}{7}\sin7\omega t+\frac{1}{11}\sin11\omega t+\frac{1}{13}\sin13\omega t+\cdots\right)$<br>（$k$ 为奇数，有效值 $2A_m/3$） |
| 全波整流波 | 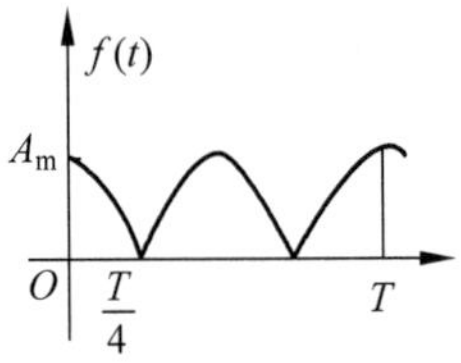 | $f(t)=\frac{4A_m}{\pi}\left(\frac{1}{2}+\frac{1}{1\times3}\cos2\omega t-\frac{1}{3\times5}\cos4\omega t+\frac{1}{5\times7}\cos6\omega t-\cdots\right)$<br>（有效值 $A_m/\sqrt{2}$） |

续表

| 名称 | 周期性非正弦信号波形 | 傅里叶级数表达式 |
| --- | --- | --- |
| 锯齿波 | | $f(t)=A_{\mathrm{m}}\left(\frac{1}{2}+\frac{1}{\pi}\sin\omega t-\frac{1}{2\pi}\sin 2\omega t+\frac{1}{3\pi}\sin 3\omega t-\cdots\right)$<br>（有效值 $A_{\mathrm{m}}/\sqrt{3}$） |
| 时钟脉冲波 | | $f(t)=A_{\mathrm{m}}\left[\frac{1}{2}+\frac{2}{\pi}\left(\sin\omega t+\frac{1}{3}\sin 3\omega t+\frac{1}{5}\sin 5\omega t+\cdots\right)\right]$<br>（交流成分 $k$ 为奇数，有效值 $A_{\mathrm{m}}/2$） |

## 6.1.2　周期性非正弦电流、电压的有效值

设周期性非正弦电流的傅里叶级数表达式为

$$i(t)=I_0+\sum_{k=1}^{\infty}I_{\mathrm{km}}\sin(k\omega t+\psi_{ik}) \tag{6-3}$$

将式(6-3)代入周期电流有效值的定义式(3-2)中，得

$$I=\sqrt{\frac{1}{T}\int_0^T i^2\mathrm{d}t}=\sqrt{\frac{1}{T}\int_0^T\left[I_0+\sum_{k=1}^{\infty}I_{\mathrm{km}}\sin(k\omega t+\psi_{ik})\right]^2\mathrm{d}t} \tag{6-4}$$

根据三角函数的性质，式(6-4)根号下的展开式中含有以下各项：

直流自平方项

$$\frac{1}{T}\int_0^T I_0^2\mathrm{d}t=I_0^2$$

交流自平方项

$$\frac{1}{T}\int_0^T I_{\mathrm{km}}^2\sin^2(k\omega t+\psi_{ik})\mathrm{d}t=\frac{1}{T}\int_0^T\frac{I_{\mathrm{km}}^2}{2}[1-\cos 2(k\omega t+\psi_{ik})]\mathrm{d}t=\frac{I_{\mathrm{km}}^2}{2}$$

直流、交流交叉相乘二倍积

$$\frac{1}{T}\int_0^T 2I_0I_{\mathrm{km}}\sin(k\omega t+\psi_{ik})\mathrm{d}t=0$$

交流不同次谐波交叉相乘二倍积

$$\frac{1}{T}\int_0^T 2I_{\mathrm{pm}}\sin(p\omega t+\psi_{ip})I_{\mathrm{qm}}\sin(q\omega t+\psi_{iq})\mathrm{d}t=0,\quad p\neq q$$

因此，求得周期性非正弦电流 $i$ 的有效值为

$$I=\sqrt{I_0^2+\sum_{k=1}^{\infty}\frac{I_{\mathrm{km}}^2}{2}}=\sqrt{I_0^2+I_1^2+I_2^2+I_3^2+\cdots} \tag{6-5}$$

同理得周期性非正弦电压 $u$ 的有效值为

$$U=\sqrt{U_0^2+\sum_{n=1}^{\infty}\frac{U_{\mathrm{km}}^2}{2}}=\sqrt{U_0^2+U_1^2+U_2^2+U_3^2+\cdots} \tag{6-6}$$

由此可见,**周期性非正弦电流、电压的有效值为直流分量及各次谐波分量有效值的平方和再开平方。**

### 6.1.3 周期性非正弦交流电路的平均功率

设如图 6-5 所示无源网络的电压、电流分别为

$$u(t)=U_0+\sum_{k=1}^{\infty}U_{\mathrm{km}}\sin(k\omega t+\psi_{uk})$$

$$i(t)=I_0+\sum_{k=1}^{\infty}I_{\mathrm{km}}\sin(k\omega t+\psi_{ik})$$

则该无源网络的平均功率为

$$P=\frac{1}{T}\int_0^T ui\,\mathrm{d}t$$

即

$$P=\frac{1}{T}\int_0^T\left[U_0+\sum_{k=1}^{\infty}U_{\mathrm{km}}\sin(k\omega t+\psi_{uk})\right]\times\left[I_0+\sum_{k=1}^{\infty}I_{\mathrm{km}}\sin(k\omega t+\psi_{ik})\right]\mathrm{d}t$$

根据三角函数的性质,推导得到

$$P=U_0I_0+\sum_{k=1}^{\infty}U_kI_k\cos\varphi_k=U_0I_0+U_1I_1\cos\varphi_1+U_2I_2\cos\varphi_2+\cdots \tag{6-7}$$

式中,$\varphi_k=\varphi_{uk}-\varphi_{ik}$。

由此可见,**不同次谐波的电流与电压之间,只能构成瞬时功率,不能构成平均功率。只有同次谐波的电流与电压之间,才能既构成瞬时功率,又构成平均功率。**

**周期性非正弦电流电路的平均功率为直流分量的功率与各次谐波单独作用时的平均功率之和。**

**【例 6-1】** 周期性非正弦电流作用于如图 6-6 所示无源网络,其电流、电压的有效值及功率可用电动系仪表来测量。已知:

$$u=10+141.4\sin\omega t+28.28\sin(3\omega t+30^\circ)\mathrm{V}$$
$$i=10\sin(\omega t+45^\circ)+2\sin(3\omega t-15^\circ)\mathrm{A}$$

求电动系电压表Ⓥ、电流表Ⓐ和功率表Ⓦ的读数。

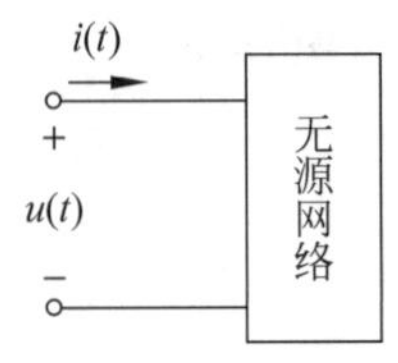


图 6-5 周期性非正弦电流作用于无源网络

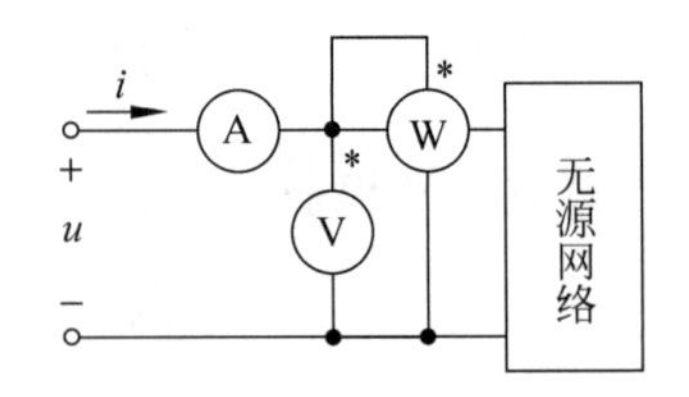


图 6-6 例 6-1 电路图

**解** 电压表读数是 $u$ 的有效值

$$Ⓥ=U=\sqrt{10^2+\left(\frac{141.4}{\sqrt{2}}\right)^2+\left(\frac{28.28}{\sqrt{2}}\right)^2}=102.5\text{V}$$

电流表读数是 $i$ 的有效值

$$Ⓐ=I=\sqrt{\left(\frac{10}{\sqrt{2}}\right)^2+\left(\frac{2}{\sqrt{2}}\right)^2}=7.21\text{A}$$

功率表的读数是该电路的平均功率

$$\begin{aligned}Ⓦ=P&=P_0+P_1+P_3\\&=0+100\times7.071\times\cos(-45^\circ)+20\times\sqrt{2}\cos[30^\circ-(-15)^\circ]\\&=520\text{W}\end{aligned}$$

## 【课后练习】

**6.1.1**　画出如图6-7所示三角波与阶梯波的频谱图,并与方波的频谱成分进行比较,然后填空。

三角波比方波更(　　)正弦波,其频谱图中高次谐波的振幅衰减比方波更(　　)。阶梯波的频谱中没有(　　)次等谐波,谐波成分比方波要(　　),也比方波更(　　)正弦波。

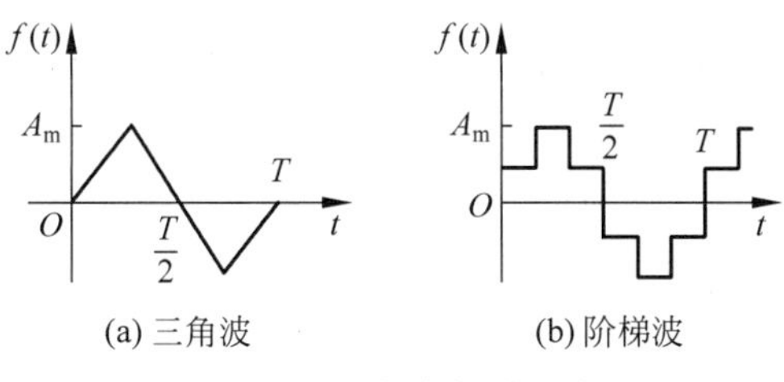


图6-7　三角波与阶梯波

**6.1.2**　若加在电阻 $R$ 两端的电压 $u=(\sqrt{2}\sin\omega t+2\sqrt{2}\sin3\omega t)\text{V}$,则通过 $R$ 的电流有效值为(　　)。

A. $I=\sqrt{\left(\frac{1}{R}\right)^2+\left(\frac{2}{R}\right)^2}$　　　　B. $I=\frac{1}{R}+\frac{2}{R}$

C. $I=\sqrt{\left(\frac{\sqrt{2}}{R}\right)^2+\left(\frac{2\sqrt{2}}{R}\right)^2}$　　　　D. $I=\frac{\sqrt{2}}{R}+\frac{2\sqrt{2}}{R}$

**6.1.3**　已知周期性非正弦电压 $u=[40+180\sin\omega t+60\sin(3\omega t+45^\circ)]\text{V}$,则其有效值为(　　)V。

**6.1.4**　已知某无源二端网络的端口电压为

$$u=[4+10\sqrt{2}\sin(\omega t+30^\circ)+10\sqrt{2}\sin5\omega t]\text{V}$$

端口电流为

$$i=[3+2\sqrt{2}\sin(\omega t-30^\circ)+0.5\sqrt{2}\sin(3\omega t-70^\circ)+0.1\sqrt{2}\sin5\omega t]\text{A}$$

电压电流取关联参考方向,则该二端网络吸收的平均功率 $P=$(　　)W。

## 6.2 周期性非正弦电流电路的计算

线性电路的电源为周期性非正弦信号时，所包含各次谐波频率不相等，将导致不同频率下感抗、容抗发生变化。这时对电流电压的计算，应画出直流和各次谐波电源单独作用时的分图，分别用直流法、相量法计算，再**根据叠加定律将所得分量按瞬时值叠加**，可实现对周期性非正弦电流电路的计算。

周期性非正弦电流电路的计算步骤如下：

(1) 对不同频率的激励，电路的感抗与容抗是要发生变化的。**对直流激励而言，电容元件 $C$ 相当于开路、电感元件 $L$ 相当于短路。若基波感抗、容抗分别为 $X_L=\omega L$，$X_C=\dfrac{1}{\omega C}$，对 $k$ 次谐波则有 $X_{L(k)}=k\omega L$，$X_{C(k)}=\dfrac{1}{k\omega C}$，感抗增加到基波感抗值的 $k$ 倍，容抗减小为基波容抗值的 $\dfrac{1}{k}$ 倍。**

(2) 各次不同频率正弦分量的计算分别采用相量法，**但不同频率的相量之间不能进行加减乘除运算，必须将不同频率的电流、电压计算结果分别转换为瞬时值表达式后才能叠加。**

(3) 因为计算结果最终要写成瞬时值表达式，所以**相量计算时采用振幅相量比较方便**。算式中电流、电压下标的括号中有“0”表示直流分量；为“1”表示基波分量；为“2”表示二次谐波分量，以此类推。

**【例 6-2】** 如图 6-8(a)所示的电路中，求 $i(t)$、$i_L(t)$、$i_C(t)$及网络吸收的有功功率。已知，$u(t)=10+100\sin\omega t+40\sin(3\omega t+90°)\text{V}$，$R=\omega L=\dfrac{1}{\omega C}=2\Omega$。

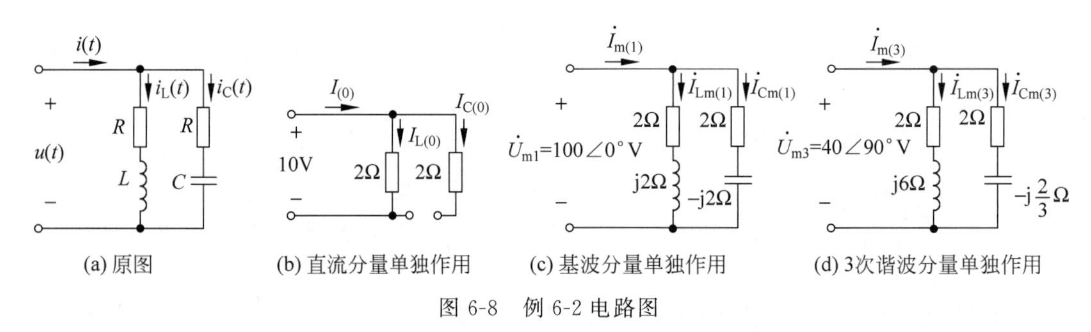


图 6-8 例 6-2 电路图

**解** (1) 10V 直流电压源分量单独作用，如图 6-8(b)所示，电感元件短路处理，电容元件开路处理。

$$I_{C(0)}=0,\quad I_{(0)}=I_{L(0)}=\frac{U_{(0)}}{R}=\frac{10}{2}=5\text{A}$$

(2) 基波 $100\sin\omega t\,\text{V}$ 电压源单独作用，如图 6-8(c)所示。

$$\dot{I}_{Lm(1)}=\frac{\dot{U}_{m(1)}}{R+j\omega L}=\frac{100\angle 0°}{2+j2}=35.36\angle -45°\text{A}$$

$$i_{L(1)}=35.36\sin(\omega t-45^\circ)\text{A}$$

$$\dot{I}_{Cm(1)}=\frac{\dot{U}_{m(1)}}{R-j\dfrac{1}{\omega C}}=\frac{100\angle 0^\circ}{2-j2}=35.36\angle 45^\circ\text{A}$$

$$i_{C(1)}=35.36\sin(\omega t+45^\circ)\text{A}$$

同频率的两电流可相量相加

$$\dot{I}_{m(1)}=\dot{I}_{Lm(1)}+\dot{I}_{Cm(1)}=35.36\angle-45^\circ+35.36\angle 45^\circ=50\angle 0^\circ\text{A}$$

$$i_{(1)}=50\sin\omega t\,\text{A}$$

(3) 三次谐波 $40\sin(3\omega t+90^\circ)$V 电压源单独作用,如图 6-8(d)所示。

$$\dot{I}_{Lm(3)}=\frac{\dot{U}_{m(3)}}{R+j3\omega L}=\frac{40\angle 90^\circ}{2+j6}=6.32\angle 18.4^\circ\text{A}$$

$$i_{L(3)}=6.32\sin(3\omega t+18.4^\circ)\text{A}$$

$$\dot{I}_{Cm(3)}=\frac{\dot{U}_{m(3)}}{R-j\dfrac{1}{3\omega C}}=\frac{40\angle 90^\circ}{2-j\dfrac{2}{3}}=19\angle 108.52^\circ\text{A}$$

$$i_{C(3)}=19\sin(3\omega t+108.52^\circ)\text{A}$$

$$\dot{I}_{m(3)}=\dot{I}_{Lm(3)}+\dot{I}_{Cm(3)}=6.32\angle 18.4^\circ+19\angle 108.52^\circ=20.02\angle 90.11^\circ\text{A}$$

$$i_{(3)}=20.02\sin(3\omega t+90.11^\circ)\text{A}$$

(4) 以上计算结果按瞬时值表达式叠加。

$$i_L(t)=I_{L(0)}+i_{L(1)}+i_{L(3)}=5+35.36\sin(\omega t-45^\circ)+6.32\sin(3\omega t+18.4^\circ)\text{A}$$

$$i_C(t)=I_{C(0)}+i_{C(1)}+i_{C(3)}=35.36\sin(\omega t+45^\circ)+19\sin(3\omega t+108.52^\circ)\text{A}$$

$$i(t)=I_{(0)}+i_{(1)}+i_{(3)}=5+50\sin\omega t+20.02\sin(3\omega+90.11^\circ)\text{A}$$

(5) 计算平均功率

$$\begin{aligned}P&=U_{(0)}I_{(0)}+U_{(1)}I_{(1)}\cos\varphi_1+U_{(3)}I_{(3)}\cos\varphi_3\\&=10\times 5+\frac{100}{\sqrt{2}}\times\frac{50}{\sqrt{2}}\cos 0^\circ+\frac{40}{\sqrt{2}}\times\frac{20.02}{\sqrt{2}}\cos(-0.11^\circ)=2950\text{W}\end{aligned}$$

**【例 6-3】** 如图 6-9 所示,$\omega L_1=100\Omega$,$\omega L_2=100\Omega$,$\dfrac{1}{\omega C_1}=400\Omega$,$\dfrac{1}{\omega C_2}=100\Omega$,$R=60\Omega$,$u=U_{(0)}+U_{m(1)}\sin\omega t+U_{m(2)}\sin(2\omega t+\psi_{u(2)})=[60+60\sin\omega t+6\sin(2\omega t+30^\circ)]$V,求 $i_1$、$i_2$、$u_{C2}$。

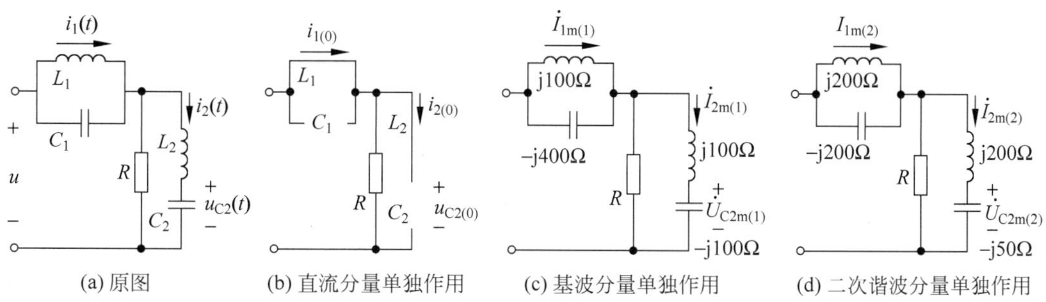


图 6-9　例 6-3 电路图

**解** 根据叠加定理画出电压源中直流分量、基波分量、二次谐波分量单独作用时的分图如图 6-9(b)、(c)、(d)所示。

图 6-9(b)中直流电源作用，电容开路，电感短路，则有

$$i_{1(0)}=\frac{U_{(0)}}{R}=\frac{60}{60}=1\text{A},\quad i_{2(0)}=0,\quad u_{C2(0)}=60\text{V}$$

图 6-9(c)中基波电源单独作用，$L_2$、$C_2$ 发生串联谐振，使 $R$ 两端短路，流过 $R$ 的电流为零，得

$$\dot{I}_{1m(1)}=\frac{\dot{U}_{m(1)}}{j\omega L_1}=\frac{60\angle 0^\circ}{j100}=0.6\angle-90^\circ\text{A}$$

$$i_{1(1)}=0.6\sin(\omega t-90^\circ)\text{A}$$

$$\dot{I}_{2m(1)}=\frac{\dot{U}_{m(1)}}{j\omega L_1}+\frac{\dot{U}_{m(1)}}{-1/j\omega C_1}=\frac{60\angle 0^\circ}{j100}+\frac{60\angle 0^\circ}{-j400}$$
$$=0.6\angle-90^\circ+0.15\angle 90^\circ=0.45\angle-90^\circ\text{A}$$

$$i_{2(1)}=0.45\sin(\omega t-90^\circ)\text{A}$$

$$\dot{U}_{C2m(1)}=-j100\times\dot{I}_{2m(1)}=-j100\times 0.45\angle-90^\circ=45\angle 180^\circ\text{V}$$

$$u_{C2(1)}=45\sin(\omega t+180^\circ)\text{V}$$

图 6-9(d)中二次谐波电源单独作用，$L_1$ 的感抗增加到 j200Ω，$C_2$ 的容抗减小为 −j200Ω，使 $L_1$、$C_1$ 发生并联谐振，$L_1$、$C_1$ 并联环节相当于开路，使 $i_{2(2)}=0$，$u_{C2(2)}=0$。

$$\dot{I}_{1m(2)}=\frac{\dot{U}_{m(2)}}{j2\omega L}=\frac{6\angle 30^\circ}{j200}=0.03\angle-60^\circ\text{A}$$

$$i_{1(2)}=0.03\sin(2\omega t-60^\circ)\text{A}$$

所以

$$i_1=i_{1(0)}+i_{1(1)}+i_{1(2)}=1+0.6\sin(\omega t-90^\circ)+0.03\sin(2\omega t-60^\circ)\text{A}$$

$$i_2=i_{2(0)}+i_{2(1)}+i_{2(2)}=0.45\sin(\omega t-90^\circ)\text{A}$$

$$u_{C2}=u_{C2(0)}+u_{C2(1)}+u_{C2(2)}=60+45\sin(\omega t+180^\circ)\text{V}$$

**注意**：本例基波分量、二次谐波分量电压源作用时，电源电压全都加到了 $L_1$、$C_1$ 并联环节上了。

## 【课后练习】

**6.2.1** 如图 6-10 所示，已知 $u_S=[40+30\sin(3\omega t-30^\circ)]$V，$R=8\Omega$，$\omega L=2\Omega$，求电路中电流 $i$ 的表达式。

**6.2.2** 如图 6-11 所示，已知电感支路电流 $i_L(t)=[1+0.4\sin(2\omega t-90^\circ)]$A，$R=10\Omega$，$\omega L=5\Omega$，$\frac{1}{\omega C}=20\Omega$，求端口电压 $u$ 的表达式。

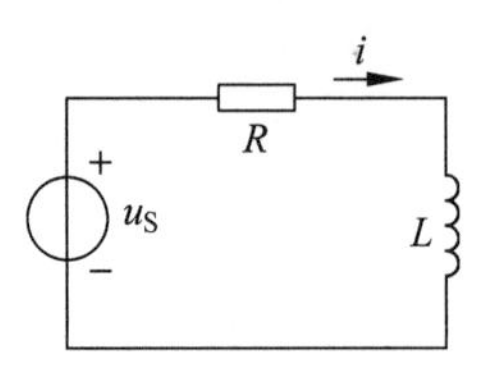

图 6-10　6.2.1 电路图

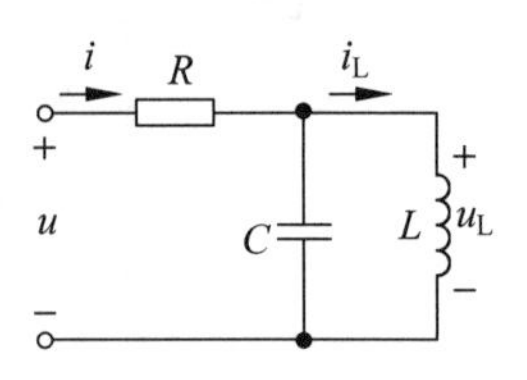

图 6-11　6.2.2 电路图

**6.2.3** 已知 RLC 串联电路的端口电压、电流为 $u=[80\sin\omega t+50\sin(3\omega t-30^\circ)]\text{V}$，$i=[10\sin\omega t+5\sin(3\omega t-\theta)]\text{A}$。试求电阻 $R$、电感的基波感抗 $X_{L(1)}$ 及电容的基波容抗 $X_{C(1)}$ 的值。

## 6.3 对称三相电路中的高次谐波

### 6.3.1 三相电源为周期性非正弦信号时三组不同性质的谐波组

对称三相电源的瞬时值是时间的奇谐波函数，理想波形为正弦波，如波形发生畸变，其中就含有高次谐波。3 个对称的非正弦相电压在时间上依次相差基波的三分之一周期。设

$$u_A=u(t)$$

则

$$u_B=u\left(t-\frac{T}{3}\right),\quad u_C=u\left(t-\frac{2T}{3}\right)\tag{6-8}$$

把 $u_A$、$u_B$、$u_C$ 展开为傅里叶级数，有

$$\begin{cases}u_A=U_{m1}\sin(\omega t+\varphi_1)+U_{m3}\sin(3\omega t+\varphi_3)+U_{m5}\sin(5\omega t+\varphi_5)+\cdots\\ u_B=U_{m1}\sin\left[\omega\left(t-\dfrac{T}{3}\right)+\varphi_1\right]+U_{m3}\sin\left[3\omega\left(t-\dfrac{T}{3}\right)+\varphi_3\right]+U_{m5}\sin\left[5\omega\left(t-\dfrac{T}{3}\right)+\varphi_5\right]\cdots+\cdots\\ \quad=U_{m1}\sin[\omega t-120^\circ+\varphi_1]+U_{m3}\sin(3\omega t+\varphi_3)+U_{m5}\sin(5\omega t+120^\circ+\varphi_5)\cdots+\cdots\\ u_C=U_{m1}\sin\left[\omega\left(t-\dfrac{2T}{3}\right)+\varphi_1\right]+U_{m3}\sin\left[3\omega\left(t-\dfrac{2T}{3}\right)+\varphi_3\right]+U_{m5}\sin\left[5\omega\left(t-\dfrac{2T}{3}\right)+\varphi_5\right]\cdots+\cdots\\ \quad=U_{m_1}\sin[\omega t+120^\circ+\varphi_1]+U_{m3}\sin(3\omega t+\varphi_3)+U_{m5}\sin(5\omega t-120^\circ+\varphi_5)\cdots+\cdots\end{cases}\tag{6-9}$$

以上推导用到 $\omega T=2\pi$，$\frac{2}{3}\pi=120^\circ$，$\frac{10}{3}\pi=2\pi+\frac{4}{3}\pi=240^\circ=-120^\circ$，$\frac{20}{3}\pi=6\pi+\frac{2}{3}\pi=120^\circ$。

观察 $u_A$、$u_B$、$u_C$ 三者间同次谐波的相位差，有以下规律：

(1) 基波，7，13 次等谐波：$u_B$ 滞后 $u_A$ $120^\circ$，$u_C$ 超前 $u_A$ $120^\circ$——称为正序对称组。

(2) 3，9，15 次等谐波：$u_A$、$u_B$、$u_C$ 同相，三相间无相位差——称为零序对称组。

(3) 5，11，17 次等谐波：$u_B$ 超前 $u_A$ $120^\circ$，$u_C$ 滞后 $u_A$ $120^\circ$——称为负序对称组。

这三组不同性质的谐波组，使三相电路各电流、电压间的关系变得复杂化。

### 6.3.2 不同性质的谐波对称组对星形连接电源的影响

观察图 6-12 星形连接的三相电路，进行分析。

(1) 含谐波的三相电源中，**正序和负序对称组(基波、5 次，7 次，11 次等)每次谐波的线电压有效值为同次谐波相电压有效值的$\sqrt{3}$倍**，即

$$U_{L(1)}=\sqrt{3}U_{P(1)},\quad U_{L(5)}=\sqrt{3}U_{P(5)},\quad U_{L(7)}=\sqrt{3}U_{P(7)},\quad U_{L(11)}=\sqrt{3}U_{P(11)}$$

(2) **零序对称组(3 次、9 次、15 次等)由于它们的大小相等且同相，使 $\dot{U}_{AB(3)}=\dot{U}_{A(3)}-\dot{U}_{B(3)}=0$，线电压中则不含这些谐波分量。**

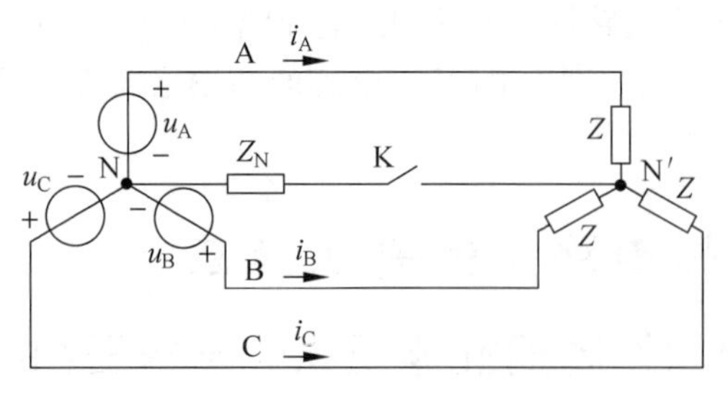


图 6-12 星形连接的三相电路

（3）综上所述，**星形电源的线电压有效值小于相电压有效值的$\sqrt{3}$倍**。

线电压中不包含零序对称组

$$U_L=\sqrt{U_{L(1)}^2+U_{L(5)}^2+U_{L(7)}^2+U_{L(11)}^2+\cdots}$$
$$=\sqrt{3}\sqrt{U_{P(1)}^2+U_{P(5)}^2+U_{P(7)}^2+U_{P(11)}^2+\cdots}$$

相电压中包含零序对称组

$$U_P=\sqrt{U_{P(1)}^2+U_{P(3)}^2+U_{P(5)}^2+U_{P(7)}^2+U_{P(9)}^2+\cdots}$$

因此

$$U_L<\sqrt{3}U_P \tag{6-10}$$

## 6.3.3 不同性质的谐波对称组对星形连接负载的影响

（1）三相三线制 Y-Y 连接方式中 N 与 N′之间没有中线，图 6-12 中开关 K 断开。

对基波、5 次谐波等正序组和负序组来说，仍可以用相量法按对称三相电路的一相计算电路来分别处理。这时电源中性点和负载中性点间的电压为零，负载的线电流中有基波、5 次等正序组和负序组谐波分量。

对于 3 次、9 次等零序对称组，因为没有回流的中线，负载线电流中将不包含 3 次、9 次等谐波分量，所以负载相电压中也不包含这些谐波分量。**Y-Y 连接的两个中性点之间的电压等于零序对称组的相电压，即**

$$U_{N'N}=\sqrt{U_{P(3)}^2+U_{P(9)}^2+U_{P(15)}^2+\cdots} \tag{6-11}$$

**Y-Y 星形连接负载端的线电压有效值仍是相电压的$\sqrt{3}$倍**。

（2）三相四线制 $Y_0$-$Y_0$ 连接中 N 与 N′之间有中线，图 6-12 中开关 K 闭合。

中线为 3 次、9 次等零序对称组谐波电流提供了流通路径，**负载线电流中将包含有这些谐波分量。并且 A、B、C 三相的 3 次、9 次等谐波电流相等**。

因为

$$\dot{I}_{A(3)}=\dot{I}_{B(3)}=\dot{I}_{C(3)},\quad \dot{U}_{AN'(3)}=\dot{U}_{BN'(3)}=\dot{U}_{CN'(3)}=Z_{(3)}\dot{I}_{A(3)}+Z_{N(3)}\times 3\dot{I}_{A(3)}$$

所以

$$\dot{I}_{A(3)}=\dot{I}_{B(3)}=\dot{I}_{C(3)}=\frac{\dot{U}_{AN'(3)}}{Z_{(3)}+3Z_{N(3)}} \tag{6-12}$$

中线上三次谐波电流是每相的 3 倍

$$\dot{I}_{N(3)} = 3\dot{I}_{A(3)} = 3\dot{I}_{B(3)} = 3\dot{I}_{C(3)} \tag{6-13}$$

两个中性点之间的 3 次、9 次谐波电压分别为

$$\dot{U}_{N'N(3)} = 3\dot{I}_{A(3)} Z_{N(3)}, \quad \dot{U}_{N'N(9)} = 3\dot{I}_{A(9)} Z_{N(9)} \tag{6-14}$$

这时负载端也出现了线电压有效值小于相电压有效值$\sqrt{3}$倍的现象。即

$$U_L < \sqrt{3} U_P$$

**由于零序对称组谐波分量的存在,以上 Y 形连接的两种情况都出现了中性点位移。**

### 6.3.4 不同性质的谐波对称组对三角形连接电源的影响

设电源未接负载(负载开路),非正弦对称三相电源首尾相连成三角形,环路中正序、负序对称组电压之和为零;**零序对称组谐波(三次、九次)电压沿环路互相加强,其和等于每相该谐波分量的 3 倍,环路中将产生这些谐波的环行电流**,如图 6-13 所示。

$$I_{(3)} = \frac{3U_{P(3)}}{3|Z_{(3)}|} = \frac{U_{P(3)}}{Z_{(3)}} \quad 及 \quad I_{(9)} = \frac{U_{P(9)}}{|Z_{(9)}|} \tag{6-15}$$

$Z_{(3)}$、$Z_{(9)}$分别为每相绕组对应三次、九次谐波的内阻抗。**这些环形电流将在绕组内阻抗上产生压降,并与零序对称组谐波电压自动互相抵消,结果使三角形对称电源相电压中只含正序、负序对称组谐波分量,而没有零序对称组谐波分量。接上负载后,负载中也不会存在零序对称组谐波**。自动避免了零序对称组谐波电压带来的麻烦,这是电源三角形连接的一大优点。**因此电力系统中有大容量换流设备运行的地方,或其他谐波分量比例较高的地方,需要遏制三次、九次等谐波电压,应将电源变压器绕组连接成三角形。**

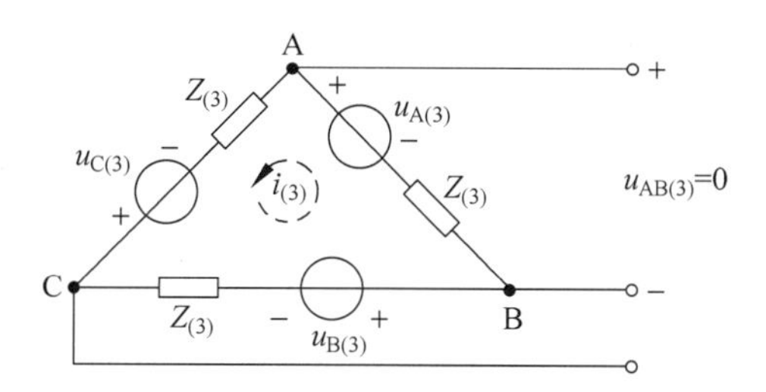


图 6-13 对称三角形电源线电压中无零序对称组谐波

电力电网中的高次谐波会给电力生产造成不良影响,如发生断路器及继电保护装置误动作;使中性线的电流值增大;缩短电容器的使用寿命;增加变压器和异步电动机的损耗;使电能表计量失准等。在后续专业课程中,将对这些影响作更详细的讨论。

**【例 6-4】** 如图 6-14 所示,在对称三相电路中,负载基波阻抗为 $Z_{(1)} = R + j\omega L = (6+j8)\Omega$,A 相电源电压为 $u_A = U_{m(1)}\sin\omega t + U_{m(3)}\sin 3\omega t = (100\sin\omega t + 40\sin 3\omega t)V$。求:

(1) K 闭合时负载相电压、线电压,负载相电流及中线电流的有效值。

(2) K 打开时负载相电压、线电压,负载相电流及两中性点间的电压有效值。

**解** $Z_{(1)} = R + j\omega L = (6+j8) = 10\angle 53.13°\Omega$

$Z_{(3)} = R + j3\omega L = (6+j24) = 24.7\angle 75.96°\Omega$

(1) 电源电压中含占基波振幅 40% 的较大三次谐波分量,属零序对称组。K 闭合时,3 次谐波电流经中线形成通路,则负载相电压

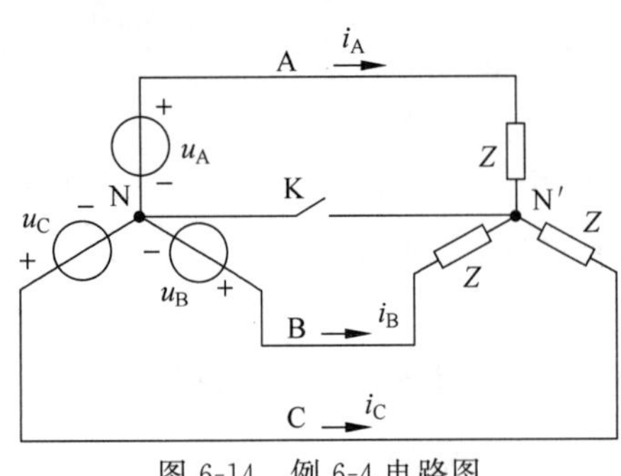

图 6-14　例 6-4 电路图

$$U_P=\sqrt{U_{P(1)}^2+U_{P(3)}^2}=\sqrt{\left(\frac{100}{\sqrt{2}}\right)^2+\left(\frac{40}{\sqrt{2}}\right)^2}$$
$$=76.2\text{V}$$

负载线电压

$$U_L=\sqrt{3}U_{P(1)}=\sqrt{3}\times\frac{100}{\sqrt{2}}=122.5\text{V}$$

两者比较

$$U_L=122.5\text{V}<\sqrt{3}U_P=\sqrt{3}\times 76.2=132\text{V}$$

负载相电流

$$I_P=\sqrt{\left(\frac{U_{P(1)}}{|Z_{(1)}|}\right)^2+\left(\frac{U_{P(3)}}{|Z_{(3)}|}\right)^2}=\sqrt{\left(\frac{100/\sqrt{2}}{10}\right)^2+\left(\frac{40/\sqrt{2}}{24.7}\right)^2}=7.16\text{A}$$

中线的三次谐波电流是每相的 3 倍

$$I_{N(3)}=3I_{P(3)}=3\times\frac{40/\sqrt{2}}{24.7}=3.44\text{A}$$

（2）K 打开时三次谐波电流为零，无流通路径。

$$U_{P(1)}=100/\sqrt{2}=70.7\text{V},\quad U_L=\sqrt{3}U_{P(1)}=122.5\text{V},\quad I_P=\frac{U_{P(1)}}{|Z_{(1)}|}=\frac{70.7}{10}=7.07\text{A}$$

电源中的三次谐波分量就是两中性点间的电压，即

$$U_{N'N}=U_{P(3)}=\frac{40}{\sqrt{2}}=28.3\text{V}$$

## 【课后练习】

**6.3.1**　如图 6-15 所示在对称三相电路中，已知 $u_A=(308\sin\omega t-100\sin3\omega t)\text{V}$，基波阻抗 $Z_{(1)}=R+\text{j}\omega L=10+\text{j}2\Omega$，$Z_{N(1)}=\text{j}1\Omega$ 试求线电流以及中线电流的有效值。

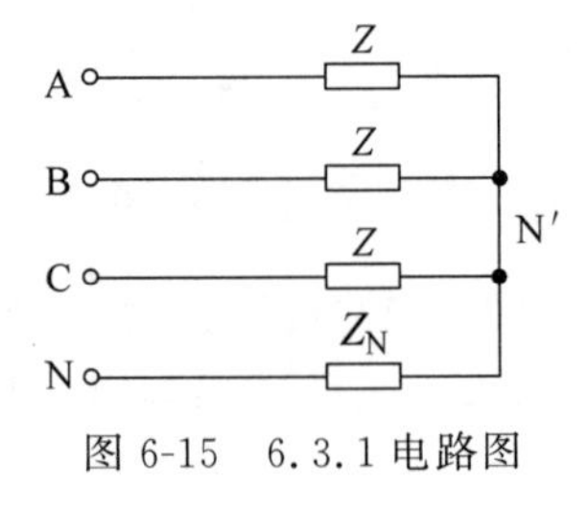

图 6-15　6.3.1 电路图

# 习题

**6-1-1**　一无源二端网络的端口电压、电流取关联参考方向，二者分别为

$$u=200+150\sqrt{2}\sin(\omega t+60°)+100\sqrt{2}\sin(2\omega t+40°)\text{V}$$
$$i=2\sqrt{2}\sin(\omega t+30°)+0.5\sqrt{2}\sin(3\omega t+40°)\text{A}$$

（1）计算电压的平均值。

（2）计算电流的有效值。

（3）计算该二端网络的有功功率。

**6-2-1**　如图 6-16 所示，$u=(10+4\sin 2\omega t)\text{V}, R=10\Omega, \omega L=5\Omega, \dfrac{1}{\omega C}=20\Omega$。求总电流 $i$ 和电容支路电流 $i_C$ 的表达式。

**6-2-2**　如图 6-17 所示，已知 $u=[8+7.2\sin(\omega t-23.1°)]\text{V}, R=4\Omega, \dfrac{1}{\omega C}=3\Omega$，求电流 $i$ 的瞬时值表达式。

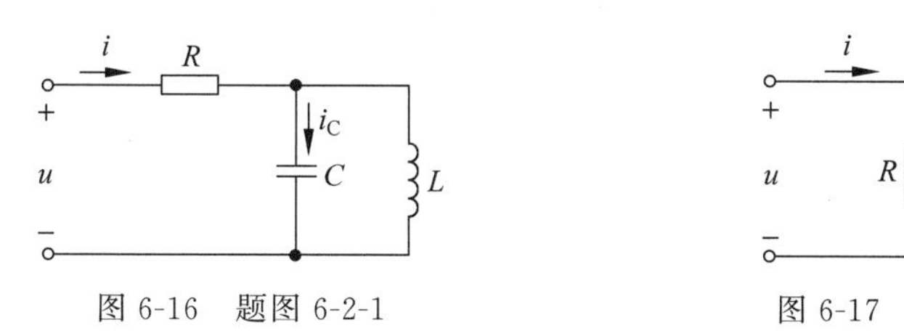


图 6-16　题图 6-2-1　　　图 6-17　题图 6-2-2

**6-2-3**　如图 6-18 所示，已知 RC 串联电路的电压 $u=[60+25\sin(3\omega t+30°)]\text{V}, R=4\Omega, \dfrac{1}{\omega C}=9\Omega$，求电路电流 $i$ 的瞬时值表达式。

**6-2-4**　如图 6-19 所示，已知 $u_R=(50+10\sqrt{2}\sin\omega t)\text{V}, R=100\Omega, L=2\text{mH}, C=40\mu\text{F}, f=800\text{Hz}$，求电流 $i$ 的瞬时表达式。

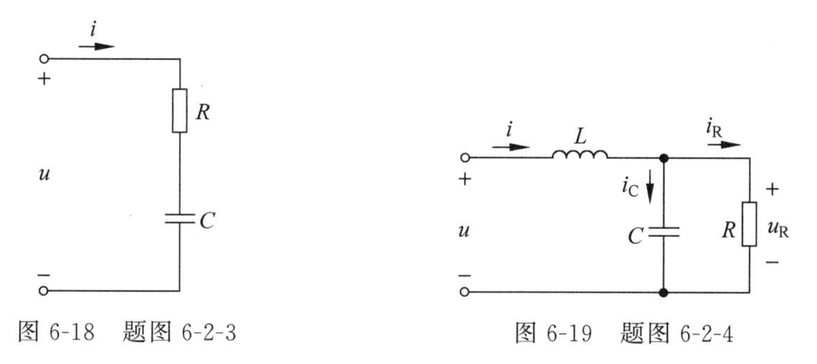


图 6-18　题图 6-2-3　　　图 6-19　题图 6-2-4

**6-3-1**　请回答如下问题：

（1）如果出现高次谐波，在对称三相电路中哪些谐波分量分别是正序对称组、零序对称组和负序对称组？

（2）如果出现高次谐波，三相三线制对称电路的线电流中能否含有三次谐波？三相四线制对称电路的线电流中能否含有三次谐波？

（3）对称三相电路中的各次电流谐波可以分为正序、负序、零序三种对称组，三者相量相加就是实际的对称三相电流相量吗？

**6-3-2**　对称三相电源的 A 相电压 $u_A=220\sqrt{2}\sin\omega t+50\sqrt{2}\sin(3\omega t+45°)+20\sqrt{2}\sin(5\omega t+60°)\text{V}$。

（1）写出 $u_B$、$u_C$ 的表达式。

（2）负载三相三线制星形连接时，负载侧的相电压有效值为多少？

（3）负载三相四线制星形连接时，负载侧的相电压有效值为多少？

（4）上述两种情况，负载侧的线电压中有无三次谐波？

**6-3-3** 对称三相电源三角形连接并考虑有电源内阻时，A 相的电动势

$$u_{A}=(220\sqrt{2}\sin\omega t+110\sqrt{2}\sin 3\omega t)\text{V}$$

则线电压的有效值为多少？线电压中是否包含三次谐波？

**6-3-4** 对称三相四线电路中电源和负载均为星形连接。已知负载的相电压

$$u_{A}=(100\sqrt{2}\sin\omega t+8\sqrt{2}\sin 3\omega t)\text{V}$$

基波每相阻抗 $Z=R+\text{j}\omega L=(8+\text{j}2)\Omega$，忽略中线阻抗则此时中线电流的有效值为多少？

**6-3-5** 如图 6-20 所示，在对称三相电路中，已知 $u_{A}=(220\sqrt{2}\sin\omega t+10\sqrt{2}\sin 3\omega t)\text{V}$，基波阻抗 $Z_{1}=R+\text{j}\omega L=(10+\text{j}2)\Omega$，$Z_{N1}=\text{j}1\Omega$。试求线电流以及中线电流的有效值。

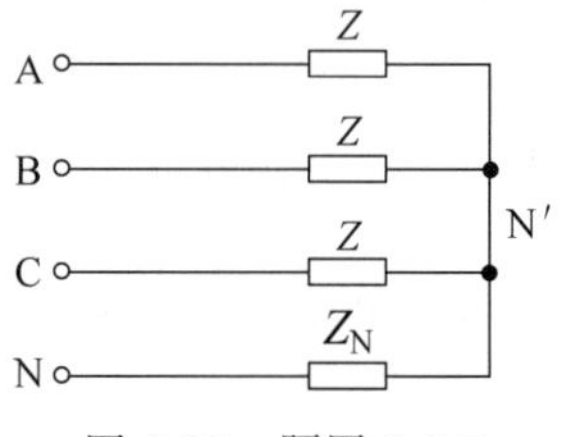


图 6-20 题图 6-3-5

习题答案

# 第7章 CHAPTER 7 一阶线性动态电路中的暂态响应

前面6章讨论的电路均为稳态电路,分析过程中电路结构没有发生变化,电流电压值是不变的直流或平稳按正弦规律变化的交流。本章所述电路,讨论过程中某开关可能由闭合转为断开,或由断开转为闭合,使支路发生改接,称为换路。换路前后电路的结构变了,电流电压要重新分配。由于电路中有电容、电感储能元件存在,电流电压的重新分配不能瞬间完成,从初始值变化到终值之间有过渡值存在,称为暂态。本章旨在分析仅含一个电感或一个电容的电路暂态的变化规律,暂态持续的时段称为过渡过程。

当有电压加在电容两极板之间时,两极板上充有等量异号的电荷 $q$,使正负极板间形成许多电场线,如图7-1(a)所示,其中储存着电场能量,其大小为 $W_C=\frac{1}{2}Cu^2$,与电压 $u$ 的二次方成正比。当有电流流过电感时,电感线圈所在空间分布着许多磁感线,形成磁通链 $\Psi$,如图7-1(b)所示,其中储存有磁场能量,其大小为 $W_L=\frac{1}{2}Li^2$,与电流 $i$ 的二次方成正比。**电容电压变化时电容所储存的电场能随之变化;电感电流变化时电感所储存的磁场能随之变化。**

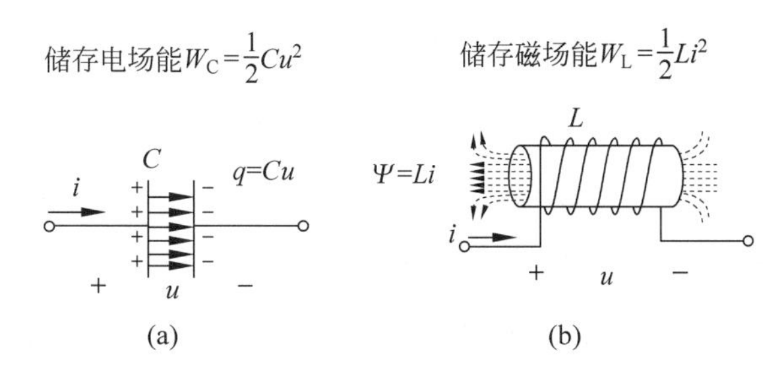


图7-1　电容元件储存电场能与电感元件储存磁场能

**自然界凡是与能量有关的物理量发生变化,都需要有一个过程来完成这种变化,因为能量不能突变。**如果能量突变,那么能量随时间变化的速率为无穷大,即功率 $p=\mathrm{d}W/\mathrm{d}t\to\infty$,就需要有一个无穷大的功率源来支持这种突变,而自然界没有无穷大的功率源。例如停在站台的火车,想要它高速行驶起来,要有牵引机带动它逐渐加速,即增加火车的动能需要有一个过程。同理,火车进站减速也需要一个过程使其动能逐渐耗散,即火车速度的改变需要一个渐变过程。再如炉火烧水,水温的改变需要一个渐变过程。联系到电路中,**电容电压的改变、电感电流的改变也需要一个渐变过程,是电路从一种稳态(旧的稳态)变化到另一种稳态(新的稳态)的中间过程,称为过渡过程,也称为暂态过程。**

## 7.1 产生暂态的条件及换路定律

并非所有电路换路都会产生暂态，仅由电阻和独立电源组成的电路其中没有储能元件，就不存在暂态，换路后电流电压会立即重新分配到位。**产生暂态的必要条件是含有电容或电感的电路发生了换路。**

如图 7-2(a)所示，开关 S 闭合已久，在 $t=0$ 瞬间断开实现换路，电容电压旧的稳态值为 6V，新的稳态值为 9V，过渡过程中电容电压由 6V 逐渐变为 9V。图 7-2(b)说明了电路由旧的稳态渐变为新稳态的时间进程，$t=0_-$ 是换路前一瞬间，即旧的稳态结束时刻。**$t=0$ 时发生换路，$t=0_+$ 是换路后一瞬间，是过渡过程的开始时刻。过渡过程中电流、电压将发生渐变，渐变持续到 $t'$ 时刻结束，此时电路进入新的稳态。**

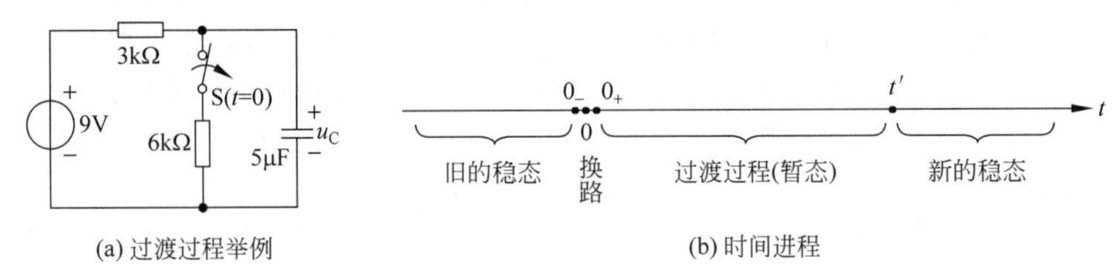


图 7-2　过渡过程中的时间进程

电容元件的伏安关系为

$$i_C = C\frac{du_C}{dt} \tag{7-1}$$

**电容电流与其电压对时间的导数成正比。**电容电压随时间变化，电容电流才不为零。

电感元件的伏安关系为

$$u_L = L\frac{di_L}{dt} \tag{7-2}$$

**电感电压与其电流对时间的导数成正比。**电感电流随时间变化，电感电压才不为零。所以电容、电感又称为动态元件，含有电容、电感的电路称为动态电路。

设动态电路 $t=0$ 时发生换路，换路时若电容电流不为无穷大，即 $i_C=C\frac{du_C}{dt}\neq\infty$，则电容电压对时间的导数$\frac{du_C}{dt}$也不为无穷大，即**电容电压不能突变，只能渐变，可理解为电容两极板上聚集的电荷数：$q=Cu_C$ 不能突变。**得到换路定律①：

$$u_C(0_+) = u_C(0_-) \tag{7-3}$$

换路时若电感电压不为无穷大，即 $u_L=L\frac{di_L}{dt}\neq\infty$，则电感电流对时间的导数$\frac{di_L}{dt}$也不为无穷大，即**电感电流不能突变，只能渐变，可理解为电感中包含的磁感线总数：$\Psi=Li_L$ 不能突变**，得到换路定律②：

$$i_L(0_+) = i_L(0_-) \tag{7-4}$$

式(7-3)、式(7-4)表明**换路后一瞬间的电感电流值、电容电压值仍为旧的稳态值，能够在换**

**路前后承上启下**。

而电路中的其他量，包括电阻上的电流电压、电感电压、电容电流 $i_R$、$u_R$、$u_L$、$i_C$，换路后都可以发生突变，立即改变为另一个值，因为它们的突变与电路储存的磁场能、电场能无关。

因此**电感电路的关键量是电感电流，电容电路的关键量是电容电压**。电感电流、电容电压称为电路的状态变量。

求动态电路的暂态响应，往往要知道电路过渡过程开始时刻的电路状态，即初始条件 $i_L(0_+)$、$u_C(0_+)$，它们就等于 $i_L(0_-)$、$u_C(0_-)$值，画出 $t=0_-$ 时刻的等效电路就可以求出。其他支路的电流电压换路后可能发生突变，这里不必计算。

**【例 7-1】** 如图 7-3(a)所示，在 $t<0$ 时已处于稳态，$t=0$ 时闭合开关 S，求 $i_L(0_+)$、$u_C(0_+)$。

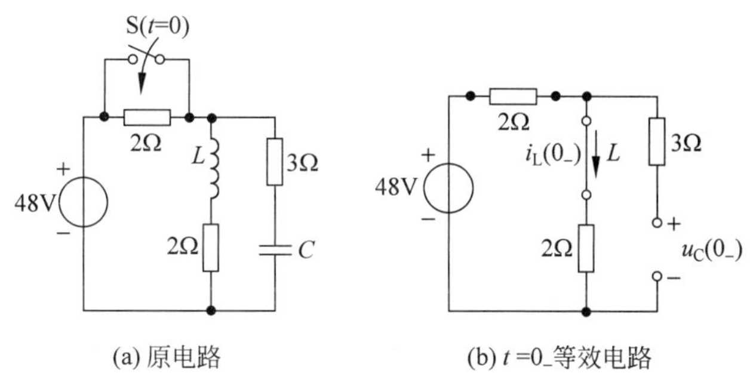


图 7-3　例 7-1 电路图

**解**　$t=0_-$ 时刻的等效电路如图 7-3(b)，**在 $t<0$ 时是直流稳态，电感相当于短路，电容相当于开路**，得

$$i_L(0_+)=i_L(0_-)=\frac{48}{4}=12\text{A}$$

$$u_C(0_+)=u_C(0_-)=\frac{48}{2+2}\times 2=24\text{V}$$

电容电压是其左侧 2Ω 电阻上分得的电压。

**【例 7-2】** 如图 7-4(a)所示，电路中的开关闭合已久，$t=0$ 时开关 S 断开，试求 $i_L(0_+)$、$u_C(0_+)$。

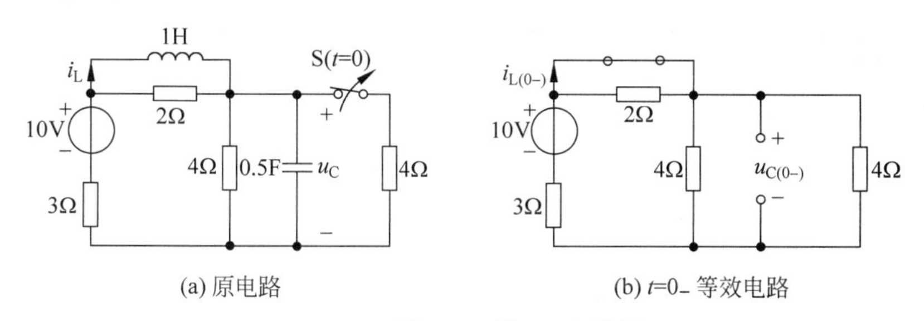


图 7-4　例 7-2 电路图

**解**　$t=0_-$ 时刻的等效电路如图 7-4(b)所示，得电感电流的初始值为

$$i_L(0_+)=i_L(0_-)=\frac{10}{3+\frac{4\times 4}{4+4}}=2\text{A}$$

电容电压的初始值为

$$u_C(0_+)=u_C(0_-)=\frac{4\times 4}{4+4}\times i_L(0_+)=4\text{V}$$

## 【课后练习】

**7.1.1** 问答题：(1)如图7-5所示电路开关S闭合已久，$t=0$时断开S，电容电压是否发生了突变？(2)$u_C(0_+)$为多少？

**7.1.2** 问答题：(1)如图7-6所示电路开关S闭合已久，$t=0$时断开S，电感电流是否发生了突变？(2)$i_L(0_+)$为多少？

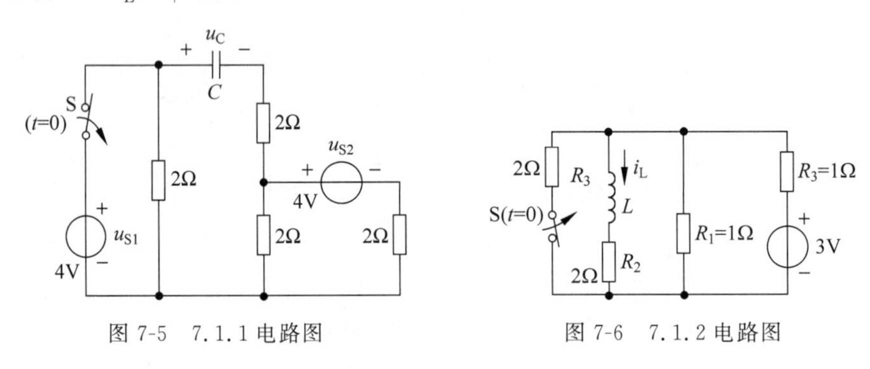


图7-5　7.1.1电路图　　　图7-6　7.1.2电路图

# 7.2　RC一阶电路的零输入响应与零状态响应

本节要分析一个电容在与电源断开时释放能量的过程，以及一个电容与直流电源接通后得到能量的过程。

动态电路中电容元件、电感元件的伏安关系式(7-1)、式(7-2)都是导数关系，那么对动态电路所列写的KCL、KVL方程都是微分方程，仅有一个动态元件(一个电感或一个电容)的电路方程只含一阶导数项，称为一阶电路。

## 7.2.1　电容电路的零输入响应——RC放电过程

在动态电路中，若$u_C\neq 0$，表明电容元件储存有电场能；若$i_L\neq 0$，表明电感元件储存有磁场能，那么动态电路即使没有电源，**仅由电容、电感元件的初始储能也能维持一段时间的电流、电压响应，称为"零输入响应"，即无外来输入时的响应**。这里把初始储能也看成电路的一种激励。这类似于火车关闭牵引机车后，靠已经具有的速度形成的动能也可向前滑行一段距离。

如图7-7(a)所示，当$t<0$时，开关S掷向A时间已久，电路已处于旧的稳态，电容已被充电，其电压$u_C(0_-)=U_0$。$t=0$时，**开关S掷向B，电源断开，RC电路中再无输入，换路后电容上极板储存的正电荷将通过电阻$R$流向下极板与负电荷中和而放电，放电电流流过电**

阻时将电容储存的能量变成热能耗散。随着放电的进行，电荷减少，电容电压逐渐下降，放电电流也逐渐减小，最后电路中的电压和电流均趋近于零，过渡过程结束，电路进入新的稳态。

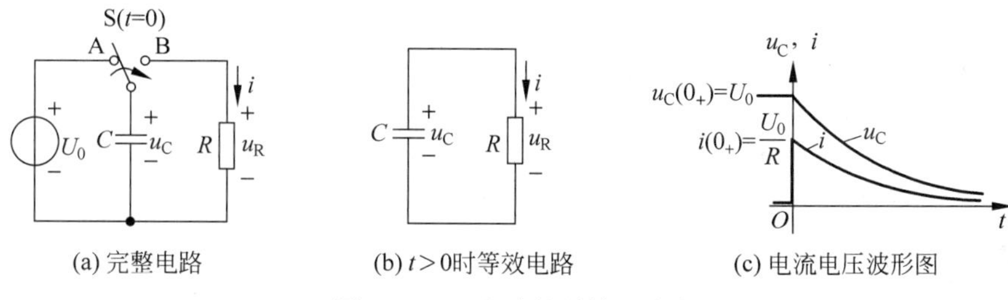


图 7-7　RC 电路的零输入响应

开关 S 掷向 B 换路后，$t>0$ 时，电路如图 7-7(b)所示，根据 KVL 可得

$$-u_R+u_C=0 \tag{7-5}$$

两个元件的伏安关系为

$$u_R=Ri,\quad i=-C\frac{du_C}{dt}$$

代入式(7-5)，得

$$-Ri+u_C=-R\left(-C\frac{du_C}{dt}\right)+u_C=0$$

即得到以 $u_C$ 为未知量的一阶常系数齐次微分方程

$$RC\frac{du_C}{dt}+u_C=0 \tag{7-6}$$

为解该微分方程，将上式分离变量

$$\frac{du_C}{dt}=-\frac{u_C}{RC}\qquad\Rightarrow\qquad\frac{du_C}{u_C}=-\frac{1}{RC}dt$$

上式两边同时取不定积分

$$\int\frac{du_C}{u_C}=-\frac{1}{RC}\int dt\qquad\Rightarrow\qquad \ln u_C=-\frac{1}{RC}t+A'$$

$A'$为不定积分的待定常数。上式两边同时取指数

$$e^{\ln u_C}=e^{-\frac{1}{RC}t+A'}\qquad\Rightarrow\qquad u_C=e^{A'}e^{-\frac{1}{RC}t}$$

即

$$u_C=Ae^{-\frac{1}{RC}t} \tag{7-7}$$

该式为式(7-6)齐次方程的通解，$A=e^{A'}$仍为待定常数，需依据初始条件来确定。当 $t=0$ 时，$u_C(0_+)=u_C(0_-)=U_0$，应该也满足式(7-7)，则有

$$u_C(0_+)=Ae^{-\frac{1}{RC}\times 0}=A=U_0$$

故 RC 放电过程零输入响应的确切解为

$$u_C=u_C(0_+)e^{-\frac{1}{RC}t}$$

令其中的 $RC=\tau$，定义为时间常数，得

$$u_C(t)=u_C(0_+)e^{-\frac{1}{\tau}t} \tag{7-8}$$

这是电容放电过程中 $u_C$ 的变化规律。放电电流 $i$ 与 $u_C$ 参考方向非关联，其变化规律为

$$i=-C\frac{du_C}{dt}=-C\times\frac{-u_C(0_+)}{RC}\times e^{-\frac{1}{RC}t}=\frac{u_C(0_+)}{R}e^{-\frac{1}{\tau}t}=i_C(0_+)e^{-\frac{1}{\tau}t} \tag{7-9}$$

$u_C$ 和 $i$ 按照相同的负指数规律逐渐衰减为零，其波形如图 7-7(c)所示。观察波形可见：$u_C$ 在 $t=0$ 处是连续的，$u_C(0_+)=u_C(0_-)$，没有发生突变；$i$ 在 $t=0$ 处不连续，$t=0_-$ 时 $i$ 等于零，$t=0_+$ 时 $i$ 突变为$\frac{u_C(0)}{R}$，过渡过程开始时，放电电流最大。

RC 零输入响应的波形全部都是衰减下降为零的。

观察式(7-8)可知，**$u_C$ 仅与两个要素有关，一个是初始值 $u_C(0_+)$，另一个是时间常数 $\tau$ 值，$\tau=RC$**。

### 7.2.2 时间常数的意义与计算

过渡过程中，$u_C$ 和 $i$ 衰减的快慢与式(7-8)、式(7-9)中 $\tau$ 的大小有关，$\tau$ 值仅取决于电路的结构和元件参数，反映了电路的固有特性。当 $R$ 的单位用欧姆，$C$ 的单位用法拉时，可推导 $\tau$ 的单位是时间的单位秒(s)，故称为时间常数。

**$\tau$ 值的大小表征了一阶电路过渡过程进展的快慢**。如图 7-8 所示是电容电压初始值相同而 $\tau$ 值不同的三条放电曲线，**$\tau$ 值越大，$u_C$ 和 $i$ 衰减越慢，过渡过程越长；反之，$\tau$ 值越小，$u_C$ 和 $i$ 衰减越快，过渡过程越短**。这是因为电容量 $C$ 越小，电容储存的初始能量越少，维持的时间就短；而 $R$ 越小，$p_R=u_C^2/R$ 越大，电阻耗能越快。适当地选择 $R$ 和 $C$，改变电路的时间常数，可控制放电时间。

如图 7-9 所示，**$\tau$ 值是零输入响应 $u_C$（或 $i$）下降为初始值的 36.8%时所需时间**。$t=\tau$ 时，过渡过程已完成 63.2%的进程，只剩下 36.8%的进程。并且零输入响应每经过一个 $\tau$ 值的时间后，都衰减为原有值的 36.8%，累计起来 $t=5\tau$ 时，$u_C=U_0e^{-5}=0.007U_0$，认为 $u_C$ 已基本衰减为零，过渡过程结束，电路进入新的稳态。从表 7-1 的数据可见 $u_C(t)$ 随时间衰减的规律。因此工程上**一般认为一阶动态电路暂态响应持续的时间为(3～5)$\tau$**。

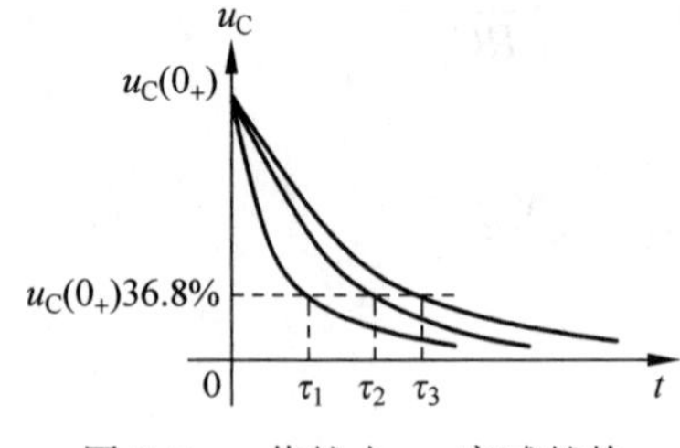

图 7-8　$\tau$ 值越小 $u_C$ 衰减越快

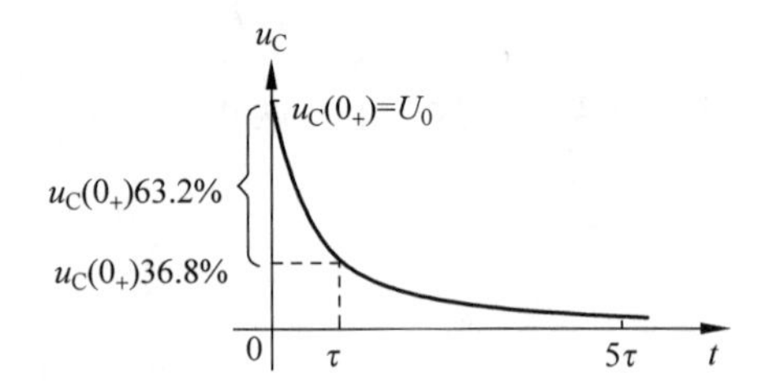

图 7-9　$\tau$ 值是 $u_C$ 下降为初始值的 36.8%所需时间

**表 7-1　电容电压 $u_C(t)$ 随时间衰减的规律**

| $t$ | 0 | $\tau$ | $2\tau$ | $3\tau$ | $5\tau$ |
|---|---|---|---|---|---|
| $u_C=U_0e^{-\frac{1}{\tau}t}$ | $U_0$ | $U_0e^{-1}$ | $U_0e^{-2}$ | $U_0e^{-3}$ | $U_0e^{-5}$ |
| | $U_0$ | $0.368U_0$ | $0.135U_0$ | $0.05U_0$ | $0.007U_0$ |

还应指出，同一电路中不同支路的电流、电压时间常数相等，即一个电路只有一个 $\tau$ 值。**与放电电容相连的电阻不止一个时，$\tau=RC$ 中的 $R$ 是换路后从电容两端来观察的等效电阻，其计算类似于戴维南等效电路中的等效电阻。**

**【例 7-3】** 如图 7-10(a)所示电路，开关 S 原来在位置 1 时间已久，$t=0$ 时 S 合向位置 2，求 $t>0$ 时的 $u_C(t)$、$i_C(t)$ 和 $i(t)$。

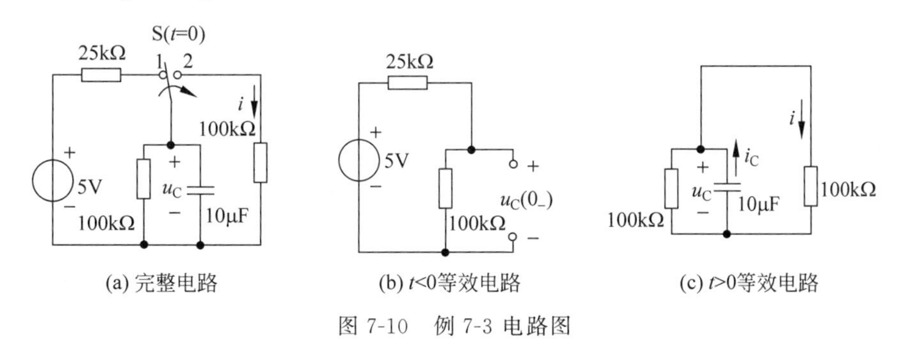

(a) 完整电路　(b) $t<0$等效电路　(c) $t>0$等效电路

图 7-10　例 7-3 电路图

**解**　$t<0$ 时的电路如图 7-10(b)所示，利用分压公式可知

$$u_C(0_-)=\frac{5}{100+25}\times 100=4\text{V}$$

根据换路定律得电容电压的初始值

$$u_C(0_+)=u_C(0_-)=4\text{V}$$

$t>0$ 后的电路如图 7-10(c)所示，25kΩ 电阻与电容之间切断了联系，从电容两端来观察，两个 100kΩ 电阻是并联关系，其等效电阻 $R$ 为

$$R=\frac{100\times 100}{100+100}=50\text{k}\Omega$$

计算时间常数时

$$\tau=RC=50\times 10^3\times 10\times 10^{-6}=0.5\text{s}$$

将两个要素 $u_C(0_+)$、$\tau$ 代入式(7-8)，得电容电压

$$u_C(t)=u_C(0_+)\text{e}^{-\frac{1}{\tau}t}=4\text{e}^{-2t}\text{V}$$

**RC 电路电容电压为关键量，先求出电容电压后，可直接推导出其他量。**

$$i_C(t)=-C\frac{\text{d}u_C(t)}{\text{d}t}=-10\times 10^{-6}\times 4\times(-2)\text{e}^{-2t}=0.08\text{e}^{-2t}\text{mA}$$

$$i(t)=\frac{u_C(t)}{100}=0.04\text{e}^{-2t}\text{mA}$$

或由分流公式得

$$i(t)=i_C(t)\frac{100}{100+100}=0.04\text{e}^{-2t}\text{mA}$$

**【例 7-4】** 一组需检修的 40μF 电力电容器从 10kV 高压三相电路上断开，电容器星形连接如图 7-11 所示，电容器断开后经它两极间本身的泄漏电阻（仅画出三相中的一相）放电，如泄漏电阻 $R=100\text{M}\Omega$，求断开后经过多长时间，电容器的电压才能衰减为 36V 的安全电压？

**解**　10kV 是高压三相电路线电压有效值，星形连接时电容器两端电压为相电压，考虑

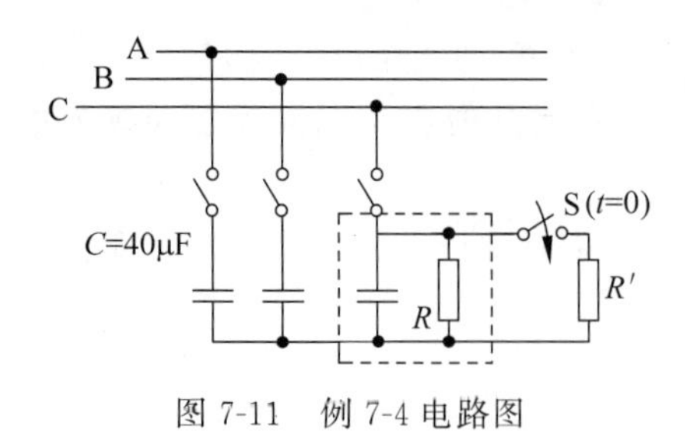

图 7-11 例 7-4 电路图

最危险的情况，应假设断开瞬间电容电压刚好为最大值，则

$$u_C(0_+)=u_C(0_-)=\frac{10\,000}{\sqrt{3}}\times\sqrt{2}=8160\text{V}$$

从高压线路上断开后的电容器会经两极间的泄漏电阻缓慢放电，放电时间常数会很大，为

$$\tau=RC=100\times10^6\times40\times10^{-6}=4000\text{s}$$

放电过程中电容电压的变化规律为

$$u_C(t)=u_C(0_+)\text{e}^{-\frac{1}{\tau}t}=8160\text{e}^{-\frac{1}{4000}t}\text{V}$$

求电压衰减为 36V 需要的时间

$$36\text{V}=8160\text{e}^{-\frac{1}{4000}t}\text{V},\quad \frac{36}{8160}=\text{e}^{-\frac{1}{4000}t}$$

上式两边取自然对数

$$\ln\frac{36}{8160}=\ln\text{e}^{-\frac{1}{4000}t}$$

$$-5.42=-\frac{1}{4000}t,\quad t=5.42\times4000=21\,680\text{s}=6\text{ 小时 }1\text{ 分 }20\text{ 秒}$$

由于 $C$ 与 $R$ 都较大，故时间常数 $\tau$ 很大，过渡过程很长。该高压电容器靠泄漏电阻自然放电，6 小时后才衰减为安全电压，此后才能展开检修。为节省时间，实际操作中可在每相电容器两端并联一个适当大小的电阻 $R'$ 协助放电，如 $R'=100\,000\Omega$，由于 $R'$ 比泄漏电阻小得多，则等效电阻为 $R//R'\approx R'$。

此时时间常数 $\tau'$ 为

$$\tau'=100\,000\times40\times10^{-6}=4\text{s}$$

电压衰减为 36V 所需的时间减少为

$$-5.42=-\frac{1}{4}t,\quad t=5.42\times4=22\text{s}$$

在检修具有大电容高电压的电力设备时，断电后均需并联一个适当大小的电阻，经放电后才能接触电容器极板或接线柱，否则未经放电就接触电容器极板会引起触电事故。

### 7.2.3 电容电路的零状态响应——RC 充电过程

本节分析电容元件与直流电源接通后的暂态响应。**“零状态”指“零初始状态”，$t<0$ 时，电容电压为零，$u_C(0_+)=u_C(0_-)=0$，电容极板上无电荷，没有初始储能。**换路后电路中的电流、电压完全由外加激励电源引起，电容被充电，电压逐渐升高。这类似于火车从静止开始由牵引机车带动逐渐加速的过程。

如图 7-12(a)所示 RC 充电电路，在开关 S 闭合前 $u_C(0_-)=0$，电容电压处于零初始状态，$t=0$ 时开关 S 闭合换路，电容从无电荷开始充电。

**$t=0_+$ 时由于电容电压不变，电源电压 $U_S$ 全部加在电阻上，使 $i$ 由零突变为最大值 $U_S/R$，随着充电的进行，$u_C\nearrow$，$u_R\searrow$，$i$ 也逐渐衰减为零，经过 $5\tau$ 的时间过渡过程结束。**电路进入新的稳态时，$u_C$ 稳定到 $U_S$ 这个终值，这时 $u_R=0$，$i=0$。

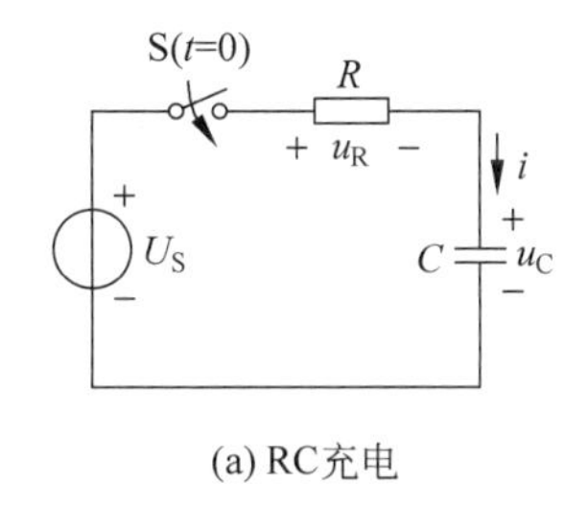

(a) RC充电

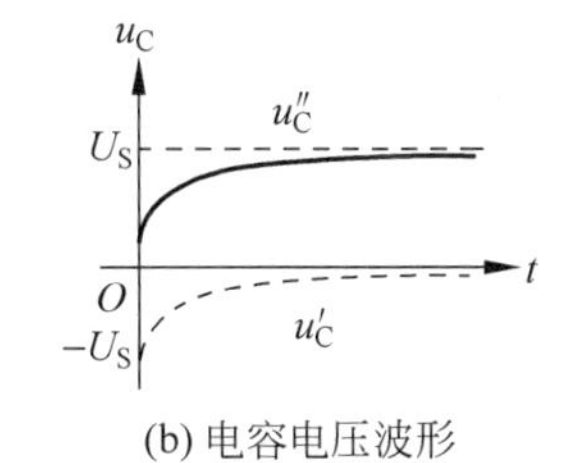

(b) 电容电压波形

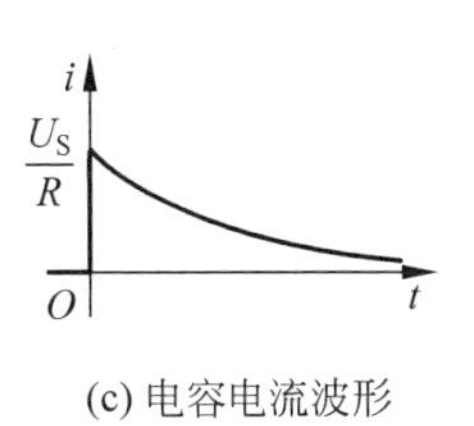

(c) 电容电流波形

图 7-12 RC 电路的零状态响应

$t>0$ 后的 KVL 方程为

$$u_R + u_C = U_S \tag{7-10}$$

两元件的伏安关系式为

$$U_R = Ri, \quad i = C\frac{du_C}{dt}$$

该伏安关系式代入式(7-10),得到以 $u_C$ 为未知量的微分方程

$$RC\frac{du_C}{dt} + u_C = U_S \tag{7-11}$$

式(7-11)与式(7-6)的区别仅在于这里是非齐次微分方程,因为电路有直流激励源存在。其解答除了对应的齐次微分方程的通解 $u'_C = Ae^{-\frac{1}{RC}t}$ 以外,还要加上一项特解。选择 $t=5\tau$ 过渡过程结束时,电容电压新的稳态值 $u_C(\infty)$ 为特解:

$$u''_C = u_C(\infty) = U_S$$

**其中符号"∞"的意义是:在数学理论上电容电压新的稳态值要在 $t\to\infty$ 时刻才能达到,而实际中认为 $t=5\tau$ 就进入新的稳态。**

因此式(7-11)的解答形式为

$$u_C(t) = 特解 + 通解 = u''_C + u'_C = u_C(\infty) + Ae^{-\frac{1}{RC}t}$$

式中,$A$ 为待定常数。代入 $t=0$ 时的初始条件,可确定 $A$,则

$$u_C(0_+) = u_C(0_-) = 0 = u_C(\infty) + Ae^{-\frac{1}{RC}\times 0}$$

得待定常数

$$A = -u_C(\infty) = -U_S$$

故 RC 充电过程零状态响应的确切解为

$$u_C = u''_C + u'_C = \underset{(稳态分量)}{U_S} - \underset{(暂态分量)}{U_S e^{-\frac{1}{RC}t}} \tag{7-12}$$

或写成

$$u_C(t) = u_C(\infty) - u_C(\infty)e^{-\frac{1}{RC}t} = u_C(\infty)\left(1 - e^{-\frac{1}{\tau}t}\right) \tag{7-13}$$

**"稳态分量"指过渡过程结束后,$u_C$ 就稳定到这个分量值上;"暂态分量"是指在过渡过程中暂时存在的分量,随着时间的延续,该分量衰减为零。**

$u_C$ 的零状态响应波形是逐渐上升趋于稳定的负指数曲线,其渐近线为 $u_C(\infty)$,如图 7-12(b)所示,图中 $u''_C$、$u'_C$ 的波形用虚线画出,$u_C$ 可由 $u''_C$、$u'_C$ 的波形按时刻逐点叠加得到。

**$u_C$ 的解答仅与两个要素有关，一个是 $u_C(\infty)$；另一个是时间常数 $\tau=RC$。** $\tau$ 值是电容电压上升到新的稳态值的 63.2% 所需的时间，剩下进程 36.8%。**$\tau$ 值越小，过渡过程越短，$u_C$ 上升越快**，如图 7-13 所示。

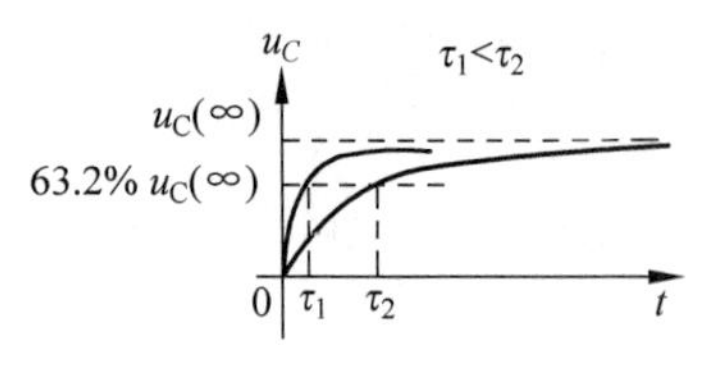


图 7-13　$\tau$ 值越小过渡过程越短

进一步可推导得充电电流

$$i=C\frac{\mathrm{d}u_C}{\mathrm{d}t}=-C\times U_S\times\frac{-1}{RC}\mathrm{e}^{-\frac{1}{RC}t}$$

$$=\frac{U_S}{R}\mathrm{e}^{-\frac{1}{\tau}t} \tag{7-14}$$

充电电流的波形如图 7-12(c)所示，也是衰减的负指数曲线，$t=0$ 时电容电流发生了突变，$t=0_-$ 时 $i$ 等于零，$t=0_+$ 时 $i$ 突变为 $i(0_+)=U_S/R$。充电过程中，电源提供的能量一部分消耗在电阻上，另一部分转换成电场能量储存在电容中。

$RC$ 零状态响应的波形，$u_C$ 是上升至稳态的，$i_C$ 是衰减下降为零的。

**【例 7-5】** 如图 7-14(a)所示，开关 S 在位置 1 时间已久，$t=0$ 时 S 合向位置 2，求 $t>0$ 时的 $u_C(t)$、$i_C(t)$ 和 $i(t)$。

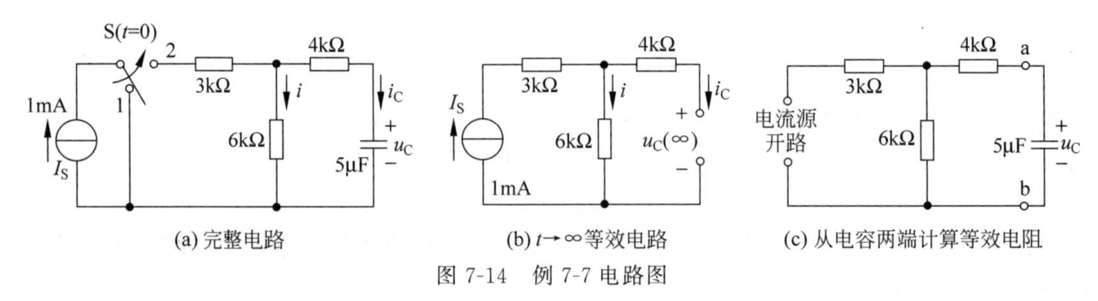


图 7-14　例 7-7 电路图

**解**　电容所在支路 $t<0$ 时与电源脱离，属于零状态。**RC 电路电容电压为关键量，电容电压求出之后，可直接推导出其他量。**

画出 $t\to\infty$ 时的等效电路图 7-14(b)，直流稳态下电容相当于开路，电容电压新的稳态值为 6kΩ 电阻上的电压。

$$u_C(\infty)=1\times10^{-3}\times6\times10^3=6\mathrm{V}$$

时间常数 $\tau=RC$ 中的 $R$ 是换路后从电容 a、b 两端观察的等效电阻，应按图 7-14(c)来计算。其中电流源不作用，代以开路，使 3kΩ 的电阻悬空与时间常数无关，等效电阻为

$$R=(6+4)\times10^3\Omega$$

$$\tau=RC=(6+4)\times10^3\times5\times10^{-6}=0.05\mathrm{s}$$

将 $u_C(\infty)$ 及 $\tau$ 值代入式(7-13)得电容电压

$$u_C(t)=u_C(\infty)\left(1-\mathrm{e}^{-\frac{1}{RC}t}\right)=6\left(1-\mathrm{e}^{-\frac{1}{0.05}t}\right)=6\left(1-\mathrm{e}^{-20t}\right)\mathrm{V}$$

推导出电容电流

$$i_C(t)=C\frac{\mathrm{d}u_C}{\mathrm{d}t}=-5\times10^{-6}\times6\times(-20)\mathrm{e}^{-20t}=0.6\mathrm{e}^{-20t}\,\mathrm{mA}$$

根据 KCL 得

$$i(t)=I_S-i_C(t)=1-0.6\mathrm{e}^{-20t}\,\mathrm{mA}$$

## 7.2.4　RC 充放电应用于闪光灯电路

**1. 单次闪光的闪光灯**

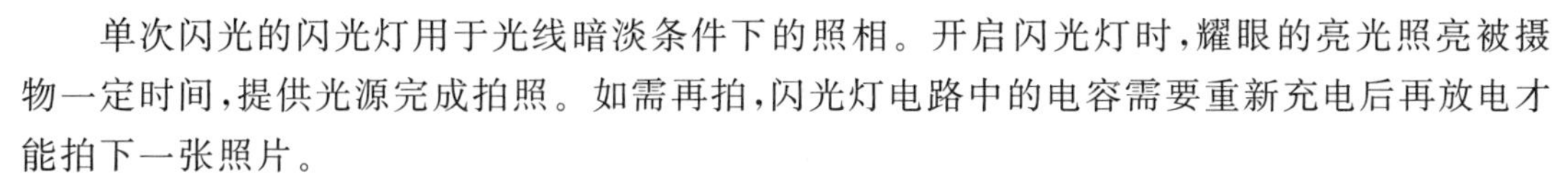

单次闪光的闪光灯用于光线暗淡条件下的照相。开启闪光灯时，耀眼的亮光照亮被摄物一定时间，提供光源完成拍照。如需再拍，闪光灯电路中的电容需要重新充电后再放电才能拍下一张照片。

这种闪光灯电路如图 7-15 所示，开关 S 打向位置 1 时电容通过 $R_1$ 逐渐充电到 $U_S$ 约 300V 的直流高压值，为下次闪光拍照做准备，这时电路是零状态响应。照相机快门按下时，同时控制开关 S 打向位置 2，电容通过灯泡电阻 $R_2$ 放电，$R_2$ 电阻值很低，因此通过灯泡的放电电流初始值很大，这时电路是零输入响应，其时间常数很小，放电瞬间结束，然后开关 S 回到位置 1 又开始充电。

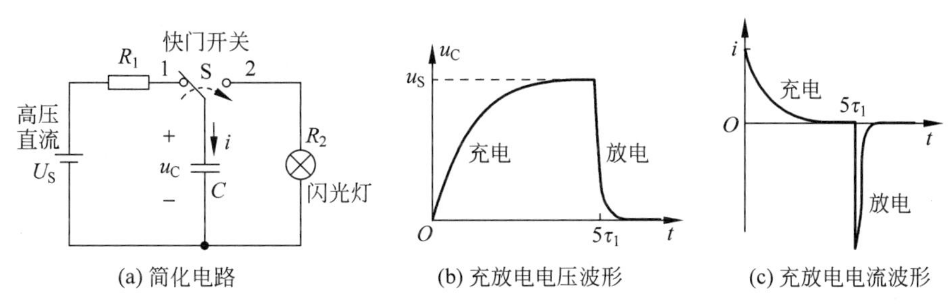


(a) 简化电路　　(b) 充放电电压波形　　(c) 充放电电流波形

图 7-15　闪光灯中 RC 充放电应用

**【例 7-6】** 一种照相机用闪光灯，其充电限流电阻 $R_1$ 为 5kΩ，电解电容为 200μF，充电直流电压源为 300V，灯泡冷态电阻为 12Ω。求：

(1) 充电时电容电压的变化规律。

(2) 放电电流的最大值，放电电流的变化规律。

(3) 闪光拍摄两张照片之间的最短时间。

(4) 定性画出电容的电流电压波形。

**解**　(1) 充电时电路是零状态响应，时间常数为

$$\tau_{充}=R_1C=5000\times200\times10^{-6}=1\text{s},\quad u_C(\infty)=300\text{V}$$

$$u_C(t)=u_C(\infty)(1-e^{-\frac{1}{R_1C}t})=300(1-e^{-t})\text{V}$$

(2) 放电之初电容电压初始值最大，为充电的终值 300V，加在 12Ω 灯泡电阻上，则有

$$i_{放}(0_+)=-\frac{300}{12}=-25\text{A}$$

放电时电路是零输入响应，灯泡冷态时间常数为

$$\tau_{放}=R_2C=12\times200\times10^{-6}=24\times10^{-2}\text{s}$$

则有

$$i_{放}(t)\approx-25e^{-4.17t}\text{A}$$

(3) 若忽略放电时间，拍摄两张照片之间的最短时间为充电过渡过程的全长，即 $5\tau_1$。

$$5\tau_1=5R_1C=5\text{s}$$

（4）电容充放电电流、电压波形如图 7-15(b)、(c)所示。

例 7-6 所述电路原理形成的短时大电流脉冲，还可应用于电动式点焊接装置和雷达发射管。

**2. 循环闪光的闪光灯**

循环闪光的闪光灯用于高层建筑飞机导航，危险地带警示标志等，电路如图 7-16(a)所示。图中氖光灯灯泡内部充有氖气，如果加在两电极间的电压低于启辉电压，氖气不会发生电离，电流不会通过氖气管；当加在两电极间的电压大于启辉电压，氖气发生电离，两极间击穿导电，此时电流流过氖气管并同时发出橙红色的辉光。若加给两电极的是直流电压，只有单电极发光；若加在两电极间的是交流电压，则双电极同时发光。

图 7-16(a)中的开关 S 第 1 次闭合时，电容器充电，其电压逐渐升高，氖光灯开始处于开路状态不发光，直到它两端的电压超过一个特定值，例如 70V 的电压，氖光灯亮起并导通，这时电容通过氖光灯放电。由于氖光灯导通电阻极小，电容电压迅速下降为零，氖光灯再次熄灭并开路，电容重新被充电。调整可变电阻 $R_2$，可以得到不同的闪光周期，整个电路处于反复灯点亮、电容放电、灯熄灭、电容充电的循环中。

**【例 7-7】** 图 7-16(a)中，假设 $R_1=1.5\text{M}\Omega$，$0<R_2<2.5\text{M}\Omega$。(1)计算充电时间常数的最小值和最大值。(2)假设 $R_2$ 调到最大，$t=0$ 时刻开关 S 关闭后，到氖光灯第一次发光需要多长时间？

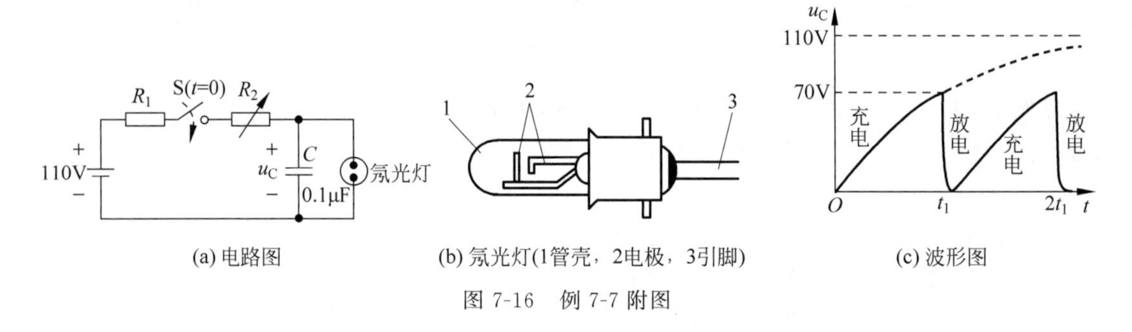


(a) 电路图　(b) 氖光灯(1管壳，2电极，3引脚)　(c) 波形图

图 7-16　例 7-7 附图

**解**　(1) $R_2=0$ 时，充电时间常数为

$$\tau=(R_1+R_2)C=(1.5+0)\times10^6\times0.1\times10^{-6}=0.15\text{s}$$

$R_2=2.5\text{M}\Omega$，充电时间常数为

$$\tau=(R_1+R_2)C=(1.5+2.5)\times10^6\times0.1\times10^{-6}=0.4\text{s}$$

(2) 假设电容器最初是不带电荷的，这时电路为零状态响应。

$$u_C(t)=u_C(\infty)\left[1-e^{-\frac{1}{(R_1+R_2)C}t}\right]=110(1-e^{-\frac{1}{0.4}t})\text{V}$$

设 $t_1$ 时刻电容电压充到 70V，氖光灯亮，那么

$$u_C(t_1)=u_C(\infty)(1-e^{-\frac{1}{\tau}t_1})=70\text{V}$$

上式中只有 $t_1$ 是未知量，整理上式得

$$\frac{u_C(t_1)}{u_C(\infty)}=1-e^{-\frac{1}{\tau}t_1}$$

进一步整理

$$e^{-\frac{1}{\tau}t_1}=1-\frac{u_C(t_1)}{u_C(\infty)}=\frac{u_C(\infty)-u_C(t_1)}{u_C(\infty)}$$

上式求倒数后，再两边同时求自然对数

$$\ln e^{\frac{1}{\tau}t_1}=\ln\frac{u_C(\infty)}{u_C(\infty)-u_C(t_1)}=\frac{t_1}{\tau}$$

得

$$t_1=\tau\ln\frac{u_C(\infty)}{u_C(\infty)-u_C(t_1)}\tag{7-15}$$

代入已知量

$$t_1=0.4\ln\frac{110}{110-70}=0.405\text{s}$$

若忽略放电时间，氖光灯点亮的时间是 0.405s。式(7-15)可以作为计算类似问题的公式使用。

如图 7-16(a)所示电路也称为延时电路，指开关 S 关闭后，要延迟 0.405s 氖光灯才被点亮。$R_2$ 选得更大，延时更多。

在电子技术中，像这样电容反复充放电形成随时间周期性变化波形的电路有许多，如方波、三角波、正弦波发生器、555 多谐振荡器、反馈式多谐振荡器等，分析的要点均是时间常数如何控制波形的进程。

## 【课后练习】

**7.2.1**　如图 7-17 所示电路中开关 S 闭合已久，在 $t=0$ 时将开关断开，试求：(1)电容电压初始值；(2)求时间常数；(3)电容电压和电容电流的零输入响应；(4)求电阻电压 $u_R(t)$。

**7.2.2**　如图 7-18 所示电路中，$U_S=100$V。试求开关 S 闭合后的 $u_C(t)$。

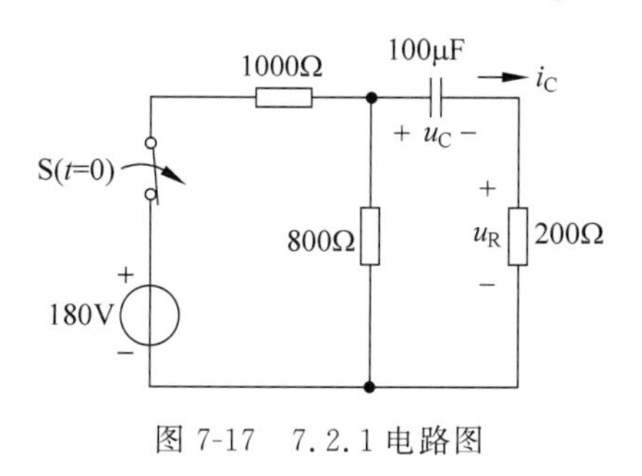


图 7-17　7.2.1 电路图

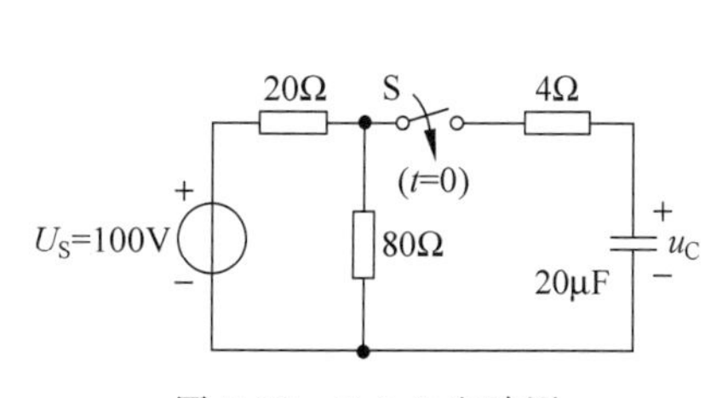


图 7-18　7.2.2 电路图

**7.2.3**　如图 7-19 所示 RC 电路用来控制一个警铃，当通过它的电流超过 120μA 时警铃响起。如果 $0\leqslant R\leqslant 36\text{k}\Omega$，求：

(1) $R=0$ 时，电路的时间常数 $\tau_1$ 为多少？警铃响起对应的电容电压为多少？电容电压新的稳态值 $u_C(\infty)$为多少？从开关闭合到警铃响起需要的时间 $t_1$ 为多少？

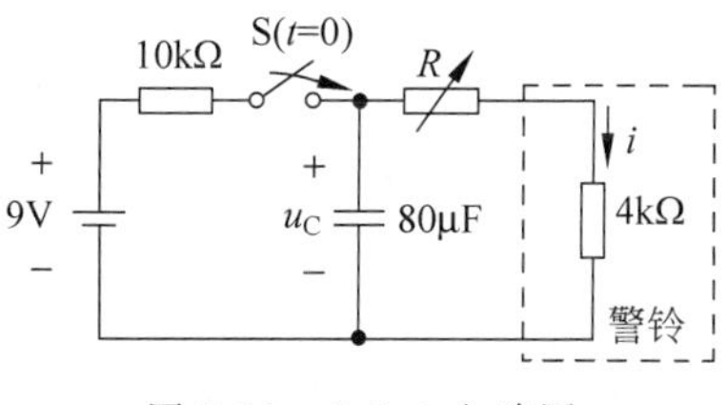


图 7-19　7.2.3 电路图

（2）$R=36\text{k}\Omega$ 时，电路的时间常数 $\tau_2$ 为多少？警铃响起对应的电容电压为多少？电容电压新的稳态值 $u_C(\infty)$ 为多少？从开关闭合到警铃响起需要的时间 $t_2$ 为多少？

（3）可变电阻器控制警铃响起的时间延迟范围为多少？画出两种情况的波形图。

## 7.3 RL 一阶电路的零输入响应与零状态响应

工业生产和电子线路中，要用到大量电动机、变压器、电抗器、高频扼流圈、电磁继电器、电磁铁等含有电感的电路，这些电感可能工作在不停地接通电源与断开电源过程中，当电感线圈电流变化时，其电压会影响附近相关电路，电路设计中要将这些影响置于安全、可控范围内。

### 7.3.1 RL 电路的零输入响应——电感续流过程

如图 7-20(a)所示，当 $t<0$ 时，开关 S 闭合已久，电路已达旧的稳定状态，电感中的电流为 $i_L(0_-)=I_0=U_0/R_0$。当 $t=0$ 时，开关动作使 S 断开，电源被切除 RL 电路再无输入，换路后电路简化成如图 7-20(b)所示的 RL 串联电路。**由于电感电流不能突变，电感电流将经电阻 $R$ 形成的通路继续流通（简称为续流），电阻将电感储存的能量变成热能耗散；随着时间的延续，电感储能下降，电感电流随之下降，电阻两端的电压也逐渐减小，最后电路中的电压和电流均趋近于零，过渡过程结束，电路进入新的稳态。**

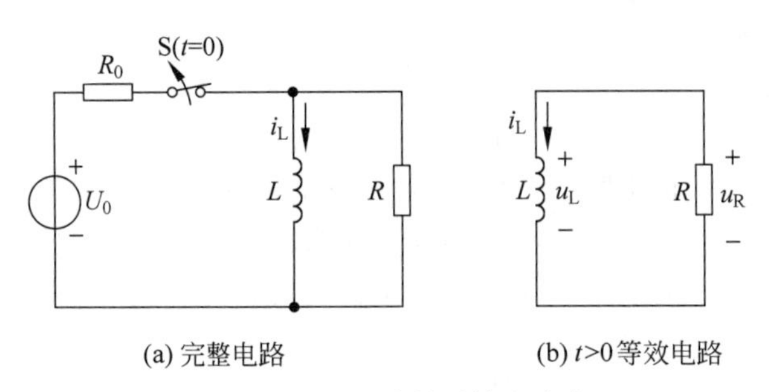


(a) 完整电路　　(b) $t>0$ 等效电路

图 7-20　RL 电路的零输入响应

开关 S 断开后，当 $t>0$ 时，电路如图 7-20(b)所示，根据 KVL 可得

$$u_L-u_R=0 \tag{7-16}$$

两元件的伏安关系式为

$$u_R=-Ri_L,\quad u_L=L\frac{\mathrm{d}i_L}{\mathrm{d}t}$$

将该伏安关系式代入式(7-16)，得齐次微分方程

$$L\frac{\mathrm{d}i_L}{\mathrm{d}t}+Ri_L=0 \tag{7-17}$$

为解该微分方程，将上式分离变量

$$\frac{\mathrm{d}i_L}{\mathrm{d}t}=-\frac{R}{L}i_L \qquad \Rightarrow \qquad \frac{\mathrm{d}i_L}{i_L}=-\frac{1}{L/R}\mathrm{d}t$$

上式两边同时取不定积分

$$\int\frac{\mathrm{d}i_L}{i_L}=-\int\frac{1}{L/R}\mathrm{d}t \qquad \Rightarrow \qquad \ln i_L=-\frac{t}{L/R}+A'$$

$A'$为不定积分的待定常数。上式两边同时取指数

$$\mathrm{e}^{\ln i_{\mathrm{L}}}=\mathrm{e}^{-\frac{t}{L/R}+A'} \quad \Rightarrow \quad i_{\mathrm{L}}=\mathrm{e}^{A'}\mathrm{e}^{-\frac{1}{L/R}t}$$

即

$$i_{\mathrm{L}}=A\mathrm{e}^{-\frac{1}{L/R}t} \tag{7-18}$$

式(7-18)为式(7-17)的通解，$A=\mathrm{e}^{A'}$仍然为待定常数，需依据初始条件来确定。$t=0$时，$i_{\mathrm{L}}(0_+)=i_{\mathrm{L}}(0_-)=I_0$，应该也满足式(7-18)，则有

$$i_{\mathrm{L}}(0_+)=i_{\mathrm{L}}(0_-)=I_0=A\mathrm{e}^{-\frac{1}{L/R}\times 0}=A$$

故 RL 续流过程的零输入响应确切解为

$$i_{\mathrm{L}}(t)=i_{\mathrm{L}}(0_+)\mathrm{e}^{-\frac{1}{L/R}t}=i_{\mathrm{L}}(0_+)\mathrm{e}^{-\frac{1}{\tau}t} \tag{7-19}$$

其中，$L/R=\tau$，定义为时间常数，单位也为秒(s)，其意义及计算方法与 $RC$ 电路一致。

式(7-19)是电感断开电源后续流过程中 $i_{\mathrm{L}}$ 的变化规律，电感电压 $u_{\mathrm{L}}$ 与 $i_{\mathrm{L}}$ 参考方向关联，其变化规律为

$$u_{\mathrm{L}}=u_{\mathrm{R}}=L\frac{\mathrm{d}i_{\mathrm{L}}}{\mathrm{d}t}=-L\times\frac{i_{\mathrm{L}}(0_+)}{L/R}\mathrm{e}^{-\frac{1}{L/R}t}=-I_0R\mathrm{e}^{-\frac{1}{L/R}t} \tag{7-20}$$

$i_{\mathrm{L}}$ 和 $u_{\mathrm{L}}$ 按照相同的负指数规律逐渐衰减为零，其波形如图 7-21 所示。观察波形可见：$i_{\mathrm{L}}$ 在 $t=0$ 处是连续的，$i_{\mathrm{L}}(0_+)=i_{\mathrm{L}}(0_-)=I_0$，没有发生突变；$u_{\mathrm{L}}$ 在 $t=0$ 处不连续，$t=0_-$ 时 $u_{\mathrm{L}}$ 等于零，$t=0_+$ 时 $u_{\mathrm{L}}$ 突变为$-i_{\mathrm{L}}(0_+)R$。

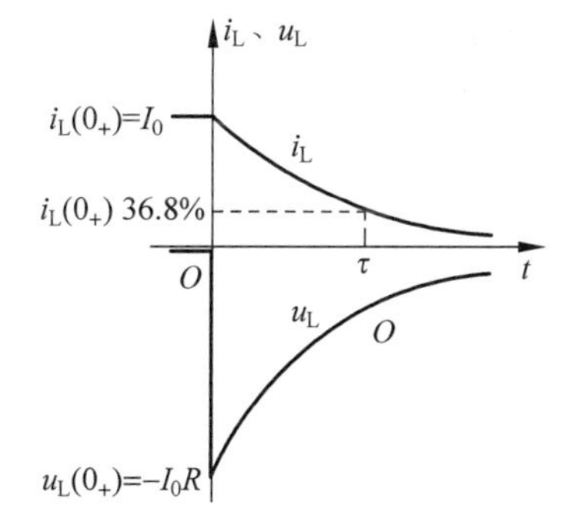


图 7-21　$i_{\mathrm{L}}$ 和 $u_{\mathrm{L}}$ 的零输入响应波形

观察式(7-19)可知，$i_{\mathrm{L}}$ 分别仅与两个要素有关，一个是初始值 $i_{\mathrm{L}}(0_+)$，另一个是时间常数 $\tau$ 值，$\tau=L/R$。

**时间常数 $\tau$ 值是 $i_{\mathrm{L}}$ 下降为初始值的 36.8%所需时间**。$t=5\tau$ 时，认为已基本衰减为零，过渡过程结束，电路进入新的稳态。$\tau$ 值越小，**$i_{\mathrm{L}}$ 衰减越快，过渡过程越短**。这是因为 $L$ 越小，电感储存的初始能量越少，维持的时间就短；而 $R$ 越大，$p_{\mathrm{R}}=i_{\mathrm{L}}^2R$ 越大，电阻耗能越快，所以 RL 电路的时间常数与 $R$ 成反比。与电感元件相连的电阻不止一个时，$\tau=L/R$ 中的 $R$ 是换路后从电感两端来观察的等效电阻，一般可由串并联公式计算得到。

**【例 7-8】** 如图 7-22(a)所示，$t=0$ 时开关 S 由 1 合向 2，换路前电路已处于稳态，试求换路后 $t>0$ 时的 $i_{\mathrm{L}}$、$u_{\mathrm{L}}$ 和 $i$。

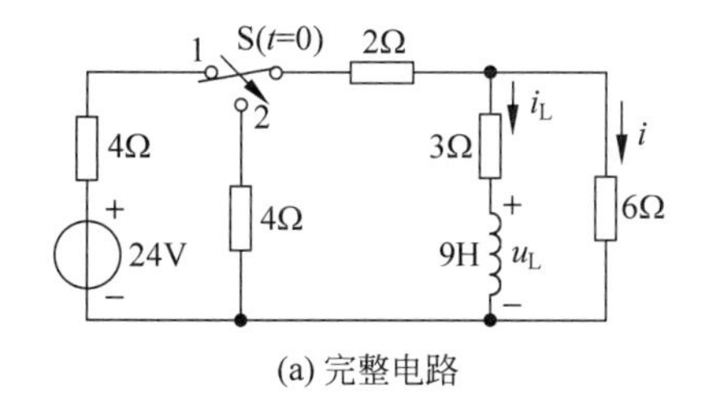


(a) 完整电路

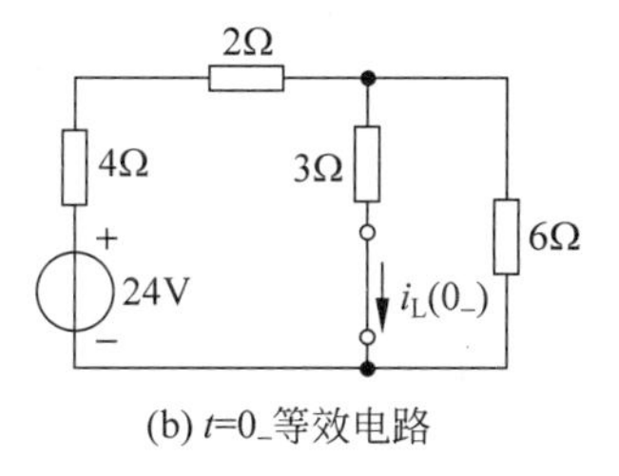


(b) $t=0_-$等效电路

(c) $t>0$等效电路

图 7-22　例 7-8 电路图

**解**：根据 $t=0_-$ 等效电路如图 7-22(b)所示，计算电感电流初始值。

$$i_L(0_+)=i_L(0_-)=\frac{24}{2+4+\frac{3\times 6}{3+6}}\times\frac{6}{3+6}=2\text{A}$$

根据换路后的图 7-22(c)计算时间常数，从电感两端来观察，两个 6Ω 电阻并联后与 3Ω 串联，得

$$\tau=\frac{L}{R}=\frac{9}{3+3}=1.5\text{s}$$

将 $i_L(0_+)$ 与 $\tau$ 代入式(7-19)，得

$$i_L=i_L(0_+)e^{-\frac{1}{\tau}t}=2e^{-0.67t}\text{A}$$

**RL 电路电感电流为关键量，电感电流求出之后，可直接推导出其他量。**

$$u_L=L\frac{di_L}{dt}=9\frac{d}{dt}(2e^{-0.67t})=-18\times 0.67e^{-0.67t}=-12e^{-0.67t}\text{V}$$

$$i=\frac{3i_L(t)+u_L(t)}{6}=\frac{3\times 2e^{-0.67t}-12e^{-0.67t}}{6}=-e^{-0.67t}\text{A}$$

**【例 7-9】** 如图 7-23 所示为汽轮发电机的励磁电路，励磁电路的作用是使转子建立起固定磁极的磁场。励磁绕组的电阻 $R=1.4\Omega$，电感 $L=8.4\text{H}$，直流供电电压 $U=350\text{V}$。断开开关 $S_1$ 时，为了便于励磁绕组安全灭磁（使磁性消散），降低励磁绕组的瞬间高压，连锁机构同时闭合开关 $S_2$，使 $R_m=5.6\Omega$ 的灭磁电阻与励磁绕组自动并联。求换路瞬间励磁绕组两端的电压以及电压下降至初始值的 1.8%所需时间。

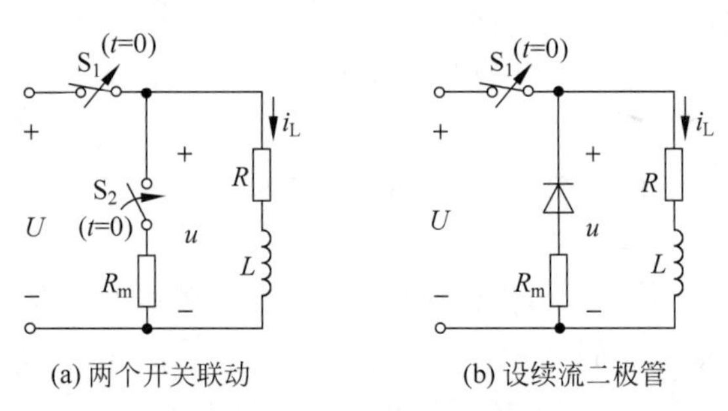


图 7-23 例 7-9 电路图

**解** $S_1$ 断开后，闭合的 $S_2$ 为励磁绕组构成续流通路。时间常数为

$$\tau=\frac{L}{R+R_m}=\frac{8.4}{1.4+5.6}=1.2\text{s}$$

换路时电感电流的初始值

$$i_L(0_+)=i_L(0_-)=\frac{350}{1.4}=250\text{A}$$

电感电流的变化规律为

$$i_L=i_L(0_+)e^{-\frac{1}{\tau}t}=250e^{-\frac{1}{1.2}t}\text{A}$$

励磁绕组两端电压的暂态响应为

$$u=-R_m i_L=-5.6\times 250e^{-\frac{1}{1.2}t}=1400e^{-\frac{1}{1.2}t}\text{V}$$

可见，换路后瞬间励磁绕组两端的电压值由原来的350V突变为1400V，这是由于绕组电流突然减小引起的瞬时高压，$R_m$越大该瞬时高压值越大；若$S_1$断开时不接$R_m$，即$R_m \to \infty$时，该瞬时高压值$\to \infty$，会损坏励磁绕组的绝缘性能，同时在开关$S_1$处将产生电弧，烧坏开关触头，因此必须接入灭磁电阻$R_m$。$R_m$减小，有利于电感储存的磁场能量安全释放，但$R_m$也不宜过小，否则续流时间常数增大使过渡过程延长，不能使励磁绕组很快灭磁，$R_m$通常取励磁绕组电阻的4～5倍。

**发电机内部发生故障时，需要迅速切断励磁电流，除去转子磁场，定子绕组不再切割磁场，使发电机输出电压为零，以免事故扩大，这个过程称为灭磁。**

求励磁绕组电压下降至初始值的1.8%所需时间：

$$1.8\% \times (-1400) = -25 = -1400e^{-\frac{1}{1.2}t}\ \text{V}$$

$$\frac{25}{1400} = e^{-\frac{1}{1.2}t}, \qquad \ln\frac{25}{1400} = \ln e^{-\frac{1}{1.2}t}$$

$$-4.025 = -\frac{1}{1.2}t, \qquad t = 4.025 \times 1.2 = 4.83\text{s}$$

图7-23(a)中的$S_2$也可换成二极管，如图7-23(b)所示，其反向击穿电压要高于350V的2倍。大电流电感线圈正常工作时，二极管截止不导通，$S_1$一旦断开二极管立即导通续流，这样利用二极管的单向导电性可以取消$S_2$。

### 7.3.2 RL电路的零状态响应——电感电流建立过程

如图7-24所示，在开关S闭合前，$i_L(0_-)=0$，电路处于零初始状态，$t=0$时开关S闭合而换路，电感电流从零开始建立。

当$t=0_+$时，由于电感电流不能突变，$i_L(0_+)$仍为零，使电阻电压$u_R$也为零，$u_L$则由零突变为$U_S$。随着电感电流$i_L$的增长，$u_R\nearrow$，$u_L\searrow$，过渡过程结束电路进入新的稳态时，$i_L$稳定到$U_S/R$这个值，$u_R=U_S$，$u_L=0$。

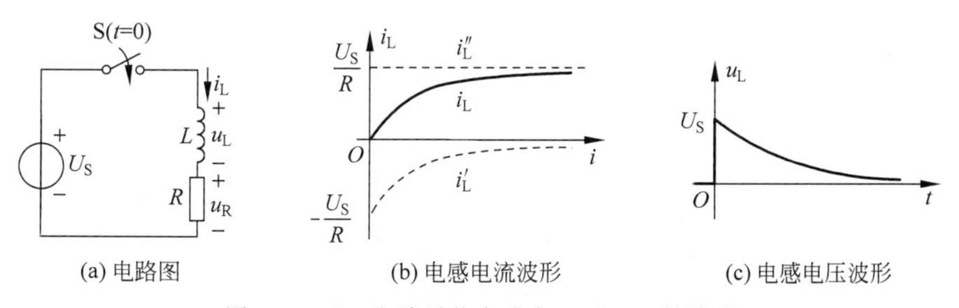


图7-24　RL电路零状态响应$i_L$和$u_L$的波形

当$t>0$时，以$i_L$为未知量的非齐次微分方程是

$$u_L + u_R = L\frac{di_L}{dt} + Ri_L = U_S \tag{7-21}$$

对应的齐次方程通解是式(7-18)，即

$$i'_L = Ae^{-\frac{1}{\tau}t} = Ae^{-\frac{1}{L/R}t}$$

选定电路进入新的稳定状态时的电感电流值为特解

$$i''_{\mathrm{L}}=i_{\mathrm{L}}(\infty)=\frac{U_{\mathrm{S}}}{R}$$

因此式(7-21)微分方程的解答形式为

$$i_{\mathrm{L}}=i''_{\mathrm{L}}+i'_{\mathrm{L}}=i_{\mathrm{L}}(\infty)+A\mathrm{e}^{-\frac{1}{L/R}t} \tag{7-22}$$

式中，$A$ 为待定常数，需依据初始条件来确定。$t=0$ 时，$i_{\mathrm{L}}(0_+)=i_{\mathrm{L}}(0_-)=0$，应该也满足式(7-22)，则有

$$i_{\mathrm{L}}(0_+)=0=i_{\mathrm{L}}(\infty)+A\mathrm{e}^{-\frac{1}{L/R}\times 0}$$

得待定常数

$$A=-i_{\mathrm{L}}(\infty)=-\frac{U_{\mathrm{S}}}{R}$$

$i_{\mathrm{L}}$ 零状态响应的确切解为

$$i_{\mathrm{L}}=i''_{\mathrm{L}}+i'_{\mathrm{L}}=\underset{\text{(稳态分量)}}{\frac{U_{\mathrm{S}}}{R}}-\underset{\text{(暂态分量)}}{\frac{U_{\mathrm{S}}}{R}\mathrm{e}^{-\frac{1}{L/R}t}}$$

或写成

$$i_{\mathrm{L}}(t)=i_{\mathrm{L}}(\infty)-i_{\mathrm{L}}(\infty)\mathrm{e}^{-\frac{t}{L/R}}=i_{\mathrm{L}}(\infty)\left[1-\mathrm{e}^{-\frac{t}{\tau}}\right] \tag{7-23}$$

$i_{\mathrm{L}}$ 零状态响应的波形是逐渐上升的负指数曲线，其渐近线为 $U_{\mathrm{S}}/R$，如图 7-24(b)所示，可由虚线画出的 $i''_{\mathrm{L}}$、$i'_{\mathrm{L}}$ 按时刻逐点叠加得到。**$i_{\mathrm{L}}$ 的表达式仅与两个要素有关，一个是直流激励时电感电流新的稳态值 $i_{\mathrm{L}}(\infty)$，另一个是时间常数 $\tau=L/R$。**

进一步可得电感电压

$$u_{\mathrm{L}}=L\frac{\mathrm{d}i_{\mathrm{L}}}{\mathrm{d}t}=-L\times\frac{U_{\mathrm{S}}}{R}\times\frac{-1}{L/R}\mathrm{e}^{-\frac{1}{L/R}t}=U_{\mathrm{S}}\mathrm{e}^{-\frac{1}{\tau}t} \tag{7-24}$$

电感电压在 $t=0$ 时发生了突变，由零突变为 $U_{\mathrm{S}}$，接着按负指数规律衰减，波形如图 7-24(c)所示。

**【例 7-10】** 如图 7-25(a)所示电路，开关 S 断开已久，$t=0$ 时 S 闭合，求 $t>0$ 时 $i_{\mathrm{L}}(t)$、$u_{\mathrm{L}}(t)$、$i(t)$。

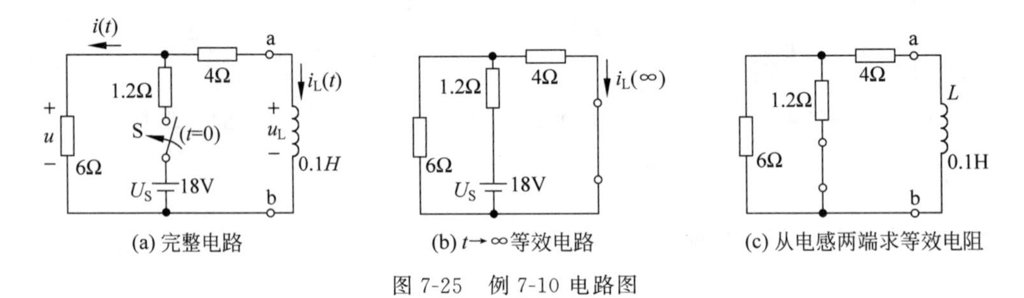


图 7-25 例 7-10 电路图

**解** 电感所在支路 $t<0$ 时与电源脱离，属于零状态响应。**RL 电路电感电流为关键量，电感电流求出之后，可直接推导出其他量。**

画出 $t\to\infty$ 时的等效电路图 7-25(b)，直流稳态下电感相当于短路，电感电流新的稳态值为

$$i_{\mathrm{L}}(\infty)=\frac{18}{1.2+\dfrac{4\times 6}{4+6}}\times\frac{6}{4+6}=3\mathrm{A}$$

时间常数 $\tau=L/R$ 中的 $R$ 是换路后从电感的 ab 两端来观察的等效电阻，按图 7-25(c) 计算，理想电压源 $U_{\mathrm{S}}$ 用短路替代，得等效电阻

$$R=\frac{1.2\times 6}{1.2+6}+4=5\Omega$$

求出时间常数

$$\tau=\frac{L}{R}=\frac{0.1}{5}=0.02\mathrm{S}$$

将 $i_{\mathrm{L}}(\infty)$ 及 $\tau$ 值代入式(7-23)得电感电流

$$i_{\mathrm{L}}(t)=i_{\mathrm{L}}(\infty)(1-\mathrm{e}^{-\frac{t}{\tau}})=3(1-\mathrm{e}^{-\frac{t}{0.02}})=3(1-\mathrm{e}^{-50t})\mathrm{A}$$

推导出电感电压

$$u_{\mathrm{L}}=L\frac{\mathrm{d}i_{\mathrm{L}}}{\mathrm{d}t}=-0.1\times 3\times(-50)\mathrm{e}^{-50t}=15\mathrm{e}^{-50t}\mathrm{V}$$

根据 KVL 得

$$i=\frac{u}{6}=\frac{4i_{\mathrm{L}}+u_{\mathrm{L}}}{6}=\frac{12(1-\mathrm{e}^{-50t})+15\mathrm{e}^{-50t}}{6}=(2+0.5\mathrm{e}^{-50t})\mathrm{V}$$

磁力控制开关也称为继电器。继电器通电后产生电磁吸引力，用来打开或关闭某个开关，这个开关再去控制另一电路。图 7-25 是典型的继电器电路，下面的主电路是一个 RL 电路，其中的开关 $S_1$ 由断开而关闭时，RL 电路通电为零状态响应，线圈中的电流逐渐增大，并在线圈一侧产生逐渐增大的磁场。当磁场达到足够强度来拉动吸合上方电路中的铁片可动触点时，开关 $S_2$ 闭合，控制 $S_2$ 所在的回路开始工作。开关 $S_1$ 和 $S_2$ 闭合之间的时间间隔 $t_{\mathrm{d}}$ 称为继电器的延迟时间。

**【例 7-11】** 某继电器的线圈由一个 12V 的电池供电。如果该线圈具有 15Ω 的电阻、9H 的电感，线圈电流为 0.7A 时产生的磁力可吸合 $S_2$ 触点的铁片，使上面的交流回路接通，如图 7-26 所示。计算 $S_1$ 接通后延迟多长时间 $S_2$ 才得以接通。

**解** 线圈电流的响应为 RL 零状态响应，线圈电流新的稳态值为

$$i_{\mathrm{L}}(\infty)=\frac{12}{15}=0.8\mathrm{A}$$

时间常数为

$$\tau=\frac{L}{R}=\frac{9}{15}=0.6\mathrm{s}$$

线圈电流的暂态响应为

$$i_{\mathrm{L}}(t)=i_{\mathrm{L}}(\infty)\left(1-\mathrm{e}^{-\frac{t}{\tau}}\right)=0.8(1-\mathrm{e}^{-\frac{t}{0.6}})$$
$$=0.8(1-\mathrm{e}^{-1.67t})\mathrm{A}$$

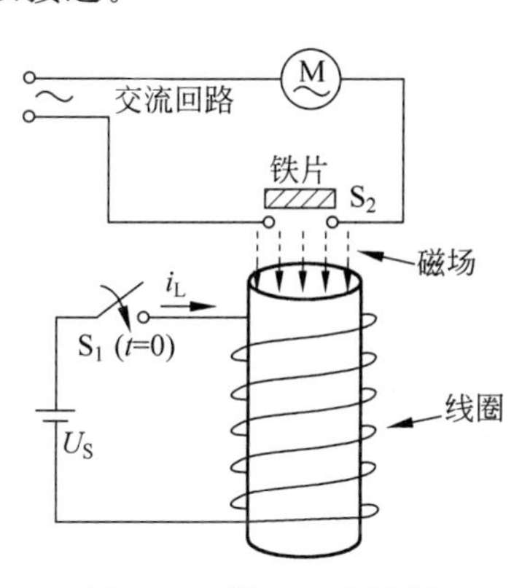

图 7-26 例 7-11 电路图

根据题意，$t=t_{\mathrm{d}}$ 时，$i_{\mathrm{L}}(t_{\mathrm{d}})=0.7\mathrm{A}$，使 $S_2$ 闭合，那么

$$i_L(t_d)=i_L(\infty)(1-e^{-t_d/\tau}) \quad \Rightarrow \quad \frac{i_L(t_d)}{i_L(\infty)}=1-e^{-t_d/\tau}$$

即

$$e^{-t_d/\tau}=1-\frac{i_L(t_d)}{i_L(\infty)}=\frac{i_L(\infty)-i_L(t_d)}{i_L(\infty)} \quad \Rightarrow \quad e^{t_d/\tau}=\frac{i_L(\infty)}{i_L(\infty)-i_L(t_d)}$$

上式两边取自然对数后，得延迟时间

$$t_d=\tau\ln\frac{i_L(\infty)}{i_L(\infty)-i_L(t_d)}=\tau\ln\frac{0.8}{0.8-0.7}=0.6\ln 8=1.25\text{s}$$

### 7.3.3 RL 电路在正弦电压源激励下的零状态响应

许多电感电路都工作在正弦电源激励之下，过渡过程中可能出现过电流，该过电流流过某些元件还会出现过电压。

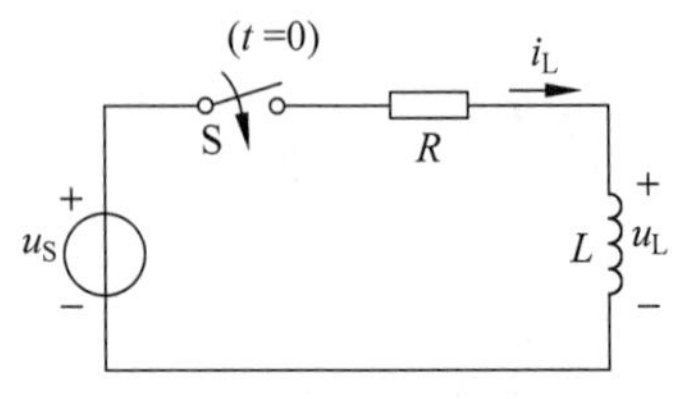


图 7-27　正弦电压源激励下的 RL 电路

如图 7-27 所示，开关 S 闭合前，$i_L(0_-)=0$。$t=0$ 时，S 闭合，电路由正弦电压源 $u_S=U_m\sin(\omega t+\psi_u)$激励，属于零状态响应。

根据 KVL

$$u_L+u_R=U_m\sin(\omega t+\psi_u)$$

代入元件的伏安关系，得

$$L\frac{di_L}{dt}+Ri_L=U_m\sin(\omega t+\psi_u) \tag{7-25}$$

$i_L$ 解的形式为

$$i_L=i''_L+i'_L=\text{特解}+\text{通解}=\frac{U_m}{\sqrt{R^2+(\omega L)^2}}\sin(\omega t+\psi_u-\varphi)+Ae^{-\frac{t}{\tau}} \tag{7-26}$$

带入 $t=0$ 时的初始条件，确定待定常数 A

$$i_L(0_+)=0=\frac{U_m}{\sqrt{R^2+(\omega L)^2}}\sin(\omega\times 0+\psi_u-\varphi)+Ae^{-\frac{1}{\tau}\times 0}$$

得

$$A=-\frac{U_m}{\sqrt{R^2+(\omega L)^2}}\sin(\psi_u-\varphi)$$

$i_L$ 的确定解为

$$i_L=\underset{\text{（稳态分量）}}{\frac{U_m}{|Z|}\sin(\omega t+\psi_u-\varphi)}-\underset{\text{（暂态分量）}}{\frac{U_m}{|Z|}\sin(\psi_u-\varphi)e^{-\frac{1}{L/R}t}}$$

或写成

$$i_L=i''_L+i'_L=i_{L\infty}(t)-i_{L\infty}(0_+)e^{-\frac{1}{\tau}t} \tag{7-27}$$

其中稳态分量是电路进入新的稳态后的电流值，可按第 3 章的相量法根据换路后的电路计算，$|Z|$是 RL 电路阻抗的模值，$\varphi$ 是阻抗角。

暂态分量 $-i_{L\infty}(0_+)e^{-\frac{t}{\tau}}$ 的变化规律由负指数函数 $e^{-\frac{t}{\tau}}$ 决定，随时间延续衰减为零。

该负指数 $e^{-\frac{t}{\tau}}$ 前面的系数 $\frac{-U_m}{|Z|}\sin(\psi_u-\varphi)$ 是稳态分量初始值的负值，它的存在保证了 $t=0$ 时 $i_L=0$。$\frac{-U_m}{|Z|}\sin(\psi_u-\varphi)$ 的大小与差值 $(\psi_u-\varphi)$ 有关，有以下几种情况：

(1) 开关 S 闭合时，若 $\psi_u=\varphi$，$\psi_u-\varphi=0$，则 $\frac{-U_m}{|Z|}\sin(\psi_u-\varphi)=0$，暂态分量为零，电路不存在过渡过程，S 闭合时电路将立即进入稳态。

(2) 开关 S 闭合时，若 $\psi_u=\varphi+90°$，$\psi_u-\varphi=90°$，则 $i'_L=\frac{-U_m}{|Z|}\sin 90° e^{-\frac{t}{\tau}}=\frac{-U_m}{|Z|}e^{-\frac{t}{\tau}}$，暂态分量为负值最大。$t=\frac{1}{2}T$ 时将出现接近正常振幅 2 倍的过电流，波形如图 7-28(a) 所示。

(3) 开关 S 闭合时，若 $\psi_u=\varphi-90°$，$\psi_u-\varphi=-90°$，则 $i'_L=\frac{-U_m}{|Z|}\sin(-90°)e^{-\frac{t}{\tau}}=\frac{U_m}{|Z|}e^{-\frac{t}{\tau}}$，暂态分量为正值最大。$t=\frac{1}{2}T$ 时也将出现接近正常振幅 2 倍的过电流，波形如图 7-28(b) 所示。

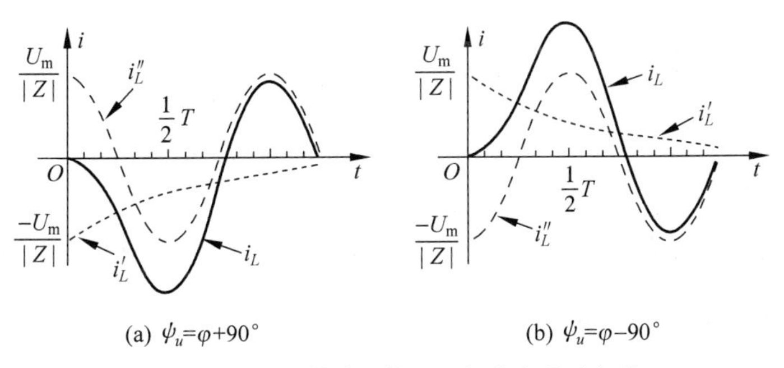


图 7-28 正弦激励下的 RL 电路出现过电流

上述电路若时间常数很大，则自由分量 $i'_L$ 衰减缓慢，在较长时间内会出现过电流。选择设备与元件的额定电流、额定电压值时，应根据该暂态响应测算的最大电流，适当宽裕一些。

**【例 7-12】** 原来如图 7-29 所示对称三相电源的输出端未接通，未带负载，电源线电压有效值为 10 500V，频率 50Hz。负载 $R=3.3\Omega$，$L=12\text{mH}$。若 $t=0$ 时三相开关 S 闭合，此时 $u_A$ 的初相位为 30°，求各相线电流的零状态响应。

**解** 对称三相电路两个中性点 N 与 N′等电位，可用一相等效电路计算。先用相量法计算稳态响应，即

$$Z=R+j\omega L=3.3+j314\times 12\times 10^{-3}=3.3+j3.768=5\angle 48.79°\Omega$$

设

$$u_A=\sqrt{2}\,\frac{10\,500}{\sqrt{3}}\sin(314t+30°)=\sqrt{2}\,6062.2\sin(314t+30°)\text{V}$$

$$\dot{U}_A=6062.2\angle 30°\text{V}$$

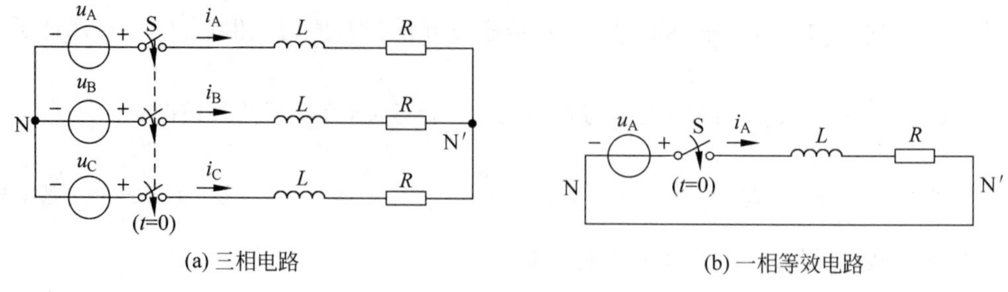


图 7-29　例 7-12 电路图

则

$$\dot{I}_A=\frac{\dot{U}_A}{Z}=\frac{6062.2\angle 30^\circ}{5\angle 48.79^\circ}=1212.4\angle -18.79^\circ \text{A}$$

$$i_{A\infty}(t)=1212.4\sqrt{2}\sin(314t-18.79^\circ)\text{A}$$

将 $i_{A\infty}(t)$ 代入式(7-27)，得

$$\begin{aligned}i_A(t)&=1212.4\sqrt{2}\sin(314t-18.79^\circ)-1214.4\sqrt{2}\sin(-18.79^\circ)\text{e}^{-\frac{1}{12\times 10^{-3}/3.3}t}\text{A}\\&=1714.6\sin(314t-18.79^\circ)+552.5\text{e}^{-275t}\text{A}\end{aligned}$$

其他两相相位依次顺移 120°得

$$i_B(t)=1714.6\sin(314t-138.79^\circ)-1129.6\text{e}^{-275t}\text{A}$$

$$i_C(t)=1714.6\sin(314t+101.21^\circ)-1681.9\text{e}^{-275t}\text{A}$$

式中，C 相稳态分量的初相位接近 +90°，其暂态分量（细实线）的初始值很大，会使 C 相电流在 $t=\frac{T}{2}$ 时出现较大的过电流，C 相波形如图 7-30(b)所示，图中两条实线波形逐点叠加可得到 C 相电流响应，如虚线所示。

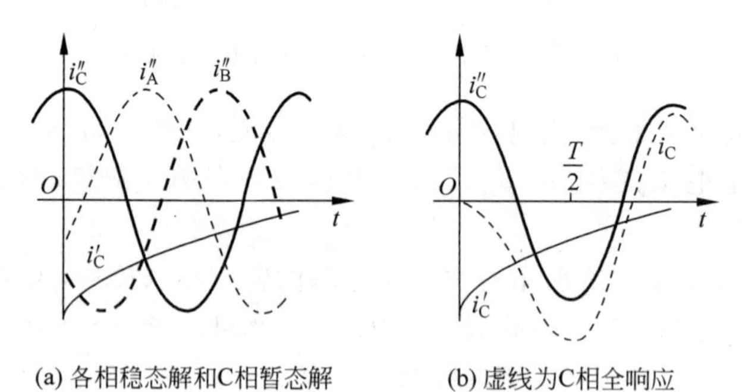


图 7-30　例 7-12 波形图

## 【课后练习】

**7.3.1**　如图 7-31 所示电路换路前电路已处稳态。开关 S 在 $t=0$ 时由 $a$ 投向 $b$，求：

(1) $t\geqslant 0$ 时的零输入响应。

(2) 电感电流初始值；

(3) 时间常数；

(4) 电感电流 $i_1(t)$；

(5) $i_2(t)$、$i_3(t)$。

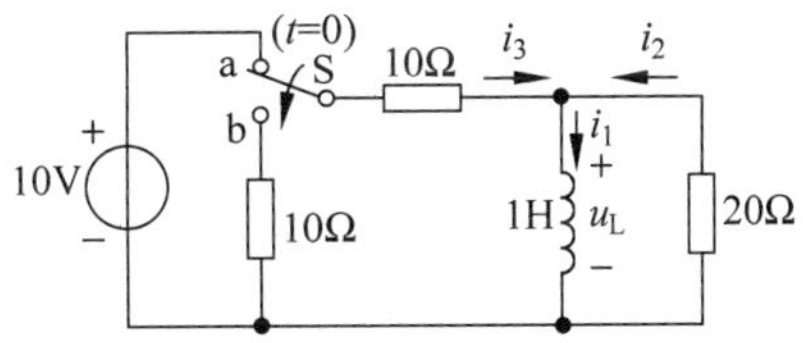

**7.3.2** 如图 7-32 所示电路中开关 S 闭合已久，在 $t=0$ 时将开关断开，试求：

(1) 电感电流初始值和新的稳态值；

(2) 时间常数；

(3) 电感电流的零状态响应。

图 7-31　7.3.1 电路图

**7.3.3** 如图 7-33 所示电路中 $i_2(0_-)=0$。开关 S 闭合后试求：

(1) $i_2$ 新的稳态值；

(2) 时间常数；

(3) $i_2$ 的零状态响应；

(4) $i_1$ 的零状态响应。

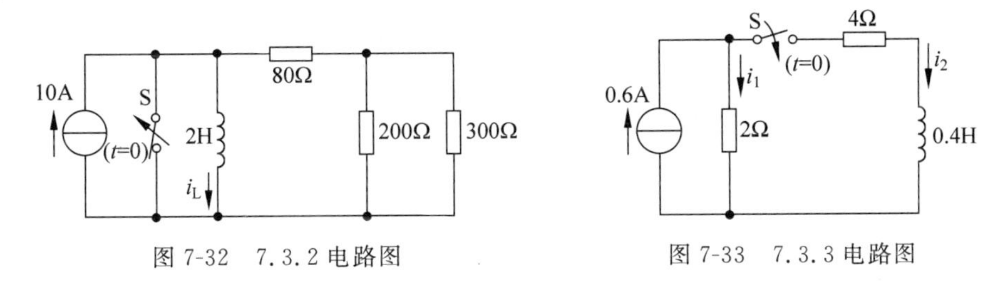


图 7-32　7.3.2 电路图　　图 7-33　7.3.3 电路图

**7.3.4** 如图 7-26 所示继电器主电路包含 12Ω 的电阻和 500mH 的电感，主电路闭合后，电感电流达到 1.8A 时，继电器带动另一回路的触点吸合。在 24V 电压下，求使 $S_2$ 触点闭合的延迟时间 $t_d$。

## 7.4 一阶电路的全响应

动态电路换路后，若既有外加电源激励，电容、电感上又储存有初始能量，$u_C(0_-)$、$i_L(0_-)$不为零，这时引起的暂态响应称为全响应。

### 7.4.1 三要素法

**1. 全响应分解为“零输入响应”与“零状态响应”之叠加**

以如图 7-34 所示的 RC 电路为例，图(a)既有电源激励，$u_C(0)$又不为零。根据叠加定律，图(a)可分解为图(b)、(c)：图(b)无电源激励，但 $u_C(0)=U_0$，出现零输入响应；图(c)有电源激励，但 $u_C(0)=0$，出现零状态响应。电容电压的全响应为

$$u_C(t)=\text{零输入响应}+\text{零状态响应}=u_C(0_+)e^{-\frac{t}{\tau}}+u_C(\infty)(1-e^{-\frac{t}{\tau}}) \quad (7\text{-}28)$$

**将全响应分解为零输入响应和零状态响应，反映了响应与激励之间的因果关系。**波形图如图 7-35 所示。

**2. 全响应分解为“稳态分量”与“暂态分量”之叠加**

式(7-28)中包含 3 个要素：初始值 $u_C(0_+)$、新的稳态值 $u_C(\infty)$及时间常数 $\tau$。将

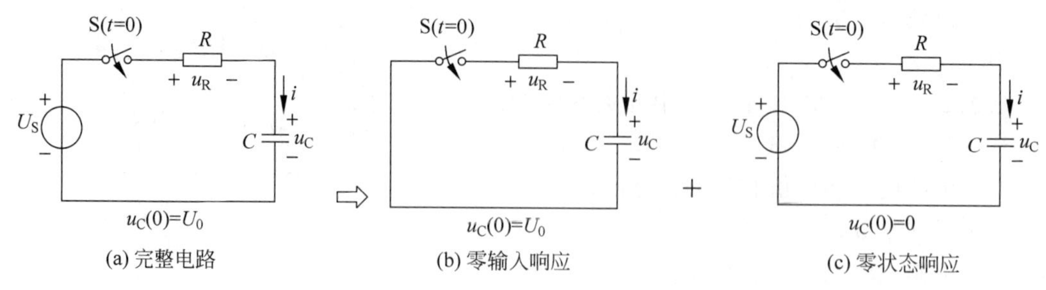


图 7-34 $u_C(0_+)=U_0$ 时 RC 电路的全响应

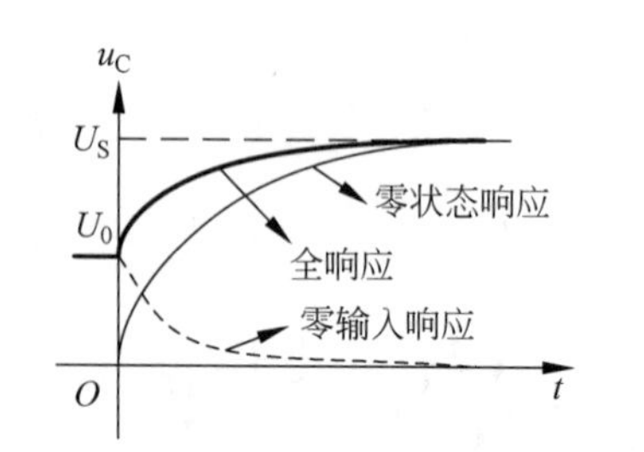


图 7-35 RC 电路的“零输入响应”与“零状态响应”叠加为全响应

式(7-28)的结构重新排列，得到

$$u_C(t)=\underset{(稳态分量)}{u_C(\infty)}+\underset{(暂态分量)}{[u_C(0_+)-u_C(\infty)]e^{-\frac{t}{\tau}}} \tag{7-29}$$

**将全响应分解为稳态分量和暂态分量反映了过渡过程中的阶段性特点。**

**3. 直流激励下一阶电路全响应的三要素表达式**

更一般的情况，设所求电感电流、电容电压的暂态响应为 $f(t)$，则有

$$f(t)=f(\infty)+[f(0_+)-f(\infty)]e^{-\frac{t}{\tau}} \tag{7-30}$$

式(7-30)称为三要素表达式。

**根据“暂态分量”中括号内 $[f(0_+)-f(\infty)]$ 的差值，暂态分量有以下 3 种情况：**

**(1) 当 $f(0_+)=f(\infty)$ 时，暂态分量为零，无过渡过程。**

**(2) 当 $f(0_+)<f(\infty)$ 时，$f(t)$ 在换路后从 $f(0_+)$ 增长至 $f(\infty)$，波形如图 7-36(a)所示，是上升的负指数曲线，渐近线是较大的 $f(\infty)$ 值。**

**(3) 当 $f(0_+)>f(\infty)$ 时，$f(t)$ 在换路后从 $f(0_+)$ 衰减至 $f(\infty)$，波形如图 7-36(b)所示，是下降的负指数曲线，渐近线是较小的 $f(\infty)$ 值。**

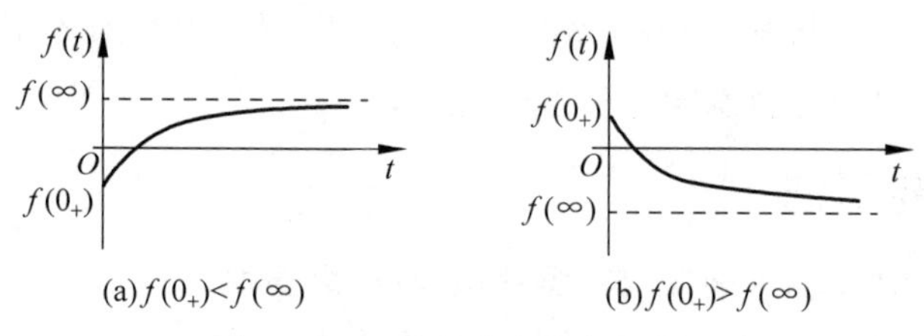


图 7-36 一阶电路全响应的波形

画一阶电路全响应波形时：纵坐标上确定 $f(0_+)$，再确定 $f(\infty)$，按 $f(\infty)$ 的刻度画一条水平渐近线，从 $f(0_+)$ 到渐近线之间画一条负指数曲线即可。

用三要素法求解暂态响应十分方便，先画出 $t=0_-$、$t\to\infty$ 时刻的等效电路，计算出 $u_C(0_-)$、$i_L(0_-)$、$u_C(\infty)$、$i_L(\infty)$；用换路后且电源不作用的等效电路计算等效电阻，计算时间常数 $\tau_C=RC$、$\tau_L=L/R$。**RC 电路先算出 $u_C$，RL 电路先算出 $i_L$ 后，电路中其他电流电压依据 KCL、KVL、VCR 可推导求出。**

**【例 7-13】** 如图 7-37(a)所示，原先已处于直流稳态，$t=0$ 时开关 S 闭合。试求换路后

$t>0$ 时的电流 $i$ 及电压 $u$，并画出 $i$ 的波形。

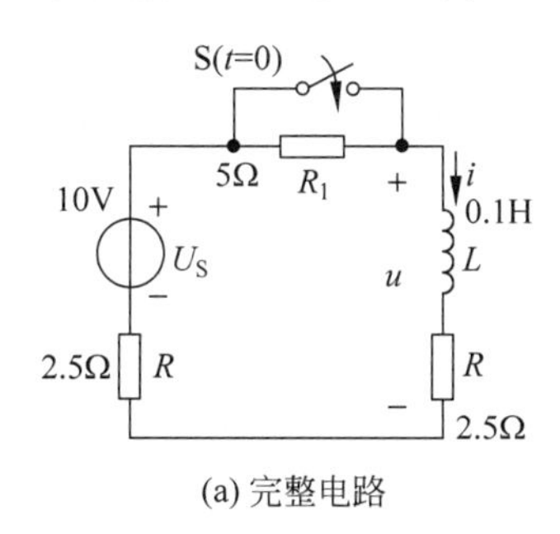

(a) 完整电路

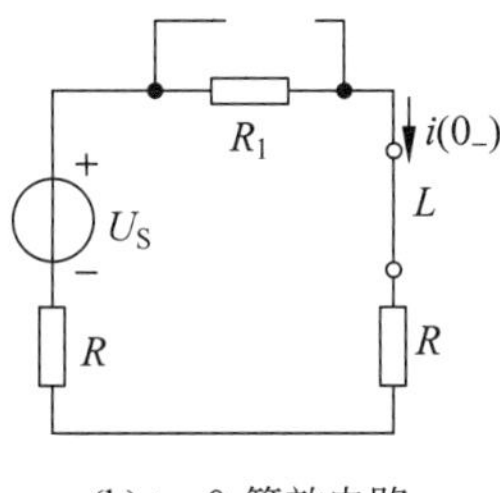

(b) $t=0_-$等效电路

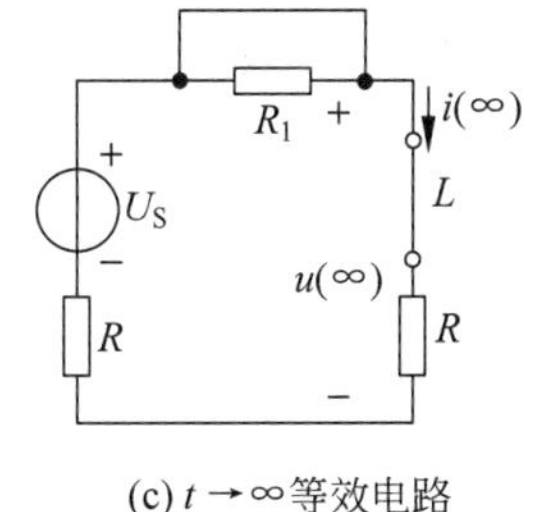

(c) $t\to\infty$等效电路

图 7-37　例 7-13 电路图

**解**　用三要素法只求关键量电感电流。

(1) $t=0_-$ 时的等效电路如图 7-37(b)所示，直流稳态中电感代以短路。

$$i(0_-)=\frac{U_S}{R+R+R_1}=\frac{10}{2.5+2.5+5}=1\text{A}$$

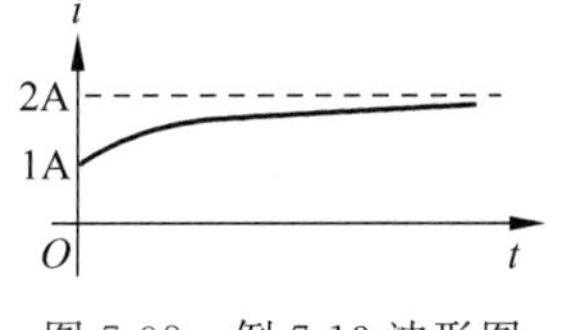

图 7-38　例 7-13 波形图

(2) $t\to\infty$时的等效电路如图 7-37(c)所示，这时电路已进入新的直流稳态，电感又代以短路。

$$i(\infty)=\frac{U_S}{R+R}=\frac{10}{5}=2\text{A}$$

(3) 计算时间常数，用换路后的图 7-37(c)。$R_1$ 已被短接，不应计入等效电阻。

$$\tau=\frac{L}{R+R}=\frac{0.1}{2.5+2.5}=\frac{1}{50}\text{S}$$

(4) 将三个要素代入式(7-30)得

$$i(t)=i(\infty)+[i(0_+)-i(\infty)]\mathrm{e}^{-\frac{1}{\tau}t}=2+(1-2)\mathrm{e}^{-50t}=(2-\mathrm{e}^{-50t})\text{A}$$

(5) 支路电压 $u(t)$依据 KCL、KVL、VCR 可推导求出

$$u(t)=2.5i+L\frac{\mathrm{d}i}{\mathrm{d}t}=2.5(2-\mathrm{e}^{-50t})-0.1(-50)\mathrm{e}^{-50t}=(5+2.5\mathrm{e}^{-50t})\text{V}$$

**【例 7-14】**　如图 7-39(a)所示，原先已处于直流稳态，$t=0$ 时开关 S 闭合。(1)试求换路后的电容电压 $u_C$ 和电流 $i$；(2)分解电容电压 $u_C$ 中的零输入响应、零状态响应和稳态分量、暂态分量。

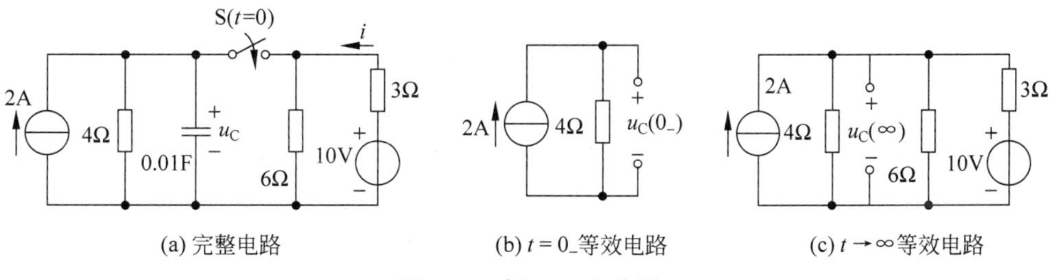

(a) 完整电路　　(b) $t=0_-$等效电路　　(c) $t\to\infty$等效电路

图 7-39　例 7-14 电路图

**解**　用三要素法只求关键量电容电压。

(1) $t=0_-$ 等效电路如图 7-39(b)所示，这时开关未闭合，直流稳态中电容代以开路。

$$u_C(0_+)=u_C(0_-)=2\times4=8\text{V}$$

$t\to\infty$ 等效电路如图 7-39(c)所示，这时电路已进入新的直流稳态，电容又代以开路。应用弥尔曼定理求 $u_C(\infty)$。

$$\left(\frac{1}{4}+\frac{1}{6}+\frac{1}{3}\right)u_C(\infty)=2+\frac{10}{3}$$

$$u_C(\infty)=\frac{64}{9}=7.11\text{V}$$

换路后电容两端的等效电阻

$$R=\frac{1}{\frac{1}{4}+\frac{1}{6}+\frac{1}{3}}=\frac{4}{3}\Omega$$

时间常数为

$$\tau=RC=\frac{4}{3}\times10^{-2}=\frac{1}{75}\text{s}$$

电容电压为

$$u_C=7.11+(8-7.11)\text{e}^{-75t}=7.11+0.89\text{e}^{-75t}\text{ V}$$

由图 7-39(a)并考虑 S 已闭合，根据 KVL 有

$$3i+u_C-10=0$$

$$i=\frac{10-u_C}{3}=0.963-0.296\text{e}^{-75t}\text{ A}$$

(2) 零输入响应 $=u_C(0_+)\text{e}^{-\frac{1}{\tau}t}=8\text{e}^{-75t}\text{ V}$

零状态响应 $=u_C(\infty)[1-\text{e}^{-\frac{1}{\tau}t}]=7.11(1-\text{e}^{-75t})\text{V}$

稳态分量 $=[u_C](\infty)=7.11\text{V}$

暂态分量 $=[u_C(0_+)-u_C(\infty)]\text{e}^{-\frac{1}{\tau}t}=0.89\text{e}^{-75t}\text{ V}$

**【例 7-15】** 如图 7-40(a)所示电路原先已处于直流稳态，$t=0$ 时开关 S 闭合，求换路后各支路的电流。

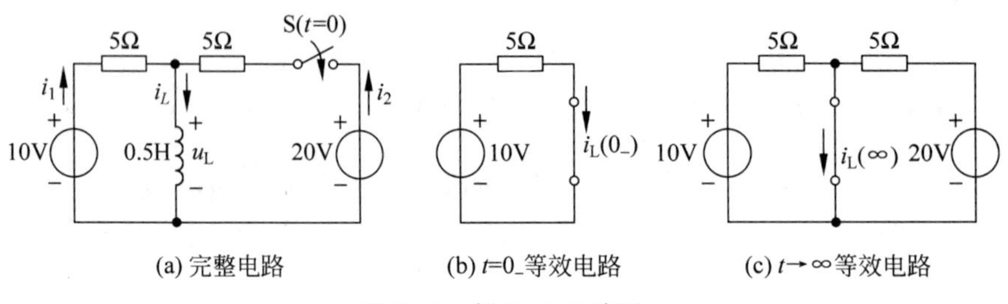


图 7-40 例 7-15 电路图

**解** 应用三要素法，先求电感电流 $i_L$。根据 $t=0_-$ 时的等效电路图 7-40(b)得

$$i_L(0_+)=i_L(0_-)=10/5=2\text{A}$$

根据 $t\to\infty$ 时的等效电路图 7-40(c)得

$$i_L(\infty)=10/5+20/5=6\text{A}$$

计算时间常数

$$R=\frac{5\times5}{5+5}=2.5\Omega,\quad \tau=\frac{L}{R}=\frac{0.5}{2.5}=\frac{1}{5}\text{s}$$

代入三要素表达式，得

$$i_L(t)=6+(2-6)e^{-5t}=6-4e^{-5t}\text{A}$$

求电感电压

$$u_L(t)=L\frac{di_L}{dt}=0.5\times(-4e^{-5t})\times(-5)=10e^{-5t}\text{V}$$

由图 7-40(a)得支路 1 的电流

$$i_1(t)=(10-u_L)/5=2-2e^{-5t}\text{A}$$

再得支路 2 的电流

$$i_2(t)=(20-u_L)/5=4-2e^{-5t}\text{A}$$

### 7.4.2　正弦电源激励下一阶电路的全响应

正弦电源激励时，以 RL 电路的电感电流为例，也可用三要素法计算暂态响应，其公式修正为

$$i_L(t)=i_{L\infty}(t)+[i_L(0_+)-i_{L\infty}(0_+)]e^{-\frac{t}{\tau}} \tag{7-31}$$

即

$$i_L(t)=\frac{U_m}{|Z|}\sin(\omega t+\psi_u-\varphi)+\left[i_L(0_+)-\frac{U_m}{|Z|}\sin(\psi_u-\varphi)\right]e^{-\frac{t}{\tau}} \tag{7-32}$$

式中，$i_{L\infty}(t)$是新的正弦稳态解；$i_{L\infty}(0_+)$是新的正弦稳态解的初始值；$i_L(0_+)$是换路前一刻的值。式(7-31)中括号内的数值若为零，则无过渡过程，换路后直接进入稳态。

**【例 7-16】**　如图 7-41 所示，电源电压 $u(t)=10\sin(2t+90°)$V。换路前，开关 S 合在位置 1，此时电路已达到稳态。在 $t=0$ 时，开关 S 从 1 打到 2。若要求电路无暂态分量，电流 $i(0_+)$和电阻 $R$ 各为多少？

**解**　用三要素法求解。

(1) $t=0_-$ 时，直流稳态下电感代以短路，则有

$$i(0_+)=i(0_-)=10/(R+1)$$

(2) 用相量法计算电感电流的正弦稳态响应 $i_\infty(t)$ 及 $i_\infty(0_+)$。$t\to\infty$ 时，电感电流的振幅相量为

$$\dot{I}_m=\frac{\dot{U}_m}{R+j\omega L}=\frac{10\angle 90°}{1+j}=5\sqrt{2}\angle 45°\text{A}$$

$$i_\infty(t)=5\sqrt{2}\sin(2t+45°)\text{A}$$

$$i_\infty(0_+)=5\sqrt{2}\sin45°=5\text{A}$$

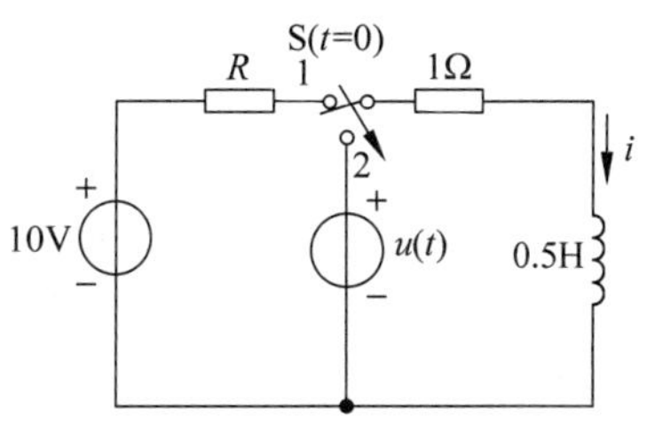


图 7-41　例 7-16 电路图

(3) 代入三要素表达式。

$$i = i_{\infty}(t) + [i(0_+) - i_{\infty}(0_+)]\mathrm{e}^{-\frac{t}{\tau}} = 5\sqrt{2}\sin(2t + 45°) + [i(0_+) - 5]\mathrm{e}^{-\frac{t}{\tau}}$$

令暂态响应为零，即

$$i(0_+) - 5 = 0$$

即

$$i(0_+) = i_{\infty}(0_+) = 5\mathrm{A}$$

得

$$i(0_+) = 5\mathrm{A} = 10/(R+1)$$

则

$$R = 1\Omega$$

## 【课后练习】

**7.4.1** 如图 7-42 所示，求：

(1) 电容电压的初始值 $u_C(0_+)$。

(2) 电容电压新的稳态值 $u_C(\infty)$。

(3) 该电路电容两端的等效电阻及时间常数 $\tau$。

(4) 电容电压的三要素表达式。

(5) 画出电容电压的波形图。

**7.4.2** 如图 7-43 所示，求：

(1) 电感电流的初始值 $i_L(0_+)$。

(2) 电感电流新的稳态值 $i_L(\infty)$。

(3) 该电路电感两端的等效电阻及该电路的时间常数 $\tau$。

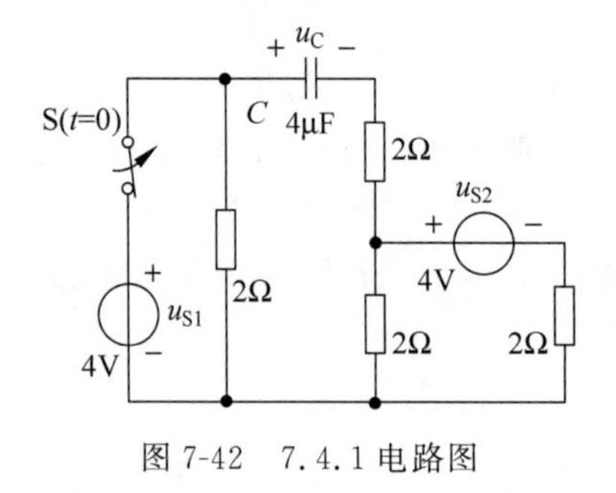


图 7-42　7.4.1 电路图

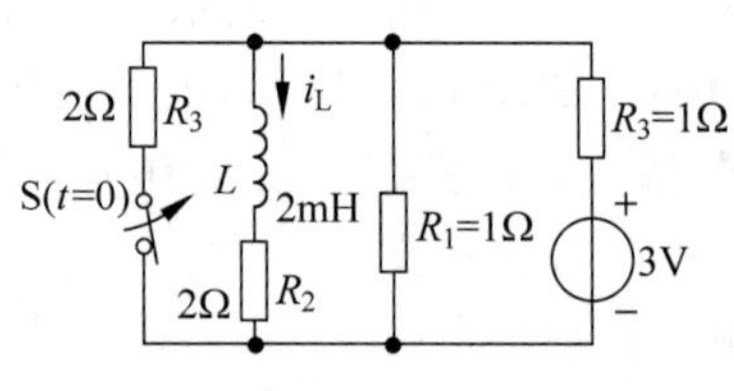


图 7-43　7.4.2 电路图

(4) 电感电流的三要素表达式。

(5) 画出电感电流的波形图。

**7.4.3** 先分析如图 7-44 所示电路属于零输入响应、零状态响应、全响应中的哪一种？电路原稳定，$t=0$ 时开关 S 闭合。求 S 闭合后的 $i_1(t)$、$u_C(t)$和 $i_2(t)$。

**7.4.4** 如图 7-45 所示两个电路是属于零输入响应、零状态响应、全响应中的哪一种？两个电路的时间常数分别为多少？

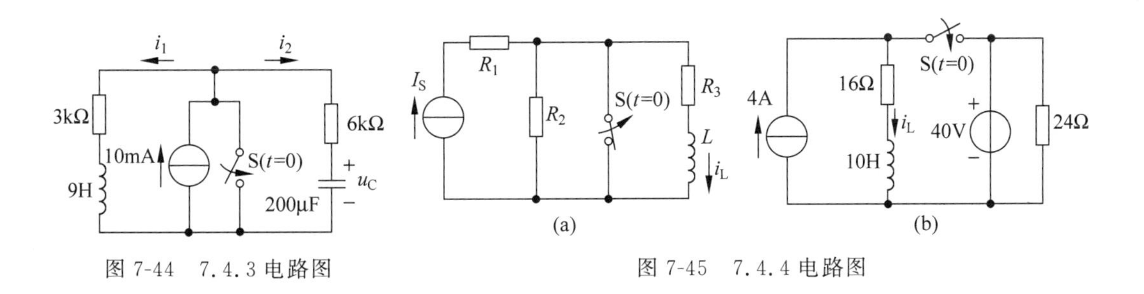


图 7-44　7.4.3 电路图　　图 7-45　7.4.4 电路图

## 习题

**7-2-1**　如图 7-46 所示，电压源 $U_S=12V$，$R_0=3k\Omega$，$R_1=3k\Omega$，$R_2=6k\Omega$，$R_3=8k\Omega$，$C=1\mu F$。开关 S 合于 1 点时电路已达稳态，在 $t=0$ 时将开关由 1 点切换到 2 点，试求电容电压 $u_C$ 和 $R_2$ 支路电流 $i$，并画波形图。

**7-2-2**　某 RC 放电电路，当 $t=15s$ 时，放电电流 $i_C=10\mu A$；$t=20s$ 时，放电电流 $i_C=6\mu A$。试求此电路的时间常数 $\tau$ 和放电电流的最大值 $i_C(0_+)$（提示：两个时刻 $i_C$ 的表达式联立）。

**7-2-3**　如图 7-47 所示电路原已稳定，$t=0$ 时断开开关 S 后，$u_C$ 达到 47.51V 的时间为多少？

**7-2-4**　如图 7-48 所示是利用电容器放电的过渡过程测子弹出口速度的原理图。子弹离开枪口即将开关 $S_1$ 断开，使电容 $C$ 通过电阻 $R$ 放电。开关 $S_2$ 和 $S_3$ 系联锁装置，当子弹把 $S_2$ 打开，$S_3$ 就立即闭合，这样就可以由冲击检流计 $G$ 测出电容的剩余电荷（瞬间通过短路线中和，$G$ 的内阻为零）。设 $l=4m$，$U=100V$，$C=0.2\mu F$，$R=50k\Omega$，测得剩余电荷 $Q=7.65\mu C$。试计算子弹的速度 $v$。

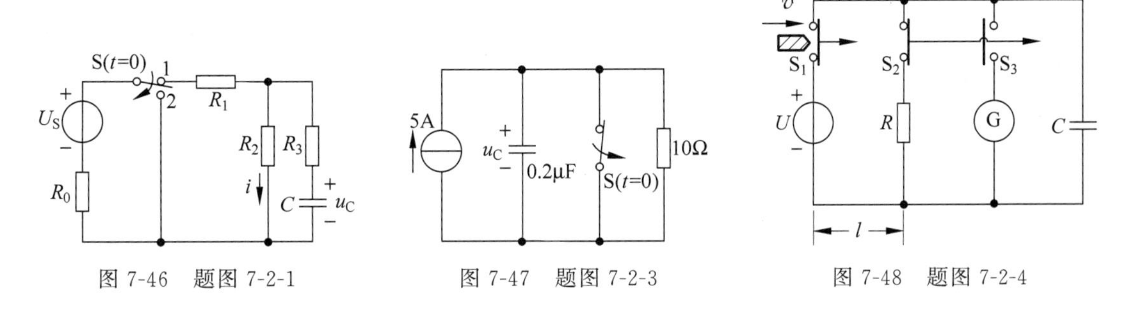


图 7-46　题图 7-2-1　　图 7-47　题图 7-2-3　　图 7-48　题图 7-2-4

**7-2-5**　如图 7-49 所示，开关 S 闭合前电容电压 $u_C$ 为零。$t=0$ 时开关 S 闭合，试求 $t>0$ 时的 $u_C(t)$ 和 $i(t)$。

**7-2-6**　如图 7-50 所示电路中 $u_C(0_-)=0$，在 $t=0$ 时闭合开关 S 后，写出 A 点电位变化规律的表达式。

**7-3-1**　如图 7-51 所示，已知 $U_S=20V$，$R_1=R_2=10\Omega$，$R_3=20\Omega$，$L=1H$，换路前电路已处稳态。开关 S 在 $t=0$ 时由 1 点切换到 2 点，求 $t\geqslant 0$ 时的各支路电流。

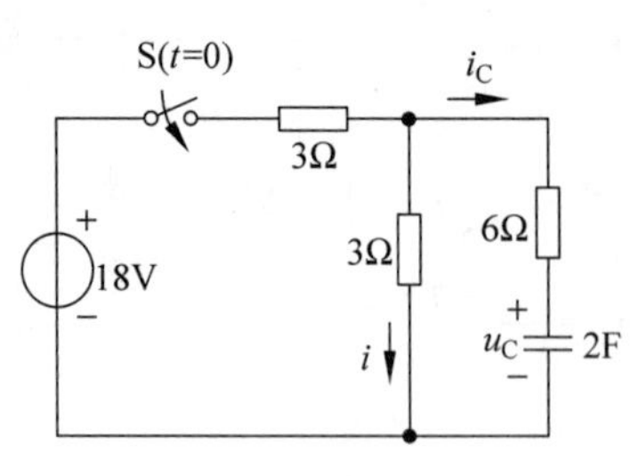


图 7-49　题图 7-2-5

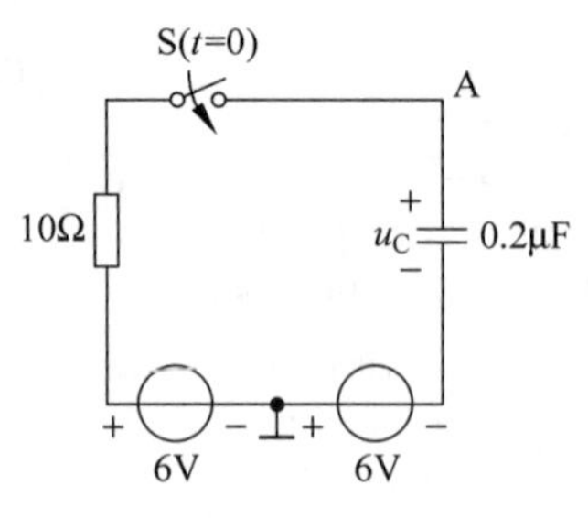


图 7-50　题图 7-2-6

**7-3-2**　如图 7-52 所示，某电机的励磁绕组电阻 $R=30\Omega$，电感 $L=2\text{H}$，正常工作时与 220V 的电源接通。为避免开关 S 断开时在绕组两端产生过高的电压，可与绕组并联一个二极管支路，若要求：

(1) S 断开时绕组电压 $u(t)$ 不超过正常工作电压的 3 倍。

(2) 在 0.1s 内 $u(t)$ 衰减到初始值的 5%。试求 $R_1$ 的取值范围。

**7-3-3**　如图 7-53 所示，已知 $U_S=300\text{V}, R_1=R_2=R_3=100\Omega, L=0.1\text{H}, i_2(0_-)=0$，设开关 S 在 $t=0$ 时接通。求各支路电流，并画 $i_2(t)$ 的波形图。

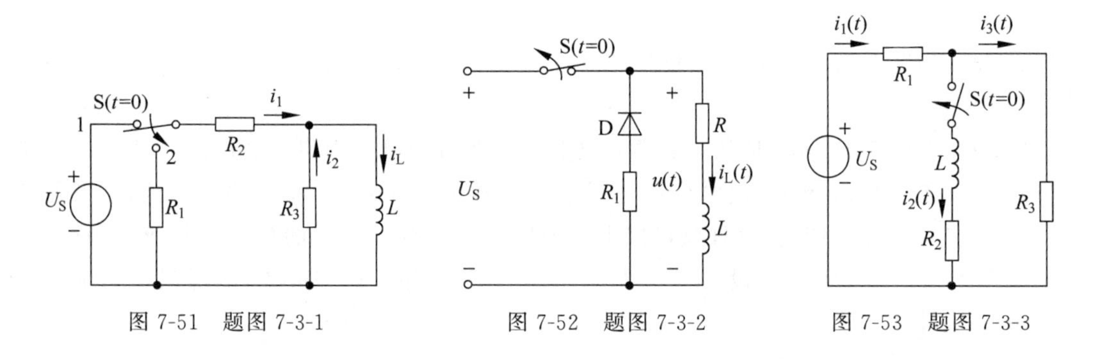


图 7-51　题图 7-3-1　　图 7-52　题图 7-3-2　　图 7-53　题图 7-3-3

**7-3-4**　如图 7-54 所示，已知 $i_L(0_-)=0$，在 $t=0$ 时开关 S 打开，试求换路后的零状态响应 $i_L(t)$。

**7-3-5**　如图 7-55 所示，$u_S(t)=\sqrt{2}\sin\omega t\,\text{V}, \omega=10^3\,\text{rad/s}$，电路的初始状态为零。当 $t=0$ 时闭合开关 S 后，求电流 $i_L(t)$。

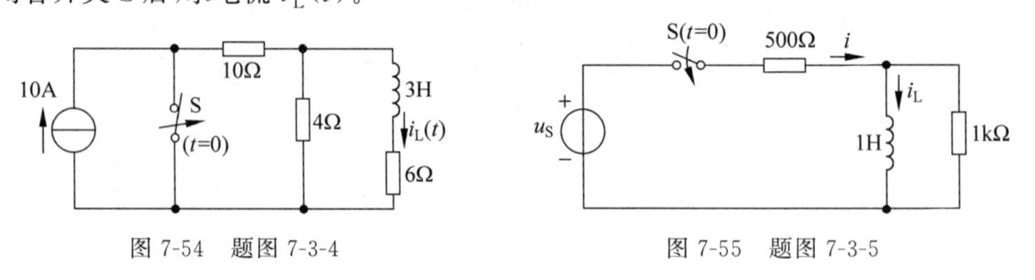


图 7-54　题图 7-3-4　　图 7-55　题图 7-3-5

**7-3-6**　某 RL 串联电路于 $t=0$ 时与正弦电压 $u(t)$ 相接通，已知 $u(t)=220\sqrt{2}\sin(\omega t+\psi)\text{V}, \omega=314\text{rad/s}, R=30\Omega, L=0.2\text{H}$。

(1) 若 $\psi=0°$，试求电路中的电流 $i(t)$。

(2) 若与电源接通后电路立即进入稳态，试求 $\psi$。

**7-3-7**　如图 7-56 所示，电路原稳定，$t=0$ 时开关 S 闭合。求 S 闭合后的 $i_1(t)$、$i_2(t)$和 $i_3(t)$。

**7-4-1**　如图 7-57 所示，$t=0$ 时开关闭合，求电容电压的表达式，并画出波形图。

**7-4-2**　如图 7-58 所示，电路原已稳定，$t=0$ 时开关 S 从 1 扳到位置 2 后，求 $i_L(t)$、$u_L(t)$。

**7-4-3**　如图 7-59 所示，电路原已稳定，$t=0$ 时闭合开关 S 后，求电流 $i(t)$的全响应、零输入响应、零状态响应、暂态分量和稳态分量。

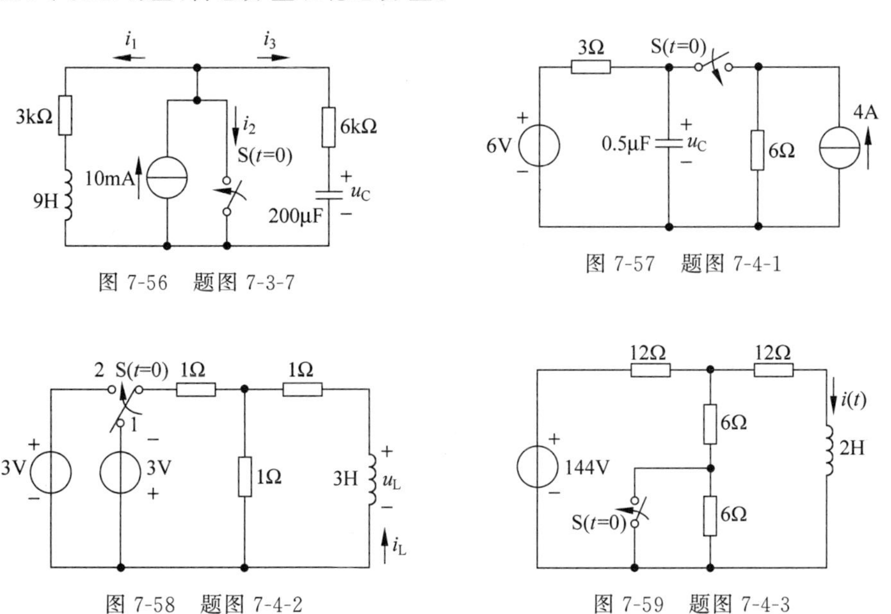


图 7-56　题图 7-3-7

图 7-57　题图 7-4-1

图 7-58　题图 7-4-2

图 7-59　题图 7-4-3

**7-4-4**　如图 7-60 所示，电路在开关 S 闭合前已达稳态，试求换路后的全响应 $u_C$，并画出它的曲线。

**7-4-5**　如图 7-61 所示，电路原处于稳定状态，$t=0$ 时开关闭合，求 $u(t)$。

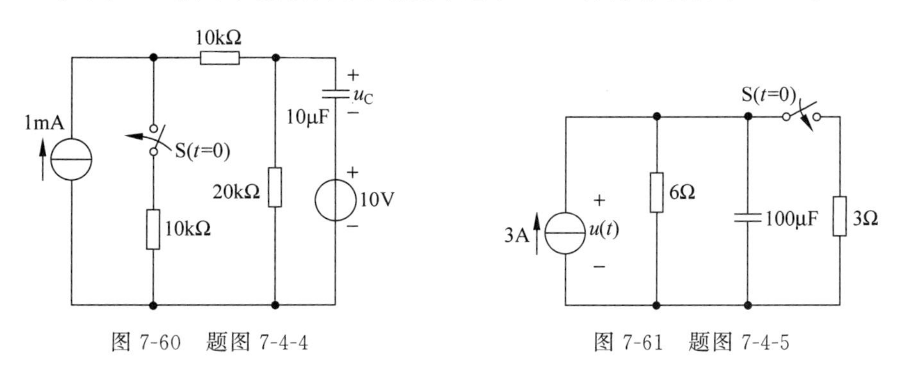


图 7-60　题图 7-4-4

图 7-61　题图 7-4-5

**7-4-6**　如图 7-62 所示，已知 $U_S=60\text{V}$，$R_1=2\text{k}\Omega$，$R_2=5\text{k}\Omega$，$R_3=3\text{k}\Omega$，$C=\frac{50}{3}\mu\text{F}$。开关闭合前电路已经稳定。当 $t=0$ 时，闭合开关 S，求：

(1) 电容电压 $u(t)$的变化规律。

（2）电容电压下降到 40V 所经历的时间。

**7-4-7** 如图 7-63 所示，若 $i_1(0_-)=0$，AB 端口开路，开关 S 在 $t=0$ 时闭合后，求 $u_2(t)$ 和 $i_1(t)$。

**7-4-8** 如图 7-64 所示，开关在位置 1 已很长时间。$t=0$ 时，开关打到位置 2。

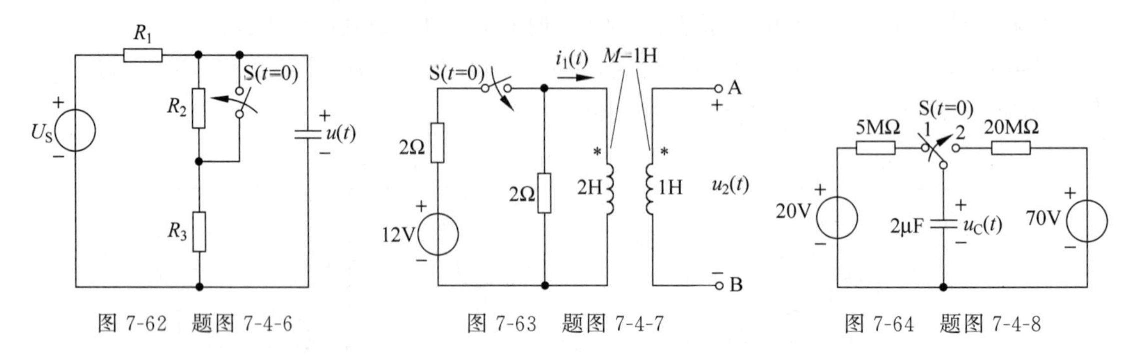


图 7-62　题图 7-4-6　　图 7-63　题图 7-4-7　　图 7-64　题图 7-4-8

（1）求 $t \geqslant 0$ 时 $u_C(t)$ 的表达式。

（2）求 $t=5\text{s}$ 和 $t=40\text{s}$ 时电压 $u_C(t)$ 的值。

习题答案

第8章

CHAPTER 8

# 二端口网络

许多电路都可由功能独立的单元电路组成，了解这些单元电路的输入/输出端口间的伏安关系，就能了解它们的特性并正确使用。二端口网络是最简单的单元电路，其内部为线性电阻、电感、电容、耦合线圈连接而成，可以有受控源，但不含独立电源。本章讨论表征二端口网络端口电压、电流关系的网络参数与方程，端口接信号源和负载时电路的分析，二端口网络的等效电路以及级联等。

## 8.1 二端口网络的端口条件及导纳参数、阻抗参数方程

常见的二端口网络举例如图8-1所示，左侧输入端口用11′表示，右侧输出端口用22′表示。

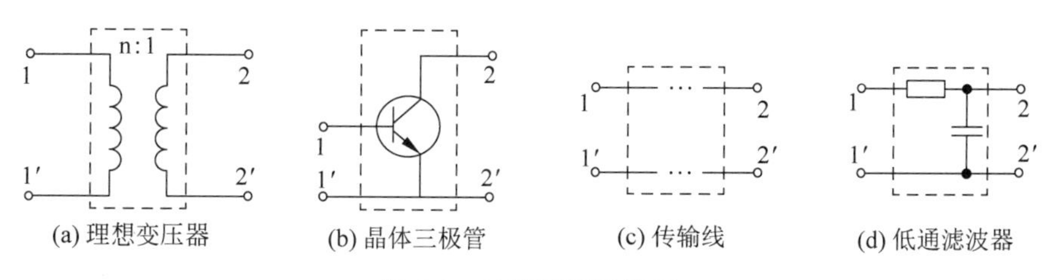


图8-1 二端口网络举例

### 8.1.1 二端口网络的端口条件

如图8-2(a)所示为二端口网络，用符号N表示，电路的输入端口11′可与前方电路相连，输出端口22′可与后续电路相连。此二端口网络可以是某个整体电路中的一个中间环节，它的**一个端口由一对端子构成，且满足从一个端子流入的电流等于从另一个端子流出的电流的条件**。

如图8-2(a)所示二端口网络的端口条件为

$$\dot{I}_1=\dot{I}'_1,\quad \dot{I}_2=\dot{I}'_2 \tag{8-1}$$

图8-2(b)是普通四端子网络，不符合式(8-1)的条件，不是本章讨论的范畴。因此二端口网络只有四个变量：$\dot{I}_1$、$\dot{I}_2$、$\dot{U}_1$、$\dot{U}_2$，其参考方向统一规定如图8-2(a)所示，即$\dot{I}_1$从1端子流进从1′端子流出，$\dot{I}_2$从2端子流进从2′端子流出，$\dot{U}_1$、$\dot{U}_2$的极性均设置为上正下负。

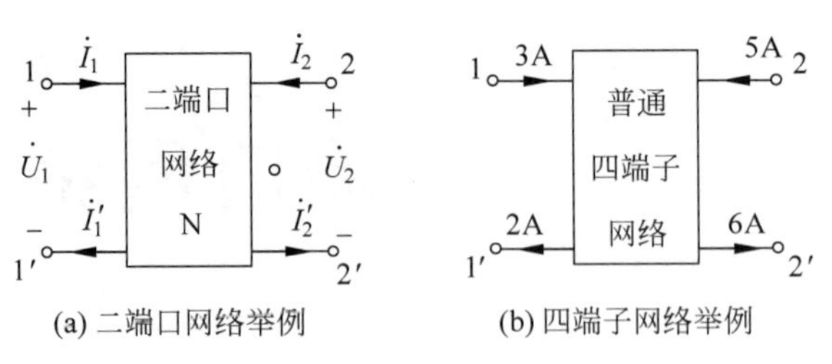


(a) 二端口网络举例　　(b) 四端子网络举例

图 8-2　二端口网络的端口条件

## 8.1.2　二端口网络的导纳参数方程

参数方程就是网络的伏安关系式，其中参数值反映了网络的固有特性，仅与内部元件的 ***R***、***L***、***C***、***M*** 值及频率有关，与外部电源无关。

二端口网络的导纳参数方程如式(8-2)，简称 ***Y*** 参数方程。该方程反映了网络电压对电流的控制能力，电压为自变量，电流随电压而变。其中 $Y_{11}$、$Y_{12}$、$Y_{21}$、$Y_{22}$ 称为 ***Y*** 参数，单位为西门子(S)。如图 8-3 所示，***Y*** 参数方程中的 $\dot{I}_1$、$\dot{I}_2$ 可看成两个电压源分别单独作用时响应分量的叠加。

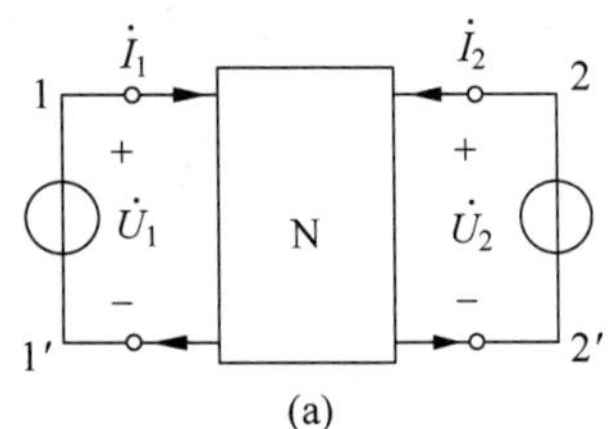

(a)

(b)

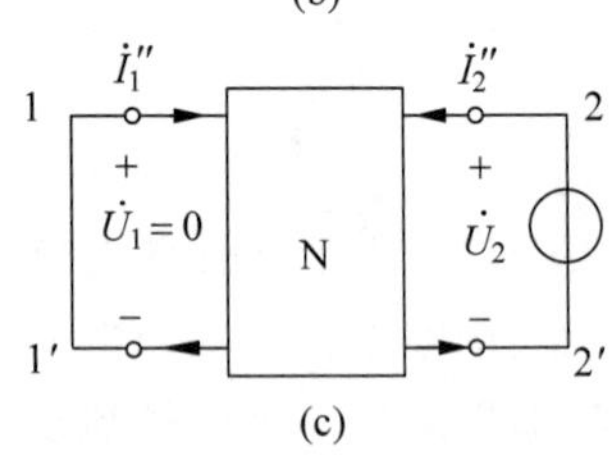

(c)

图 8-3　导纳参数的定义

$$\begin{cases}\dot{I}_1=\dot{I}'_1+\dot{I}''_1=Y_{11}\dot{U}_1+Y_{12}\dot{U}_2\\ \dot{I}_2=\dot{I}'_2+\dot{I}''_2=Y_{21}\dot{U}_1+Y_{22}\dot{U}_2\end{cases}\tag{8-2}$$

依据图 8-3(b)，$Y_{11}$、$Y_{21}$ 的定义如下：

$$Y_{11}=\left.\frac{\dot{I}_1}{\dot{U}_1}\right|_{\dot{U}_2=0}\quad\text{(22′ 端口短路时，11′ 端口的输入导纳)}$$

$$Y_{21}=\left.\frac{\dot{I}_2}{\dot{U}_1}\right|_{\dot{U}_2=0}\quad\text{(22′ 端口短路时的转移导纳)}$$

依据图 8-3(c)，$Y_{12}$、$Y_{22}$ 的定义如下：

$$Y_{12}=\left.\frac{\dot{I}_1}{\dot{U}_2}\right|_{\dot{U}_1=0}\quad\text{(11′ 端口短路时的转移导纳)}$$

$$Y_{22}=\left.\frac{\dot{I}_2}{\dot{U}_2}\right|_{\dot{U}_1=0}\quad\text{(11′ 端口短路时，22′ 端口的输入导纳)}$$

因此，***Y* 参数又称为短路参数**。

**【例 8-1】**　列写图 8-4(a)中二端口网络的 ***Y*** 参数方程。

**解**　如图 8-4(b)所示，22′端口短路，可计算 $Y_{11}$、$Y_{21}$：

$$Y_{11}=\left.\frac{\dot{I}_1}{\dot{U}_1}\right|_{\dot{U}_2=0}=(2+\mathrm{j}4)\ \mathrm{S}\text{(两个导纳并联)}$$

$$Y_{21}=\left.\frac{\dot{I}_2}{\dot{U}_1}\right|_{\dot{U}_2=0}=-\mathrm{j}4\mathrm{S}\text{（}\dot{I}_2\text{、}\dot{U}_1\text{ 间为非关联方向）}$$

如图 8-4(c)所示，11′端口短路，可计算 $Y_{12}$、$Y_{22}$：

$$Y_{12}=\left.\frac{\dot{I}_1}{\dot{U}_2}\right|_{\dot{U}_1=0}=-\mathrm{j}4\mathrm{S}\text{（}\dot{I}_1\text{、}\dot{U}_2\text{ 间为非关联方向）}$$

$$Y_{22}=\left.\frac{\dot{I}_2}{\dot{U}_2}\right|_{\dot{U}_1=0}=\mathrm{j}4-\mathrm{j}1=\mathrm{j}3\mathrm{S}\text{（两个导纳并联）}$$

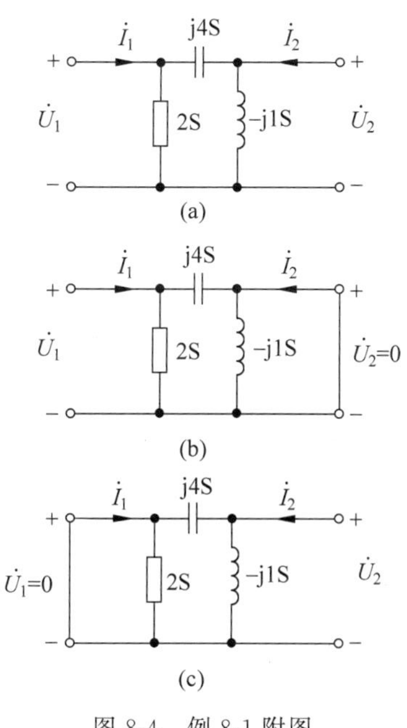


图 8-4　例 8-1 附图

***Y*** 参数可以按次序写成矩阵形式，即

$$\boldsymbol{Y}=\begin{bmatrix}Y_{11} & Y_{12}\\ Y_{21} & Y_{22}\end{bmatrix}=\begin{bmatrix}2+\mathrm{j}4 & -\mathrm{j}4\\ -\mathrm{j}4 & \mathrm{j}3\end{bmatrix}\mathrm{S}$$

得到的 ***Y*** 参数方程为

$$\begin{cases}\dot{I}_1=(2+\mathrm{j}4)\dot{U}_1-\mathrm{j}4\dot{U}_2\\ \dot{I}_2=-\mathrm{j}4\dot{U}_1+\mathrm{j}3\dot{U}_2\end{cases}$$

***Y*** 参数方程也可以写成矩阵形式，即

$$\begin{bmatrix}\dot{I}_1\\ \dot{I}_2\end{bmatrix}=\begin{bmatrix}Y_{11} & Y_{12}\\ Y_{21} & Y_{22}\end{bmatrix}\begin{bmatrix}\dot{U}_1\\ \dot{U}_2\end{bmatrix}=\begin{bmatrix}2+\mathrm{j}4 & -\mathrm{j}4\\ -\mathrm{j}4 & \mathrm{j}3\end{bmatrix}\begin{bmatrix}\dot{U}_1\\ \dot{U}_2\end{bmatrix}$$

### 8.1.3　二端口网络的阻抗参数方程

二端口网络的**阻抗参数方程**为式(8-3)，简称 ***Z*** **参数方程。该方程反映了网络电流对电压的控制能力，电流为自变量，电压随电流而变**。其中 $Z_{11}$、$Z_{12}$、$Z_{21}$、$Z_{22}$ 称为 ***Z*** 参数，单位为欧姆(Ω)。如图 8-5 所示，***Z*** 参数方程中的 $\dot{U}_1$、$\dot{U}_2$ 可看成两个电流源分别单独作用时响应分量的叠加。

$$\begin{cases}\dot{U}_1=\dot{U}_1'+\dot{U}_1''=Z_{11}\dot{I}_1+Z_{12}\dot{I}_2\\ \dot{U}_2=\dot{U}_2'+\dot{U}_2''=Z_{21}\dot{I}_1+Z_{22}\dot{I}_2\end{cases}\tag{8-3}$$

如图 8-5(b)所示，$Z_{11}$、$Z_{21}$ 的定义如下：

$$Z_{11}=\left.\frac{\dot{U}_1}{\dot{I}_1}\right|_{\dot{I}_2=0}\text{（22′ 端口开路时，11′ 端口的输入阻抗）}$$

$$Z_{21}=\left.\frac{\dot{U}_2}{\dot{I}_1}\right|_{\dot{I}_2=0}\text{（22′ 端口开路时的转移阻抗）}$$

如图 8-5(c)所示，$Z_{12}$、$Z_{22}$ 的定义如下：

$$Z_{12}=\left.\frac{\dot{U}_1}{\dot{I}_2}\right|_{\dot{I}_1=0}\text{（11′ 端口开路时的转移阻抗）}$$

(a)

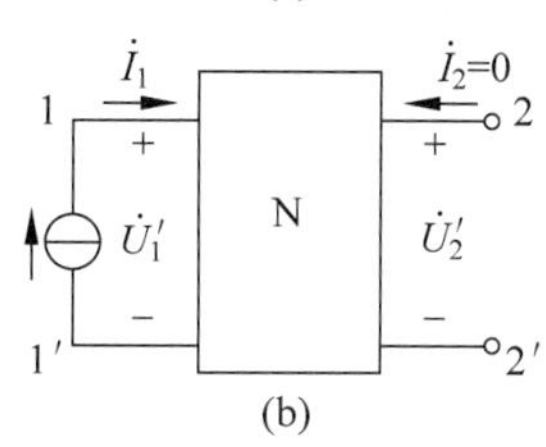


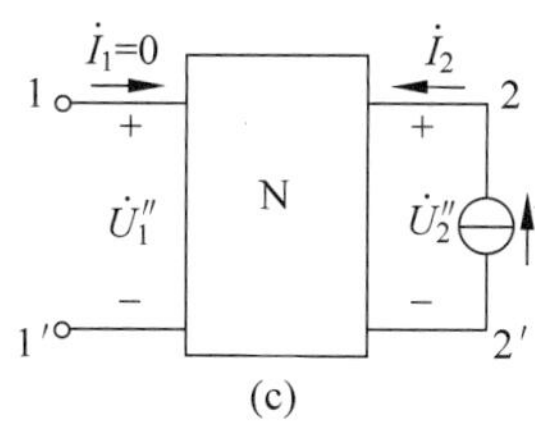


图 8-5　阻抗参数的定义

$$Z_{22}=\left.\frac{\dot{U}_2}{\dot{I}_2}\right|_{\dot{I}_1=0}\text{（11′ 端口开路时，22′ 端口的输入阻抗）}$$

因此，**Z 参数又称为开路参数**。

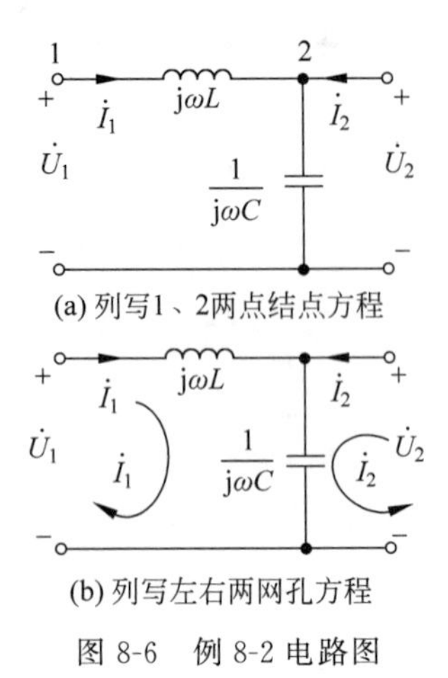

图 8-6 例 8-2 电路图

【**例 8-2**】 列写图 8-6 所示二端口网络的 $\boldsymbol{Y}$ 参数和 $\boldsymbol{Z}$ 参数方程。

**解** 网络的结点电压方程和网孔电流方程都是伏安关系式，两者可与 $\boldsymbol{Y}$ 参数、$\boldsymbol{Z}$ 参数方程可以统一起来。下面的推导不是依据二端口网络的定义来完成的，所以 2 个端口都不设置开路或短路的条件。

（1）求 $\boldsymbol{Y}$ 参数。图(a)支路数不多，1、2 两点间再无别的结点时，列写 1、2 两点的结点电压方程就是 $\boldsymbol{Y}$ 参数方程。

$$\begin{cases}\dot{I}_1=\dfrac{1}{\mathrm{j}\omega L}\dot{U}_1-\dfrac{1}{\mathrm{j}\omega L}\dot{U}_2\\[2mm]\dot{I}_2=-\dfrac{1}{\mathrm{j}\omega L}\dot{U}_1+\left(\dfrac{1}{1/\mathrm{j}\omega C}+\dfrac{1}{\mathrm{j}\omega L}\right)\dot{I}_2\end{cases}$$

则 $\boldsymbol{Y}$ 参数矩阵为

$$\boldsymbol{Y}=\begin{bmatrix}\dfrac{1}{\mathrm{j}\omega L} & -\dfrac{1}{\mathrm{j}\omega L}\\[2mm]-\dfrac{1}{\mathrm{j}\omega L} & \mathrm{j}\omega C+\dfrac{1}{\mathrm{j}\omega L}\end{bmatrix}\mathrm{S}$$

（2）求 $\boldsymbol{Z}$ 参数。图 8-6(b)电路仅有左右两个网孔时，列写两网孔电流方程就是 $\boldsymbol{Z}$ 参数方程，即

$$\begin{cases}\dot{U}_1=\left(\mathrm{j}\omega L+\dfrac{1}{\mathrm{j}\omega C}\right)\dot{I}_1+\dfrac{1}{\mathrm{j}\omega C}\dot{I}_2\\[2mm]\dot{U}_2=\dfrac{1}{\mathrm{j}\omega C}\dot{I}_1+\dfrac{1}{\mathrm{j}\omega C}\dot{I}_2\end{cases}$$

则 $\boldsymbol{Z}$ 参数矩阵为

$$\boldsymbol{Z}=\begin{bmatrix}\mathrm{j}\omega L+\dfrac{1}{\mathrm{j}\omega C} & \dfrac{1}{\mathrm{j}\omega C}\\[2mm]\dfrac{1}{\mathrm{j}\omega C} & \dfrac{1}{\mathrm{j}\omega C}\end{bmatrix}\Omega$$

例 8-1 和例 8-2 所示**电路中不含受控源，称为互易二端口网络**，有如下规律：

$$Z_{12}=Z_{21},\quad Y_{12}=Y_{21}\tag{8-4}$$

因此**互易二端口网络的 $\boldsymbol{Y}$ 参数、$\boldsymbol{Z}$ 参数的 4 个参数值中，只有 3 个是独立的**。

【**例 8-3**】 用两种方法求图 8-7(a)中的二端口网络的 $\boldsymbol{Z}$ 参数。

**解** （1）按 $\boldsymbol{Z}$ 参数的定义计算。

如图 8-7(b)所示，将 22′开路，则 $\dot{I}_2=0$，得

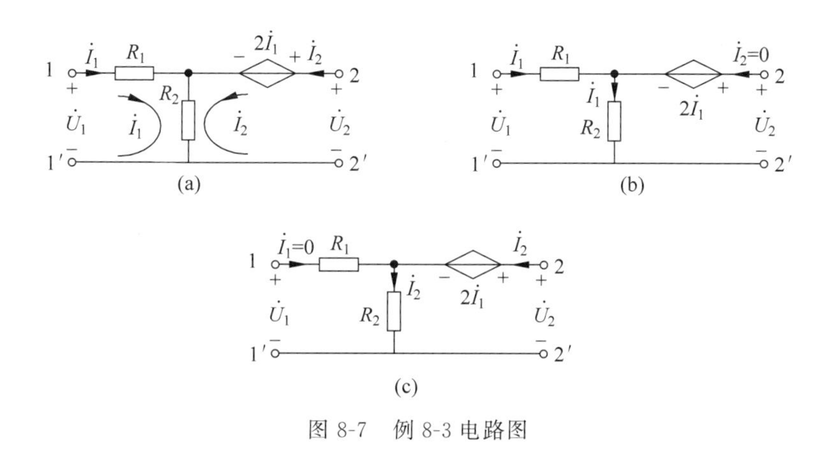


图 8-7　例 8-3 电路图

$$\dot{U}_1=\dot{I}_1(R_1+R_2),\quad Z_{11}=\left.\frac{\dot{U}_1}{\dot{I}_1}\right|_{\dot{I}_2=0}=R_1+R_2$$

$$\dot{U}_2=2\dot{I}_1+\dot{I}_1R_2,\quad Z_{21}=\left.\frac{\dot{U}_2}{\dot{I}_1}\right|_{\dot{I}_2=0}=2+R_2$$

如图 8-7(c)所示,将 11′开路,则 $\dot{I}_1=0$,得

$$\dot{U}_2=\dot{U}_1=\dot{I}_2R_2,\quad Z_{12}=\left.\frac{\dot{U}_1}{\dot{I}_2}\right|_{\dot{I}_1=0}=R_2,\quad Z_{22}=\left.\frac{\dot{U}_2}{\dot{I}_2}\right|_{\dot{I}_1=0}=R_2$$

(2) 列写两网孔电流方程直接得 **Z** 参数方程。

$$\begin{cases}\dot{U}_1=(R_1+R_2)\dot{I}_1+R_2\dot{I}_2\\ \dot{U}_2=R_2\dot{I}_1+R_2\dot{I}_2+2\dot{I}_1=(2+R_2)\dot{I}_1+R_2\dot{I}_2\end{cases}$$

得到 **Z** 参数矩阵

$$\boldsymbol{Z}=\begin{bmatrix}Z_{11} & Z_{12}\\ Z_{21} & Z_{22}\end{bmatrix}=\begin{bmatrix}R_1+R_2 & R_2\\ 2+R_2 & R_2\end{bmatrix}$$

**Z** 参数方程也可以写成矩阵形式,即

$$\begin{bmatrix}\dot{U}_1\\ \dot{U}_2\end{bmatrix}=\begin{bmatrix}Z_{11} & Z_{12}\\ Z_{21} & Z_{22}\end{bmatrix}\begin{bmatrix}\dot{I}_1\\ \dot{I}_2\end{bmatrix}=\begin{bmatrix}R_1+R_2 & R_2\\ 2+R_2 & R_2\end{bmatrix}\begin{bmatrix}\dot{I}_1\\ \dot{I}_2\end{bmatrix}$$

如图 8-7 所示电路中含有受控源,不是互易网络,则 $Z_{12}\neq Z_{21}$,$Y_{12}\neq Y_{21}$。

## 【课后练习】

**8.1.1**　某四端网络的两对端子在所有时刻都满足(　　)这一条件,则该网络可称为二端口网络。

**8.1.2**　如图 8-8 所示二端口网络的 **Z** 参数矩阵为(　　)。

**8.1.3**　如图 8-9 所示二端口网络的 **Z** 参数矩阵为(　)Ω。

A. $\begin{bmatrix}1/3 & 1/3\\1/3 & 1/3\end{bmatrix}$　　B. $\begin{bmatrix}1/3 & -1/3\\-1/3 & 1/3\end{bmatrix}$　　C. $\begin{bmatrix}3 & 3\\3 & 3\end{bmatrix}$　　D. $\begin{bmatrix}3 & -3\\-3 & 3\end{bmatrix}$

**8.1.4**　如图 8-10 所示二端口网络的 **Y** 参数矩阵为（　　）S。

A. $\begin{bmatrix}1/Z & 1/Z\\1/Z & 1/Z\end{bmatrix}$　　B. $\begin{bmatrix}-1/Z & -1/Z\\-1/Z & -1/Z\end{bmatrix}$

C. $\begin{bmatrix}-1/Z & 1/Z\\1/Z & -1/Z\end{bmatrix}$　　D. $\begin{bmatrix}1/Z & -1/Z\\-1/Z & 1/Z\end{bmatrix}$

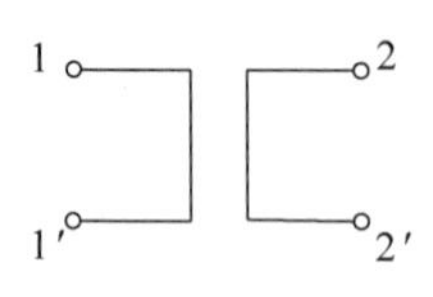

图 8-8　8.1.2 电路图

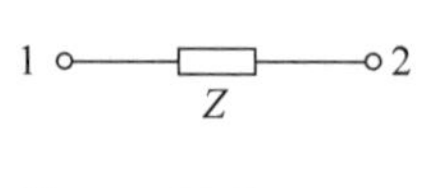

图 8-9　8.1.3 电路图

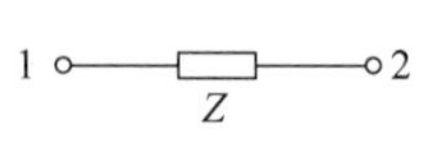

图 8-10　8.1.4 电路图

**8.1.5**　某二端口网络中，当其中 11′端口短路，已知 $I_1=4I_2$，$U_2=0.25I_2$，下列各式正确的是（　　）

A. $Y_{11}=4\text{S}$　　B. $Y_{12}=8\text{S}$　　C. $Y_{21}=10\text{S}$　　D. $Y_{22}=4\text{S}$

**8.1.6**　如图 8-11 所示，求二端口网络的 **Y** 参数。（提示：设 1′点为参考结点，列图中三个结点的电压方程，再化简）

**8.1.7**　如图 8-12 所示，求二端口网络的 **Z** 参数。

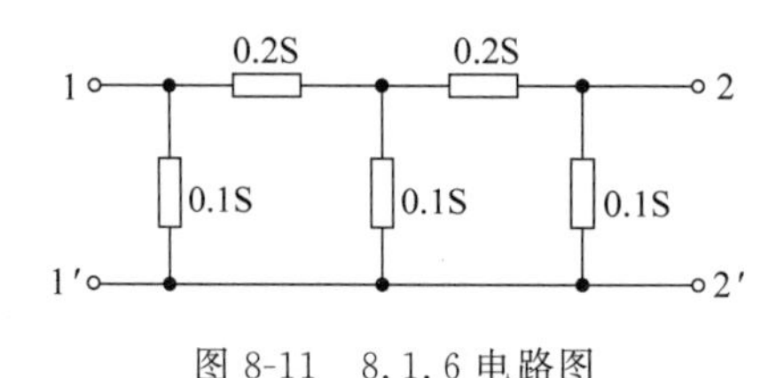

图 8-11　8.1.6 电路图

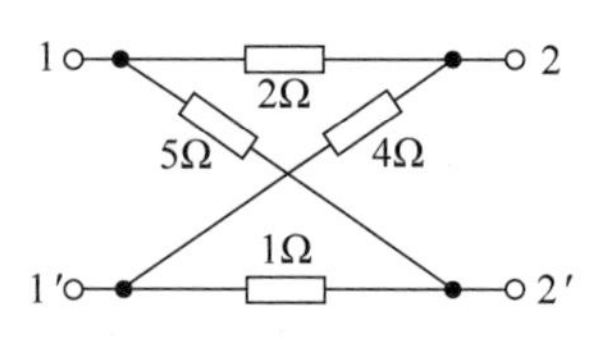

图 8-12　8.1.7 电路图

## 8.2　二端口网络的传输参数、混合参数方程

二端口网络的导纳参数、阻抗参数是基本参数，而传输参数、混合参数是工程中的应用参数。

### 8.2.1　二端口网络的传输参数方程

二端口网络的**传输参数方程简称为 *T* 参数方程**，方程式为

$$\begin{cases}\dot{U}_1=A\dot{U}_2+B(-\dot{I}_2)\\ \dot{I}_1=C\dot{U}_2+D(-\dot{I}_2)\end{cases}\tag{8-5}$$

方程的矩阵形式为

$$\begin{bmatrix}\dot{U}_1\\ \dot{I}_1\end{bmatrix}=\begin{bmatrix}A & B\\ C & D\end{bmatrix}\begin{bmatrix}\dot{U}_2\\ -\dot{I}_2\end{bmatrix}=T\begin{bmatrix}\dot{U}_2\\ -\dot{I}_2\end{bmatrix}$$

**该方程以 $\dot{U}_2$、$(-\dot{I}_2)$ 为自变量，$\dot{U}_1$、$\dot{I}_1$ 为因变量，反映了 22′端口的电压、电流对 11′端口电压、电流的控制能力，即反映了二端口间的传输特性**。如图 8-13 所示，从信号传输的角度考虑参考方向的设置，只有 $(-\dot{I}_2)$ 的参考方向才是向后续网络传输的电流方向。

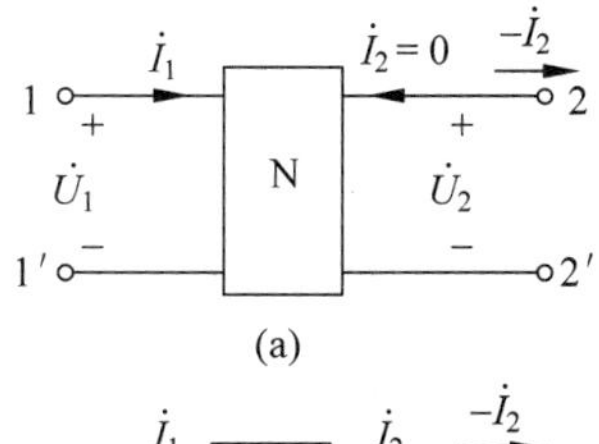


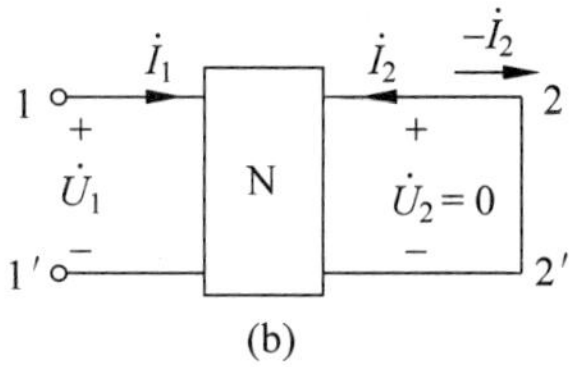


图 8-13 **T** 参数定义

如图 8-13(a)所示，令 22′开路 $\dot{I}_2=0$，**T** 参数中的 $A$、$C$ 定义为

$$A=\left.\frac{\dot{U}_1}{\dot{U}_2}\right|_{\dot{I}_2=0}\quad\text{（22′ 端口开路时的转移电压比）}$$

$$C=\left.\frac{\dot{I}_1}{\dot{U}_2}\right|_{\dot{I}_2=0}\quad\text{（22′ 端口开路时的转移导纳(S)）}$$

如图 8-13(b)所示，令 22′短路 $\dot{U}_2=0$，**T** 参数中的 $B$、$D$ 的定义为

$$B=\left.\frac{\dot{U}_1}{-\dot{I}_2}\right|_{\dot{U}_2=0}\quad\text{（22′ 端口短路时的转移阻抗(Ω)）}$$

$$D=\left.\frac{\dot{I}_1}{-\dot{I}_2}\right|_{\dot{U}_2=0}\quad\text{（22′ 端口短路时的转移电流比）}$$

**【例 8-4】** 如图 8-14(a)所示，求二端口网络的 **T** 参数方程。

(a) (b) (c)

图 8-14 例 8-4 附图

**解** 按 **T** 参数的定义计算，设 22′开路如图 8-14(b)所示，即 $\dot{I}_2=0$，同时 $\dot{I}_1=0$，$\dot{U}_2=\dot{U}_1$，则

$$A=\left.\frac{\dot{U}_1}{\dot{U}_2}\right|_{\dot{I}_2=0}=1,\quad C=\left.\frac{\dot{I}_1}{\dot{U}_2}\right|_{\dot{I}_2=0}=0$$

再设 22′短路如图 8-14(c)所示，即 $\dot{U}_2=0$，$-\dot{I}_2=\dot{I}_1$，则

$$B=\left.\frac{\dot{U}_1}{-\dot{I}_2}\right|_{\dot{U}_2=0}=Z,\quad D=\left.\frac{\dot{I}_1}{-\dot{I}_2}\right|_{\dot{U}_2=0}=1$$

所以

$$\begin{cases}\dot{U}_1=\dot{U}_2+Z(-\dot{I}_2)\\ \dot{I}_1=-\dot{I}_2\end{cases},\quad \boldsymbol{T}=\begin{bmatrix}1 & Z\\ 0 & 1\end{bmatrix} \tag{8-6}$$

推论得知,与图 8-14(a)结构相同的二端口网络,其 $\boldsymbol{T}$ 参数均与式(8-6)一致。

**【例 8-5】** 如图 8-15(a)所示,求二端口网络的 $\boldsymbol{T}$ 参数方程。

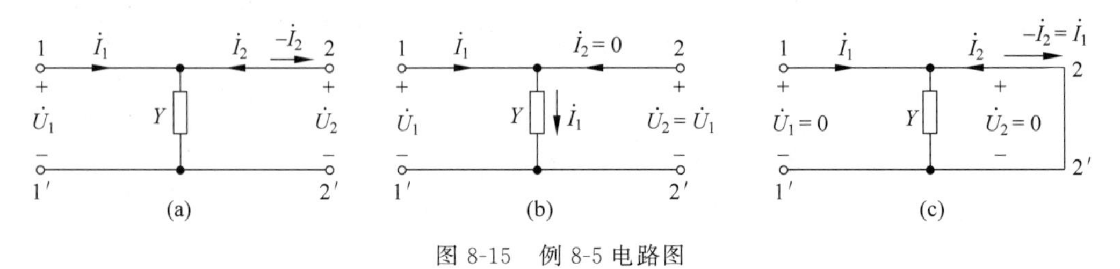


图 8-15 例 8-5 电路图

**解** 按 $\boldsymbol{T}$ 参数的定义计算,设 22′开路如图 8-15(b)所示,$\dot{I}_2=0$,$\dot{U}_2=\dot{U}_1$,则

$$A=\left.\frac{\dot{U}_1}{\dot{U}_2}\right|_{\dot{I}_2=0}=1,\quad C=\left.\frac{\dot{I}_1}{\dot{U}_2}\right|_{\dot{I}_2=0}=Y$$

再设 22′短路如图 8-15(c)所示,$\dot{U}_2=\dot{U}_1=0$,$-\dot{I}_2=\dot{I}_1$,则

$$B=\left.\frac{\dot{U}_1}{-\dot{I}_2}\right|_{\dot{U}_2=0}=0,\quad D=\left.\frac{\dot{I}_1}{-\dot{I}_2}\right|_{\dot{U}_2=0}=1$$

所以

$$\begin{cases}\dot{U}_1=\dot{U}_2\\ \dot{I}_1=Y\dot{U}_2-\dot{I}_2\end{cases},\quad \boldsymbol{T}=\begin{bmatrix}1 & 0\\ Y & 1\end{bmatrix} \tag{8-7}$$

推论得知,与图 8-15(a)结构相同的二端口网络,其 $\boldsymbol{T}$ 参数均与式(8-7)一致。图 8-14 和图 8-15 都不含受控源,是互易网络,**互易网络的 $\boldsymbol{T}$ 参数:$\boldsymbol{AD-BC=1}$**。电力工程中的长距离输电线常用 $\boldsymbol{T}$ 参数方程来描述其特性。

## 8.2.2 二端口网络的混合参数方程

二端口网络的**混合参数方程简称为 $\boldsymbol{H}$ 参数方程**,方程式为

$$\begin{cases}\dot{U}_1=H_{11}\dot{I}_1+H_{12}\dot{U}_2\\ \dot{I}_2=H_{21}\dot{I}_1+H_{22}\dot{U}_2\end{cases} \tag{8-8}$$

方程的矩阵形式为

$$\begin{bmatrix}\dot{U}_1\\\dot{I}_2\end{bmatrix}=\begin{bmatrix}H_{11} & H_{12}\\H_{21} & H_{22}\end{bmatrix}\begin{bmatrix}\dot{I}_1\\\dot{U}_2\end{bmatrix}=H\begin{bmatrix}\dot{I}_1\\\dot{U}_2\end{bmatrix}$$

该方程自变量中有电压也有电流，有 11′端口的量也有 22′端口的量，是混合控制型。

如图 8-16(a)所示，令 22′短路 $\dot{U}_2=0$，$\boldsymbol{H}$ 参数中的 $H_{11}$、$H_{21}$ 的定义为

$$H_{11}=\left.\frac{\dot{U}_1}{\dot{I}_1}\right|_{\dot{U}_2=0}\text{（22′ 端口短路时，11′ 端口的输入阻抗(Ω)）}$$

$$H_{21}=\left.\frac{\dot{I}_2}{\dot{I}_1}\right|_{\dot{U}_2=0}\text{（22′ 端口短路时的转移电流比）}$$

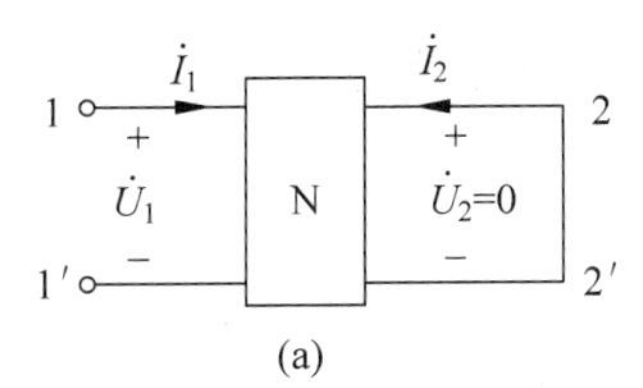

(a)

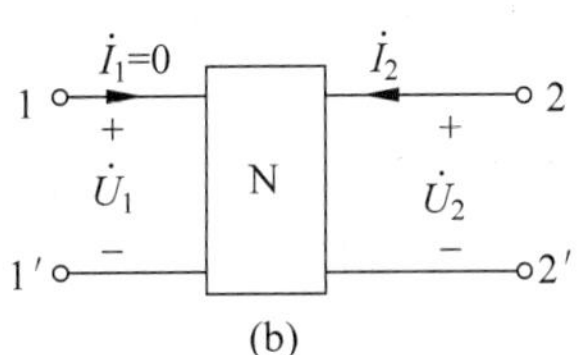

(b)

图 8-16　**H** 参数的定义

如图 8-16(b)所示，令 11′开路 $\dot{I}_1=0$，$\boldsymbol{H}$ 参数中的 $H_{12}$、$H_{22}$ 的定义为

$$H_{12}=\left.\frac{\dot{U}_1}{\dot{U}_2}\right|_{\dot{I}_1=0}\text{（11′ 端口开路时的转移电压比）}$$

$$H_{22}=\left.\frac{\dot{I}_2}{\dot{U}_2}\right|_{\dot{I}_1=0}\text{（11′ 端口开路时，22′ 端口的输入导纳(S)）}$$

虽然 $H_{12}=\left.\frac{\dot{U}_1}{\dot{U}_2}\right|_{\dot{I}_1=0}$ 与 $\boldsymbol{T}$ 参数中的 $A=\left.\frac{\dot{U}_1}{\dot{U}_2}\right|_{\dot{I}_2=0}$ 都是 $\dot{U}_1$ 与 $\dot{U}_2$ 之比，但是同一网络的 $H_{12}$ 并不等于 $A$，仔细观察可知二者的条件不一致，前者的条件是 $\dot{I}_1=0$，后者的条件是 $\dot{I}_2=0$。其他参数也有类似情况，条件不同，参数值不相等。

**【例 8-6】** 图 8-17(a)为电子线路中的晶体三极管，它起电流放大作用，有三个电极：b—基极；c—集电极；e—发射极。在放大极小信号时其交流微变等效电路如图 8-17(b)所示，$r_{be}$ 为三极管的输入电阻，$r_{ce}$ 为 ce 两点间的等效电阻，试列写该二端口网络的 $\boldsymbol{H}$ 参数方程。

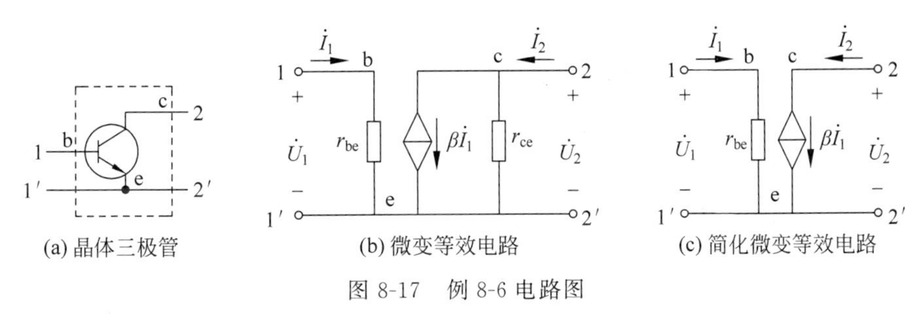

图 8-17　例 8-6 电路图

**解**　为了思路清晰，可先将要求的参数方程结构列出来，再根据电路图设法用 KCL、KVL，使方程中的参数具体化。

$$\begin{cases}\dot{U}_1 = H_{11}\dot{I}_1 + H_{12}\dot{U}_2 = r_{\mathrm{be}}\dot{I}_1 \\ \dot{I}_2 = H_{21}\dot{I}_1 + H_{22}\dot{U}_2 = \beta\dot{I}_1 + \dfrac{1}{r_{\mathrm{ce}}}\dot{U}_2\end{cases}$$

***H*** 参数矩阵为

$$\boldsymbol{H} = \begin{bmatrix} H_{11} & H_{12} \\ H_{21} & H_{22}\end{bmatrix} = \begin{bmatrix} r_{\mathrm{be}} & 0 \\ \beta & \dfrac{1}{r_{\mathrm{ce}}}\end{bmatrix}$$

由于 $r_{\mathrm{ce}}$ 通常很大，所以三极管的微变等效电路可简化为图 8-17(c)。其中 $\beta = H_{21}$，称为晶体三极管的电流放大倍数。

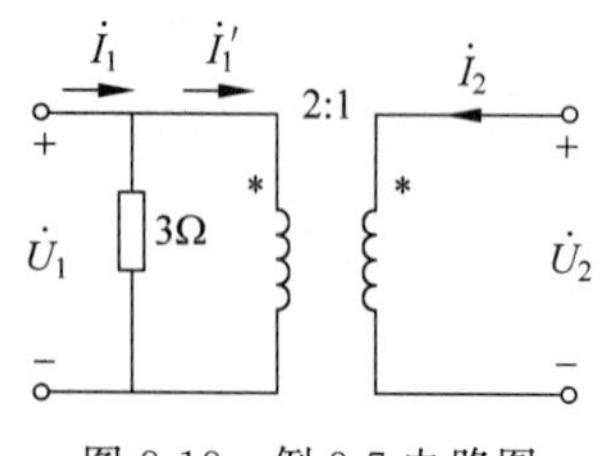


图 8-18　例 8-7 电路图

**【例 8-7】** 如图 8-18 所示，列写二端口网络的 ***H*** 参数和 ***T*** 参数方程。

**解**　下面的解答不是依据二端口网络的定义来完成的，所以端口都不设置开路或短路的条件，直接列出端口的伏安关系式即可。

该电路中包含一个理想变压器，其端口的伏安关系式为

$$\dot{U}_1 = 2\dot{U}_2,\quad \dot{I}_1' = -\frac{\dot{I}_2}{2}\quad 或\quad \dot{I}_2 = -2\dot{I}_1'$$

$$\dot{I}_1' = \dot{I}_1 - \frac{\dot{U}_1}{3}\quad 或\quad \dot{I}_1 = \dot{I}_1' + \frac{\dot{U}_1}{3}$$

(1) 先列出 ***H*** 参数方程的结构，再具体化。其中没有关系的两个量之间的参数为 0。

$$\begin{cases}\dot{U}_1 = H_{11}\dot{I}_1 + H_{12}\dot{U}_2 = 2\dot{U}_2 = 0 + 2\dot{U}_2 \\ \dot{I}_2 = H_{21}\dot{I}_1 + H_{22}\dot{U}_2 = -2\left(\dot{I}_1 - \dfrac{\dot{U}_1}{3}\right) = -2\dot{I}_1 + \dfrac{4}{3}\dot{U}_2\end{cases}$$

即

$$\boldsymbol{H} = \begin{bmatrix} 0 & 2 \\ -2 & \dfrac{4}{3}\mathrm{S}\end{bmatrix}$$

如图 8-18 所示，电路中不包含受控源，是互易网络。互易网络的 ***H*** 参数，其中 $H_{12} = -H_{21}$。

(2) 先列出 ***T*** 参数方程的结构，再具体化。

$$\begin{cases}\dot{U}_1 = A\dot{U}_2 + B(-\dot{I}_2) = 2\dot{U}_2 = 2\dot{U}_2 + 0 \\ \dot{I}_1 = C\dot{U}_2 + D(-\dot{I}_2) = \dfrac{\dot{U}_1}{3} + \dot{I}_1' = \dfrac{2}{3}\dot{U}_2 + \dfrac{1}{2}(-\dot{I}_2)\end{cases}$$

即

$$\boldsymbol{T} = \begin{bmatrix} 2 & 0 \\ \dfrac{2}{3}\mathrm{S} & \dfrac{1}{2}\end{bmatrix}$$

因为 $\boldsymbol{T}$ 参数中的 $\dot{I}_2$ 跟着一个负号($-\dot{I}_2$)，所以 $D\neq-\frac{1}{2}$，而是 $D=\frac{1}{2}$。

**【例 8-8】** 如图 8-19 所示，已知二端口网络 N 的 $\boldsymbol{H}$ 参数矩阵为 $\begin{bmatrix}16\Omega & 3\\ -2 & 0.01\mathrm{S}\end{bmatrix}$，求

(1)$\frac{U_2}{U_1}$；(2)$\frac{I_2}{I_1}$；(3)$\frac{I_1}{U_1}$；(4)$\frac{U_2}{I_2}$。

**解** 题目所给 $\boldsymbol{H}$ 参数与频率无关，可见是电阻性网络。参数方程就是伏安关系式，那么端子电流、电压可以是直流，也可以是交流瞬时值。求出二端口网络的各种参数，目的还是用于计算。本例是一个完整电路，二端口网络前方接有电源支路，后方接有负载支路。将 $\boldsymbol{H}$ 参数方程与电源支路、负载支路的伏安关系式联立，就可计算出所有电流电压。

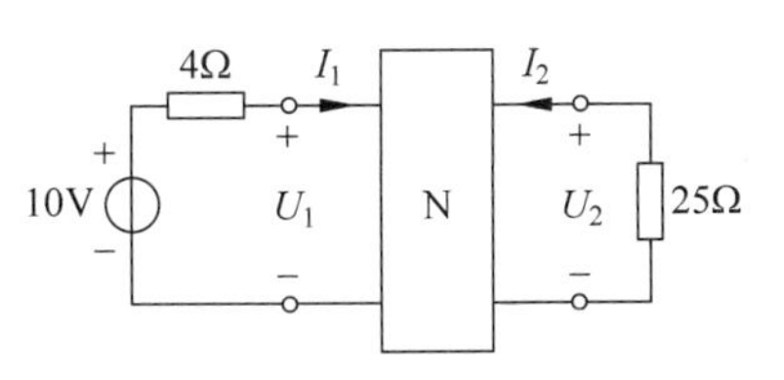

图 8-19　例 8-8 电路图

$$\begin{cases}U_1=16I_1+3U_2\\ I_2=-2I_1+0.01U_2\\ U_1=-4I_1+10\\ U_2=-25I_2\end{cases}\tag{8-9}$$

解联立方程得

$$I_1=\frac{1}{14}\mathrm{A},\quad I_2=-\frac{4}{35}\mathrm{A},\quad U_1=\frac{68}{7}\mathrm{V},\quad U_2=\frac{20}{7}\mathrm{V}$$

由此可得

(1) $\frac{U_2}{U_1}=\frac{20/7}{68/7}=\frac{20}{68}=\frac{5}{17}$(电压放大倍数(电压增益))

(2) $\frac{I_2}{I_1}=\frac{-4/35}{1/14}=-\frac{4\times14}{35}=-\frac{8}{5}$(电流放大倍数(电流增益))

(3) $\frac{I_1}{U_1}=\frac{1/14}{68/7}=\frac{1\times7}{68\times14}=\frac{1}{136}\mathrm{S}$(11′端口输入电导)

(4) $\frac{U_2}{I_2}=\frac{20/7}{-4/35}=-\frac{20\times35}{7\times4}=-25\Omega$(22′端口输入电阻)

**并不是所有二端口网络的 $\boldsymbol{Y}$ 参数、$\boldsymbol{Z}$ 参数都存在，与图 8-20(a)结构相同的二端口网络 $\boldsymbol{Z}$ 参数不存在，**因为 $\dot{I}_1=0$ 时，$\dot{I}_2$ 也为零，$\boldsymbol{Z}$ 参数表达式的分母为零。**与图 8-20(b)结构相同的二端口网络 $\boldsymbol{Y}$ 参数不存在，**因为 $\dot{U}_1=0$ 时，$\dot{U}_2$ 也为零，$\boldsymbol{Y}$ 参数表达式的分母为零。**与图 8-20(c)结构相同的二端口网络 $\boldsymbol{Z}$、$\boldsymbol{Y}$ 参数均不存在，仅存在 $\boldsymbol{T}$、$\boldsymbol{H}$ 参数，**因为理想变压器的端口电压与其电流无关，在形式上不能从其伏安关系中推导出 $\boldsymbol{Z}$、$\boldsymbol{Y}$ 参数。

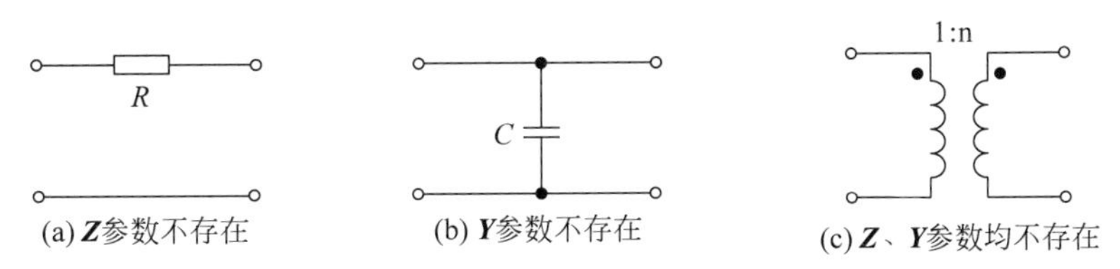

图 8-20　几种特殊的二端口网络

### 8.2.3 二端口网络参数方程小结

表 8-1 列出了二端口网络 4 种参数方程的各种信息，便于记忆和对比。

**表 8-1 二端口网络 4 种参数方程的各种信息**

| | $\boldsymbol{Y}$ 参数 | $\boldsymbol{Z}$ 参数 | $\boldsymbol{T}$ 参数 | $\boldsymbol{H}$ 参数 |
|---|---|---|---|---|
| 参数方程 | $\dot{I}_1=Y_{11}\dot{U}_1+Y_{12}\dot{U}_2$<br>$\dot{I}_2=Y_{21}\dot{U}_1+Y_{22}\dot{U}_2$ | $\dot{U}_1=Z_{11}\dot{I}_1+Z_{12}\dot{I}_2$<br>$\dot{U}_2=Z_{21}\dot{I}_1+Z_{22}\dot{I}_2$ | $\dot{U}_1=A\dot{U}_2+B(-\dot{I}_2)$<br>$\dot{I}_1=C\dot{U}_2+D(-\dot{I}_2)$ | $\dot{U}_1=H_{11}\dot{I}_1+H_{12}\dot{U}_2$<br>$\dot{I}_2=H_{21}\dot{I}_1+H_{22}\dot{U}_2$ |
| 参数矩阵 | $\boldsymbol{Y}=\begin{bmatrix}Y_{11} & Y_{12}\\Y_{21} & Y_{22}\end{bmatrix}$ | $\boldsymbol{Z}=\begin{bmatrix}Z_{11} & Z_{12}\\Z_{21} & Z_{22}\end{bmatrix}$ | $\boldsymbol{T}=\begin{bmatrix}A & B\\C & D\end{bmatrix}$ | $\boldsymbol{H}=\begin{bmatrix}H_{11} & H_{12}\\H_{21} & H_{22}\end{bmatrix}$ |
| 参数的定义 | $Y_{11}=\left.\frac{\dot{I}_1}{\dot{U}_1}\right\vert_{\dot{U}_2=0}$<br>$Y_{21}=\left.\frac{\dot{I}_2}{\dot{U}_1}\right\vert_{\dot{U}_2=0}$<br>$Y_{12}=\left.\frac{\dot{I}_1}{\dot{U}_2}\right\vert_{\dot{U}_1=0}$<br>$Y_{22}=\left.\frac{\dot{I}_2}{\dot{U}_2}\right\vert_{\dot{U}_1=0}$ | $Z_{11}=\left.\frac{\dot{U}_1}{\dot{I}_1}\right\vert_{\dot{I}_2=0}$<br>$Z_{21}=\left.\frac{\dot{U}_2}{\dot{I}_1}\right\vert_{\dot{I}_2=0}$<br>$Z_{12}=\left.\frac{\dot{U}_1}{\dot{I}_2}\right\vert_{\dot{I}_1=0}$<br>$Z_{22}=\left.\frac{\dot{U}_2}{\dot{I}_2}\right\vert_{\dot{I}_1=0}$ | $A=\left.\frac{\dot{U}_1}{\dot{U}_2}\right\vert_{\dot{I}_2=0}$<br>$C=\left.\frac{\dot{I}_1}{\dot{U}_2}\right\vert_{\dot{I}_2=0}$<br>$B=\left.\frac{\dot{U}_1}{-\dot{I}_2}\right\vert_{\dot{U}_2=0}$<br>$D=\left.\frac{\dot{I}_1}{-\dot{I}_2}\right\vert_{\dot{U}_2=0}$ | $H_{11}=\left.\frac{\dot{U}_1}{\dot{I}_1}\right\vert_{\dot{U}_2=0}$<br>$H_{21}=\left.\frac{\dot{I}_2}{\dot{I}_1}\right\vert_{\dot{U}_2=0}$<br>$H_{12}=\left.\frac{\dot{U}_1}{\dot{U}_2}\right\vert_{\dot{I}_1=0}$<br>$H_{22}=\left.\frac{\dot{I}_2}{\dot{U}_2}\right\vert_{\dot{I}_1=0}$ |
| 互易条件 | $Y_{12}=Y_{21}$ | $Z_{12}=Z_{21}$ | $AD-BC=1$ | $H_{21}=-H_{12}$ |
| 对称条件 | $Y_{12}=Y_{21}$<br>$Y_{11}=Y_{22}$ | $Z_{12}=Z_{21}$<br>$Z_{11}=Z_{22}$ | $AD-BC=1$<br>$A=D$ | $H_{21}=-H_{12}$ |

互易二端口网络不含受控源，从互易网络应满足的条件可知，$\boldsymbol{Y}$、$\boldsymbol{Z}$ 参数中只有 3 个是独立的。**电路结构左右对称，其结构上能够找到中间对称轴，11′端口与 22′端口可对调使用的网络是结构对称二端口网络**。表 8-1 最后一行列出了对称网络应满足的条件。有些含受控源的网络，虽然结构不对称，但也**符合数值对称条件，称为电气对称**。**对称网络必定是互易网络**，那么对称网络的 $\boldsymbol{Y}$、$\boldsymbol{Z}$ 参数中只有两个是独立的。

二端口网络的 4 种参数可以互相转换，表 8-2 列出了转换关系，已知一种参数根据转换关系就可推算出另一种。

其中，$\Delta Z=Z_{11}Z_{22}-Z_{12}Z_{21}$，$\Delta Y=Y_{11}Y_{22}-Y_{12}Y_{21}$，$\Delta H=H_{11}H_{22}-H_{12}H_{21}$，$\Delta T=AD-BC$。

表 8-2 二端口网络的 4 种参数间的转换关系

| | 已知某参数推算另一参数 | | | |
|---|---|---|---|---|
| | 已知〔**Z**〕 | 已知〔**Y**〕 | 已知〔**H**〕 | 已知〔**T**〕 |
| 推算〔**Z**〕 | $\begin{bmatrix} Z_{11} & Z_{12} \\ Z_{21} & Z_{22} \end{bmatrix}$ | $\begin{bmatrix} \frac{Y_{22}}{\Delta Y} & -\frac{Y_{12}}{\Delta Y} \\ -\frac{Y_{21}}{\Delta Y} & \frac{Y_{11}}{\Delta Y} \end{bmatrix}$ | $\begin{bmatrix} \frac{\Delta H}{H_{22}} & \frac{H_{12}}{H_{22}} \\ -\frac{H_{21}}{H_{22}} & \frac{1}{H_{22}} \end{bmatrix}$ | $\begin{bmatrix} \frac{A}{C} & \frac{\Delta T}{C} \\ \frac{1}{C} & \frac{D}{C} \end{bmatrix}$ |
| 推算〔**Y**〕 | $\begin{bmatrix} \frac{Z_{22}}{\Delta Z} & -\frac{Z_{12}}{\Delta Z} \\ -\frac{Z_{21}}{\Delta Z} & \frac{Z_{11}}{\Delta Z} \end{bmatrix}$ | $\begin{bmatrix} Y_{11} & Y_{12} \\ Y_{21} & Y_{22} \end{bmatrix}$ | $\begin{bmatrix} \frac{1}{H_{11}} & -\frac{H_{12}}{H_{11}} \\ \frac{H_{21}}{H_{11}} & \frac{\Delta H}{H_{11}} \end{bmatrix}$ | $\begin{bmatrix} \frac{D}{B} & -\frac{\Delta T}{B} \\ -\frac{1}{B} & \frac{A}{B} \end{bmatrix}$ |
| 推算〔**H**〕 | $\begin{bmatrix} \frac{\Delta Z}{Z_{22}} & \frac{Z_{12}}{Z_{22}} \\ -\frac{Z_{21}}{Z_{22}} & \frac{1}{Z_{22}} \end{bmatrix}$ | $\begin{bmatrix} \frac{1}{Y_{11}} & -\frac{Y_{12}}{Y_{11}} \\ \frac{Y_{21}}{Y_{11}} & \frac{\Delta Y}{Y_{11}} \end{bmatrix}$ | $\begin{bmatrix} H_{11} & H_{12} \\ H_{21} & H_{22} \end{bmatrix}$ | $\begin{bmatrix} \frac{B}{D} & \frac{\Delta T}{D} \\ -\frac{1}{D} & \frac{C}{D} \end{bmatrix}$ |
| 推算〔**T**〕 | $\begin{bmatrix} \frac{Z_{11}}{Z_{21}} & \frac{\Delta Z}{Z_{21}} \\ \frac{1}{Z_{21}} & \frac{Z_{22}}{Z_{21}} \end{bmatrix}$ | $\begin{bmatrix} -\frac{Y_{22}}{Y_{21}} & -\frac{1}{Y_{21}} \\ -\frac{\Delta Y}{Y_{21}} & -\frac{Y_{11}}{Y_{21}} \end{bmatrix}$ | $\begin{bmatrix} -\frac{\Delta H}{H_{21}} & -\frac{H_{11}}{H_{21}} \\ -\frac{H_{22}}{H_{21}} & -\frac{1}{H_{21}} \end{bmatrix}$ | $\begin{bmatrix} A & B \\ C & D \end{bmatrix}$ |

## 【课后练习】

**8.2.1** 互易二端口网络的 ***T*** 参数满足的互易条件是(  )。

**8.2.2** VCCS 的 ***Y*** 参数矩阵为 $\begin{bmatrix} 0 & 0 \\ g & 0 \end{bmatrix}$,则其 ***H*** 参数矩阵为(  ),其 ***T*** 参数矩阵为 $\begin{bmatrix} 0 & -\frac{1}{g} \\ 0 & 0 \end{bmatrix}$,其 ***Z*** 参数矩阵为(  )。

**8.2.3** 某二端口网络的 ***Y*** 参数或 ***Z*** 参数存在逆矩阵,则这两种参数矩阵之间的关系为(  )。

**8.2.4** 某二端口网络方程为 $u_1=50i_1+10i_2$,$u_2=30i_1+20i_2$,下列不正确的是(  )

A. $Z_{12}=10\Omega$  B. $Y_{12}=-0.0143\text{S}$  C. $H_{12}=0.5\Omega$  D. $B=50$

**8.2.5** 某二端口网络是互易网络,则下列不正确的是(  )

A. $Z_{12}=Z_{21}$  B. $Y_{12}=Y_{21}$  C. $H_{12}=H_{21}$  D. $AD=BC+1$

**8.2.6** 如图 8-21 所示,二端口网络的传输参数矩阵为(  )

A. $\begin{bmatrix} 1 & \text{j}\omega L \\ 0 & 1 \end{bmatrix}$  B. $\begin{bmatrix} 1 & -\text{j}\omega L \\ 0 & -1 \end{bmatrix}$  C. $\begin{bmatrix} -1 & \text{j}\omega L \\ 0 & -1 \end{bmatrix}$  D. $\begin{bmatrix} -1 & \text{j}\omega L \\ 0 & 1 \end{bmatrix}$

**8.2.7** 如图 8-22 所示,二端口网络的 $H_{21}$ 为(  )

A. 2/3  B. −2/3  C. −3/2  D. 3/2

**8.2.8** 如图 8-23 所示，求二端口网络的 $\boldsymbol{T}$ 参数矩阵。

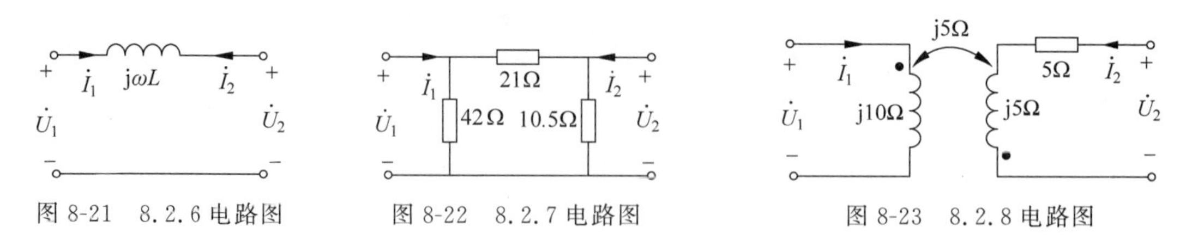


图 8-21　8.2.6 电路图　　图 8-22　8.2.7 电路图　　图 8-23　8.2.8 电路图

## 8.3　互易二端口网络的等效电路与级联

### 8.3.1　互易二端口网络的等效电路

根据表 8-1，**互易二端口网络的 $\boldsymbol{Z}$、$\boldsymbol{Y}$ 参数中，只有 3 个是独立的**。一个较复杂的互易二端口网络，若已知其 $\boldsymbol{Z}$ 参数、$\boldsymbol{Y}$ 参数，可以用只有 3 个阻抗或 3 个导纳的电路来对外等效，使电路分析得以简化。

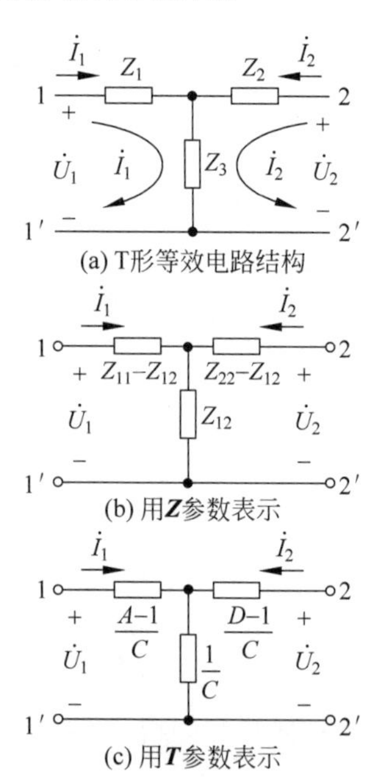


图 8-24　互易二端口网络的 T 形等效电路

**1. T 形等效电路**

设图 8-24(a)为**互易二端口网络的 T 形等效电路**，以下用网孔电流方程来推导等效电路中的 $Z_1$、$Z_2$、$Z_3$ 与 $\boldsymbol{Z}$ 参数之间的关系。对图 8-24(a)列写网孔电流方程，得

$$\begin{cases}\dot{U}_1=(Z_1+Z_3)\dot{I}_1+Z_3\dot{I}_2=Z_{11}\dot{I}_1+Z_{12}\dot{I}_2\\ \dot{U}_2=Z_3\dot{I}_1+(Z_2+Z_3)\dot{I}_2=Z_{21}\dot{I}_1+Z_{22}\dot{I}_2\end{cases}$$

对应的 $\boldsymbol{Z}$ 参数为

$$\begin{cases}Z_{11}=Z_1+Z_3\\ Z_{12}=Z_{21}=Z_3\\ Z_{22}=(Z_2+Z_3)\end{cases}\tag{8-10}$$

从式(8-10)中解 $Z_1$、$Z_2$、$Z_3$，得

$$Z_1=Z_{11}-Z_{12},\quad Z_2=Z_{22}-Z_{12},\quad Z_3=Z_{12}=Z_{21}\tag{8-11}$$

该等效电路表示在图 8-24(b)中。

$Z_1$、$Z_2$、$Z_3$ 也可以用 $\boldsymbol{T}$ 参数来表示，如图 8-24(c)所示。

$$Z_1=\frac{A-1}{C},\quad Z_2=\frac{D-1}{C},\quad Z_3=\frac{1}{C}\tag{8-12}$$

**2. Π 形等效电路**

设图 8-25(a)为**互易二端口网络的 Π 形等效电路**，以下用结点电压方程来推导等效电路中的 $Y_1$、$Y_2$、$Y_3$ 与 $\boldsymbol{Y}$ **参数**之间的关系。对图 8-25(a)中图 1、2 两点列写结点电压方程，得

$$\begin{cases}\dot{I}_1=(Y_1+Y_3)\dot{U}_1-Y_3\dot{U}_2=Y_{11}\dot{U}_1+Y_{12}\dot{U}_2\\ \dot{I}_2=-Y_3\dot{U}_1+(Y_2+Y_3)\dot{U}_2=Y_{21}\dot{U}_1+Y_{22}\dot{U}_2\end{cases}$$

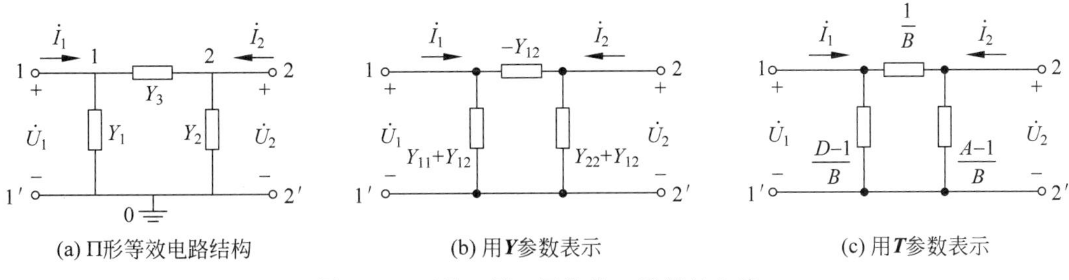

(a) Π形等效电路结构　(b) 用$\boldsymbol{Y}$参数表示　(c) 用$\boldsymbol{T}$参数表示

图 8-25　互易二端口网络的Π形等效电路

对应的$\boldsymbol{Y}$参数为

$$\begin{cases}Y_{11}=Y_1+Y_3\\Y_{12}=Y_{21}=-Y_3\\Y_{22}=(Y_2+Y_3)\end{cases}\tag{8-13}$$

从式(8-13)中解出$Y_1$、$Y_2$、$Y_3$，得

$$Y_1=Y_{11}+Y_{12},\quad Y_2=Y_{22}+Y_{12},\quad Y_3=-Y_{12}=-Y_{21}\tag{8-14}$$

该等效电路表示在图8-25(b)中。

$Y_1$、$Y_2$、$Y_3$也可以用$\boldsymbol{T}$参数来表示，如图8-25(c)所示。

$$Y_1=\frac{D-1}{B},\quad Y_2=\frac{A-1}{B},\quad Y_3=\frac{1}{B}\tag{8-15}$$

通过测试技术，可测量并推算出未知网络的参数值，进而根据式(8-11)、式(8-12)、式(8-14)、式(8-15)得出最简等效电路。

**【例8-9】** 如图8-26(a)所示，对未知二端口网络进行测试，22′开路时，测得$\dot{U}_1=5\text{V}$，$\dot{U}_2=3\text{V}$，$\dot{I}_1=1\text{A}$；11′短路时，测得$\dot{U}_2=-26\text{V}$，$\dot{I}_1=3\text{A}$，$\dot{I}_2=-5\text{A}$。

(1) 求其T形等效电路$Z_1$、$Z_2$、$Z_3$的值。

(2) 给以上二端口网络接上图8-26(c)所示的电源和负载后，求$\dot{I}_1$和$\dot{U}_2$。

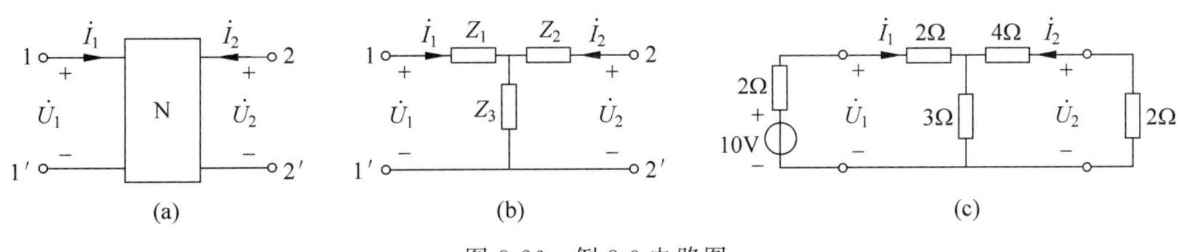

(a)　(b)　(c)

图 8-26　例8-9电路图

**解** (1) T形等效电路用$\boldsymbol{Z}$参数表示更方便。$\boldsymbol{Z}$参数是开路参数，先用第一组数据，其中$\dot{I}_2=0$。

$$\begin{cases}\dot{U}_1=Z_{11}\dot{I}_1+Z_{12}\dot{I}_2 \;\Rightarrow\; 5=Z_{11}\times1+0 \;\Rightarrow\; Z_{11}=5\Omega\\\dot{U}_2=Z_{21}\dot{I}_1+Z_{22}\dot{I}_2 \;\Rightarrow\; 3=Z_{21}\times1+0 \;\Rightarrow\; Z_{21}=3\Omega\end{cases}\tag{8-16}$$

再将第二组数据代入$\boldsymbol{Z}$参数方程中，其中$\dot{U}_1=0$。

$$\begin{cases}\dot U_1 = Z_{11}\dot I_1 + Z_{12}\dot I_2 & \Rightarrow \quad 0 = 5\times 3 + Z_{12}(-5) & \Rightarrow \quad Z_{12} = 3\Omega \\ \dot U_2 = Z_{21}\dot I_1 + Z_{22}\dot I_2 & \Rightarrow \quad -26 = 3\times 3 + Z_{22}(-5) & \Rightarrow \quad Z_{22} = 7\Omega\end{cases} \tag{8-17}$$

$Z_{21}=Z_{12}$，表明是互易网络。将计算结果式(8-16)、式(8-17)代入式(8-11)得

$$Z_1 = Z_{11} - Z_{12} = 5-3 = 2\Omega,\quad Z_2 = Z_{22} - Z_{12} = 7-3 = 4\Omega,\quad Z_3 = Z_{12} = Z_{21} = 3\Omega$$

(2) 用上述 $Z_1$、$Z_2$、$Z_3$ 确定未知二端口网络的T形等效电路如图 8-26(c)所示，应用欧姆定律及分流公式就可求出 $\dot I_1$ 和 $\dot U_2$。

$$\dot I_1 = \frac{10}{2+2+\dfrac{3\times(4+2)}{3+4+2}} = \frac{5}{3}\text{A},\quad \dot U_2 = 2\times\frac{3}{3+6}\times\dot I_1 = \frac{10}{9}\text{V}$$

## 8.3.2 二端口网络的级联

单独的二端口网络通过多种连接方式变成复杂网络，**图 8-27 是二端口网络的级联方式，可用 $\boldsymbol{T}$ 参数来描述级联后的结果。**

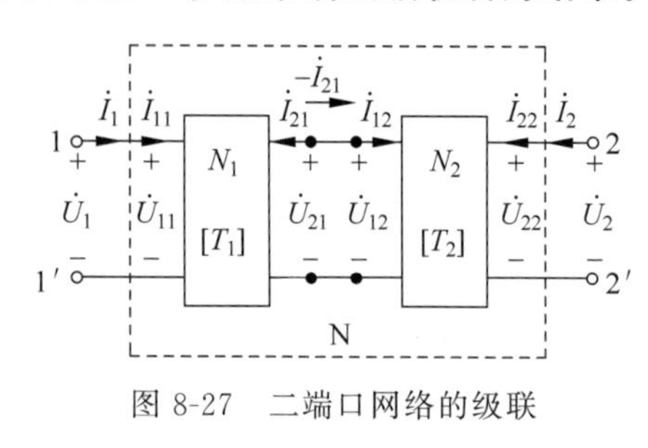

图 8-27　二端口网络的级联

如图 8-27 所示，前一个二端口网络的输出是后一个的输入，后下标为 1 的电流、电压是前网络的；后下标为 2 的电流、电压是后网络的，各量间关系为 $\dot U_1=\dot U_{11}$，$\dot U_{21}=\dot U_{12}$，$\dot U_{22}=\dot U_2$，$\dot I_1=\dot I_{11}$，$-\dot I_{21}=\dot I_{12}$，$\dot I_{22}=\dot I_2$。设 $\boldsymbol{T}_1$ 是前一网络的 $\boldsymbol{T}$ 参数矩阵；$\boldsymbol{T}_2$ 是后一网络的 $\boldsymbol{T}$ 参数矩阵，则级联后总的二端口网络(N)的 $\boldsymbol{T}$ 参数矩阵推导为

$$\boldsymbol{T}_1 = \begin{bmatrix}A_1 & B_1\\ C_1 & D_1\end{bmatrix},\quad \boldsymbol{T}_2 = \begin{bmatrix}A_2 & B_2\\ C_2 & D_2\end{bmatrix}$$

根据 $\boldsymbol{T}$ 参数方程的矩阵形式，有

$$\begin{bmatrix}\dot U_1\\ \dot I_1\end{bmatrix} = \begin{bmatrix}\dot U_{11}\\ \dot I_{11}\end{bmatrix} = \boldsymbol{T}_1\begin{bmatrix}\dot{\mathrm{U}}_{21}\\ -\dot{\mathrm{I}}_{21}\end{bmatrix} \tag{8-18}$$

$$\begin{bmatrix}\dot{\mathrm{U}}_{12}\\ \dot{\mathrm{I}}_{12}\end{bmatrix} = \mathrm{T}_2\begin{bmatrix}\dot{\mathrm{U}}_{22}\\ -\dot{\mathrm{I}}_{22}\end{bmatrix} = \boldsymbol{T}_2\begin{bmatrix}\dot U_2\\ -\dot I_2\end{bmatrix} \tag{8-19}$$

在两网络的连接处有

$$\begin{bmatrix}\dot U_{21}\\ -\dot I_{21}\end{bmatrix} = \begin{bmatrix}\dot U_{12}\\ \dot I_{12}\end{bmatrix}$$

将式(8-19)代入式(8-18)得

$$\begin{bmatrix}\dot U_1\\ \dot I_1\end{bmatrix} = \boldsymbol{T}_1\times\boldsymbol{T}_2\begin{bmatrix}\dot U_{22}\\ -\dot I_{22}\end{bmatrix} = \boldsymbol{T}\begin{bmatrix}\dot U_2\\ -\dot I_2\end{bmatrix}$$

根据矩阵的乘法规则，得

$$T=T_1\times T_2=\begin{bmatrix}A_1 & B_1\\C_1 & D_1\end{bmatrix}\times\begin{bmatrix}A_2 & B_2\\C_2 & D_2\end{bmatrix}$$

$$=\begin{bmatrix}A_1\times A_2+B_1\times C_2 & A_1\times B_2+B_1\times D_2\\C_1\times A_2+D_1\times C_2 & C_1\times B_2+D_1\times D_2\end{bmatrix}$$

据此，长距离电力输电线就可用多个单独的二端口网络的级联方式来表达。

**【例 8-10】** 如图 8-28 所示求级联网络的 $\boldsymbol{T}$ 参数方程。

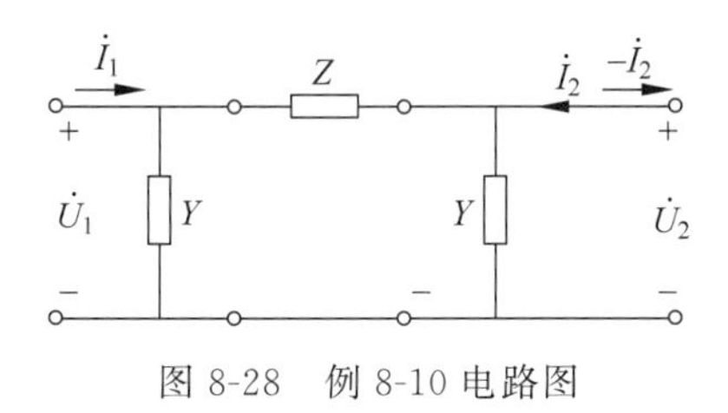


图 8-28　例 8-10 电路图

**解**　图 8-28 可看成三个简单二端口网络的级联，第一个、第三个的 $\boldsymbol{T}$ 参数与例 8-5 的式(8-7)相同；第二个的 $\boldsymbol{T}$ 参数与例 8-4 的式(8-6)相同。得

$$T=\begin{bmatrix}1 & 0\\Y & 1\end{bmatrix}\times\begin{bmatrix}1 & Z\\0 & 1\end{bmatrix}\times\begin{bmatrix}1 & 0\\Y & 1\end{bmatrix}=\begin{bmatrix}1 & Z\\Y & ZY+1\end{bmatrix}\times\begin{bmatrix}1 & 0\\Y & 1\end{bmatrix}=\begin{bmatrix}1+ZY & Z\\2Y+ZY^2 & ZY+1\end{bmatrix}$$

则所求 $\boldsymbol{T}$ 参数方程为

$$\begin{cases}\dot{U}_1=(1+ZY)\dot{U}_2+Z(-\dot{I}_2)\\\dot{I}_1=(2Y+ZY^2)\dot{U}_2+(ZY+1)(-\dot{I}_2)\end{cases}$$

## 【课后练习】

**8.3.1**　若两个二端口的 $\boldsymbol{T}$ 参数矩阵都为 $\begin{bmatrix}3 & 2\Omega\\4\text{S} & 3\end{bmatrix}$，则级联后的 $\boldsymbol{T}$ 参数矩阵为(　　)。

**8.3.2**　以下(　　)，能非常方便地求出二端口网络的等效电路。

A. 采用 $\boldsymbol{Z}$ 参数确定 Π 形等效电路，而采用 $\boldsymbol{Y}$ 参数确定 T 形等效电路

B. 采用 $\boldsymbol{Z}$ 参数确定 T 形等效电路，而采用 $\boldsymbol{Y}$ 参数确定 Π 形等效电路

C. 采用 $\boldsymbol{T}$ 参数确定 T 形等效电路，而采用 $\boldsymbol{Z}$ 参数确定 Π 形等效电路

D. 采用 $\boldsymbol{H}$ 参数确定 T 形等效电路，而采用 $\boldsymbol{Y}$ 参数确定 T 形等效电路

**8.3.3**　某二端口网络如图 8-29 所示，试求该网络的开路阻抗参数 $\boldsymbol{Z}$，并用这些参数求出该二端口网络的 T 形等效模型。

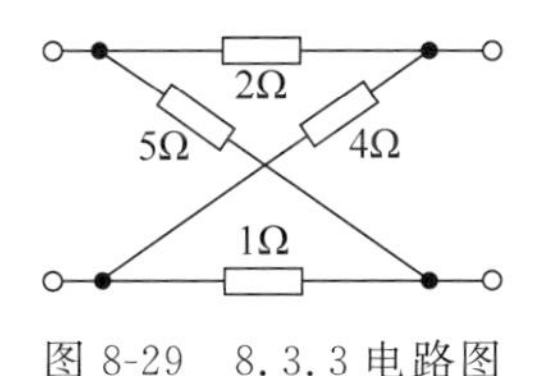


图 8-29　8.3.3 电路图

## 习题

**8-1-1** 在二端口网络中，以下选项不正确的是（　　）。

A. 互易二端口网络，其 $\boldsymbol{Y}$ 参数必定满足 $Y_{12}=Y_{21}$。

B. 对称二端口网络，其 $\boldsymbol{Z}$ 参数必定满足 $Z_{12}=Z_{21}$。

C. 电路结构左右对称的，端口电气特性也一定对称。

D. 电路结构不对称的二端口网络，其电气特性也一定不对称。

**8-1-2** 某二端口网络如图 8-30 所示，求其 $\boldsymbol{Y}$ 参数矩阵。

**8-1-3** 某二端口网络如图 8-31 所示，当角频率 $\omega=1000\text{rad/s}$ 时，求其 $\boldsymbol{Y}$ 参数矩阵。

**8-1-4** 某二端口网络如图 8-32 所示，求其 $\boldsymbol{Y}$ 参数矩阵。

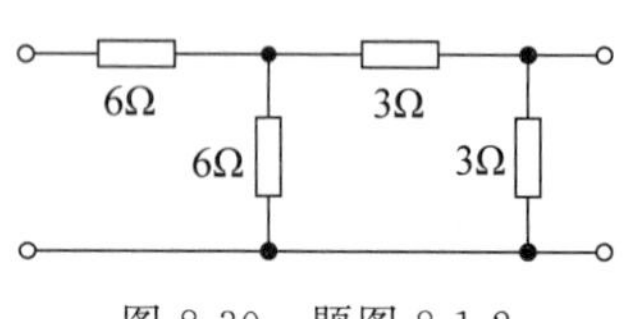

图 8-30　题图 8-1-2

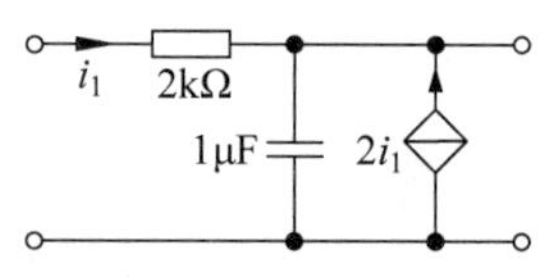

图 8-31　题图 8-1-3

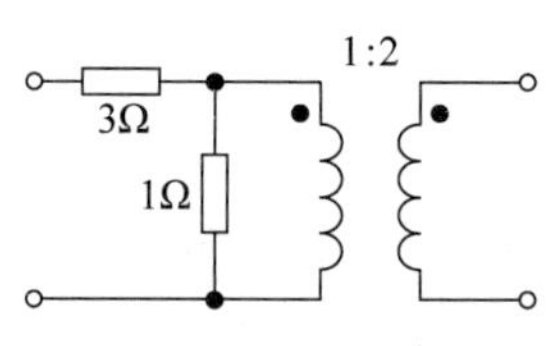

图 8-32　题图 8-1-4、8-2-2

**8-1-5** 某二端口网络如图 8-33 所示，求其 $\boldsymbol{Z}$ 参数矩阵。

**8-1-6** 某二端口网络如图 8-34 所示，求其 $\boldsymbol{Z}$ 参数矩阵。

**8-1-7** 某二端口网络如图 8-35 所示，求其 $\boldsymbol{Z}$ 参数矩阵。

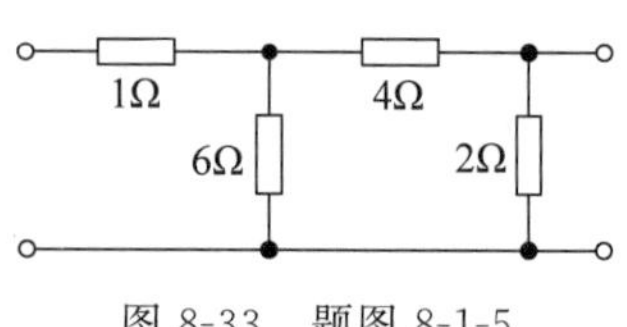

图 8-33　题图 8-1-5

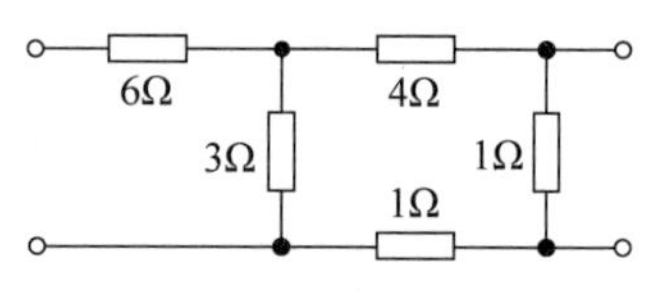

图 8-34　题图 8-1-6

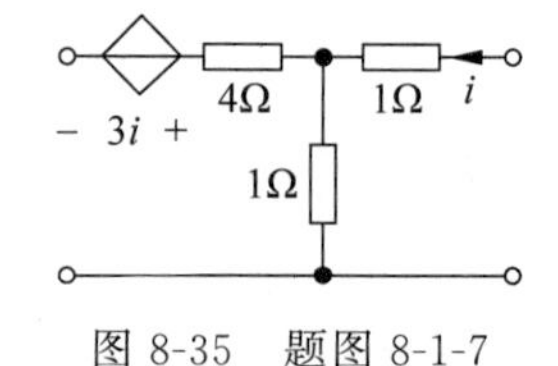

图 8-35　题图 8-1-7

**8-1-8** 某二端口网络如图 8-36 所示，求其 $\boldsymbol{Y}$、$\boldsymbol{Z}$ 参数矩阵。

**8-2-1** 某二端口网络如图 8-37 所示，求其 $\boldsymbol{T}$ 参数矩阵。

**8-2-2** 某二端口网络如图 8-32 所示，求其 $\boldsymbol{T}$ 参数矩阵。

**8-2-3** 某二端口网络如图 8-38 所示，求其 $\boldsymbol{H}$ 参数矩阵。

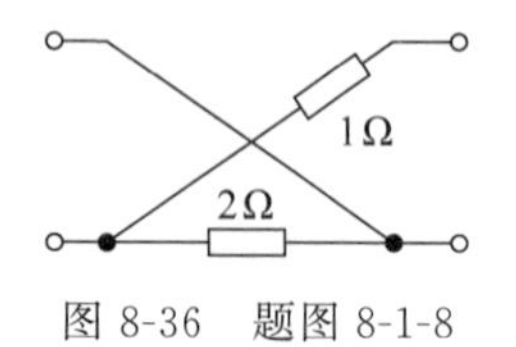

图 8-36　题图 8-1-8

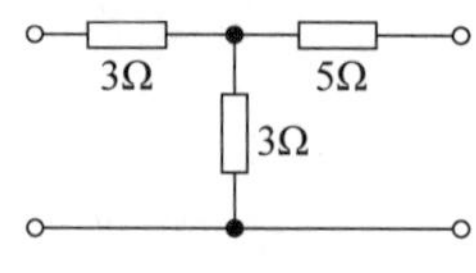

图 8-37　题图 8-2-1

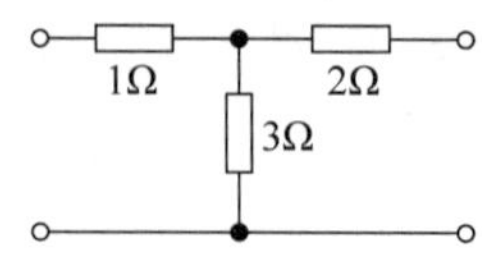

图 8-38　题图 8-2-2

**8-2-4** 某二端口网络如图 8-39 所示，求其 $\boldsymbol{H}$ 参数矩阵。

**8-2-5** 如图 8-40(a)所示的二端口网络，已知 $R_1=10\Omega$，$R_2=40\Omega$。求：(1)此二端口网络的 $\boldsymbol{T}$ 参数；(2)在此二端口网络的端口接上电源和负载，如图 8-41(b)所示，$R_3=20\Omega$，

此时电流 $I_2=2\mathrm{A}$，根据 $\boldsymbol{T}$ 参数计算 $U_{\mathrm{S1}}$ 及 $I_1$。

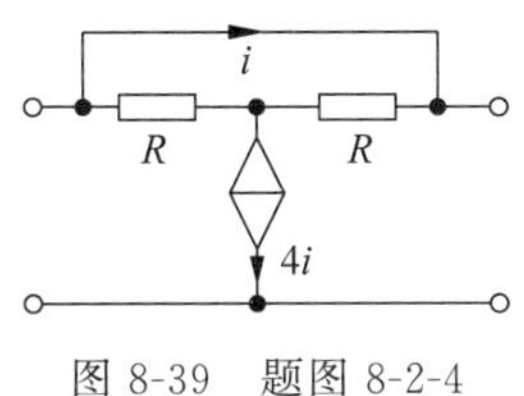


图 8-39　题图 8-2-4

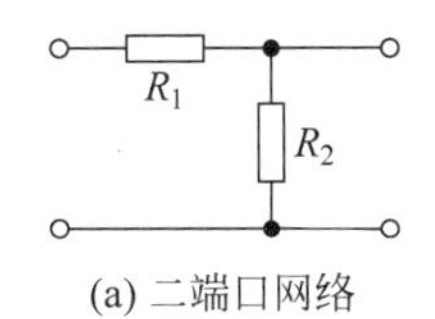


(a) 二端口网络

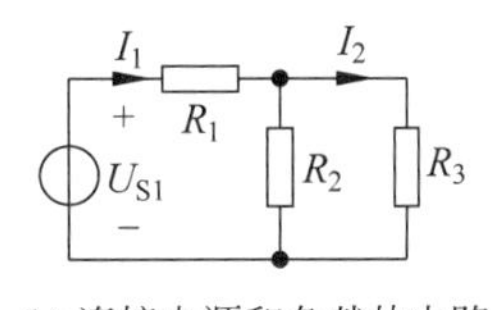


(b) 连接电源和负载的电路

图 8-40　题图 8-2-5

**8-2-6**　如图 8-41 所示，当角频率 $\omega=1\mathrm{rad/s}$ 时，求 $\boldsymbol{Z}$、$\boldsymbol{H}$ 参数。

**8-2-7**　如图 8-42 所示，求 $\boldsymbol{H}$、$\boldsymbol{Z}$ 参数。

**8-2-8**　如图 8-43 所示，网络 $\boldsymbol{Z}$ 参数为 $\begin{bmatrix}3 & 4\\ \mathrm{j}2 & -\mathrm{j}3\end{bmatrix}\Omega$，求 $\dot{I}_1$、$\dot{I}_2$、$\dot{U}_1$、$\dot{U}_2$ 和 4Ω 电阻吸收的平均功率。

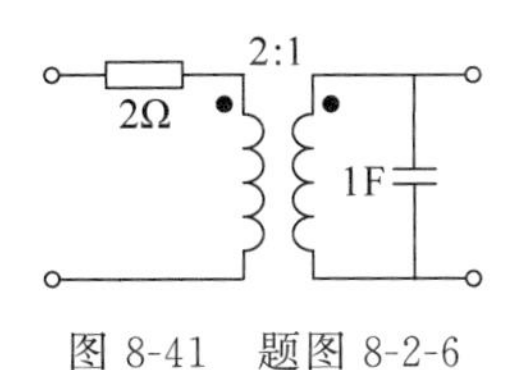


图 8-41　题图 8-2-6

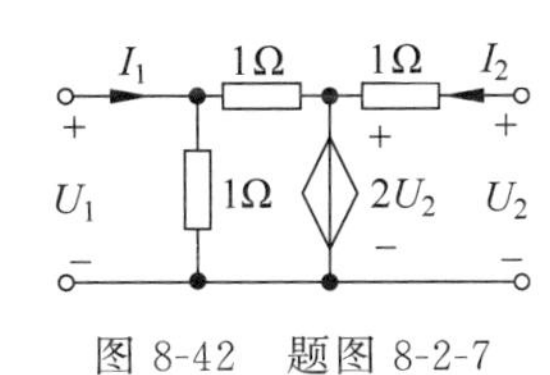


图 8-42　题图 8-2-7

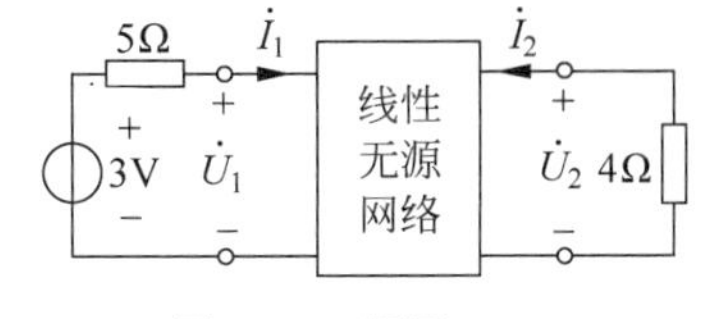


图 8-43　题图 8-2-8

**8-3-1**　某二端口网络如图 8-44 所示，求：(1)$\boldsymbol{T}$ 参数；(2)T 形等效电路。

**8-3-2**　已知如图 8-45 所示的二端口网络的 $\boldsymbol{Y}$ 参数为 $\begin{bmatrix}0.25 & -0.2\\ -0.2 & 0.25\end{bmatrix}\mathrm{S}$，试求图示 Π 形等效网络各元件值。

**8-3-3**　如图 8-46 所示，已知二端口网络 $\mathrm{P}_1$ 的 $\boldsymbol{T}$ 参数为 $\begin{bmatrix}-7 & 6\Omega\\ -6\mathrm{S} & 5\end{bmatrix}$，$R_1=1\Omega$，$R_2=1\Omega$，$R_3=1\Omega$。求：整体网络 P 的 $\boldsymbol{T}$ 参数，并判断网络 P 是否为互易网络。

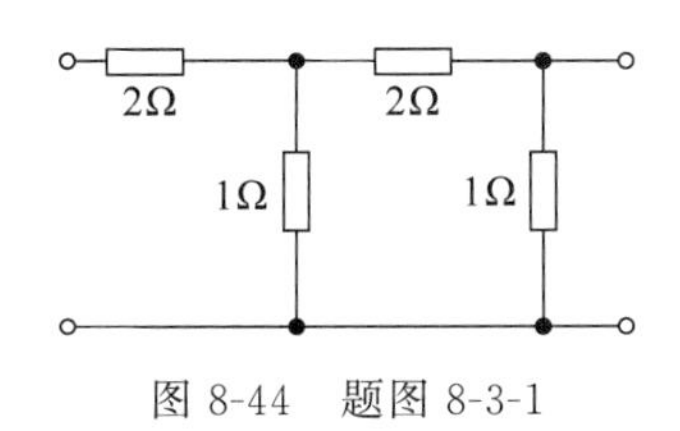


图 8-44　题图 8-3-1

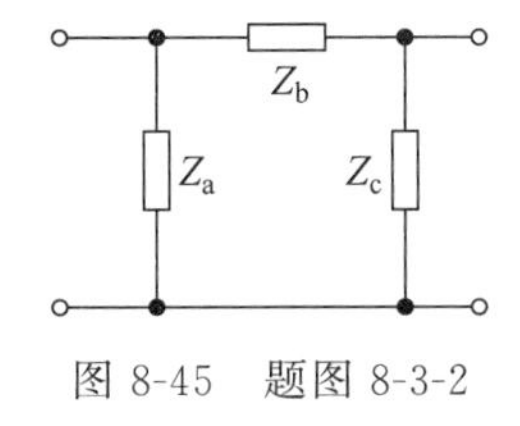


图 8-45　题图 8-3-2

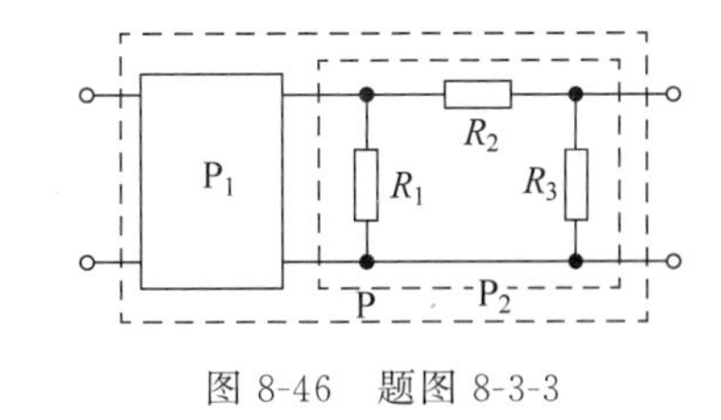


图 8-46　题图 8-3-3

习题答案

# 参 考 文 献

[1] 邱关源.电路[M].5版.北京：高等教育出版社，2006.
[2] 俞大光.电路及磁路(上册)[M].北京：高等教育出版社，1986.
[3] 俞大光.电路及磁路(下册)[M].北京：高等教育出版社，1987.
[4] 曾令琴.电路基础[M].北京：高等教育出版社，1986.
[5] 尼尔森.电路[M].周玉坤，等译.10版.北京：电子工业出版社，2015.
[6] 亚历山大.电路基础[M].段哲民，等译.5版.北京：机械工业出版社，2014.
[7] 巨辉.电路分析基础[M].北京：高等教育出版社，2012.
[8] 寇仲元.电路及磁路概念检测题集[M].北京：高等教育出版社，1990.
[9] 刘健.电路分析[M].2版.北京：电子工业出版社，2011.
[10] 秦曾煌.电工学简明教程[M].3版.北京：高等教育出版社，2015.